THE YEARBOOK OF
CHINA AGRICULTURAL UNIVERSITY

中国农业大学年鉴

2017

中国农业大学年鉴编委会　编

中国农业大学出版社
·北京·

图书在版编目(CIP)数据

中国农业大学年鉴. 2017/中国农业大学年鉴编委会编. —北京：中国农业大学出版社，2018. 9

ISBN 978-7-5655-2057-0

Ⅰ. ①中…　Ⅱ. ①中…　Ⅲ. ①中国农业大学-2017-年鉴　Ⅳ. ①S-40

中国版本图书馆 CIP 数据核字(2018)第 166651 号

书　　名　中国农业大学年鉴　2017

作　　者　中国农业大学年鉴编委会　编

策划编辑　孙　勇　　**责任编辑**　孙　勇

封面设计　郑　川

出版发行　中国农业大学出版社

社　　址　北京市海淀区圆明园西路 2 号　　**邮政编码**　100193

电　　话　发行部 010-62818525，8625　　读者服务部 010-62732336

编辑部 010-62732617，2618　　出　版　部 010-62733440

网　　址　http://www.caupress.cn　　**e-mail** cbsszs@cau.edu.cn

经　　销　新华书店

印　　刷　涿州市星河印刷有限公司

版　　次　2018 年 9 月第 1 版　　2018 年 9 月第 1 次印刷

规　　格　787×1 092　16 开本　31.75 印张　790 千字　插页 8

定　　价　平装 160.00 元　精装 180.00 元

1 月 16 日，北京农业大学附属中学更名为中国农业大学附属中学

2 月 25 日，中共中国农业大学第三届委员会第五次全体会议召开

2 月 28 日，农学院王志敏、宋任涛教授，植物保护学院彩万志教授，生物学院何群教授，动物医学院陈耀星教授，食品科学与营养工程学院廖小军教授，水利与土木工程学院王福军教授等 7 人入选 2016 年度享受政府特殊津贴人员名单

3 月 1 日，中央第一巡视组专项巡视中国农业大学党委工作动员会召开

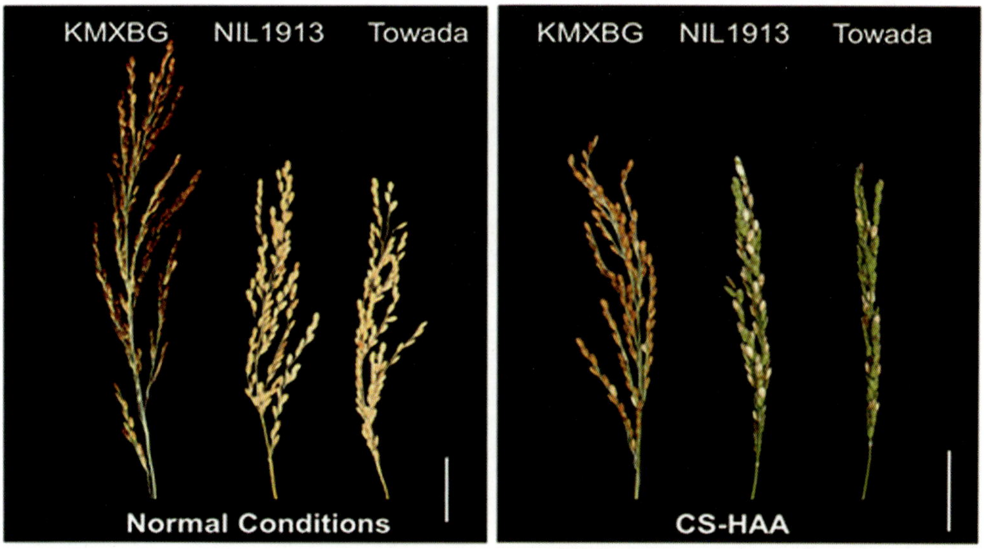

亲本和近等基因系在正常条件（左图）、自然低温胁迫条件（右图）表型
每幅图中左、右株型分别来自云南高原地区耐冷、冷敏感水稻品种

3 月 23 日，李自超教授团队水稻孕穗期耐冷基因克隆与进化研究取得新进展

4 月 21 日，中国农业大学与江西省科技厅签署科技合作协议

7月17日，中共中央组织部、教育部党组在生命科学研究中心报告厅召开教师干部大会，宣布了中共中央、国务院关于中国农业大学校长调整的决定，任命孙其信同志为中国农业大学校长

8月17日，党委书记姜沛民赴西藏自治区拉萨市调研我校毕业生工作情况

9月29日，全国人大副委员长张宝文来校调研

9月29日，资源与环境学院崔振岭教授获年度世界粮食奖

10 月 27 日，中国农业大学召开学习宣传贯彻党的十九大精神会议，集中传达学习党的十九大精神

11 月 2 日，学校成立"双一流"建设办公室，并在东区主楼 513 会议室召开第一次研讨会

11月10-12日，“华北五省（市、自治区）大学生机器人大赛”，信息与电气工程学院师生组成的代表队荣获机器人创意设计赛竞赛项目一等奖

11月27日，中国工程院正式公布2017年院士增选结果，共计有67位专家入选。张福锁教授当选为中国工程院农业学部院士

12月4日，中国农业大学召开“一带一路农业合作学院”“中国南南农业合作学院”成立大会，全面启动学校“一带一路”国际合作行动计划

12月17日，中国农业大学土地科学与技术学院正式成立。国土资源部副部长曹卫星、学校党委书记姜沛民为新学院揭牌

《中国农业大学年鉴 2017》编委会

《中国农业大学年鉴2017》编辑部

目　录

中国农业大学简介

中国农业大学作为教育部直属高校，是我国现代农业高等教育的起源地，其历史起自于1905年成立的京师大学堂农科大学。1949年9月，由北京大学农学院、清华大学农学院和华北大学农学院合并为北京农业大学。1952年10月，北京农业大学农业机械系与中央农业部机耕化农业专科学校、华北农业机械专科学校、平原省农学院合并成立北京农业机械化学院，1985年10月更名为北京农业工程大学。1995年9月，北京农业大学与北京农业工程大学合并成立中国农业大学，江泽民同志亲自题写校名。现任党委书记姜沛民，校长孙其信。

长期以来，学校的建设与发展得到了国家的高度重视。北京农业大学于1954年被国务院列为全国6所重点院校之一，于1984年被列为全国重点建设的10所高等院校之一。北京农业机械化学院于1960年被列为全国重点大学之一。学校于1995年进入首批"211工程"建设行列，于2004年被确定为"985工程"重点建设的高水平研究型大学，2017年入选一流大学建设高校(A类)。2003年5月4日，国务院总理温家宝视察中国农业大学，发表了重要讲话。2005年10月13日，全国人大常委会吴邦国委员长视察中国农业大学，祝贺农大建校百年，鼓励学校再创辉煌。2009年5月2日，中共中央总书记、国家主席胡锦涛视察中国农业大学，与师生代表亲切座谈，对青年学生提出了殷切期望，对学校提出了"加快建设世界一流农业大学步伐"的要求。2010年5月2日，胡锦涛总书记给中国农业大学师生回信，鼓励全校师生为发展现代农业做出更大贡献。2012年9月15日，时任国家副主席习近平同志来校参加全国科普日北京主场活动，在视察学校时要求学校教书育人和党的建设"两手抓两促进两不耽误"，"真正建成有中国特色的、具有农业特色的一流大学"，为学校发展进一步指明了方向，极大激发了全校师生的责任感和使命感。

历经百年的世纪风雨，中国农业大学已经发展成为一所以农学、生命科学、农业工程和食品科学为特色和优势的研究型大学，形成了特色鲜明、优势互补的农业与生命科学、资源与环境科学、信息与计算机科学、农业工程与自动化科学、经济管理与社会科学等学科群。学校共设有18个学院，涉及农学、工学、理学、经济学、管理学、法学、文学、医学、哲学9大学科门类；设有研究生院、继续教育学院和体育与艺术教学部。在第四轮一级学科水平评估中,6 个一级学科获评 A$^+$,获评 A$^+$ 的学科数量在全国高校中排名第六位;拥有 3 个国家级重点实验室,1 个国家工程实验室,2 个国家工程技术研究中心,85 个省部级重点实验室(中心、基地);1 个国家野外科学观测研究站,6 个部级野外科学观测实验站。

中国农业大学拥有一支实力雄厚、结构合理的师资队伍。现有专任教师 1 679 人,其中教授(含研究员) 620 人、副教授(含副研究员)855 人。研究生导师 1 479 人,其中博士生导师 873 人。学校有中国科学院院士 5 人、中国工程院院士 7 人,"长江学者奖励计划"特聘教授 27 人,"国家杰出青年科学基金"获得者 45 人,国家"973 计划"项目首席科学家 15 人,新世纪"百千万人才工程"国家级人选 27 人,教育部"新世纪优秀人才支持计划"人选 143 人,享受政府特殊津贴专家 74 人。聘请了包括诺贝尔生理或医学奖获得者、"DNA 之父"James Watson 和我国杰出的农业科学家、杂交水稻之父袁隆平院士在内的一批国内外著名学者担任名誉教授。

中国农业大学具备培养学士、硕士、博士的完整教育体系。学校拥有 15 个博士后流动站,20 个博士学位授权一级学科,95 个博士学位授权点,29 个硕士学位授权一级学科,144 个硕士学位授权点,9 种专业学位类型,33 个专业学位领域;65 个本科专业,其中生物学、化学两个学科被列入"国家理科基础学科研究和教育人才培养基地"。全日制本科生 11 503 名,全日制研究生 7 780 名,其中全日制硕士研究生 4 486 名,全日制博士研究生 3 294 名;在站博士后研究人员 233 名。

中国农业大学坚持德育为先、能力为重、全面发展的人才培养理念,培养具有爱国情怀和社会责任感、熟练掌握专业知识与技能、综合能力强的拔尖创新人才。学校拥有 2 名国家高层次人才特殊支持计划("万人计划")教学名师,2 名国家级教学名师和 34 名北京市教学名师,5 个国家级优秀教学团队和 10 个北京市优秀教学团队,14 个国家级特色专业和 2 个国家人才培养模式创新实验区。学校不断深化教学内容和教学方法改革,建成了 23 门国家精品课程、15 门精品资源共享课、2 门精品视频公开课、7 门国家精品在线开放课程和 25 门北京市精品课程;122 项教材入选国家级"十一五"规划教材;17 项教材入选国家级"十二五"规划教材;进一步加强实验室、实习基地建设,拥有 3 个国家实验教学示范中心、3 个国家级虚拟仿真实验教学中心和 7 个北京市实验教学示范中心;通过强化实践创新能力培养,构建了创新人才培养体系,为开展高水平的研究性教学奠定了良好的基础,大学生科技创新活动活跃。2008 年以来,学校本科生在各类创新项目支持下,共发表高水平学术论文 425 篇,其中 Science 1 篇,SCI 292 篇,EI 71 篇,ISTP 7 篇,CSCD19 篇;学生申请专利以及软件著作权 264 项,其中发明专利 189 项,实用新型专利 47 项,外观设计专利 11 项,软件著作权 17 项;学生获省部级及以上学科竞赛奖励 1 464 项。深入推进研究生教育教学改革,全面实施博士生"申请考核制";进一步完善研究生学位论文的质量保障体系,促进学位论文的质量不断提高。学校总计有 23 篇博士学位论文入选"全国优秀博士学位论文",在全国高校中位居前列。学校已培养了 13 万余名合格的毕业生,取得了一大批教育教学成果,以优异的成绩通过了教育部本科教学工作水平评估,办学质量和办学水平得到了社会各界的广泛认可。2017 年,学校本科毕业生 2 787 人,硕士毕业生 1 717 人,博士毕业生 692 人。

中国农业大学围绕人类的营养与健康,以国家农业科技重大需求和国际学术前沿为导向，开展高水平科学研究、社会服务和文化传承与创新。在生物与农业高技术领域的研究居国内领先水平。主持国家重点基础研究计划（“973 计划”）项目 22 项（含重大科学问题导向项目和重大科学研究计划项目各 1 项），有国家现代农业产业技术体系首席科学家 6 名。2001 年以来，获国家级科技奖励 84 项，获省部级科技奖励 509 项，获得授权专利 4 115 件。石元春院士主持完成的“黄淮海平原中低产地区综合治理的研究与开发”研究成果曾获国家科技进步特等奖。先后有 23 篇高水平研究论文在国际著名杂志《SCIENCE》《CELL》《NATURE》和《NATURE GENETICS》上发表，奠定了学校在基础研究方面的领先地位。学校 2017 年度被 SCI、EI 和 SSCI 收录论文数量达到 2 425 篇。在 ESI 学科评价指标中，学校的农业科学、植物与动物科学、环境/生态学、生物学与生物化学、化学、微生物学、工程学、分子生物学与遗传学、社会科学总论和药理学与毒理学 10 个学科和所有学科论文总引用量进入了全球前 1%，其中农业科学、植物与动物科学两个学科的总引用量保持在全球前 1‰。学校积极与各级政府和国内外企业开展政产学研合作，通过科技成果转让、授权生产、作价入股等方式，推进科技成果转移转化，为国家经济发展提供技术支撑，为企业科技创新提供动力，学校的专利成果和实用技术已推广覆盖全国，一批重大科技创新成果成为相关行业的主导技术。科技服务重点围绕国家重大需求、区域发展和产业发展需求，立足京津冀，以顶层设计、统筹布局、引领带动的工作思路，针对国家、地方、企业等重大需求，结合学校科研、人才培养和服务社会的需求，在全国相关区域建设综合实验站（教授工作站）67 个，为区域经济和社会发展提供规划设计、技术指导、社会管理等综合服务；进一步开拓成果转化和社会服务领域，拓展转化渠道，扩大服务地区，努力探索科技服务地方的新机制和新模式，已与 10 余个省（自治区、直辖市）和 70 余个地市签署了科技合作协议，为地方经济的发展提供技术支撑；学校每年与地方签署科技研发及成果转化方面的合同 630 余项，加快了科技成果向企业的转移；依托现代农业产业技术体系专家及其团队成员解决产业发展中的技术难题，依托实验站、教授工作站、科技小院等围绕地方和农民产业发展需求，面向基层农业干部、农业企业经理人、基层技术人员、农民等开展 5 万余人次的技能培训，为学校科技成果的推广示范和转化起到了突出的作用。

中国农业大学广泛开展国际交流与合作，努力扩大开放，加速国际化进程。在加强与世界一流大学合作的同时，积极响应“一带一路”倡议，与“一带一路”沿线国家院校探讨农业科研与教育合作交流计划，成立了“‘一带一路’农业合作学院”和“中国南南农业合作学院”。学校与美国、加拿大、巴西、德国、英国、荷兰、法国、挪威、丹麦、比利时、俄罗斯、哈萨克斯坦、以色列、澳大利亚、新西兰、日本、韩国、泰国、坦桑尼亚等 43 个国家和地区的 231 所大学、研究单位建立了友好合作关系。校内设有与美国普度大学、荷兰瓦赫宁根大学等合作的 11 个联合研究中心，还设有国际学院、中德综合农业发展中心、中以国际农业培训中心等国际教育、科研与培训机构。学校十分重视培养本科生的国际视野和创新精神，与海外大学广泛开展交换生项目、短期交流项目、交换实习项目等各类本科生交流项目。学校与美国的康奈尔大学、加州大学戴维斯分校、马里兰大学、科罗拉多州立大学、罗格斯大学、普度大学，加拿大的阿尔伯塔大学，英国的爱丁堡大学等国外著名高校在互认学分的前提下开展各种形式的本科生联合培养项目。

中国农业大学十分重视学生综合素质的培养，积极开展第二课堂教育活动，校园文化生活丰富多彩。充分发挥学生会、研究生会自我管理、自我教育、自我服务的作用，引导学生规范有序的参与学校民主管理。学校现有校级学生社团 81 个，院级学生社团 15 个，包含支援公益类、思想政治类、学术科技类、自律互助类、体育文化类等多种类型。学校峰云社的成员曾代表当代大学生成为奥运珠峰火炬手；农村发展研究会、挚友社曾被评为“全国优秀学生社团”，校滑雪社获得全国大学生滑雪挑战赛男女组第一名。学校每年组织 3 000 余名学生参与社会实践活动，为服务我国乡村振兴战略建言献策，在服务我国“三农”事业发展的过程中将自己的论文写在祖国的大地上，连续 10 年获得首都大学生暑期社会实践优秀组织单位。大学生科技创新与创业活动蓬勃开展，依托大学生科技协会和创业联合协会开展“双创”工作，多次在“挑战杯”全国大学生课外学术科技作品竞赛、“创青春”中国大学生创业计划竞赛、“溢达”创意大赛、全国电子设计大赛、全国机械创新设计大赛、全国大学生数学建模与计算机应用竞赛等赛事中取得优异成绩，大学生创新创业能力和热情不断提高。积极推进志愿服务工作，融入新生入学教育，培养学生担当精神与奉献意识。积极组织学生参与奥运会、国庆 60 周年、园博会、世锦赛、北京半程马拉松、110 周年校庆等大型赛会志愿服务，多次获得上级表彰。学校现有常态化志愿服务项目 65 个，覆盖扶贫、济困、扶老、救孤、助残、助学等多个领域，学校“青春悦动温馨家园”项目在第三届中国青年志愿服务项目大赛中荣获银奖。中国农业大学橄榄球队是中国大陆第一支橄榄球队，多次代表国家参加国际比赛，为祖国争光。2010 年 11 月，在广州亚运会上，以中国农业大学学生为主的中国橄榄球女队夺得银牌，男队获得第四名。2017 年，学校男子橄榄球队蝉联全国七人制大学生橄榄球锦标赛五连冠。2017 年，学校足球队获得“特步”中国大学生校园足球联赛超级组全国总决赛亚军，创造历史最好成绩。田径队也在北京高校顶级比赛中多人多次获得冠军，在全国大学生比赛中取得优异成绩。经过多年努力，学校艺术教育蓬勃发展，在艺术教育、艺术团管理等方面形成了自己的特色。目前有建制完善的大学生艺术团，包括合唱团、管乐团、舞蹈团、戏剧团、民乐团、弦乐团和音乐剧团。各团在教育部举办的大学生艺术节活动中多次取得优异成绩。2017 年获得奖励 7 项，其中一等奖 3 项，“优秀组织奖”1 项，“优秀男演员奖”1 项，“优秀编剧奖”1 项，“优秀创作奖”1 项。学校合唱团和管乐团相继被评为北京市大学生艺术团，并连续几届通过北京市教委的评估达到免检验收。反映中国农业大学独特办学精神与百年文化传承的《稼穑之歌》在北京市和各高校产生巨大影响。这些艺术团体充分展现了学校独特的艺术特点和魅力。

国富民殷、强农为本。解民生之多艰，育天下之英才，是学校百年不变的追求。数代农大人情系乡土，忧患苍生，为实现中国人千百年来的温饱和富庶之梦不遗余力，与祖国和人民保持着最紧密的血肉联系，形成了学校特有的勤勉持重、爱国忧民的精神传统和严谨求实、厚德博学的办学传统。今天的中国农业大学，以习近平新时代中国特色社会主义思想为指导，以培养“三农”人才，提升农业科技水平为己任，保持农业优势学科，发展多种新兴学科，同瞬息万变的世界紧密相连，与日新月异的科技同步发展，朝着建设中国特色、农业特色的世界一流大学目标阔步迈进。

2017 年学校基本情况数据表

表 1　在校学生数

全日制博士	全日制硕士	普通本科生	成人教育本科生	成人教育专科生	网络教育本科生	网络教育专科生	留学生
3 294	4 486	11 503	6 279	3 950	21 374	27 363	303

注:数据截至 2017 年底。

表 2　全校教职工数

在职人数	专任教师			党政管理人员	教辅人员
	数量	正高级	副高级		
2 720	1 679	620	855	472	371

注:数据截至 2017 年底。

表 3　2017 年度科研情况

获国家级奖励(项)	获省部级奖励(项)	获授权专利数	SCI、SSCI、EI 收录论文数(篇)	到校经费(万元)
6(2 主报,4 参报)	33	444	2 425	145 623

中共中国农业大学委员会关于巡视整改情况的通报

根据中央统一部署，2017年3月1日至4月28日，中央第一巡视组对中国农业大学党委进行了巡视。2017年6月12日，中央巡视组向中国农业大学党委反馈了巡视意见。根据《中国共产党巡视工作条例》和《中国共产党党内监督条例》有关规定，现将巡视整改情况予以公布。

一、强化责任担当，全面开展巡视整改工作

（一）提高政治站位，切实履行巡视整改主体责任

巡视情况反馈后，学校党委立即召开党委常委会，传达学习习近平总书记关于巡视工作的重要讲话精神，明确要求把落实整改作为当前最重要的政治任务，深刻把握巡视整改的政治要求，从严从实从快落实整改任务。6月23日，学校召开巡视整改部署推进会，对巡视整改工作进行全面部署。

学校领导班子深刻认识到，巡视发现的问题表现在下面，根子在党委。学校党委在整个过程中主动担责，自加压力，对巡视组提出的所有问题深刻反思、举一反三，从“四个意识”强不强上找差距，提高政治站位，聚焦“关键少数”，带头整改、主动整改、坚决整改。党委书记作为第一责任人以身作则、率先整改、靠前指挥、亲自督办；学校领导班子其他成员主动认领责任，认真查找自己工作上的不足，承担起自身整改、督促落实所负责部处和所联系学院整改的双重责任。学校召开校领导班子专题民主生活会，班子成员围绕专项巡视整改工作中查摆出的问题，从坚持党的领导、加强党的建设、全面从严治党、促进学校改革发展等方面深入思考，在批评和自我批评中深刻剖析了问题根源，自觉为党担责、为党尽责、为党负责。

（二）加强组织领导，从严从实推进巡视整改

学校成立“落实中央专项巡视反馈意见整改工作领导小组”，同时设立选人用人、意

识形态、监督执纪问责和督导检查四个专项工作组，校属各单位成立党政主要负责人牵头的整改落实工作组，统筹推进、监督检查，确保任务到人、责任到岗、要求到位。

学校党委针对巡视反馈意见，制定了《落实中央专项巡视反馈意见整改方案》和《中央专项巡视反馈意见整改任务清单》《中央专项巡视意识形态工作责任制落实情况整改任务清单》《中央选人用人专项巡视反馈意见整改任务清单》，共计 12 个主要问题、114 个具体问题、285 项整改措施，每一项都明确了负责校领导、主责单位、整改目标和时限要求。

（三）加强督促检查，层层压实责任

在两个月的整改期限内，学校党委共召开常委会 15 次，其中 6 次专题研究整改工作。学校巡视整改督导检查组对全校 24 个二级党组织开展督导检查工作。督导检查组查阅了学院党政联席会议记录、支部工作手册、二级党组织会议记录、党委工作制度等相关材料；与各学院各单位党政主要负责人、部分党政班子成员、教职工和学生党支部书记代表、民主党派代表、青年教师代表等进行了个别谈话，深入查找二级党组织在坚持党的领导、加强党建和思想政治工作、全面从严治党方面存在的问题和意识形态工作责任制落实情况。学校党委针对督导检查组发现的问题，责成校领导向二级党组织反馈督导检查意见，督促加强整改落实工作。

学校各单位按照学校总体部署，细化本单位整改落实方案。二级党组织理论学习中心组围绕巡视反馈意见和中央巡视工作领导小组成员的讲话精神组织开展专题学习；各学院召开党政联席会，研究部署、贯彻落实巡视反馈意见和整改任务。

（四）严格整改验收过程，巩固巡视整改成果

党委从严从实要求，严把巡视整改结果验收关口，对整改措施不到位的，要求严格按照任务从实落实；对于已完成整改任务，但干部群众对整改效果不满意的，责成进一步完善具体措施；把巡视整改结果验收过程变成整改盘点的过程、检查督促的过程、推动工作的过程。

在巡视整改过程中，学校党委着重长效机制建设，补齐制度短板，巩固整改成果。优化管理流程，解决突出矛盾和漏洞盲区，进一步提升学校党政管理工作水平。到目前为止，整改任务清单中的 285 项措施均按照既定计划完成整改，对其中明确“长期执行”的整改措施，都已经建立或完善了相关制度，今后将持续推进，督促落实。

二、坚持问题导向，逐条逐项抓好整改落实

学校党委紧紧围绕强化党的领导、加强党的建设、推进全面从严治党的根本要求，坚持问题导向，分析问题根源，逐条逐项抓好整改任务的落实，确保件件有着落，事事有回音。

（一）加强党的领导，增强“四个意识”，全面贯彻落实党的路线方针政策和中央决策部署

1. 关于用中央精神指导办学治校的整改情况

(1)把深入贯彻落实全国高校思想政治工作会议精神作为学校的中心任务

一是认真深入学习全国高校思想政治工作会议精神。学校党委及时组织专题研讨，明确要抓住党要管党、从严治党这一关键要求，坚持社会主义办学方向这一根本定位，担

负起培养中国特色社会主义合格建设者和可靠接班人这一核心使命，突出加强学校教师队伍建设这一主要任务，抓好推进学校思想政治工作改革创新这一关键环节，完善党的领导这一根本保证，全面加强和改进学校思想政治工作。

二是精心组织，全面推进贯彻落实。学校党委研究制定了《关于加强和改进新形势下学校思想政治工作的实施意见》，将各项任务分解为四大方面 489 项举措。学校党委先后成立或调整党的建设工作领导小组、党建研究会、党风廉政建设领导小组、思想政治理论课建设领导小组、统战工作领导小组、哲学社会科学等重点教材选用领导小组等；制定《2017 年度党建工作计划》《加强和改进新形势下思想政治理论课建设和马克思主义学院建设的若干意见》《进一步加强和改进新形势下基层党支部建设的实施意见》《师德考核实施办法》等近 50 项相关规章制度。

(2)坚守学校思想阵地

一是提高政治站位和工作自觉。学校党委认真学习上级有关意识形态工作精神，结合学校实际，分析研判了学校意识形态领域状况，明确将意识形态工作纳入学校党委重要议事日程，纳入党委理论学习中心组学习重要内容，纳入党委常委会重要研究事项。

二是深入落实意识形态工作责任制。在巡视整改中，学校党委将意识形态工作责任制的督查作为督导检查工作的重要内容，明确规定要将落实情况纳入领导班子和领导干部目标管理，纳入各级领导班子重要议事日程、年度报告重要内容，纳入各级领导班子成员述职报告，纳入二级党组织书记抓基层党建述职和干部考核环节。在《学院党政联席会议事规则》中，明确要求学院加强对意识形态工作的研判。

三是进一步加强意识形态阵地管理。充分发挥校园各类宣传媒介在信息发布、舆论引导、文化传播、理论宣传、思想教育等方面的导向作用。

四是积极发声，敢于亮剑。学校党委要求各级领导干部增强政治敏锐性，在意识形态领域的大是大非面前勇于表明立场，公开发声，旗帜鲜明地对错误思想予以批驳。围绕社会舆论热议的“三农”等问题，精心策划、组织邀请校内专家(团队)从科学的角度、用科普的语言解疑释惑；通过参与“2017 年食品安全科普宣传周”、录制食品安全科普视频或通过专家(团队)微信公众号等平台，就食品安全等问题积极发声。

五是加大正面宣传力度。通过新闻发布会的形式，介绍学校“科技小院”、重大科研成果等在社会服务中做出的突出贡献。学校新闻网开设以理论宣传为特色的“求是”栏目，向全校师生推送马克思主义理论研究和中国特色社会主义理论体系研究优秀成果、优秀理论读物、理论专题片、理论宣讲视频等；开设以宣传教育、教学、科研、服务等先进典型为特色的“一线”专栏，专题报道了“石羊河实验站的水故事”“陈青云教授的援疆六年”等一系列聚焦学校服务一线的团队、产业体系、实验场站和先进个人。

(3)强化以农立校指导思想

一是强化服务意识。学校党委专门组织深入学习中央一号文件，聘请专家做深入解读，进一步提高校领导班子成员的思想认识和使命担当。

二是坚持“以农立校”办学理念。在学校《世界一流大学总体建设方案》中，强化以农立校的办学指导思想，立足自身学科特色优势，对接国家战略需求、服务“三农”，拟建设的 9 个一流学科均面向解决农业重大问题和农业科技基础问题，学校现有全部 12 个涉农的一级学科均列为重点建设的“高峰学科”，学校的总体建设目标也凸显中国特色和农业特色。

三是加强农业教学科研重要基地建设。学校专题研究涿州农场建设发展问题，充分发挥涿州农场的教学科研功能，重点建设模式动物表型与遗传研究科技基础设施、沼气工程平台、农作物种子生产技术平台、玉米全程智能机械化平台、葡萄原种苗培育基地、饲料工业中心涿州试验基地等国家级、省部级重大项目，累计投资近 9 亿元。

2. 关于服务农业现代化建设的整改情况

一是对接国家农业现代化战略需求。创新科技组织方式，布局链式重大项目，通过合理配置学校基本科研业务费，加大对相关项目的支持力度。针对农业水资源可持续利用、玉米种业创新、玉米生产全程机械化、模式动物、食品营养与人类健康、畜禽养殖废弃物与生物质利用等重大需求，组建跨学科团队开展协同攻关；召开现代农机装备发展研讨会，分析农机装备的国家需求、重要挑战和发展方向。围绕种质创新、植物生产、动物生产、食品营养与安全、现代农业装备、农业信息化与大数据、资源高效利用、绿色农业生态农业、哲学与社会科学、“三农”问题与政策等方向，编制了重点任务、制定了具体措施；依托重大项目、重要团队，确定了玉米、畜禽、水、土、生物质等产业链创新目标，力争在重要科技领域取得突破性研究成果。

二是充分发挥新农村发展研究院作用，组建学校层面的社会服务重大平台。学校明确了新农村发展研究院作为独立机构运行，配备了专职常务副院长，将学校分布全国各地的试验站和教授工作站纳入新农村发展研究院的工作体系，重点开展科技成果推广、科技扶贫、校地校企合作等工作。以新农村发展研究院为牵头单位，举办了“塞上农业科技论坛”，对接西部地区“一带一路”农业科技需求；正在筹备在吉林省举办的第三期“黑土地论坛”、在山西省大同市召开的车河有机农业论坛，加强对农业可持续发展方面的研究。

三是不断推进精准扶贫工作。充分发挥挂职干部、专家教授作用，在贫困地区建立教授工作站 16 个，特色科技小院和校外实践基地 148 个，以“精准施策、精准推进、精准落地”为原则，凝练整合一批项目，产学研共同发力，落实好精准扶贫工作。

四是发挥智库作用，积极建言献策。学校“国家农业农村发展研究院”聘请著名农业经济学家陈锡文同志担任院长兼首席专家。学校多位专家教授结合国家重大需求，主持完成了多项涉农战略研究和政策建议，发挥了对接国家重大战略需求、应对国家涉农重大问题、服务农业发展的中坚作用，多份涉农理论研究文章得到国家领导人批示。

3. 关于校党委发挥领导核心作用的整改情况

学校党委履行管党治党、办学治校的主体责任，研究制定了《关于坚持和完善党委领导下的校长负责制的实施办法》，修订完善了《关于执行“三重一大”决策制度的规定》及《党委常委会议事规则》《校长办公会议事规则》，进一步强化学校党委谋大事、议大事、抓大事的领导核心作用。

4. 关于加强思想政治教育工作的整改情况

(1)强化思想政治理论课课堂教学主渠道作用

一是加强党委统一领导。制定《加强和改进新形势下思想政治理论课建设和马克思主义学院建设的若干意见》，成立由党委书记和校长担任组长的思想政治理论课建设领导小组，统筹协调学校各方面资源，集中全校各方面力量，形成党委统一领导、各部门齐抓共管的工作格局。落实校级领导和学院领导思政课听课、授课制度。

二是深入推进思想政治理论课教学改革。继续将思政课列为全校核心课程，在教学改革、团队建设、经费保障等方面给予重点支持。设立专项经费，支持教师在教学案例编撰、教学素材收集、专题研讨设计、讲好农大故事、教学视频录制等方面开展思政课教学改革研究。在优质课程评选中设立优质思政课专项，对优质思政课单设标准、单列指标、单独评审。修改完成了教学大纲和教学计划，凝练了教学重点和核心内容，深化了对重点、难点、热点问题的理解。积极推进《以问题为导向的“三三制”协同育人思政课教学模式改革》，获得北京高校思想政治理论课教学改革创新重大项目立项。马克思主义学院获批北京高校思想政治理论课教育教学改革示范点。

三是强化实践教学。设置思想政治理论实践课程，制定“全程化、菜单式”的实践方案。建设品牌实践项目和稳定实践基地，在曲周实验站建设“思想政治理论课曲周实践教学基地”，开展思政课实践教学、教学案例收集、农村基层党建调研等方面的实践活动。

(2)充分发挥专业课思想政治教育功能

一是完善制度，规范教学管理。修订完善《本科教学工作规范》《本科教学事故认定和处理办法》《教学成果奖评选办法》等规章制度，将社会主义核心价值观引领贯穿教育教学全过程和各环节。修订《教学检查管理办法》《课程教学学生评价实施办法》《本科优秀课程评选办法》《教材选用管理办法》等各项教育教学管理制度，从教学要求、教学纪律、教材选用等各方面进行规范和管理。落实问责制度，对违反教学纪律或政治纪律的行为，发现一起处理一起。

二是切实落实教书育人职责。设立“专业课发挥思政教育功能专项”，支持专业课教师的相关研究和实践，邀请校内外知名专家学者组建跨学科师资团队，将思想政治教育与专业教育相结合，在讲授知识的过程中传递正确价值导向，充分发掘和运用各学科蕴含的思想政治教育资源。调整课堂教学评价指标体系，增加对任课教师在学生世界观、人生观、价值观及意识形态等方面影响的评价。召开学生学习状况现场办公会，全面推进学风建设。

(3)加强对学生世界观人生观价值观引导

一是加强学生工作队伍专业化职业化建设。优化辅导员队伍结构，增强辅导员队伍的稳定性和可持续发展性。制定《思想政治教育系列专业技术职务聘任办法》，启动学生思想政治工作队伍专业技术职务评聘工作。加强辅导员思想政治教育，制定辅导员培训工作方案，举办“树人讲堂”系列报告，精心组织辅导员岗前培训和日常培训，提升辅导员思想政治素质和业务水平。

二是强化研究生导师思想教育责任意识。修订研究生导师培训方案，加强对导师开展思想政治教育、心理健康教育和就业指导等工作的培训；明确导师承担思想政治教育工作的重要职责，将其与导师年度招生资格审核、学生评教等环节挂钩。建立研究生对导师落实立德树人责任的评价体系。

三是增强实践育人实效。组织开展以“稼穑之路——农科学子助力精准扶贫”为主题的“百名博士老区行”活动，赴云南镇康、广西防城港、广西钦州、内蒙古鄂尔多斯进行科技服务。继续开展主题为“走进乡土乡村助力精准扶贫”的全国农科学子联合实践行动，进行社会调研和帮学支农活动。启动专业研究生培养改革试点，为农村生产一线培养人才，已选派20名专业学位研究生到山西省灵丘县开始实践研究。巡视整改期间，69个学生党支部近2 600人次学生党员开展主题党日活动135项，激励学生党员在活动中发挥专业特长，带头服务基层；33个研究生党支部联合京郊农村、企事业单位及社区街道等开展共建活动。

四是多举措引导和鼓励毕业生到基层工作。研究制定《关于进一步引导和鼓励毕业生到基层工作的实施意见》，围绕选调生、大学生村官、新疆西藏招录内地高校毕业生专项等国家重点基层就业项目进行了系统设计和部署，引导学生基层就业、边疆就业。将“扎根一线、服务‘三农’”的专题教学内容纳入“形势与政策”课程教学、新生引航工程实施方案。完善激励机制，设立专项奖励，鼓励毕业生边疆就业；表彰赴贫困地区、赴基层就业学生，弘扬学生到基层建功立业的正能量。

5.关于加强马克思主义指导地位的整改情况

(1)加强马克思主义学院建设

一是高度重视马克思主义学院建设。制定《加强和改进新形势下思想政治理论课建设和马克思主义学院建设的若干意见》和《马克思主义学科人才引进办法》。制定专题研究制度，党委常委会、校长办公会每学期至少专题研究一次思想政治理论课教学工作，听取马克思主义学院专题汇报。

二是提高师资队伍水平。增加马克思主义学院的专职教师岗位核定数。启动思政课外聘教师项目、兼职教授聘任工作，邀请校内外专家开展思想政治理论课专题教学；开展系统业务培训，全面提升现有教师的理论修养和教学水平。

(2)强化马克思主义理论在课程建设和教育教学工作中的指导地位

一是重点建设马克思主义学科。制定和落实马克思主义理论学科发展规划。加大对马克思主义学科的投入力度，支持教师开展马克思主义学科领域研究活动，在师资队伍、建设资金以及条件资源等统筹安排中予以重点扶持。在学校“十三五”事业发展规划和《世界一流大学总体建设方案》中把马克思主义理论学科列为重点建设学科。

二是加强对教材选用的规划审核把关。成立哲学社会科学等重点教材选用工作领导小组，指导和统筹学校哲学社会科学等重点教材的编写、选用工作，全面组织、推进、督查“马工程”重点教材的统一使用工作。

三是强化用马克思主义理论指导哲学社会科学各学科专业课程建设和教育教学工作。研究落实培养方案修订工作，详细审查课程教学大纲，修订国际学院、经济管理学院、人文与发展学院和马克思主义学院培养方案。

6.关于干部和师资队伍建设的整改情况

一是加强对教职工党员群众的思想理论教育和引导。学校研究成立党委教师工作部，明确学校一名党委副书记主要负责教师思想政治工作。成立“教师发展中心”，做好教师思想教育和管理服务工作。制定《关于加强教职工理论学习工作的实施意见》，建立双周学习制度，每月1次集中理论学习，着力构建分层次、广覆盖、有重点、多形式的教职工理论学习工作体系。在全校大力学习宣传李保国同志、廖俊波同志和黄大年同志等先进典型事迹，号召师生学习先进典型的爱国情怀、敬业精神和高尚情操。在建党96周年之际，邀请河北梆子《李保国》走进校园，用传统艺术再现共产党员全心全意服务“三农”的感人事迹。组织开展暑期高端(留学归国)人才培训、新教师入职教育，前往井冈山、延安、张家口等革命根据地学习实践。完善校领导联系党外代表人士制度，加强与党外知识分子的联系。

二是严把教师选聘政治关，加强师德师风建设。制定《师德考核实施办法》，修订《人事调配工作规定》《教职工年度考核办法》《职员岗位设置与聘任办法》《教职工奖励办法》，将师德考核作为教师年度考核、入职晋升等的重要指标，充分发挥师德考核的导向作用，建立健全学校师德建设长效机制；把师德考核优秀作为教职工年度考核优秀的必要条件，年度师德考核不合格的教职工，在职务（职称）评聘和晋升、评优评奖中实施师德"一票否决"。制定《科研诚信管理办法》，建立科研诚信记录。加大师德师风问题的监督和查处力度。完善现行人才引进办法，加强人才引进的政治把关和政治导向。

三是充分挖掘红色资源。丰富图书馆红色馆藏资源，增加马克思主义理论、中国共产党思想理论研究资料和经典著作。收集整理延安自然科学院生物系、中央1949年决定设立北京农业大学决策过程等相关历史史料，进一步丰富完善学校党建组织史。

四是完善教学科研评价标准，树立正确工作导向。修订《专业技术职务聘任办法》《人事调配工作规定》。完善课堂教学评价指标体系，增加对课堂思想政治教育的评价内容。正在研究制定的《科技成果奖励办法》，进一步扩大教学研究论文奖励范围；加大对在农业产业发展中发挥重大作用的品种、产品、专利等成果的奖励力度，加大对重要中文期刊论文、应用成果、社会服务的奖励和支持力度，对科普成果及在微博等新媒体上有重要积极影响的理论文章给予奖励。

（二）加强党的建设，从严从实规范党内政治生活，把好选人用人关

1.关于加强党建工作的整改情况

（1）全面加强党的建设

一是加强党建工作组织领导。学校党委通过党建工作领导小组、党建研究会、二级党组织书记例会等形式专题研究党建工作10次。制定《党委委员联系基层党支部工作办法》《党员领导干部联系指导学生党支部工作办法》，增强党委委员、党员领导干部与基层党支部的联系和沟通，加强对教师、学生党支部书记的思想教育和工作指导。加大党建和思政课题立项的支持力度，开展党建与思想政治工作专项课题。大力建设学校党建网（网络版、手机版），及时发布习近平总书记重要讲话、中央最新工作指示及学校学习宣传贯彻落实中央精神的进展动态。

二是强化二级党组织的政治核心作用。制定《二级党组织书记例会制度》，部署安排、督促指导二级党组织贯彻落实基层党建和思想政治工作，确保党的建设工作重心在基层、关键在基层、活力在基层。实行二级党组织书记抓基层党建述职全覆盖，将其纳入工作考核和评奖评优体系。制定《学院党政联席会议事规则》，明确学院党委委员为党政联席会参会人员，强化学院党的领导，在教学科研管理和人才队伍建设等重大事项中履行政治责任和发挥主导作用。推进落实学院党政班子成员的交叉任职。

三是强化基层党支部建设。学校制定《进一步加强和改进新形势下基层党支部建设的实施意见》《教职工党支部工作规程》《教职工党支部工作考核评估办法》，不断强化党支部的政治功能，在教职工聘用、晋职晋级、评奖评优工作中，党支部有把好政治关、师德关的一票否决权。实施教师党支部书记"双带头人"培育工程。明确教职工党支部书记可以通过列席党政联席会、组织党员讨论等多种方式参与研究学院重要事项、决定系

(部、处)重大问题;推进党支部书记述职评议考核工作。

四是加强党务工作队伍建设。制定《关于进一步加强和改进新形势下党务工作队伍建设的实施意见》,将党务工作队伍建设纳入学校干部队伍建设和人才建设总体规划。落实专款,用于基层党务工作人员的培训。制定《2017年教职工党支部书记培训计划》,分期分批对党支部书记进行培训,保证党支部书记任期内轮训一次,现已培训680余人次。

五是做好教职工党员发展工作。在教职工党支部工作规程中,明确一名党员要主动联系一名非党员教职工,定期邀请非党员教职工参加党支部活动;积极建立党委与高层次人才的交流平台,组织海外留学归国教师和学术骨干赴井冈山、延安培训,吸纳条件成熟的高层次人才加入党组织。

(2)加强和规范党内政治生活

一是严格落实学校党委理论学习中心组制度。修订完善《党委理论学习中心组学习规定》,建立健全学习计划制度、学习档案制度、学习报送制度、巡听旁听制度、督查考核制度和通报制度,把重点发言和集体研讨、专题学习、系统学习结合起来,深入开展学习讨论和互动交流,确保学习时间和学习质量。

二是严格执行中央有关领导干部民主生活会规定,认真开好校领导班子民主生活会。2017年3月31日、7月5日,学校两次召开校领导班子专题民主生活会,校领导班子成员在查摆问题时坚持把自己摆进去,主动认领责任,深刻剖析思想根源。党委书记以树立标杆的态度剖析自己,带头开展批评与自我批评,其他校领导班子成员紧扣巡视整改主题,深刻剖析问题根源,互相批评直奔主题、直面问题,不讲私情,真诚交换意见,确保了专题民主生活会的质量和效果。

三是规范和严格党内组织生活。制定《"两学一做"学习教育常态化制度化实施方案》《教职工党支部工作规程》,完善落实"三会一课"制度、定期开展支部活动、民主评议党员的制度依据。明确要求党员校领导在民主生活会上报告以普通党员身份参加所在党支部的组织生活情况。继续组织开展期末集中组织生活,认真查找"三会一课"等组织制度是否认真执行,组织生活是否经常、严肃,党员教育管理监督是否严格、规范,团结教育服务群众是否有力、到位,党员发展是否规范、有序。

2.关于选人用人问题的整改情况

一是严格执行干部人事回避制度。修订《人事调配工作规定》,制定党政领导干部近亲属在校工作学习情况申报制度,决不插手在校近亲属的职级职称晋升、工作学习等事务;领导班子成员要在民主生活会上说明近亲属在校工作学习情况。严格执行学校关于"双肩挑"校领导招收研究生数量和招生对象的规定。贯彻落实回避制度,调整了部分领导干部的工作分工和近亲属的工作岗位。

二是把党管人才原则落到实处。由基层党组织在年度考核、入职审批、引进人才推荐、职务(职称)评聘、评优评奖中对候选人的政治立场、思想道德、行为规范、师德等表现进行考察和评价。明确学院党政联席会对本学院高层次人才引进的初选人具有决策权,学校学术委员会对高层次人才引进的候选人实行推荐制,学校党委常委会根据候选人的学术水平和思想政治表现决定人才引进。

三是规范选人用人工作。修订完善《处级党政领导干部选拔任用工作办法》,进一步明确任职条件、细化并规范选拔任用工作程序。初步建成“双肩挑”后备干部库和党政专职管理后备干部库。制定关键岗位干部定期轮岗工作方案，对任职超过8年的专职党政管理处级干部进行调整。对破格提拔的干部进行任职考核，重新认定任职时间。

四是加强干部日常监督管理。制定了《处级领导干部兼职管理办法》，细化对处级领导干部兼职工作的管理要求，同时对全校处级领导干部的兼职情况进行了集中申报、认定和审批，对退休领导人员兼职情况进行了排查，摸清了底数。制定了《领导干部因私出国（境）管理办法》，对因私出国（境）证件的申办与管理、因私出国（境）审批程序、干部自律和监督责任要求等方面做出明确要求。

（三）落实“两个责任”，全面从严治党

1.关于加强党风廉政建设的整改情况

（1）切实履行党委主体责任

一是落实党委主体责任。严格执行《落实党风廉政建设主体责任实施办法》，加强主体责任的落实、检查、问责。把党风廉政建设工作与学校中心工作紧密结合起来，将党风廉政建设任务纳入学校工作计划。

二是支持纪委开展工作。党委书记对学校反腐倡廉建设坚持重要工作亲自部署、重大问题亲自过问、重点环节亲自协调、重要信件亲自批阅、重要案件亲自督办，担负起反腐倡廉工作的主要领导责任。党委书记、校长全力支持纪委开展对违规违纪问题的查处，要求对相关问题严厉追责，从严从实做好整改工作。各二级党组织积极配合学校纪委开展工作，配合核查涉及本单位的信访件、开展提醒谈话和批评教育工作。

（2）加强纪检力量建设

一是调整纪委办公室内设部门，梳理工作职责，形成线索集体排查、集体决策等工作制度，规范信访受理、线索管理、纪律审查等工作，实现审查分离、各尽其责、相互监督。

二是加强基层纪检工作队伍建设。在廉洁风险突出的部门研究设置专职纪委书记或派驻处级纪检员。积极推动由处级领导干部兼任二级党组织纪检委员，加强纪检委员在同级党委的工作力度，增强基层纪检工作力量。建立二级党组织纪检委员定期向学校纪委汇报制度。

三是修订《巡察工作实施办法》，明确规定在一届党委任期内对二级党组织巡察全覆盖；修订党风廉政建设责任制考核相关文件，细化考核指标，完善考核办法，推动责任落实，层层传导压力。

2.关于贯彻中央八项规定精神的整改情况

一是加强公务接待管理。修订《公务接待管理办法》，规范管理，加强监督。从严规范审批程序和用餐标准，细化接待清单制度，加强对各单位接待经费的预算管理，严格限定餐费支出经费项目。全面调查公务接待过程中购买校内红酒情况，对相关单位及责任人严肃追责问责，举一反三。

二是完善公务用车规定。修订《公务用车管理办法》，对公车使用调度、管理台账、行驶登记、运行维护、费用核算、服务性收费等提出了具体明确的要求。

三是进一步加强因公出国（境）管理。修订《因公出国（境）管理办法》《因公临时出国（境）经费报销管理办法》，加强出国审批管理和经费管理。完成了对处级以上干部2013—2016年因公出国（境）情况的全覆盖检查，纠正了违规违纪问题。学校领导班子围绕因公出国(境)工作召开专题民主生活会。学校重新研究和调整了2017年校领导出访计划。召开两次全校教师和干部政策解读专题会议,宣讲因公出国(境)政策;启用全过程电子审批系统,加强出国(境)审批管理。

3.关于防范重点领域廉洁风险的整改情况

一是加强后勤基建系统廉政建设。开展后勤基建系统专项检查,对后勤业务外包、公有房出租、实体中心非事业编制人员工资发放和物资服务采购等工作进行了重点排查,及时纠正违规违纪问题。修订完善《后勤基建处中心实体考核办法》《基本建设管理办法》《建设工程全过程审计实施办法》等规章制度,加强廉政风险防控。制定后勤基建系统干部廉政教育年度计划,开展经常性廉洁教育。

二是加强校办企业管理。按照"整顿、清理、瘦身、正风"的要求,开展校办企业的分类清理整顿工作。理顺了企业管理体系,完善了企业监管体系,并对企业经营中存在的问题进行了纠正。制定或修订完善《经营性资产管理委员会议事规则》《北京中农大地科技发展有限公司所属企业(全资、控股)负责人经营业绩考核暂行办法》等企业管理规章制度。

三是加强科研经费管理。制定或修订《差旅费管理办法》《会议费管理办法》《无形资产管理办法》《科研项目与经费信息公开实施细则》等规章制度。系统梳理学院在落实科研经费监管责任方面存在的问题并予以整改。开展校院两级科研经费管理政策培训宣讲,制作《科研项目经费管理政策汇编》,发放至全校专任教师、科研助理、学院科研管理人员。建立科研经费监督体系,将科研经费使用管理纳入内部审计部门的重点审计范围,对全部科研项目实施抽查审计,对重大科研项目实行全过程跟踪审计。

4.针对违规违纪问题严肃开展追责问责

学校纪委对接到的信访举报、问题线索情况进行梳理排查,按照《中国共产党纪律检查机关监督执纪工作规则(试行)》《中共教育部党组贯彻落实〈中国共产党问责条例〉实施办法》有关规定,综合运用监督执纪"四种形态",全部办结涉及举报类的信访件和问题线索。涉及群众诉求的信访件已逐一进行调查,处理解决群众合理诉求,进行政策说明解释,做好安抚稳定工作。

三、深化整改成果,开创学校发展新局面

(一)不断增强"四个意识",深入贯彻落实中央精神

这次专项巡视让中国农业大学全体党员干部经历了一次全面的政治体检和一场深刻的精神洗礼,全校上下进一步把思想和行动统一到习近平总书记关于中管高校巡视工作的重要讲话精神和中央巡视工作要求上来,不断增强"四个意识"、提高政治站位,自觉运用习近平总书记治国理政新理念新思想新战略武装头脑、指导实践、推动工作。深入贯彻落实全国高校思想政治工作会议精神,始终坚持社会主义办学方向,切实加强和改进新形势下学校党的建设和思想政治工作。

(二)切实加强党的建设,全面落实"两个责任"

进一步强化党的领导,落实管党治党、办学治校的主体责任,建立健全党建责任体系,充分发挥学校党委领导核心作用,进一步发挥学院党委政治核心作用,树立党的一切工作到支部的鲜明导向。履行党委主体责任,加强和规范党内政治生活,强化从严治党

的工作氛围，营造风清气朗的政治生态。全面落实党内监督责任，积极践行监督执纪“四种形态”，推动管党治党从“宽松软”走向“严紧硬”，有力推进学校党风廉政建设和反腐败工作。

（三）不断巩固深化巡视整改成果，推动学校事业全面发展

两个月的集中整改已取得初步成效，党的领导不断强化，办学治校目标愈加聚焦，制度短板逐步补齐，党的建设全面加强，全面从严治党总体格局初步形成，长效机制逐步健全。学校党委将继续以解决具体问题、当前问题为切入点，同时与普遍问题、长远问题紧密结合起来，用好巡视成果，强化制度约束，建立长效机制，促进改革发展，为学校事业全面发展提供坚实保障。

整改永远在路上。中国农业大学党委将紧密团结在以习近平同志为核心的党中央周围，切实担负起全面从严治党的主体责任，坚持严防问题反弹不松懈、坚持发现和纠正问题不松懈、坚持建立健全长效机制不松懈，凝心聚力，改革创新，加快建设具有中国特色、农业特色的世界一流大学步伐，为实现中华民族伟大复兴的中国梦做出新的贡献，以优异的成绩迎接党的十九大胜利召开！

欢迎广大干部群众对巡视整改落实情况进行监督。如有意见建议，请及时向我们反映。联系方式：电话 010-62736994；邮政信箱：北京市海淀区清华东路 17 号 193 信箱中国农业大学纪委，100083；电子邮箱 jiwei@cau. edu. cn。

中共中国农业大学委员会
2017 年 8 月 26 日

抓牢人才培养能力核心点　加强和改进高校思想政治工作

姜沛民

（2017 年 02 月 24 日发表于学校网站）

全国高校思想政治工作会议于 2016 年 12 月 7 日至 8 日在北京召开。中共中央总书记、国家主席、中央军委主席习近平出席会议并发表了重要讲话。这次会议是一次具有开创性意义的重要会议，是高校党的建设历史上的里程碑，充分体现了以习近平同志为核心的党中央对高校思想政治工作的高度重视，为做好高校思想政治工作指明了前进方向。习近平总书记的重要讲话深刻回答了事关高等教育事业发展和高校思想政治工作的一系列重大问题，始终贯穿马克思主义的立场、观点和方法，具有很强的政治性、思想性和针对性，是中国特色社会主义教育理论的又一重大创新成果，是指导做好新形势下高校思想政治工作的纲领性文献，对于办好中国特色社会主义大学，推进党和国家事业发展，具有十分重要的意义。

我们在学习习近平总书记讲话的过程中需要把握以下方面。

一、习近平总书记用“一个根本”深刻阐述了高校思政工作的重要意义

习近平总书记指出，高校立身之本在于立德树人。尽管经济社会发展赋予高校不少使命和功能，但高校的根本还是培养人才。只有培养出一流人才的高校，才能成为世界一流大学。办好我国高校，办出世界一流大学，必须牢牢抓住全面提高人才培养能力这个核心点，并以此来带动高校其他工作。

二、习近平总书记用“两个更加”阐述了高校思政工作的地位

习近平总书记强调，我们正处在全面建成小康社会的决胜阶段，我们比历史上任何

时期都更加接近中华民族伟大复兴的目标。中华民族和中国人民千年求索、百年奋斗的目标，将在不远的将来变为现实。我们对高等教育的需要比以往任何时候都更加迫切，对科学知识和卓越人才的渴求比以往任何时候都更加强烈。

我国高等教育肩负着培养德智体美全面发展的社会主义事业建设者和接班人的重大任务，必须坚持正确政治方向，这就离不开思想政治工作。

三、习近平总书记用“四个服务”阐述了社会主义大学的办学方向

我国高等教育发展方向要同我国发展的现实目标和未来方向紧密联系在一起，为人民服务，为中国共产党治国理政服务，为巩固和发展中国特色社会主义制度服务，为改革开放和社会主义现代化建设服务。脱离了这个最大的实际，高等教育就丢失了办学的根本，就很难办好。

四、习近平总书记用“四个坚持不懈”对高校办学提出具体要求

第一，坚持不懈传播马克思主义科学理论。高校要把加强马克思主义学习研究宣传作为重要职责，让马克思主义主旋律唱的更响亮。

第二，坚持不懈培育和弘扬社会主义核心价值观。要把社会主义核心价值观贯穿于高校办学育人全过程，弘扬以爱国主义为核心的民族精神和以改革创新为核心的时代精神，坚持用社会主义核心价值观引领知识教育、引领师德建设。

第三，坚持不懈促进高校和谐稳定。培育理性平和的健康心态，是高校育人的重要方面。高校应该成为使人心静下来的地方，成为消解浮躁风气的文化空间。高校在保持和谐稳定方面把工作做好了，就能产生很强的辐射力，为社会和谐稳定注入正能量。

第四，坚持不懈培育优良校风和学风。高校思想政治工作是基于高校而存在的，高校治理得如何，校风和学风如何，既影响和决定着、又反映和体现着高校思想政治工作的水平和成效。一所高校的校风和学风，犹如阳光和空气决定万物生长一样，直接影响着学生的成长。好的校风和学风，能够为学生学习成长营造好气候，创造好生态，思想政治工作就能润物无声给学生以人生启迪、智慧光芒和精神力量。

五、习近平总书记用“四个正确认识”为学生思想政治工作提出明确要求

第一，要正确认识世界和中国发展大势。看清发展大势，把握历史规律，才能坚定理想信念，才能不断树立为共产主义远大理想和中国特色社会主义共同理想而奋斗的信念和信心。

第二，要正确认识中国特色和国际比较。如果没有正确的立场和方法，往往会得出模糊甚至错误的结论。我们要帮助学生在国际比较中对中国特色坚定信心，全面客观认识当代中国、看待外部世界。

第三，要正确认识时代责任和历史使命。青年一代有理想、有担当，国家就有前途，民族就有希望。我们要激励学生自觉把个人的理想追求融入国家和民族的事业中，勇做走在时代前列的奋进者、开拓者，书写无愧于时代的青春之歌和精彩人生。

第四，要正确认识远大抱负和脚踏实地。把远大志向变成现实，既要求得到真学问、练就真本领，又要有锲而不舍、自强不息的奋斗精神，从一点一滴做起。我们要引导学生珍惜韶华、脚踏实地，把远大抱负落实到实际行动中，树立梦想从学习开始、事业靠本领成就的观念，让增长本领成为青春搏击的能量。

六、习近平总书记用“遵循三个规律”阐述推动高校思想政治工作改革创新的基本原则

做好高校思想政治工作，要因时而化、因时而进、因势而新。要遵循思想政治工作规律，遵循教书育人规律，遵循学生成长规律，沿用好办法，改进老办法，探索新办法，不断提高工作能力和水平。第一，要用好课堂教学这个主渠道。第二，要加快构建中国特色哲学社会科学学科体系和教材。第三，要更加注重以文化人、以文育人。第四，要运用新媒体技术使工作活起来。

七、习近平总书记用“四个统一”阐明了加强高校师资队伍建设的重要任务

第一，要坚持教书和育人相统一。不同学科不同专业的教师，研究领域、讲授内容、教学方法各有不同，但育人的要求是一致的。教师不能只做传授书本知识的教书匠，而要成为塑造学生品格、品行、品味的“大先生”。要把知识教育同价值观教育、能力教育结合起来，把思想引导和价值观塑造融入每一门课的教学之中。

第二，要坚持言传和身教相统一。教师对学生的影响，不仅在于课堂里怎么说，更在于课堂外怎么做。教师要成为学生做人的镜子，以身作则、率先垂范，以高尚的人格魅力赢得学生的敬仰，以模范的言行举止为学生树立榜样，把真善美的种子不断播撒到学生心中。

第三，坚持潜心问道和关注社会相统一。高校是研究学问的殿堂。教师要热爱自己的职业，耐得住寂寞，坐得了冷板凳，潜心研究学问、专注教书育人。同时，高校也不能变成世外桃源，教师不能只在书斋里做学问，而要以家国情怀关注社会现实，在实践中汲取养分、丰富思想。

第四，要坚持学术自由和学术规范相统一。高校应该有研究未知、探索新知的氛围，有鼓励学术争鸣、学术创新的空气。不能把探索性的学术问题等同于严肃的政治问题，也不能把严肃的政治问题当成一般的学术问题。高校教师要对国家负责、对社会负责、对学生负责，不能信口开河、不负责任造成学生思想认识上的混乱、人生态度上的消极。

八、习近平总书记用“两个领导”阐明了党对高校思想政治工作领导的具体原则

各级党委要抓好政治领导和思想领导。政治领导，就是要保证高校正确办学方向，保证党的领导在高校工作中全面发挥作用；思想领导，就要掌握高校思想政治工作主动权，巩固马克思主义在高校意识形态的主导地位，用科学理论培养人，用正确思想引导人，保证高校始终成为培养社会主义事业建设者和接班人的坚强阵地。

党委书记姜沛民在学校2016年基层党建工作述职评议考核会上的讲话

（2017年2月24日）

同志们：

基层党建述职评议考核是加强基层党建的制度性安排，是全面从严治党的重要抓手。要通过每年一次的述职评议考核，更加聚焦党委书记的第一责任，聚焦问题导向，聚焦工作整改。

今天，学校9位基层党组织书记进行了述职，学校校领导参加会议并进行了考核评议，这也是学校党委发挥抓基层党建主体责任的重要方式。总体来说，我们这次会议取得了比较好的效果，大家准备的都很认真，下一步可以通过相互学习借鉴，推陈出新，努力做出更多的党建成绩和亮点。

下面，我对本次评议考核会议和学校2016年基层党建工作做总体点评：

今天9位二级党组织书记的现场述职以及其他15位书记的书面述职，反映和展示了学校二级党委和党委书记不断聚焦主体责任，持之以恒抓好基层党建工作所做出的努力、所取得的成绩、所推出的改革创新，认真分析了所面临的困难与挑战，查找了工作上不足和短板。从总体评价上来看，有以下几点比较集中、印象深刻。

一是抓主业的思想认识不断加强：习近平总书记始终强调要“把抓好党建作为最大的政绩”。从大家的述职来看，各位书记能始终牢记党章和组织赋予自己的政治职责，不断强化自己的政治意识、大局意识、核心意识、看齐意识，牢牢抓住履行党建主体责任这条主线，认真贯彻中央关于加强高校党建工作部署和教育部党组以及上级党委的工作要求，带领二级党委一班人落实学校三次党代会精神，心无旁骛，立足所在单位实际和改革发展中心任务，不断探索、总结新形势下管党、治党的典型经验，不断提高基层党组织建设水平，不断发展党的事业。今天现场述职的有科研教学单位的书记，也有教辅保障单位的书记，还包括了产业和离退休部门的书记，虽然各单位的工作性质、工作范围不同，但各位书记都能找准抓好党建工作的发力点，如新成立的三个学院通过抓党建完成学院各项工作的平稳过渡，谋划未来发展方向；校办产业和试验场站党委抓党建聚焦了校办企业和实验场站面临的实际问题；离退休分党委围绕“退休不褪色，离岗不离党”抓党建工作，都体现了各位书记履行主责、抓好主业的思想认识不断加强，各位书记工作上是努力的，职责上是尽心的，工作上是富有成效的，组织和群众也是充分认可的。

二是抓落实的具体措施不断改进：2016年，党中央在全体党员中开展“两学一做”学习教育，结合这次学习教育，又相继部署了党员组织关系、党代会代表和党员违纪违法未处理、党组织按期换届、党费收缴“四个排查”等基层党建重点任务，这些工作都要求书记亲自抓落实。一年来，各二级党组织，特别是二级党组织书记在落实上级工作要求的具体措施上想了不少办法。在“两学一做”学习教育方面始终强调边学、边做、边改，二级党组织书记和委员带头讲党课成为常态，联系基层党支部成为制度，更创造出了一系列有影响、有成效的工作亮点和活动品牌，比如理学院按照五个步骤（部署、培训、示范、指导、督导）、两个层次（教工支部、学生支部）部署“两学一做”学习教育、以“政治理论学习＋（师德师风、职业素养、价值观人生观、人格人品、思维方式）”的模式开展党员教育，这些做法为“两学一做”学习教育的常态化、制度化打下了基础。在落实基层党建重点任务方面，能正确把握政治方向和政策内涵，根据本单位特点，通过耐心细致的工作把广大的师生员工紧紧地团结在党的周围，凝聚在党的事业之中。同时，结合“两学一做”学习教育和基层党建重点任务，在完善基层组织功能，强化基层基础保障，严肃党内组织生活，完善“三会一课”制度，严格党员教育管理，拓展党员教育途径，参与学校综合改革，推动教学科研管理，开展思想政治教育，维护校园安全稳定等方方面面的工作中，都形成了并不断改进工作的方式方法，发挥了应有的作用。

三是抓薄弱环节的思路不断清晰：基层党建工作涉及方方面面，不同单位又有各自的特点和侧重。在工作中，各位书记立足本单位实际，抓基层党建工作薄弱环节的意识和思路不断清晰，能突出问题导向，深入开展调研，积极探索和总结破解突出问题的工作制度、工作平台、工作方式和工作经验。比如教职工党支部建设一直是学校基层党建工作的薄弱环节，但不同单位表现出来的问题不尽相同，有的对支部设置方式进行调整，选好配强党支部书记；有的加强对党支部的指导和对支部书记的培训；有的丰富党支部活动，提升党支部活力。虽然有些突出问题还没有得到很好解决，但抓住薄弱环节，以点带面推动基层党建工作越来越成为各二级党组织和各位书记共识。

四是抓创新工作的力度不断加大：从大家的现场述职和提交的述职材料情况来看，各分党委能够团结带领基层党支部聚焦自身党的建设，聚焦改革发展的中心任务，搭建各类活动平台，丰富各类活动方式，创新各类工作做法，积极探索一整套创新的工作制度、工作平台和工作经验，基本形成了一大批品牌项目和优势工作。比如农学院在45所农业高校中发起“全国农学院协同发展联盟”，共同实施“全国农科学子联合实践行动”，以学生党支部为单位，鼓励同学们深入基层、了解社会。资源与环境学院党委在科技小院和水利与土木工程学院党委在实验基地中建立流动党支部保证党员学习教育不掉线。动科学院学生制作“两学一做”思维导图，将专业学习与“两学一做”学习教育紧密结合，创新学习方式。动物医学院离退休支部、教师支部、学生支部的老中青三代教师和学生党员一同参加思想理论学习，交流学习心得，提升学习质量。工学院教师和学生创新实践，研制高原捡拾机，提高青藏高原藏区牧民生产生活状况。继续教育学院党总支编写学习材料，将党员学习和支部管理落实落地到位。北京建设大学党支部和街道党支部共同探索党建工作新模式。国际学院在合作办学海外留学生中利用网络视频同步学习保证党员学习教育不延时。

同志们，近年来，在党委的统一领导和各基层党组织的积极配合下，中国农业大学党建工作持续推进和不断改进，各级党组织认真落实全面从严治党责任，管党治党意识明显增强，党建各项工作措施有力，党的建设呈现出很好的势头。但是，面对全面从严治党的新的要求，面对深化高等教育综合改革和加快“双一流”建设的新的形势，面对错综复杂的意识形态领域的激烈斗争，面对全面落实全国高校思想政治工作会议精神的新的课题，我们学校基层党的建设依然任重道远，工作上还有不小的差距，也面临着一系列严峻的挑战。

一是基层党组织的功能弱化还未根本扭转，长期以来，学校基层党组织尤其是教工支部，通过党组织参与决定院系重大事项的作用发挥很不平衡，体制机制和参与渠道并不完善，对所在单位的学科发展、职务晋升、干部选拔等方面影响效果不一，往往会造成群众有问题不找支部，党的基层组织服务群众、凝聚人心的战斗堡垒作用难以发挥，在普通党员和群众中的凝聚力、号召力、影响力不强，这将严重影响到党的领导的执政基础。

二是基层党务政工干部队伍建设亟待加强。与全国高校思想政治工作会议精神要求相比，学校基层党务政工干部队伍建设还存在不足，亟待加强干部培养、选拔、使用和队伍建设长远规划。一些基层党组织党务干事兼职化严重、流动过于频繁，不少学院还亟待配齐配强专兼职组织员。我们既要解决必要的政策待遇问题，还要进一步重视这支队伍的职业发展规划，为基层党务政工干部解决后顾之忧，推动基层党务政工干部队伍稳定与提升。

三是基层党员组织活动的实效性和吸引力不够。多年来沿袭按学科、专业、班级设立党组织的办法，优点是成建制，缺点是过于单一、多样性和活力不足。本科生党支部普遍存在着生活经历雷同、缺乏党内政治生活锻炼、党务工作经验不足等问题，难以自我教育和自我提升。目前的学习方式不太适应教职工党支部、研究生党支部的特点，活动内容、方式固化，与本科生要求雷同，加上大家业务繁忙，存在工学矛盾，造成党员活动的吸引力偏弱。

全面从严治党，必须全面加强基层组织建设，必须充分发挥基层党委的政治核心作用、党支部的战斗堡垒作用和党员的先锋模范作用。为更好地从严从实抓好党建工作，我们各级党组织特别是基层党组织必须将从严管理落到基层，落到实处。下面，我提出一些具体工作要求：

一、构建学校加强基层党组织建设的工作格局，完善学校党委、基层党委和支部三级联动的工作机制

结合每年学校党委和基层党委党建述职常态化工作机制，每年系统检查各单位基层党建情况，交流工作经验，分析评价工作状况，表扬先进，查找不足，加强整改，促进工作。

学校党委将充分发挥党建领导小组的作用，每年专题研究基层党建工作，制定专门规划，落实学校党委委员联系基层支部制度，自觉按时参加所在支部活动。研究出台加强党支部建设的专项措施。组织基层党务工作者培训，加强能力建设。完善督查制度，加强对基层党委抓支部建设的工作检查，及时总结推广基层党建工作的新典型新经验。开展优秀基层党组织创建活动。组织党建研究。

基层党委要强化政治意识和主体责任，把加强支部建设的责任扛在肩上，落到基层。书记和党委委员要深入所属党支部，参加活动，加强指导。要加强党支部建设的工作力度，列入党委主要议题，制定工作要点。要选强配优支部书记，配备党务秘书、专职组织员，落实党务工作待遇，创新党支部在教师考评、干部选用等方面发挥积极作用的体制机制。创新基层组织形式，探索在学生公寓、学生社团、野外实习站点设立功能性党组织，

落实基层党组织全民有效覆盖。加强党建工作的创新,培育和推出一批具有时代特点的党建新典型新品牌。严格执行已经出台的党内各项规章制度,营造本单位良好政治生态和严肃的党内政治生活。

党支部要按期完成支部换届,创新方式方法,增强支部活力。严格落实"三会一课"、民主评议、谈心谈话、民主生活会等基本要求,加强对党员的管理和考核,积极开展健全的党内组织生活和政治生活,每一位党员都能在组织生活中锻炼党性、提高认识,发挥政治引领和政治导向作用。

二、把推进"两学一做"学习教育的常态化和制度化作为加强基层党建的重要抓手

2017年,中央提出了推进"两学一做"学习教育的常态化和制度化的工作要求,各级党组织要将学习教育融入日常、抓在经常,在"学"和"做"上深化拓展,在健全制度、强化执行上多下功夫。

第一,要学做结合、知行合一,推进"两学一做"学习教育常态化。各级党组织要将继续学习党章党规党纪,深入学习十八届六中全会通过的《准则》和《条例》,系统学习习近平总书记系列重要讲话作为必修课,通过专题学习讨论、创新方式讲党课等多种方式,武装头脑、指导实践,形成系统学习的常态化。同时要引导党员按照"四讲四有"标准,通过立典型、树榜样等方式,鼓励大家从具体事情做起,从具体问题改起,立足岗位做贡献,形成立足实践的常态化。

第二,要严格规范、整体联动,推进"两学一做"学习教育制度化。各级党组织要以尊崇党章、遵守党规为基本要求,以"两学一做"为基本内容,以"三会一课"为基本制度,同时不断完善党员领导干部讲党课制度,坚持推行党支部"主题党日"制度,严格规范双重组织生活制度,认真履行党员民主评议制度,形成从基础工作抓起、从基本制度严起、从具体问题改起,把落实全面从严治党的要求通过制度化体现出来。

三、把推进党内政治生活准则和党内监督条例落地生效作为工作着力点

十八届六中全会通过的《条例》和《准则》,是推进从严治党、从严管党的重要遵循,各级党组织要充分认识加强和规范党内政治生活、加强党内监督的重要意义,结合工作实际推进贯彻落实。

第一,要抓好思想教育根本性基础。各级基层党组织要带领党员坚持不懈强化理论武装、毫不放松加强党性教育,持之以恒加强道德教育,教育引导广大党员筑牢信仰基础,把稳思想之舵,在政治问题上不能模棱两可,立场上要特别坚定,营造良好的政治生活环境、政治生态环境和政治文化环境,使大家在思想上、政治上、行动上同以习近平同志为核心的党中央保持高度一致。

第二,要用好组织生活经常性手段。党的组织生活是党内政治生活的重要内容和载体,是党组织对党员进行教育管理监督的重要形式。各级基层党组织要认真落实"三会一课"、组织生活会、民主评议党员、谈心谈话等制度,定期开展组织生活,做好批评与自我批评,加强经常性教育、管理、监督。在此基础上,还要创新工作方法,增强组织生活的

吸引力和感染力，提高组织生活质量和效果。

第三，要突出党内监督规范性要求。二级党组织要履行监督执纪问责的职责，要对本单位范围内遵守党章党规党纪情况加强监督，检查党的路线方针政策的执行情况；要在工作推进过程中严格所属党支部的组织生活和党员教育管理工作制度和规范的落地，担负起组织实施检查督导的重要责任；还要加强对基层党支部各项工作的规范性指导，支持党支部紧扣教帅、学生在工作和学习中的实际问题，推动基层支部活动创新。基层党组织和党员要履行民主监督责任，要在党的会议上对违反党章党规的行为提出意见，有根据地批评党组织和党员，负责地向党组织反映各类违纪违法事实。在此基础上，还要加强舆论监督，为全面从严治党营造良好舆论氛围。

第四，要紧扣传承创新关键性环节。继承和创新是我们党在长期实践中形成的党的建设工作的光荣传统。各基层党组织要不断继承学校长期党建工作中形成的好的工作经验和优秀的传统，不丢不弃，温故知新。溶蚀还要立足新的实际，不断进行改进和创新，用新的经验指导新的实践，通过新的实践总结新的经验，努力在全校党组织和党员中开创出良好的政治局面。

四、把深入贯彻全国高校思想政治工作会会议精神作为当前重大政治任务

习近平总书记在全国高校思想政治工作会会议的重要讲话，深刻回答了有关高等教育事业发展和高校思想政治工作的一系列重大问题，是指导做好新形势下高校各项工作的纲领性文献，对于办好中国特色社会主义大学，推进党和国家事业发展，具有十分重要的意义。深入学习贯彻讲话精神，既是学校工作全局性的一项工作，学校党委将研究提出总体工作方案，一些工作措施已经出台实施，同时也是一项长期性的工作，因为总书记的讲话涉及大学的办学方向、办学宗旨、中心任务等一系列根本性问题，需要我们重新审视和调整我们的工作思路，需要作为根本指导思想来规划指导我们的各项工作，需要不断深化学习思考、不断提高看齐意识，真正把总书记的讲话精神贯彻下去、落实到位。

各级党组织在加强党建工作时，要把深入学习贯彻习近平总书记在全国高校思想政治工作会议的讲话精神作为重大政治任务，作为工作指导思想，作为衡量工作的标准和依归。最近，学校党委对学习讲话精神做出再部署，希望各级党组织组织党员认真学习，把握内涵，吃透精神，领悟要义。一要深刻认识做好高校思想政治工作的重要意义；二是深刻认识坚持社会主义办学方向的原则立场；三是深刻认识各个创新高校思想政治工作的基本要求；四是深刻认识坚持党对高校领导的政治要求。同时，发挥各级党组织的领导和组织作用，抓好本单位思想政治工作各项任务的落地和落实。

五、把迎接和配合中央巡视工作作为强化基层党建的重要契机

2 月 22 日，经中央批准，十八届中央第十二轮巡视将对学校在内的 29 所中管高校党委开展专项巡视。大家要从思想上、行动上切实提高认识，此次巡视既是一项严肃的政治任务，也是对学校党建工作的一次重要体检，更是我们改进工作、完善制度的重要契机，是推进学校从严治党的重要手段。因此各级党组织以此为契机，扎实做到进驻前高

度重视、扎实准备，巡视中积极配合、立行立改，反馈后认真梳理、落实整改。推动学校从严治党的纵向发展，形成风清气正的良好氛围。

同志们，加强党建工作是党中央全面从严治党的政治任务，抓好党建工作是我们各级党组织的一项重要政治责任。全校各级党组织和广大党员要认真落实学校提出的各项要求，积极作为、加强改进、不断创新，不断提升学校基层党建工作水平，在各项工作中取得优异成绩，以优异的成绩迎接党的十九大胜利召开！

谢谢大家！

党委书记姜沛民在中央第一巡视组专项巡视中国农业大学党委工作动员会议上的表态讲话

（2017 年 3 月 1 日）

同志们：

今天，我们在这里召开动员会议，迎接中央第一巡视组来到中国农业大学开展专项巡视工作。中国农业大学党委坚决拥护中央的决定，认真接受中央巡视组的监督检查。学校各级党组织要全力配合、全面落实中央巡视组的工作部署和各项要求。

下面，我就学校配合中央专项巡视的有关工作，提出以下要求：

一、深刻认识和理解中央巡视工作的重要意义，做到思想到位

一要充分认识到接受中央专项巡视是当前全面从严治党的重大政治任务。我们党始终高度重视加强自身建设，党的十八大以来，以习近平同志为核心的党中央全面从严治党，高度重视巡视工作。习近平总书记强调指出："巡视是党章赋予的重要职责，是加强党的建设的重要举措，是从严治党、维护党纪的重要手段，是加强党内监督的重要形式。"目前，开展巡视已经成为党风廉政建设和反腐败斗争的重要平台，为全面从严治党提供了监督利剑和有力支撑。十八届六中全会审议通过的《党内监督条例》，再次把加强党内监督作为全面从严治党的根本举措，对全党提出了更新更高的要求。这次中央巡视组对中国农业大学的巡视，代表的是中央权威，体现的是中央从严治党的要求。我们要准确把握政治巡视内涵，提高政治站位和政治觉悟，善于从政治上查找问题和发现问题。把积极配合和自觉接受中央巡视作为学校各级党组织和每一位党员干部必须履行的政治义务，努力完成好接受中央巡视这一重大政治任务。

二要充分认识到接受中央专项巡视是对学校党建工作和思想政治工作的全面体检和综合会诊。中国农业大学是我国现代农业高等教育的起源地，为国家农业农村发展和社会主义现代化建设做出了重要贡献。同时，我们也要清醒地看到，我们的工作距中央的要求、国家的厚望、群众的期待，仍存在着一定的差距，工作中仍有许多的短板和亟待改进的地方。开展专项巡视，是以问题为导向，全面体检，查找不足，看清差距，共同面

对，认真整改。因此，我们要以对党对人民对事业高度负责的精神，以壮士断腕的勇气、刮骨疗毒的决心、敢于亮丑的态度，积极配合中央巡视组共同查找学校工作上的差距、不足、短板和漏洞，真正把中国农业大学党委建设成强有力的领导核心，把农大建设成党的教育事业中的坚强阵地。

三要充分认识到接受中央专项巡视是推动学校党政各项工作的重要契机。这次中央巡视，充分体现了以习近平同志为核心的党中央对学校工作的高度重视和殷切希望，将有助于我们贯彻落实党的十八届六中全会精神、全国高校思想政治工作会议精神和学习贯彻习近平总书记系列重要讲话精神，在工作上与中央要求进行一次全面“对表”，帮助我们坚定政治方向，提高政治站位，查找政治偏差，更好的发挥党的领导核心作用、全面贯彻党的教育方针，履行好立德树人的根本任务，将对学校党政各项工作产生深远的影响和有力的促进。同时，这次专项巡视也是检验和提升学校自我监督职能、自我革新能力的一次难得机遇，将帮助学校党委在中央巡视工作的指导下，加强党的建设，优化管理制度的设计与落实，解决存在的突出矛盾和问题，形成监督落实、改进提高的良性循环。

二、集中精力全面配合中央专项巡视，做到工作到位

一要强化组织协调，确保巡视工作顺利进行。学校党委已经成立了巡视工作领导小组，由我和校长任组长，所有领导班子成员进入领导小组工作。下面组织了9个专项工作组。从今天开始，全体同志都要及时到位，按照分工开展工作。各单位在这次动员会后，要把中央巡视组领导的讲话精神和学校党委的工作要求迅速传达并贯彻落实，大家要共同做好配合巡视的思想准备和工作准备，积极如实反映情况。各单位要由书记牵头、专人负责，协调落实各项巡视任务。同时，学校各级党组织要协助巡视组畅通意见反映渠道，保证党员干部和人民群众的民主权利，并制定好工作预案，密切关注网络舆情，积极稳妥应对可能发生的情况，确保巡视工作顺利进行。

二要坚持以上率下，带头主动接受监督检查。在中央这次对高校开展专项巡视动员会上，中央领导强调指出，对中管高校的巡视，要紧紧抓住高校党委和党员领导干部这个“关键少数”。学校党委的每位同志都要坚持以六中全会精神和习近平总书记系列讲话精神为指引，坚持问题导向，突出“四个意识”，查找政治差距，聚焦政治要求，主动检查是否履行政治职责，全面贯彻党的教育方针、保证正确办学方向；是否严明政治纪律和政治规矩，坚决维护党中央权威；是否严格执行中央八项规定精神等方面的落实情况。要正确对待和自觉接受巡视组和干部群众的监督，深入查找自身存在问题，以上率下，抓紧整改，不断强化政治担当，全面提升党委工作水平。

三要遵守工作纪律，实事求是反映情况。学校各级党组织要广泛动员和鼓励大家本着对党组织负责，对学校事业发展负责，对同志负责，对个人负责的原则，以客观事实为依据，向中央巡视组如实反映情况。对工作成绩，不虚构不夸大；对存在问题，不遮掩不护短；对工作记录，不漏报不造假。做到求真求实，诚恳负责，保证巡视组全面掌握真实情况。各单位和每位同志，要保持通讯联络畅通，凡是接到巡视组需要了解情况和配合调查时，必须在第一时间内积极配合，不得以任何理由推诿拖延；必须在要求时限内，及时予以回复。巡视期间，任何单位、任何个人不得以任何理由、任何方式，干扰、对抗中央

巡视工作。不管是谁,一经发现,严肃查处。

四要做好组织统筹,集中精力配合完成专项巡视任务。这次中央专项巡视只有两个月的时间,时间紧、任务重。巡视期间,积极配合和主动接受专项巡视就是学校当前中心任务,各项工作安排要以此来统筹安排和展开。从今天开始,各单位和全体同志都要迅速进入巡视工作状态,全方位做好资料备查等各项工作。我们要协调好接受巡视与日常工作的时间安排,保证配合巡视与正常工作“两不误”。学校和处级领导干部外出要执行严格的请销假制度,未经批准不得外出。

三、深入检视和及时改进学校各项工作,做到整改到位

我们要以中央巡视为契机,按照中央巡视工作领导小组和中央第一巡视组的要求,进一步落实全面从严治党责任,深入查找工作中存在的不足。对巡视前自查的问题,做到闻风而动、追根溯源、即知即改;对巡视组指出的问题,做到诚恳接受、深刻反思、立行立改;对巡视后反馈的问题,做到深谋远计、制定方案、全面整改;确保事事有回复、件件有回音。学校党员领导干部都要把自己摆进去,实现压力层层传导,责任层层落实。对巡视组发现的违规违纪问题,不管涉及什么人,都要严格调查、严肃处理。

我们要把这次专项巡视作为发扬党内民主、强化党内监督的过程,作为加强党性修养、经受政治历练的过程,作为解决突出问题、改进提高工作的过程,不断增强道路自信、理论自信、制度自信和文化自信,以更高昂的政治热情、更坚定的政治担当,积极投身于党的教育事业中去,以更加优异的成绩迎接党的十九大的胜利召开!

动员会到此结束,谢谢大家!

开拓创新　勇于担当　充分发挥
学生组织的教育服务作用

——党委书记姜沛民在中国农业大学第十五次学生代表大会和第十三次研究生代表大会上的讲话

(2017 年 4 月 9 日)

各位代表,各位嘉宾,各位同学:

大家下午好!

今天,2017 年中国农业大学学生代表大会和研究生代表大会在此顺利召开。我谨代表学校党委,对大会的召开和新一届当选的学生会、研究生会的主席、副主席和各位常任代表表示热烈的祝贺!向出席此次大会并长期以来指导和支持学校学生工作的上级团组织、学联组织和兄弟高校的代表表示衷心的感谢!同时也向各位学生代表,并通过你们向学校全体本科生、研究生同学们致以亲切的问候!

刚才,柯校长的讲话对同学们提出了殷切希望,相信每一位同学都受益匪浅。希望同学们牢记校长的鼓励和叮嘱,以更坚定的信念和更积极的心态,迎接大学生活中的各

种挑战，履行好双代会的职责和使命。

在过去一年中，学校学生会和研究生会认真贯彻落实学校党委和上级学联提出的要求，在校团委的指导下，各项工作取得了一系列丰硕成果。一是加强思想引领，组织同学们学习贯彻落实习近平总书记系列重要讲话精神、中央群团工作会议和全国高校思想政治工作会议精神，团结广大同学凝聚在党的周围，积极投身学校双一流建设。二是锐意推进改革，按照上级印发的《学联学生会组织改革方案》，全面更新了学校学生代表大会的组织结构和选举办法，使我们的学生代表和学生会研究生会主席团的选举产生更加规范有序、更具代表性和先进性。三是发挥服务功能，秉承全心全意为同学服务的宗旨，依法依规维护同学们的权益，积极反映同学们的心声，全方位服务同学们的成长，在帮助大家解决实际问题的同时，为学校发展建言献策，充分发挥了重要的桥梁和纽带作用。四是丰富活动载体，创新开展了形式多样的学习科研、文艺体育、实习实践等各类活动，为广大同学的成长成才创造良好的机会和平台，为校园营造了良好的文化育人氛围。五是完善管理机制，积极探索学生委员监督评议制度，夯实组织基础，强化了学生会的自我监督职能，对学生组织规范化运行和管理产生了有益促进。

第十四届学生会和第十二届研究生会执委会和全体学生干部，用积极作为、踏实肯干的务实态度，圆满完成了各项使命。在他们满载着奉献的快乐和收获的喜悦，就要离开学生会工作岗位之际，让我们以热烈的掌声对他们一年来所付出的辛勤努力和取得的优秀成绩表示衷心的感谢！同时也希望你们能够一如既往地关心、支持和帮助新一届学生会、研究生会做好今后的各项工作！

经过同学们的推荐和代表们的选举，新一届学生会和研究生会执委会主席已经产生了。刚才，新当选的学生会主席和研究生会主席发表了热情洋溢的就职演讲，表达了新一届执委会服务同学、开拓创新、发挥更大作用的强烈愿望，也体现出学校双代会薪火相传、不断提升的良好发展趋势。真诚希望你们不负重托，积极作为，带领新一届学生会和研究生会发挥好学生之家、师生之桥、干部之校的作用，履行好你们的庄严承诺。

在我们学校，学生会和研究生会每年举行一次换届，这比较符合学校的特点。既是同学们一年一度行使民主权利的重要契机，也给更多的同学参与学生管理、展示能力才华提供了机会。年年岁岁花相似，岁岁年年人不同。今年的双代会具有与往年不同的背景和特点，也有着不同的任务和使命。

一、今年双代会是在贯彻落实中央群团工作会议精神的大背景下召开的，应充分体现改革创新的工作要求

同学们在校党委、校团委的领导下，深入学习领会中央改革群团组织的新要求，对学校学生会和研究生会的组织结构和选举方式实行了重大改革。今天在新的体制下，成功选举出了新一届学生会和研究生会领导机构，充分体现了上级学联的改革要求，体现了同学们的创新精神，体现了新时期的民主意识。既是一次成功的民主选举，也是一次难得的民主历练，对同学们提高民主意识、增强民主能力是一次极好的体验。

大家知道，建设民主富强的国家是我们的奋斗目标，民主法治是我们倡导的核心价值。但如何理解和正确行使自己的民主权利，如何提高自己的民主素质，需要不断学习和积极探索。

进行民主选举是行使民主权利的基础和第一步，同学们作为中华人民共和国公民，无论是在校期间还是未来走向社会，一生当中都会经历无数的民主选举，投上表达自己意愿的神圣一票。但这民主意愿的表达，有时是通过直接选举，有时是通过代表间接表达。也就是说，民主有直接民主和间接民主之分。现代国家普遍实行代议制，也就是间接民主，这是社会分工日益专门化和国家事务日益复杂化的客观需要。我国的人民代表大会制度是新型的代议制，人民代表大会统一行使国家权力，是真正代表民意的代议机关。就像今天，我们也不可能把学校近两万学生都请到会场直接选举，而是通过你们这些经过选举产生的学代会代表来进行二次选举。这也是民主选举的重要形式。不能简单地理解为只有一人一票的直选才是民主。我国学校过去长期实行的是班级推举、海选直投的方式，不可否认它有着比较直接和直观的优点，但缺点也很明显，突出的就是参与面过窄，不能反映最广大学生的意愿。长期以来，学校每年学生会选举实际参与的学生数量只有10%左右。我们这次按照改革后的选举程序，已经动员80%以上的同学参与其中，可以说扩大了民主面，是更广泛民意相互综合的结果，既符合上级学联的工作要求，也符合扩大民主的需要。

我在这里想与同学们进一步交流的是，大家不要把民主仅仅局限在民主选举这一个环节上，实际上民主包含着更丰富的内容。在民主选举之后，应当是民主决策。因为对任何问题都自然会有不同看法，但如何有效整合大家的不一致的意见，避免无休止的争论和无效率的议而不决，还得通过民主的办法，采取一定的民主程序，取得相对合理的共识和大多数人认可的结果。这就是我们党一贯倡导的民主集中制原则，一旦经过民主程序决策，大家就要自觉尊重决策结果，这是民主社会的成熟标志。

此外，还要体现民意。即使是民主当选，也不等于你自己的想法都天然地代表民意，还需要经常深入同学之中，了解同学们的呼声和诉求，把集中大多数人意见作为天职，而不是借工作平台仅仅表达一己之见。学生代表反映同学们的意见是天职，但不应是某些个体意见的传声筒，一些个案的关注者，而应是广泛民意的引领者和代表者。也就是毛主席讲的，要走在群众的前面，不做群众的尾巴。这就需要从群众中来，到群众中去。一个好的学生代表，应当关注同学的整体利益和长远利益，把大家好的想法变成好的建议，然后争取动员大家同意你的意见，一起付诸行动。

到这里，民主还没有完结，还有民主监督。一个决策是否符合实际，还要经过大家的检验，接受群众的监督，不断地通过征求大家的意见，来修正自己的看法，完善工作的方案。

从民主选举—民主程序—民意体现—民主监督，才能完成整个民主过程。这就是我们党在长期工作中形成的具有中国特色的民主机制，希望大家从中能够有所体验和感悟。我们更看重的不只是民主选票，而是反映民意，代表民意，全心全意为人民服务。我们这次选举换届，就是我国民主体制的一个缩影，更是一次体验，一次历练，一次学习。当然，我们的程序还要在实践中不断完善，但基本体制和基本程序是符合民主要求的。我希望无论是当选的还是落选的，都应从中有所学习，有所获得，因为大家今后走向社会，无论从事什么职业，都将不可避免地面对各种政治生活和选举活动，这是一个成熟的当代大学生必备的公民素质，同时也希望我们的学生代表都成为践行民主核心价值观的典范。

二、今年的双代会是在贯彻落实中央召开的全国高校思想政治工作会的背景下召开的，应充分体现立德树人的工作要求

在前不久召开的全国高校思想政治工作会议上，习总书记发表了重要讲话，对高校思想政治工作提出了新的要求和更高的标准。会议要求我国的高等学校要紧紧围绕立德树人的根本任务，联系国家发展的现实目标和未来方向，为人民服务，为中国共产党治国理政服务，为巩固和发展中国特色社会主义制度服务，为改革开放和社会主义现代化建设服务。这不仅仅是学校每一位老师政治使命，也是全体学生奋斗的目标。尤其是，习总书记专门对当代大学生提出了"四个正确认识"的殷切希望，指明了未来的前进方向。我在这里谈一点思想认识与同学们共勉。

第一，习总书记提出要正确认识世界和中国的发展大势，这是当代大学生应当具有的宽阔视野。古人云：天下兴亡，匹夫有责。我们并不是要求所有学生未来都成为治国安邦的政治家，而是希望都成为政治上的明白人。在人生的道路上，不能只是埋头拉车，还要抬头看路。不管你喜欢还是不喜欢，也不管你懂与不懂，实际上每时每刻都生活在政治生活之中。在当今社会，政治生活如同自然生态一样，平时可能感觉不到，但须臾不可离开，尤其是不能等到像环境污染一样，每个人都感到深受其害时，才意识到自己也应该予以关注，积极作为。政治生态和政治生活，它深刻影响着每一个人的人生轨迹，决定着每一个人的荣辱成败。纵观人的一生发展，专业技能往往不是最重要的，决定幸福指数的是一个人的人品和修养，是与时代、社会、人群融合的程度，是把握时代脉搏、驾驭时代潮流的能力，这就是良好的政治素质和正确的政治发展方向。这就需要每一个同学都要关心国家大事，关心国际风云，关心民族命运，关心人类安全。因为你就生活其中，你个人的命运与国家的兴衰息息相关，与时代发展紧密相连。

习总书记提出同学们要正确认识世界和中国的发展大势，就是希望同学们胸怀全局，放眼世界，从人类发展规律中把握大势，从世界对比中坚定自信，自觉与这个伟大的时代相融同向，在参与国家发展和社会变革中转到自己的位置，实现自己的人生价值。

第二，习总书记提出要正确认识中国特色和国际比较，这是当代大学生应当具有的科学理性。正确的判断一个事物，需要历史的、发展的、全面的眼光看问题。中华民族有着几千年优秀的文明。曾几何时，我们曾长期陶醉在高度发展的农业文明之中，不知天外有天，而错过了工业革命的历史机遇。当 1840 年，西方列强的坚船利炮打开了我们国门，也打破了我们上千年的文化自信。技不如人的血淋淋的现实，使得国人大梦初醒，无数的仁人志士开始寻找救国救亡之路。30 多年前的改革开放，再次打开国门面向世界，呈现在国人面前的是西方社会科学技术的突飞猛进和经济社会的高度发达，再次让我们感受到了我国与世界发达国家之间的巨大差距。我们奋力追赶，短短几十年的工夫，我们实现了人类发展史上的奇迹。但在近代以来的历史进程中，长期以来留给中华民族的历史记忆是，技不如人、落后挨打、忍受屈辱。今天我们已经崛起成为世界第二大经济体，发展成就令世人瞩目，人民生活幸福安宁，成为当今动荡不安的世界中"风景这边独好"。但西方社会的趾高气扬和我国国民的自愧不如的普遍心理，远没有根本改变，意识形态远远滞后于经济基础的发展变化。在西方社会逐步暴露出难以克服体制弊端、第三

世界被搞得战火纷飞、民不聊生的当今世界，到了需要重新审视中华文明的人类价值、重塑国民文化自信的时候了。

习总书记提出同学们要正确认识中国特色和国际比较，就是希望同学们正确认识世界发展变化，深入了解国情社情，在国际比较中认识中国，在世界动荡中体会安宁，在西方困局中看清世界，在国家发展中坚定中国特色社会主义的道路自信、理论自信、制度自信和文化自信。希望同学们要通过中外比较，正确认识中国特色，保持清醒头脑和理性判断，不为各种杂音噪音所惑，了解和宣传中国好故事，传达中国好声音。

第三，习总书记提出要正确认识历史使命和时代责任，这是当代大学生应当具有的使命担当。近代以来，中华民族曾经饱受欺凌，山河破碎、民生凋敝，但实现中华民族伟大复兴的“中国梦”在无数仁人志士的心中从未泯灭过。翻开中国的近代史，就是一部青年奋斗史。98年前，五四青年作为一支新生的社会力量登上历史舞台，表现出了忧国忧民的爱国主义和强烈的以天下为己任的社会担当，推动了历史发展，留下了不朽的丰碑。1921年，一批青年马克思主义者，高举起共产主义的旗帜，肩负起反帝反封建的重任，深刻改变了中国人民和中华民族的前途和命运。抗日战争期间，面对日本帝国主义的侵略，一批又一批年轻的中华儿女不屈不挠、浴血奋战，取得了近代以来中国抗击外敌入侵的第一次完全胜利。1949年，中国各族人民在中国共产党的领导下，推翻了三座大山，实现了翻身解放，建立起属于人民的共和国。改革开放的浪潮中，一大批又一批用科学知识武装起来的大学生、知识分子和广大劳动者，开拓创新，锐意进取，实现了中华民族的迅速崛起，成为世界上令人瞩目的第二大经济体。

习总书记曾经指出：“时间之河川流不息，每一代青年都有自己的际遇和机缘，都要在自己所处的时代条件下谋划人生、创造历史。”“建设富强民主文明和谐的社会主义现代化国家，实现中华民族伟大复兴，是鸦片战争以来中国人民最伟大的梦想，是中华民族的最高利益和根本利益。今天，我们13亿多人的一切奋斗归根到底都是为了实现这一伟大目标。”“现在，我们比历史上任何时期都更接近实现中华民族伟大复兴的目标，比历史上任何时期都更有信心、更有能力实现这个目标。”

习总书记提出要正确认识时代责任和历史使命，就是希望同学们牢固树立起历史担当意识，自觉把个人的理想追求融入国家和民族的事业之中，勇做走在时代前列的奋进者、开拓者，书写无愧于时代的青春之歌和精彩人生。现在历史的重任落到我们这一代人身上，中华民族已经站起来、富起来，更要进一步强起来，这就需要科技和知识的力量，需要大批创新人才。希望同学们珍惜大学的黄金时光，以坚定的信念、优良的品德、丰富的知识、过硬的本领，创造出无愧于前辈、无愧于后人的业绩。

第四，习总书记提出要正确认识远大抱负和脚踏实地，这是当代大学生应当具有的人生态度。习总书记指出：“古之立大志者，不唯有超世之才，亦必有坚忍不拔之志。”希望同学们仰望天空、胸怀大志，又要脚踏实地，从一点一滴做起。既要志向高远，不甘平庸，又要锲而不舍、自强不息。“天下难事，必作于易；天下大事，必作于细。”成功的背后，永远是艰辛努力。有理想才有人生的精神动力，有信念才能开辟美好的未来。同学们要把艰苦环境作为磨炼自己的机遇，把小事当作大事干，一步一个脚印往前走。大学阶段，“恰同学少年，风华正茂”，有老师指点，有同学切磋，有科学引路，有难得的发展良机。希望同学们珍惜韶华、刻苦努力，让勤奋学习成为青春飞扬的动力，让增长本领成为青春搏击的能量，自觉锤炼坚忍不拔的意志品格，培养奋勇争先的进取精神，历练百折不挠的心理素质，保持乐观向上的人生态度，敢于面对各种困难和挫折，在祖国最需要的地方去建功立业，成就梦想。

三、今年的双代会是在学校接受中央专项巡视的过程中召开的，应充分体现加强整改的工作要求

接受中央专项巡视，是学校党委落实全面从严治党要求的重大政治任务，是中央对中国农业大学党的建设和思想政治工作的全面体检和综合会诊，是推动学校各项工作的重要契机。中央对高校的巡视主要突出政治巡视，查找政治偏差，要求进一步提高政治站位，坚守政治信仰，站稳政治立场，把准政治方向。学校将根据中央巡视组的要求，进一步贯彻党的教育方针，坚持正确办学方向，把立德树人作为学校的根本任务。其中一项十分重要的工作就是要进一步发挥学生会和研究生会的育人作用和政治功能。希望新一届学生会和研究生会坚持全心全意为同学们服务的宗旨，按照学校党委和上级组织的要求，以保持和增强政治性、先进性、群众性为目标，强化自身职能，增强吸引力和凝聚力。

一要坚持正确的政治方向。在学校党委的领导和校团委的指导下，紧密团结全体同学，服务同学们德智体美全面发展，一起成长成为合格的社会主义建设者和接班人。紧紧围绕当代中国青年运动的时代主题，发挥自我教育、自我管理、自我服务、自我监督的职能，将广大同学最广泛最紧密地团结在党的周围。

二要坚持以同学为本。要始终坚持为了同学、代表同学、服务同学、依靠同学，倾听同学心声，反映同学意愿，力争使你们的活动能有更广泛的同学们参与，使你们的工作得到同学们的支持和认可，使全体学生干部得到同学们的拥护和敬佩。同时，要着力扩大同学们对学生会和研究生会工作的参与、监督和评议，形成良性的互动循环。

三要完善体制机制。要进一步明晰职能定位，建章立制，建立健全以学校团委为核心和枢纽、学生会和研究生会为主体组织、学生社团及相关组织为外围延伸的团学组织格局，发挥好主席团和常任代表的作用，各司其职，有机配合，进一步提高学生组织的规范化、体系化，把新一届学生会和研究生会的工作提高到一个新的水平。

四要不断深化改革。要抓住关键问题，瞄准突出矛盾和同学们反映强烈的诉求，立足当前，着眼长远，认真调查研究，合理制定方案，广泛征求意见，抓好改革落实，确保实际问题得到解决。要着力解决目前存在的工作机制不够规范，工作内容无法满足同学们成长需要，工作方法不能很好适应同学们的特点等问题，要规范学生干部的产生机制，加强学生干部的作风建设，打造能够与党的期望、团的要求、学生需求相适应的学生会和研究生会。

学校将一如既往地高度重视学生组织建设，通过政策和资金保障等措施，支持学生会和研究生会开展工作。也鼓励和希望学生会和研究生会带领广大同学们，积极参与到学校与学生学习生活密切相关的各项工作中来，建言献策，推动改革。学校各单位各部门要积极为学生会和研究生会更好地开展工作创造条件，及时关心学生成长，努力解决好同学们关注的问题。校院两级共青团组织要在党委的领导下，切实履行好对学生会和研究生会工作的指导职能，提高其干部选拔、经费使用、活动举办等方面的规范化程度，

带领各级学生组织围绕立德树人中心任务和建设双一流的奋斗目标，发挥应有的积极作用。

各位代表、各位同学，学校党委充分相信，各位代表和新一届学生会、研究生会的全体成员，一定能够团结带领全校同学，继承和发扬学校学生组织工作的优良传统，以解民生之多艰为己任，努力学习，扎实工作，奋发进取，为建设具有中国特色、农业特色的世界一流大学而努力奋斗！以优异的成绩迎接党的十九大胜利召开！

谢谢大家！

加强和改进新形势下学校党建和思想政治工作 着力培养社会主义事业的合格建设者和可靠接班人

——党委书记姜沛民在2017年学校第三次党代会代表会议暨学校党建和思想政治工作会议上的讲话

（2017年5月30日）

同志们：

2016年12月7日至8日，党中央召开全国高校思想政治工作会议，习近平总书记出席会议并发表重要讲话，对加强和改进新形势下高校思想政治工作提出明确要求，做出重大部署。学校党委组织了一系列学习、宣传和调研活动。为深入贯彻全国高校思想政治工作会议和习近平总书记重要讲话精神，贯彻落实《中共中央国务院关于加强和改进新形势下高校思想政治工作的意见》以及教育部党组、北京市委的一系列工作部署，今天，我们在这里召开这次学校党建和思想政治工作会议，进行工作部署。关于加强和改进新形势下学校思想政治工作，以及推进党员“两学一做”学习教育常态化制度化、迎接《北京普通高等学校党建和思想政治工作基本标准》集中检查等专项工作，学校已经印发相关文件，明确了任务、措施与要求。一会儿，东军同志、世成同志还要分别就相关工作进行具体部署。

下面，我先讲3点意见。

一、认清形势，统一认识，切实增强做好新形势下学校党建和思想政治工作的使命感和紧迫感

加强和改进学校党建和思想政治工作，事关办什么样的大学、怎样办大学和为谁培养人、培养什么样的人、如何培养人的根本问题，历来是一项事关现代化建设全局、事关国家长治久安、事关党的事业后继有人的重大政治任务和战略工程。

在当前全面推进“四个全面”战略布局的新的历史条件下，以习近平同志为核心的党中央高度重视高校工作，专门召开了全国高校思想政治工作会议，站在实现“两个一百

年”奋斗目标、实现中华民族伟大复兴中国梦的战略高度，对高校工作提出了更高的要求和殷切的期望，对学校加强和改善党的领导、坚持社会主义办学方向，扎根中国大地举办中国特色的社会主义大学、坚持以立德树人统领学校全局等方面，提出了一系列战略任务和明确要求。北京市委、教育部党组深入贯彻习总书记重要讲话精神和中央工作部署，密集出台了关于贯彻落实全国高校思想政治工作会议精神、加强学校党的建设、推进“两学一做”学习教育常态化制度化、制订高校党建工作计划、开展党委书记抓基层党建述职考核评议、组织实施高校党建基本标准检查等一系列工作部署。要求这样急迫，部署如此密集，目标就是一个：进一步加强和改进学校党建和思想政治工作，真正把高校建设成为党的工作的坚强阵地，建设成为培养中国特色社会主义事业合格建设者和可靠接班人的重要场所，推动高校思想政治工作和党的建设立起来、强起来，真正担负起高校各级党组织应负的主体责任和政治使命，努力开创高等教育事业发展新局面。

为此，我们需要进一步统一思想认识，提高政治站位，强化政治担当，善于从政治上认清工作职责，从全局中把握发展方向，切实增强做好新形势下学校思想政治工作的使命感和紧迫感。

1.加强和改进学校党建和思想政治工作，是贯彻落实全国高校思想政治工作会议精神的重大政治任务

全国高校思想政治工作会议从我们国家发展的新阶段、我们党面临的新挑战、高等学校担负的新使命出发，深刻分析了高校党建和思想政治工作取得成绩和存在的突出问题，明确指出坚持党对高校的领导，是中国特色社会主义大学最基本的特征和最重大的政治原则，培养德智体美全面发展的合格建设者和可靠接班人是高校最根本的任务，坚守高校意识形态阵地是高校党组织最重要的政治职责，并为此出台了一系列切实有效的工作措施。我们要借贯彻落实全国思政会精神的强劲东风，针对我们党建和思想政治工作中的短板、不足和问题所在，有针对性地加以改进和强化。这是难得的历史机遇，也是集中破解长期困扰我们的难点重点的最好机会。我们要更加清醒地认识新形势下高校党建和思想政治工作的极端重要性、紧迫性、艰巨性和复杂性，更加自觉地坚持党的教育方针，牢牢把握社会主义办学方向，坚持以习近平总书记系列重要讲话精神引领师生，坚持不懈传播马克思主义科学理论，坚持不懈培育和弘扬社会主义核心价值观，坚持不懈促进学校和谐稳定，坚持不懈培育优良校风和学风，切实保证学校发展沿着正确的方向前进，更好地为人民服务，为中国共产党治国理政服务，为巩固和发展中国特色社会主义制度服务，为改革开放和社会主义现代化建设服务。

2.加强和改进学校党的建设和思想政治工作，是推进学校全面从严治党的战略举措

做好学校的工作，关键在人、关键在党，关键在党要管党、从严治党。党的十八大以来，以习近平同志为核心的党中央把全面从严治党纳入“四个全面”的战略布局，严字当头，以上率下，步步深入，持续推进。先后在全党开展以为民务实清廉为主要内容的党的群众路线教育实践活动，在县处级以上领导干部中开展“三严三实”专题教育，在全体党员中开展“两学一做”学习教育，目前正在推进“两学一做”学习教育常态化制度化，目的就是坚持思想建党和制度治党紧密结合，切实严明纪律，强化政治要求，着力健全党内法规，不断形成全面从严治党的新格局。我们落实全面从严治党责任，就要牢牢掌握党对学校的领导权，从严从实抓好学校党的思想建设、组织建设、作风建设、反腐倡廉建设和

制度建设。学校各级党组织必须树立正确政绩观,把抓好党建作为最大的政绩,把加强和改进党建与思想政治工作作为推进全面从严治党的战略举措,切实解决和克服一些基层党组织被边缘化、功能弱化等问题或倾向,为办好中国特色社会主义大学提供坚强支持。

3.加强和改进学校党的建设和思想政治工作,是落实中央巡视整改意见的必然要求

3月1日至4月28日,中央第一巡视组对学校党委开展了专项巡视。这次专项巡视,聚焦政治巡视,关注关键少数,是对学校党委、各级党组织和党员领导干部的一次全面"政治体检"。重点检查是否不折不扣地贯彻执行了中央的路线方针政策、是否及时学习传达了中央重大工作部署、是否充分发挥了学校党委和各级党组织、广大党员的政治作用、是否坚守住了高校这一意识形态阵地、是否切实有效地开展了思想政治教育、是否不断加强了党风廉政建设和反腐败工作等一系列重大问题。中央巡视是从政治上看问题、查短板,从思想深处唤醒政治意识,查找政治偏差,提高政治站位,强化政治担当。近期,中央巡视组将正式反馈专项巡视意见,我们将全面制定整改方案,确保事事有回复、件件有回音。其中学校党建和思想政治工作必然是重中之重。我们要针对已经认识到的问题和已经发现的工作短板,提前谋划,及早到位,即知即改,立行立改,全面加强和改进学校党的建设与思想政治工作。

4.加强和改进学校党建和思想政治工作,是加快中国特色、农业特色的世界一流大学建设的根本保障

学校第三次党代会提出了全面建成中国特色、农业特色世界一流大学的战略构想和实施步骤。当前,学校发展进入推进"双一流"建设的关键时期,形势任务越来越紧迫。做好当前工作,必须进一步强化学校工作的科学谋划、整体把握、顶层设计,必须紧扣国家重大发展战略和民生重大需求,必须把握学校的发展方向、发展战略不发生大的偏差,必须确保各级党组织充分履行职能、发挥核心作用;必须确保党员领导干部忠诚干净担当、发挥表率作用;必须确保广大党员党性坚强、发挥先锋模范作用。通过坚强有力的党的领导和切实有效的思想政治工作,凝聚起强大的正能量,调动起各方面的积极性,营造出良好的政治生态和积极作为的精神状态,为学校的改革发展稳定提供坚强领导和有力保障。

二、直面问题,应对挑战,找准今后工作的努力方向

在接受中央专项巡视过程中,我们严格对照习总书记系列讲话精神、严格对照中央要求、严格对照群众反映,认真查找学校党建和思想政治工作中的不足、短板、问题,深刻反思问题产生的根源和制度上的缺失,客观评价我们自己走过的历程和取得成绩,清醒地认识我们面临的严峻挑战和相对薄弱的工作态势,进一步明确今后工作的努力方向。

中国农业大学有着悠久的光荣历史和深厚的红色基因,历来高度重视学校党的建设和思想政治工作。到目前为止,学校没有出现过重大意识形态事件,没有出现重大教学事故和政治事故,没有出现公然挑战政治底线的重点人,学校整体上保持了积极向上的良好态势。但没出事并不等于没有事,现在没问题也不等于将来不出问题,必须高标准严要求,认真查找学校党建和思想政治工作中的深层次问题和不容忽视的薄弱环节。

学校党委在自查自纠过程中,认为存在以下主要问题,需要引起高度警醒和重视。

(一)在学校党的领导方面

一是学校党委领导班子的政治站位与中央要求还有不小差距。虽然学校党委在第一时间都传达学习了习总书记重要讲话和中央重大工作部署,但系统研究不够,组织讨论不充分,全面理解和深刻把握不深,思想认识有时跟不上,突出地表现在落实管党治党、办学治校主体责任不到位,全面贯彻党的教育方针仍有薄弱环节。大局意识、看齐意识不强,对中央出台的新精神新战略新部署全面理解和深刻把握不深,造成一些上级新规定在学校没有及时落地。有时政治站位不高,习惯从自身工作看问题,局限于个人经验和感受去理解中央精神,往往就教育论教育,就工作谈工作,从政治的角度和国家大局的发展思考不够,政治意识和政治敏锐性、使命感不强,习惯于按部就班,从众于左邻右舍,跟不上对中央的新要求、新措施、新标准。

二是服务国家重大战略缺乏整体谋划和主动精神。我们有时对社会需求变化和新的发展机遇不够敏感,贯彻落实中央重大战略的主动精神不够强,推动工作没有及时到位和形成强有力的工作措施。比如在学校如何主动对接和融入"一带一路""京津冀协同发展""精准扶贫"等国家重大战略等方面,缺乏统筹规划,缺少校级平台,主动沟通、争取、推动不够,参与程度不深,发挥作用还不充分。在解决国计民生重大现实课题方面,尽管也取得了不少成果,但是重大标志性成果仍然不足,与国家和人民群众的期待不尽相符,与中国农大的地位和应有作用不尽相称。

三是落实党委领导下的校长负责制还不到位。学校长期实行党委常委会暨校长办公会联合召开的制度,学校党委的核心作用缺乏健全的制度和机制保障。第三次党代会后,虽然党委常委会已经单独召开,但仍存在党的领导弱化等问题。常委会对学校重大问题宏观谋划、顶层设计不够,组织调查研究和征求意见不深入,自上而下整体谋划和部署工作不够。在党委会议的议题设置上,对党的建设、办学方向、教书育人、意识形态工作、思想政治工作、全面从严治党以及学校长远发展等重大问题的决策研究不充分,常常和一般议题混在一起,没有拿出足够的时间和精力专门研究部署。在一些重大问题决策时,有时投入精力不够,前期调查研究不够,思考不够,或事先酝酿不充分,协调不够,征求意见不到位,虽然履行了集体决策的程序,但存在着讨论不深入、或匆忙决策、或效率不高等问题。

四是应对意识形态领域各种挑战的危机意识和战斗性不强。从农大的整体情况来看,没有出现公然挑战党的领导、挑战政治底线的人和事,但一些师生远离政治、不关心政治的现象相当普遍,存在模糊认识和糊涂观念的人不少。有时满足于学生综合素质不错,政治上没有出过大事,因而危机意识和风险意识不强,改革意识、担当精神不到位。没有从更高的站位、从当前意识形态的严峻挑战,充分认识学校思政工作中的薄弱环节和潜在风险,不能主动做到未雨绸缪、防范在先。意识形态工作相对比较被动,话语权和影响力偏弱,思想宣传工作渠道单一,方式老旧、实效性不强的问题十分突出。尤其是面对新媒体办法不多,影响有限。对社会上错综复杂的各种思潮和观点,政治辨别力和警觉性不高,主动亮剑和开展斗争不够。

五是学校思想政治工作中存在明显短板。主要表现在,在广大师生中营造重视立德树人的氛围不够,重科研轻教学、重智育轻德育的现象依然存在。作为学生思想政治教育主渠道,思政课教学联系社会现实和学生思想实际不够,教学效果不理想问题突出,吸引力、说服力、感染力不强。以习近平总书记系列重要讲话精神为代表的当代马克思主义最新成果没有及时全面进课堂、进教材，党委对讲好中国故事、农大故事组织力量研究落实不够。学校缺少马克思主义学科和人文社科学科支撑，理论研究力量薄弱，思政课创新不足。学校马克思主义学院的学科专业与师资队伍建设面临突出问题，缺乏领军人才，总体水平不高。引进马克思主义学科高层次人才面临困难，进展缓慢。

（二）在学校党的建设方面

一是缺乏整体规划和顶层设计。党委对党建工作的专题调研不多，学习借鉴兄弟院校有益经验不充分，破解党建难题办法不多。每年党建工作与行政工作一起列入学校党政工作要点下发，缺乏党建工作专题计划。满足于具体党建工作部署，缺乏整体规划和顶层设计，缺乏专题工作部署和检查。尤其是对二级党委和基层支部建设，缺乏有力推动。

二是学校基层党组织功能弱化现象还未根本扭转。基层党支部存在组织生活质量不高、内容单一、形式松散的现象，反映出学校党委对基层党支部工作现状研判不足，缺乏分类指导和有效的考核激励机制，对基层党支部的工作监督检查不到位。对基层党组织尤其是教工支部战斗堡垒作用的发挥，缺乏制度设计和工作保障，造成基层党组织参与决定单位重大事项的作用发挥很不平衡，在普通党员和群众中的凝聚力、号召力、影响力不强。党委对党委委员联系基层党支部制度检查落实不够，在学习型、服务型、创新型党支部建设上的实招硬招不多。学校原来出台的《分党委、党总支、直属党支部工作规程》《分党委、党总支、直属党支部工作考核评估办法（试行）》没有按照中央全面从严治党的新要求及时予以修订。对二级党组织主要领导配备和支部书记的选配上，明显存在着党员学科带头人偏少的情况，“双带头人”工作措施落实不到位。

三是推动基层党组织的组织方式和活动方式改革创新不足。对严格执行“三会一课”制度，学校党委缺乏必要的督促检查。多年来沿袭按学科、专业、班级设立党组织的办法，优点是成建制，缺点是过于单一，多样性和活力不足。本科生党支部普遍存在着生活经历雷同、缺乏党内政治生活锻炼、党务工作经验不足等问题，难以自我教育和自我提升。一些教职工党支部、研究生党支部的活动内容、方式固化，往往局限于抓学习、念文件、搞培训，结合师生的思想和工作实际不够，存在工学矛盾，造成党员活动的吸引力偏弱。典型经验推广力度不够，全局性改进效果不大。

四是对党员缺少严格考核，对党员的教育管理不到位。学校中一些党员思想入党不到位，组织观念不强；博士后党员和非事业编职工党员管理存在盲区；部分教职工党员党性观念淡薄、精神懈怠，没有发挥表率作用；还有的党员纪律松弛，规矩意识淡漠，自由散漫，不愿受约束，违纪违法行为时有发生。这些问题的出现，都反映出学校党委存在着管党治党宽松软的状况。虽然十八大以来，党委在严肃党的纪律、贯彻从严要求等方面出台了一系列规章制度，不断强化纪律要求，但依然存在执行不力、没有真正落地等问题。

五是对干部培养成长关心重视不够。学校党委缺乏对处级领导班子和干部的综合分析研判，干部队伍整体结构存在一些突出问题，缺乏党政干部职务职级“双线”晋升办法和保障激励机制。对党务干部的配备、培养重视不够，一些基层党务干部流动过于频繁，亟待配齐配强学院专职组织员。学校党委多年来没有系统梳理各单位的职责、编制及领导职数，对后备干部的培养缺乏统筹管理，尤其是专业技术类后备干部严重缺乏。对干部轮岗交流工作的推动力度不大，为干部创造校外交流机会少。解决“重选轻管”问题不到位，处级干部考核体系不健全。干部教育培训不能适应干部能力水平提升要求，分类别、分层次精准培训少。

六是选人用人工作机制还有待完善。主要是领导班子来源结构不尽合理，干部回避制度缺失。个别干部选拔任用程序不完整，管理干部队伍出现青黄不接。“两评两推”民主推荐机制目前仍然局限在中层正职领导干部岗位，没有在更大范围内推进。副处级的选拔任用方面，比较倚重原来的竞争上岗办法。在干部考察环节，基本为等额考察，难以发挥考察环节的把关作用。另外，在大学这种熟人社会中，如何严格执行干部纪律、防止跑风漏气、打招呼拉选票还面临挑战，如何克服校区情结、师承关系的不利影响，还需破解难题。

（三）在管党治党方面

一是全面从严治党存在薄弱环节和“灯下黑”现象。领导班子带头遵守纪律意识不强，时有因公出国违反规定问题发生。中央八项规定精神落实不及时不到位，校内文件出台和专项整治开展较晚，规章制度不细不严，缺乏可操作性。各单位公务接待亟待规范。管理上存在着制度缺失、监管不力和廉政风险。历史遗留问题较多，进一步核实和严肃查处不力。

二是党内监督责任没有全面落实，存在“宽松软”现象。各级党组织主体责任不到位，日常管理和有效监督时有缺失。个别干部思想上不以为然、行动上不当回事的现象依然存在。落实党内监督的配套工作措施还不完善，监督执纪“四种形态”亟待进一步细化和落地。开展巡查、处理案件的工作力度还需要加大，目前范围偏小，进度缓慢，尚没有在全校范围内形成强有力的震慑作用和警示作用。问题线索收集比较被动，主动出击开展工作还需要机制创新。新的纪律要求在学习宣传上存在疏漏。

三是作风建设和联系群众亟待完善和加强。官僚主义、形式主义问题并没有得到有效解决，对新形势下的新方法、新手段推进不够，仍习惯“以会议贯彻会议、以文件落实文件”，满足于“一般性号召、原则性要求”，工作的针对性、实效性不强。制度有了，但不适用、不管用的问题依然存在，不愿用、不会用甚至不敢用的现象时有发生。领导班子忙于开会，深入基层明显不足，联系基层制度的执行不到位，与教师座谈少、与老同志沟通少，到基层讲话多、听取意见少，存在不接地气的现象。一些工作推进不够扎实，落实不力，也缺乏强有力的检查监督。有时一些管理决策和工作部署比较急，广泛听取民意、汇集民智不够，发挥教代会、群团、统战系统等参与民主管理和民主监督不够。基层反映，机关部处填报表格多、上报材料多，形式化、实效差。有时给基层落实工作预留的时间过短，政策解读不充分。

四是干部担当作为和苦干实干的精神亟待激励和振奋。目前，学校事业改革发展中还存在不少亟待破解的难题，离党和国家要求、离师生群众期待还有差距，学校的发展战略落实不够。学校有时对干部要求不严，考核流于形式。缺乏有效载体与有力抓手，一些工作各自为政，协同创新不够；主动发展、善于争取、开拓创新不足。职员制及管理干部队伍建设的改革迟缓。在重视人才引进的同时，对青年教师成长、本土人才发展方面重视不够。

上述问题，已经严重影响到学校党的建设和思想政治工作的开展，影响到学校进一步的发展和提升，必须坚持问题导向，加大整改力度，逐一加以克服。

三、明确目标，强化措施，切实把学校党建和思想政治工作贯穿学校工作各方面和教育教学全过程

新时期、新形势，会有更多的新任务、新要求，对此，大家已经有了不少切身感受。上级各部门对学校党的工作要求越来越高、任务越来越重、考核越来越严。今年以来，我们就拿到了6个涉及全校性的任务清单和责任分解清单。我们要认清新形势，适应新常态，加强工作统筹协调，把握总体安排，突出工作重点，全面落实上级要求，狠抓督促落实。

（一）进一步确立“六个一”的工作思路

1. 抓住党要管党、从严治党这一关键要求

党组织抓党的建设、党员承担党的工作，是天经地义的主业、理所当然的份内事。只有坚持虚功实作，把党要管党、从严治党抓起来，才能抓住推进学校党的建设、推进事业发展的关键。党要管党、从严治党，不只是学校党委的事，要建立健全学校党委、二级党组织、基层党支部一级抓一级、层层抓落实的责任体系。我们已经制定出台了2017年度学校党建工作计划，从思想理论建设、组织建设、作风建设、党风廉政建设、制度建设五个方面提出了工作安排。三级组织、五大建设是一个整体，就是要把管党治党要求融入学校党的建设全方位、全过程。

2. 坚持社会主义办学方向这一根本定位

能否坚持不懈传播马克思主义科学理论，能否坚持不懈培育和弘扬社会主义核心价值观，能否坚持不懈促进学校和谐稳定，能否坚持不懈培育优良校风和学风，是涉及学校办学方向的大事、要事。在办学方向根本问题上，失之毫厘，谬以千里。讲政治，就要强化抓工作、做事情的方向感，把党的教育方针和社会主义办学方向要求落实、落细，通过各级党组织和全体党员的共同努力，打牢中国特色社会主义的底色。

3. 担负起培养中国特色社会主义合格建设者和可靠接班人这一核心使命

习总书记强调，大学的立身之本在于立德树人。虽然在大学的发展沿革中，大学使命和功能不断地丰富和拓展，但教书育人、培养人才是一以贯之的使命，是永恒不变的职责，是不可替代的功能。学校的一切工作都是为了学生的发展和成长，学校的各种功能都是围绕培养人才来展开，不能喧宾夺主，不能忘记主业。衡量学校发展水平的最终标志，还是培养人才的质量和数量，是我们学生的政治素质、道德水准、专业基础、创新精神、实践能力和走向社会后的工作成就。培养人才，也不能只看重业务水平，必须把理想信念、道德品质、坚强意志等作为重要内容，因为它深刻影响着每一个人的人生轨迹，决定着每一个人最终的荣辱成败。立德树人，是全体教职员工的共同使命，要体现全员参与、全方位参与、全过程参与，要强化“处处是课堂、人人是教师”的育人意识，强化“守好一段渠、种好责任田”的责任担当，形成教书育人、科研育人、实践育人、管理育人、服务育人、环境育人、组织育人的协调机制，共同担负起培养中国特色社会主义合格建设者和可靠接班人这一核心使命。

4. 突出加强学校教师队伍建设这一主要任务

要建立教师以教书育人为天职的工作导向，引导广大教师牢固树立德育为先、全面发展的教育理念，忠诚于党的教育事业，关心爱护学生。继续深化学校本科教学改革，建立和完善教师教书育人的评价考核机制，构建师德师风建设机制和督导体系，定期表彰师德标兵和教书育人楷模。制定《关于加强研究生导师立德树人职责的实施意见》，明确研究生导师对研究生成长全面负责。要将政治标准放在首位，把师德规范要求融入人才引进、岗位聘任、职称评审、导师遴选、课题申报等评聘考核环节，实行师德"一票否决"，引导教师做有"理想信念、道德情操、扎实学识、仁爱之心"的好老师。

5. 抓好推进学校思想政治工作改革创新这一关键环节

党的建设和思想政治工作改革创新，是全面深化改革的重要组成部分。要遵循党建和思想政治工作规律，遵循教书育人规律，遵循学生成长规律，沿用好办法，改进老办法，探索新办法。要紧紧抓住教材、教学、教师三个关键环节，积极培育和推出一批精品课程和教改项目，倡导和支持教师开展教学研究和改革试验，以改革焕发新的生机，以创新谋求新的发展，不断提升思想政治工作的亲和力说服力和针对性实效性。学校将尊重基层的首创精神，支持各个单位积极探索，及时推广先进经验和表彰优秀成果。

6. 完善党的领导这一根本保证

党对学校的领导是否坚强有力，关键在于领导班子是否坚强有力。要坚持党管方向、党管干部、党管人才、党管青年，落实"三重一大"决策制度，修订和完善相关议事规则，加强党委对学校长远发展的整体谋划和对人才培养、科学研究、社会服务、文化传承创新、国际交流合作等工作的宏观领导。要进一步强化学院党的领导，进一步发挥学院党组织的政治核心作用，完善党政联席会议制度，保证党的路线方针政策和上级党组织决定的贯彻执行，在教学科研管理的重大事项中履行政治责任和发挥主导作用。发挥党支部主体作用，树立党的一切工作到支部的鲜明导向，强化政治引领和服务功能，把思想政治工作、党员管理和群众工作落到支部，使之成为教育党员的学校、团结群众的核心、攻坚克难的堡垒。

（二）集中落实八项重点工作

1. 把立德树人作为统领学校各项工作的中心任务

各部门、各学院和党政群团学各方面工作都要自觉与立德树人中心任务对标，紧紧围绕中心、服务中心，拧成一股劲、共下一盘棋。只要有利于立德树人的事，就要积极作为；凡是不利于立德树人的事，就要坚决整改。要在学校和学院的总体工作布局中，进一步提升思想政治工作的地位、教学工作的地位，在资源配置上、工作安排上向教书育人倾斜，在各项业务工作和各项政策中，不断强化立德树人的鲜明导向。学校党委和学院党委每年要专门研究教书育人工作，听取重点工作汇报，集中解决难点问题，把立德树人的各项要求落到实处。将制定出台学校党建和思想政治工作检查评估基本标准和考核评价实施办法。修订专任教师、教职工和管理人员考核办法。对教师的教学质量和教书育人情况要定期进行全面考核，大力表彰和宣传教学效果好、教书育人成绩优秀的教师。对教师的教书育人表现应记入教师考核档案，作为晋级聘任的必要条件之一。要加强基层党组织书记抓思想政治工作和党建述职评议考核，明确各二级党组织书记向校党委述职、各基层党支部书记向所属上级党组织述职，强化考核结果运用，将有关情况作为领导班子、领导干部目标管理和实绩考核的重要内容，纳入执行党的纪律情况监督检查范围，对履行不力、思想政治工作和党的建设长期薄弱的，追究党组织和党员领导干部的主体责任、监督责任、领导责任。

2.把推动“两学一做”学习教育常态化制度化作为重要工作机制

“两学一做”学习教育是加强党要管党、从严治党的有效手段，是建立健全基层党建长效机制的重要载体。推动“两学一做”学习教育常态化制度化，要把思想教育作为首要任务，坚持用党章党规规范党组织和党员行为，用习近平总书记系列重要讲话精神武装头脑、指导实践、推动工作。要加强制度建设，重在落实“三会一课”基本制度，以党支部为基本单位，把“两学一做”作为党员教育的基本内容。要坚持问题导向，立足于及时发现问题和解决问题。要坚持以上率下，领导带头，做好表率。要加强分类指导，体现不同岗位、不同领域的工作要求。要激发基层活力，充分发挥党支部的积极性主动性创造性。要选树先进典型，发挥引领示范作用。要加强督导检查，常抓不懈，持之以恒。

3.把加强基层党建作为重中之重

学校的师生党员数量庞大，基层党组织集中，知识分子思想活跃，党建工作体量大、“品种”多、对象特殊，具有鲜明特征。基础不牢，地动山摇，如果不能有效激活学校基层党组织活力，充分发挥基层党组织作用，学校坚持党的领导、加强党的建设和思想政治工作就会成为无源之水、无本之木。当前，要把抓实基层党支部建设作为重要的基础工程，选优配强党支部书记，落实“双带头人”工程，完善教职工支部工作激励机制。建立党支部在基层工作中唱主角的工作机制，强化支部的政治功能，在教职工聘用、晋职晋级、评奖评优工作中，应征求党支部意见，党支部有把好政治关、师德关的一票否决权。要加强支部书记培训，创造交流平台，拓宽发展空间，提升支部书记工作能力。要落实党支部对党员的教育管理职责，畅通支部建议反映渠道。学校将出台加强对党支部的考核评议，表彰先进支部，整顿薄弱支部。

4.把落实全员育人职责作为突破口

坚持把立德树人作为中心任务，全面推动教书育人、科研育人、实践育人、管理育人、服务育人、文化育人和组织育人，是我们加强和改进新形势下学校思想政治工作的重要部署。把落实全员育人职责作为突破口。切实落实教书育人职责，加强师德考核，引导广大教师忠诚于党的教育事业，关心爱护学生。要高度重视科研育人作用，着力充分挖掘科学研究的育人功能，将科研育人目标要求纳入学校科研管理制度体系，把科研作为培养人才的重要途径与手段，注重培养科学精神、科学态度、科学思维。要不断完善实践育人机制，落实实践育人要求，拓展实践育人途径，深入打造“红色1+1”“百名博士老区行”“全国农科学子联合实践行动”“假期农校”等社会实践活动品牌，系统构建具有农大特色的实践育人教育教学体系。要全面落实管理育人要求，牢固树立以人为本、以学生为本的管理理念，不断改进工作作风，以完善校内规章制度、推进依法治校来培养学生的法制意识和规矩意识。要积极搭建服务育人载体，着力打造智慧校园、温馨校园、和谐校园，营造服务育人环境和氛围。要积极培育文化育人环境，深入推进文明校园创建工作，推动校园文化、学院文化、学科文化、课堂文化、楼宇文化、网络文化、宿舍文化、实验室文化、校友文化等品牌活动创建活动。要充分发挥组织育人功能，培育团队精神，切实找准党群团学等各类组织育人的工作重点与切入点。

5.把加强思想政治工作队伍和思政课建设作为重要抓手

组织专门队伍和实施专门课程，是加强思想政治工作不可或缺的重要力量。对此，上级部门提出了明确具体要求，包括按照师生（全体学生）比不低于 1∶200 的比例设置专职辅导员岗位、不低于 1∶350 的比例设置专职思政理论课教师岗位、不低于 1∶3 000 的比例设置专职心理健康教师岗位，每个院至少配备 1～2 名专职组织员；实施教师党支部书记“双带头人”培育工程；强化思想政治工作队伍和党务工作队伍的教师和管理人员双重身份，制定思想政治工作和党务工作队伍职务职级“双线”晋升办法；校领导、党委部门负责人、各学院党委（党总支）书记、院长都要深入到思想政治理论课课堂听课、讲课等，这些都是刚性指标，必须尽快落实，不打折扣。学校党委将专题研究，做出具体安排，各相关职能部门也要按照党委要求抓紧落实。

6.把加强学生思想政治工作作为着眼点和落脚点

学生的成长成才，是检验我们思想政治工作的一把尺子。学校党的建设和思想政治工作，要从切实加强学生思想政治工作这个角度，着力推进创新，不断增强实效。要进一步发挥共青团组织、学生会和学生社团的育人作用和政治功能，坚持全心全意为同学们服务的宗旨，按照学校党委和上级组织的要求，以保持和增强政治性、先进性、群众性为目标，强化自身职能，增强吸引力和凝聚力。要大力推进新生引航工程、深度辅导、学业辅导、就业创业、学生资助、心理教育等工作，完善教育指导服务体系。针对少数民族学生、港澳台学生、家庭经济困难学生、部分学业困难学生等群体，进一步精准施策、有效施策，将思想政治工作与解决学生实际困难有机结合起来。进一步加强学生心理素质教育投入，加强人文关怀和心理疏导，促进学生心理和人格健康发展。进一步丰富校友文化，积极探索发挥校友育人作用。积极支持关心下一代委员会和老教协工作，充分发挥离退休老同志的政治优势和在学生党建中的传帮带作用。

7.把迎接北京高校党建基本标准检查作为重要契机

北京市委教育工委已经部署开展党建基本标准检查，今年下半年进行入校集中检查。今后每 5 年对《北京普通高等学校党建和思想政治工作基本标准》（包括 10 项一级指标、44 项二级指标、106 项测评要素，共计 1 000 分）落实情况进行一次集中检查，每 3 年以市委名义表彰北京市党的建设和思想政治工作先进普通高等学校。各单位都要认真落实党校党委提出的工作要求和时间安排，严格对照基本标准检查的指标体系，全面排查，拾遗补阙，尽快达标。这既是对学校党建和思想政治工作的定期考评，也是以评促建、评建结合，补足短板、提升学校党建和思想政治工作科学化水平的重要契机。

8.把开展巡视整改作为强大推动力

中央巡视组很快就要正式反馈专项巡视情况，我们要认真按照研究制定学校专项巡视整改落实方案，尤其是要针对党的领导弱化、党的建设缺失、从严治党不力、管党治党宽松软等方面存在的突出问题，认真按照巡视反馈意见，分析深层原因，列出问题清单，制定可操作、可监督、可检验的整改措施，明确牵头部门、责任人和时间表，压实整改责任，以责任链条倒逼整改任务落实，并通过加大督查力度、严肃追责问责，释放坚决整改的强烈信号，确保中央巡视组反馈的意见和中央对整改落实的要求“条条要整改、件件有着落”，为加强和改进新形势下学校党建与思想政治工作提供强大推动力。

同志们，加强和改进新形势下学校党建和思想政治工作，是摆在我们各级党组织和全体党员面前的重大政治任务。我们要紧密地团结在以习近平同志为核心的党中央周围，以攻坚克难的决心、改革创新的精神、奋发有为的状态和切实有效的工作，全面落实全国高校思想政治工作会议精神，全面加强学校党的建设，全面落实管党治党责任，真正把各级党组织建设成为坚强的领导核心，把中国农业大学建设成党的事业的坚强阵地，以优异的成绩迎接党的十九大的胜利召开！

党委书记姜沛民在中央第一巡视组专项巡视中国农业大学党委情况反馈会议上的表态发言

（2017 年 6 月 12 日）

同志们：

刚才，陈希同志代表中央巡视工作领导小组提出了明确工作要求，王怀臣组长代表中央第一巡视组反馈了专项巡视意见。下面，我代表中国农业大学党委领导班子做表态发言。

这次中央专项巡视，充分体现了以习近平同志为核心的党中央对中国农业大学的高度重视和亲切关怀，是对学校党委、各级党组织和党员领导干部的一次全面的“政治体检”，是对学校党的建设和思想政治工作的有力促进，也是坚持从政治上看问题，从思想深处唤醒政治意识、强化政治担当的一次生动的党性教育，使我们深受触动、备感警醒。

中央巡视组代表党中央开展专项巡视，反馈的意见就是中央的要求。巡视组指出的问题，实事求是、客观中肯、一针见血，切中要害。巡视组提出的整改意见，严肃认真、直面问题、明确具体、针对性强。我们对中央巡视组的反馈意见，完全认同、诚恳接受，照单全收、坚决整改。我代表学校党委在此郑重表态，一定坚决贯彻习近平总书记重要讲话精神，不折不扣地落实中央巡视办的工作要求，全面对照巡视反馈意见进行认真整改，把巡视整改作为学校党委当前最重要的政治任务来抓，确保反馈的意见逐项按时整改落实到位，并取得扎实成效，向党中央交出一份满意的答卷。

下面，我就做好巡视整改工作，着重强调 5 点要求：

一、切实提高政治站位，不断增强巡视整改的思想自觉

我们要进一步把思想和行动统一到习近平总书记的重要讲话精神和中央巡视工作要求上来，清醒认识我们工作上的差距和存在问题的严重性，深入分析，深挖根源，精准发力，综合施策。要更加充分地认识到，完成巡视整改，是落实中央要求的重大政治任务，是提高政治站位、向中央看齐的实际行动，是检验我们党性的一场严格考试。我们要把加强思想理论武装、增强“四个意识”、提高政治站位作为巡视整改的首要任务，把在思想上政治上行动上同党中央保持高度一致、自觉运用习近平总书记治国理政新理念新思想新战略武装头脑、指导实践、推动工作作为整改的必然要求，把贯彻落实习近平总书记重要讲话精神作为我们加强整改的行动指南、最高要求和工作标准，不断深化对巡视整

改工作重要意义的认识，不断提高巡视整改的政治自觉，坚决贯彻执行习总书记指示和中央巡视工作要求，全面落实中央巡视组的整改意见。全体领导班子成员都要把自己摆进去，自觉为党担责、为党尽责、为党负责，主动认领责任，带头落实整改，自觉接受上级组织和干部群众的监督，坚决完成整改各项任务。

二、切实坚定政治方向，深刻把握巡视整改的政治要求

我们一定要深刻反思中央巡视组指出的“四个意识”不强、对思想政治工作重视不够、在立德树人和坚持社会主义办学方向上存在差距、校党委领导核心作用发挥不够、发挥“四个服务”作用不足、存在重业务轻党建等突出问题，进一步提高政治站位，坚决落实党的十八大以来中央关于高校党的建设、思想政治工作、意识形态工作和全面从严治党等一系列新要求、新任务，进一步从政治上认清工作职责，从全局中把握发展方向，坚持“四个自信”，切实增强做好加强和改进新形势下学校党的建设和思想政治工作的政治担当。

一要全面落实全国高校思想政治工作会议精神，进一步明确办学方向，深入落实立德树人这一根本任务，坚决纠正重智育轻德育、重科研轻教学、重业务轻党建等现象，不断强化高校意识形态工作的阵地意识。要紧紧抓住党要管党、从严治党这一核心要求，始终坚持社会主义办学方向这一根本定位，更加突出师德师风建设这一关键环节，大力推进学校思想政治工作改革创新这一重要任务，努力构建全员参与、全方位参与、全过程参与的德育工作机制，共同担负起培养中国特色社会主义合格建设者和可靠接班人这一核心使命。在今后学校和学院的总体工作布局中，要进一步提升党建工作、思想政治工作和教学工作的地位，在资源配置和工作安排上要更加突出教书育人这一核心目标，全面审视和改革完善与之相适应的体制机制和政策措施，不断强化立德树人的鲜明导向。

二要通过巡视整改，集中破解学校党建工作中存在的难点重点问题，进一步强化党委的领导核心作用，着力建立健全抓基层党建的责任体系。在学校层面，要进一步坚持党的领导这一社会主义大学的本质特征，进一步加强学校党委对学校长远发展的整体谋划和对人才培养、科学研究、社会服务、文化传承创新、国际交流合作等方面的宏观领导，进一步增强服务国家重大战略需求的政治意识和主动精神，牢牢把握扎根中国大地建设中国特色社会主义大学的办学方向和自觉服务国家和人民的育人导向，不断增强管党治党、办学治校的政治能力，充分发挥“四个服务”的作用。在学院层面，要进一步发挥学院党委的政治核心作用，切实保障学院党委在教学科研管理的重大事项中履行政治责任和发挥主导作用。在教育教学第一线，要进一步强化党支部主体作用，树立党的一切工作到支部的鲜明导向，强化党支部的政治引领和服务功能，把思想政治工作、党员管理和群众工作落到支部，使之成为教育党员的学校、团结群众的核心、攻坚克难的堡垒。

三、切实严明政治纪律，全面落实从严治党主体责任

一要通过巡视整改，全面落实党内监督责任，不断推动管党治党从“宽松软”走向“严紧硬”。积极实践监督执纪“四种形态”，完善学校内部治理体系，加强重点领域的廉洁风险防控。真正把纪律和规矩挺在前面，对党员干部始终做到从严要求、从严监督、从严查

处，坚决纠正失之于宽、失之于软的问题与现象。

二要通过巡视整改，全面加强和规范党内政治生活，加强党员日常管理，强化从严治党的工作氛围和营造风清气朗的政治生态。严格落实“两个责任”，认真履行“一岗双责”，深入推进作风建设，坚决防止“四风”反弹回潮。严格执行选人用人有关规定，坚持“好干部”标准，严把政治关、品德关、作风关、廉洁关，树立正确选人用人导向，鼓励干部教师干事创业。

三要充分发挥巡视利剑作用，对照巡视期间发现的重点人、重点事，切实加强案件办理和警示教育，坚持依法依规严肃处理中央巡视组交办的各种问题线索和案件。全面整治各种不正之风，严肃查处违规违纪行为，坚决惩治腐败现象，在全校范围内形成有力震慑。要深入开展警示教育，不断巩固深化巡视整改成果，有力推进学校党风廉政建设和反腐败工作。

四、切实强化政治担当，从严从实从快落实整改任务

一要立即启动学校巡视整改工作，采取坚决有力的整改措施，直面问题、动真碰硬，确保中央巡视组反馈的意见和中央对整改落实的要求全面及时落地见效。这次会议后，学校党委将立即召开专门会议，全面对照检查，深刻分析问题根源，列出问题清单，研究制定《中共中国农业大学委员会关于落实中央第一巡视组专项巡视反馈意见的整改方案》，逐一明确整改专项任务，坚决纠正、纠错、纠偏，逐项细化具体整改措施，落实负责校领导、牵头单位、整改目标和整改时限等要求，坚决做到问题不解决不松手、整改不到位不罢休，确保件件有着落、事事有回音。

二要领导带头，以上率下，扎实推动各项整改落实工作。学校党委将立即成立巡视整改落实工作领导小组。我任组长，校长任副组长，各位校领导任领导小组成员。我作为党委书记，一定带头履行全面从严治党第一责任人的责任，以身作则、率先整改、靠前指挥、亲自督办。学校领导班子要强化责任担当，主动认领责任，带头落实整改。学校各部门和各单位的领导班子也都要认真履职尽责，完成好本部门、本单位的整改任务。要加强检查指导，学校党委会随时听取整改落实情况汇报，研究解决整改中遇到的重大问题，整改落实情况将按要求及时上报中央。

三要精心组织、扎实部署，强化监督、狠抓落实。学校党委将切实履行做好巡视整改落实工作的主体责任，从严从实从细从快推动整改任务的落实。要以解决具体问题、当前问题为切入点，同时与普遍问题、长远问题紧密结合起来，坚持标本兼治、重在治本；坚持上下结合、以上为主；注重补齐短板缺项、补强薄弱环节，完善规章制度，切实防止问题反弹和走过场，真正做到“不贰过”。学校各整改专项任务责任领导、各牵头单位和参与单位主要负责人、各级党组织书记，都要牢固树立整改不力就是失职、不抓整改就是渎职的思想意识，按规定目标、规定时限不折不扣完成整改落实任务。对拒不纠正错误或者不按要求进行整改落实的，要严肃追责、点名曝光。

五、切实保持政治定力，以落实巡视整改推动学校更好更快发展

我们要认清新形势，适应新常态，加强工作统筹协调，把握总体安排，突出工作重点，

全面落实上级各项要求，狠抓督促落实。要把加强巡视整改与全面加强和改进学校党的建设工作紧密结合起来，与全面贯彻落实高校思想政治工作会议精神紧密结合起来，与正在深入推进的“两学一做”学习教育常态化制度化紧密结合起来，与加快建设具有中国特色、农业特色的世界一流大学紧密结合起来，与全面从严治党、不断提高办学治校能力紧密结合起来，以巡视整改修身祛病健体，以巡视整改建设锤炼队伍，以巡视整改凝聚强大力量，以巡视整改带动工作全局。

同志们，让我们紧密地团结在以习近平同志为核心的党中央周围，以攻坚克难的决心、刮骨疗毒的态度、改革创新的精神、奋发有为的状态和切实有效的工作，全面落实巡视整改要求，全面推进学校党的建设，真正把学校各级党组织建设成为坚强的领导核心，把中国农业大学建设成党的伟大事业的坚强阵地，向中央交上一份合格答卷，以优异的成绩迎接党的十九大胜利召开！

党委书记姜沛民在巡视整改部署推进会议上的讲话

（2017年6月23日）

同志们：

6月12日，中央第一巡视组向学校党委领导班子反馈了巡视情况，中央巡视办提出了明确的工作要求，我也代表学校党委进行了表态发言，我们要坚决落实巡视整改各项要求。

巡视反馈当日，学校党委连夜召开党委常委会，学习传达习近平总书记的重要讲话精神，全面对照反馈意见，立即研究整改工作的部署安排。大家一致认为，中央巡视是对学校党的工作的全面检查，落实整改是当前最重要的政治任务。大家纷纷表示要进一步提高政治站位，自觉向中央的要求看齐，对巡视组提出的所有问题都要深刻反思、举一反三。大家表示，学校领导班子要带头整改、主动整改、坚决整改。各位校领导主动认领责任，认真查找自己工作上的不足，表示要承担起自身整改，督促落实所负责部处和所联系学院整改的双重责任。

学校党委还就反馈意见里所提出的典型案例立行立改，马上纠正，立即停止了“治理与公民社会”课程，撤掉了校史馆的不当内容，并举一反三在图书馆下架了有关书籍。随后，又用了整整一天的时间，从早上一直开到晚上10点半，逐条逐句讨论了巡视反馈意见，分析讨论问题所在，产生的根源，研究确定解决办法，明确责任领导和主责部门，初步形成了整改方案的基本框架和主要内容。会后，责成所有校领导与所管部处对接，贯彻学校党委的决定，提高认识，统一思想，细化工作措施和整改方案。在我参加中共北京市十二次代表大会期间，又专门请假召开常委会，进一步研究整改方案和任务分解，已经形成了较为成熟的整改方案并印发给大家了。在会后不到两个月的时间里，大家要立即整改，逐条落实。

前天晚上，中央电视台已经正式播发了中央巡视组专项巡视学校的新闻，中央网站又全文刊发了新闻稿。学校党委也立即在校园网上全文转发，并按照中央要求，将中央巡视领导小组成员陈希同志的讲话和我代表学校党委的表态发言以党内文件的形式一并印发给大家。

今天在这里召开中层干部会议，进行进一步的工作部署，全面启动学校的巡视整改工作。在此，我提出以下几点要求：

一、深入学习，提高认识

我们必须增强整改的自觉性和紧迫性。各单位要对照习近平总书记的重要讲话精神，对照全国高校思政会的工作要求，对照学校党委下发的关于党建和思政工作的责任分工，对照巡视组提出的每一个问题，组织学习传达。有关文件已经按党内文件下发。请二级党组织立即组织学习传达，原汁原味地传达到每一位教职工和学生干部。让大家充分了解中央巡视组提出的问题、提出的要求，共同参与和监督学校的整改工作，做好思想和工作动员，在思想认识上向中央要求看齐。重点要解决以下几个思想问题：

1. 要坚决克服不以为然的心态

要高度重视中央提出的问题，以更高的政治站位，更强的政治担当来开展整改工作。实事求是地讲，中央巡视组对学校的巡视反馈意见，采取了内外有别、比较温和的新闻口径，为我们留了面子，提供了改正的机会。虽然对我们学校的批评是温和的，但不要以为大家都挨批评，学校不算重，就轻描淡写、雨过地皮湿、一笔带过。内部反馈稿上，对一些问题的批评还是非常严厉的，足以让我们引起警醒。除了高校中普遍存在的党的领导弱化、党的建设缺失、全面从严治党不严等问题以外，特别指出了学校在贯彻党的方针政策和中央决策部署上差距明显，个别领导思想认识上存在偏差，服务农业现代化建设缺位，重业务轻党建现象严重，这些都足以让我们警醒，不要依然我行我素、不以为然。巡视利剑作用、威慑作用不在于听取意见过程，而在整改之中。现在所有的机会、所有的责任都交给了我们，看我们两个月的时间能不能交账。大家千万不要等着“回头看”，不要再让巡视组杀个“回马枪”。因此，所有的环节必须拧紧，所有的要求必须从严，所有的问题必须解决，所有的线索必须查清，所有的责任人必须问责，否则无法交账，无法了结，希望大家有足够的思想准备和心理准备。

此次巡视对我们而言，不是告一段落，更不是结束，而是刚刚开始。大家知道，中央已经修订了《中国共产党巡视工作条例》，要求每个干部的任期都要做到全覆盖。以后对我们的要求会更严，大家千万不要心存侥幸，敷衍塞责，蒙混过关；不要以身试法，触探底线。必须认真对待，从严要求，尽快整改。

2. 要坚决克服与我无关的想法

这次中央专项巡视聚焦政治巡视，关注“关键少数”。学校党委在整个过程中主动担责，自加压力，整个巡视过程中没有过多的涉及学院和老师。因此，许多同志反映，没有感到巡视的压力，以为就这样就结束了，所以巡视整改与我无关，都是学校领导班子和部处的事。确实，巡视组指出的问题责任在学校，根子在上层。但并不等于所有的单位和所有的教职工就没有问题，就没有整改任务了。比如，巡视组指出的重智育轻德育，重科研轻教学，重业务轻党建的问题是比较普遍的问题；学习中央精神不到位在不少的基层党支部中也存在；教书育人、立德树人有差距也值得每位老师认真反思和检讨；全方位育人不落实，上下都有责任。特别是师德师风建设存在的问题，也是因为我们长期不要求、不考核、不处理、不问责的现象相当普遍。教师党员当中不问政治、不履行党员职责，甚至存在不少模糊观念和糊涂认识的人也不在少数。尤其是我们的党支部活动、学习记录，“三会一课”的规范开展上还存在很多的漏洞，只不过巡视组没有逐一的核查，大家心里应该很清楚。违反财务规定、违法八项规定要求的问题和现象，也不仅止于巡视组指出的购买红酒这一件事。因此，我们在整改的过程中要自我加压、自查自纠、自我补课，真正让中央巡视生根落地，见效开花。要借中央巡视的东风，真正触及我们的基础组织薄弱，党员意识淡漠，党的组织纪律涣散，党的教育方针制定不到位、有偏差这些深层次的问题，层层传导压力，全校上下动员。这本身就是整改的任务之一。

3.要坚决克服迟缓慵懒的状态

不要以为巡视组指出的显性问题不多，硬性任务不多，就以为可以慢慢来、长期改。学校党委已经提出要求，所有显性的问题都要马上整改，一日也不能拖延。所有长期任务也要在这两个月里拿出新思路、新举措、新制度、新落实，都要立即启动，都要有阶段性的成效，否则我们也无法交代。

4.要坚决禁止申辩解释的错误做法

中央巡视组提出的问题是认真的、严肃的，我们必须照单全收。我们只有整改的责任，没有辩解的权利。所有的问题都必须认真对待，从严整改。所有的意见，都不是巡视组凭空提出的，都是检查和谈话中所反映出来的，都必须认真反思，深刻警醒。任何人都不能以某一句话、某一个词是否准确为借口来搪塞，甚至抱怨、拒绝。认真对待反馈中的所有意见，改正所有问题是我们应该具有的态度、站位、胸怀，也是对我们的考验。

二、精心组织，狠抓落实

学校目前已经制定了整改方案和任务分解，将原来的思政工作、党建工作的分解方案结合起来、统筹起来，形成了可操作、可检查的工作方案。希望各单位按照学校党委的要求，以巡视整改的力度，不折不扣按期完成。同时，该方案的落实与问责同时启动。中央已经有明确要求，落实不及时、不到位就是对抗中央巡视，必须执纪问责。

因为本次整改是以学校层面为重点，各职能部处的任务比较具体清晰，在这里不再过多强调，大家对照任务清单要抓好落实。

学院和基层单位涉及的内容不是特别多，因此学校党委就结合近期党建工作和思政工作一起做专题部署。主要包含以下几个方面：

第一，在学院领导方面组织一次办学指导思想的大讨论。结合巡视意见传达学习，召开一次党政联席会进行专题讨论。一是紧紧围绕党的领导弱化，深入讨论如何完善民主集中制，严格执行党政联席会议的制度。强化党委领导，坚决纠正个人说了算、“一言堂”的问题。学校党委要就有关问题进行核查，甚至约谈有关院领导，解决群众反映强烈的作风问题，真正把学院党委建设成为坚强的领导核心、政治核心，真正在学院的教学、管理等方面发挥主导作用。二是要紧紧围绕“双一流”建设，深入研究如何破解贯彻中央重大部署差距明显、服务农业现代化建设缺位等突出问题，提出明确的改进思路和工作建议。所有学院领导和所有联系学院的校领导都将参加这次研讨会，大家一起分析形势，找准问题，形成共识，落实到“双一流”建设的方案之中。三是紧紧围绕意识形态工作、党风廉政工作责任制的落实，认真查找短板，针对学院层面责任制落实迟缓的问题进行集中整改。

第二，在教师层面，以教职工党支部为单位开展一次师德师风大检查。要结合期末民主生活会，广泛征求群众意见，认真查找师德师风方面存在的突出问题。要排查典型案例，建立问责机制。我们不能对一些长期以来群众反映的突出问题，甚至是一些重点人，视而不见，视而不纠。学校党委要启动问责机制，坚决刹住歪风，查处典型案例，把规矩、要求立起来，把师德要求立起来，把立德树人的导向立起来，把师德问题一票否决制立起来。同时，各学院要注重发现和推出一批师德标兵、教书育人的模范，作为2017年教师节表彰的校级优秀教师人选，发挥典型示范作用。

第三，组织一次基层党支部工作的大整改。全面检查基层党支部工作手册、学习记录、“三会一课”落实情况、教师党员发展情况。对发现的问题立行立改。学校党委就加强和改进教职工党支部建设出台了专门文件，其中有一系列新的措施和要求，希望各学院认真贯彻落实。坚决把基层支部工作推向制度化和规范化，真正打牢基层党支部这个工作基础。各学院对检查中发现的薄弱支部，要拿出整改方案，迅速调整到位。今年的基层党委党建述职要聚焦基层党支部建设，特别是教工支部的建设，落实学校党委的要求和措施。

第四，要开展一次中央八项规定精神的大落实。以纠正科研经费购买红酒这一典型案例为具体抓手，全面排查在公款接待、因公出国、因公出差、公车使用等方面所存在的问题，举一反三，坚决查处。学校近一个时期以来的检查和纠正，都是以校领导和职能部处为重点，没有过多的涉及基层和教师，不想把教师一下子推到前台。但这一次的检查要全覆盖、无死角。我们把纪律规定挺在前面，是对教师最好的保护、最大的关爱。那种平时放任自流，出了问题一推了之，才是最不负责任的。这次巡视中，据了解各高校都对教师的出差费、接待费采取了严格检查和退款处理，有的学校达到上百万乃至上千万。学校党委要求，在学校明确点出的红酒问题上，再不能含含糊糊，必须对相关事件、相关人员严格检查，必须对有关人员有所触动，否则大家仍感觉不到纪律严了、要求变了。我们不能允许老师们在这种形势下再触碰底线、受到组织严惩，到时候后悔就来不及了，必须按巡视组同意了的处理办法，逐人逐一进行清理。其他问题也要发现一起查处一起。必须借机把规矩立起来、严起来，这样才能保护好我们广大的教师。

第五，组织一次党建基本标准的大对标。市委教工委已经下发通知，9月初就要入校检查，许多指标也与巡视整改密切相关。而且从时间上看，下学期一开学就会迎检，来不及下学期再做准备，必须在放假前把各项准备工作完成。这项工作我们也有工作方案，时间上也基本吻合。希望大家在巡视整改期间，同时把党建基本标准迎检的拾遗补阙工作抓紧完成。

各学院的整改工作要结合各自的实际情况细化要求，周密安排。但以上几项大的工作是党委决定的规定动作，希望各二级党组织迅速组织落实。学校党委将成立督导组，由宁书记牵头，将对各二级单位特别是学院的整改工作进行督查，保证整改工作深化开展，扎实推进，如期完成。

三、加强领导，深化责任

我已经讲过，巡视整改我是第一责任人，那么责任所在就要履行职责、敢于担当、亲力亲为，否则对不起组织的信任和群众的期望。中央要求党委书记要做到“四个亲自”，请同志们监督。学校已经成立了整改领导小组，每位校领导都承担相应的责任，谁不到位谁就要向上级组织和党委进行交代。整改领导小组下设四个专项工作组，负责落实相应任务。

校属各单位党组织是整改的主体责任单位，书记是第一责任人。整改的任务之一就是敢于问责，不能宽松软，首先要体现在整改任务的落实上，对敷衍塞责、蜻蜓点水、消极对抗、整改不到位的，要启动问责机制。

从时间安排上，中央要求6月12日至8月12日为巡视整改期，原则上不能放假，可由学校党委统筹安排，必须集中时间、集中精力完成整改任务。建议先将与一般党员教师相关的工作集中安排，先期完成。把立行立改的、巡视报告中点名指出的问题优先解决。把长期的任务、建章立制的任务集中到党政干部身上，给党员教师留出相应的时间，安排好其他工作，当然前提是必须整改到位，验收合格。

在巡视整改期间，要严格执行请销假制度。中层正职干部离京必须向我和校长请假。其他处级干部要向分管校领导请销假。一般干部和老师向所在单位的书记院长请假。

涉及全校的重大政策措施，学校党委将集中调研、集中解决。各单位整改过程中，涉及学校整改工作的建议，欢迎大家随时提出。我们也要加强各部门的工作协调，由党政办负责，重大事情由学校党委进行协调。

总之，这一段时间，大家立即动员起来、行动起来，牢固树立“整改不力就是失职，不抓整改就是渎职”的思想认识。按照党委工作要求，逐一落实到位。学校党委将一抓到底，中间还要召开中期汇报会和推进会，对整改迟缓的单位和领导提出批评，真正做到不整改到位不罢休，不解决问题不松手。

党委书记姜沛民在2017届赴全国各地选调生交流活动上的讲话

（2017年6月26日）

同学们：

大家好！

我代表学校党委对同学们入选各类选调生表示衷心的祝贺！

选调生制度是我们国家培养后备人才的一项很重要的制度安排，未来我们国家治国理政需要大批了解基层、了解国情的优秀人才。毛泽东主席的成长之路就从农村调查开始的，习近平总书记也在基层工作多年，对中国国情和中国老百姓的所思所想非常了解，这也是成为我们国家未来治国理政人才的必要条件。将来，谁对老百姓最了解，谁就最有发言权。今天你们的选择将帮助你们成长成为学校在基层工作毕业生中的优秀代表。

我们学校的校训是“解民生之多艰，育天下之英才”，选调生同学们将直接服务群众、服务基层，这是一个大有可为的广阔平台。从世界一流大学的建设来讲，我们不仅有一流的大师、一流的成果，也特别希望我们学校在祖国建设的各条战线上，未来能够涌现出一批治国理政的优秀人才。

中国农业大学的同学们有独特的自身优势，我们更接地气、更踏实、也更努力，因而也更容易获得基层老百姓的欢迎。同学们学习的知识与基层百姓的生产生活直接相关，这是你们的特长，你们应该拥有到基层工作的自信。各位选调生同学们是我们学校学生的杰出代表，也是毕业生的第一方阵，所以我和校长专程过来欢送你们走向工作岗位，我们非常看好你们，也为你们骄傲。

在这里，我送给大家几句叮嘱：

第一，要学会俯下身子与基层干部群众打成一片。大家要做好吃苦的准备，做好尽快融入基层工作的准备。对你们来说，社会这本大书才刚刚打开，怎么去调查研究，怎么去沟通交流，对每位同学来说都是一个挑战，在这方面大家要做好心理准备。毛泽东主席说“要先做群众的学生，后做群众的先生”。大家要放下大学生的架子，多去了解他们怎么想，多去听他们怎么说，多去换位思考，这将是大家走向社会的第一课。

第二，要学会耐得住寂寞。在扎根基层、踏实工作的过程中，大家不要急于求成，要学会在基层积累经验、厚积薄发，这对大家的一生都是非常重要的。你们作为国家培养的优秀大学生，要珍惜在基层扎实工作的时光，工作中不要怕丢面子，也不要没有自信，多经历磨炼，甚至经历一些挫折，这些都是为未来积累的宝贵财富。

第三，要学会主动作为。我们农大学生具有勤奋踏实的优良作风，但是有时我们还不够活跃、主动精神不足。希望大家走上工作岗位之后，主动与群众、同事、上级沟通，对工作主动思考，多与工作相关的各个方面的同志们交流，只有主动交流，才能得到更多的支持和帮助，这是同学们成长过程中的必修课。另外，还要学会在工作中主动创新，进行一些独特思考，积累一些典型经验，树立农大学生勇于创新、乐于创新的良好形象。

我们学校组建过很多试验班，你们就是我们学校培养将来治国理政人才的试验班。学校将成为你们的坚强后盾，我们也会一直关注大家的成长。当你们有疑问、有困难的时候，当你们需要帮助的时候，母校一定会坚定的支持你们。将来有机会，我们还会去看望大家。

在此，我代表学校党委祝大家在祖国的大地上做出优秀的成绩！

谢谢大家！

始终把服务农业现代化当作使命

姜沛民

（发表于《光明日报》2017 年 8 月 29 日第 5 版）

十八大前夕，时任中共中央政治局常委、中央书记处书记、国家副主席的习近平同志来学校视察，希望学校早日建成有中国特色、农业特色的一流大学，为中国农业大学的发展指明了前进方向。

十八大以来，中国农业大学党委牢记习近平总书记的嘱托，深入学习习近平总书记系列重要讲话精神，全面贯彻高校思想政治工作会议要求，始终坚持扎根中国大地办大学的办学方向，始终坚持以农立校的办学定位，始终秉承"解民生之多艰、育天下之英才"的校训，始终把服务农业现代化和国家建设作为学校的任务和使命，持续不断地为我国农业科技进步和人才培养做出重要贡献。

5 年来，我们走过不平凡的道路，其中最重要的经验就是，牢牢把握中国特色、农业特色的办学方向，不断加快世界一流大学的建设力度。

坚持中国特色，就必须坚持党的领导。这是中国特色社会主义大学最本质的特征，是办好大学最重要的政治原则。我们通过提高认识、建章立制、强化职能、完善程序，自觉执行党委领导下的校长负责制，强化学院党委的政治核心作用，赋予基层支部新的政治功能，切实加强和改进学校的建设。通过学校党的建设，始终把最广大的教职员工团结在党的周围，把广大的青年学生培养成党的事业的接班人，把学校建设成为马克思主义理论的坚强阵地，把学校党组织建设成为党的事业的坚强堡垒。

坚持中国特色，就必须坚持社会主义办学方向。我们不断提高政治站位，增强"四个意识"，自觉向习近平总书记提出的扎根中国大地办大学的目标看齐，向把高校建成学习研究宣传马克思主义坚强阵地的工作要求看齐，向回归本位、正本清源、落实教书育人第一要务的改革方向看齐。我们坚持把立德树人作为学校的中心任务，全面深化教育教学改革，切实把学校思想政治工作贯穿学校各项工作的全过程。坚持以理想信念为核心，改进教育方法和手段，在全校师生中深入开展中国特色社会主义和中国梦教育，建立健全培育和践行社会主义核心价值观长效机制，讲好中国故事、农大故事，不断增强师生的道路自信、理论自信、制度自信、文化自信。

坚持中国特色，就必须扎根中国大地，立足于解决中国现实问题。我们更加关注和解决"三农"问题，主动适应社会的转型升级、人民生产和生活方式的转变，紧扣中国特色农业现代化建设的战略需求，努力引领农业发展方式的根本转变。

坚持农业特色，就必须牢固树立"以农立校"的办学定位。我们坚持以农立校，特色兴校，紧紧围绕人类的营养与健康，以国家农业科技重大需求和国际学术前沿为导向，以培养高质量农业科技创新与管理人才为主要目标，开展高水平科学研究、社会服务和文化传承与创新。

坚持农业特色，就必须在服务农业现代化中做出突出贡献。我们坚持问题和需求导向,注重协同创新,积极打造重大平台,努力培育重大成果。在现代种业、农机装备、农业信息化、农业资源环境等领域,努力获得一批重要科技成果,为引领农业现代化发展提供科技支撑和人才支撑。我们在解决"三农"问题上,建言献策,积极发声。我们在服务地方上,积极作为,试验站点、教授工作站、科技小院和精准扶贫社会实践小分队已遍布各地。

建设具有中国特色、农业特色的世界一流大学,是总书记的嘱托,也是全体农大人的共同梦想,是我们矢志不移的奋斗目标。十八大以来的5年,我们取得了显著的成绩,奠定了良好的基础。面向未来,我们更加充满信心。今后我们在办学治校中,将更加凸显中国特色、农业特色这一根本要求,始终扎根中国大地,办好中国特色社会主义大学,坚持正确的办学方向,努力在我国高教事业中发挥农业高等教育领头羊作用,在国际农业科技前沿彰显中国的影响力,为支撑我国创新驱动发展战略、农业现代化建设和全面建成小康社会做出重要贡献。只要我们坚定不移,沿着这条成功之路走下去,我们的目标一定能够实现!

党委书记姜沛民在2017年教职工党支部书记培训班开班仪式上的讲话

(2017年9月20日)

各位支部书记:

大家下午好!

今天我们在这里举办教职工党支部书记培训班开班仪式,共同启动教职工党支部书记的集中培训工作。今天第一讲,我们有幸请到了教育部思政司王光彦副司长做辅导报告,我首先代表学校党委表示欢迎,也借此机会向各位支部书记在日常工作中为学校党建和支部工作所做出的努力、所做出付出和无私奉献表示衷心的感谢!希望大家在接下来的培训中认真学习,进一步提高责任意识,了解工作要求,增强基层党建工作能力,提升教职工党支部建设水平。

大家知道,加强和改进学校党建工作,是贯彻落实全国思想政治工作会议的重要任务,而加强支部工作是加强学校党的建设的基础工程。俗话说得好,基础不牢,地动山摇。党章中明确规定:"党的基层组织是党在社会基层组织中的战斗堡垒,是党全部工作和战斗力的基础"。现在中央也明确提出"要树立党的一切工作到支部的鲜明导向"。现代社会的一个鲜明标志,就是人们通过政党活动参与政治;而政党发挥作用,是通过人在组织、人在支部来实现的。我们党是按照马克思主义建党原则,由党的中央组织、地方组织和基层组织构成科学严密的组织体系,使全党形成一个统一整体,为实现共同目标而奋斗。其中党支部是最基本的组织细胞,是党的肌体的神经末梢,是把党员组织起来的最基本的组织形式。所以,我们党建党的一大传统也是一大优势,就是"把支部建在连上",高度重视党支部的功能和作用的发挥。早在党的"四大",就把支部明确为党的基本组织。1926年,党中央就提出"一切工作归支部"。党的"七大"明确提出了党支部应成为战斗堡垒的思想。支部建设成为我们党加强基本建设的经典典范,无论是战争年代还是和平年代,无论是革命时期还是建设时期、改革开放时期,党支部始终是党的基本组织单元、战斗单元,是实现党的一切任务的基础,是我们党的组织功能、组织优势、组织力量所在。因此,加强学校党的建设,就必须把党支部建设摆在重要位置。严肃党内政治生活,首先要严肃支部组织生活。在学校基层党组织之中,教职工党支部是教育、管理、监督和服务教师党员的基本单位,是学生党支部建设的标杆,是把党委决策部署落实的战斗堡垒,是团结和联系广大教师的桥梁纽带,是建设中国特色、农业特色世界一流大学的重要支撑。加强教职工党支部建设,强化党支部对广大教师的引领和凝聚作用,对于我们坚持社会主义办学方向,全面贯彻党的教育方针,落实全面从严治党的要求,具有十分重要的意义。

与此同时,这也是中央巡视整改提出的一项政治任务。今年3月至4月,中央巡视组对29所中管高校进行了专项巡视,高校党的领导弱化、党的建设缺失、全面从严治党不力问题比较突出。在中央巡视组给学校反馈的巡视意见中,也指出了这些方面的问题。在中央巡视和我们自查自纠中发现,教职工党支部建设薄弱、组织生活不规范、不严肃等问题较为普遍。一些支部政治功能弱化,支部组织生活不经常、不认真、不严肃,党员管理失之于宽、失之于软,教师思想政治工作相对薄弱;少数教师党员党的意识不强、先锋模范作用发挥不突出;少数党支部书记党务能力不足、工作积极性不高等。在巡视整改过程中,学校党委印发了《关于进一步加强和改进新形势下基层党支部建设的实施意见》,制定了《教职工党支部工作规程》《教职工党支部工作考核评估办法》等一系列制度。在顶层设计和具体落实两个层面,进一步明确了教职工党支部的工作职责和工作流程,完善了教职工党支部建设的制度保障和激励机制,突出了新形势下教职工党支部建设的重点,优化了上级党组织对教职工党支部的指导、管理和服务职能,让大家在今后的支部工作中有章可循、有规可依。

十八大以来,习近平总书记反复强调,党的基层组织建设着力点是使每个基层党组织都成为坚强战斗堡垒。9月14号,中央组织部专门展开了加强巡视整改、加强高校党建工作推进会,对加强高校党支部建设做出专门部署。9月15日,北京市委教育工委召开高校基层重点任务和党支部规范化建设部署会,提出工作要求。昨天学校党委专门研究通过了《中国农业大学开展党支部规范化建设试点工作方案》,今天这次培训会就是其中先行启动和落实的重要举措。

在此,我代表学校党委提出几点要求:

一、提高政治站位、增强责任意识

大家要充分认识到从中央到地方各级党委高度重视支部工作、加大力度抓支部工作的政策氛围,深刻把握当今条件下支部书记的工作任务和政治职责,全面了解支部书记应有的能力水平和政治担当。加强高校党的领导,绝不仅是强化学校党委的领导,更重要的是要发挥所有基层支部的政治功能和组织作用。我们过去对支部工作重视不够、支持有限、政策不到位、作用发挥不好,这些都必须在新的历史条件下,去积极探索和努力破解。我们要看到,党支部是党员政治生活的核心,党支部书记代表着所在支部全体党员，主持支部内日常工作，既是支部工作的负责人，又是支委班子的班长，还是支部全体党员的榜样。从日常的支部党员管理服务，到“三会一课”、组织生活会、民主生活会，以及谈心谈话、支部活动，都需要支部书记精心组织、热情服务，用忠诚、担当、奉献履行使命，用爱心、细心、耐心回报上级组织和支部党员的信任。党支部还是党的一切工作的落脚点，党的思想建设、组织建设、作风建设、反腐倡廉建设、制度建设都要落实在支部，党的统战工作、群团工作也要依靠支部。因此，党支部书记的党性修养、理论水平、工作能力和综合素质对一个党支部的发展建设和工作成效有着重要影响。大家对支部书记这一岗位的重要性和责任感，要有充分的认识和更高更深的理解。

二、了解支部工作、实施规范管理

大家都有本职工作，担任支部书记是同志们的推举和组织上的信任，都是无私地为党工作、为组织履职、为同志们服务，许多同志是新担任书记工作的，对支部工作、党务工作要有一个逐步熟悉的过程，有些要经过专门的学习和培训。针对过去一个时期支部生活不正常、规定动作不到位、基本制度不落实等突出问题，现在上级部门加强支部建设的主题词是“规范化”。为此，北京市委提出了“一规一表一册一网”的明确要求。“一规”：就是制定出台《党支部工作规范》，为支部建设提供规范依据。“一表”：就是制定《党支部学习活动年度安排表》，将支部学习的具体要求和支部活动的基本安排，细化为年度工作计划和月度安排，可检查、可执行、可监督。“一册”：就是发放《党支部工作手册》，填写工作台账和工作纪实。“一网”：就是北京市统一的党员教育管理服务网络平台，发布学习要求，提供学习资源，交流工作体会。要求很细很实，都是刚性任务，我们必须按照要求，不折不扣落地见效。为完成新时期支部建设的各项任务，有必要对所有支部书记开展全覆盖的培训。经过一段时间的筹划，学校党委组织部为大家准备了一个专门的培训计划。时间从9月持续到12月份，内容涵盖了阅读文献、集中培训、视频学习和交流研讨四个部分，既有理论学习，又有针对性较强的业务培训。相信大家通过这段时间的学习能够全面提高自己的履职能力和服务能力，更好地履行党支部建设带头人的职责。希望大家珍惜机会，抓紧时间，学习了解，为今后有效开展工作打好基础。

三、开展学习交流、积极建言献策

加强和改进学校党的建设，不只是加强，同时还要改进。党委组织部在组织学习培训的同时，还要开展调查研究，听取大家的意见和建议。目前，我们的问题不只是重视不够的问题，也有不适应的问题。比如教工支部的活动方式、学习方式要结合教师工作特点和信息化社会环境，有所创新。我们学校中也有一些教工支部开展得很好，也要总结经验、宣传推广。大家对加强教工支部建设尤其是落实支部书记必要的工作条件和工作待遇，需要学校党委做的，都可以提出，我们共同研究解决。作为学校党委，也不只是上级党委的委派部门，同时也是代表学校全体党员、代表所有的支部在履行领导责任，如何更好地加强支部与党委的沟通联系，如何发挥支部在学校和院系发展、改革、管理、服务等各项事务中充分发挥作用，都是新时期下新的课题，也希望大家建言献策。

总之，我们希望通过这次培训，真正把支部建设摆在突出位置，将支部建设规范化试点工作落在实处，通过一系列综合施策和精准发力，真正破解长期困扰我们的一些重点难点，切实增强支部工作的感染力、吸引力、凝聚力和战斗力，真正把思想政治工作落到支部、把从严管理党员落到支部、把群众工作落到支部，使党支部真正成为教育党员的学校、团结群众的核心、攻坚克难的堡垒、政治学习的阵地、思想交流的平台、党性锻炼的熔炉。为达到这一目的，各位支部书记重任在肩，学校党委也责无旁贷，让我们共同努力，把我们的支部建设好，把我们的党组织建设好、把我们的党建设好，为实现国家和学校的发展目标提供坚强的政治保障和组织保障。

发扬革命传统　传承红色基因　加快建设具有中国特色、农业特色的一流大学

——姜沛民在中国人民大学中国共产党创立高等教育80周年座谈会上的发言

（2017年9月23日）

中国农业大学作为中国共产党举办高等教育的实践者和亲历者之一，我们和在座的学校同根同源，一同从延安走来，具有共同的红色基因和光荣的革命传统。我们在中国共产党的领导下，结合中国国情和中国人民波澜壮阔的革命、建设、改革事业的伟大进程，进行了马克思主义指导下的体现社会主义原则的教育创新和探索，积累了可贵的办学经验，取得了巨大的成功。在今天开启“双一流”建设新的征程上，我们重温这些历史进程，特别是回顾延安办学历史，深刻认识其中的成功经验，对于增强4个自信，坚定不移扎根中国大地办大学，具有重大现实意义。

中国农业大学作为我国现代高等农业教育的发源地，有着悠久的光荣历史、优良传统和深厚的红色基因，从办学之初就与国家命运和我们党的发展紧密相连。早在1919年，学校师生就在时代大潮中觉醒，作为积极参加五四运动的12所高校之一，并始终站在运动前列；1924年，学校就成立了第一个党支部。学校的源头之一，是成立于延安的自然科学院生物系（后成为华北大学农学院），时任系主任的乐天宇同志后来成为学校新中国成立后第一任书记。延安自然科学院生物系（农业系）在办学过程中，完善理论教学，对学生因材施教，注重开展实地考察，通过社会实践使学生掌握专业学科的基础知识等，积累了丰富的办学经验。其中，乐天宇同志主持陕甘宁边区森林考察，翻山越岭遍及15个县，在考察报告中提出了开垦南泥湾的建议，为中央决策开发南泥湾提供了科学依据；创办了实验农场，师生们自力更生，成功地完成建场任务，当年试种甜菜亩产近万斤，还奋战3个月摸索土法制糖，成功制得红砂糖8 000余斤；加强学术交流，发起成立了中国农学会，经常分组讨论农林问题、南泥湾屯垦、延安机关种菜、农业教育等，以及结合实际撰写论文、文章，交流研讨，蔚成风气。后又历经了解放战争时期的北方大学、华北大学农学院时期，作为在太行山上成长起来的“人民的农学院”，不断传承与提升延安自然科学院传统和南泥湾精神。新中国成立后，延安办学经验直接融入新的农业大学的办学中

来，广大师生先后兴起北京“小麦会战”“黄淮海科技战役”，都和延安精神传统一脉相承。在以后的办学历史中，我们始终继承和发扬延安办学经验，始终坚持扎根中国大地举办社会主义大学的办学方向，始终秉承“解民生之多艰、育天下之英才”的校训，始终把服务农业现代化和国家建设作为学校的任务和使命。在延安自然科学院时期形成的办学经验，已经构成了中国农业大学的办学底色和深厚底蕴，成为学校发展的巨大精神力量。

一、具有鲜明的政治方向

这是我们在中国共产党领导下举办社会主义高等教育的根本思想引领，是永葆中国特色之魂。我们始终把大学的发展与国家命运和民族前途紧密相连，进一步彰显大学的政治功能和政治使命，以服务于党在各个时期奋斗目标为己任，将教育的发展融入时代进步的大潮。延安时期，我们生物系师生响应党的号召，讲责任、能担当，“三下南泥湾”，自觉融入大生产运动，培养人才，发挥作用，做出了应有的贡献。新中国成立后，我们积极引导广大师生积极投身于社会主义建设和改革大潮，投身于实现中华民族伟大复兴中国梦的伟大实践。

二、具有鲜明的中国特色

这是我们在中国共产党领导下举办社会主义高等教育的办学特色定位，是实现中国特色之基。作为农业高校，我们始终把服务“三农”作为植根中华文化沃土、解决中国现实问题的立足点。在延安时期，我们生物系师生开展教育方针讨论，就旗帜鲜明地提出，从陕甘宁边区、整个中国的农业实际出发来办农业教育，把实现农业生产的革命性变化、解放农村生产力作为办学追求，至今仍富有现实意义。新中国成立后，我们始终扎根中国大地，立足于解决中国现实问题，更加关注和解决“三农”问题，主动适应社会的转型升级、人民生产和生活方式的转变，紧扣中国特色农业现代化建设的战略需求，努力引领农业发展方式的根本转变。

三、具有鲜明的实践优势

这是我们在中国共产党领导下举办社会主义高等教育的具体途径载体，是发展中国特色之根。中国共产党举办高等教育的成功经验之一，就是强调理论联系实际、教育与生产实践、社会实践相结合，在实践中发现问题、解决问题。在延安，生物系、农业系师生多次进行山区、农村、农场现场考察，实地调查研究，包括到南泥湾实习考察，亲身感受南泥湾发生的巨大变化；在试验农场亲手创设砂糖厂，在取得成功后交给当地政府和群众经营，直接惠及群众。新中国成立后，我们继承和发扬这一光荣传统，大力倡导深入实践、深入基层，与人民群众打成一片，把论文写在祖国的大地上，我们试验站点、教授工作站、科技小院和精准扶贫社会实践小分队已遍布祖国各地，在生动的社会实践中培养出一批又一批高素质的专门人才。

四、具有鲜明的育人要求

这是我们在中国共产党领导下举办社会主义高等教育的质量内涵所系，是培育中国特色之本。我们始终坚持教书育人相结合，把培养又红又专高素质人才作为根本任务。在延安办学时期，尤其注重采取启发、研究、实验等更加辩证的方式方法，加强教学工作中的集体研究和改革创新，推动成立师生共同参加的教学研究会，把学生成绩看作学生、教员、学校行政3方面的共同成绩，育人特色鲜明。新中国成立后，我们全面贯彻落实党的教育方针，坚持德育为先、能力为重、全面发展的人才培养理念，进一步牢固确立人才培养作为学校中心工作的地位，全面深化教育教学改革，着重培养具有爱国情怀和社会责任感、熟练掌握专业知识与技能、综合能力强的行业领军和拔尖创新人才。

五、具有鲜明的使命意识

这是我们在中国共产党领导下举办社会主义高等教育的内在动力源泉，是保持中国特色之要。中国特色的题中之义，必然立足于为实现最广大劳动人民的彻底解放而努力、为人类社会发展做贡献。我们始终以努力解决广大农民群众的福祉、农业可持续发展、人类营养与健康等重大问题为使命，力求有所发明，有所创造。在解决中国“三农”问题的同时，努力为人类发展做出中国的贡献，提供中国的经验，贡献中国的智慧。在延安，师生们就在深入研讨目前与将来、边区与全国的关系，研讨生态文明等重大问题。新中国成立后，我们在学术研究中始终跟踪和立于世界科学研究的前沿，在人才引进和培养上始终坚持一流标准，在农业现代化过程中始终凸显学校的声音和作为，在文化传承与创新中不断增强学校的影响力，力求为国家发展和人民幸福多做贡献。

当前，学校发展进入了深入贯彻落实全国高校思想政治工作会议精神，加快推进“双一流”建设的新的历史阶段。早在十八大前夕，习近平同志来校视察时就提出要把中国农业大学建成有中国特色、农业特色的一流大学的奋斗目标，为我们指明了前进方向。五年来，我们牢记习近平总书记的嘱托，始终坚持扎根中国大地办大学，牢牢把握中国特色、农业特色的办学方向，不断加快世界一流大学的建设力度。

我们体会，越是推进“双一流”建设，越要不忘初心，更加自觉地传承红色基因，发扬革命传统，结合新的办学实践弘扬延安经验，以历史的自信和时代责任担当，积极开拓中国特色、农业特色的一流大学道路。只要我们坚定不移，沿着这条成功之路走下去，我们的目标一定能够实现！

党委书记姜沛民在学习宣传贯彻党的十九大精神工作会议上的讲话

（2017年10月27日）

同志们：

今天，我们在这里召开会议，对全校师生学习宣传贯彻党的十九大精神做工作部署。

当前，学习宣传贯彻十九大精神是摆在我们面前的首要政治任务，也是学校党委、各级党组织和全体共产党员的重大政治职责。我们要紧急行动起来以高度的政治责任感和担当认真学习领会党的十九大精神，深入研究制定我们贯彻落实十九大精神的举措，真正把“四个意识”落实到学习宣传贯彻十九大精神的实际行动上。通过我们的精心组织和迅速行动，把党的十九大精神学习好、宣传好、贯彻好。

学习宣传贯彻好党的十九大精神，是统领当前学校各项工作的总纲。我们要以党的十九大精神为指导，紧紧围绕党的十九大提出的宏伟目标和各项任务，来全面审视学校的发展规划和工作安排。将我们的工作思路、模式、政策、举措等各方面都与十九大的要求全面对表，向十九大精神看齐，将我们的精神状态和工作状态调整到全面落实党的十九大的工作要求上来。要深入地分析学校发展所面临的一些形势和要求，认真查找与十九大精神要求、与国家重大发展战略需求、与人民群众期盼之间的差距，并且要深刻的分析其中的原因。要以十九大精神来统领和校正我们的前进方向，调整工作安排，进一步统一思想、明确目标、凝聚共识，推动工作。

学习好、宣传好、贯彻好党的十九大精神，是学校加快“双一流”建设的强大精神动力和难得历史机遇。党的十九大把加快“双一流”建设作为建设科技强国和创新型国家的战略举措，作为办好“人民满意的教育”重要任务提到了全党面前。下决心把教育摆在优先位置，加快教育的现代化，实现高等教育的内涵式发展，这既是对全党的要求，更是对我们承担“双一流”建设学校广大党员师生的要求。这为学校的发展提供了一个前所未有的战略机遇和前所未有的发展环境。相信十九大所凝聚起来的共同理想和磅礴之力，将极大地振奋广大师生的工作热情，将极大地增强我们青年学生的“四个自信”，极大地激发广大知识分子干事创业的精神力量。要乘十九大的强劲东风来抓住机遇，乘势而上，真正按总书记所讲到的新时代要有新气象，更要有新作为。在新征程当中，我们取得新的成绩、新的辉煌。

为此，我们要做好 3 项工作：

一、组织“大学习”

党的十九大报告精神内容丰富、思想深邃，需要我们不断深入学习、步步深入。围绕整个学习工作，学校党委做出了一个初步安排。希望各单位要把学习宣传贯彻党的十九大精神作为当前和今后一个时期的首要任务，高度重视，精心组织，结合实际，创新形式，按照教育部传达会上要求，真正地把十九大精神“学起来、教起来、传起来、研起来、干起来、实起来”，迅速在全校兴起学习宣传贯彻党的十九大精神的热潮，以十九大精神指导我们学校方方面面的工作。

校院两级理论学习中心组要尽快召开专题学习交流会，结合工作实际，谈学习体会、谈贯彻落实。尤其是各级领导干部要以身作则、以上率下，要带头学、带头讲，将党的十九大精神学深学透，为全校师生员工的学习树立一个榜样。学校理论学习中心组已经做出了初步安排，近期我们将邀请两位专家做报告：一位是教育部高等学校社会科学发展研究中心主任、北京师范大学原党委副书记王炳林教授；一位是国家行政学院原副院长周文彰教授。希望各位积极踊跃参加。

对此，学校组织部、宣传部、统战部、学工部、研工部、团委和马克思主义学院都要做好全体师生的学习指导和服务工作。在做好上级部署工作的组织落实基础上，结合学校的实际，通过组织高水平的辅导报告开展宣讲，组织培训，提供学习资料，综合利用新媒体等宣传手段将好的学习资料和学习资源传递给广大师生。同时，也要利用校园媒体平台及时展示学习动态、交流学习成果，开展形式多样的主题教育活动。

希望大家一是要原原本本地学。要学原文，特别是在这个报告文件印发之后，希望各级党组织认真组织大家学习，要做到全文通读。二是要带着问题学。我们要坚持问题导向，结合工作实际，认真查找我们在发展思路、发展路径、发展政策、工作状态与十九大精神的要求之间的差距。三是要结合实际来学。我们的“双一流”建设、人才工作、巡视整改工作、北京市党建标准检查、落实全国高校思政工作会议要求等都要整合到贯彻十九大精神这个总的主题之下。希望大家把学习作为我们工作的前提和基础，大家认真组织好。

二、组织“大宣讲”

第一，要推进十九大精神的“三进”工作，做好对广大学生的宣讲。进课堂是我们的主要任务，马克思主义学院的同志已经做了一些安排，所有的思政课都要全面结合十九大精神进行宣讲。在十九大召开前，中央有关单位做了大量工作，特别是宣传部门拍了一些非常有震撼力、内容丰富的专题片，出了一系列有分量的理论文章，充分讲述了我们党的建设、国家发展实力和国际影响力取得的举世瞩目的成就，这些是最好的、最鲜活的思想政治教育教材。

第二，要组织好对二级单位的宣讲。马克思主义学院讲师团的11位老师准备了13个方面的宣讲备课。二级党组织组织理论学习的时候，可以跟他们主动联系，请他们来进行讲解辅导。相信通过我们自己的讲师团深入二级单位对大家进行必要的辅导，可以更好地帮助大家把学习党的十九大精神与我们的实际工作结合起来，深化对党的十九大精神的学习认识，促进大家把十九大精神真正落到实处。会后，宣传部可以把老师们的备课课表发给大家。

第三，领导干部要带头宣讲，这是中央和有关部门的明确要求。学校也要根据党的十九大的宣传安排给大家提供一个宣讲提纲，供大家宣讲时参考。学校党委要求所有的处级干部在自己分管的领域、分管的单位，结合参加各自组织学习的活动中，进行重点发言、重点宣讲。

第四，全校的教师还承担着向社会宣讲的任务。最近一个时期，学校党委宣传部组织学校老师围绕学习十九大精神已经开始发声，开始讲述我们农大的声音，讲述我们农大师生的这种体会，我觉得特别好，特别是人发学院、经管学院很多老师都参与了。希望更多的老师能够积极参与到整个社会的宣传、宣讲十九大精神的队伍当中来，做出我们农大应有的一些作为。

三、推动“大落实”

学习宣讲的目的是行动。我们要边学习、边领会、边研究我们贯彻落实的举措。学校党委研究决定，学校要成立两个研究中心，以表明我们农大在宣传贯彻十九大精神中应有的姿态：一个是成立“习近平新时代‘三农’思想研究中心”。结合学校特色，结合我们的研究基础，对习近平新时代“三农”思想进行研究梳理、阐释宣传。这是习近平新时代中国特色社会主义思想理论体系重要的组成部分。我们想通过组建这个中心促使中国农业大学在党的理论建设方面找准自己的定位，做出自己的贡献。我来亲自当这个中心的主任。中心准备采取一种开放式的研究方式，列出一些重要的课题。希望各方面专家积极申请，也欢迎校内的老师和校外的研究力量联合申请课题。我们力争把中国农业大学建设成为对习近平新时代“三农”思想研究的高地。另一个研究中心是“乡村振兴战略研究中心”。由孙校长来担任主任。十九大报告提出了乡村振兴战略，里边有很多新思想新举措，比如第一次提出了农业农村的现代化，第一次提出了农业农村优先发展的理念。很多思想还需要进一步研究、进一步的落实，这也是统领将来我国“三农”工作的重要战略。中国农业大学很多工作都和乡村振兴战略密切相关，我们也要在这个方面组织起力量，创造参与和服务这个战略的平台，最好能形成围绕乡村振兴战略的行动计划，推出一系列重大行动。在这方面，我们各个单位各个学院都承担着很重要的职责。大家对十九大精神的学习，要围绕乡村振兴战略，围绕十九大所提出的精准扶贫、粮食安全、食品安全、建设美丽中国等一系列战略任务，围绕与中国农业大学的研究方向、服务面向等密切相关的重要领域开展。

围绕学习贯彻十九大精神的总要求，我认为有五大方面的任务要落地：

一是要用学校近年来国家重大变化重大变革重大成就来教育我们广大师生。

二是要用习近平新时代中国特色社会主义思想武装我们广大师生。

三是要用十九大所确定的学校新的发展目标来鼓舞我们广大师生。

四是要用十九大提出的各方面的战略安排和各项任务来鞭策我们广大师生。

五是要以十九大特别是总书记对知识分子和广大青年的厚爱和期许，来激励我们广大师生。

有 10 个领域需要大家重点研究和思考：

第一，要围绕着新时期的党建工程启动专门的行动。党的十九大提出了党的建设的总要求，并提出将制度建设贯穿在政治建设、思想建设、组织建设、作风建设、纪律建设之中。这方面要求都是我们党在新时期加强党的建设很有针对性的要求。各支部、各分党委的领导同志要结合学校加强基层党建工作的安排，思考学校加强党的建设方面应该有哪些新的举措，也希望大家能够积极地贡献智慧来提出新的建议。

第二，要围绕着加快“双一流”建设有新的作为。学校已经被列入了“双一流”大学建设的名单，这仅仅是个开始，不是结局，是我们的发展良机。我们要进一步增强“双一流”建设的使命担当、行动自觉和改革意识，特别是要正视我们目前存在的严峻的挑战、矛盾和问题。坚持问题导向，进一步加强战略谋划和主动作为，进一步完善和调整我们的实施方案，特别是要集中资源、集中力量抓好一些重点建设。这里首要的就是要解放思想、正视问题，积极的出谋划策，真正的围绕着国家新出台的一些战略需求和一些国际的学术前沿，来把我们“双一流”建设组织好、实施好。

第三，要围绕着新一轮的“人才强校”工作，采取一些新的改革举措。下决心改革和调整一切不适应新形势、新要求的人才工作体制、人才引进办法和人才激励政策。下决心采取非常措施来补充青年教师和高端人才。下决心提高人才待遇和工作条件，来完善人才工作的体制、机制和政策，调动各个方面队伍的工作积极性，还要下决心形成一个鼓励干事创业、实现优劳优酬分配的机制。人才工作是学校“双一流”建设、学校未来发展突出矛盾，也是我们下一步推动所有工作的一个突破口。我们一定要在这方面，要有一些新的气象、新的举措、新的改革。

第四，要围绕参与创新型国家和科技强国建设有整体谋划。中国农业大学作为农业科学研究的排头兵，要积极参与国家科技创新的重大规划，争取国家更多的重大项目在我们农大落地。特别是我们要积极主动争取参与北京科创中心的建设，关注国家农业方面的重点实验室的建设。

第五，要围绕着乡村振兴战略的实施全面参与、积极作为。刚才讲了，我们要成立乡村振兴战略研究中心。国家实施乡村振兴战略是我们农大发展的最大机遇，是我们中国农业大学在未来引领国家发展、参与国家重大战略的一个必须要作为的方面。如果这方面没有我们声音，或者我们声音比较弱，或者我们参与不进去，农大的发展就不堪设想。我们必须紧紧抓住乡村振兴战略这个重大的机遇，组织我们学校所有的力量，把这个事情研究好、服务好。

第六，我们要系统总结学校助力精准扶贫方面的一些行动，要整合有关方面的力量，做出更大的贡献。我们要加强精准扶贫的政策咨询和国际比较研究。总结推广我们学校发起的农科学子助力精准扶贫的一些活动，现在已经开展的定点扶贫、对口支援的工作，以及科技小院辐射带动作用。在这个基础上，我们要整合起来，出台一些新的举措，创设一些新的平台，争取一些更大的作为。

第七，要认真研究全面开放格局下的学校对外交流与合作。特别是围绕着“一带一路”战略，我们一定要有新的动作、新的气象、新的作为。学校正在研究创立“南南学院”，还要加强与“一带一路”战略沿线国家教育合作的项目，包括将来扩大招收“一带一路”国家的留学生，继续做好烟台格罗宁根大学的一些筹建工作，这都和新形势下对外开放的大格局密切相关。

第八，我们要围绕着绿色发展、生态文明建设、建设美丽中国等方面要有更多的作为。加大环境保护、资源开发利用的技术研发和推广，包括生物质新能源的一些开发，中国农业大学在这方面也是能够积极作为的。

第九，要围绕着食品安全建设、健康中国开展专项行动来。包括学校高精尖中心新一轮建设，切实推动食品安全和健康中国相关学科的发展和人才培养，加强公共食品安全的科普和舆论引导，这都是我们中国农业大学可以作为、能够作为的一些平台。

第十，要围绕着大学生的创新创业方面，研究、出台支持计划。包括学校的创新创业中心的建设，包括创新创业教育的开展，完善我们教师参与指导的激励机制，培育一批创新创业的先进典型。

十九大报告中涉及的方面非常广，很多工作都与中国农业大学的服务方向、专业特长、优势密切相关，学校在贯彻落实党的十九大各项任务方面大有作为。希望能够在经过一定的学习和思考之后，形成一个关于全面贯彻十九大精神、推动我们新时期“双一流”建设工作的意见或者决定，以党委的名义下发，来指导学校今后一个时期的工作，也体现我们在十九大精神下，解放思想、深化改革、加快发展的整体布局。

下一步，中央对十九大精神的学习宣传贯彻将会下发正式文件，教育部、北京市还会有周密安排，那个时候我们再正式地做出全面的规划。希望大家以高度的政治责任感和饱满的政治热情，把我们的十九大精神学习好落实好。

谢谢大家！

党委书记姜沛民在“学习贯彻十九大精神培养‘一懂两爱’人才助力精准扶贫聚力乡村振兴”研讨会上的讲话

（2017 年 11 月 3 日）

各位来宾、各位媒体朋友、老师们、同学们：

大家上午好！

我代表中国农业大学全体师生对各位嘉宾的到来表示热烈的欢迎！对各位专家学者、媒体朋友们及社会各界长期以来给予学校和全国农科高校的大力支持与帮助表示由衷的感谢！

今天是个特殊又有意义的日子。2013 年的 11 月 3 日，习近平总书记在湖南湘西十八洞村考察时，首次提出了“精准扶贫”的思想，开启了我国精准扶贫脱贫攻坚的伟大征程。四年后的今天，在党的十九大刚刚胜利闭幕之际，我们全国农科高校代表共同汇聚在北京，一同学习宣传贯彻党的十九大精神，围绕“助力精准扶贫 聚力乡村振兴”进行深入研讨，是非常有意义的。

刚才，我们在这里举办了《不忘初心　砥砺前行——走进乡土乡村　助力精准扶贫》系列丛书的首发式。这是全国农科学子积极响应习总书记号召的一次联合行动，也是农科高校师生紧紧围绕国家重大战略、聚焦“三农”重大问题、勇于作为、善于作为的一种使命担当，更是农科高校围绕立德树人根本任务、构建实践育人、组织育人体系的一次积极探索。刚才，几位专家和地方代表也做了很好的发言，提出了很多真知灼见，使人深受教育，深受启发。当前学习贯彻党的十九大精神，作为农科类高等院校，我们应充分利用自己的学科优势和人才资源优势，将学校的社会服务责任与人才培养根本任务与决胜全面建成小康社会的目标紧密结合起来，全国农科高校应该在新时代呈现新气象，共展新作为。

一、农科高校要一马当先，积极助力国家精准扶贫战略

习近平总书记在湖南湘西考察首次提出“精准扶贫”思想，此后，他又在到陕西、贵州调研考察扶贫工作时，明确提出“六个精准”要求，从理论到实践形成了系统思

想，成为习近平新时代中国特色社会主义思想的重要组成部分，成为全党全社会齐心协力脱贫攻坚的行动指南。几年来，脱贫攻坚战已取得决定性进展，六千多万贫困人口稳定脱贫。而今，党的十九大再次将动员全党全国全社会力量，坚持精准扶贫、精准脱贫，打赢脱贫攻坚战，实施乡村振兴战略，坚持农业农村优先发展摆到了十分重要的位置。

扶贫当扶智。高等院校，特别是农科院校有着面向农村、面向农业、面向农民，凝集人才、智慧与科技的特色与优势；更有着解民生之多艰，服务国家“三农”事业发展的不懈追求与崇高使命。在党和国家的战略部署下，如何深入农村、情系乡土乡亲，如何点聚成线、实现精准扶贫，是每所农科院校所必须思考的重大命题，是每位农科学子所必须承担的重要责任，这也是我们“全国农科学子联合实践行动”在2016年全面启动的初衷。不仅如此，全国农科高校围绕定点扶贫工作、教育扶贫和科技扶贫以及产业扶贫等相关工作都已经开展了许多卓有成效的工作。当前，在十九大精神指引下，在决胜全面建成小康社会的历史交汇期，我希望并期待全国农科高校应进一步联合起来，再谋划、再部署、再出发，形成联合行动，为打赢脱贫攻坚战做出我们应有的贡献！

二、实践育人要固本求新，建立长效培养机制

实践育人是遵循马克思主义教育原理的科学理念，也是大学生成长发展的内在需要。习总书记在全国高校思想政治工作会议的讲话中、在与青年学生的多次回信、座谈中，反复强调社会实践对于青年成长成才的重要意义。作为“两个一百年”奋斗目标的全过程参与者，当代青年要努力在实现中华民族伟大复兴的中国梦的生动实践中放飞青春梦想，实现精彩人生。

现如今，伴随高等教育规模的持续扩张，高校人才培养模式也呈现更多元丰富的层次与结构，其中，实践育人作为高校思想政治教育的有效途径及大学生德育的重要环节，固本求新，建立长效培养机制势在必行。全国农科高校应联合起来，共同致力于探索系统化、长效化的实践育人新模式，结合高校五大职能和农科院校特色而组织多元化实践形式，进而实现高校在促进学生个体与社会发展方面的双重价值。全国农科学子联合实践行动作为实践育人的典型范例，就是鼓励学生深入乡土乡村，紧靠乡亲乡民，在实现中国梦的生动实践中了解基本国情、深化理论学习、掌握真才实干、培植家国情怀、提升综合能力。

党的十九大为我们新时代农科高校的育人模式又提出了新的命题。习近平同志在十九大报告中提出了“培养造就一支懂农业、爱农村、爱农民的‘三农’工作队伍”，这“一懂两爱”为全国农科高校的人才培养工作提出了新的要求和工作指针。对于农科高校而言，我们应对自身有更高、更深、更广的要求，以回应总书记的殷切期待。自觉地把培养和造就一大批懂农业、爱农村、爱农民的‘三农’工作队伍作为办学目标，作为扎根中国大地、突出“三农”特色的办学方向。唯此，我们才能真正培养出适应农业农村现代化要求、满足乡村振兴战略需求的适用人才，进而才能培养造就出合格的社会主义建设者和接班人。

三、农科高校在推动农业农村现代化、服务乡村振兴战略上要有新作为、早作为、大作为

习近平同志在十九大报告中对“三农”工作的重视提升到了新的高度、提出了新的要求、做出了新的战略部署。这为全国农科高校进一步强化办学方向特色、加强双一流建设、谋划学校新的发展提供了指南、指明了方向。这要求我们全国农科高校必须要第一时间学习、第一时间思考、第一时间谋划、第一时间部署，面向新时代，全国农科高校必须要有新作为、早作为和大作为。

如何实现农业农村现代化？如何坚持农业农村优先发展？如何构建现代农业体系？如何实现小农户和现代农业发展有机衔接？如何建立“三治”结合的乡村治理体系，最终如何实现乡村振兴的最终目标和发展战略？所有这些命题和战略部署，全国农科高校必须及早学习领会，把握时代要求；还应及早启动研究，发挥智库功能；更须及早启动行动计划，体现主力军作用。

为了将党的十九大精神中关于“三农”相关问题和乡村振兴战略的相关要求落实好，中国农业大学党委经深入研究讨论，决定正式设立组建中国农业大学“习近平新时代‘三农’思想研究中心”和“乡村振兴战略研究中心”，由我和校长孙其信同志分别兼任这两个研究中心的主任。这两个中心的工作目标就是致力于为国家解决好新时代“三农”问题提供思想理论研究支撑，为实现乡村振兴战略提供科技智力成果和系统解决方案。我们为此要发挥学校已有学科优势，整合各方面研究力量，围绕乡村振兴和农业农村现代化的重大需求，来确定新的学科发展方向，设立重大研究专项，启动重大行动计划，创建一批实践示范基地，发起全国农林院校联盟，组织开展联合研究攻关，推出一批理论研究成果和重大科技成果，为实现党的十九大提出的各项任务做出应有的贡献。我们深知，这不是一项轻轻松松、敲锣打鼓就能完成的事业，更不是一所高校就能一力承当的重任。为此，我们希望通过这两个中心为全国农科兄弟院校搭建开放共享交流合作的平台，让我们共同携起手来，为助力国家乡村振兴战略凝智力、聚合力、添动力。我衷心希望全国农科院校，能够向着共同的愿景和目标，形成农科院校甚至更广泛高校间的聚合效应；也借此联合广泛社会资源，形成多方位、多途径的更庞大的社会合力。我相信，只要我们全国农科高校全力以赴、攻坚克难、凝心聚力、众志成城，农业农村现代化和乡村振兴实现之日，也就是全国农科高校双一流建成之时。

“青年兴则国家兴，青年强则国家强。青年一代有理想、有本领、有担当，国家就有前途，民族就有希望。”这是习近平同志在十九大报告中对青年人的殷切期望和谆谆教导。最后，我想说，农业农村现代化、乡村振兴的重任必将历史性地落在全国农科学子的肩上，全国农科学子在新时代要有新气象，更要有新作为。我希望全国农科学子们能够牢记时代赋予青年人的伟大使命，在实践中磨砺意志、修炼品性、增长才干，自觉将个人的成长与祖国和人民的需要联系起来，积极投身于实现中华民族伟大复兴中国梦的生动实践中，成为可堪大用、能担重任的栋梁之材！

再次感谢各位嘉宾的到来，衷心祝愿研讨会取得圆满成功！

不忘初心　牢记使命　大力加强新时代学校党建和思想政治工作

——党委书记姜沛民在北京市高校党建和思想政治工作基本标准检查督导汇报会上的讲话

（2017年11月15日）

各位领导、各位专家、各位同志：

大家上午好！首先代表学校党委对检查组一行表示热烈欢迎。

中国农业大学作为我国现代高等农业教育的发源地和排头兵，有着悠久的光荣历史和深厚的红色基因。可以说，学校从办学之初就与国家命运和我们党的发展紧密相连。在新中国成立后的长期办学实践中，中国农业大学始终把党建和思想政治工作摆在办学治校的首位，把培养又红又专的高层次专门人才作为根本任务，学校党的建设和思想政治工作形成了鲜明的优势和特色，得到上级党组织的充分肯定。

2012年9月15日，习近平同志来校视察并发表重要讲话，对建设中国特色、农业特色的一流大学做出重要指示，为学校事业发展和党的建设指明了方向。5年来，我们不忘初心，牢记习总书记的嘱托，全面贯彻十八大以来党中央、北京市委、教育部党组关于加强学校党建和思想政治工作的一系列重大决策部署，自觉树立抓党建就是最大的政绩的责任意识，紧紧围绕全国思政工作会议精神的贯彻落实和中央巡视整改，全面加强和改进学校党建和思想政治工作，补短板、强弱项、建机制、创特色，学校党建和思想政治工作取得新的进展，党委领导更加坚强有力，基层组织更加充满活力，师生精神面貌更加积极昂扬，为学校的改革发展提供了坚强领导和政治保障。

下面按照基本标准检查的10个方面做简要汇报。

一、强化学校党委领导核心作用，推进世界一流大学建设

一是全面学习宣传贯彻党的十九大精神。这是学校当前一项首要政治任务，也是加强学校各级党组织政治建设和思想建设的重要工作抓手。学校党委先后召开多次常委会专题传达、学习和部署。目前，已召开全校大会，集中传达学习党的十九大精神；召开学校二级党组织书记工作会，做出了大学习、大宣讲、大落实的工作部署；组织了全校范围内的专家辅导报告会；着手研究制定学校党委《关于认真学习宣传贯彻党的十九大精神的实施意见》，决定成立习近平新时代“三农”思想研究中心和“乡村振兴战略”研究中心，由党委书记和校长分别担任主任；正在牵头组建全国农林高校研究联盟，推动协同行动。目前，各单位迅速行动，在全校范围内掀起了学习热潮，学习活动正在步步深入，广大师生受到极大地鼓舞和振奋。

二是牢牢把握社会主义办学方向。我们始终认为，学校党委最重要的政治责任就是：要始终把最广大的教职员工团结在党的周围，把广大的青年学生培养成党的事业的

接班人,把学校建设成为马克思主义理论的坚强阵地,把学校党组织建设成为党的事业的坚强堡垒。我们在工作中始终坚持学校党委的领导核心作用,按照"把方向、管大局、做决策、保落实"的要求,为学校发展把关定向。通过召开党代会,制定学校长远发展目标和战略规划;通过制定大学章程,厘清学校党委领导下的学校治理结构;通过研究出台"双一流"建设方案、学校综合改革方案、教育教学改革方案、学校"十三五"发展规划等重大政策,体现办学治校的主体责任;通过决定"三重一大"事项,体现党委的政治领导和集体决策。与此同时,学校党委认真履行管党治党主体责任,先后进行 18 次党建调研,着力健全党建工作格局。始终坚持服务国家,扎根祖国大地,坚持以农立校的方针,体现中国特色、农业特色的办学定位。始终坚持育人为本,抓实思政工作,明确提出"七个育人"工作格局,将全国思想政治工作会议精神的贯彻落实,分解为四大方面 489 项举措,全面推动实施。始终坚持依法治校,健全制度体系,对校级规章制度进行了全面清理和修订完善,进一步优化了管理制度体系。

三是着力推动改革和事业发展。近年来,学校党委坚持以教育教学改革为核心,以人才管理制度为突破,以学科建设为引领,以科研创新为重点,以教育国际化为拓展,以资源建设为支撑,以现代大学制度为保障,扎实有效推进学校改革发展,顺利入选全国一流大学建设 A 类名单。

在学科专业建设方面,学校已经发展成为一所以农学、生命科学、农业工程和食品科学为特色和优势的研究型大学,形成了涉及 9 大学科门类的优势互补的学科群。在第三轮一级学科水平评估中,有 6 个学科名列全国第一,居全国高校第 4 位。在"双一流"建设方案中,有 9 个学科列为重点建设学科,位列全国第 13 位。在 ESI 学科评价中,有 10 个学科进入前 1%,其中农业科学、植物与动物科学两个领域稳居前 1‰。在 US NEWS 的国际排名中,学校农业学科排名全球第 4。

在人才培养工作方面,学校颁布《进一步深化本科教育教学改革的若干意见》,启动新一轮教学改革,《中国教育报》在头版刊文介绍了学校的本科教改经验。新一轮研究生教育教学改革取得积极进展,全面推行博士生"申请考核制"效果良好。目前,思想政治理论课教学不断创新,体育和艺术教育成绩突出,中外学生联合培养取得新的进展。学生创新能力大幅提升,累计获得各类学科竞赛国家奖励增长了 3 倍;就业率保持在 95% 以上,深造率超过 60%。其中,《依托科技小院培养农科应用型研究生模式改革与实践》获得国家教学成果二等奖、北京市教学成果一等奖。一批教师荣获国家级教学名师和北京市教学名师。

在科学研究工作方面,学校解决国家重大科技问题的能力显著增强,"十二五"期间科研总经费达到 50.2 亿元,比"十一五"期间增长 45%。2016 年到校科研经费 14.6 亿元,创历史新高。在国家"十三五"重点研发计划和 2017 年立项中,学校牵头项目达 17 个,居全国高校第 4 位。"十二五"期间,三大检索系统收录论文 8 977 篇,比"十一五"期间增长 46%。获国家级科技奖励 32 项、省部级奖励 173 项,比"十一五"期间增长 11%。授权专利 1 900 项,比"十一五"期间增长 140%。人文与社会科学研究取得重要进展,获教育部高等学校科学研究优秀成果奖 3 项,北京市哲学社会科学优秀成果奖 2 项,多篇政策建议与报告得到党和国家领导人的批示。社会服务能力进一步提升,学校有 6 位教授被聘为国家现代农业产业技术体系首席科学家,65 位教授被聘为岗位科学家,在 27 个产业中发挥了重要作用。在全国17个省(区、市)建立了实验站、教授工作站和科技小院等110多个。技术成果辐射面从“十一五”期间的1 000余个县增加到2 000余个县。每年培训各类农业人才6万余人。

在人才强校战略方面,坚持党管人才,以培养和引进高层次人才为重点,全面提升人才队伍整体素质。学校现有国家自然科学基金委创新研究群体6个,教育部创新团队10个。有院士10人,入选“千人计划”3人、青年“千人计划”12人,长江学者特聘教授24人,杰出青年基金获得者42人,优秀青年基金获得者17人,新世纪人才148人。“十二五”期间,新增国家高层次人才特殊支持计划教学名师1人、北京市教学名师19人。

在国际交流合作方面,学校已与41个国家和地区的209所大学、研究单位建立了友好合作关系。2015年,在国家主席习近平和荷兰国王亚历山大的共同见证下,学校与荷兰格罗宁根大学、烟台市政府正式签署了三方合作办学协议,标志着中外合作办学顺利进入了新阶段。目前,校内设有11个联合研究中心,还设有国际学院、中德综合农业发展中心、中以国际农业培训中心、中坦农业发展联合研究中心等国际教育、科研与培训机构。

在条件保障方面,“十二五”期间,新建建筑面积11.6万平方米。在教育信息化建设方面,建成全校统一的公共数据集成平台、身份认证平台、门户平台等基础支撑系统,实现了校园教学科研区和办公区无线网全覆盖,每月为每位师生免费提供10G的基础流量。

二、加强领导干部队伍建设,提高管党治党办学治校能力

一是始终把思想政治建设摆在首位。理论学习中心组集中学习63次,深入学习贯彻习近平新时代中国特色社会主义思想,着力提高“四个意识”。学校领导班子成员坚持理论学习,以上率下,模范带头,坚持每年撰写一篇理论学习文章,按时完成率为100%,并多次获得北京高校领导干部理论文章奖。

二是着力加强领导班子组织建设。学校党委坚持民主集中制原则,严格执行“三重一大”决策制度。研究出台学校领导干部的《约法十条》,向全校师生公开承诺,加强领导班子的自我约束和群众监督。加强校级后备干部推荐选拔和培养,学校通过组织调训、轮岗交流等方式加大培养力度,努力提高后备干部能力素质。

三是着力加强领导班子和干部作风能力建设。建立和落实校领导联系基层支部制度、思政课听课讲课制度、接待群众来访制度等,每年书记校长主持党代会、教代会、学代会提案办理的现场会,当面听取和回答群众关心的热点问题。加强班子团结,强化责任担当,积极谋划学校未来发展格局,努力化解长期以来困扰学校发展的历史遗留问题。

四是着力加强学校干部队伍建设。着力健全完善干部选任工作机制,探索采取“两评两推”方式扩大选人用人视野。在干部考察环节,采取党支部、二级党组织、学校党委自下而上的方式,全面系统地加强对提任干部“德”的考核。着力强化干部日常监督管理,制定出台《领导干部兼职管理办法》《领导干部因私出国(境)管理办法》等12个制度文件。依托“专题辅导报告”“学习大讲堂”“名家论坛”等品牌活动,邀请知名专家到学校做辅导报告共50多场,提升干部理论素养。举办了三期处级干部境外培训班,以及先后

选派14名青年管理干部到国外一流高校研修6个月，进一步提高了干部的国际化视野。

三、夯实党的基层组织，发挥战斗堡垒作用

一是切实加强对基层党建工作的领导和指导。学校党委研究出台了党建计划，进一步明确了校、院、系党组织抓基层党组织建设的责任体系，不断强化党组织书记作为抓党建工作第一责任人的职责担当。学校党委分别在党建、意识形态、党风廉政建设、安全稳定等方面，出台了责任制，明确了责任分工，健全考核机制。建立完善了抓基层党建工作的“述、考、评、督”机制，梳理形成8项考核重点指标和15项基础党建工作自查清单，先后开展两轮二级党组织书记抓基层党建工作述职评议考核会，实现现场述职全覆盖。制定《关于加强党务干部队伍建设的意见》，将党务工作队伍建设纳入学校干部队伍建设和人才建设总体规划，增强基层党务工作力量。

二是重视加强基层党组织建设和党内民主与作用发挥。制定出台基层党支部“1+2”建设文件，即《进一步加强和改进新形势下基层党支部建设的实施意见》《教职工党支部工作规程》和《教职工党支部工作考核评估办法》。进一步强化党支部的政治功能，在教职工聘用、晋职晋级、评奖评优工作中，党支部有把好政治关、师德关的一票否决权。积极探索和创新党组织设置方式和活动方式。选优配强教师党支部书记，95%以上的一线教师党支部书记具有高级专业技术职称，80%以上具有博士学历。持续加大对基层党组织工作和活动经费支持力度，2015年以来共下拨经费825.3万元，确保经费用于基层党组织。专门投入经费200余万元，支持各二级党组织建设“党员之家”。

三是加强发展党员工作和党员日常教育管理工作。提出发展党员工作4个步骤、30个重点环节的具体要求，强化大学生思想入党。2012年以来本科生党员比例保持在16%左右，研究生党员比例由58.4%上升到59.1%，学校35岁以下青年教师中党员比例达到74%。开展“新时代、新使命、新作为”主题党日活动，连续15年利用寒暑假开展期末集中组织生活，推进“两学一做”学习教育常态化制度化。

四、加强党风廉政建设，切实落实“两个责任”

一是着力建立健全党风廉政建设责任体系。学校党政主要负责人对学校反腐倡廉建设，做到重要工作亲自部署，重大问题亲自过问，重点环节亲自协调，重要信件亲自批阅，重要案件亲自督办。学校党委每年召开专题会，研究部署全校党风廉政建设和反腐败工作。专门召开“从严治校，开展自查自纠工作部署会”，强化“十个一律”的基本规范，并在全校深入开展专项治理工作。

二是加强惩防体系建设和权力运行监督。制定完善了《中国农业大学巡察工作办法》，在首都高校范围内率先开展校内巡察工作。工作下沉一级，纪委主要领导主动与二级党组织负责人、纪检委员和相关代表开展单独谈话，了解廉政情况。开展校内督查工作，深入查找风险点，加强重点领域监督和风险防控。强化党风监督员作用，自觉接受群众监督。

三是切实严肃党纪党规。制定了《中国农业大学贯彻落实监督执纪“四种形态”的实施办法》和《中国农业大学贯彻落实监督执纪“四种形态”的实施细则》。集中梳理各类问

题，对群众来信来访较多的单位，及时约谈主要负责同志，指出存在的问题，提出整改要求。强化监督执纪问责，加强对落实八项规定精神和重点领域的督促检查，加强对领导干部兼职问题管理和核查。

四是加强信访处理和纪律审查。对信访件逐件编号登记，建立专门工作台账，实行办理情况"周报告"制度，推进快查快结。党的十八大以来，学校共立案16件，开除党籍并降低岗位等级2人，党内警告处分7人次，行政记过1人，行政警告4人，通报批评4人，诫勉谈话8人，提醒谈话43人，批评教育111人。

五、重视师生思想政治工作，落实"立德树人"根本任务

一是高度重视意识形态工作。先后修订或出台《贯彻落实〈党委（党组）意识形态责任制实施办法〉的实施细则》等相关工作文件23个，形成党委强化意识形态工作的基本遵循和制度保障。积极落实"四个纳入"，其中党委常委会研究意识形态领域相关工作20余次。推进学校意识形态阵地管理规范化制度化，2013年以来学校共批准举办哲学社会科学讲座800余场，8万余人次直接受益，未出现一例违规情况。积极占领网络阵地，强调视频媒介融合，自觉传播正能量。

二是推动宣传文化和教职工思想政治工作。校、院、支部三级联动，健全教师思政工作体系，构建教育、宣传、考核、监督与奖惩相结合的师德建设工作机制。落实师德"一票否决"。2009年启动实施"青年教师成长工程"至今，累计投入2 000余万经费。组织开展暑期高端（留学归国）人才培训，重走红军路，重温峥嵘历史。积极探索建立文明校园建设的长效机制，传承农大精神文化。学校连续4次获"首都文明单位标兵"荣誉称号。

三是不断加强大学生思想政治教育工作。加强理想信念教育与实践锻炼，开办大学生党员先锋班，成立"青年马克思主义者协会"，推行本科生宿舍"党员责任区"，每年开展"红色1+1""百名博士老区行"等活动。在全国率先建立了"心理委员模式的大学生朋辈互助"长效工作机制。400多名毕业生被选聘为全国各省市"选调生"。应征入伍大学生111人。学校连续5年获得"首都高校社会实践先进单位"称号。

四是着力加强思想政治理论课建设。研究制定了《加强和改进新形势下思想政治理论课建设和马克思主义学院建设的若干意见》，成立思想政治理论课建设领导小组，党委书记、校长积极走进思想政治理论课课堂。将马克思主义学院的专职教师岗位数增加为54人。开办"求是论坛"，对学院教师开展系统培训。开展以问题为导向的"三三制"协同育人思想政治理论课教学模式改革，2016年获得了北京高校思想政治理论课教学改革创新重大项目立项。

六、推进"平安校园"建设，确保学校安全稳定

建立校院两级管理体系，安全稳定职责落实到每一个"细胞单元格"，形成常态化的维稳工作机制。先后投入经费3 000余万元，推动校园智能安全平台建设。完善教育、管理和服务体系，最大限度减少不安定因素。牵头成立学院路地区校地警安全联盟，校地联动开展综合治理。保障涉密信息安全，对学校涉密项目进行严格审查和监督等。

七、发挥统战工作优势，强化党外知识分子教育引导

党委加强对统战工作的领导、谋划和推动，完善“421”统战工作模式，深入推进“心桥工程”、党外代表人士队伍建设“168 工程”，组织实施“十三五”统战工作目标与任务“30 条”，加强院系基层统战工作，努力构建大统战格局。30 多人先后被中央统战部聘为党外知识分子建言献策信息员。民主党派代表人士武维华院士、张福锁教授、韩鲁佳教授被北京市委选派进行高层次挂职，无党派人士何秀荣教授被聘任为国务院参事室参事。多方面统筹加强抵御宗教渗透工作，防范校园传教。学校“心桥工程”主题活动等项目荣获北京高校统战工作特色与创新“十大品牌”项目等多项表彰，多项统战成果荣获全国统战理论政策研究创新成果奖。

八、切实做好离退休工作，充分发挥老同志的作用

全面落实北京市老干部工作领导责任制。通过集体庆祝党龄生日、与学生支部老少共建、重温入党誓词、走进新农村看发展变化等丰富多彩的支部活动，加强对老同志的思想引领。组织开展为党的事业增添正能量活动，积极引导老同志讲好农大故事、传播农大好声音。加强关工委和老教协建设，打造立德树人品牌。设立离退休爱心基金，每年用 500 万元本金利息慰问困难重病老同志。2016 年，用于改善离退休人员医疗和生活待遇的校级各种支出近 3 000 万元。

九、改进群众团体工作，密切联系服务群众

研究修订《中国农业大学教职工代表大会工作条例》和《中国农业大学工会工作细则》，有效保障教代会作用发挥。五年来征集、办理提案和建议 137 件，推动了学校各个方面问题的解决。党委常委会研究工会工作反馈批示 66 件，重视发挥工会联系教职工的桥梁纽带作用。积极推动教职工之家建设，举办青年教师教学基本功比赛、青年管理干部岗位技能竞赛等，认真开展教师思想政治工作。

坚持党建带团建，学校党委印发《中国农业大学共青团改革实施方案》，成为团中央改革示范校。构建党领导下的“一心双环”团学组织格局，指导学生会、研究生会的改革，加强对社团组织的思想引领。开展团日活动 1 000 余场次，覆盖青年人数达 5 万人次。“知行”团校累计培训 3 000 余人，英才学校毕业 414 人。利用新媒体平台推送的主题团日活动等多项品牌活动得到团中央的表扬和推广。2016 级、2017 级新生实现志愿者注册率 100%。学校志愿项目在全国大赛中获得银奖，全国挑战杯竞赛获得“累进创新奖”，全国“互联网＋”大赛获得铜奖。

十、打造特色活动品牌，发挥引领示范作用

学校党委在加强学校党建和思想政治工作的过程中，积极培育特色活动，倡导鼓励工作创新，努力探索新形势下的活动方式和组织方式，不断提高党建活动和思想政治工作的实效性、灵活性，切实增强感染力、吸引力和战斗力。这次提供的三份特色材料，分别从实践育人、党员教育、统战特色 3 个方面展示了学校的特色活动。各学院也都有自

己的独具特色的活动方式。这些特色活动，在学校工作全局中发挥了示范引领作用，产生了积极的社会影响，形成了学校不断创新、多彩多姿的生动局面。

以上是学校工作的基本汇报。北京市的党建和思想政治工作基本标准检查，为我们加强和改进新时代基层党建和思想政治工作，提供了重要契机，提供了规范要求，提供了专业指导，提供了工作遵循。通过党建自查，我们也清醒地认识到，与高标准、新要求相比，学校党建与思想政治工作中还存在一定不足。主要是：院系基层党的建设工作还不平衡；党建的长效机制和改进措施还要进一步落实；思想政治工作中的个别环节还存在短板不足，一些工作成效、成果还不巩固；深化整改还需要常抓不懈，加强党建和思想政治工作永远在路上。

目前，学校各级党组织认真学习宣传贯彻党的十九大精神，正组织推动"大学习""大宣讲""大落实"。我们将按照习总书记提出的新时代党的建设的总要求，积极推进新时代党的建设伟大工程，毫不动摇地坚持和完善党的领导，毫不动摇地把学校的党组织建设得更加坚强有力。我们将通过这次基本标准大检查，进一步振奋工作精神，鼓足工作干劲，强化责任意识，提升工作水平，健全长效机制，补强工作短板，为加快"双一流"建设，为实现党的十九大提出的宏伟奋斗目标和各项战略任务做出新的贡献。

凝心聚力　共谋发展　为加快"双一流"建设而努力奋斗

——党委书记姜沛民在第四届教职工暨工会会员代表大会上的讲话

（2017 年 11 月 17 日）

各位代表：

新一届教代会执行委员会、工会委员会以及各专项工作委员会已经顺利选举产生，我代表学校党委对各位委员的当选表示热烈的祝贺！

过去五年来，学校各级教代会和工会组织在学校党委的领导下，紧紧依靠广大教职工，依法行使民主权利、参与学校民主管理、发挥民主监督职能，在促进学校科学决策、民主决策、依法决策和推进学校民主建设过程中发挥了重要的作用。学校五年来取得的可喜成就和发生的积极变化，与上届教代会、工会的努力工作是分不开的，与各位代表认真履职、建言献策是分不开的，与广大教职员工的齐心努力是分不开的。在此，我代表学校党委向上一届教代会暨工会代表们和全体教职工表示衷心的感谢，并致以崇高的敬意！

当前，我们正在深入学习宣传贯彻党的十九大精神，加快推进学校的"双一流"建设，学校发展面临着前所未有的新的机遇和挑战。作为学校校园民主建设和服务广大教职工的重要工作平台，教代会和工会担负着组织动员教职工、教育引导教职工、联系服务教职工和维护教职工合法权益的重要职责，是学校全面深化改革、全面依法治校、积极推动

"双一流"建设的重要部门。我们的任务光荣而艰巨,使命崇高且重大。借此机会对各位委员提几点期望:

一、深入学习党的十九大精神,进一步增强教代会工会工作的使命担当

未来的五年将是国家实现"两个一百年"奋斗目标的历史交汇期。我们国家既要全面建成小康社会、实现第一个百年奋斗目标,又要乘势而上开启全面建设社会主义现代化国家新征程,向第二个百年奋斗目标进军。从学校发展规划和现实情况来看,这五年也是我们实现第三次党代会确定的"两个一百年"奋斗目标的历史交汇期,更是决定我们能否完成"双一流"建设的战略任务、能否为国家重大发展战略提供强有力支持、能否为有效解决"三农"问题、实现农业农村现代化、推进乡村振兴战略做出应有贡献的关键时期。教代会和工会在新时代也要有新气象,做出新作为。因此,必须加强理论学习,增强四个意识,强化使命担当,深入学习领会党的十九大精神,用习近平新时代中国特色社会主义思想武装头脑、指导实践,推动工作。深入学习宣传贯彻十九大精神,是当前学校的一项重要的政治任务,我们要做到覆盖全体师生,做到家喻户晓,人人皆知。作为党的群团组织的工会和作为教职工代表的教代会,要积极发挥群团组织的组织优势和政治优势,组织工会会员和广大教师深入学习,全面领会。并以党的十九大精神为指导,深入思考新时代教代会、工会的使命担当,认真担负起团结群众、联系群众、教育群众的政治责任。进一步强化政治意识,保持和增强群团组织的先进性,坚持以党的指导思想为行动指南,坚决维护和自觉接受党的领导。要善于从政治上把握全局,善于从政治上处理问题,坚持正确的政治方向,坚定政治立场。要以先进性为引领、以政治性为保证、以群众性为基础,组织动员广大人民群众为完成党的十九大提出的宏伟奋斗目标和各项战略任务而共同奋斗。

二、紧密围绕学校工作大局,努力引领广大教职工共创一流

教代会是现代大学治理结构中不可或缺的重要组成部分。越是要加快创建世界一流大学,越是要加强民主管理、坚持依法治校,越是要发挥作为教职工参与学校民主管理基本形式的教代会的职能。教代会执委会和工会干部要积极了解学校各项事业的发展进程和发展需求,在总体之中找准自身工作的着力点和契合点,明确当前工作的任务和重点,加强与代表的联络沟通,更好地搭建代表和职能部门的交流平台,团结全体教职工和工会会员积极融入学校事业发展之中,并在其中发挥好带头作用,为其他教职工树立榜样和标杆。

当前,学校发展正面临着重大抉择,走在决定未来的重要关口,对外要积极争取发展空间、各种支持,对内要盘活资源、激发活力。学校虽然有了很大发展,目前发展的空间、发展的速度、发展的态势、发展的后劲已经落后于形势的需要和师生的期盼。人才队伍建设和学科建设已成为当务之急,如果再不痛下决心,坚决调整已经影响学校发展的体制机制,再不采取超常手段吸引和补充青年人才,学校发展的前景不容乐观。如何破解这些难题,改革要形成共识,发展要共同努力。希望大家在讨论时,进一步解放思想,直面问题,畅所欲言,未雨绸缪,围绕学校发展谋划、学科建设目标、人才建设体制、教育教

学改革等各方面提出意见建议。各级教代会和工会组织，在这段时间，要配合各学院党委深入开展调研，广泛征求意见，凝聚大家共识，共谋学校发展大局，同时，要看到我们的基础和优势，看到我们的前景和未来，也需要增强信心，振奋精神。希望新一届教代会和工会紧紧围绕学校双一流建设的中心任务，努力引领教职工奋发有为、建功立业。要充分发挥教代会工会组织在高校思想政治工作中的积极作用，进一步落实学校七个育人的格局，深入开展师德师风建设，营造尊师重教良好氛围。要以受表彰的标兵和师德先进为榜样，引导广大教师积极参与学生思想政治工作，成为学生健康成长的指导者和引路人。

三、努力加强教代会和工会组织建设，密切联系服务群众

要进一步坚持为教师服务的理念，筑牢联系服务群众的桥梁，努力提高教代会和工会履职能力。模范执行党的群众路线，密切联系教职工，既站位于学校整体长远利益，又努力维护教职工切身利益，更加积极主动地参与学校各项改革与发展，更加积极主动地促进学校决策的科学化、民主化，更加积极主动地激发广大教职工的责任感、创造性和凝聚力。新一届教代会和工会要在不断提高自身能力素养的同时，把握好群众工作的规律、方法和节奏，用群众最需要的服务、最喜欢的方式、最适用的方法开展工作，多做组织群众、宣传群众、教育群众、引导群众的工作，多做统一思想、凝聚人心、化解矛盾、增进感情、激发动力的工作；善于用先进的思想文化引领群众，及时听取和有效集中群众的意见，及时体察群众的情绪，及时听取群众呼声，及时反映群众的诉求。要坚持问题导向，努力克服脱离群众的形式主义倾向。要在依法保障教职工对学校改革发展重大问题和师生重要利益事项的知情权、参与权、表达权、监督权上多下功夫；在不断拓宽教代会民主参与渠道方式，不断丰富教职工参与民主管理的路径和形式，进一步发挥代表主体作用上多有创新；在构建完善教职工服务体系、关心支持教职工全面发展上多做实事。

学校党委和各级党组织将进一步落实教代会职权，完善沟通协商机制，进一步发挥教代会在学校治理体系中民主治校、民主理财、民主监督的重要作用。大力支持教代会和工会依据章程开展工作，为大家工作和活动创造良好条件。新时期加强和完善学校党的领导，其中重要的一条就是加强对教代会和工会的指导和支持。今后学校无论是党建标准检查，还是年终党建工作述职，都要看对群团工作的重视和推动的如何。学校党委将进一步加强对教代会和工会组织干部的培养和锻炼，加强对教工之家的建设，加强对各位代表提出的议案的办理，加强对师生反映强烈的突出问题的解决，加强对大家提出的意见建议的系统研究、吸纳和答复。

希望各位代表认真履行职责，带着广大教职员工的委托和强烈的政治责任感，认真发表意见和进行审议。也请各代表团，认真组织分组讨论，把各位代表的意见和建议全部集中起来，请新一届教代会执委会系统整理。学校党委将专题听取汇报，认真研究，并以适当方式回答各位代表的关切。俗话说，人心齐，泰山移，只要我们心往一块想，劲往一块使，就没有克服不了的困难。我们也相信，在党的十九大精神和习近平新时代中国特色社会主义思想的指引下，随着科教兴国战略、人才强国战略、创新驱动发展战略、乡村振兴战略的深入实施，中国农大大有可为，将迎来前所未有的发展机遇。我们要负起

这个责任，要有这样的担当，坚定不移地推进中国特色、农业特色世界一流大学的建设，使我们这所百年老校在建设社会主义现代化强国的新时代焕发出勃勃生机，继续走在全国前列，走向世界前沿，为实现党的十九大提出两个百年的奋斗目标和中华民族伟大复兴的中国梦做出更大的贡献！

学习总书记讲话精神，履行农大人报国使命

柯炳生

（发表于《农民日报》2017 年 3 月 10 日）

在两会期间，习近平总书记在参加四川代表团审议时，发表了有关发展农业和精准扶贫问题的重要讲话。他特别强调，要深入推进农业供给侧结构性改革，坚定不移打赢脱贫攻坚战。总书记的讲话，显示了对发展农业和精准扶贫工作的高度重视，深刻阐述了新形势，明确提出了新要求，指出了破解难题的新途径。我们农业院校的师生，既深受鼓舞，也深感责任重大。我们一定要认真学习和深刻领会习近平总书记讲话的核心精神，切实贯彻落实到我们的教学科研工作中去，在人才培养、科技创新和为“三农”服务方面，做出更大努力，取得更大成绩，无愧时代，不辱使命。这里，我从 5 个方面，谈谈自己学习总书记讲话的体会。

第一，深刻领会总书记对农业问题的高度重视，增强服务“三农”的使命感

总书记在讲话中指出，“重视农业，夯实农业这个基础，历来是固本安民之要”。我国这些年的饭碗问题解决的很好，有的人包括社会舆论，难免产生了一些盲目乐观情绪，对农业的重视程度有减弱倾向。总书记再次强调农业是“固本安民之要”，显示了总书记的高瞻远瞩。农业问题是基础性问题，是长远性问题，事关经济发展和社会稳定的大局，任何情况都不能掉以轻心。把解决“三农”问题作为全党工作的重中之重不动摇，重农强农调子不能变，力度不能减。

第二，深刻领会总书记对发展新阶段的重大判断，准确把握农业发展的新形势

总书记指出，“我国农业农村发展已进入新的历史阶段，农业的主要矛盾由总量不足转变为结构性矛盾”。这是一个很准确很有针对性的重大判断。正是基于这一判断，总书记提出“矛盾的主要方面在供给侧，必须深入推进农业供给侧结构性改革，加快培育农业农村发展新动能，开创农业现代化建设新局面”。我理解，在这个新的历史阶段，农业的结构性矛盾，突出地体现在 3 个方面：第一，供给不足与过剩并存。一方面土地密集型（单产低）产品如大豆、油料、棉花、糖料国内供给不足。尤其是大豆，进口连年持续增加，2016 年已经接近 8 400 万吨。按照我国大豆单产水平，相当于 7 亿亩的产量。另一方面，玉米、小麦、稻谷等出现大量过剩，其中玉米的库存最高，已经达到一年的产量水平。

第二，刚性成本不断增加。土地和劳动力成本近几年快速增加，并且这种成本增长具有很强的刚性特征，上去了就难以下来，尤其是劳动力成本。例如，广西人工收割甘蔗的成本已经占到食糖价格的30%左右，新疆人工采摘棉花的成本已经占到棉花价格的40%左右。第三，国内外市场一体化。我国的大部分农产品，边界保护水平已经很低，包括关税保护和非关税保护。这使得国际市场价格直接影响我国国内市场的价格，如果国内市场价格过高，这进口产品就会大量地涌入，冲击国内市场。前几年的玉米及其替代品（大麦、高粱、木薯、DDGS等），就是一个非常明显的例子。

第三，深刻领会总书记有关市场需求导向的重要阐述，明确推动农业发展的新任务

总书记指出，“要坚持市场需求导向，主攻农业供给质量，注重可持续发展，加强绿色、有机、无公害农产品供给”。总书记有关“市场需求导向”的论述，与党的十八届三中全会提出的“处理好政府和市场的关系，使市场在资源配置中起决定性作用和更好发挥政府作用”，含义是一致的。农产品和食品需求涉及四个层面：吃得饱，吃得好，吃得安全，吃得健康。现在吃得饱层面的需要，已经获得了相当充分的满足。人们更加关注质量问题、安全问题、营养问题。农业供给侧结构性改革的方向，就是要按照市场需求的变化，调整供给结构。调整供给结构这件事，政府只能提供宏观指导，而具体落实，就需要生产者根据市场价格做决策。这就要求市场价格能够准确反映市场供求关系。这也是为什么要对粮棉等主要农产品进行“市场定价、价补分离”改革的关键原因。衡量改革是否成功，也是按照这个标准。按照这个原则，补贴政策，就不应该起到干扰市场信号的作用。

第四，深刻领会总书记对提高全要素生产率的讲话精神，明确发展农业的新路径

总书记明确要求，“提高全要素生产率，优化农业产业体系、生产体系、经营体系，形成农业农村改革综合效应，推进城乡发展一体化，就地培养更多爱农业、懂技术、善经营的新型职业农民”。在近年来的一号文件中，多次提出要提高“土地产出率、资源利用率、劳动生产率”。总书记提出“提高全要素生产率”的要求，是更全面的概括性要求。发展农业所涉及的生产要素很多，包括土地、水资源、植物资源、动物资源、气候资源、肥料、农药、机器、劳动力、资金等等。要实现农业增效、农民增收、农村增绿的目标，必然涉及各个方面因素的综合利用。要把这些看得到的资源利用得好，还需要“软资源”，这就是经营组织体系。我国生产者数量庞大而平均经营规模很小，这是我国的特殊国情，在相当长一个时期内，都无法有根本性的变化。因此，经营组织体系的作用尤其重要。这是解决小生产与大市场矛盾的需要。总书记提出“优化农业产业体系、生产体系、经营体系”，点到了关键之处。通过各种新型农业经营体系的构建，可以实行各种形式的适当规模经营。例如，通过合作社、股份合作社、龙头企业带动、生产者协会等，能够更好地利用好各种生产要素，最大限度地发掘资源潜力，生产出优质的农产品，满足市场的消费需要。这方面有大量的生动实例。对于农民生产者来说，这些新型经营组织的最大作用，是解决

了他们能够“种得更好、卖得更好”的问题。

第五，深刻领会总书记对精准扶贫工作的战略部署，找准精准扶贫的着力点

总书记指出了到2020年现行标准下农村贫困人口全部脱贫、贫困县全部摘帽任务的艰巨性，指出“脱贫攻坚越往后，难度越大，越要压实责任、精准施策、过细工作”。要求“改进脱贫攻坚动员和帮扶方式，扶持谁、谁来持、怎么扶、如何退，全过程都要精准”，并强调要增强“‘造血’功能，建立健全稳定脱贫长效机制，坚决制止扶贫工作中的形式主义”。学习领会总书记的讲话精神，我认为核心是“精准”，只有精准到位了，精准扶贫的目标才能够有效地实现。这包括3个方面的精准：精准识别、精准定需、精准施策。精准识别很重要，4 000多万贫困人口，用一个货币化的贫困线，不一定准确，操作上也有一定困难。实践中，基层干部总结出了一些直观简便的识别办法，例如贵州的“四看”办法：一看房，二看粮，三看劳动力强不强，四看有没有读书郎。这就是符合当地实际情况提出的简便有效的办法。精准定需，也很重要。不同地区的贫困人口，面临的生产生活困难可能不尽相同，有些也不是简单的货币收入就能够解决的。例如，青藏高原等地的牧民世代以牛粪为燃料，一直找不到更好的替代方式。这样，捡拾牛粪，就是必不可少的艰辛劳作。学校工学院师生针对这种情况，发明了高原牛粪捡拾小车，捡拾牛粪效率相当于人工的5～10倍。去年生产了50余台样机，送到西藏牧区试用，受到了牧民的极大欢迎，广受好评。精准施策，就更加重要。不同贫困地区的自然条件、经济条件和社会条件各不相同，有的差异极大，因此，扶贫的有效对策，必然不同，不可能一刀切。这就要像总书记要求的那样，需要下一番“绣花”功夫。

扫一屋，扫天下

——校长柯炳生在2017年学代会、研代会上的讲话

（2017年4月9日）

各位同学：

大家好！

首先，对大会的召开表示祝贺！祝贺一年来同学们的成长进步，祝贺学生会和研究生会过去一年中取得的成绩！对上一届学生会和研究生会的辛勤努力和突出贡献表示感谢！对于新当选的张洋中正等学生会主席团同学和崔遵康等研究生会主席团同学，表示最热烈的祝贺！对于同学们的各项提案，学校有关部门会进行认真研究和办理，请同学们监督。

借此机会，我再说几句话。

今年年初寒假前，有一位同学给我写了封信，发在他自己的微信公众号上。信里说了一些他对“三农”问题的思考之后，重点说了一些校园生活中的小事——是有些同学的不文明现象，最后就垃圾分类问题提出了若干建议。我很赞赏他的学习、观察和思考精

神，也赞赏信中表现出来的家国情怀，尤其是从身边做起、从我做起、从小事做起的态度。他的来信，也给了我今天讲话主题的启发。

前几年的学代会，我讲了中国梦、长板理论、包容精神、创新精神等。这些词语，一目了然，满满的正能量，都是正面的鼓励和激励。但也始终有一个话题，我一直想说，但却始终没有想好怎么说。这就是这位同学来信中谈到的一些小问题。这些小问题，似乎不需要也不值得校长来说；校长说这些事，似乎不够高大上，有点小题大做。不过，看了这位同学的来信，我联想到去年的全国高校思想政治工作会议，想到习总书记讲话的精神。习总书记特别强调了要重视高校学生的思想政治工作，强调加强社会主义核心价值观的教育。我想到，一些同学们中间存在的小问题，说小也小，说大也大。社会主义核心价值观 12 个词语的表述中，就包含着文明、和谐、平等、友善。中国传统文化中讲“修身齐家治国平天下”，修身是基础。我还想到了一句古话：一屋不扫，何以扫天下。于是，我就做了决定，确定了今天的讲话题目：扫一屋，扫天下。我希望同学们严以修身，洁身自好，拒绝垃圾，远离垃圾，摒弃垃圾。

什么是垃圾？字典中的解释是：废弃无用或肮脏破烂之物。我想，我们能够遇到或者感受到的垃圾，可以分为四类：生活垃圾，语言垃圾，情绪垃圾，行为垃圾。

生活垃圾，是最容易感知的垃圾，是物理垃圾，也是四种垃圾中惟一的可利用和回收的东西。那位同学信中建议的垃圾分类，就是指生活垃圾。生活垃圾中的有机物，都可以做堆肥，用来肥田种庄稼。无机垃圾中的不少成分，也可以回收再利用，例如废纸、玻璃、金属、塑料等。随着经济发展和生活的现代化，生活垃圾也是急剧增长。例如，网购提供了极大的生活便利，但也产生了海量的包装垃圾。生活垃圾的收集、处理和再利用，涉及制度、意识、技术、设施和成本收益等一系列因素，需要个人、社会和政府的协同努力，是一个系统工程。理想状态的全部解决，需要一个较长的过程；但是，对于其中的一些相对容易的部分，可以先进行局部性的解决。例如，对于学生宿舍区的废纸和纸箱、塑料瓶子等，可能会找到可行的先行解决办法。我已经与写信的同学和有关部门的老师一起讨论过，并且建议同学们知行合一，不仅做倡议者，也做行动者。即：由同学们来做这件事，包括制订计划、宣传发动、组织实施等，而学校将提供设施支持。希望同学们关注此事，积极参与，大力配合。希望学校的行动，能够取得可推广的成效，引领带动其他高校。语言垃圾，是文化方面的“肮脏破烂之物”。任何一个时代，任何一个社会，总会有语言垃圾的产生和存在。而在网络时代，语言垃圾更是容易产生、积累、扩散……并不是所有的网络流行语都是垃圾，有一些还是很有正能量的，也很传神；还有一些虽然很粗糙，但也还算无伤大雅；但也确实有少量网络流行语，极为不雅，很是污秽。对于生活垃圾的臭味，人们都会掩鼻，匆匆避之。但是，对于语言垃圾的臭味，有些人却不以为臭，反而逢迎之，吸纳之，扩散之。有的词语之污秽，是如此之一目了然，都不需要去“百度”。而就是这样的污秽不堪之语，有的事业有成的名人，居然堂而皇之用以标榜自我；有的以文字为生的名人，居然以满口脏话为特色风格。这种现象很令人奇怪，惟一的解释只能是，为了哗众取宠，为了迎合低俗，从而荒唐到了极致，连对最基本的汉语语义的判断能力也丧失了。洗手洗脸洗澡，是物理上的讲卫生；摒除语言垃圾，是精神上的讲卫生。语言卫生，不是小节。日常语言和网络语言的文明程度，不仅仅是个人修养的重要组成部分，更是国家文明和民族文化的重要体现。大学和大学生要引导社会文化，形成良好的网络素养,就要高度重视语言文明,继承语言精华,摒弃语言糟粕。对于那些明显的语言垃圾,要坚决抵制唾弃;对于拿不太准的网络新词,要先查清楚准确含义,再决定取舍使用。

情绪垃圾,就是情绪上的不健康状态,是负面的、消极的情绪。这些负面情绪,尽管是无形的,但也像生活垃圾和语言垃圾一样,既为害自身,也影响他人。情绪垃圾的表现很多,其中有三类,是值得你们特别注意的。一是抱怨。抱怨是一种最容易产生、影响面最广的情绪垃圾。抱怨的对象,通常是身边的人、周围环境或者社会现象的不完美、不理想。抱怨的发生率高,也正是因为百分之百的理想完美状态是不存在的,因此,可抱怨的对象随时可以找得到。进一步地,有时抱怨的产生,纯属个人方面的问题,但是抱怨者不肯承认自己的问题,而要归罪于他人、环境或社会。无论何种原因产生的抱怨,都没有任何积极意义,而只能有害。抱怨,不会解决任何问题,而只会加剧问题,或者导致新的问题。二是嫉妒。嫉妒不如抱怨常见,但是杀伤力更大。嫉妒是对别人成绩的贬低;常产生于熟人尤其是关系密切的人之间,包括同学和朋友。熟人或朋友的进步和成绩,本来可以用以启发自己,激励自己,成为正能量;而嫉妒情绪的出现,既会损害友谊或正常关系,也妨碍了自己的学习借鉴心态。三是迷茫。任何一个人,在人生的某一时期,都会出现情绪有些迷茫的状态。迷茫,是一种无言的痛,只有自己知道,通常并不直接影响别人。因此,迷茫是一种特殊的情绪不健康状态,主要是影响自己。迷茫的产生,经常是面临着人生重要选择的时候,不知前途何在,方向在哪,困惑茫然,无所适从。迷茫中,最艰难的部分,是在面对各种选择时,不知道或不确定自己最适合的是什么。例如,选择大学,选择专业,选择毕业后的去向等。迷茫所可能造成的最大害处,是在迷茫中虚度光阴,并滋生起对自己的怀疑和否定。人生的不同阶段中,遭遇不同程度的迷茫,在所难免。要摆脱迷茫,最重要的是,当被迷茫包围的时候,要保持镇定的态度,不慌乱,不消极,不放弃,而是努力找寻各种途径,对各种可能进行利弊分析,并进行后果在可承受范围之内的试错。只要这样做,就一定会走出迷茫。其实,这也是所有成功者在成功之前,所必然要经历过的成长过程。

行为垃圾,是重度情绪垃圾的外泄表现,是不守公德或不守规则。公路上的野蛮驾驶,酒后的无理取闹,网络上的挑衅谩骂等,都属于重度的垃圾行为,也就是所谓的“垃圾人”行为。他们自身一塌糊涂,心中堆积了大量的情绪垃圾,见不得别人好,就到处倾倒……对于这些垃圾行为,普通人可能难以制止,但是可以选择忽略之,远离之。面对这些现实中和网络上的垃圾行为,忽略和远离,让其自生自灭,就是最好的鄙视,最大的轻蔑。同学们不会有垃圾人的行为,但是一些小节性问题,也是存在的。其实,同学们自己也发现了一些现象,并且提出来加以批评和自我纠正。例如,教室中的占座和乱扔垃圾,图书馆中的喧哗,忘记带证件还要强坐班车,上完厕所不冲水,等等。据说,这些现象,通常发生在新生阶段,而老生们总体表现很好;这也意味着同学们在大学期间,不断地进行了自我完善和进步,这也是大学全面育人和文化熏陶的重要成效。此外,还有一种行为垃圾,表面上看不明显,甚至有爱国主义的华丽包装,本质上却极为卑下。例如,有人在电视上建议球迷们在比赛前的晚上到外国队驻地去放鞭炮,一拨一拨地去,让他们睡不着……而更垃圾的是,作为公众人物在大众传媒上说这种话,居然能够轻松地说是开玩笑。大中小学教育,都有责任抵制这种“三观”。同学们要特别警惕披着爱国主义外衣的垃圾行为,予以唾弃之。

同学们，青年是国家的未来，民族的希望。青年人要有远大的视野，崇高的使命感。要有青年毛泽东那样的豪情：天下者我们的天下，国家者我们的国家，社会者我们的社会；要像习近平总书记要求的那样：做社会主义核心价值观的坚定信仰者、积极传播者、模范践行者。怀扫天下之志，以扫一屋为始，努力做好修身这件大事。从小事做起，从身边做起，从现在做起。勿以善小而不为，勿以恶小而为之。用高尚的品德，高雅的品位，高阶的品行，去服务社会，奉献国家……而在这个过程中，你们一定能够获得深刻的人生体验和净美的人生快乐。

正确选择，走出困惑

——校长柯炳生在2017年本科生毕业典礼上的讲话

（2017年6月28日）

各位毕业生同学：

大家好！

在你们圆满地完成了本科学习，即将进入下一个人生阶段之际，我向你们表示最衷心的祝贺！值此惜别之际，我再对你们说几句话，希望对你们有些用处。

我今天要讲的主题，是关于困惑问题。

这个题目的选择，源于学校组织的一个系列性的师生对话活动：相约星期二。方式是每周二邀请校内一位老师，选定一个主题，与二三十个同学进行面对面的座谈交流。参加的学生，事先要围绕这个主题，提交自己感兴趣的问题，负责组织这个活动的老师根据这些问题清单选定参加者。这是一种很好的师生交流的创新方式。因此，我也应邀参加了这个活动，所选定的主题是“困惑与快乐”，主要讨论的是困惑。通过座谈之前征集到的100多个同学提出的问题，以及座谈中同学们现场提出的问题，我对同学们困惑的问题领域，有了更好的了解。活动之后，我又进行了思考，觉得座谈中限于时间等因素，有不少问题，讨论不充分，展开不够，深度不够。此外，由于活动本身的特点，参加直接对话的同学不多，而有共性困惑问题的同学可能还有很多。于是，我就想，能否利用今天这样的机会，再与大家深入谈谈。我希望，当你们走出大学校门之际，也能够走出这些困惑。

困惑是什么？困惑就是遇到了疑难，不知道该怎么办。就像那些典型的图标所示：双手抱着脑袋或者揪着头发，或者茫然地站在迷宫的入口处，或者呆呆地看着箭头混乱的指路牌……

那么，同学们的现在，会有哪些困惑呢？根据从提问和其他渠道的了解，毕业后的职业选择，可能是目前同学们困惑最多的问题。其中，又可以有各种角度的细分。

第一个问题，就业，还是读研？你们中间已经选择了就业的人，有的可能也不是很坚决，还在想是否再考研？你们中间已经被录取读研的人，有的可能也没有摆脱困惑，因为，不少人之所以读研，是为了推迟就业选择——还没有做好就业的充分准备，只好先通过读研拖两三年看看再说。读研好，还是就业更好？很多人都弄不太明白。对于学校这样的精英大学来说，总体而言，本科教育是通识性教育，四年或五年的大学教育，重点是提高眼界和能力,专业知识方面,只是学个基础;在知识爆炸时代,靠大学四年学到的那些专业知识,管不了三五年;同时,根据你们的学长毕业若干年后的就业情况看,有相当比例的人所从事的工作,都与大学专业没有直接关系。博士教育是精深的专业教育,以培养学术型人才为主,学校博士毕业生80%左右从事教学科研工作,直接与所学专业对口。硕士教育如果作为一个独立的教育层次,属于高等职业教育(professional education),以培养应用型人才为主。根据这样的定位,概括地说,如果你们愿意做学术研究工作,那一定要读博士,最好再到不同的学术环境中做几年博士后研究工作;如果不想做学术研究工作,那么,可以本科毕业就直接工作,也可以接着读两年硕士再去工作。做学术研究工作,还是到应用部门工作,不是高下之分,而是个人兴趣和能力擅长之分。读博,当然需要聪明的大脑,但并不是所有聪明的大脑都要去读博。你只要使劲问自己一个问题:我真的是特别喜欢做专深的学术研究吗?如果不是,那最好就别去读博了。要正确理解学位、学问、学习的关系:学位是符号,学问是目的,学习是手段。对于绝大多数工作岗位来说,你不需要比学士更高的学位,但你需要很多学问,需要不断学习;对于所有的岗位来说,无论是你有了什么样的学位,你都需要不断增加学问,都需要一辈子不断学习。

第二个问题,换专业,还是不换?这是指考研。这个问题,本来不应该成为你们的问题,因为,学校从2011年就开始实行了自由转专业政策,你们已经有足够的机会在本科阶段就转换专业了。但我获知,也确有同学,由于各种各样的原因,大学阶段没有及时转换专业,到毕业了才动起了转换专业的念头。一些没有读研的同学,也可能还在想,是否选一个新的专业去考研。我想说的是,你们需要听从内心的召唤,而不应该过多考虑别的东西。在这个方面,我个人有着深切的体会。我读研时,也是换了个专业,来到了农大。我一直很庆幸当初的决定,这个决定让我充满激情地工作,让我可以废寝忘食地工作,让我很有快乐感和满足感地工作。我想,你们听从内心的召唤进行选择,也一定会有同样的感受。

第三个问题,要铁饭碗,还是别的饭碗?铁饭碗,也可以叫作体制内的岗位,包括政府部门、事业单位、国有企业等。其有户籍,有编制,有各种福利,并且比较稳定;但是各种约束要多一些,按部就班的特征更强一些。其他的饭碗,是指体制外的岗位,主要也就是各种非公单位的岗位。其各种不确定性更强,职业发展进程可有很大的跳跃性:跳得不好的,就捧了泥饭碗或瓷饭碗;而跳得好的,可以很快就能拿到银饭碗乃至金饭碗。什么饭碗,也没有绝对的优劣之分,有人喜欢金银,也有人喜欢陶瓷。除了偏好之外,人岗是否契合,至为关键。我个人的感觉,好静的,在体制内坚守较好;好动的,到体制外去扑腾更好。当然,体制内和体制外,都需要有创新思维的人才,只是所要求的方式有所不同。

第四个问题,是看工资单,还是看期权?这里借用经济学的期权一词,主要是指未来的发展前景,包括期权但不仅仅局限于期权。这个问题的实质,就是在选择就业单位时,如何权衡当前收入待遇和未来发展前景的问题。眼前的待遇和条件当然重要,但我以为更重要的是职业发展前景。如何判断职业发展前景?我觉得,大单位(包括各类机构),看文化;小单位,看发展。大的单位,各个方面已经比较健全了,有相当的稳定性,单位的文化(包括制度环境和人际关系等)就至关重要,其决定了公平公正,决定了你的努力是否取得成效。大单位的文化如果很好，就会为你提供一个公正的大平台，有很好的发展机会；反之，大单位的文化如果不好，就会让你心情不快，努力无果。小单位，如果有蓬勃发展的态势，处于快速成长的时期，内部管理上就难免会有些问题，但每个人的发展都会有很好的机会。这就像我国改革开放以来的情况：社会财富这个大饼以超常速度扩大，尽管分配方面不尽完全公平，但是每个人的福利都得以快速增长。与改革前的均贫相比较，大家都变得富裕了，尽管富裕程度不同；两相比较，毫无疑问现在更好。

第五个问题，是一线二线，还是三线四线？这是个就业地点的选择问题。北上广有北上广的好处，中西部有中西部的机会。对于这个问题，涉及各个方面的因素，学校毕业生中有很多很好的案例。这里不展开具体讨论，而只想说一个基本的原则，也是我以前多次说过的话。即：做你最喜欢做的事，到最需要你的地方去。前者，会让你心情快乐；后者，会让你遇见伯乐。

第六个问题，是父母决定，还是自己决定？父母，无疑是天底下最疼爱你们的人；他们的爱，是天然的，不讲条件的，无可替代的。同时，他们有着丰富的社会阅历和人生经验。因此，他们的意见，你们应该认真倾听，认真思考。但是，他们的意见，都是参考性的，不是决定性的。父母的意见，可能是对的，也可能有偏差。再睿智的父母，再成功的父母，都可能会有认识误区。例如，认为学位越高越好；又如，认为热门专业最好……并且越是成功的父母，越是强势，越想替子女设计人生。我的印象中，似乎企业家们都希望子承父业，而其他的从业者，似乎都不希望子承父业。例如，当医生的，不希望子女从医；当教师的，不希望子女从教；当官的，不希望子女从政；当农民的，不希望子女涉农……其实，也都是围城效应。父母的话，要认真听，但最终要拿主意的，应该是你们自己。因为，这是你自己的人生；因为，你最了解自己；也因为，你需要独立思考，理性思考，这是大学要帮助你获得的最重要的素质之一。父母的意见越强烈，与你个人的兴趣偏差越大，你就越容易困惑，就越不容易做出正确的决定。我要为你们中间的一位女生点赞。她是一个非常优秀的学生，能够把自己并不喜欢的专业学得很出色，从而被免试推荐为研究生。她经过了一段时间的纠结和反复之后，最后还是果敢地做出了决定，放弃保研，而为了自己喜欢的专业去考研。这肯定是个艰难的决定，其中包括说服父母和导师。我也要为她的父母和导师点赞，他们应该最终尊重了她的决定。我尤其要为导师的大度包容点赞，这是对一个成长中的孩子的充分包容，表现出了父母一样的深度慈爱。

以上这些问题，是当前你们面对职业道路选择时经常会遇到的，是容易让你们感到困惑的。这些选择性问题，很难说有绝对的对错，常常是因人而异，没有标准答案，而需要你自己量体裁衣。我说了这些体会认识，供你们参考。我希望，当你们走出大学校门时，能够走出这些困惑。

然后，在你们走出了这些方面的困惑之后，你们肯定会遇到其他方面的困惑。那是校门之外的困惑。你们躲不开困惑，但是，可以通过正确选择，走出困惑。

人生阶段不同，困惑不同。生命存在，困惑长在。因为，困惑之源，在于选择；选择无所不在，困惑随之常在。

因为，选择，就是放弃：你选择了鱼，就放弃了熊掌。困惑之困在于：对于可以选择的事，总想都要；对于无法选择的事，总放不下。选择，总是苦恼的，因为你想同时看到两条路上的风景；久拖不决，更为糟糕，因为等到天黑，你连一条路的风景也看不到了。患得患失的人，困惑最多，困惑最久，困惑最大。

选择之难，还在于，你会听到很多别人的声音，包括关爱你的人，看热闹的人，深思熟虑的人，顺口一说的人，因循守旧的人，标新立异的人，金钱至上的人，家国情怀的人……这些不同的声音，会让你困惑不已，尤其是当你没有足够的自信。很多时候，这些声音会强化你的虚荣心。而虚荣心，是正确选择的大敌。

做正确的职业选择，有两个关键要素：你之所爱，你之所长。你之所爱，决定了你的工作态度；你之所长，决定了你的工作成就。

为此，你需要用足够强大的自信心，去找到并确定自己的潜在擅长领域，并且去克服隐藏在深处的虚荣心。虚荣心强的人，都是自信不足，是拿别人的判断作为自己的判断。如果不能战胜虚荣心，那就可能用贻误自己青春的代价，为别人的错误观点买单。

要走出困惑，首先要敢于直面困惑，不为困惑所困。因为，有困惑，是正常的；没有人没有困惑。选择前，用最理性的态度，选择一条你喜欢走的路；选择后，便一往无前，走好这条路，不再去想另一条路。

同学们，你们正处于青年时代，正处在成长时期，面临的困惑很多，因为，今天的时代，赋予你们很多的自由选择。我在你们的年纪时，没有你们的这些困惑，因为没有这么多自由的选择。

面临着这些选择，我希望并相信，你们一定会像习近平总书记要求的那样，“以正确的世界观、人生观、价值观来指导自己的选择”。而当你们做出了正确的职业选择之后，一定要怀揣梦想，努力奋斗。无论你们做了什么样的职业选择，都要同时选择奋斗，选择吃苦。

希望你们牢记习近平总书记的寄语：人的一生只有一次青春。现在，青春是用来奋斗的；将来，青春是用来回忆的。

祝愿你们每一个人，都能够扬己之长，竭己之力，乐己之成。祝愿你们未来的青春回忆，无比美丽……

谢谢大家！

做公民表率，做社会栋梁

——校长柯炳生在2017年研究生毕业典礼上的讲话

（2017年6月28日）

各位毕业生同学：

大家好！对你们圆满地完成了研究生阶段的学习，并取得了博士硕士学位，表示最衷心的祝贺！

在毕业典礼之后，你们就要带着憧憬和梦想，也带着使命和责任，走出校门，走入社会了。每逢毕业季，每逢这个时候，我都不由自主地想起那首著名的毕业歌，想起那令人热血沸腾的旋律和歌词：同学们，大家起来，去担负起天下的兴亡……我们今天是桃李芬芳，明天是社会的栋梁。还有学校的校歌：走出我们的校门，就担起天下饱暖和安康。

是的，作为中国农业大学培养出来的博士和硕士，学界领袖、行业翘楚、政界精英、社会栋梁，这是社会对你们的正当期许，更是母校对你们每一个人的殷切期望。我相信，这也是你们每一个人的梦想。

你们生逢其时，机遇无限。正如习近平总书记指出的那样：中国梦是国家的梦、民族的梦，也是包括广大青年在内的每个中国人的梦。“得其大者可以兼其小。”只有把人生理想融入国家和民族的事业中，才能最终成就一番事业。

我今天要说的是，在你们成就梦想的路上，在你们成为社会栋梁的途中，你们首先要成为一个优秀的公民，成为公民表率。每一个社会精英分子，都应该是一个具有自觉公民意识和良好公民行为的典范。

这是一个宏大广泛的题目。我主要说说与社会主义核心价值观的关联，说说中国特色社会主义核心价值观的 3 个层面中的社会层面，这就是自由、平等、公正、法治。这是中国特色社会主义社会的核心价值追求，需要全体公民的共同努力来实现。

自由，无疑是至关重要的事情。有人说，不自由，毋宁死；有人说，为了自由，可以舍弃生命和爱情。自由，是现代社会公民的神圣权利。我国的《宪法》明确规定了公民具有表达、信仰、人身、通信、学术、婚姻六大方面的自由。作为公民，有权享受自己的自由，也必须尊重别人的自由。同时，也要认识到，每一个公民个体的自由，不是无边际的，不是绝对的。在任何一个国家中，个人的自由，都不能有害于他人，不能违法违规。国家的法律法规，自不必说。单位内部的规章制度，也须严格遵守。大学，是一个具有高度民主与自由氛围的地方，相信你们在中国农业大学的学习生活中感受到了充分的自由，例如我们的校长信箱制度和本科生自由转专业政策，就是很有特色的保障学生自由权利的制度。我想提醒你们注意的是，走出校门进入社会之后，由于机构特点的不同，不同单位赋予其员工自由的边界，与大学会有很大的不同。如果在国家权力部门工作，你的自由会受到很大约束，因为，有权不能任性；如果在企业工作，你的自由也会受到很大约束，因为，你没有权，也不能任性。可以说，绝大部分机构的自由空气，都不如大学的甜美新鲜。对此，你们应该有思想准备。我想特别说一下表达自由，也就是言论自由。很多人以为言论自由就是想说什么就说什么。这是误解，或者说，这不完整，还只是半句话。完整的表述应该是：你可以想说什么就说什么，但必须为你说的话负责，你必须说真话、实话、有根据的话。自媒体时代，为言论自由提供了广阔的空间，发挥了很多重要的积极作用。但同时也必须看到其消极的一面。各种捕风捉影、谣言谎言、歪理邪说、污言秽语、邪气戾气、网络暴力……也成为常见的现象。对此，你们需要洁身自好，需要提高警惕，不被裹挟蒙蔽，不糊里糊涂地缴“智商税”。其实，对策很简单，只要你能够进行独立的理性思考，不迷信权威和大 V。对自己的话语，想清楚了再说；对别人的话语，想明白了再信。即便在没有语言警察的情况下，也要守住法规的边界，守住道德的底线。

平等，是一个非常复杂的话题。这涉及经济的平等、政治的平等、权利的平等，人格的平等、起点的平等、机会的平等、结果的平等……美国《独立宣言》宣称，人皆生而平等，人皆有造物主赋予的权利，其中包括生存、自由和追求幸福的权利。这里所谓的生而平等，只是指权利的平等，并且是有限的权利。我国的宪法规定“公民在法律面前一律平等”，也是指权利的平等，并且更为全面准确。现实社会中的平等问题很复杂，有些方面的平等，并不取决于你们自己。我这里要强调的，是人格上的平等，就是以平等的眼光，看待自己，看待上级，看待同事，看待下属，看待众生。人格上的平等，你自己能够说了算。在强势群体面前，要保持自己的人格平等，敢于独立思考，敢于坚持真理，不向威权和金钱谄媚；在弱势群体面前，要尊重他人的人格平等，要有平等心和同理心。对弱势群体的尊重和关怀，是高尚，是教养，是平等精神的突出体现。

公正，就是社会公平和正义，就是没有偏私。代表公正的图标，通常是一架天平。中国人民法院的徽标中心，就是这架天平。所以，公正，就是讲理讲法。公正，是社会公民获得自由、平等和幸福的关键基础，也是一个社会或单位弘扬正气、发展进步的关键基础。你们是未来的社会栋梁，一定要有公正之心。人们常说领导力(leadership)，领导力是什么？就是团结人，激励人，带领人，一起为事业奋斗。你不公正，谁跟你走？你们也许暂时还不能获得领导性岗位，但是要从现在起，就要培养公正之心。从个人性格和个人感情上，人与人之间的关系会有亲疏远近。但是，在工作中，要有理性判断，公私分明，公正行事，不能偏私。不能因为个人好恶，影响了你的公正之心。要做到俗话所说，一碗水端平。内举不避亲易，外举不避仇难。关键是，以大局为重，以事业为重。更重要的是，在需要你的时候，能够为社会的公平、公道、正义和正气，挺身而出，大义凛然，敢作敢当。

法治，在社会主义核心价值观中具有突出重要地位。我认为，是核心地位。因为，离开了法治，自由、平等、公正等，都难以很好实现。法治缺失的严重后果，我们在历史上已经有了足够的惨痛教训。这也是为什么在“四个全面”中，依法治国居其一。习近平总书记不久前专门到中国政法大学考察，与法大师生与法学界人士座谈，并做了重要讲话。他指出，全面依法治国是坚持和发展中国特色社会主义的本质要求和重要保障，事关我们党执政兴国，事关人民幸福安康，事关党和国家事业发展。这充分凸显了对法治建设的高度重视。法治观念强，是优秀公民的重要特征。依法治国的法，不仅仅是指国家法律，也包括国家的政策和单位内部的各种制度。法治观念的体现，就是依法办事、照章办事。我国法治建设最大的挑战是：每一个人都希望别人依法办事、照章办事，但是对于涉及自己的事情，却希望法外开恩，要求破例；对自己，常常只讲主观动机，不顾规章制度。法理情三者之中，本来应该是先法，后理，最后才是情。可很多人往往习惯于把顺序倒过来用。在全面推进依法治国的进程中，科学立法、严格执法、公正司法，无疑极端重要，而全民守法，是必备的基础，需要长期不懈努力。你们以奉献社会和改造社会为己任，在法治方面应该起到引领表率作用。对国家法律怀有敬畏，自不待言。而对于单位内部的制度，同样要有敬畏：当你们是草根时，要敬畏别人制定的规章制度；当你们成为领导时，更要敬畏你们自己制定的规章制度，不能想用时就拿过来，不想用时就抛开。对于不合理的规章制度，当然可以质疑，但是在没有修改之前，你还是得敬畏，还是要执行。强化法治意识，关键在于养成习惯。

以上 4 个方面，当然不是做一个公民表率的全部。中国特色社会主义核心价值观的所有方面，都是重要的。

我想强调的是，做社会栋梁，不仅仅要用能力衡量，用个人事业的成功衡量，更要用思想、德行和修养衡量。如果说社会栋梁就是社会大厦的栋梁的话，那么优秀公民就是这个大厦的地基。地基不固，大厦不稳。

中国梦，是强国梦，是富民梦。而强国富民，不仅仅是物质层面的，同样重要的是文化、精神和政治层面的。自由，平等，公正，法治，是其最重要的基础。你们不仅仅要做这些核心价值观的践行者，更要做引领者。

我希望，走出我们的校门，你们就担起天下饱暖和安康，同时，也为社会的自由、平等、公正、法治，在潜移默化中，在风口浪尖上，贡献出你们的信念、智慧、勇气和力量。

谢谢大家！

柯炳生同志离任讲话

（2017 年 7 月 17 日）

预期中的这一天，终于到来。此刻，我怀着满足与感恩的心情，站在这里。

9 年之前，因缘际会，我重回农大工作。9 年多来，我与大家一起努力，一起奋斗，忧喜与共，苦甜交加，经历了很多难以忘怀的时刻，见证了学校的发展与变化。我深深感谢上级组织的信任和关怀，感谢所有人的支持和帮助。

首先要感谢的是两位书记，瞿书记和姜书记。我与两位书记先后配合工作 5 年半和 4 整年。两位书记都是非常优秀的书记，有很多共性特点，其中最根本的，是有突出的公心，可以高度信任信赖。校长和书记的配合关系，对于落实好党委领导下的校长负责制，关系重大。我先后与两位书记一起工作，同心协力，并肩奋斗，同甘共苦，情同手足，得到了他们的大力支持和帮助，并从他们身上学习到了很多，深感幸运，深表谢意！

我要感谢所有的领导班子成员同志们，包括现在仍然在任的和已经退休的。能够与你们各位一起共事几年，也是一种幸运。学校坚持和完善党委领导下的校长负责制，你们同样功不可没。学校落实民主集中制的突出特点是：在会议室中，可以有多种声音；而出了会议室之后，就是一种声音。非常感谢各位副校长和副书记对我的工作的大力支持、配合和帮助。

我同样要感谢在座的各位同志和全校所有老师。在过去的 9 年中，学校出台了不少重大改革措施，包括本科生教育、研究生教育和内部管理制度改革，有些领全国高校之先。这些改革措施，得到了你们的充分理解、支持、推动和落实。学校这些年的快速发展，得益于这些改革政策，更归功于各位与全体师生们的共同努力和拼搏。这些年来，每当我听见外界对学校的肯定和称赞，都油然升起一种特殊的自豪感，为农大人而自豪。在国内一流高校中，我们的人数很少，排在末尾，但是成果很多，排在前列。你们真的很棒！谢谢你们！

我还要特别感谢广大同学们。得天下英才而教之，是人生一大乐事。看到一批批青年学子健康成长成才，为农大争光，我感到极为高兴。一想到你们，我就会联想到“转基因”论战，以及校长信箱。你们作为新一代农大人有过强力的发声。谢谢你们！你们是农大的现在，更是社会的未来。我最近写了首诗，以纪念 9 年多的校长生涯，其中的一句，呼应着我们的校训：常念稼穑成饱暖，最思仕儒出平寒。希望你们不断努力，成我所望。祝福同学们！

最后，我还要衷心感谢身居海内外的广大校友们！你们对母校的拳拳挚爱，对母校的慷慨支持，让我感动，给我鼓舞。你们常说的是：让母校为我而自豪；我常想的是，每一天，都要让你们为母校感受到更大的骄傲！希望你们继续记挂母校，这里，有你永远的青春，即便是，你归来已有白发。

此刻，我也要做些反思和检讨。9年多来，限于自己的工作能力、水平和经验，没有做到、没有做好的事，肯定有不少；更由于比较急躁和交流不够的性格特点，可能也造成了一些误解，甚至无意的伤害。对此，我都表示诚恳的歉意。

展望未来，我对学校寄予无限希望和深深祝福。经过长期的发展，学校已经站到了一个新起点上，面临着巨大的发展新机遇。从内部看，我们的校园面貌和设施条件得到了很大改善，我们的师资队伍有了明显的加强，我们的大学内部管理制度有了很好的基础框架，我们的国内外声誉有了显著提升，在国内高校中一流学科实力位居前列，在国际主流大学排行榜上已经进入农业科学的前三位，奠定了很好的双一流建设基础。从外部看，社会对食品、健康与生态等相关领域的巨大需求、双一流建设的强大支持、雄安新区的广阔发展空间，都提供了重大的历史性机遇。

成功不必在我，功力必不唐捐。我坚信，在姜书记和孙校长的带领下，有上级部门的高度重视和大力支持，有全校师生们的共同努力，中国农大的明天，一定会更美好！中国特色、农业特色世界一流大学的宏伟目标，一定会在不远的将来实现！

祝福各位！祝福农大！再一次谢谢大家！

继往开来　追求卓越

——校长孙其信在中国农业大学校长任免大会上的讲话

（2017年7月17日）

尊敬的各位领导，老师们、同学们，同志们：

刚才，中央组织部周祖翼副部长宣布了中央的任命决定并提出了明确的要求，教育部、北京市委领导也分别做了重要讲话，提出了希望和要求。在此，我完全拥护、坚决服从中央的决定，衷心感谢党中央、国务院、教育部、北京市委的信任，衷心感谢全校师生的支持。

1982年，我从甘肃来到原北京农业大学攻读研究生，博士毕业后留校工作，先后在这里学习和工作了近30年。这30年，我的导师蔡旭先生和老师们的谆谆教诲、领导们的亲切关怀、同志们的热情帮助，我都始终铭记于心、常怀感恩之情，也成为激励我不断前行的精神动力。从一名学生到校长，从一名普通教师到大学管理者，是中国农业大学培养了我、再造了我、成就了我。在离开学校六年半后，今天中央把这一份沉甸甸的担子交给了我，又延续了我与中国农业大学的不解之缘，我深感荣幸，也倍感使命崇高、责任重大、压力巨大。当前学校处于改革发展的关键时期，党中央、国务院对学校发展给予高度重视，广大师生干部对学校加快发展、创新发展有着强烈愿望。我将以此为新的起点，弘扬和光大中国农业大学的优良传统，紧紧依靠全体师生，继往开来、追求卓越，不断把各项事业发展推向新的高度。

中国农业大学是我国现代农业高等教育的发源地和排头兵。自成立之日起，就始终与国家发展同向同行、与民族命运休戚与共。学校秉承“解民生之多艰、育天下之英才”

的校训精神，历经百年风雨，经过几代人拼搏奋斗，如今已经发展成为一所以农学与生命科学为特色和优势，在世界高等教育之林占有重要一席之地的高水平大学。这是历届领导班子和全体师生接续奋斗的结果，成绩十分来之不易，值得我们倍加珍惜。2012 年 9 月 15 日，习近平总书记来校视察时明确要求“真正建成有中国特色的、具有农业特色的一流大学”，为学校未来发展进一步指明了战略方向，更是极大激发了全校师生追求卓越、争创一流的责任感和使命感。在全面实现“两个一百年”奋斗日标的伟大征程中，只要全校师生干部团结一心、不懈奋斗，新时代的农大人就一定能不辱使命、不负厚望，有志气、有底气、有能力为国家发展、民族进步做出无愧于历史、无愧于人民的贡献。

今天有机会回到母校工作，我深知这份担子的分量。我将按照中央关于社会主义政治家、教育家的指示要求，恪尽职守、竭尽全力，扎扎实实履行好校长职责。

第一，牢固树立“四个意识”，坚定“四个自信”，提高政治站位，坚定政治立场，严守政治纪律，坚决配合校党委完成中央巡视整改任务，并努力把巡视整改成果真正转化为解决突出问题、加快改革发展的实际成效。

第二，坚决贯彻党的教育方针，始终坚持社会主义办学方向，旗帜鲜明讲政治，认真落实党委领导下的校长负责制，不折不扣地抓好校党委决策部署的落地落实。

第三，坚决依靠广大师生干部办学，凝心聚力、振奋精神，深化改革、激发活力，以改革创新精神谋大事、抓大事、干大事、解难题、促发展。我坚信，全校师生干部加快建设世界一流大学和一流学科的坚定追求和强烈愿望，就是我们领导班子的奋斗方向和责任担当。

第四，依法依规办事，廉洁干净用权干事，按制度管人管事，与姜沛民书记一起，与师生干部携手并肩，为建设中国特色、农业特色世界一流大学而努力奋斗！

谢谢大家！

志存高远、行有自信

——校长孙其信在 2017 年本科生开学典礼上的讲话

（2017 年 9 月 6 日）

各位老师、家长，亲爱的同学们：

大家上午好。

首先代表中国农业大学，也代表因公务不在学校的党委书记姜沛民同志，向新加入学校的来自全国 31 个省市、26 个民族的 2 913 名同学表示热烈的祝贺。

秋天是北京最美的季节，2017 年的 9 月 6 日又是中国农业大学最美丽的一天。因为我们有这样满怀期望的、充满未来梦想的一批学子决定来到这所学校，完成你们的梦想之旅。

你们中间，有来自刚刚发生地震的九寨沟的农建 172 班的寇子谦同学，他很勇敢，我想传达对他家庭的问候，请他的家长放心，孩子在这里一定会度过有意义的大学生活。来自湖北十堰市的农学 172 班的李隆睿同学，在高考结束以后，他在母亲的指导下，深入农村调研，撰写了《关于六谷村精准扶贫的调查报告》，我看了这篇报告，写得实、写得好，我很高兴能有这样的同学，还未迈入校门就已经在传播、弘扬中国农业大学“解民生之多艰”的大学文化和大学情怀。还有分别来自湖南的郑禧腾和来自北京的周栀子同学，他们是今年 2 913 名新生中年龄最小的两位同学，只有 15 岁，向他们表示欢迎。还有来自边疆的少数民族同学，昨天我在迎新的现场遇到了来自西藏林芝市的索木卓嘎同学，虽然家中遭遇了很多不幸，但是她很坚强，坐了 40 多小时的火车来学校报到。也请她的家长放心，学校一定会全力以赴帮助她顺利完成学业。

看到同学们满怀希望的表情，我感到特别紧张。

第一，因为我和你们一样是新生，只不过比你们早报到了一个半月。之前我在西北农林科技大学工作，现在又回到母校中国农业大学工作。六年半之前，我也是这所学校的一位老师。六年半之后我站在这里，以校长的身份向同学们致辞，我感到特别紧张。

第二，紧张是因为我和你们一样对未来充满不确定性的担忧和顾虑；紧张是因为我们新一代的青年学子，胸怀梦想，追求远大，作为校长、作为学校的老师，我们感到压力很大，能让你们圆梦大学，这是每一位大学教育者的责任与担当。

第三，紧张还因为我刚来学校，不知道讲点什么。好在刚刚我们的新同学代表唐诗叶同学，家长代表屠焰研究员，中学校长代表韩向河老师，在校生代表张洋中正同学以及教师代表彩万志老师都向你们表达了祝福。

大学是什么？什么是大学教育？作为新时代的青年学子应该怎样迎接新的大学生活？4 年或(动物医学专业的)5 年毕业之后，你们准备以什么状态，来迎接你们新的征程和挑战？你们会以什么样的本领、什么样的修养、什么样的理想走进你们人生的下一站？我想，同学们可能在报到的路上和入学的一两天里已经开始思考这个重大问题。

习近平总书记对我们的青年学子有很多重要的讲话，他讲：“只有把人生理想融入国家和民族的事业中，才能最终成就一番事业。”总书记说：“国家的前途、民族的命运、人民的幸福是当代中国青年必须和必将承担的重任。”总书记还讲：“国无德不兴，人无德不立。如果一个民族、一个国家没有共同的核心价值观，莫衷一是，行无依归，那这个民族、这个国家就无法前进。”这是总书记对教育、广大教育工作者和青年学子提出的重大的、高标准的要求。

朱熹曾说过：大学“教之以穷理、正心、修己、治人之道。”中国文化一向是高度重视教育的文化，孔子、孟子、墨子都对教育赋予了重大职责，也就是我们现在讲的立德树人。美国学者写的《What is Education》一书中提到：教育是一项道德事业，是一种促进文化传播的社会活动，其目标是让受教育者的性格和精神福祉产生持久的好转变化，而且间接地，让更广泛的社会环境发生好的变化，最终延伸至整个世界。

教育是会让人发生变化的，这个变化不是身高增加了几寸，体重增长了几斤，是通过教育让人的修养、理想、品德得到本质的提升。通过你们的提升传播到整个社会，甚至影响到整个世界。

《21 世纪的大学》这本书中有一句话，我想送给大家：大学教育的目的不是为学生的第一份工作做准备，而是要为他们的最后一份工作做准备。我理解，人生要经历很多变化，很多挑战。现代社会，机会与挑战并存。如果大家抱着大学教育是为毕业以后找到一份工作就满足的态度，你的大学生活可能不是十分精彩的，也不是十分完美的。你们要为一生之中的最后一份工作做好担当和准备。大学不仅仅是知识的加工厂，不仅仅是知识的守望者，也是价值观、传统和社会文化的守护神。

在世界的历史进程中，有成千上万种的社会组织，有一些组织经历几十年就消失了，有一些经历一百年就消失了，但是有一种组织经历上千年不但没有消失，而且更加显现对社会进步的重大作用，这就是教育。教育是一个社会进步的基石，是培养一代一代适应社会发展的人才的保证。作为中国农业大学2017级新生，请你们做好准备，不仅仅为毕业之后找到工作，而应该怀抱更大理想。国家的埋想，民族的未来，都将成为未来教育和受教育者共同奋斗的目标。所以基于这样一个对大学和大学教育的定位和判断，在今天的开学典礼上，我想送给同学们八个字，作为我们共同奋斗的期待，这八个字就是“志存高远，行有自信”。

中华文化有非常灿烂的文化内涵，唐代曾有“取法丁上，得乎其中；取法于中，得乎其下”。《韩非子》中提到：“志之难也，不在胜人，在自胜。”张载曾说：“志小则易足，易足则无由进。”墨子曾讲：“志不强者智不达，言不信者行不果。”作为现代教育，立高远的志向是我们人生迈出成功一步必需的基础和保障。每一位同学都满怀梦想，满怀志向，选择进行你的大学教育，立一个远大的志向，是我们人生能走得多远，事业能发展得多高的基础。

“志存高远”首先要有“德”，这种德包括国家情怀和民族情怀，包括我们校训中“解民生之多艰”的担当，还包括作为个体的人的处世哲学，以及对待困难和挫折的心态，都应该成为同学们立志要修养提升的“志”的核心内容。立高远的“志”，需要修炼过硬的本领，就像彩万志老师讲到的要“下力气”和“修才气”。这个“志”更包含对文化的理解，把中华民族的优秀文化融入自己血液中，内化为心态和修养。这个“志”也包含现代的、全球化的背景下的国际视野。在今天的中国，当代的大学生如果只知道中国自己的事情，而不了解世界发展的趋势，这就无法成为高远的“志”。同学们都知道，在厦门刚刚举办了由习总书记亲自主持的金砖国家会议，今年在北京由总书记倡导召开了“一带一路”高峰论坛，中国经济的发展离开了世界视野，也会遇到更多困难。所以，志存高远，是给同学们的第一点希望。

第二句话是“行有自信”。明代王阳明先生曾说：“知是行的主意，行是知的功夫。知是行之始，行是知之成”，我很赞赏最后十个字。树立了远大的志向，就要去实现它、实践它。怎样实现和实践呢？就要有行动。王阳明的哲学是“知行合一”。

中国的文化讲哲学的辩证关系讲得非常精辟。我们注意到有一些同学，虽然具有远大的志向，但是没有实现远大志向的毅力和决心，最终半途而废，一事无成。知道是行动的开始，你只有知道了自己的远大目标，才是你未来事业和理想的开始。只有行动并取得了结果，才是“知之成”。希望同学们要用自己的实践，要用自己的汗水，要用自己的努力来践行远大的理想。

要走好这条路，我们还需要有一种基本的品格——要有自信。所有成功的人，都是具有强烈自信的人，缺少自信的人，是无大志。中国人讲“君子进不败其志，内究其情；虽杂庸民，终无怨心，彼有自信者也”。不管我们身处何种顺境和逆境，当我们拥有了充分自信的时候，是最美丽的时候；当我们拥有充分自信的人生，是最美丽的人生。所以龚自珍有言“勇于自信故英绝，胜彼优孟俯仰为”，这说明自信对人生多么重要，多么宝贵。

什么叫自信呢？大英词典里面讲，自信就是 Believe that one is right on something

or that one is able to do something。要有这样一种气魄,有这样一种信念,不管遇到多大的困难,都能够坚强的迈过这个困难,最终实现事业一片光明。这是我作为新来的校长,给 2017 级同学们提出的又一点希望。

我相信,在我们中国农业大学这样一所具有 112 年历史的古老学府中,大家一定能够实现你们的梦想,为我们的国家,为我们的民族,做出与新一代的青年学子、与中国农业大学历史定位相符的伟大历史贡献!

让我们共同努力,谢谢大家!

坚定创新追求　坚守科学精神

——校长孙其信在 2017 年研究生开学典礼上的讲话

亲爱的同学们:

首先代表中国农业大学,也代表因公务无法到场的学校党委书记姜沛民同志,向来自祖国各地的 3 163 名研究生表示热烈的欢迎和衷心的祝贺。我还要带一点私心的向来自西北农林科技大学的 64 名硕士和 20 名博士给予特殊的欢迎。你们可能会有些失望,因为开学典礼又是我这个校长讲话,未来你们的毕业证书上将又一次盖上我的名字。

刚才,来自资环学院科技小院的索玉倩同学代表新生发言。科技小院是中国农业大学的一个创新,我前不久在吉林梨树,也到了科技小院,看到了我们一批还没有入学的研究生,已经开始深入到科技小院从事社会的锻炼。之前在山西大同的灵丘,我也有幸见到了在灵丘进行社会锻炼的还没有入学的研究生。你们是传承我们学校文化的典范和楷模。

研究生教育是把科学研究贯穿于教育全过程的一项教育活动。我很赞同李德发院士用七个"快乐"总结了研究生教育的全部内涵。他的讲话妙语连珠,具有很强的可操作性。那么,我想讲一些不太容易操作的。

科学研究贵在创新,而创新型的工作,贵在培养和践行科学精神。所以,今天的开学典礼,我想围绕"坚定创新追求,坚守科学精神"为主题,与同学们分享一些感受。

习近平总书记在欧美同学会成立 100 周年庆祝大会上,有这样一段讲话"创新是一个民族进步的灵魂,是一个国家兴旺发达的不竭动力,也是中华民族最深沉的民族禀赋。在激烈的国际竞争中,惟创新者进,惟创新者强,惟创新者胜",总书记就创新对国家和民族的重大意义讲得十分深刻和精辟。所以中国古人有"苟日新,日日新,又日新"的说法。创新就是一种追求卓越的品质,老子讲:"合抱之木,始于毫末;九层之台,始于累土;千里之行,始于足下。"创新追求卓越,就是追求科学的根本、真谛和科学的美。

大家都知道,第二次世界大战,美国首先向日本投下了两颗原子弹,所以很多人记住了投下原子弹的美国上校保罗・狄贝斯,他当时名声很大。但是原子弹的研究始于 1942 年美国物理学家奥本海默组织的"曼哈顿计划"。但是原子弹的科学基础是什么?1938 年德国物理学家哈恩第一次成功分裂铀原子,预示着核裂变的链式反应将会成为现实。但是核裂变更早的科学依据,是 1902 年爱因斯坦提出的质能转换公式。我们在享受现代科技美好的时候,也要记住在这背后是一些重大的科学发现支撑了技术的创新,带来了社会的进步，让我们享受了社会的美好。

我们都知道，现代生物技术成为促进社会进步的一个巨大的技术创造，但是现代生物技术背后最根本的科学发现，是1953年沃森和克里克发现的DNA双螺旋结构。如果没有这一重大发现，就不会有今天蓬勃发展的生物技术和生物经济。所以总书记讲创新对国家、民族和社会都至关重要。1883年，美国的第一任物理学会会长亨利·罗兰曾讲过一段话，这段话我们今天听起来非常刺耳又记忆犹新。他说："假如我们停止纯科学的进步而只留意科学的应用，我们很快就会退化成为中国人那样。好几代中国人没有什么进步，因为他们只满足于科学的应用，却从来没有追问过他们所做事情中的原理。这些原理就构成纯科学。中国人很早就知道火药的应用，如果他们能够用正确的方法来探索火药应用的原理，中国人就能够在实现众多应用的同时还能够发展出化学，甚至物理学。因为只满足于火药爆炸的事实和应用，而没有寻根问底，中国人已经远远落后于世界科学进步"。这段刺耳的话正是在警醒我们一代青年学子，追求科学、追求卓越，对一个国家和一个民族是多么的重要。

研究生教育是高等教育体系中最顶端的宝塔，一个国家的人才培养，高层次的人才教育要高度依赖研究生教育，为国家培养创新型人才。先后担任耶鲁大学和洛杉矶加州大学高等教育研究中心主任的美国教育学家伯顿·克拉克所著的《探究的场所——现代大学的科研与研究生教育》一书的导言中谈到：教授的作用就在于把科研与教学结合起来，科研活动十分恰当地成为一种教学模式。学生的作用就是把科研与学习结合起来，科研活动转变为一种学习的模式。这很好地诠释了科研与教学的关系和转化，应该成为现代研究生教育遵循的基本模式，这也是洪堡所倡导的现代大学思想的精髓。德国化学家李比希践行了洪堡的教育思想，他在德国吉森大学建立了第一个现代的应用研究化学实验室，被称为现代"肥料工业之父"。所以，创新应当成为现代研究生教育的灵魂和最高追求。那么如何做好创新呢？

第一，创新需要选好方向，选准课题。DNA双螺旋结构发现者之一克里克曾经说过一句很有哲理的话："与其说沃森和克里克发现了DNA双螺旋结构，不如说DNA结构成就了沃森和克里克"。从一个科学家的视角而言，是如此美妙的科学发现成就了沃森和克里克。所以要创新科学，就应该选择那些有难度的、有深度的重大科学。

第二，创新需要知识的积累和传承。现代的创新绝对不是零起步的创新，而是需要站在巨人的肩膀上，不断提升，不断创新。任何科学创新都不会孤立出现，在重大创新之前，必然有大量的探索铺垫，只有掌握了前辈发展的关键知识，我们才能实现新的突破。

第三，创新需要独立思考和批判思维。这是我们中国文化中相对比较欠缺的。要创新就需要有好奇心，有求知欲，有独立思考的精神，敢于质疑。几年前，我在以色列访问的时候，有一位以色列大学的校长曾经跟我说："我们犹太民族，生来有一种基本的教育理念，这个理念是从我们的幼儿园教育就开始贯彻的一个理念，那就是我们犹太民族生来就会质疑任何事情"。真理是通过辩论才会成为真的真理，要有批判的精神和质疑的精神。其实DNA双螺旋结构的发现本身就是一个不断质疑、不断推翻、不断创新的过程。在沃森和克里克之前，1952年加州理工学院的鲍林教授，提出了DNA的三螺旋结构，学术界一致认为这就是DNA的真正结构。但是沃森和克里克敢于挑战权威，通过对X光衍射图片的研究，推翻了三螺旋结构，因此才有了今天DNA双螺旋结构的发现。

第四，创新需要兴趣和投入。孔子曰："知之者不如好之者，好知者不如乐知者"。这就很好地对应了李德发院士所讲的研究生要快乐，要把科研活动当成一种快乐去享受，也许你就真的能成为一个真正的科学家和创新者。

第五，创新需要合作和协作。现在的创新靠闭门做文章是行不通的，我们需要开放的心态、合作的精神和协作的精神。在大科学的时代，重大科学的发现和工程技术的进步，无一不是团队合作的结果。学术创新，需要很好的团队精神，需要集体的智慧和力量，需要密切充分的协作。

第六，创新需要实践和探索。创新不仅需要激情，需要灵感，需要头脑风暴，更需要动手实践。

最后，我想讲创新最需要的是一种科学精神。科学精神是一种追求卓越的精神，科学精神是一种独立自主的精神，科学精神是一种求真务实的精神，科学精神是一种传承超越的精神，科学精神是一种甘于奉献的精神。总之，科学精神是人类文明中最宝贵的精神财富。集中体现为追求真理，崇尚创新，尊重实践，弘扬理性。

当前我们正处在伟大祖国繁荣昌盛的新时代，希望我们中国农业大学的学子们，坚定创新的追求，坚守科学的精神，为中华民族的伟大复兴，贡献我们的智慧和力量。

谢谢大家！

努力建设一支适应"双一流"建设新要求的高水平人才队伍

——校长孙其信在学校人才队伍建设座谈会上的讲话

（2017 年 9 月 21 日）

同志们：

本次座谈会的主要目的是，大家一起研判形势、明确任务，查摆问题、找准短板，凝聚共识、深化改革，在新起点上把学校人才队伍建设推向新的更高水平。刚才，各位院长、书记站在学校发展全局的高度，对学校当前人才队伍状况做了深刻的剖析和准确的诊断，特别是对下一阶段如何进一步加强人才队伍建设提出了具有建设性、可操作性的意见建议。在此，我代表学校和姜书记向大家表示衷心的感谢，相关部门要将这些意见建议逐一梳理、分门别类、建立台账，各分管校领导要认真吸纳、消化、研究，并就学校如何进一步改革完善有关制度政策提出意见，经校长办公会讨论并形成工作方案，报请党委常委会研究。接下来，我谈三点意见：

一、从讲政治的高度深刻认识加强人才队伍建设的重要意义

本次座谈会是中央专项巡视后召开的一次人才工作专题会，也是中央专项巡视整改工作的继续和深化。会上同志们谈到的一些问题，也正是中央专项巡视组对学校工作的具体意见。尤其是，对不同类型科研的评价体系，中央巡视组直截了当地提出了整改要求。9 月 14 日，中组部、教育部召开了中管高校党的建设工作推进会。会议要求，要聚焦

巡视发现的党的建设突出问题，深入分析原因，研究具体措施，推动中管高校党建工作上新水平，为建设世界一流大学、一流学科提供坚强的政治保障和组织保障。会上中组部常务副部长陈希同志也要求，中管高校巡视整改要永远在路上。

去年12月，习近平总书记在全国高校思想政治工作会议上的重要讲话中，就如何"扎实办好中国特色社会主义高校"提出了"四个服务"要求：高等教育发展方向要同国家发展现实目标和未来方向紧密联系在一起，坚持"为人民服务，为中国共产党治国理政服务，为巩固和发展中国特色社会主义制度服务，为改革开放和社会主义现代化建设服务"。因此，大学人才队伍建设必须自觉向"四个服务"要求对标看齐，把"四个服务"贯穿于人才队伍建设的各方面全过程。去年6月，在全国科技创新大会讲话中总书记指出，要建设世界科技强国，成为世界主要科学中心和创新高地，必须拥有一批世界一流科研机构、研究型大学、创新型企业，能够持续涌现一批重大原创性科学成果。总书记的重要指示也对中国特色世界一流大学建设，尤其是创新型人才队伍建设的目标、内涵、质量、标准指明了方向。

众所周知，人才队伍是大学的核心竞争力，是大学发展质量、办学水平和社会声誉的决定因素。要建设一流大学，关键要有一流人才。作为一所"国字号"大学，我们必须认真贯彻总书记关于高等教育发展的重要讲话和重要指示精神，提高政治站位，保持政治定力，把人才队伍建设作为学校发展的头等大事，坚持不懈、持续用力，坚定不移地依靠人才强学校、建一流。

二、准确把握"双一流"建设中学校人才队伍建设面临的严峻挑战

近日，教育部、财政部、国家发展改革委正式公布了世界一流大学和一流学科建设高校和建设学科名单，学校跻身世界一流大学A类建设序列，标志着中国特色、农业特色世界一流大学建设已经站在新的起跑线上。"双一流"不是"985""211"的"翻版"，也不是"戴帽子"，这是党中央国务院对高水平大学扎根中国大地办大学，探索世界一流大学建设中国道路的新的更高要求。我们必须着眼全局和长远未来，顺大势、谋大局、抓大事，对学校人才队伍建设做好战略研判和系统谋划。

过去10年，学校人才队伍建设取得了巨大成绩，新增两院院士人数居全国高校第13位，新增国家"杰青"人数居第16位，新增"长江学者"人数居第24位，新增"千人计划"人数居第34位。2003年以来，累计引进高层次人才188人，充分体现了长期以来校党委对人才工作的高度重视，为学校各项事业发展奠定了坚实基础，成绩值得充分肯定。但是任何事物都是动态发展的，在"双一流"建设新形势下，学校发展的外部环境、内部条件、构成要素正在发生深刻变化，发展目标、发展任务、发展动力、发展方式也在发生深刻变化。没有危机意识、紧迫意识的发展思维必然不适应"双一流"建设的迫切需要，四平八稳、按部就班、低水平的发展方式也必然不适应"双一流"建设的更高要求。什么是世界一流水平，我体会，中国科技大学潘建伟院士领衔的量子基础研究，以及对国家战略急需工程技术领域所做出的重大贡献，应当成为中国农业大学人才队伍建设和一流大学建设的对照标杆。我们应当清醒认识到自己的差距不足挑战困难，深刻认识到发展面临的新形势新任务新使命，这是我们做好人才工作的前提基础。

日前，国家公布了第三批"万人计划"青年拔尖人才入选名单。华中农业大学3人，

南京农业大学2人，学校和西北农林科技大学各1人。从国家自然科学基金项目获批来看，2017年华中农业大学不仅在项目数量上远远超过了学校，而且在经费总数上首次超过了学校。世纪之初，学校基金项目数量是其他3所部属农业大学总和；到2011年，学校基金项目数量是其他任意两所大学总和；到今天，学校基金项目数量和经费总额均已被超越。从青年基金项目数来看，学校34项，华中农业大学73项，西北农林科技大学76项，南京农业大学54项。过去10年，学校青年基金项目数从24项增加到34项，其他3所农业都实现了翻番式甚至翻几番的增长。世纪之初，学校国家“杰青”人数大于其他3所高校总和，但是近年来新增人数与华中农业大学、南京农业大学基本持平，值得高度警觉。我们可以判断，学校从当年以绝对优势领跑退步为与同类高校并跑，甚至已经开始落后，不能不说形势逼人、令人深忧。

8月31日自然出版集团公布了最新的“自然指数”排名，“自然指数”直接反映了一所大学的基础研究质量和知识创新能力。从全国高校排名来看，学校居第54位，西北农林科技大学居第66位，华中农业大学居第84位，南京农业大学居第96位，学校没有明显优势，这与世界一流大学A类建设序列地位也是很不相称的。2011年至2017年，学校累计发表“CNS论文”69篇（含合作论文），华中农业大学60篇，南京农业大学44篇，西北农林科技大学25篇。其中2015年至2017年，学校发表30篇，华中农业大学32篇，南京农业大学24篇。从四大权威世界大学学术竞争力排名来看，以软科为例，2011年中国农业大学首次进入全球前300～400位，2017年又退步400位以后，目前与南京农业大学、华中农业大学并处于同一水平线上，形势不容乐观。

从教师队伍规模和结构来看，学校教师规模在“985”大学中居倒数第三位，教育部直属高校39岁以下青年教师平均比例为42%，中国农业大学为29%，北京航空航天大学为49%，北京师范大学为38%，南京农业大学为46%，华中农业大学为54%，西北农林科技大学为49%。教师规模偏小，青年人才储备不足，队伍结构老化，再加上未来几年大量教师退休，这将对青年拔尖人才培养和学科布局拓展带来严重困难。人才队伍发展理念、发展目标、发展方式必须进行重大调整和改革，不主动进行改革，就有可能被改革。在发展理念上，要聚焦大学人才培养、科学研究、社会服务、文化传承与创新“四大功能”，对人才队伍建设进行系统谋划；在发展目标上，要紧紧围绕国家建设世界科技强国和全面推进“双一流”建设新要求，对人才队伍规模、结构、数量、质量、标准、机制、办法进行系统重构；在发展方式上，要突出质量导向，突出人才强校理念深入人心、落地落实，下决心解决一批深层次关键问题和体制机制障碍。

三、以深化改革为动力，努力开创学校人才队伍建设新局面

近一段时间，很多同志对学校发展状态尤其是学科竞争力弱化感到十分担忧。对照中央专项巡视整改提出的问题，结合回校工作两个月以来实地调研掌握的情况，我体会，当前学校发展中面临以下六个突出问题：

第一，总体发展速度减缓，加速度不足。如果没有危机意识，积极主动应对，风险挑战就会变成现实危机。

第二，科技创新可持续性不强，优势逐渐失去。过去很长一段时间，学校第一署名单位发表“CNS论文”数量居全国高校前列，但是目前在部属农业高校中都已经没有优势。

去年下半年以来，南京农业大学、华中农业大学"CNS"顶尖论文持续不断，学校则明显乏力。

第三，社会服务功能弱化，缺乏标志性突破性成果。关于这个问题，中央巡视组明确指出、再三强调，我们必须高度重视。做好社会服务，我们有很好的基础，也有很强的能力，但是发力分散、不够集中，集成不够，显示度不高，这与学校办学定位是明显错位的。

第四，国际化战略目标不够明确。国际化要朝哪个方向走，总体还处于探索阶段。比如，如何服务国家"一带一路"战略，我们站位不高、敏感性不强、作为成效太小。我理解，当代中国大学应当立足中国国情、扎根中国大地，有自信、有能力，坚持走自己的国际化之路，更好服务国家战略，引领世界发展中国家大学发展。作为"国字号"大学，如果没有国家担当、不主动为国家战略服务，还有什么资格谈建设中国特色世界一流大学。

第五，人才培养模式改革有待深化，尤其是创业教育没有实现根本性破题，基本还在原地打转。

第六，部分部门、干部思想僵化，对新事物敏感度低，缺乏忧患意识和危机意识，讲成绩多、谈问题少，甚至躲躲闪闪、模模糊糊；习惯于用老办法应对新问题，经常用所谓的"程序合理"来掩盖效率低下和实质性不公正。管理已经成为制约学校一流大学建设的严重问题。

以上六个问题不一定全面，也不一定准确，但都是我对学校总体发展态势的一些初步思考和认识。习近平总书记强调，改革是由问题倒逼而产生，又在不断解决问题中得以深化。针对这些问题，我们必须有强烈的问题意识，突出问题导向，直面问题挑战，以深化改革为动力，从体制、机制、制度上全面发力，着力解决学校发展中面临的各种矛盾和问题。任何忽视问题，不重视改革甚至推迟改革的想法，都是错误的、不负责任的。

今年是毛主席发表《矛盾论》《实践论》80周年。唯物辩证法告诉我们，要注重矛盾分析，抓住事物发展的主要矛盾和矛盾的主要方面。我理解，人才队伍建设就是学校各项工作的头等大事，是影响学校发展的主要矛盾，抓人才就是抓住了主要矛盾。人才队伍建设中的空间有限、住房不够、资金短缺等问题，必须想尽一切办法、用尽一切气力去解决，这才是科学的工作方法论。

发展要靠改革，要加快发展必须全面深化改革。要抓好以下四大改革：

第一，认真对照国家建设世界科技强国战略目标下的世界一流大学标准，对照习近平总书记关于建设中国特色、农业特色的世界一流大学的指示要求，建设一支世界水平的人才队伍，产出一批重大原始创新成果；

第二，始终坚持党管人才，改革创新人才工作体制；

第三，坚决破除束缚人才发展的机制障碍，彻底改革死板、僵化、不适应工作新要求的惯性做法，加快形成充满活力、具有竞争力的人才制度优势。

第四，着力改革人才队伍发展方式，强化分类评价，完善服务保障体系，实现人才"一站式"服务，创新人才引进、支持、评价、激励等一揽子政策办法。

深化改革的关键是抓落实，而且要一抓到底见成效。作为学校人才工作领导小组工作组组长，我主抓执行，负责校党委关于人才队伍建设决策部署的贯彻落实。

理念是行动的先导。要深化改革，首先要转变观念、解放自己。要正确处理好人才数量与人才质量的关系，切实解决好把数量和质量严重对立起来的问题。数量与质量是辩证统一的，没有一定的数量基础就很难有绝对质量的提升。要牢固树立科学的人才观，坚决摒弃引进人才与本土人才不同待遇的错位人才观，大力倡导不唯身份、只论贡献，最大限度激发释放人才的创新创造活力。

在7月17日任职大会上我谈到，广大师生加快建设一流大学和一流学科的强烈愿望，就是学校领导班子的责任担当、各部门和各级干部的工作任务。面对发展中的问题，各部门要认真思考，开动脑筋研究问题，在全校上下推动形成遇到问题就主动研究的工作作风。任正非的华为用人法则提出，要砍掉高层的手脚、中层的屁股、基层的脑袋。各部门要切实增强责任意识、服务意识，在思想上、行动上积极动起来、担当起来，以总书记强调的“钉钉子精神”抓改革、抓落实，不讲条件、不打折扣地贯彻好执行好校党委的决策部署，奋发有为地开创学校人才队伍建设和“双一流”建设的新局面！

我就讲这么多，不当之处请批评指正，谢谢大家！

坚持问题导向，以改革创新为动力，高起点、高标准、高质量加快推进学校“双一流”建设

——校长孙其信在推进学校“双一流”建设专题工作会上的讲话

（2017年10月18日）

同志们：

今天上午党的十九大隆重开幕，我们全体校领导班子观看了开幕式，听完习近平总书记的工作报告以后我感到十分振奋。我们在今天召开推进学校“双一流”建设的专题会议，我认为具有重大的、特殊的意义，也是很有必要的。

习近平总书记的报告让我们倍受鼓舞，我们看到了党的十八大以来，以习近平同志为核心的党中央带领全国人民取得了社会主义建设的伟大胜利。十九大报告做出了“中国特色社会主义进入新时代”的重大判断，对我国社会主要矛盾变化作提出了新论断，对党在新时期的历史使命进行了高度概括。特别提出了习近平新时代中国特色社会主义思想和基本方略，是中国特色社会主义新的理论成果和重要组成部分，站在战略全局的高度对我们党和国家的事业发展做出了全面的规划和部署，主题鲜明，内容丰富，阐述深刻，催人奋进，必将指引我们迈向新的伟大征程。

“建设创新型国家、优先发展教育、乡村振兴战略”，这是十九大报告中明确提出的战略要求，这对我们农业、农村以及高等教育工作提出了新的发展理念和奋斗方向。新时期，广大人民群众对美好生活的追求与不平衡、不充分发展的社会主要矛盾，对农业、教育、对创新等领域的工作提出了新的更高的要求。我们要深入地学习贯彻落实十九大报告精神，结合学校“双一流”建设工作，我先谈几点意见：

第一，必须深刻认识到党的十九大召开对学校“双一流”建设的重大意义。党的十九

大是在全面建成小康社会决胜阶段、中国特色社会主义进入新时代的关键时期召开的一次十分重要的大会，我们必须严格对照党中央的要求，站在更高的定位、更高的发展要求以及更好地满足广大人民群众日益增长的对美好生活追求的高度，系统研判如何推进“双一流”建设，保证学校的发展更好地为人民服务、为中国共产党治国理政服务、为巩固和发展中国特色社会主义制度服务、为改革开放和社会主义现代化建设服务。

第二，必须充分意识到“双一流”建设是学校当前发展的核心工作任务。我们必须充分意识到，“双一流”建设是当前推动学校发展的核心和根本任务，抓好这项工作，才有可能带动学校发展上升到新的层次。如果我们错失重大机遇，就会与党中央对我们学校发展的要求越来越远，与广大师生干部对学校快速发展强烈愿望的差距越拉越大，与我们建设成为“具有中国特色、农业特色世界一流大学”的目标渐行渐远。各部门必须认识到“双一流”建设的重大意义，通力合作，积极推进落实。

第三，必须坚持以问题导向。习近平总书记在十九大报告开篇中指出：“我们要不忘初心，牢记使命。全党同志一定要登高望远，居安思危，勇于变革、勇于创新，永不僵化、永不停滞”。我们必须深刻理解总书记这段话对推进学校“双一流”建设，推动学校改革发展的重大意义。要坚持以问题为导向，坚持辩证法的方法论，既要肯定过去取得的重大成绩，更要实事求是地面对当前学校“双一流”建设面临的巨大危机和严峻挑战。我们与领先者的差距在不断扩大，与此同时，追赶者的快速发展使得我们的优势正被迅速蚕食。过去我们以一流学科的“六块金牌”为骄傲，但最新一轮学科评估之后还能保持几块呢？更何况，这只是“全运会”的金牌，我们的目标是世界一流，是力争夺取“奥运会”金牌。对照这样的高标准、高要求，我们还存在着很大的差距。必须坚持以问题为导向，深刻认识到当前我们所面临的危急形势和艰巨任务，建设一流大学，任重道远。

第四，必须坚定不移地以改革创新为动力，推动学校各项事业发展。我们当前面对的困难和挑战用老办法和旧思路是走不通的，老办法解决不了新问题。必须要有勇气、决心和毅力，坚定不移地以改革创新为动力，推进“双一流”建设，推动学校各项事业发展。“双一流”建设方案正式公布已有一段时间，很多高校已有实质性动作和进展。但是我们却严重缺乏紧迫感，这种通力合作、积极推进“双一流”建设的氛围远远没有形成。学院的领导、学科带头人、广大教师仍处在观望状态，很少有人主动提出建设学院、建设一流学科的想法和建议，大家对建设“双一流”重大意义的认识，对建设“双一流”具体任务的理解与我们的预期还存在较大差距。各机关部门都习惯于等待，等学校做了决策之后再具体实施，缺乏主动担当、主动思考、主动作为、主动推进的意识，这与现代大学、一流大学的工作制度严重不符。机关部门理应成为对相关工作研究最精准、最完整、最透彻的部门，如果部门不积极，不主动，不把问题研究透彻，就是不作为，慢作为，甚至是乱作为。目前，我们学校“双一流”建设方案还只是一个规划方案，而不是执行方案，不是路线图，很多体制机制尚未形成。急需加大改革、发展的举措力度，迫切需要我们充分调动学院的积极性、主动性，充分依靠我们广大的教师和管理干部来推动“双一流”建设。

结合各部门对“双一流”建设的想法思路和意见建议，进一步加快学校“双一流”建设各项具体工作推进落实，我谈几点工作要求：

第一，加强组织保障，尽快将学校“双一流”建设方案推进落实落地。“双一流”建设的严峻形势迫切要求我们必须尽快确定“双一流”建设的领导和组织体系，这是保证建设方案实施的关键。建议成立“双一流”领导小组和工作组，领导小组抓方向、掌大局，工作组负责方案的具体推进落实。请相关部门尽快形成正式的报告报党委常委会审议通过后加快推进落实。

第二，创新工作机制，将“双一流”建设具体任务分解落实责任到各学院和部门。“双一流”建设方案的具体任务必须要落实到各部门、学院，权责明确，责任到人。已经发布的“双一流”建设方案只是一个设计蓝图，而不是“施工图”，推进落实需要一整套的制度体系保障。如何调动学院积极性并且将学院发展与“双一流”建设密切结合，亟须破题。我们必须创新工作体制机制保障任务分解落实，重心下移，依靠并信任学院和广大群众，以高度的紧迫感，抓紧落实各项具体任务。

第三，确保投入到位，对“双一流”建设所需投入的人力、物力、财力等资源进行细致、精确地测算。完成“双一流”建设任务具体需要多少人力、财力、物力的支持？需要我们针对每一个学科逐一地进行系统研判和精确测算。尤其要针对不同学科特点，将预算落实到具体学科中，落实到细节中。确保投入到位，为“双一流”建设方案的高质量、高标准实施提供坚实保障。

第四，切实提高站位，以高起点、高标准、高质量的严格要求推进“双一流”建设工作。国家发布的“双一流”具体方案是一个动态评估、滚动支持的过程。2020 年我们即将接受评估，首先必须要确保我们的 9 个一流学科经得起考验。学校制度设计的目标要以高起点、高标准、高质量为严格要求。我们要建设成为“具有中国特色、农业特色的世界一流大学”，就要在“中国特色、农业特色”上破题，真正体现中国特色、中国自信。中央巡视组明确指出我们学校在对接国家重大战略方面的工作有所欠缺。过去我们有“黄淮海治沙改土”“农大 108 玉米”等重大科技成果，这些都是切切实实为国家农业做出贡献的，而未来我们可以拿得出手成果是什么？在国家制定重大方针政策中有没有农大的发声？我在第三届东北黑土地论坛开幕式上讲，我们要在吉林梨树打响一场黑土地保卫战，我们的科研布局模式必须要有这样的大战略。前不久公布的全国脱贫攻坚奖，我们的李小云教授是高教系统惟一获奖的代表，他的工作就值得我们去学习并且大力宣扬。我们在科研推广、研究生培养和人事政策上都必须要有新的目标，新的方式，新的机制。

第五，增强紧迫意识，加快推进学校“双一流”建设工作。我们必须要提高紧迫感，尽快拿出学校“双一流”建设的总体计划方案，从组织体系、运行机制、资源条件、任务落实、考核评估等方面为全面推进“双一流”建设各项工作的高效展开提供有力保障。

同志们，到 2020 年的“双一流”建设是学校发展过程中的一段重要时期，同时十九大报告中明确提出了到 2035 年基本实现社会主义现代化，到 21 世纪中叶建成富强民主文明和谐美丽的社会主义现代化强国的战略目标。这就要求我们不能仅仅局限于眼前，必须要以宽阔的国际视野和长远的战略眼光，积极谋划，科学布局，开创学校发展的新局面，为实现党和国家的奋斗目标做出新的更大的贡献。

谢谢大家！

校长孙其信在中国南南农业合作学院成立大会上的讲话

（2017 年 12 月 4 日）

尊敬的各位来宾，女士们，先生们，新闻媒体的朋友们：

大家上午好！

为深入学习贯彻落实中国共产党第十九次全国代表大会精神，促进南南农业合作以及"一带一路"农业合作交流，中国农业大学联合西北农林科技大学共同发起成立中国南南农业合作学院，中国农业大学发起成立"一带一路"农业合作学院。这是我们以实际行动贯彻落实联合国可持续发展计划和中国政府提出的"一带一路"重大倡议，我们本着共商、共建、共享、共同推进人类命运共同体建设的理念，切实贯彻落实中共十九大精神。

2015 年 9 月 26 日，中国国家主席习近平先生在联合国主持南南合作圆桌会议时指出："南南合作是发展中国家联合自强的伟大创举，是平等互信，互利共赢，团结互助的合作，帮助我们开辟出一条崭新的发展繁荣之路"，并宣布中国政府将启动 6 个 100 项目支持。今年 5 月，习近平主席在"一带一路"国际合作高峰论坛上指出："要把一带一路建成和平之路、繁荣之路、开放之路、创新之路、文明之路，中国愿同世界各国分享中国的发展经验。"

今天，在中华人民共和国农业部、教育部的大力支持下，我们正式发起成立中国南南农业合作学院和"一带一路"农业合作学院，就是更好地响应中国政府促进更广泛地推动国际合作，促进发展中国家共同发展、共同繁荣的一个开创性举措。中国农业大学是一所有着 112 年悠久历史的中国最古老的农业学府，也正在迈向中国特色、农业特色世界一流大学的伟大目标。我们致力于推动中国的农业发展、经济发展，也在过去 10 多年中全力推动"一带一路"农业合作和南南农业合作，先后与亚洲、非洲、拉丁美洲和太平洋地区国家开展了广泛地农业合作与交流。近几年，中国农业大学在特立尼达和多巴哥共和国新都大学成立了孔子学院，并与该校共同建设中特农业创新园；在坦桑尼亚创建了村级减贫学习中心，成立了中坦联合研究中心，创建了海外首个教学和实践综合基地；组织实施了教育部中非 20＋20 项目和教育部援外培训项目，共培养了来自亚非拉地区近 50 个国家的 200 多名国际留学生。

新时期，为了更加有效地推进"一带一路"沿线国家的农业和农村发展，并以此为构建人类命运共同体的伟大愿景做出更加积极的贡献，今天我们发起成立中国南南农业合作学院和"一带一路"农业合作学院。我们将坚持在国家"一带一路"重大倡议的指导下，充分发挥学校自身优势，立足多年来国际发展研究的深厚基础，在新型国际发展构架下，深入研究发展中国家农业和农村发展问题，在共享中国农业发展技术和经验的同时，广泛吸纳国际先进发展成果和经验，共同探索发展中国家迈向现代化的有效途径。

学院将通过政策对话、农业科技传播、人才培养、新型发展知识生产等四大支柱，为实现全球农业和农村的可持续发展、提升世界粮食安全水平、推动国际减贫等国际发展重大问题贡献中国智慧、提供中国方案。

在农业部和教育部的支持下，我们还将携手国内知名农业企业成立“一带一路”农业企业合作联盟。

各位来宾，各位朋友，中国特色社会主义现代化建设已经进入新时代，中国农业大学将联合更多的农业院校为推动“一带一路”农业教育科技合作和南南农业合作，贡献中国作为农业大国的磅礴力量。全力促进全球可持续发展，共同创造一个更加美好的世界。

谢谢大家！

校长孙其信在土地科学与技术学院成立大会上的讲话

（2017 年 12 月 17 日）

尊敬的曹卫星副部长、各位领导、各位来宾、各位校友，老师们，同学们：

大家上午好！

在国土资源部大力支持和亲切指导下，学校决定成立土地科学与技术学院。今天，我们隆重举行土地科学与技术学院成立仪式。首先我谨代表学校向土地科学与技术学院的成立表示热烈的祝贺！向一直以来关心和支持学校发展的国土资源部表示衷心的感谢！向莅临大会的各位领导和各界嘉宾表示热烈的欢迎！对长期以来关心和支持中国农业大学的社会各界以及媒体朋友们表示衷心的感谢！

党的十九大明确提出，要坚定实施创新驱动发展战略和乡村振兴战略，加快建设创新型国家。土地作为经济社会发展的根本要素之一，关乎国计民生、关乎国家安全。土地科学与技术的创新和发展，对实施乡村振兴战略、保障粮食安全、打赢脱贫攻坚战、建设美丽中国、推进农业农村现代化、加快生态文明体制建设、决胜全面建成小康都具有十分重要的意义。党的十九大报告也提出，要加快世界一流大学和一流学科建设。中国农业大学作为 36 所“双一流”建设大学之一，当前正处在“双一流”建设的关键时期。服务国家战略、扎根中国大地办好世界一流大学是建设好中国农业大学的根本宗旨。今天，土地科学与技术学院的成立，就是我们学校党委贯彻落实党的十九大精神和服务国家重大战略的重要举措，也是加快推动一流大学和一流学科建设的战略要求，更是推动土地科技创新发展、培养高质量土地科技创新人才的社会需求。

在中国农业大学 112 年的悠久历史中，土地学科的建设历史悠久，基础雄厚。早在 20 世纪五六十年代，以李连捷院士为代表的老一代科学家曾参加了全国土地资源调查评价和土地规划工作，在新疆、黑龙江、西藏、青海等地进行了自然资源综合考察，为新中国土地科技事业的发展做出了奠基性的贡献。20 世纪七八十年代，以石元春院士为代表的一大批科学家在黄淮海平原打了一场盐碱地治理的重大战役，提出了旱涝盐碱综合治理等基础理论，并将理论和实践经验推广到以提高农用地生产力和经济效益为核心的区域农业综合开发研究，此项成果获得了国家科技进步特等奖。20 世纪 80 年代末以来，学校设置了土地资源管理专业，经过不断地发展壮大，涵盖了土地资源管理、土地调查评价、土地利用规划、土地信息技术、土地制度与农村发展等研究方向。在各级领导和部门的长期支持下，学校先后建立了国土资源部农用地质量与监控重点实验室、中国土地政策与法律研究中心、中国农业大学土地利用与管理研究中心等重要的学科平台。多位教师担任国土资源部的特聘专家，昨天学校康绍忠院士被国土资源部土地科技创新中心聘为专家委员会委员。他们先后参与研究和起草国土资源相关政策、法律和技术规程，为土地科技的创新和发展做出了中国农业大学应有的贡献，也为土地科学与技术学院的成立奠定了坚实的基础。

昨天，我有幸参加了国土资源部举办的土地科技创新研讨会，深刻体会到党中央国务院对国土资源工作的高度重视，对新时代土地科技创新的体系建设等关键任务提出了更高的要求，随着经济社会发展对土地需求的不断提升与有限国土资源的矛盾日益突出，国土资源和土地科技工作者将肩负着更加重大的历史使命，也迎来了难得的发展机遇。

在新学院正式成立之际，我代表学校对新学院的发展建设提出 3 点希望：

第一，要抓战略。我们的土地学科历史悠久，但作为一个新兴的现代化学科，尚显年轻。学院要站在国家重大战略需求、国际学科前沿以及学校雄厚实力基础的高度上，要有敢为天下先的创新精神，谋划具有战略意义和前瞻性的发展规划，为学院和学科未来的发展描绘蓝图、奠定基础。我在刚回学校任职时，拜访了老校长石元春院士，他给我提出的第一点建议就是学校首先要抓重大的战略研究。今天，我把这句话送给新成立的土地科学与技术学院，只有高度重视学院和学科发展的战略规划，学院的发展才有高的起点，才可能实现远大的目标。

第二，要抓人才。人才是一切事业发展的基础和保障，我们新成立的学院拥有一批有着良好学术基础的优秀教师。我们更应该着眼于未来，着眼于国家更大的战略需求，要把吸引、培养、锻炼土地科学与技术方面的高层次人才，作为学院今后建设和发展的重中之重。要解放思想、提高认识、转变观念、踏实工作，真正汇聚一支有强大凝聚力和战斗力的人才队伍，站在国家战略需求的高度，站在国际发展的前沿，为土地科技的创新发展，为解决国家战略需求的重大难题，做出无愧时代的伟大贡献。

第三，要抓教学。人才培养是学院发展的核心任务。中国农业大学的土地科技研究能有现在的发展态势，今天能有如此众多优秀的校友参加新学院的成立仪式，充分证明了人才培养是办好一流大学的核心和根本，学院必须要统筹谋划、狠抓落实。新成立的学院拥有良好的发展机遇，也将面临许多的问题和困难，这就要求学校其他学院和各职能部门要站在讲政治的高度，贯彻学校党委的重大决策，对新成立的学院给予全方位的关心和帮助，一心一意支持好新学院的发展。

早在 2016 年 10 月，学校就成立土地科学与技术学院相关问题，通过学校学术委员会进行了咨询和论证；2016 年 11 月，学校校长办公会和党委常委会研究了学院成立相关事宜。这充分表明，新学院的成立是经过学校党委系统谋划、慎重研究做出的重要决定，也是国家战略需求的重大使命，更是土地科技发展的历史选择。希望我们共同努力，把新学院规划好、发展好、建设好，更好地服务国家战略。

谢谢大家！

校长孙其信在2017年中国农业大学企业家校友联谊会理事会年会上的讲话

（2017年12月23日）

各位企业家校友：

大家下午好！

到今天，我重回母校工作刚好五个月零十天，能够参加本次企业家校友联谊会召开的理事会年会，我深感荣幸。

年会准备阶段，我告诉校友会的同志，我一定要参加年会：第一，能跟校友们有更多近距离接触的机会；第二，把学校发展的情况向校友们作一个简要的汇报；第三，把学校今后发展的一些想法和思路同校友们交流一下，同时也想听取校友们对学校工作的意见和建议。今天来参会的校友从广州、香港、贵州等全国各地专程赶来，会长邵根伙更是在外地出差专程赶回来，我非常感动。

在校友会里面成立企业家校友联谊会，这是一种创新。这也是我们国家事业发展进入新时代，校友会工作进行改革创新的一种积极探索，值得肯定。

看到在座的许多校友年纪轻轻便事业有成，我感到更加激动。前一段时间，我在学校土地科学与技术学院成立大会上讲："一所大学最自豪的事情，就是有一大批奋斗在各条战线上为自己的事业、为学校的发展、为社会的进步做出重要贡献的杰出校友"。据统计，在世界各类社会组织中，企业的寿命是100年，宗教的寿命是2000年，而大学和学术机构却从未终止过。因为大学作为一种特殊的社会组织，与人类社会的发展和文明的进步是息息相关的。

我们为什么要办大学？党中央、教育部都强调"大学要回归本位"，那么大学的根本目标又是什么呢？我们思来想去，答案应该是培养人才，一批批优秀校友就是我们学校培养高质量和高水平人才的重要体现。

我在西农工作的六年半时间里，每年不管多忙我都一定要出席校友联谊会的相关活动。看到校友们在各条战线、各项事业中取得的突出成绩，校友们对母校那种不管离开的多久、离的多远都密不可分的深厚的感情，让我体会到作为一位大学校长的美好感觉。今年7月17日，我从西北农林科技大学调任回到母校，为什么说回到母校？因为在这之前，我也是长时间在学校学习工作的。1982年我从甘肃农业大学本科毕业后，到当时的北京农业大学攻读研究生，1987年毕业后就留校任职工作到2011年1月。在今年的校庆活动中，以邵根伙博士为代表的一批校友回到母校，大家一起畅谈学校的发展、校友企业的成就，深入探讨校企之间升级合作，充分体现了广大校友对母校的深厚感情。

我们中国农业大学已有112年的历史，回顾这百余年的办学历史，学校最大的标志性成就之一就是培养了几十万优秀的校友，这就是大学能够长期存在、持续发展的根本原因和根本动力。

新中国成立以来，各个时期中国农业农村的发展都能看到农大人的身影，我们为国家经济社会发展做出了与历史地位相称的突出贡献，我们有理由、有自信为这样的成就感到骄傲和自豪。特别是改革开放以来，我们一齐见证了中国农业的发展，见证了学校的进步，见证了校友企业的壮大，更见证了校友企业为推动社会进步做出的巨大贡献。

下面我把学校过去一年的工作向大家简要汇报。2017 年学校实现了新发展、取得了新成就，特别是接受了中央专项巡视，为我们办好中国农业大学做了一次全面的政治体检，也为我们更好地坚持社会主义的办学方向、坚持立德树人根本任务、坚持学校深化改革指出了问题、指明了方向。

今年学校工作主要取得了以下几方面成绩：

一是张福锁教授当选中国工程院院士。截至目前，中国农业大学已有 5 位中国科学院院士，8 位中国工程院院士。在院士级别的高层次人才的数量上，我们不仅在国内农林高校中遥遥领先，在包括“双一流”大学在内的全国高校中也位居前列。这是学校人才队伍实力不断增强的突出体现，更是以张福锁教授为代表的一大批科学家们几十年如一日艰苦奋斗的必然结果。

二是本科招生、人才培养迈上新台阶。今年学校理科学生录取分数线平均比各省一本线高出 110 分以上，这是我们作为一所农业高校坚持不懈努力取得的来之不易的显著成果。学校的整体生源质量还有进一步提升的空间和潜力，这也充分说明了学校的发展迈上了更高的台阶、吸引了更高质量的生源。这同时意味着我们需要更大的责任和更主动的担当，来更好地完成人才培养这一核心任务。

三是一流专业建设取得新进展。党的十九大提出要办好人民满意的教育，高等教育要培养一流人才，要求我们必须要有一流的专业。过去一年，我们的农学专业首次通过国家认证，同时我们还牵头制定了中国农科大学农学类专业的认证标准，促进人才培养更加标准化、质量化、品牌化，今年我们将陆续推进几个本科专业的认证工作。

四是学生就业提升新层次。今年学校毕业生的就业提升了新的层次，1/3 以上毕业生选择继续深造，这一指标一直稳定在全国高校前列，我们也应当看到这一高水平大学发展的普遍趋势；有一部分学生在国外高水平大学本科毕业以后选择来到我们学校攻读研究生，这也充分反映出我们的人才培养工作，在国际范围获得了高度认可。让我更加高兴和欣慰的是十余位毕业生选择到西部基层就业，现在这一代孩子大多是独生子女，甚至有来自内地的学生毕业后选择到西部基层就业。这就是我们坚持立德树人办学要求的丰硕成果，校友们也应该为你们的师弟、师妹们心系国家、不畏艰难的精神点赞。

五是科技创新实现新突破。无论从理论创新、技术突破，还是攻关项目、平台建设，以及论文质量、经费数量等方面，学校的科技创新工作都实现了新突破，在此我不展开汇报。

六是社会服务取得新实效。一是助力山西大同市灵丘县深度贫困地区精准脱贫，今年 6 月习近平总书记在山西考察工作时提出要把深度贫困地区脱贫作为未来脱贫攻坚的重中之重，我们学校的团队连续 7 年扎根灵丘、持续攻关，充分发挥科技和技术优势，以有机旱作农业为抓手助力全面精准脱贫。二是实现云南省勐腊县河边村精准脱贫，人发学院李小云教授团队通过政府指导、社会资源支持，发展了具有当地少数民族特色的脱贫产业体系和模式，彻底改变了一个贫困村的面貌。近期我们将在河边村召开乡村振兴与精准脱贫论坛，以此作为贯彻落实党的十九大精神的具体行动，力争树立乡村振兴和精准脱贫有效结合的示范和标杆。三是在吉林梨树开展黑土地保卫战，东北黑土地的土壤侵蚀、过度开发已经成为东北地区农业发展的重大隐患，资环学院的教授专家团队坚守八年，建设了一套以免耕覆盖及系列配套技术为核心的黑土地保护和可持续利用方案，形成了整个东北三省和内蒙古东部地区黑土地保护利用的技术网络，对东北地区农业发展乃至整个国家农业现代化发展具有极为重要的意义。

七是国际化发展开创新局面。为了深入贯彻党的十九大精神和习近平新时代中国特色社会主义思想，学校发起成立了中国南南农业合作学院和"一带一路"农业合作学院。2016 年习近平总书记在联合国大会期间就南南合作发表了重要讲话，他强调大国就要有大国的样子，在推动"一带一路"和南南合作工作中，中国政府履行了作为一个大国的责任和担当。总书记在十九大报告中提出构建人类命运共同体、加强"一带一路"建设，这些重大发展战略都蕴含着巨大的农业合作潜力。新成立的中国南南农业合作学院和"一带一路"农业合作学院将致力于为"一带一路"沿线国家进行投资的企业提供法律、政策、技术等方面的服务，并积极搭建与当地政府沟通的桥梁。2018 年，我们还准备发起成立中国"一带一路"农业科技教育创新联盟，实现海上丝绸之路和陆地丝绸经济带全覆盖，带领国内的科研机构和企业更多参与到"一带一路"建设中来，寻找新的发展机遇。

2017 年学生创新创业、教师队伍建设、基本建设保障以及其他方面的工作都在稳步推进，在此我不一一汇报。

校友们，党的十九大提出了中国特色社会主义进入了新时代的重要论断，做出了中国特色社会主义现代化建设"两步走"的战略部署，新征程、新使命，对高等教育提出了新要求、新目标、新任务。

今年，学校入选"双一流"建设大学名单，这既是极为难得的发展机遇，更是十分重大的挑战。学校经过 112 年的发展，也必须站在新的历史方位和发展起点上，谋划学校未来的发展战略、发展目标和发展路径。邓小平同志在 20 世纪 80 年代初期提出社会主义现代化建设三步走战略，中国特色社会主义建设进入新时代，这一任务要提前 15 年完成，这就意味着作为支撑经济社会发展重要基础的高等教育的发展也必须提速。

2012 年，习近平总书记来校视察时提出中国特色、农业特色世界一流大学的建设目标，中国特色社会主义建设进入新时代，中国特色、农业特色的世界一流大学到底应该是一所怎样的大学？我们发展的战略安排是什么？发展的路径应该怎么走？都需要我们给出明确的答案。

首先，必须牢固坚持中国特色。中国的社会主义建设走出了一条具有中国特色的发展道路，一条独特的科学社会主义发展道路。习近平新时代中国特色社会主义思想是科学社会主义一次新的飞跃。建设一流大学，为什么要坚持中国特色？这是由中国独特的发展道路、发展基础、发展目标决定的，一流大学要牢牢坚持为人民服务、为中国共产党治国理政服务、为巩固和发展中国特色社会主义制度服务、为改革开放和社会主义现代化建设服务，这就是中国特色最鲜明的体现。

其次，必须坚持农业特色。中国农业大学从 1905 年起源至今，始终坚持沿着农业特色道路发展前进，所以未来我们"双一流"建设、中国特色、农业特色世界一流大学建设必然要坚持农业特色不动摇。

在中国特色社会主义建设新时代，农业的内涵已经发生了重大转变。

第一，农业产业结构快速变革。新型农业产业快速发展，我们说坚持农业特色一定是要坚持符合现代农业发展规律和特点的农业特色。比如，农产品加工业的产值已经远远超过了农业第一产业的产值。农产品加工业、物流、保鲜，农业生产投入的化肥、农药、种子等都是具有更大发展潜力的现代化农业。

第二，农业事关人类营养健康。未来的农业发展将进入到以食品安全、人类营养健康为主要方向的发展阶段，服务国家健康中国战略、确保把中国人的饭碗牢牢地端在自己手中，都是未来办好农业特色大学的重大使命。

第三，农业与生态环境紧密联系。农业发展离不开环境，同时农业本身对环境产生巨大影响，水污染、土壤污染、大气污染等等都是当前重大研究课题。去年两会期间，有位院士给李克强总理写了一份报告指出农业的化肥投入会影响到大气污染物 PM2.5。为此我专门请教了张福锁院士，确实会直接或间接产生影响。所以大气污染、水污染和土壤污染等影响生态环境方面的课题，也必然成为现代农业大学的重要研究和攻关方向。

第四，农业与现代制造业。当前人工智能发展得如火如荼，未来将会广泛应用到各个领域，现在已经有农业机器人在农业生产中发挥重要作用，人工智能、先进制造业的迅猛发展也必将为我们提供更加广阔的空间。

此外，生命科学和生物医学也必将成为未来支撑健康中国战略的重大课题和研究方向。我们学校承担了国家发改委“模式动物表型与遗传研究国家重大科技基础设施”项目，这也是用事实证明中国农业大学有能力、有实力并且已经以扎实的行动开展生物医学领域的重大研究和攻关。因此，建设中国特色、农业特色世界一流大学，前景广阔、道路漫长。

经过多年的努力，学校在国际范围内已经获得了广泛认可，回母校工作以后，我接待了一些来访的国外学者，他们十分重视与我们学校的合作，从这个意义上来说，我们已经具备了建设世界一流大学的良好基础。从世界涉农大学排名来看，康奈尔大学和 UC Davis 处于世界顶尖水平，格罗宁根大学排名 50 位左右，瓦赫宁根大学排名 80 位左右，而我们学校还只能排在世界 400～500 位。党的十九大做出了中国特色社会主义现代化建设“两步走”战略部署，要求加快一流大学和一流科学建设，实现高等教育内涵式发展。在这样的新形势、新要求下，我们必须要深入贯彻落实党的十九大精神，紧跟国家的战略步伐，正视差距、找准目标，通过高质量的“双一流”建设，力争到 2035 年进入世界前 200 位，到 2050 年进入世界前 100 位，这是我们必须要全力奋斗争取实现的目标。

要实现这样的重大变革、宏伟目标，我们面临着巨大挑战。在一个月前的学校第四届教代会上，经学校党委批准，我在报告中提出学校将通过实施“5＋1”工程，推动改革发展。在这里，我简要向大家汇报：

“1”是要坚持党对学校工作的全面领导，这是我们坚持中国特色办好世界一流大学根本保证。

“5”个工程，一是思想解放工程。学校的广大干部、教职员工必须要站在新时代、新起点、新方位、坚持解放思想、深化改革，重新审视我们实现中国特色、农业特色世界一流大学建设目标的路径、方略、目标和方向。在推进这样一项艰巨而又光荣的任务中，学校内部治理体系、治理能力、思想观念、工作作风等与我们所面临的国内、国际压力和挑战的矛盾十分突出，所以我们需要首先要打赢解放思想的艰苦战役。

二是“双一流”工程。学校要通过高质量推进“双一流”建设，焕发新面貌、实现新目标、取得新成效。学校正在谋划高水平、高质量的“双一流”实施方案。通过解放思想、统筹谋划，坚持以战略思维全盘考虑、设计学校“双一流”建设的实施路线图。

三是发展保障工程。学校有 9 个学科入选“双一流”建设名单，但是空间资源、科研环境，青年教师的生活压力、住房保障极为有限，学校的办学空间和办学资源与实现更高质量发展的矛盾越发凸显，要实现新发展，就必须在办学空间和资源保障上寻找新突破。学校将通过发展保障工程，全力争取各方支持，破解学校当前面临的发展难题。

四是治理工程。现代大学治理，需要调动多方面积极性，学校将通过内部治理工程的系统推进，深化校院两级管理体制改革，全力调动学院积极性和创造力，改善当前学院活力不足的现状。力争通过治理工程，有效激发校院两级办学活力和发展潜力，推动学校加快实现从“火车头”向“动车组”发展模式的彻底转变。

五是人才强校工程。一流的大学要有一流的学生和一流的科研成果，一流的学生靠一流的人才培养，一流的成果靠一流的人才创造。目前，我们学校 35 岁青年教师所占比例在“双一流”大学中排位靠后，教师队伍的平均年龄和发展潜力的差距已逐渐被兄弟院校拉开。推动“双一流”建设，也必须依靠一大批优秀的人才才能实现。经过学校党委研究决定，学校将以实施“315 人才计划”为抓手，坚决实施人才强校战略。下周学校将举办首届大禹青年学者论坛，为“315 人才计划”打响第一炮，为人才强校工程开好头。

最后真诚祝愿企业家校友联谊会越办越好，也希望大家继续关心支持母校发展，对学校工作提出宝贵意见，我们将一如既往地做好校友服务工作！

谢谢大家！

校长孙其信在 2018 中国农业发展新年论坛暨中国农业企业领袖论坛上的讲话

（2017 年 12 月 28 日）

尊敬的陈主任、张司长、叶部长、樊主任，各位尊敬的来宾、各位教授、各位企业界的朋友、各位媒体的朋友们：

大家上午好！

由国家农业农村发展研究院、中国农业大学企业家联谊会和中国农业大学 MBA 教育中心联合举办的 2018 中国农业发展新年论坛暨中国农业企业领袖论坛，今天在中国农业大学隆重召开。首先请允许我代表学校向多年来支持学校发展的各位领导表示衷心的感谢，向论坛的召开表示热烈的祝贺。

我在西北农林科技大学的时候就非常关注这个论坛，现在已经成为对我国农业农村发展具有重要意义的品牌性的、标志性的论坛。我注意到过去几年的论坛热度非常高，讨论的问题、把握的重点也是当下农业农村工作的重大问题。特别是以陈主任为代表的一批著名的学者参与，让论坛又具有特殊的意义。今天我也非常荣幸作为中国农业大学校长出席本次活动并致辞。

当前，全党、全国上下正处在认真学习、宣传、贯彻党的十九大精神的热潮之中，中央经济工作会议也刚在北京召开。在这样一个特殊的时期，举办跨年度的农业发展新年论坛，有着极其特殊的意义。论坛主题“乡村振兴机遇与挑战”紧紧抓住十九大报告中提出的七大战略之一的“乡村振兴战略”，这是我们学习贯彻党的十九大精神，学习领会习近平新时代中国特色社会主义思想又一次非常难得的机会。今天出席论坛的都是农业农村工作领域的专家，大家对乡村振兴战略有着非常深刻的认识，特别是稍后陈主任会为我们全面解读乡村振兴战略。我想结合自己对党的十九大精神的学习，以及最近在中央党校为期一周的培训，简要谈几点体会。

党的十九大报告和中央经济工作会议都明确指出：中国的经济发展已由高速增长阶段进入高质量发展阶段。我认为实施乡村振兴战略是党和国家对未来“三农”工作的一个总体部署，必须要高质量地实施。

第一，高质量地实施乡村振兴战略，要按照产业兴旺、生态宜居、乡风文明、治理有效和生活富裕的总体要求系统推进。十九大报告将这五句话作为实施乡村振兴战略的总体要求，可以理解为“五位一体”总体布局在农业农村工作中的具体部署。产业振兴体现经济建设，生态宜居体现生态文明建设，乡风文明体现文化建设，治理有效体现政治建设，生活富裕体现社会建设。只有紧紧把握住总体要求，统筹谋划、系统推进，才能保障乡村振兴战略的高质量实施。

第二，高质量地实施乡村振兴战略，要在确保国家粮食安全的前提下整体推进。习近平总书记多次强调，要确保国家粮食安全，把中国人的饭碗牢牢地端在自己手中。所以要全面、高质量推进乡村振兴，绝不能放松粮食安全的保障，必须更加高度重视国家层面的粮食安全。

第三，高质量地实施乡村振兴战略，要实现农村贫困区域脱贫，坚决打赢脱贫攻坚战。目前，全国还有三千多万的农村贫困人口，这意味着到2020年决胜全面建成小康社会，乡村振兴战略的一个重要目标就是实现农村的全面脱贫。而且要在此基础上，实现农民小康，这将是一项非常艰巨的任务。

第四，高质量地实施乡村振兴战略，要坚持贯彻新的发展理念，特别是创新发展理念。我体会，在乡村振兴战略这项艰巨的任务中，作为农业高校，我们要优先发展农业教育和农业科技创新，只有高质量的农业教育，高质量的农业科技创新，才能够支撑高质量地实施乡村振兴战略。

第五，高质量地实施乡村振兴战略，要进一步完善农业农村的相关制度建设。党的十九大报告和中央经济工作会议，对完善农业农村的相关制度建设都做出了全面部署。农业农村制度的建设和完善，是确保如期完成脱贫攻坚，有力推动乡村振兴战略实施的重大工程。

以上是我对习近平新时代中国特色社会主义思想和党的十九大精神学习的初步体会，不当之处请大家批评指正。

最后，祝贺论坛取得圆满成功，祝愿大家在即将到来的2018年心想事成，万事如意！

谢谢大家！

机构与干部

校级领导干部

党委书记	姜沛民
校长	柯炳生(2017 年 7 月免)　孙其信(2017 年 7 月任)
党委副书记	张东军　秦世成　钱学军　宁秋娅
副校长	张东军(兼)　张建华　王　涛　李召虎　龚元石　辛　贤
纪委书记	秦世成(兼)

校机关各部门、工会、团委负责人

党政办公室	主任	李培景
党委组织部(党校)	部长	洪海燕
党委宣传部(新闻中心)	部长(主任)	陈明海
党委教师工作部	部长	陈明海
党委统战部	部长	赵竹村
纪委办公室(监察处)	主任(处长)	高立国
党委学生工作部(学生处、武装部)	部(处)长	王　勇
党委保卫部(保卫处)	部(处)长	毕忠臣(2017.08.08 免)
发展规划处	处长	刘竹青
教务处	处长	林万龙
研究生院	院长	辛　贤
	常务副院长	李健强

党委研究生工作部	部长	李健强(2017.01.10 免)
		郭　鑫(2017.01.10 任)
科学技术发展研究院	院长	李召虎
	常务副院长	段留生
新农村发展研究院	院长	李召虎
	常务副院长	吴海芹(2017.07.29 免)
		胡金有(2017.07.29 任)
人事处(人才交流中心)	处长	孟超英
财务处(会计核算中心)	处长	刘　罡
后勤基建处	处长	马国玉
后勤基建党委	书记	杜学振
国际合作与交流处(港澳台办公室)	处长	冯伟哲
审计处	处长	张树彦
离退休工作处	处长	葛树林
离退休党委	书记	葛树林
团委	书记	张　银
国有资产管理处	处长	果雅静
校办产业办公室	主任	李　洋
校办产业党委	书记	高恩复
工会	主席	张东军
	常务副主席	张海涛
机关党委	书记	张东军
		杨　志

各学院负责人

农学院	党委书记	曲瑛德
	院长	金危危
园艺学院	党委书记	初春霖
	院长	韩振海
植物保护学院	党委书记	李海滨
	院长	彭友良
生物学院	党委书记	史长丽
	院长	巩志忠
资源与环境学院	党委书记	潘志华
	院长	吴文良
动物科学技术学院	党委书记	周旭峰
	院长	呙于明

动物医学院	党委书记	李青山
	院长	沈建忠
食品科学与营养工程学院	党委书记	张普光
	院长	胡小松
工学院	党委书记	杨宝玲(2017.01.03 免)
		宋正河(2017.01.03 任)
	院长	韩鲁佳
信息与电气工程学院	党委书记	刘尚民
	院长	高万林
水利与土木工程学院	党委书记	沈立峰
	院长	严海军
理学院	党委书记	岳　敏(2017.12.19 免)
	院长	周志强
经济管理学院	党委书记	张瑞海
	院长	郭　沛
人文与发展学院	党委书记	景　发
	院长	叶敬忠
马克思主义学院	党总支书记	卢兆彤
	院长	林万龙(2017.07.29 免)
		钱学军(2017.07.29 任)
国际学院	党委书记	隋　熠
	院长	黄冠华
体育与艺术教学部	直属党支部书记	杜学振
	主任	束景丹

教辅单位负责人

继续教育学院	直属党支部书记	吴加志(2017.07.29 免)
		吴海芹(2017.07.29 任)
	院长	吴加志(2017.07.29 免)
		吴海芹(2017.07.29 任)
校医院	院长	彭加和(返聘)
图书馆	馆长	何秀荣
	党总支书记	刘清水(2017.02.21 免)
		孙德昊(2017.02.21 任)
曲周实验站	站长	江荣风
上庄实验站	站长	苏　洲(2017.02.21 免)
		杜金昆(2017.02.21 任)

涿州农场	党委书记	苏　洲
	场长	肖　杰
中国农业大学教育基金会	秘书长	周旭峰
中国农业大学体育馆管理中心	主任	杜学振
烟台研究院	院长	傅泽田
北京建设大学	校长	张建华
	常务副校长	胡金有(2017.07.29免)
		吴加志(2017.07.29任)
档案与校史馆	馆长	何秀荣(2017.06.06任)

2017年新增和调整各类委员会、领导小组(非常设机构)及成员名单

中国农业大学思想政治理论课建设领导小组(中农大党发〔2017〕9号)

组　长　姜沛民　柯炳生

副组长　秦世成　王　涛　宁秋娅

成　员　林万龙　陈明海　刘竹青　李健强　孟超英　段留生　刘　罡　王　勇　郭　鑫　张　银

领导小组下设办公室，主任由林万龙担任。

中国农业大学党务公开工作领导小组(中农大党发〔2017〕10号)

组　长　姜沛民

副组长　张东军　秦世成

领导小组下设办公室，挂靠党政办公室，李培景任办公室主任，洪海燕、陈明海、高立国任办公室副主任。

撤销学校党务、校务公开工作领导小组。

中国农业大学统战工作领导小组(港澳台侨工作领导小组)(中农大党发〔2017〕27号)

组　长　张东军

成　员　党政办公室、党委组织部、党委宣传部、党委统战部、党委学生工作部、党委研究生工作部、党委保卫部(保卫处)、发展规划处、教务处、科学技术发展研究院、人事处、后勤基建处、国际合作与交流处(港澳台办公室)、离退休工作处、校团委、校办产业办公室、教育基金会、校友工作办公室等单位负责人

领导小组下设办公室，挂靠党委统战部。

中国农业大学党风廉政建设领导小组(中农大党发〔2017〕62号)

组　长　姜沛民　孙其信

副组长　秦世成

成　员　张东军　张建华　王　涛　李召虎　龚元石　钱学军　宁秋娅　辛　贤　李培景

领导小组下设工作办公室,挂靠在纪委办公室(监察处),高立国任办公室主任。

中共中国农业大学保密委员会(中农大党发〔2017〕68号)

主任委员　姜沛民　孙其信

副主任委员　秦世成

委　　员　党政办公室、党委组织部、党委宣传部、纪委办公室(监察处)、党委保卫部(保卫处)、研究生院、教务处、人事处、科学技术发展研究院、国际合作与交流处、档案与校史馆等单位主要负责人

委员会下设办公室,挂靠在党政办公室,主任由党政办公室主任兼任,副主任由党政办公室分管保密工作副主任兼任。

中国农业大学学生申诉处理委员会(中农大监字〔2017〕1号)

主　　任　秦世成

常任委员　分管纪检监察工作的校领导、校团委负责人、纪委办公室(监察处)负责人

临时委员　各学院分管学生工作的负责人、教师代表、学生代表

申诉处理委员会秘书处设在纪委办公室(监察处)。

中国农业大学"双一流"建设领导小组(中农大规划字〔2017〕7号)

组　长　姜沛民　孙其信

成　员　张东军　秦世成　张建华　王　涛　李召虎　龚元石　钱学军　宁秋娅　辛　贤

领导小组下设办公室,挂靠发展规划处,办公室主任由李召虎副校长担任,成员由党政办公室、党委组织部、党委宣传部、党委学生工作部、发展规划处、教务处、研究生院、科学技术发展研究院、人事处、财务处、国际合作与交流处、国有资产管理处等职能部门主要负责人组成。

中国农业大学"双一流"建设工作组(中农大规划字〔2017〕7号)

组　长　孙其信

成　员　张建华　王　涛　李召虎　龚元石　辛　贤

工作组下设办公室,挂靠发展规划处,办公室主任由李召虎副校长担任,成员由党政办公室、党委组织部、党委宣传部、党委学生工作部、发展规划处、教务处、研究生院、科学技术发展研究院、人事处、财务处、国际合作与交流处、国有资产管理处等职能部门主要负责人组成。

中国农业大学研究生招生工作领导小组(中农大研生字〔2017〕7号)

组　长　孙其信

副组长　辛　贤

成　员　纪委办公室(监察处)、研究生院、党委研究生工作部等单位主要负责人

秘　书　研究生院招生办公室主任

领导小组下设研究生招生工作组，组长由研究生院主管副院长兼任，副组长由纪委副书记、研究生招生办公室主任兼任，成员包括各招生学院(单位)主管院长。

中国农业大学第五届学位评定委员会(中农大研生字〔2017〕9号)

主　席　孙其信

副主席　辛　贤　李健强

委　员　王　涛　李召虎　龚元石　徐明良　韩振海　孙文献　李保国　呙于明　沈建忠　郭　沛　何　群　胡小松　周志强　毛恩荣　严海军　高万林　叶敬忠　张　晖　林万龙　刘竹青　郭　鑫

学位评定委员会下设学位办公室，挂靠研究生院。

中国农业大学学位授权点合格评估工作领导小组(中农大研生字〔2017〕10号)

组　长　辛　贤

副组长　李健强

成　员　研究生院、发展规划处、人事处、科学技术发展研究院、就业创业指导中心、国际交流与合作处、财务处、国有资产管理处等相关部门负责人

领导小组下设办公室，挂靠研究生院。

中国农业大学哲学社会科学等重点教材选用工作领导小组(中农大教字〔2017〕13号)

组　　长　**姜沛民　孙其信**

副 组 长　王　涛　钱学军　辛　贤

成员单位　教务处、研究生院、党委宣传部、马克思主义学院、人文与发展学院、经济管理学院、资源与环境学院、国际学院

领导小组下设办公室，挂靠教务处，成员由教务处、研究生院、党委宣传部负责人组成。

中国农业大学普通本科招生委员会(中农大教字〔2017〕16号)

主　任　孙其信　姜沛民

副主任　王　涛　宁秋娅

成　员　教务处处长、党委学生工作部(处)部(处)长、纪委办公室(监察处)主任(处长)、本科招生办公室主任、教代会教学科研工作委员会主任、校学生会主席、校友代表

中国农业大学本科招生工作组(中农大教字〔2017〕16号)

组　长　王　涛　宁秋娅

成　员　教务处处长、纪委办公室(监察处)主任(处长)、本科招生办公室主任

中国农业大学教师发展中心(中农大人字〔2017〕7号)

主　任　人事处处长

副主任　教务处、研究生院、科学技术发展研究院、党委宣传部、工会等部门主要负责人

中心挂靠人事处。

中国农业大学生物质工程中心(中农大人字〔2017〕15号)

主　　　任　李国学

常务副主任　朱万斌

副　主　任　崔宗均　胡　林

中心挂靠资源与环境学院。

中国农业大学食品安全政策与战略研究中心(中农大人字〔2017〕16号)

中心挂靠经济管理学院。

中国农业大学养老保险改革工作领导小组(中农大人字〔2017〕36号)

组　长　姜沛民　孙其信

副组长　辛　贤

成　员　党政办公室、人事处、财务处等单位主要负责人

领导小组下设办公室,办公室主任由人事处处长兼任。

中国农业大学国家农业市场研究中心(中农大人字〔2017〕44号)

主　任　韩一军

中心挂靠经济管理学院。

中国农业大学特殊食品研究中心(中农大人字〔2017〕45号)

主　任　罗云波

副主任　车会莲　黄昆仑

中心挂靠食品科学与营养工程学院。

中国农业大学国际奶业战略和技术研究中心(中农大人字〔2017〕47号)

主　任　李胜利

中心挂靠动物科学技术学院。

中国农业大学"一带一路"农业合作学院(中农大人字〔2017〕54号)

院　长　李小云

中国农业大学中国南南农业合作学院(中农大人字〔2017〕54号)

院　长　李小云

中国农业大学管理人员招聘评审委员会及职员评议组(中农大人字〔2017〕56号)

主　任　辛　贤　张东军

成　员　秦世成　张建华　钱学军　宁秋娅　李培景　洪海燕　高立国　王　勇　刘竹青　李健强　林万龙　段留生　孟超英　刘　罡

《中国农业大学学报》第五届编辑委员会(中农大研字〔2017〕3号)

主任委员　康绍忠

副主任委员　李召虎　李保国　金危危　彭友良　韩振海　巩志忠　吴文良　沈建忠　呙于明　韩鲁佳　胡小松　严海军　周志强　高万林　郭　沛　叶敬忠　林万龙　黄冠华

委　　员　陈　阜　段留生　傅泽田　高俊平　龚元石　郭泽建　何　群　何秀荣　江荣风　江正强　姜微波　柯炳生　雷廷武　李保明　李德发　李洪文　李健强　李民赞　李平兰　李　伟　李小云　李自超　林德贵　刘庆昌　刘竹青　卢凤君　罗永康　马会勤　毛恩荣　潘学标　秦太验　任图生　孙其信　索　勋　覃兆海　田见晖　田维明　王德成　王福军　王　涛　王志敏　吴常信　武维华　夏国良　辛　贤　杨汉春　张东兴　张凤荣　张福锁　张　晖　张　漫　张英俊　赵要风

学报主编　李保国

副 主 编　袁文业

中国农业大学农业投资项目绩效评价领导小组(中农大研字〔2017〕5号)

组　长　李召虎

成　员　段留生　马国玉　果雅静　刘　罡　倪中福　张英俊　江正强　杜松怀　张东兴

领导小组下设办公室,挂靠科学技术发展研究院。

国家饲料工程技术研究中心(中农大研字〔2017〕9号)

主　任　谯仕彦

《中国农业大学学报(社会科学版)》第一届编辑委员会(中农大研字〔2017〕23号)

主任委员　钱学军

副主任委员 李召虎 辛 贤 叶敬忠 郭 沛
委 员 陈明海 段留生 冯开文 李 明 李小云 林万龙 刘 巍 齐爱兰 任大鹏 司 伟 孙庆忠 王瑞梅 武 晋 张 晖 张晓红 张正河 赵竹村
学报主编 叶敬忠
执行主编 孙庆忠
执行副主编 常 英

中国农业大学农业转基因生物安全领导小组(中农大研字〔2017〕27号)

组 长 孙其信
副组长 李召虎
成 员 张建华 龚元石

发展规划处、科学技术发展研究院等单位主要负责人，生物学院、资源与环境学院、动物科学技术学院、动物医学院、食品科学与营养工程学院等学院院长

中国农业大学农业转基因生物安全委员会(中农大研字〔2017〕27号)

主 任 李召虎
副主任 戴景瑞 武维华
成 员 华金平 孙传清 安晓荣 杨汉春 连正兴 罗云波 赵要风 黄昆仑 赖锦盛

研究生院、党委保卫部(保卫处)等单位主要负责人，动物科学技术学院、动物医学院、植物保护学院、园艺学院等学院院长

委员会下设办公室，挂靠科学技术发展研究院，办公室主任由科学技术发展研究院主要负责人兼任。

中国农业大学学院筹资奖励审核小组(中农大财字〔2017〕14号)

由主管校领导和教育基金会、财务处、人事处、发展规划处等相关部门负责人组成。

中国农业大学财经工作领导小组(中农大财字〔2017〕23号)

组 长 孙其信
副组长 张建华
成 员 党政办公室、纪委办公室(监察处)、发展规划处、研究生院、教务处、科学技术发展研究院、人事处、财务处、后勤基建处、国际合作与交流处、审计处、教育基金会等单位主要负责人

领导小组下设办公室，挂靠财务处，财务处处长兼任办公室主任。

中国农业大学校园建设规划委员会(中农大后勤字〔2017〕4号)

主 任 孙其信

副主任 龚元石

成　员 张建华、王　涛、李召虎，党政办公室、党委宣传部、纪委办公室（监察处）、党委学生工作部（学生处）、发展规划处、研究生院、教务处、财务处、国有资产管理处、后勤基建处、国际合作与交流处（港澳台办公室）、离退休工作处、工会等单位主要负责人及有关专家3～5名。

委员会下设办公室，挂靠后勤基建处，主任由后勤基建处处长兼任。

中国农业大学学生宿舍管理委员会（中农大后勤字〔2017〕5号）

主　任 龚元石

成　员 党委学生工作部、后勤基建处、党委保卫部（保卫处）、财务处等单位主要负责人及学院领导代表、学生代表等

中国农业大学防火安全委员会（中农大保字〔2017〕5号）

主　任 孙其信

副主任 宁秋娅

委　员 党委保卫部（保卫处）、党政办公室、科学技术发展研究院、国有资产管理处、财务处、后勤基建处、研究生院、党委学生工作部、团委、纪委办公室（监察处）、农学院、园艺学院、植物保护学院、生物学院、资源与环境学院、动物科学技术学院、动物医学院、食品科学与营养工程学院、工学院、信息与电气工程学院、理学院等单位主要负责人

委员会下设办公室，挂靠党委保卫部（保卫处），主任由党委保卫部（保卫处）部（处）长兼任，副主任由党委保卫部（保卫处）主管副部（处）长兼任。

中国农业大学技术转移中心（中农大校产字〔2017〕1号）

主　任 李　洋

副主任 吴海芹

技术转移中心挂靠在校办产业办公室，具体工作由校办产业办公室牵头负责，科学技术发展研究院协助开展。

中国农业大学待注销企业清产核资工作小组（中农大校产字〔2017〕13号）

组　长 李　洋

成　员 韩保峰　张素梅　刘　梅　张亚中　相关企业人员

中国农业大学经营性资产管理委员会（中农大校产字〔2017〕32号）

组　长 孙其信

副组长 张建华　李召虎　龚元石

成　员 党政办公室、纪委办公室（监察处）、科学技术发展研究院、财务处、后勤基建处、国有资产管理处、审计处、校办产业办公室、资产经营公司主要负责人。

经营性资产管理委员会下设办公室（简称“经资委办公室”），挂靠校办产业办公室，主任由校办产业办公室主任兼任。

中国农业大学外事工作领导小组（中农大外字〔2017〕107 号）

组　长　孙其信

副组长　龚元石　李召虎　王　涛　辛　贤

成　员　党政办公室、党委组织部、党委保卫部（保卫处）、国际合作与交流处（港澳台办公室）、科学技术发展研究院、教务处、研究生院、人事处、发展规划处、财务处等单位主要负责人

领导小组下设办公室，挂靠在国际合作与交流处（港澳台办公室），主任由国际合作与交流处（港澳台办公室）处长兼任。

中国农业大学国家留学基金委员会资助出国留学项目领导小组（中农大外字〔2017〕110 号）

组　长　孙其信

副组长　龚元石　辛　贤　王　涛

成　员　国际合作与交流处（港澳台办公室）、研究生院、人事处、教务处等单位主要负责人

领导小组下设办公室，挂靠在国际合作与交流处（港澳台办公室），主任由国际合作与交流处（港澳台办公室）处长兼任。

中国农业大学建设工程投资评审小组（中农大审字〔2017〕2 号）

组　长　孙其信

副组长　张建华　龚元石

成　员　后勤基建处、发展规划处、财务处、审计处等单位主要负责人

评审小组下设建设工程投资评审办公室，挂靠审计处，办公室主任由审计处负责人兼任。

中国农业大学经济责任审计工作领导小组（中农大审字〔2017〕7 号）

组　长　孙其信

副组长　张建华　张东军　秦世成

成　员　审计处、党委组织部、纪委办公室（监察处）、财务处、国有资产管理处、校办产业办公室等单位主要负责人

领导小组下设办公室，挂靠审计处，办公室主任由审计处处长兼任。

中国农业大学审计工作领导小组（中农大审字〔2017〕8 号）

组　长　孙其信

副组长　张建华　张东军　秦世成　李召虎　龚元石

成　员　党政办公室、党委组织部、纪委办公室（监察处）、研究生院、教务处、科学技术发展研究院、人事处、后勤基建处、国有资产管理处、财务处、审计处、校办产业办公室等单位主要负责人

领导小组下设办公室，挂靠审计处，办公室主任由审计处处长兼任。

中国农业大学关于撤销部分议事协调机构的决定（中农大校字〔2017〕20号）

撤销“中国农业大学学校信息工作领导小组”“中国农业大学‘985工程’领导小组、工作小组”“‘重要动物表型与遗传分析重大科技基础设施’建设项目领导小组、技术小组”等3个议事协调机构及其下设办公室。

人　物

年鉴

院　士

中国科学院院士

石元春　李季伦　吴常信　陈文新　武维华

中国工程院院士

石元春　汪懋华　戴景瑞　康绍忠　李德发　沈建忠　张福锁

“长江学者奖励计划”特聘教授

武维华　彭友良　李保国　李　宁　夏国良　张福锁　康绍忠　叶　德
巩志忠　韩鲁佳　李召虎　沈建忠　李洪文　孙传清　郭　岩　呙于明
黄冠华　王福军　刘金华　段留生　江正强　田见晖　杨淑华　张英俊
傅　缨　李道亮　杜太生

“长江学者奖励计划”讲座教授

朱健康　杨贞标　丁守伟　伍国耀　P S Schnable　张　毅　Joerg Kudla

2017 年引进人才

“千人计划”青年项目

孙连军

优秀人才

何志祝	刘天龙	杜　鹃	马西青	吴晓蒙	卢训莉	刘兴旺	侯　勇
王洪亮	刘明明	姚志轶	卢彩云	孟　赓	王　兴	王向锋	沈张奇
马　骏	张　焱	付学谦	刘武根	张　娜	张占营	谢　恩	刘　波
李　靖	董　娜	邱昌朋	赵　枭	熊绍平	李　威		

教授(研究员)名录

(按姓氏拼音为序)

农学院(47 人)

才宏伟	陈　阜	陈绍江	戴景瑞	董学会	段留生	贺　岩	胡跃高
华金平	解超杰	金危危	康定明	康玉凡	赖锦盛	李保云	李建民
李自超	李召虎	林中伟	刘庆昌	马永良	倪中福	彭惠茹	宋任涛
隋　鹏	孙传清	孙连军	孙其信	谭禄宾	田　丰	田晓莉	王保民
王建华	王　璞	王向峰	王志敏	谢光辉	徐明良	杨小红	姚颖垠
尤明山	曾昭海	翟　红	张海林	张明才	周顺利	朱作峰	

园艺学院(28 人)

陈青云	高俊平	高丽红	郭仰东	韩振海	洪　波	胡建芳	贾文锁
孔　瑾	冷　平	李天红	李天忠	李险峰	刘青林	马会勤	马　男
孟祥彬	任华中	沈火林	眭晓蕾	王红清	王　倩	王　忆	许雪峰
杨文才	张常青	张小兰	张新忠				

植物保护学院(37 人)

彩万志	曹永松	杜相革	范　军	范在丰	高希武	郭泽建	国立耘
韩成贵	简　恒	李健强	李正西	李志红	梁　沛	刘俊峰	刘奇志
刘西莉	刘小侠	刘星月	刘志龙	马占鸿	倪汉文	彭友良	沈　杰
石旺鹏	孙文献	王　琦	吴波明	吴学宏	杨　定	张国珍	张力群
张　龙	张忠军	赵章武	周立刚	周　欣			

生物学院(57 人)

陈其军	陈三凤	陈文新	陈益芳	陈忠周	崔　胜	董江丽	封文海
傅静雁	傅　缨	巩志忠	郭　岩	韩建永	韩玉珍	何　群	胡晓湘
黄银花	蒋才富	李大伟	李季伦	李继刚	李连芳	李　宁	李向东

李　岩　李颖章　李赞东　刘维全　楼慧强　毛同林　秦　峰　任东涛
宋　渊　苏　震　田长富　王　涛　王喜庆　王献兵　王　毅　文　莹
吴　森　武维华　夏国良　肖兴国　杨海莲　杨淑华　叶　德　于静娟
于舒洋　于政权　袁红莉　张　华　张　静　张美佳　张子丁　赵　倩
赵要风

资源与环境学院(60人)

陈范骏　陈　清　崔振岭　范明生　冯　固　冯利平　龚元石　郭景恒
郭　焱　韩文轩　胡克林　胡　林　胡树文　黄元仿　江荣风　巨晓棠
孔垂华　李保国　李国学　李花粉　李　季　李　隆　李品芳　李晓林
李子忠　林启美　林　杉　刘　刚　刘来华　刘　培　刘学军　吕贻忠
孟凡乔　米国华　潘学标　潘志华　任　理　任图生　任雪芹　商建英
邵小明　申建波　石元春　苏德纯　孙　英　王　钢　王国安　吴文良
许　艇　杨晓光　宇振荣　袁力行　张宝贵　张福锁　张俊伶　张立祯
张卫峰　邹春琴　左　强　左元梅

土地科学与技术学院(12人)

安萍莉　郝晋珉　孔祥斌　刘黎明　孙丹峰　王　数　杨建宇　张　超
张凤荣　张晓东　朱道林　朱德海

动物科学技术学院(47人)

曹兵海　邓学梅　董　娜　方美英　龚利敏　呙于明　赖长华　李德发
李胜利　连正兴　刘国世　刘继军　刘剑锋　罗海玲　马　曦　毛培胜
宁中华　朴香淑　谯仕彦　秦应和　曲鲁江　戎郁萍　孙东晓　田见晖
王楚端　王凤来　王军军　王　堃　王雅春　吴常信　武振龙　徐桂云
杨富裕　杨红建　杨　宁　尹靖东　玉　柱　袁建敏　曾申明　张　浩
张丽英　张日俊　张胜利　张英俊　张蕴薇　赵广永　赵兴波

动物医学院(37人)

陈耀星　丁双阳　郭　鑫　韩　博　韩　军　何　诚　江海洋　金艺鹏
林德贵　刘金华　刘　群　刘钟杰　潘保良　蒲　娟　乔　健　沈建忠
苏敬良　索　勋　唐　军　汪　洋　王九峰　王战辉　吴聪明　吴清民
吴文学　夏　春　夏兆飞　肖希龙　杨汉春　张大丙　张国中　张素霞
赵德明　郑世军　周文忠　周向梅　朱要宏

食品科学与营养工程学院(42人)

陈　芳	陈尚武	程永强	戴瑞彤	段长青	高彦祥	郭顺堂	韩北忠
韩东海	郝彦玲	侯彩云	胡小松	扈洪波	黄昆仑	黄卫东	籍保平
江正强	姜微波	冷小京	李　博	李景明	李平兰	李全宏	李再贵
梁建芬	廖小军	罗永康	罗云波	马长伟	毛学英	倪元颖	潘秋红
任发政	沈　群	王　军	王世平	吴继红	薛文通	殷丽君	战吉宬
赵广华	朱鸿亮						

信息与电气工程学院(37人)

安　东	陈一飞	杜尚丰	杜松怀	段青玲	高万林	黄　岚	吉海彦
李道亮	李　丽	李　林	李民赞	林建涵	刘　刚	梅树立	孟超英
穆维松	彭　波	孙瑞志	唐　巍	汪懋华	王建平	王鹏新	王忠义
温渤婴	许跃进	杨建华	叶海建	叶　林	翟庆志	张　莉	张领先
张　漫	张荣群	张彦娥	郑立华	郑丽敏			

工学院(44人)

陈兵旗	董仁杰	傅泽田	高振江	韩鲁佳	何　进	侯书林	江发潮
李　栋	李洪文	李问盈	刘守荣	毛恩荣	庞昌乐	彭彦昆	祁力钧
宋建农	宋正河	谭　彧	谭豫之	汤修映	王德成	王国业	王红英
王庆杰	王书茂	王顺喜	王晓燕	魏文军	辛　喆	徐春城	徐丽明
徐　杨	闫巧娟	杨　丽	杨敏丽	杨增玲	张　宾	张东兴	张绍英
张小栓	赵建柱	郑永军	周　强				

水利与土木工程学院(33人)

杜太生	傅向荣	郭　萍	贺冬仙	黄冠华	黄权中	黄兴法	霍再林
蒋秀根	剧锦三	康绍忠	雷廷武	李保明	李法虎	李光永	李云开
刘竹青	毛晓敏	施正香	宋卫堂	谭　倩	唐学林	唐泽军	滕光辉
王朝元	王凤新	王福军	王素芬	肖若富	严海军	杨培岭	张天柱
周凌九							

理学院(50人)

陈　静	陈奎孚	董燕红	杜凤沛	范永亮	傅　滨	高海翔	高　阳
郭红超	何雄奎	何志巍	侯士聪	侯玉霞	黄　峰	经　玲	李国辉

李学锋　凌　云　刘丰茂　刘尚钟　刘　霞　鲁润华　马永强　闵顺耕
潘灿平　祁　铮　秦太验　邱立红　覃兆海　王成菊　王　敏　王明安
王　鹏　王永岗　吴学民　肖玉梅　徐春晖　徐义田　杨丽明　杨新玲
杨正洪　张红艳　张建军　张葳葳　张振华　甄　苓　郑明奇　钟　萍
周志坚　周志强

经济管理学院(42 人)

安　毅　白军飞　陈前恒　陈永福　方向明　冯开文　付文革　郭　沛
韩　青　韩一军　何广文　何秀荣　侯云先　柯炳生　李秉龙　李　军
李　平　林万龙　卢凤君　陆　娟　吕建军　马　骥　米增渝　穆月英
乔　娟　任金政　司　伟　苏保忠　田志宏　王瑞梅　王秀清　武拉平
肖海峰　辛　贤　杨汭华　臧日宏　张莉琴　张正河　赵冬梅　赵　霞
郑志浩　朱俊峰

人文与发展学院(34 人)

陈海丹　付丽洁　高启杰　何慧丽　胡友珍　简小鹰　蒋爱群　靳乐山
李红艳　李焕征　李建华　李建军　李鲁平　李小云　梁永佳　刘晓昀
刘永功　陆继霞　罗　泮　马俊荣　齐顾波　任大鹏　孙庆忠　唐丽霞
汪力斌　王伊欢　吴惠芳　武　晋　熊春文　徐秀丽　叶敬忠　张克云
张　蓉　左　停

国际学院(3 人)

冯伟哲　许廷武　郅　红

马克思主义学院(5 人)

李　明　刘　巍　王冬梅　张　晖　张晓红

体育与艺术教学部(5 人)

邓毅明　黄亚茹　彭立刚　束景丹　王　怡

农 学 院

【学院概况】

农学院设置4个系:作物生态与农作学系、作物生理与栽培学系、植物遗传育种与种子科学系、作物基因组与生物信息学系。学院拥有9个研究中心:区域农业发展研究中心、作物生理与栽培研究中心、作物化控研究中心、生物质工程研究中心、玉米研究中心、小麦研究中心、水稻研究中心、特用作物研究中心、种子科学与技术研究中心。拥有1个实验教学中心:植物生产类实验教学中心。

(李珊 宋岳镇)

【学科专业建设】

学院依托作物学一级学科开设2个本科专业:农学专业和种子科学与工程专业;具有一级专业学科1个,一级学科博士点1个,博士学位授权点5个,硕士学位授权点5个和专业学位授权点2个;博士后流动站1个。

学院有国家重点学科2个、部级重点学科1个。拥有国家创新群体1个,教育部、农业部创新团队5个,国家玉米改良中心、作物杂种优势研究与利用教育部重点实验室等国家及省部级重点实验室或工程中心13个。

(王婷 倪中福)

【师资队伍】

学院共有教工114人,其中,专任教师100人,包括教授47人、副教授(含副研究员等副高职称)39人;博士生导师56人、硕士生导师70人;工程院院士1人,"长江学者奖励计划"特聘教授3人,国家杰出青年基金获得者10人,"973"首席科学家2人,国家优秀青年基金获得者 4 人，国家重点研发计划首席科学家 5 人，青年千人计划 4 人，国家级教学名师 1 人，“万人计划”教学名师 1 人，“万人计划”科技创新领军人才 3 人，北京市教学名师 2 人，教育部“新世纪优秀人才”10 人。

2017 年引进各类人才 6 人，退休 1 人，晋升正教授 2 人，副教授 2 人；博士后研究人员在站 24 人，进站 11 人、出站 9 人。

（李珊　宋岳镇）

【本科教育教学】

本科生在校 444 人，招生 112 人，毕业 96 人（其中出国深造 13 人，国内深造 51 人）。

9 月，在 2014 级具有特殊学术专长的本科生免试推荐研究生试点工作中，遴选确定 4 名免试推荐研究生。

9 月，李保云教授荣获第十三届北京市高等学校教学名师奖。

至 12 月，建设校级核心课程 17 门，其中专业核心课程 15 门，核心通识课程 2 门。11 月，出版教材《普通遗传学数字课程》（刘庆昌主编，高等教育出版社）。

11 月，完成现代农业实验班培养方案。

（吴敏　刘庆昌）

【研究生教育教学】

2017 年，学院研究生在校 641 人，其中，博士生 305 人、硕士生 336 人；招生 260 人，其中，博士生 76 人、硕士生 184 人；毕业研究生 206 人，其中博士生 70 人，授予博士学位 74 人，硕士生 136 人，授予硕士学位 160 人。

至 12 月，农学院完成学位授权点合格评估总结报告及简况表初稿的撰写工作；完成研究生学位授予和培养方案（初稿）修订工作。开展研究生培养学习年限调研工作，面向全院导师共回收 67 份问卷，完成调研统计分析报告，并组织召开学位评定委员会形成学制建议。

3 月，农学院启动全日制专业学位研究生改革专项，设置精准扶贫专项与吴桥 1＋3 专项，共招收 30 名专项研究生。改革专项创新研究生培养模式，致力于服务国家精准扶贫政策。其中，精准扶贫专项与山西省灵丘县、中国扶贫基金会和黑土麦田公益合作联合培养专项研究生，采用三段式培养模式。8 月，精准扶贫专项开展为期 15 天的专业培训，课程围绕扶贫政策、产业体系等，并进入项目地实地调研，形成了 40 余篇日志。9—12 月，学院开设 8 期精准扶贫系列讲座，邀请了校内外农业领域专家学者与专项学生交流。

（王美芹　曾昭海）

【科学研究】

2017 年，农学院到校科研经费 18 358 万元，在研项目 142 个，其中 973 计划 3 项，重点研发计划 21 项，国家科技重大专项 3 项，国家自然科学基金 70 项。

科研产出状况：2017 年共发表 140 篇论文，其中，SCI 发表 122 篇，EI 发表 17 篇，SS-

CI收录论文1篇；影响因子大于5的论文24篇，影响因子大于10的论文1篇。2017年学院成果转化共获得3项专利授权。

（王婷　倪中福）

【合作交流】

2017年，学院留学生在校生17人（其中博士12人，硕士5人），招生6人（其中博士2人，硕士4人），毕业3人（博士2人，硕士1人）。

农学院2017年度境外访问30余人次；邀请Robert McIntosh等来自美国、澳洲、欧洲的10余名外籍专家来校进行学术访问、合作研究等。

7月16—30日，中国种业菁英班首期6名学员代表与农学院选派的10名学生代表赴美国奥本大学，开展为期15天的访问交流活动。奥本大学农学院院长Paul Patterson教授、副院长Henry Fadamiro教授和Amy Wright教授等接待了访问团师生。

农学院教师积极与国外大学合作开展教学科研。至12月，李召虎教授获批“集约化农田系统物能循环调控关键技术研究聘请外教特色项目”；李自超教授与IRRI合作继续开展“学校一院一平台”国际化发展项目；康定明教授获批“遗传学与作物发育生物学人才培养体系建设聘请外教特色项目”等。

10月11—13日，刘庆昌教授主持的“国际甘薯基因组学学术讨论会”在北京召开，来自日本、美国和韩国等国家的40多位学者专家参加会议。会议主要就甘薯基因组测序、组装以及后续工作进行充分研讨，达成共识。

作物遗传改良和分子育种“111”引智基地获得滚动支持。5月14—15日，作物遗传改良和分子育种“111”引智基地通过验收，获得优秀并继续滚动支持。

（辛明明　杜明伟）

【学生工作】

学院学风建设　至12月，农学院完善了《农学院学生违纪处理办法》《农学院学生综合素质测评细则》，制定了《农学院研究生奖学金评选细则》，并贯彻落实。以讲座、研讨会、竞赛、定期培训、灯塔工程等多种活动方式加强对学生的思想教育。

就业与资助工作　3月，农学院与植物保护学院、园艺学院开展农学类专场双选会。9月至12月，学院邀请中国高科集团、北京华农伟业人力资源主管为毕业生进行简历及面试相关培训，并组织筹办了大丰收杯全国农学院协同发展联盟华北片区农业创新创业大赛。至12月，农学院共开设勤工助学固定岗位20个，并根据学校及学院安排加设临时勤工助学岗位。

综合素质讲座　学院举办稼穑论坛、乡村振兴系列讲座、精准扶贫系列讲座、种业校友沙龙系列讲座、创新创业系列讲座提升学生综合素质。

全国农科学子暑期联合实践　2017年度联合实践地共覆盖了26个省（区）的203个贫困村，两年联合实践行动共回收由扶贫专家所设计的农户有效问卷7 000余份，村级有效问卷200余份。至12月，农学院共派出20支实践小队，194名队员参与本次实践。院党委委员陈源泉带领区域农业发展研究中心党支部小队深入贫困村调研，与队员、村民同吃同住，并撰写精准扶贫社会实践指导手册《走进乡土乡村50问》。农学院李金杰、辛明明、袁旭峰、贺岩等十余位教授及青年教师也随队参加了实践。

创办中国乡村振兴青年菁英班　中国乡村振兴青年菁英班响应习总书记在十九大报告中提出的乡村振兴战略，以成为“懂农业、爱农村、爱农民人才的摇篮”为理念，以“大学＋企业”“农场主＋学生”“管理＋技术”“理论＋实践”“国内＋国际”“理论＋互联网”“专职＋兼职”七大特色，形成梯队式培养体系，并邀请中国农业专家学者、行业领军人物授课。

（杨海岩）

【党建工作】

农学院党委设有26个党支部，教工党支部5个（含上庄党支部），研究生党支部17个，本科生党支部4个；党员共计536人，教工党员66人，研究生党员392人，本科生党员78人。6月，农学院党委获“北京高校先进基层党组织”荣誉称号。

至12月，农学院党委共召开党政联席会15次，理论中心组学习会8次。5月，农学院党委制定《分关工委工作规程》，下设党建工作组、教学工作组和学生工作组。6月，召开期末组织生活会暨“管党治党 从严治党 立德树人 办学治院”解放思想大讨论，加强党风廉政建设，推动学院学科发展。

农学院党委依托“1—4—1”联合工作体系，进一步强化教工支部对学生支部的指导功能。坚持“三带”工作模式，即“党建带团建，党支部带团支部，党员带团员”，充分发挥党员先锋模范作用。全面启动“灯塔工程”，以教工党小组对接学生团小组为组织形式，通过开展座谈、参观实验室等活动，实现导师团与16级、17级本科生宿舍的全覆盖指导。10—11月，农学院党委成立研究生精准扶贫、1＋3专项党支部，支部定位为聚焦推动精准扶贫和乡村振兴工作；研究成立玉米研究中心功能性教工党支部，以学科专业特色为基础，加强支部凝聚力与向心力。

至12月，举办积极分子、发展对象培训各2期、预备党员培训1期。开展“两学两人，言党爱党”党的基础知识大赛、“践行核心价值观，激扬青春中国梦”主题辩论赛、“追思三一八先烈，塑造爱国爱党情怀”缅怀先烈活动、“追思缅怀名师先贤”毕业生党员党日活动、“铭记历史，重走建国之路”爱国主题实践、“学好党史国史，讲好中国故事”主题活动等。

农学院党委邀请首都师范大学党史专家陈琦、中国社科院中国特色社会主义理论体系研究中心副主任辛向阳等做主题讲座；开展“众话十九大，百字言初心”“众话十九大，做‘三有’团员青年”主题活动，收集到来自21个党支部、34个团支部的700余份稿件，共计115 000余字，并汇编成册。11月3日，积极响应习总书记提出的“精准扶贫”思想，全国农学院协同发展联盟“助力精准扶贫 聚力乡村振兴”研讨会在食品学院报告厅召开，同时，《不忘初心 砥砺前行—走进乡土乡村 助力精准扶贫》系列丛书在会上举行首发式。

（李珊）

【教代会与工会工作】

组建农学院羽毛球俱乐部、篮球俱乐部，定期与机关及兄弟院系举行友谊赛；筹建健步走俱乐部、乒乓球俱乐部等。不定期开设生活小课堂，如西点制作等活动。教师节、春节等节日，工会组织在职教师登门慰问学院患病、生活困难及离退休教师，与其暖心交流，表达学院关怀。全年仅慰问80岁以上离退休教师就达30余人次。此外，针对教工非名下车辆收费问题，积极与保卫处沟通，切实解决学院教职工校园停车收费问题。

（何绍贞）

园艺学院

【学院概况】

园艺学院由原农学与生物技术学院于2015年10月调整分立而成，下设3系2所1中心，分别为：果树系、蔬菜系、观赏园艺与园林系、园艺植物研究所、园林景观规划设计研究所和园艺政策经济研究中心。

（郝京辉）

【学科专业建设】

学院设置园艺学1个一级学科，涵盖果树学、蔬菜学、观赏园艺3个二级学科；另外学院还设有园林植物与观赏园艺、风景园林2个二级学科；一级学科博士点1个，博士学位授权点3个，硕士学位授权点4个和专业学位授权点2个；博士后流动站1个。

学院现有国家重点二级学科1个（果树学）、北京市重点二级学科2个（蔬菜学和观赏园艺学），园艺学为北京市重点一级学科。

园艺学在教育部第四轮学科评估中定级为B^+。

（丁荣娥　郝京辉）

【师资队伍】

学院共有教职工74人，其中，专任教师61人，包括教授28人、副教授27人；博士生导师37人、硕士生导师46人；国家突出贡献专家1人、享受政府特殊津贴专家2人、“百千万人才工程”国家级人选1人、国家优秀青年基金获得者1人。北京市教学名师1人。

本年度学院引进优秀人才4人，普通招聘2人，校内调入1人，退休3人，晋升正教授1人，副教授2人，博士后研究人员在站7人，联合培养博士后2人，出站1人。

（郝京辉）

【本科教育教学】

2017年，学院本科生在校507人，招生114人，本科毕业生152人，7人获得百篇校级优秀论文。2014级免试推荐研究生32人，园艺专业25人，园林专业7人，保送比例22%。2017年，园艺学院开设本科课程70门，134个课堂，核心课程建设17门。

郭仰东教授获得2017年度大北农校级教学名师，义鸣放、刘国杰教授获得校级优秀名师。

2017年本科生获得国家级大学生创新创业训练项目24项;北京市大学生创新训练项目19项,学校URP项目38项。

组织2015级园艺专业学生到北京市昌平区农科教基地、北京市小汤山特菜基地、校内科学园认知实习参观,园林专业同学到承德避暑山庄及普陀宗乘之庙、须弥福寿之庙、杭州、乌镇写生实习。

(张艳)

【研究生教育教学】

2017年,学院研究生在校341人,其中博士生150人、硕士生191人;招生137人,其中博士生41人、硕士生96人;毕业研究生109人,其中博士生28人,授予博士学位30人,硕士生81人,授予硕士学位102人。

2017年学校启动研究生学位合格评估工作及研究生培养方案,学院主动争取参加国际评估。

(丁荣娥)

【科学研究】

2017年,学院到校科研经费2 784万元。新获批国家自然科学基金项目12项,资助金额909万元,其中1项重点资助,10项面上项目,1项青年基金资助。

2017年,教师发表论文被SCI收录51篇、EI收录3篇、SSCI收录1篇,其中影响因子大于5.0的10篇,最高影响因子13。包括高俊平教授团队发表在Nature Communications 1篇和Plant Physiology 1篇,韩振海教授团队发表在Plant Physiology 1篇,冷平、李天红和张常青教授分别在Plant Journal发表1篇,张小兰教授在New Phytologist发表1篇,张振贤教授 在Journal of Experimental Botany发表1篇,孔瑾教授在Journal of Pineal Research发表1篇。

获得发明专利2项,新品种授权2项。

张新忠和李天忠教授荣获农业部现代农业产业体系(苹果和梨水果产业体系)“十三五”新增岗位科学家称号。

(高琪洁)

【合作交流】

留学生在校生12人,招生4人,毕业2人。

2017年学院共接待来自美国加州大学戴维系斯分校、美国农业部农业研究署蔬菜作物研究中心、威斯康星大学、美国佐治亚大学、美国马里兰大学、美国康涅狄格大学等15名专家学者的学术交流与访问,组织学术报告10次。教职工累计境外访问交流10人次,出访国家包括英国、德国、日本、埃及、法国、韩国。

学院加强与国内高校研究机构及企事业单位的交流与合作,在服务环首都生态农业圈园艺种苗生产技术集成与示范、京津冀协同创新中心设施园艺平台建设、农产品质量安全追溯技术及应用国家工程实验室建设发挥重大作用。2017年韩振海教授带队参加中国园艺学会第十三次代表大会暨2017年学术年会,学院10名教师参加大会并做相关学术报告。韩振海教授主持了中国园艺学会苹果分会2017年学术年会,会上对我国果树发展措施进行了详细的研讨,旨在促进苹果产业优化升级和果农持续高效增收。张小兰教授一行代表中国农业大学作为展会主办方出席第十八届中国(寿光)国际蔬菜科技博览会,并赴中国农业大学寿光蔬菜研究育种基地调研。

(高琪洁)

【学生工作】

2017年,在"达标创优"工作中,园林151班获得北京市"先进班集体"称号;园林151班、园林161班获得校级"优良班集体"称号,园林151团支部、园林163团支部获得校级"优秀团支部"称号;1人获得"北京市三好学生"称号;60人获得校级"三好学生"称号,23人获得校级"优秀学生干部"称号,22人获得校级"优秀团员"称号,12人获得校级"优秀团干部"称号;园艺学院志愿者支队获得第十一届"志愿农大"志愿服务团体称号,4人获得第十届"志愿农大"优秀志愿者称号。

学院一直将学风建设工作作为学生工作的基础和第一要务,建立学院"教务老师—班主任—学生管理老师"管理体系,成立学业发展中心,帮助后进生进行学业辅导,开展"艺天艺读""晨英晨学"等活动,努力营造良好的学习氛围。

学院细致做好奖助勤贷工作,2017年认定经济困难学生83人,其中特别困难41人,比较困难35人,一般困难7人,结构比例均正常;学院83名学生获得国家助学金,36名学生获得16类社会助学金,累计金额46.6万;258人次本科生获得奖学金,51人次获得12项校级和院级专项奖学金,累计金额66.06万元;180人次研究生获得各类奖学金,累计金额104.2万元;新设立院级助学金"大漠阳光校友助学金",奖励品学兼优的本科困难学生。

2017年,园艺学院毕业生共258人,其中本科毕业生152人,硕士毕业生81人,博士毕业生25人。截至2017年10月底,本科生就业率为95.39%,深造率为60.53%,其中出国深造为20.39%,较上一年提升了9.9个百分点;硕士毕业生就业率为97.53%;博士生就业率为100%;总就业率96.51%。

(孙伟)

【党建工作】

2017年,园艺学院共有党员326人,其中教工党员30人,研究生党员244人,本科生党员52人;发展党员55名,47名预备党员按期转正;开展积极分子党课2次,发展对象党课2次,预备党员党课1次,成功推优积极分子26名。目前,学院共有党支部18个,其中教职工党支部3个,研究生党支部10个,本科生党支部5个。

2017年制定园艺学院党委委员联系党支部制度,达到所有党支部均有党委委员联系指导;推进党支部规范化建设、严格执行"三会一课"制度;选优配强党支部书记、开展书记培训工作;认真开展党支部书记述职评议考核工作;开展"建特色支部、创品牌活动"项目。

在加强基层组织建设方面,学院分党委5月20日组织召开园艺学院党员大会,完成园艺学院新一届党委会的组建;通过党委理论中心组、教职工大会和各党支部等多层次进行学习教育，提升理论水平；全方位开展教育活动，严肃党内政治生活；建章立制规范流程，做好党员发展工作；加强党风廉政建设，落实党委主体责任。

学院分党委注重加强意识形态工作，充分利用学院网、公众号及时推送学院各类活动的新闻报道，加强正面宣传；对党建工作进行认真梳理、全面总结，做好巡视整改和迎接北京市党建及思想政治工作基本标准检查验收工作；认真贯彻《中共中国农业大学委员会关于认真学习宣传贯彻党的十九大精神的实施意见》，组织相关人员，制定园艺学院学习十九大精神方案，形成了领导干部带头学、支部书记集中学、党支部认真学、学生组织积极学、全体师生热烈学的学习高潮，实现全院师生学习十九大精神全覆盖。

2017 年，蔬菜学系教工党支部获得校级"先进基层党组织"称号，刘雯雯、张雨柔、高宇辉、徐淑婷、梁潇获得校级"优秀学生党员"称号。

（孙伟）

【教代会与工会工作】

2017 年 1 月 9 日，学院新一届教职工暨工会会员代表大会召开，选举产生了园艺学院第一届工会委员会委员、教代会执委会委员及校第四届双代会代表。

学院工会为教职工参保《在职职工重大疾病互助保障计划》52 份，及时收集信息，为学院教职工申请 2017 年困难和患重病教职工补助及 2017 年度爱心基金补助金。

学院工会认真组织教职工体检及女工体检，并组织教工参加青春期极端心理问题和行为的预防心理讲座、面部美容与年轻化方法科普讲座、"爱在春天，践行家风"健走活动、庆祝三八节"品读咖啡"文化讲座、"育良好家风，建幸福家庭"系列活动及运动会。

学院工会组织教工社会实践活动，赴涿州教科基地，开展理论培训及实地考察，组织参观爱国主义教育基地——门头沟区斋堂镇八路军冀热察挺进军司令部旧址；为提高教书育人能力，邀请学校视导组成员谭豫之、施大钊、刘为民为学院全体教师讲解如何更好地开展教学工作，做好立德树人。

学院工会组织了园艺"润"生活系列活动，首场交流会邀请了学校美学名师、院工会主席李险峰教授主讲家庭美化；第二场交流会由校工会主办，由马会勤教授指导品鉴葡萄酒文化。学院组建羽毛球队、篮球足球活动小组，并建立了园艺临时工会之家。学院工会开通了 CAU 园艺之家微信公众号，发挥新媒体平台优势，发布工作信息，更好服务全院教工。

（李险峰　李轩复）

植物保护学院

【学院概况】

中国农业大学植物保护学院的前身是始建于清末的京师大学堂农科大学农学门，已经有 110 余年的历史，是我国植物病理学和昆虫学的主要发祥地之一。戴芳澜、俞大绂、刘崇乐、蔡邦华、裘维蕃、陆近仁、周明牂、沈其益、曾士迈等多名院士和知名学者先后在本学科任教，奠定了学科在国内植物保护学科的领军地位。

植物保护学院下设植物病理学系、昆虫学系 2 个系，设置植物保护 1 个本科专业，拥有植物病理学、农业昆虫与害虫防治、植物检疫与农业生态健康 3 个硕士和博士学位授权点。

（董斌）

【学科专业建设】

2007 年植物保护学科被批准为国家一级重点学科。在第四轮全国学科评估中，植物保护学科结果为 A^{-}。

（董斌）

【师资队伍】

2017 年，植物保护学院有专任教师 76 人，具有高级职称的教师占 80%以上，具有博士学位者占 85%以上，45 岁以下教师占 70%；教授队伍中，有长江学者特聘教授 1 人、国家杰出青年基金获得者 3 人、“973”首席科学家 1 人、北京市教学名师 1 人、农业部行业体系科学家 7 人、科技部中青年科技创新领军人才 3 人、教育部跨世纪/新世纪人才 9 人、国家优秀青年基金获得者 1 人，教育部创新团队 1 个。

2017 年，植物保护学院引进 2 名优秀人才，1 名讲师，1 名教辅，制定 2018 年 11 名进人指标的规划。顺利完成学校“大禹学者论坛”学术活动，积极推进 2018 年的人才引进工作。3 位教授获得“万人计划”教学名师或领军人才称号。1 人晋升教授、2 人晋升副教授。制定教授职称晋升的院级规定草案，将以更高要求、推动青年人的科研创新能动力，适应国内一流学科的新要求。

（李璐璐）

【本科教育教学】

2017 年，学院本科生在校 427 人，招生 120 人，本科毕业生 75 人，深造率 69.33%，就业率为 96.00%。学生共申报 URP 项目 29 项，项目数量与 2016 年持平；指导教师参与人数 28 人，同比增长 8%；学生参与人数 76 人，占学院在校本科生 17.76%。申请 2018 年度国家级及北京市级本科生创新创业项目共计 7 项。

2017 年植物保护学院与科学出版社、高等教育出版社、中国农业大学出版社等单位就植物保护系列教材的出版进行了磋商。范在丰教授、王海光副教授、蔡青年副教授与李贞副教授分别参与编写《植物检疫学》《植物病理学》（第二版）、《农业昆虫学》（第三版）等教材。植物保护学院承担的“昆虫学系列课程国家级教学团队”以及《普通昆虫学》等国家精品课程建设稳步推进，彩万志教授被评为国家“万人计划”教学名师。

2017 年暑期本科生招生宣传组一行 12 人赴河南郑州、洛阳、新乡、开封等地开展招生宣传工作，与郑州外国语中学、郑州市一中、河南省实验中学等学校优质生源学校的教师进行交流，石旺鹏教授作为知名教授科普团成员赴郑州等地开展招生与科普宣传。

（魏佳宁）

【研究生教育教学】

2017 年，学院共招收直博生 3 名，硕博连读生 24 名。通过夏令营，签订招生意向的学生达到 50 人，24 人通过考核环节被学校录取，有 2 名学生保送直博生，均比 2016 年有所提升。

2017 年，学院共招收学术型硕士研究生 86 名，专业型硕士研究生 59 名，制定《中国农业大学植物保护学院 2017 年博士研究生申请考核制招生实施方案》。共有 59 人获得博士学位，114 人获得硕士学位。其中评选校级优秀硕士学位论文 1 篇、院级优秀博士学位论文 8 篇，院级优秀硕士学位论文 8 篇。

2017 年，在博士生合作导师、“绿色植保工程”专项的研究生校外合作导师的遴选工作中，12 位通过学校遴选，6 位作为学院合作导师招生。6 月 25 日至 26 日，学院组织了“绿色植保工程”专项校外兼职导师的聘任与培训会。绿色植保专项 2017 年从植物有害生物的绿色防控、植物检疫工程与技术、种苗健康与农产品安全 3 个方向共招收 22 名研究生。

（魏佳宁）

【科学研究】

2017 年，学院发表 SCI 论文 141 篇，影响因子大于 10 的论文 1 篇，高被引论文 2 篇，到校经费 9 489 万元。获得 22 项国家自然基金，其中包括重点项目 3 项，获得神农中华农业科技奖创新团队奖 2 项。积极推动基于“中央高校基本科研业务费”的青年人才创新研究计划，遴选 10 人次左右的青年人才，进行持续性的资助，推动年轻人的科研进展，培育创新研究能力。研究并制定“2017 年高水平论文和基金的奖励办法”，对上一年度的重要科研成果进行经费配套，激励高水平科研的开展。

（沈杰）

【合作交流】

2017 年，留学生在校 15 人，招生 5 人。2017 年通过遴选，推荐联合培养博士研究生 13 人、联合培养硕士 1 人、攻读博士学位研究生 9 人。

10 月 14—16 日，由学院植物病理学系和中国植物病理学会教学专业委员会共同主办了首届全国植物病理学教学研讨会，来自全国 30 所涉农高校的 98 名教师代表参加了研讨会。

广泛展开与其他高校和企事业单位的交流，2017 年 11 月、12 月，学院赴复旦大学等 4 所高校就党建工作、思想政治工作创新等主题展开考察调研，赴太仓检验检疫局、大北农金色农华等公司调研，探讨校企合作方向，增强校企联系和沟通。

（张迪）

【学生工作】

2017 年，植物保护学院 2017 届毕业生共 233 人（本科 75 人，硕士 106 人，博士 52 人），截至 2017 年 10 月底，本科生就业率 96.00%，深造率 69.33%，较去年上升 5.18%，硕士毕业生就业率96.23%，博士毕业生就业率98.08%，总就业率96.57%，较去年上升1.03%。33名毕业生(本科12人，硕士15人，博士6人)到西部地区就业，17名毕业生(本科2人，硕士14人，博士1人)从事选调生工作。

2017年召开植物保护学院第一次团员代表大会。会议审议并通过《共青团中国农业大学植物保护学院委员会工作报告》，选举产生团委委员9名。

学院在学校春季运动会中，共有136名学生报名参加竞技类和趣味类运动项目，在校级足球比赛中，联合农学院和园艺学院，获得比赛冠军。组织学生参加"十二·九"红歌合唱比赛，获得三等奖和优秀组织奖。举办"植音有你，手户希冀"新生风采大赛和"植因有你，同心共聚"元旦晚会。

2017年，学院同学参加创新创业奖学金评选，最终在校级评选中获创新创业奖学金一等奖和二等奖各两项。

植物保护学院2017年暑期组织10个以"调研雄安新区，投身一带一路"为主题的社会实践小队赴四川、张家口、雄安新区等地进行社会实践。

(张迪)

【党建行政工作】

2017年，植物保护学院党委制定党政联席会会议计划，严格执行"三重一大"制度并进行民主决策，共召开党政联席会14次。2017年学院修订《植物保护学院党风廉政建设责任制实施细则》《植物保护学院党员发展流程规范》等规章制度12项，制定《植物保护学院关于科研奖励的相关规定》等制度8项，进一步规范科研、人事等相关规范和监督机制，推动教学科研科学高效管理。

在2017年9月，植物保护学院以科研团队为基础设置研究生党支部，并在每个科研团队选拔39名优秀学生担任实验室团支部团支书，加强党建带团建。

2017年，植物保护学院共发展党员55名，其中本科生28人，研究生27人，教工层面提交入党申请书2人。学院党委坚持以问题为导向，申报《大学生思想入党研究》等课题深入研究，创新工作思路和工作方法。

学院制定《植物保护学院2017年秋季学期教职工集中理论学习安排》，面向全体教职工从"五位一体"总体布局出发，分经济、政治、文化、社会、生态文明建设五个模块组织系统学习十九大精神，2017年共举办3期，大大增强了教职工对于十九大精神的深刻理解。组织师生参观"砥砺奋进的五年"大型成就展，回顾五年辉煌成就，11月1日组织全体新生前往天安门广场观看升旗仪式，接受爱国主义教育等。

2017年分别于春季学期、秋季学期组织"讲好中国故事——追寻红色印记，传承革命精神""讲好中国故事——品读传统文化、坚定文化自信"系列活动，通过分组实地参观、党支部书记现场讲解增强4个自信；组织"学党史、话校史、知院情"系列主题活动邀请学院关工委老党员讲授专题党课4场，使全体党员深入体会党员的责任意识和奉献精神。2017年11月，学院党委组织40余名青年教工及党支部书记赴大别山干部学院开展红色教育实践活动。制定"新时代 新使命 新作为"主题党日活动方案，各支部以多种形式制定本支部学习计划，开展"十九大知识竞答""重温革命历史参观""与老党员共话十九大精神座谈"和"'红色1+1'支部共建共学"等活动。

2017年，昆虫教工党支部赴密云区植保站开展主题党日活动，就松毛虫赤眼蜂防治玉米螟技术应用情况进行了交流，用专业优势开展社会服务与实践；赴大兴梨享庄园果园开展技术帮扶活动，并将挂牌作为长期活动基地。学院党委通过与西北旺镇党委开展“红色1+1”结对子活动，7个学生党支部与村党支部进行一对一互助活动。2017年暑假以党支部为单位分别赴雄安新区、一带一路沿线省份、革命老区等开展社会实践活动。

2017年申报新植保楼的2018年修购专项，做好需求的调研工作，参与植保楼实验家具、办公家具、音视频设备等的调研、招标工作，共参与调研12次，召集招标、意见征求会议20余次。

（张迪）

【教代会与工会工作】

2017年1月召开了全院教职员暨工会会员代表大会，选举了新一届工会委员会，现有工会委员5名，工会小组3个，工会会员115名。

工会组织为全体会员拍摄证件照并建立会员档案。组织教职工参加职工安康互助等各项保险，及时为职工做好赔付慰问工作。积极组织教职工参加职工体检活动，女工生育后分工会组织慰问。积极组织教职工参加运动会等各项文体活动，在中国农业大学2017年教职工羽毛球赛中，植物保护学院羽毛球队勇夺冠军。

2017年组织全院范围教工赴延庆玉渡山风景区春游、怀柔喇叭沟门国家森林公园秋游活动。

（张迪）

生物学院

【学院概况】

生物学院始建于1984年，是国内各大院校中最早设立的生物(生命科学)学院。学院设有植物科学、动物学与动物生理学、微生物学与免疫学、生物化学与分子生物学4个系和教学中心。2017年生物学院在校内共有建筑面积4.64万平方米。

（马紫威）

【学科专业建设】

学院拥有植物学、微生物学和生物化学与分子生物学国家重点学科，及生物学北京市重点一级学科。依托农业生物技术国家重点实验室、植物生理学与生物化学国家重点实验室以及农业部微生物资源与利用重点实验室建设，在“植物抗逆和水分、养分高效吸收利用的生理生化及分子生物学基础”“动物分子遗传与基因工程”“作物分子遗传与基因工程”“病毒分子生物学与免疫工程”和“农业微生物与基因工程”等领域的研究成果达到了国际领先水平或先进水平。至2017年11月，中国农业大学进入世界前1%的10个学科中，植物学与动物学、生物学与生物化学、微生物学、分子生物学与遗传学均包括在内，且植物学与动物学学科领域进入世界前1‰。2017年9月教育部公布“双一流”建设高校，生物学科列入教育部批准的“双一流”建设学科。2017年12月28日，教育部学位与研究生教育发展中心发布全国第四轮学科评估结果，生物学科评估结果为A，在161所生物学科参评院校中位列前2%～5%（不含2%）。

学院拥有生物学一级学科博士学位授予权，在植物学、生理学、微生物学、遗传学、细胞生物学、生物化学与分子生物学、生物信息学7个专业招收硕士和博士研究生，并设有生物学博士后流动站。

本科教学开设生物科学和生物技术两个专业，拥有生物学国家理科基础科学研究与教学人才培养基地、国家生物技术人才培养基地、国家生命科学实验教学示范中心，是教育部农业生命科学人才培养模式创新实验区。

（马紫威）

【师资队伍】

截至12月，生物学院教职工159人，其中中国科学院院士3人，中国工程院院士1人，正高级职称57人（其中教授56人，研究员1人），副高级职称70人（其中副教授52人，副研究员4人，高级实验师14人，副编审2人）；教育部“长江学者奖励计划”特聘教授8人、“长江学者奖励计划”讲座教授5人；973项目首席科学家6人；国家杰出青年科学基金获得者14人；国家优秀青年基金获得者5人，青年长江学者1人、青年千人5人。国家自然科学基金委员会优秀创新群体3个；现代农业产业技术岗位专家3人。

武维华院士当选九三学社中央委员会主席。

杨淑华教授任植物生理学与生物化学国家重点实验室主任。

引进优秀人才2人（王向锋、张焱），新晋升教授2名（李连芳、田长富），新晋升副教授1名（李媛），晋升实验师1名（苏俊），晋升高级职员1名（张树川：六级晋升五级），聘任思政系列助教1名（马紫威）；招聘普通教职工3名（刘升学、彭静、迪娜）。2017年王贺祥教授、关宏实验师、郭英实验师、张林实验师、狄秀英实验师、李颖实验师、黄蕴英、张帆退休，孙德昊副书记（兼副院长）调任图书馆工作，刘庆洪副教授调园艺学院工作。

博士后研究人员进站10人，出站9人，截至2017年12月底，在站博士后研究人员33人。

（迪娜　王欣）

【本科教育教学】

2017年，学院生物学大类招生69人，生命科学理科试验班录取新生25人，另从全校新生中选拔25名，共录取各类新生137人，其中男生52人，女生85人，团员130人，群众6人，港澳台1人。录取的新生来自全国27个省，北京生源8人，京外生源129人。应届考生133人，占97%；往届考生4人，占3%。少数民族10人（白族1人，苗族1人，朝鲜族1人，布依族1人，回族1人，土家族1人，满族2人，壮族2人）。另外，继续与首都师范大学（北京农学院）联合培养的班级——生技172班，北京籍18人，男生7人，女生11人，在生物学院就读3年。

2017届本科毕业生131人，截至10月31日，保研62人，考取研究生5人，出国33

人，签约 5 人，合同就业人数 19 人，本科生就业率为 94.65%。

至 12 月底，学院在校本科生共 567 人（含双培 59 人，联合培养 7 人）。

教学中心及所属 5 个系列课程教学团队共承担本科课程 108 门，开展专题教学研讨活动 28 次，组织教师外出参加教学会议 5 次、主办教学会议 1 次，参加教学培训和研讨交流 20 余人次。

学院发表教改论文 2 篇；10 个教改项目获批校级教改项目并顺利结题，1 项校级教改项目进展中，2016 年结题的 13 项教改项目于 2017 年获批准为校级后立项教改项目。学院教师获校级教学成果特等奖 1 项，一等奖 4 项，二等奖 5 项。王娜、杨海莲、曹勤红分别获得“全国高校生命科学类微课教学比赛”一、二、三等奖。

承办由北京市教委主办的第三届“北京市大学生生物学竞赛”。有来自清华大学、北京师范大学等 17 所北京地区高校本科生千余人（次）参加竞赛。中国农业大学共有 66 人（次）获奖，其中生物学院 54 人（次），荣获市级一等奖 16 人（次）、二等奖 20 人（次）、三等奖 18 人（次）。学院教师夏朝晖、王颖、杨大祥指导本科生科技小组参加市级生物学实验技能竞赛全部获一等奖。

（马俊瑜　王轩　陈代涛　吴晓岚　苏俊）

【研究生教育教学】

生物学院共计招收博士生 141 人（其中普通博士生 27 人，硕博连读生 86 人，推免直博生 28 人），招收硕士生 101 人（招考硕士生 20 人，招考直博生 56 人，推免直博生 25 人），总计招收研究生 245 人。截至 12 月，在校生 694 人，其中硕士研究生 31 人，在校普通博士生 127 人（含朝鲜留学生 3 人，巴基斯坦留学生 2 人），直博生 536 人。

2017 年，学院博士毕业生 117 人；硕士毕业生 30 人。113 名博士获得理学博士学位（含往届生），30 名获得硕士学位（含直博生转硕）。研究生就业率为 95.7%。

完善研究生国家奖学金评定工作，通过研究生学术年会暨国家奖学金评定答辩会公开答辩，17 人获得国家奖学金，2 人获校长奖学金，10 人获校级专项奖学金。10 名研究生获得优秀学术墙报奖，2 名研究生获得优秀实验记录奖，2 名研究生获得优秀学术报告奖。350 人（14 名硕士，336 名博士）获学业奖学金。20 人获院级专项奖学金。18 人获院级助学金。

尤琪的《组学数据整合与功能模块化分析构建棉花全基因组注释体系》（生物信息学，导师苏震教授）、刘子妍的《类受体激酶 CRPK1 调控拟南芥低温应答的分子机制研究》（植物学，导师杨淑华教授）获得校级十佳优秀博士学位论文。

2017 届 6 人获北京市优秀研究生毕业生，16 人获校级优秀研究生毕业生。本年度国家建设高水平大学公派研究生项目学院派出 2 名联合培养博士生。

7 月举行了第六届生命科学夏令营，全国高校 118 名优秀本科生参加，通过 5 天的活动，71 名学生确定了拟录取意向，其中有 25 人推免至中国农业大学，另有 20 人报考了本校研究生，16 人上线并拟录取，3 人报考本校申请制博士生并拟录取。

（冯丽华　宋致远　马紫威）

【科学研究】

2017 年，新立项各类项目共计 46 项，其中列入“973 计划”课题 3 项，国家自然科学基金项目26项(其中,重点项目2项,杰青1项,优青1项),国家科技部重点专项1项,转基因生物新品种培育项目1项。总计项目合同经费36 572.16万元,到校经费13 106万元。以第一作者或通讯作者累计发表SCI论文135篇,累计影响因子648.718,平均单篇影响因子4.805,影响因子超过5的论文56篇,影响因子超过10的论文8篇,学科前10%论文53篇。2017年7月,学院与北京生命科学研究所邵峰教授联合培养的学生李玉鹏在《Nature》杂志发表论文"chemotherapy drugs induce pyroptosis through caspase-3 cleavage of a gasdermin",影响因子38.138。

获得专利授权15项。

武维华院士获"谈家桢生命科学成就奖"。

王涛教授获"中华农业科技奖—科研类成果"一等奖。

(迪娜)

【合作交流】

2017年,生物学院继续加强与国内外科研院所及来人来访的开放交流,邀请国内外学者讲学51人次;学院教师在国内外参加会议并做报告78人次、讲学33人次;举办"生命科学研究生系列讲座"70人次;主办了区域性会议"2017年植物逆境生物学研讨会"、承办了"2017农业动物生物技术国际会议"。

(迪娜 冯丽华)

【学生工作】

2017年生物学院继续坚持"正德厚生、生生不息"的院训,坚持"巩固、提高、创新"的指导思想,开展团学工作。以"一心双环"为指导思想,建立了本科生、研究生团支部,重新梳理了学生组织构架,形成了分团委、学生会、志路通讯社三大学生组织。学生会获2017年度优秀学生会奖,辅导员马紫威获"第九届全国高校辅导员年度人物"入围奖。学院开展了第二期共青团业余团校,助力青年学生思想引领和能力提升。加强育人体系保障,施行了双班主任制度。在2017年的"达标创优"工作中,生技152团支部获得"北京市先锋杯优秀团支部"称号。生物142团支部、生物151团支部获得校级"优秀团支部"称号,生物141班、生物163班获得校级"优秀班集体"称号,2名学生获得"北京市三好学生"称号,1名学生获得"北京市优秀团干部"称号,1名学生获得"北京市优秀团员"称号,88名学生(本科40名、研究生48名)获得校级"三好学生"称号,33名学生(本科15名、研究生18名)获得校级"优秀学生干部"称号,12名学生(本科10名、研究生2名)获得校级"优秀团干部"称号,22名学生(本科10名、研究生12名)获得校级"优秀团员"称号,16名学生获得社会工作奖学金,5名学生获得文化活动奖学金。生物学院共组织392名本科生参加了奖学金评定,其中216人,317人次获得奖学金,获奖率55.10%,总金额74.07万元。其中经济困难学生获得奖学金率为48.28%,党员获奖率为58.06%,学生干部获奖率为64.61%。2017年,学院共有40名同学申请经济困难认定,学院利用学校专项助困款10.4328万元,共资助329人次。2017年,学院设立勤工助学岗位38个,329人次参加勤工俭学工作。学院共有13名同学申请生源地国家助学贷款,8名同学申请校园地国家助学贷款，有 1 人申请学费减免，获准减免额度为学费的 1/2。

（马紫威　黄羽　王轩）

【党建工作】

生物学院党委引导师生深入学习贯彻习近平总书记系列重要讲话精神，深刻领会党中央治国理政新理念、新思想、新战略，学习贯彻党的十九大精神和习近平新时代中国特色社会主义思想，切实落实中央高校思想政治工作会议精神，推进"两学一做"学习教育常态化制度化。学院积极主动配合中央巡视，注重强化党的组织建设与制度建设、加强意识形态工作、党风廉政建设和反腐败工作。加强依法治院，充分发挥党组织的战斗堡垒作用和党员的先锋模范作用。2017 年完成了北京高校党建和思想政治工作基本标准检查，建设了党员之家。发挥党政联席会议事决策作用，推进工作，解决学院发展中遇到的问题，完善管理流程和规章制度，促进学科建设和学院发展。

2017 年，学院共发展党员 66 名，其中研究生 42 名，本科生 24 名。原本科生党支部调整为"本科 15-16-17 级联合党支部"和"本科 14 级党支部"。截至 2017 年底，学院共有党支部 28 个（其中教工党支部 6 个，研究生党支部 20 个，本科生党支部 2 个），共有党员 564 名（其中教师 80 名，博士后与科研助理 29 人，研究生 424 名，本科生 31 名）。

（黄羽）

【行政工作】

2017 年，学院办公室在岗行政人员 8 人，承担学院行政管理、教师事务管理、学生事务管理和研究生培养管理工作。学院完善各类规章制度，促进了科学管理。

2017 年，学院新增国有资产共 302 台件，共计金额 3 148 530.06 元。报废 218 台件，共计 1 411 187.72 元。

（马紫威　王欣）

【工会工作】

学院工会积极开展瑜伽健身、美容讲座、观影等活动，组织职工健身锻炼，学院羽毛球队获学校职工比赛第二名。重视工会与学生会、研究生会联合开展工作，组织了师生羽毛球联谊赛等活动。学院分工会获 2015—2017 年度模范教职工之家称号。

（李耀宇）

【校庆工作】

学院于 10 月 14 日举办迎 112 周年校庆校友返校活动，及 2007 届、1997 届、1987 届校友返校值年活动。87 届校友返校举办座谈会。10 月 14 日，学院利用"中农生院校友平台"微信公众号，召集校友、在校生举办"荧光夜跑"活动，百余名师生按照规定路线围绕校园夜跑到达老校门并用荧光棒等摆出"CAU""CBS""112"等造型祝福母校生日。

（宋致远）

资源与环境学院

【学院概况】

资源与环境学院成立于1992年4月，由原土壤与植物营养系、土地资源系、农业气象系和遥感研究所等单位组建而成。学院设6个系，分别是植物营养系、土壤与水科学系、生态科学与工程系、环境科学与工程系、农业气象系和土地资源管理系。资源与环境学院现有科研用房主要集中于资环楼和新教学楼两个区域，可利用面积为11 696平方米。

（王雪娟）

【学科专业建设】

学院拥有国家重点一级学科农业资源与环境，北京市重点一级学科生态学，北京市重点二级学科土地资源管理。现有一级学科博士点3个，即农业资源与环境、生态学、环境科学与工程；二级学科博士点9个，包括土壤学、植物营养学、土地利用与信息技术、资源环境生物技术、生物质工程、农业气象学、环境工程、环境科学、土地资源管理；硕士点12个，除以上学科外，还有气象学、大气物理学与大气环境等学科。在全国第四轮学科评估中，农业资源与环境学科被评为A^{-}，生态学与公共管理学科被评为B^{+}，环境科学与工程学科被评为B。

学院拥有教育部植物—土壤相互作用重点实验室、农业部华北耕地保育重点实验室、国土资源部农用地质量与监控重点实验室、生物多样性与有机农业北京市重点实验室、农田土壤污染防控与修复北京市重点实验室5个省部级重点实验室；内蒙古武川实验站、山东桓台实验站2个农业部部级野外台站；校级研究中心2个，校级野外基地4个。

5月，学校校长办公会通过关于成立“土地科学与技术学院”的决议；9月，“土地科学与技术学院”筹组工作启动；11月14日，学校下发《关于成立土地科学与技术学院的通知》；12月17日，“土地科学与技术学院”正式成立，土地资源管理系转入土地科学与技术学院。

7月，校长办公会第2017—10次会议研究决定，“中国农业大学生物质工程中心”的挂靠单位由工学院调整到资源与环境学院。9月13日，“成立生物质与环境工程学院的可行性研究报告”获得学院学术委员会论证通过，提交学校审核。

（王雪娟）

【师资队伍】

2017年，资源与环境学院有教职工153人，其中教授68人（含转入土地科学与技术学院人数），副教授58人，副研究员1人，高级实验师2人，讲师11人，实验师4人，行政人员10人。张福锁教授当选为中国工程院院士。学院现有中国科学院院士1人，中国工程院院士2人，“长江学者奖励计划”特聘教授2人，国家杰出青年科学基金获得者4

人，“国家青年千人”2人，国家级有突出贡献中青年专家2人，省部级有突出贡献中青年专家3人，教育部跨世纪、新世纪人才22人，国家自然科学基金委创新团队1个，教育部创新团队2个。2017年，学院新聘青年教师6人，退休教师6人，调出1人；新晋升教授2人，副教授2人。

张福锁获2017年度北京市优秀教师称号；申建波、黄峰、何奇瑾、艾东四位老师荣获2017年度学校优秀教师称号。

（王雪娟）

【本科教育教学】

2017年环境科学与工程类招收学生125人，土地资源管理专业招收学生25人，与北京工业大学联合培养环境工程专业学生16人，转出2人，未报到2人。截至12月底，2017级本科生共有162人，7个自然班。

2017届本科毕业生144人，其中资源环境科学专业9人，环境工程专业34人，环境科学专业23人，应用气象学专业24人，土地资源管理专业33人，生态学专业21人。另有1人结业。

2014级37名学生获得免试攻读硕士学位资格，保研率为25.3%。

全年学业预警43人次，6人因学业问题编入低一年级。

本学年开出本科课程128门次，春季学期86人次、秋季学期98人次教师参与了本科教学。小学期实习课程15门，组织了2016级资环京郊专业认知实习，组织2015级曲周专业认识实习、2014级资环野外综合实习。实验教学中心承担34门课程的236个实验，接纳约5万学时的本科生实验教学任务。

本科生URP实行全员参与，经费共计10万元。国家大学生创新项目获批21项，北京市大学生创新项目获批4项，获批经费共计40.6万元。

（刘依）

【研究生教育教学】

2017年，资源与环境学院共录取全日制硕士研究生236人，其中学术型硕士研究生149人，全日制专业学位硕士研究生87人；录取博士研究生79人（其中硕博连读生36人，博士留学生3人）。学院在校研究生人数共821人，其中博士生326人（含留学生15人），硕士生495人。

学院授予博士学位77人，硕士学位175人（包含1名非全日制硕士研究生）。共有312名研究生开题，其中硕士生224名，博士生88名；305名学生通过了中期考核，其中硕士生209名，博士生96名。

学院新增博士生导师6人。截至2017年底，研究生导师共计125人，其中博导88人。申报21个全日制专业学位硕士研究生实践基地研究项目并通过验收。上报备案5个校外实践基地、22名校外指导教师。

选拔32名学生进入国家建设高水平大学公派研究生项目，其中联合培养博士生15名，攻读博士学位研究生7名，联合培养硕士10名。

（张玲娥　王谦）

【科学研究】

2017 年，资源与环境学院新立科研项目 168 项，纵向课题 78 项，横向课题 90 项。年度到校经费 14 963 万元。在研项目中，948 项目课题 2 项，到账经费 780 万元；重点研发计划项目 12 项，到账经费 4 057 万元；横向课题到账经费 1 693 万元。获得国家自然科学基金资助 17 项，面上项目 11 项，青年项目 6 项，国际（地区）合作与交流项目 1 项，获批经费 790 万元。

发表 SCI 论文 174 篇，EI 论文 71 篇，SSCI 收录 13 篇，三大检索收录篇次合计 258 篇。通讯作者教师数 79 人。影响因子大于 5 的 SCI 论文篇数 25 篇，学科前 10％论文篇数 54 篇，ESI 前 10％～20％的文章 58 篇。

张福锁荣获何梁何利基金“科学与技术进步奖（农学奖）”；崔振岭获“世界粮食奖（诺曼·博洛格实地研究与应用奖）”；李季主持的“养殖粪污生物机械一体化处理关键技术及装备研发和应用”项目获得“第十届大北农科技奖环境工程奖”。

吴文良当选中国农学会第十一届常务理事；张凤荣、宇振荣、朱道林被聘为中国土地学会首批首席土地科学传播专家；朱道林当选北京土地学会第四届理事会会长；《资源科学》创刊四十周年纪念大会上，李保国获“特别贡献奖”，张凤荣、朱道林获“优秀审稿专家奖”。

科技小院荣获 2017 年“中国‘三农’十大创新榜样”第一名。

石元春作为“中国科学院与中国工程院两院资深院士工作委员会”的成员，主持了“两院百年科技强国发展战略研究”中“民生前沿课题组”的科研工作。

（马春秀　王崧）

【合作交流】

2017 年新申请“一院一平台”项目，申请经费累计共 25 万元，通过外专项目请进国外专家 79 人次，邀请国外专家做学术报告 33 场。

学院教职工（含博士后）累计出访 92 人次，研究生因公累计出访 52 人次，出访 32 个国家和地区。

招收外国博士留学生 3 人。

（王谦）

【党建工作】

2017 年，资源与环境学院发展党员 70 名，其中本科生 38 名，研究生 32 名，另有 67 名预备党员按期转正；新增入党积极分子 175 人；因出国定居等原因停止党籍 24 人。配备党建组织员 5 名，与新党员进行谈话并向青年学生推荐党史书籍和时政学习资料。学院二级党校培训入党积极分子 146 名，发展对象 71 名，党员骨干 30 余名。

推荐评选出优秀党员 12 名，其中教工党员 3 名，学生党员 9 名；优秀党务工作者 1 名。开展“两学一做”常态化制度化建设，37 个党支部按期换届，37 名党支书进行述职评议。2017 年度北京市高校“红色 1＋1”共建活动评选中，曲周实验站研究生党支部获三等奖，资环学院本科 14 级资环环工环科党支部、硕士 16 级气象党支部获优秀奖。

张福锁教授被推荐为北京市人大代表，李保国教授被推荐为北京市政协委员，朱道林教授当选中国致公党北京市第九届委员会委员，芮玉奎副教授被选任为北京知识产权法院人民陪审员。

（尹蛟）

【学生工作】

2017 年，资源与环境学院共有本科毕业生（含结业 1 名）145 名，就业率为 94.48%；硕士毕业生 173 名，就业率 94.8%；博士毕业生 81 名，就业率 97.53%。

学院 122 名经济困难的本科生全部获助学金资助，总计资助额 61.1 万元，人均 5 008 元；有 200 人、287 人次本科生获 16 项奖学金总额为 68.67 万元，人均金额 2 393 元；有 357 人、360 人次研究生获 11 项奖学金 196.9 万元，获奖学生人均金额为 5 515 元。

学院团委积极开展团支部建设和团员教育工作，土资 161 班获得“北京市先进班集体”称号，2 名本科生获“北京市三好学生”称号，1 名博士生获“北京市优秀学生干部”称号；环境 154 团支部获得首都“先锋杯”优秀团支部称号，1 名硕士生获首都“先锋杯”优秀基层团干部称号，1 名本科生获首都“先锋杯”优秀团员称号；1 名博士生获中国农业大学“五四青年标兵”，1 名本科生获中国农业大学“自强之星”。

打造丰富的校园文化活动，举办春季趣味运动会、元旦晚会等，获“优秀心理部”“志愿农大优秀团体”等荣誉。暑期组建了 25 支小队，200 余名学生奔赴全国各地进行实践。

（尹蛟）

【工会工作】

学院分工会组织教职工参加体检；在校运会上组织教职工方阵，配合学校工会组织教工健步走、羽毛球赛等活动。通过开展消防演习、组织春游、举办退休教师欢送会、关心帮助遇到困难的在职教师等工作，建设安全、温馨、进取的“教工之家”。

资源与环境学院分工会被评为学校“模范教工之家”，伦飞获“中国农业大学优秀工会干部”称号，张俊伶、罗文海、李贵桐获“中国农业大学工会先进个人”称号。

（于福同）

动物科学技术学院

【学院概况】

动物科学技术学院源于 1921 年北京农业专科学校创建的畜牧学科，北京农业专科学校于 1923 年改名为国立北京农业大学，畜牧学科改为畜牧学系；1949 年由北京大学、清华大学、华北大学三校的畜牧学系合并成立北京农业大学畜牧学系；1993 年在原北京农业大学畜牧学系的基础上成立动物科学技术学院。学院设置 3 个系：动物遗传育种与繁殖科学系、动物营养与饲料科学系和草业科学系。

（张建云）

【学科专业建设】

学院拥有畜牧学、草学2个国家一级重点学科，学院开设2个本科专业（动物科学、草业科学），4个硕士、博士学位授权点（动物遗传育种与繁殖、动物营养与饲料科学、草学、畜牧生物工程）、2个专业学位授权点（养殖、草业），畜牧学博士后流动站1个、草学博士后流动站1个，还设有农业推广专业学位硕士研究生招生点。畜牧学和草学2个学科均入选“双一流”建设学科，教育部公布第四轮学科评估结果中，畜牧学和草学均排名A^+。

学院拥有动物营养学国家重点实验室、畜禽育种国家工程实验室、国家饲料工程技术研究中心、国家家禽测定中心和河北沽源草地生态系统国家野外科学观测研究站；国家级产业联盟2个：国家畜禽良种产业技术创新战略联盟和国家牧草产业技术创新战略联盟；省部级重点实验室6个：农业部动物遗传育种与繁殖重点实验室、农业部饲料安全与生物学效价重点实验室、畜禽遗传改良北京市重点实验室、生物饲料添加剂北京市重点实验室、草业科学北京市重点实验室和农业部草地管理与合理利用重点实验室；省部级中心7个：农业部饲料工业中心、农业部饲料效价与安全监督检验测试中心（北京）、农业部家禽品质监督检验测试中心（北京）、农业部牧草与草坪草种子质量监督检验测试中心（北京）、农业部饲料质量安全监督检验中心、农业部牧草工程技术研究中心、北京市生鲜乳质量安全工程技术研究中心；部级野外站1个：农业部草地生态环境科学观测实验站；国家农业产业技术研发中心5个：国家蛋鸡产业技术研发中心、国家奶牛产业技术研发中心、国家肉牛牦牛产业技术研发中心、国家兔产业技术研发中心和国家牧草产业技术研发中心；实验与实践教学中心1个；教育部农科教合作人才培养基地3个；国家一级学会中国草学会秘书处挂靠动物科学技术学院。

（张建云　郭晓旭）

【师资队伍】

2017年，学院有教职工139人，其中，专任教师113人，包括教授（含研究员等正高职称）47人，副教授（含副研究员等副高职称）61人；博士生导师60人，硕士生导师97人。中科院院士1人，中国工程院院士1人，国家“千人计划”1人，“长江学者奖励计划”特聘教授3人，国家杰出青年基金获得者5人，国家级“有突出贡献中青年专家”2人，享受政府特殊津贴专家6人，新世纪百千万人才工程国家级人选4人，国家“万人计划”科技创新领军人才5人，国家“万人计划”青年拔尖人才2人，“长江学者奖励计划”青年学者2人，国家优秀青年科学基金获得者2人，国家现代农业产业技术体系首席科学家5人，北京市教学名师1人。

本年度引进人才2人，晋升正高职称3人，副高职称3人，博士后研究人员在站20人，进站10人，出站7人。

（崔盈）

【本科教育教学】

2017年，本科生在校482人，招生146人，毕业96人。

本年度动物科学技术学院承担动物科学、草业科学专业共20个班106门课，新申请课程1门，校内公共选修课6门，为外院开课3门，小学期实习课程10门。动物科学专业招生116人，草业科学专业招生30人。

2017年毕业96人中，动物科学专业85人，草业科学专业11人。评出院级优秀毕业论文19篇，其中4篇入选学校百篇优秀毕业论文。

“基于‘牛精英计划’的畜牧业未来领军人才培养体系创新与实践”的教学成果获得2017年度北京市教学成果奖一等奖。

（刘佳）

【研究生教育教学】

2017年，研究生在校604人，其中，博士生275人，硕士生329人；招生234人，其中，博士生74人，硕士生160人；毕业研究生167人，其中博士生57生，授予博士学位56人，硕士生110人，授予硕士学位110人。完成2018年招生导师资格遴选（博士生导师60人，硕士生导师97人），其中新增博士生导师4人、硕士生导师3人。招收非全日制农业硕士3人，农业推广硕士毕业25人。

现代农业产业技术体系专项招生21人，依托牧草、蛋鸡、奶牛、肉牛牦牛、兔5个现代农业产业技术体系，与各体系综合试验站共建培养基地，配备校内导师和校外导师，实行“实践—理论—实践”三段式培养模式，培养高层次应用型复合人才。

国家建设高水平大学公派研究生项目，联合培养博士生14人，攻读博士学位7人，联合培养硕士生2人。中国政府奖学金项目外国留学生1人。支持研究生参加国际交流18人，总资助金额10万元。

（徐威　郑楠　周建玉）

【科学研究】

2017年，动物科学技术学院在研项目410余项（2017年新增60余项），其中横向合作项目160余项（新增60余项）；2017年到校经费约21 851万元；新增国家自然科学基金项目16项，其中国家优秀青年科学基金1项（马曦）。4位青年教师获得学院“青年英才培育计划”资助，其中张炳坤、马曦获得A类资助，曾祥芳、姜力获得B类资助。

动物科学技术学院作为主报单位获得省部级奖2项。申请专利41项；授权专利24项；1至12月SCI收录205篇（其中IF≥5.0的28篇，进入ESI全球前10%的14篇，10%～20%的66篇），EI收录14篇。

（徐威）

【合作交流】

2017年，学院留学生在校生17人，招生5人。

学院审批教师因公出国申请38人次、邀请外国专家及学生来访70余人次、学生因公出国参加国际会议24人次。接待“美国密歇根州立大学动物科学专业本科生国外短期学习项目”来访的Shengfa Liao（廖胜法）博士和5位本科生，参观了鸡场、奶牛场、猪场和兔场等，张英俊、李胜利、曹兵海、秦应和、王楚端和曲鲁江等教授分别给学生讲授了中国的草业、奶牛业、肉牛业、兔业、猪育种和家禽育种的产业现状与科研进展。

推进与悉尼大学、瓦格宁根大学联合培养博士生项目。2月13—17日，呙于明院长、张英俊副院长、李胜利教授和孙东晓教授一行4人访问了悉尼大学环境与生命科学学院，与Iain Young院长达成合作意向并讨论了合作方案。3—7月，与瓦格宁根大国际处负责人Paul Geurts及动物科学系教授Kees de Koning、Bas Kemp就合作申报“教育部中外合作培养博士生项目”进行多次沟通，并起草了合作方案；11月30日至12月1日，呙于明院长、张英俊副院长、李胜利教授、孙东晓教授、国际处冯伟哲处长与Paul Geurts、Janneke van Seters和Bas Kemp3位教授共同讨论了合作方案、合作领域、合作教授以及学位授予等事宜。

10月21—22日，举办动物科学技术学院学科发展前沿暨青年学者论坛，邀请北京大学、南开大学、浙江大学、中科院、华中农业大学、江西农业大学、中国海洋大学、内蒙古农业大学等及本院的11位畜牧学和草学学科专家作了主题报告。

11月25—26日，举办以推进畜牧业供给侧结构性改革和绿色发展为主题的现代畜牧产业技术发展论坛，论坛邀请农业部科技教育司、畜牧业司等领导、现代农业产业技术体系（牧草、生猪、奶牛、肉牛牦牛、肉羊、绒毛用羊、蛋鸡、肉鸡、水禽、兔、蜂）11位首席科学家做了产业技术发展报告。

（孙东晓　徐威　郑楠）

【学生工作】

本科生参评奖学金169人，共颁发本科生综合、单项、专项、学院专项奖学金902 610元，获奖学生共计309人次。学院发放勤工助学工资共计44 330元，一般补助24 820元，特殊补助11 000元，通过社会助学金和国家助学金向经济困难学生发放经济资助573 000元。研究生共352人次获得各种奖学金，16人获得国家奖学金，其中博士生8人，硕士生8人。2017届本科毕业生就业率100%，硕士毕业生就业率99.09%，博士毕业生就业率96.23%，开展学生就业能力建设活动17次。

本科生有13名学生荣获校级优秀学生干部称号，36名学生荣获校级三好学生称号，7名学生荣获校级优秀团干部称号，9名学生获校级得优秀团员称号，1名学生荣获北京市三好学生称号。研究生中有38名学生荣获校级三号学生称号，14名学生荣获校级优秀研究生干部称号，3名学生荣获校级优秀团干部称号，9名学生荣获校级优秀团员称号，1名学生荣获北京市三好学生称号。3名本科生荣获中国农业大学优秀大学生党员称号，2014、2015级联合党支部“学走思、塑党性、展风采”活动评为学校优秀案例。4名研究生荣获中国农业大学优秀研究生党员称号。动科164团支部、动科163团支部荣获2016—2017年度中国农业大学优秀团支部称号，动科164班、草业161班荣获2016—2017年度中国农业大学优秀班集体称号，动科164班荣获2016—2017学年北京市先进班集体称号。

学院“创新德育培养新模式 延伸全员育人新平台”项目荣获中国农业大学思想政治教育工作实效奖。本科生学生会心理部荣获优秀心理部一等奖、“绎梦聆心”心理情景剧大赛一等奖，研究生会荣获校级优秀研究生会荣誉称号。第九届“挑战杯”首都大学生课外学术科技作品竞赛中荣获特等奖、一等奖、二等奖各一项。陈义强老师指导本科生张驰、王嘉熠完成的作品《饲料中铜、锌离子快速检测试剂盒的研制》荣获第十五届“挑战杯”全国大学生课外学术科技作品竞赛三等奖。

（郭晓旭　朱婷）

【党建工作】

2017 年，动物科学技术学院党员 516 人（正式党员 436 人），其中教职工党员 114 人，研究生党员 294 人，本科生党员 78 人，其他因出国、退休等暂存组织关系 30 人；教工党支部 5 个，每个系有 1 位支部书记担任副系主任；研究生党支部 12 个，本科生党支部 5 个。共发展党员 52 人，其中本科生 38 人，研究生 12 人，教师 2 人。上半年完成失联党员处置，退党处理 2 人，暂停组织关系 6 人。50 名预备党员转正，完成入党积极分子培训班 2 期、发展对象培训班 2 期、预备党员培训班 2 期。“七一”表彰校级先进基层党组织 1 个，优秀党务工作者 1 人、校级优秀党员 10 人、院级优秀党员 33 人。

2017 年召开党委委员会议 8 次，党政联席会 11 次，理论中心组学习 8 次，召开民主生活会 1 次，有 513 名党员参加民主评议，评议结果为优秀党员 288 人，合格党员 174 人，基本合格 1 人。开展全院专题党课教育 4 次，规范基层党支部换届、党费收缴工作。落实中央巡视整改，梳理学院整改任务，加强教风建设、优良学风建设和基层党组织建设、认真落实意识形态工作责任制，领导班子共同参与，分工负责。创建学院“党员之家”党员学习活动场所，遗传教工党支部发起“两学一做”党员之家论坛。向学校推送“‘两学一做’系列论坛，人人争鸣党员之家”“学走思、塑党性、展风采”2 个党支部活动优秀案例。11 月完成北京市党建评估工作，组织开展全院师生学习宣传贯彻党的十九大精神系列活动。

12 月 20 日召开动物科学技术学院党员代表大会，选举周旭峰、郭晓旭、邹东云、田见晖、张英俊、连正兴和曹志军为新一届党委委员，周旭峰担任党委书记、郭晓旭担任党委副书记。

（郭晓旭　孙丹丹）

【教代会与工会工作】

完成学校工会组织的教职工之家评审工作；2017 年春季田径运动会教职工团体总分第 8 名；举办 2017“动科人”摄影大赛，承办学校教职工乒乓球混合团体比赛。王楚端、黄莺获 2017 年度学校工会先进个人、张浩获优秀工会干部奖。

（连正兴　刘泽立）

动物医学院

【学院概况】

动物医学院前身为 1949 年 10 月 9 日成立的北京农业大学兽医系，1984 年 10 月 25 日北京农业大学成立兽医学院，1993 年 4 月更名为动物医学院。学院设置有基础兽医学系、预防兽医学系、临床兽医学系三个教学系部，以及教学动物医院、学校畜禽疫病诊断研究中心等附属单位。

（马毅新）

【学科专业建设】

学院拥有博士授权一级学科兽医学，涵盖基础兽医学、预防兽医学、临床兽医学、兽医生物工程和兽医公共卫生5个二级学科，具有本科、硕士、博士3个人才培养层次，设有兽医学博士后流动站。

依托学院建有农业部动物流行病学重点实验室、农业部兽药残留及违禁添加物检测重点实验室、国家兽药安全评价中心、国家兽药残留基准实验室、国家级兽药安全评价（环境评估）实验室、农业部动物产品质量安全化学性危害因子风险评估实验室（北京）、农业部兽药安全监督检验测试中心（北京）、国家动物寄生原虫实验室、国家动物海绵状脑病检测实验室、教育部中国农业大学动物疫病快速诊断技术实验室、动物源食品安全检测技术北京市重点实验室、北京市高等学校实验教学示范中心、生物安全三级实验室、学校畜禽疫病诊断研究中心、学校实验动物平台、教学动物医院等实验室或研究中心。

2017年，兽医学获评教育部“双一流”建设学科，在教育部第四轮学科评估中结果为A^+。

（赵世云）

【师资队伍】

学院共有教职工124人，其中专任教师113人，包括教授（含研究员等正高职称）37人、副教授（含副研究员等副高职称）57人；博士生导师43人、硕士生导师78人；中国工程院院士1人、“长江学者奖励计划”特聘教授2人、国家杰出青年基金获得者4人、新世纪百千万人才国家级人选4人、国家“千人计划”青年人才1人、“长江学者奖励计划”青年学者1人、国家优秀青年基金获得者4人、国家有突出贡献专家4人、享受政府特殊津贴专家7人、北京市科技新星3人、教育部新（跨）世纪优秀人才15人、北京高等学校“青年英才计划”2人、全国优秀教师1人、北京市优秀教师1人、北京市教学名师3人、宝钢优秀教师6人、中国农业大学教学名师4人。

本年度学院引进优秀人才5人、新进教师8人，退休3人。晋升正教授3人，副教授3人，博士后研究人员在站11人，进站6人、出站2人。

（王继凤）

【本科教育教学】

本科生在校463人，招生87人，另接收留学生3人；毕业82人；2012级免试研究生共26人，保送比例达30%。获国家级大学生创新创业训练项目14项、北京市大学生创新项目5项、URP计划18项，参加项目本科生88人。校级本科生优秀毕业论文3篇。

刘金华教授获评2017年度北京市优秀教师，金艺鹏教授获评宝钢优秀教师。蒲娟副教授获得第十届北京高校青年教师教学基本功大赛一等奖和最佳教案奖，刘金华教授获最佳指导老师奖。在2017年教育教学评优中，郭鑫、朱要宏、曹静被评为“优秀教师”，袁占奎、温凯和张蕊获“优秀班主任”称号。周磊、林德贵、金艺鹏获得中国农业大学2017届本科生“百篇优秀毕业生论文(设计)”优秀指导教师奖。2017年获得校级教学成果奖3项,其中特等奖1项、二等奖2项。

2017年本科教学实验室完成了100万的虚拟仿真教学项目、60万的实验室补充设备购置和40万的改善基本办学条件设备购置,并申报了2018年199万修购专项经费。

2017年7月3日至9月22日,学院组织2013级和2014级的学生参加了校外农场实习,实习学生人数达157人,带队老师17人。每个学生分别在鸡场实习3周、奶牛场实习2周。自317本科教学技能训练中心投入使用以来,学院已经举办5期小动物临床技能培训,2017年7月,学院为已经参加培训并通过考核的29位同学举行结业典礼并颁发结业证书。

完成了2016版本科生培养方案课程执行进度表,同时加强核心课程建设,包括院级核心课程建设9门,校级核心通识课程2门。

(王继凤)

【研究生教育教学】

在校研究生827人,其中全日制博士生245人、全日制硕士生286人、非全日制兽医博士生115人、非全日制兽医硕士生181人;招收各类研究生218人,其中全日制博士生59人、全日制硕士生139人、兽医博士生14人、非全日制兽医硕士生6人;毕业全日制研究生152人,其中博士生55人、硕士生97人,毕业生中获校级优秀毕业生有22人,其中市级优秀毕业生6人;获得学位研究生共有221人,其中全日制研究生67人获得农学博士学位、62人获得农学硕士学位、35人获得兽医硕士学位,非全日制研究生9人获得兽医博士学位、48人获得兽医硕士学位。

2017年5月,组织了第二届博士生学术论坛,64名博士生参加墙报展示,其中16名参加汇报交流,共评选大会报告一等奖1名、二等奖2名、三等奖3名、优秀奖10名,优秀墙报奖16名。7月,组织了第三届推免生夏令营,52名学生被正式录取,是2016年的1.5倍。

学院完成了2016级全日制专业学位45名硕士生的实践环节考核工作。深入开展专业学位研究生教育综合改革卓越临床兽医专项,2017年招收专项硕士生10人,该专项在研究生院组织的专业研究生教育综合改革实践教育环节中荣获优秀组织奖,学生中1人获个人优秀报告一等奖,5人获得优秀照片奖,3人获得优秀个人日志奖。着力开展学位授权点合格评估工作,完成学位授权点合格评估第一阶段工作。对兽医学5个二级学科、3个专业学位方向的培养方案、学位授予标准和环节要求进行修订,完善课程教学大纲;组织专家审核教学大纲、培养方案和环节要求等。

(赵世云)

【科学研究】

2017年全年到校经费8 817万元,新立项各类科研项目158项,合同总经费9 848.56万元。其中,纵向项目73项,合同总经费6 994.40万元,包括“十三五”国家重点研发计划15项、国家自然科学基金项目16项、国际合作项目9项、现代农业产业技术体系项目2项、北京市创新团队项目4项、北京市自然科学基金项目4项、北京市科委项目2项、农业财政项目6项、农业行业标准项目8项、其他纵向项目3项；横向技术服务、技术开发、技术咨询项目共计85项，合同总经费2 854.165万元。此外，立项基本科研业务费青年教师创新项目16项、学院自主安排项目3项，合同总经费259.5万元。发表SCI收录论文162篇、EI收录论文9篇，共计171篇，其中影响因子5.0以上的25篇。获省部级科研奖励2项；获新兽药证书2项；获授权专利10项，申请专利27项；转化科技成果4项，合同总金额2 825万元。

（张海燕）

【合作交流】

学院在校留学生29人，招生5人，毕业8人。学院稳步推进与英国爱丁堡大学的本科生"2＋4"联合培养项目，已选派第二批"2＋4"项目本科生赴爱丁堡大学学习；与美国爱荷华州立大学、匈牙利布达佩斯兽医大学初步达成合作意向；认真组织学校外专项目的申报执行与成果总结，立项2017年度学校"一院一平台"项目1项，下设子项目7项；承办2017年国际奶牛乳房炎大会；邀请外国专家来校讲学或进行学术交流40余人次，教师因公出国（境）30余人次；通过国家公派出国研究生项目选派攻读博士学位研究生1人、联合培养博士研究生4人、联合培养硕士研究生4人赴国外深造学习。

（张海燕）

【学生工作】

本科生毕业生76人，就业率97.4％，深造率48.7％；全日制硕士研究生97人，就业率95.9％；博士研究生54人获得学位，就业率100％。

2016—2017学年，学院累计发放各类本科生奖学金20余项，总额达71.28万元，共有135名学生、累计256人次获奖，奖学金覆盖面37％；发放各类研究生奖学金10余项，总额达163.7万元，共有213名学生、累计287人次获奖，奖学金覆盖面超70％。全年经济困难生得到现金资助超过46.7万元，达到经济困难学生资助全覆盖，参与学校学院固定勤工助学岗位学生70余名。

本科生共评选三好学生36人，优秀学生干部13人，优秀团员9人，优秀团干部10人，优秀毕业生13人，其中市级优秀毕业生4人。研究生共评选三好学生22人，优秀学生干部12人，优秀毕业生22人，其中市级优秀毕业生6人。2个班级获得校级优秀班集体，2个支部被评为校级优秀团支部，其中162班获得"北京市先进班集体"称号。

学院2017级新生获得军训争先创优活动"先进连队"称号，排球队获得校阳光体育排球联赛男子组第二名，合唱队获得"纪念一二·九运动"合唱比赛三等奖，分团委获得舆情收集工作优秀奖。

（高浩嵩）

【党建行政工作】

2017年，学院共有党员433人，正式党员386人，其中教职工党员61人，学生党员372人；设置教职工党支部4个，研究生党支部11个，本科生党支部3个。2017年，学院共确定入党积极分子33人，新发展党员46人，转正44人。

学院以深入开展“两学一做”学习教育常态化制度化为主线，以学习宣传十九大精神为重点，落实中央巡视整改要求，学习北京市第十二次党代会精神，接受北京市高校党建基本标准检查，开展党建规范化试点，坚持落实党风廉政建设责任制和意识形态责任制，强化党员干部政治责任，充分发挥分党委的政治核心作用，有力地保障了学院的全面发展，高效地完成了学校党委的各项任务。

坚持和完善党政联席会制度，发挥学术委员会、学位委员会等教授治学职能，推进系务会制度，完善学院治理机制；推进理论中心组学习制度化，加强党员教育，继续开展特色学习教育及实践活动，如“党员教师先锋论坛”“十九大精神知识竞赛”“双周三”系列学习，带领师生走进峪口禽业、世纪元亨等行业企业宣讲十九大精神，邀请共建企业党支部来校交流；带领党员走进中共一大会址、中国人民抗日战争纪念馆等红色教育基地，参观华为、小米等科技企业，感受大国科技魅力。

坚持“一个支部一座堡垒，一个党员一面旗帜”，宣传党员先锋，讲好学科故事，沈建忠、吴聪明、曹杰获“中国农业大学优秀共产党员”称号，张国中获“中国农业大学优秀党务工作者”称号，杨幸、欧嫣然、于娇、黄敏、于荷获“中国农业大学优秀学生党员”称号。

2017 年，学院坚持推进党务院务公开，通过网站实时更新学院“三重一大”事项及党政管理、财务管理等各项制度；在国有资产管理处指导下优化国有资产管理，加大报废资产处理力度，规范退休人员国有资产交接工作；执行改善基本办学条件两项；继续加强实验室管理和师生生物安全教育，签订《中国农业大学动物医学院安全保卫工作责任书》、组织安全知识培训和消防演习、常态化安全检查、全面梳理和排查烟感探头及监控摄像、妥善收集和处理实验废弃物等多个方面加强安全生产管理，全年无安全事故。

（高浩嵩　马毅新）

【工会工作】

2017 年，完成了教职工之家的建设工作。组建了篮球队、足球队、羽毛球队和乒乓球队，并加大了教职工各项文体活动的支持。除了参加学校组织的运动会、爬山比赛等各项比赛外，还与兄弟单位、友谊单位进行了数十场不同类型的友谊赛，同时聘请专业教练，定期开展教职工羽毛球健身活动。组织教职工到北京灵山进行春游。王帅玉获得年度“优秀工会干部”称号，孙秀平、王宏钧获得“工会活动积极分子”称号。学院还召开了教职工大会，会上进行了提案征集、处理、答复等工作，充分调动了广大教职工参与院校管理的积极性，切实履行了维护教职工权益的职责。

（常建宇）

食品科学与营养工程学院

【学院概况】

2017 年，食品科学与营养工程学院设置 3 个系：食品科学与工程系、食品营养与安全系、食品生物工程系；学院拥有 15 个研究机构/研究中心：国家果蔬加工工程技术研究中心、国家果蔬加工技术研发中心、教育部果蔬加工工程研究中心、功能乳品教育部北京市共建重点实验室、农业部农产品贮藏保鲜质量安全风险评估实验室(北京)、农业部农产品质量监督检验测试中心(北京)、农业部农业转基因生物安全评价(食用)重点实验室、农业部果蔬加工重点实验室、农业部葡萄酒加工重点实验室、植物源功能食品北京市重点实验室、植物蛋白与谷物加工北京市重点实验室、食品非热加工北京市重点实验室、食品质量与安全北京实验室、畜产品北京市高等学校工程研究中心。

(张虎)

【学科专业建设】

学院招收食品科学与工程、生物工程专业、食品质量与安全和葡萄与葡萄酒工程专业本科生;招收食品科学专业、粮食油脂及植物蛋白工程专业、农产品加工及贮藏工程专业、食品生物技术专业、营养与食品安全专业、水产品加工专业及营养与食品卫生学专业研究生;覆盖食品科学与工程、营养与食品卫生学 2 个学科;具有一级专业学科 1 个,一级学科博士点 1 个,博士学位授权点 6 个,硕士学位授权点 7 个和专业学位授权点 2 个,博士后流动站 1 个。

学院有"农产品加工及贮藏工程" 国家级重点学科(二级学科)、"食品科学与工程" 北京市重点学科(一级学科)和 "食品科学"国家重点(培育)学科(二级学科)。拥有国家工程技术研究中心 1 个,国家级实验教学中心 2 个,省部级重点实验室、研究中心 14 个。

(郭顺堂 张虎)

【师资队伍】

学院共有教职工 112 人,其中,专任教师 90 人,包括教授(含研究员等正高职称)42 人、副教授(含副研究员等副高职称)48 人;博士生导师 58 人、硕士生导师 30 人;"长江学者奖励计划"特聘教授 1 人、国家杰出青年基金获得者 2 人,国家优秀青年基金获得者 2 人,农业部"有突出贡献中青年"专家 1 人,新世纪"百千万人才工程"国家级,教育部"新世纪优秀人才支持计划",农业产业体系首席专家 1 人,"科技北京百名领军人才"1 人,北京市教学名师 1 人,享受政府特殊津贴专家 4 人。

本年度引进各类人才 2 人,退休 6 人,晋升正教授 2 人,副教授 2 人,博士后研究人员在站 43 人,进站 17 人、出站 8 人。

(魏秀英 张虎)

【本科教育教学】

2017 年,学院本科生在校 814 人,招生 199 人,毕业 195 人。学院坚决落实全国高校思政工作会议精神,坚持"立德树人"。本科生教育方面,继续坚持"厚基础、重创新"的理念,构建了创新能力培养为核心,注重理论与实践结合,建设课程实验、科研训练、生产实习 3 个平台,依托国家等各种创新计划和竞赛项目("1+2+3+N ")的培养模式,培养掌握扎实的理论知识和专业技能、具有创新精神专业人才。2017 年,大力推进本科生科研创新训练,共申请 12 项校级 URP,2 项北京市大学生创新创业项目,2 项国家级大学生创业项目,7 项国家级大学生创新项目,7 项院级创新创业项目,累计支持金额为 30.25 万元。学院学生创新项目《高抗性淀粉含量的大米面包的开发与制作》作品参加第十五届全国"挑战杯"课外学术科技作品竞赛，获得全国决赛三等奖。继续推进教育教学改革，学院获得学校教学成果特等奖 1 项、一等奖 2 项、二等奖 2 项。

（周忻）

【研究生教育教学】

2017 年，学院研究生在校 654 人，其中，博士生 222 人、硕士生 432 人；招生 259 人，其中，博士生 70 人、硕士生 199 人；毕业研究生 232 人，其中博士生 41 人，授予博士学位 41 人，硕士生 160 人，授予硕士学位 160 人。

2017 年，加强博士、硕士生的学术研究水平和专业硕士学位研究生的解决实际问题能力的培养，以服务国家战略和经济建设为出发点，发挥研究生的学科发展生力军作用。学院组成以各系主任以及学科带头人为主的培养方案修订小组，全面审视研究生培养全过程，统筹硕士和博士课程结构，强化博士研究生创新能力培养，促进课程学习与实践相结合，强化硕士生的实践能力培养。学院召开了第四届全国农业专业学位研究生教育指导委员会食品加工与安全领域分委员会第一次会议；组织完成了食品加工与安全领域指导性培养方案的编写工作，组织专家编写了食品加工与安全领域骨干课程教学大纲，开展了食品加工与安全领域案例入库及案例库推广工作。

（石宝霞）

【科学研究】

2017 年新增课题 161 项，其中，纵向课题 76 项，横向课题 85 项。纵向课题中重点研发计划 12 项，国家自然基金重点项目 1 项，面上项目 9 项，青年科学基金项目 3 项。2017 年学院到账科研经费 1.21 亿元，其中纵向经费 1.05 亿元，横向经费 1 600 万元。

学院授权专利 28 项，申请专利 73 项。获国家科技进步二等奖 1 项、省部级奖励 1 项。科技成果转化 6 项。发表 SCI 241 篇，EI 111 篇，其中影响因子大于 5 的 27 篇，学科前 10%的 75 篇，学科 10%～20%的 86 篇。

（江正强　苏春元）

【合作交流】

2017 年，留学生在校生 15 人，其中研究生 5 人，本科生 10 人；招生研究生 1 人，本科生 1 人；毕业研究生 2 人，本科生 2 人；联合培养硕士研究生 7 名，联合培养博士研究生 14 名，攻读博士学位研究生 10 名。

2017 年，学院合作交流工作主要立足于学科发展实际，建设一流学科目标，建立了管理制度，开展了卓有成效的合作交流工作。首先是加强教师因公出国审批与管理，规范流程，共审批外事出访任务 60 余人次，学院引入外国专家 10 人次，接待 9 个访团。其中，依托国家"一带一路""健康中国"战略，在大学、企业、政府的参与下，提出建设中国—泰国农业大学技术合作中心，并以此中心为基础，相继开展学生交流、成果技术转移、人才培训等工作，带动中泰双方乃至周边国家相关行业发展的构想。

（郭顺堂　苗敬）

【学生工作】

2017 年，学院本科生奖学金总额 104 万元，获奖 641 人次；研究生奖学金总金额 193 万元，获奖 335 人次。国家助学金金额 43 万元，社会助学金 12 万元。学院 104 人获得中国农业大学“三好学生”称号(64 名本科生，40 名研究生)，39 人获得“优秀学生干部”称号(24 名本科生，15 名研究生)，16 人获得“优秀团干部”称号(15 名本科生，1 名研究生)，24 人获得“优秀团员”称号(14 名本科生，10 名研究生)。集体评优中，共有 3 个团支部获得中国农业大学优秀团支部称号，3 个班级获得中国农业大学优良学风班称号。2017 年学院毕业 393 人，整体就业率 96.18%。

2017 年，学院承办了“教民稼穑、弦歌不辍”亮灯活动，为 112 周年校庆献礼。荣获学校春季运动会团体总分第一名、女子团体总分第一名、男子团体总分第六名；校春季运动会团体操比赛第一名、第七届啦啦操赛冠军、“不忘初心跟党走，青春奋进新时代”纪念“一二·九”运动合唱比赛二等奖。

(张普光　李景妍)

【党建工作】

2017 年，学院在全体党员中继续大力组织开展“两学一做”专题教育，推进“两学一做”专题教育制度化、常态化；组织了学习党的十九大精神主题学习教育活动等系列活动，并在全院学生党支部中组织开展“我学十九大·不忘初心跟党走”学习党的十九大精神知识竞答活动。学院党委 2017 年共发展党员 111 人，其中本科生 83 人，研究生 28 人。在党建评优中，本科第二党支部获校级先进基层党组织；本科生、研究生“红色 1+1”项目获得北京市三等奖一项，优秀奖两项；程永强被评为校级优秀党务工作者；苏春元、尹淑涛被校组织部评为优秀共产党员；刘夫国、刘海华、林梦圆、谢羽斐、刘欣然、许嘉璐、孙渊、林君、姜玉池获得优秀大学生党员称号。

(张普光　李景妍)

【教代会与工会工作】

2017 年，学院紧紧围绕建设和谐学院、促进民主气氛、营造健康氛围，加强工会组织的建设，持续开展学院教职工之家活动；学院工会通过组织每月集体生日会、美食烹饪、慰问教师、体育健身、健康讲座等活动，加强人文关怀，营造温馨氛围，获评北京市模范教职工小家。本年度，工会还精心给退休的教师制作了精美的个人相册，并组织了退休教师座谈交流活动。赴中粮营养健康研究院开展考察交流，并进行联欢活动。

2017 年，曲桂芹被评为校级优秀工会干部，毛立科和袁长梅被评为校级工会先进个人。胡小松被评为优秀教职工之友。用于慰问教职工结婚、生育、本人患病、家人患病、家人去世等方面的慰问金和女职工保险共计支出 13 000 元。

(范志红　李景妍)

工　学　院

【学院概况】

工学院于2002年7月由原机械工程学院、车辆与交通工程学院和农业工程研究院三个单位组建成立了工学院，其发展历史源于20世纪50年代初期北京农业机械化学院创办的农业机械设计制造专业和农业机械化专业。

工学院下设农业工程、车辆与交通工程、机械设计与制造和机电工程4个系；教学科研办公用房总面积达2.3万平方米，设施、设备以及科研、教学条件先进。学院设有机械工程训练中心、综合实验中心、大学生创新创业实践中心、教育部现代农业装备与设施工程研究中心、中国农业机械化发展研究中心、机械与农业工程国家级实验教学示范中心。

工学院设有院办公室、院分党委、院分团委、教务与学生管理科、科研与研究生管理科、学生教育管理科、院学生发展服务中心(挂靠学生教育管理科)。

(高茹英)

【学科专业建设】

工学院学科群覆盖工科和理科两大领域，在农业工程、农业机械化、车辆工程、机械工程等领域具有重要影响。

工学院拥有农业工程国家一级重点学科、农业机械化工程国家级重点学科、车辆工程部级重点学科、农业工程和机械工程2个博士后流动站；同时设有农业工程、农业机械化工程、车辆工程、机械工程、机械设计及理论、农产品加工与贮藏工程、机械电子工程、机械制造及自动化等8个博士点和硕士点。设有农业工程、机械工程两个本科生大类，共有6个本科专业。

(高茹英)

【师资队伍】

2017年，学院拥有在职教职工155人，其中专任教师121人，教师中有教授、研究员44人，副教授、副研究员63人，讲师17人；聘请国外兼职教授12人、国内兼职教授30人。有长江学者特聘教授2人、北京市教学名师2人、“大北农”教学名师4人、北京市优秀教师2人、宝钢教育基金9人；享受国务院政府特殊津贴6人。有研究生指导教师145人，其中具有博士研究生招生资格60人，2017年，晋升教授2人，晋升副教授2人，高级实验师1人；新进教职工9人，退休职工4人，接收博士后进站4人。

2017年，工学院4人被评为中国农业大学“优秀教师”；1人被评为中国农业大学“班主任标兵”；1人被评为宝钢奖；1人被评为“大北农”教学名师；1人被评为优秀党员。

(高茹英)

【本科教育教学】

2017年，学院本科生在校1 092人，招生299人，毕业272人。录取本科生共6个专业，11个班级，共计学生299人。专业划分，农业工程专业70人、机械设计制造及其自动化专业55人、机械电子工程专业57人、车辆工程专业89人、工业设计专业28人。2013级本科生毕业人数272。其中266获得学位，6人结业。双学位32人。毕业设计(论文)成绩优秀45人。12人入选校级百篇优秀论文。

2017年春季学期本科生课程186门次、停开7门，工程实训480人次，任课教师90人。2017年夏季实践类校内课程36门次，工程实训195人；夏季实践类校外课程12门次。2017年秋季学期本科生理论课程212门次、工程实训370人，任课教师88人。同时组织了6项实验条件建设项目，1项维护运转项目，21项教学改革项目。

2018年免试研究生推荐情况。2014级毕业生总人数280人，获免试资格学生65人，占毕业人数的23.21%。其中，普通推免58人、学术专长3人、支教2人、艺术特长1人、民族生1个。

完成2017年校级核心课3门、院级核心课51门的建设工作。其中，车辆专业9门、机电专业8门、机制专业11门、农工专业6门、机化专业6门、设计专业11门。

2017年春季学期成立工学院本科生教育教学督导组。由李丽英副教授、张淑敏教授、谭彧教授、张宾教授、徐杨教授、高振江教授、宋正河教授组成，对工学院本科生教学进行全覆盖督导。

2017年秋季学期建立校级本科生一对一学业辅导。由宋正河教授、谭彧教授、徐利明教授、张宾教授、徐杨教授组成，对本科生进行预约一对一的学业辅导。

2017年国家级实验教学示范中心顺利开展实验教学相关工作，积极组织中心骨干教师参加机械学科组相关学术研讨和教学交流活动，全年共组织交流活动4次，参加人数12人次，继续开展了实验平台和条件建设，在学校修购项目的支持下，补充和完善了机械制造工程学、数控伺服系统设计与实验、热工基础实验等基础课程实验室仪器和设备，实验室管理制度，明确了实验室管理责任，对于实验室资源使用情况进行统一调配，实现了资源共享，完善中心网站建设和内容上线，为实验室运营和实践教学搭建了良好的硬件基础平台。2017年中心加强了科技创新工作，组织青年教师经验交流会、教学名师传帮带等方式，加强鼓励青年教师承担更多创新创业能力培养工作，指导学生参加各类学科竞赛和科研训练。今年参与各类学科竞赛的人数大大提高，获奖情况突出。

2017年，国家级虚拟仿真实验教学中心多次召开骨干教师教学研讨会，组织虚拟仿真各模块教师开展交流，并制定了新版虚拟仿真实验核心课程教学大纲，发表了“机械与农业工程虚拟仿真实验教学中心建设规划与实践”论文。接受校友捐赠，增补了汽车整车装配仿真、汽车电器系统仿真、液压元件拆装与原理等虚拟仿真实验教学资源。积极开展对外交流活动，先后接待了美国普度大学、美国爱达荷州立大学、吉林大学、北京林业大学、黑龙江农业机械研究院等国内外高校、研究机构、企业等相关教学、科研人员参观交流100余人次，并接待了来自全国暑期夏令营、北京市西城区厂桥小学等中小学校师生的科普参观。

工程训练中心建设:主要是强化安全意识,统一着装,签订实习安全承诺。承担信息与电气工程学院5个班、食品科学与营养工程学院10个班、经济管理学院5个班、水利与土木工程学院4个班、工学院10个班的工程训练繁重的教学任务。提供了研究生“先进制造技术实践”课程实习条件,承担了部分数控教学指导工作。完成了北京市大学生工程训练综合能力训练比赛的“无碳小车”加工制作工作。比赛取得了2个一等奖、2个二等奖和1个三等奖的优异成绩。完成了基于工业4.0的智能制造系统建设工作;承接了校内外大量的参观工作。完成了中心负责的发改委项目的采购招标工作。设备已开始陆续到位。

科研训练情况:2016年URP结题33项,参加学生141人;2017年URP立项30项,参加学生96人。2016年国创、北创项目的结题验收27项,参加学生77人;2017年国创、北创中期检查46项,参加学生132人;2018年国创、北创项目立项40项,参加学生119人。

教学成果及获奖情况:郑永军副教授11月获宝钢教育奖;徐杨教授9月获(大北农)中国农业大学教学名师奖;辛喆、郑永军、汤修映、董向前获2017年校级优秀教师;获得校级教学特等奖2项、校级教学一等奖3、校级二等奖4项。

(张敏)

【研究生教育教学】

2017年,工学院共录取全日制研究生239人。其中,普通博士研究生61人,含直博生1人,留学生4人。普通硕士研究生174人,含全日制专业学位研究生65人。在校全日制研究生共计617人,其中:硕士研究生366人,博士研究生251人;在职专业学位在读研究生25人。2017年暑期夏令营录取情况:营员共计56人,其中推免录取6人。

2017年,工学院开设研究生课程80门,其中博士课程18门,硕士课程62门。

2017年,学院共有213人获得学位,其中工学博士55人,工学硕士82人,工程硕士72人。2017年,工学院共2篇学位论文被评为校级优秀学位论文。

2017年,学院落实了“国家建设高水平大学公派研究生项目”的人员,其中联合培养博士15人、攻读博士学位3人、联合培养硕士2人。

2017年,60人通过博士生导师招生资格年度审核,其中:新增博导9人,外聘导师1人,副教授具有博士生招生资格31人;90人通过硕士生导师招生资格年度审核,其中:新增硕导2人,讲师具有硕士生招生资格5人。

根据学校“十三五”事业发展规划和《世界一流大学总体建设方案》《中国农业大学研究生培养规定》(中农大研生字〔2013〕4号)的有关要求,2017年对“农业工程学科”和“机械工程学科”的研究生培养方案、学位授予标准和培养环节要求进行了修订,分别从培养单位视角和研究生视角对整个研究生课程体系,从培养目标、课程内容、教学方法和教学管理以及研究生选课到考核的各个环节进行了分析、梳理。

2017年,学院在研究生院统一部署下,组织学院学位委员会,系主任等召开了学院学位点(农业工程和机械工程)合格评估研讨会和工作布置会。同时农业工程申报了国际评估，工学院牵头组织了三个学院（工学院、水利与土木工程院、信息与电气工程学院）关于农业工程学位授权点国际评估的协调会。学位授权点合格评估是教育主管部门对学校学位与研究生教育质量评估的重要举措，也是对学位授权点研究生教育和学位授予质量的全面检查。评估过程中，工学院着眼于问题，明晰学位授权点发展定位，优化人才培养的学科结构。

（崔岳宁　吕娟妃　田笛）

【科学研究】

2017年，学院瞄准国际科技发展前沿和国家重大战略、产业需求，围绕农业机械化发展战略研究、旱地农业保护性耕作技术与机具、农田作业机械、农产品干燥理论与技术装备以及农产品加工、饲料加工、生物质工程、精准农业、农业机器人等技术装备和智能农业装备、农业装备数字化设计与虚拟现实、工业设计等优势科研领域，形成了特色和较强的学术影响力。

2017年，工学院获批准项目153项，到校总经费达到7 189万元。主要包括国家重点研发计划项目、公益性行业科研专项、国家自然科学基金、农业部项目、现代农业产业技术体系、横向课题、其他项目。

截至12月底，学院共申请国家专利204项，其中发明专利123项，实用新型专利71项，外观设计专利10项。获得授权专利149项，其中发明专利93项，占62%，实用新型专利50项，占33%。

学院全年发表SCI/EI论文242篇，其中SCI收录论文114篇，EI收录论文128篇，通讯作者教师数59人，影响因子大于5的SCI论文9篇，学科前10%的论文13篇，学科前10%～20%的论文32篇。

学院拥有各类科研基地共10个。包括：生物质能科学与技术国际联合研究中心；现代农业装备与设施教育部工程研究中心；现代农业装备优化设计北京市重点实验室；农业部土壤－机器－植物系统技术重点实验室；农业部可再生能源清洁化利用技术重点实验室；农业部保护性精细耕作研究中心；农业部河北北部耕地保育科学观察实验站；国家农产品加工技术装备研发分中心；中国农业大学中国农业机械化发展研究中心；中国农业大学农业工程研究院。

（郑志伟）

【合作交流】

农业工程（中外联合培养）项目农工131班陈正朴、毛一舟，农工141班李晨曦在美代表普渡大学参加美国液压协会（NFPA）举办的液压动力自行车挑战赛，获得比赛总冠军。与英国哈珀·亚当斯大学签署的农业工程相关专业双硕士学位研究生合作项目已经进行到第四年，第四批4名硕士研究生已赴英国学习。12月15日，坦桑尼亚开放大学校长、前总理米曾戈·卡扬扎·彼得·平达及夫人一行5人到访学院。

（崔岳宁）

【学生工作】

2017 年，学院有本科生毕业 271 人，研究生 199 人，其中博士生 52 名，硕士生 147 名。截至 12 月 31 日，2017 届毕业生就业率为 96.25%。

2017 年，学院共有本科生班级 42 个，班主任 42 名，辅导员 15 名，共有 8 人获"优秀班主任"称号，3 人获"优秀辅导员"称号，1 人获得优秀教育工作者(一类)。

工学院有不同程度经济困难学生 270 人，占工学院本科生总人数的 24.73%。2017 年，共 53 名同学通过绿色通道。2017 级新生共有 70 人获得 1 000～4 000 元不等的各项资助。在学院内，以直接经济补助的形式大范围的发放贫困资助 24.24 万余元，其中发放冬衣等补助 1.23 万元，累计发放勤工俭学工资 23.01 万余元。同时，全院 270 名经济困难学生中，269 名学生分别获得 4 000 元、3 000 元和 2 000 元三档的国家助学金，共计 104.1 万元。2017 年，学院有 5 人通过审核并成功获得国家助学贷款，贷款总金额共计 3.76 万元。续放审核通过人数为 21 人，共放款 11.33 万元。

在 2016—2017 学年度奖学金评选中，工学院共有 648 人次获得学习优秀一、二、三等奖学金、国家奖学金、国家励志奖学金、优秀学生奖学金等单、专项奖学金以及社会工作奖学金、文化活动优秀奖学金，累计奖金额 129.44 万元。

工学院第三期励耘班感恩教育项目成立，从 2017 级经济困难学生中选拔了 23 名学生组成"励耘班"，在心理素质、科研创新能力、国际视野、社会课堂、公益服务等多方面进行培养。

在 2016—2017 年团学评优工作中，工学院共有 4 个团支部(新闻通讯社、机电 142、车辆 141、农工 162)获得校级"优秀团支部"称号，4 个班级(机电 161、机械 142、车辆 153、农工 163)获得校级"优良学风班"称号。同时，工学院还评选出校级优秀团员 30 人(本科生 21 人，研究生 9 人)，优秀团干部 23 人，优秀学生干部 44 人(本科生 31 人，研究生 13 人)，三好学生 108 人(本科生 82 人，研究生 26 人)，北京市三好学生 3 人(本科生 2 人，研究生 1 人)，北京市优秀学生干部 1 人。

2017 年工学院开展了暑期社会实践活动，共有 6 支小分队共计 40 余人于暑期奔赴全国各地展开实践活动，效果良好。

志愿活动方面，2017 年工学院志愿服务支队获得中国农业大学第十一届"志愿农大"优秀团体称号；肖家河小学爱心支教项目获得中国农业大学第十一届"志愿农大"优秀项目；3 名志愿者获得第十一届"志愿农大"年度优秀志愿者称号。中国农业大学工学院志愿者服务站获 2017 年北京市"首都学雷锋志愿服务站"称号。

(田笛　尹长林　曹娟娟　刘名洋)

【党建行政工作】

2017 年，学院党委农业工程系研究生第三党支部获得"中国农业大学先进基层党组织"称号(共 20 个)，张敏、陈度获得"中国农业大学优秀共产党员"称号(共 50 人)，谭或获得校级"优秀党务工作者"称号(共 21 人)；王萍萍等 7 人荣获"中国农业大学优秀学生党员"称号(共 100 人)。

继续深入开展“两学一做”学习教育。按照《中共中国农业大学委员会关于在“两学一做”学习教育中召开专题组织生活会和开展民主评议党员的通知(中农大党发〔2017〕1号)》要求,工学院党委积极认真部署工作,在全院范围内征集学院领导班子、党员领导干部意见104条,汇总为领导班子工作、学生学业发展、党员培养教育、学院大楼管理四个方面,师生的问题提得很具体也很到位,包括希望工学院东门开放等很细微的问题,也包括学院领导对学院建设、学科发展的整体规划,坚持无论问题大小,均原汁原味发送给相关领导、老师、责任人。学院领导班子带头撰写对照检查材料,坚持把自己摆进去,紧密联系思想、工作、生活实际,深刻剖析,详细阐述了在理想信念、政治纪律和规矩意识、工作作风、责任意识、组织生活、从严治党等六方面存在的不足,并提出了相应的整改措施。

完善落实学院党委书记、党委委员讲党课制度,党委书记讲党课5次,党委委员讲党课8次。学院党委理论中心组集中学习14次,通过组织廉政参观等活动,深入学习掌握《准则》基本精神和《条例》基本要求,提高对新形势下加强和规范党内政治生活、加强党内监督重要性的认识,切实增强开好组织生活会的思想自觉和行动自觉。

坚持理论中心组“双周三”学习制度,加强党员领导干部理论武装。分层次、分阶段、有重点地学习习近平总书记系列重要讲话精神和治国理政新理念、新思想、新战略,全国“两会”精神、十八届六中全会精神、十九大精神等内容,结合学校“双一流”、学院“双一流”建设,培养一流人才等实际问题,开展专题研讨,深化认识,凝聚共识,推动发展。

认真学习并贯彻落实党的十九大精神。2017年10月18日,学院组织500余名师生党员集中观看党的十九大开幕式,并在会后组织下发了党的十九大报告全文和新党章,组织各支部集中学习。全院掀起了学习宣传贯彻十九大精神的热潮。同时开展形式多种多样,新闻通讯社团支部组织举办了十九大知识竞答活动,在全校范围内开展,深受师生喜爱。

划分本科生党员责任区,充分发挥学生党员先锋模范、桥梁纽带、战斗堡垒作用。由党员深入宿舍宣传党的十九大精神,带领宿舍学生学习党的知识,关注时事政治,关心学生的学业发展。

邀请原马克思主义学院党委副书记,教授齐爱兰为学院教职工、学生党员骨干以“党在新时代的历史使命与担当”为题为学院师生作报告,齐爱兰围绕“中国共产党人的初心与使命”“新时代中国共产党的历史使命”“以‘四个伟大’推进中国特色社会主义历史进程,实现中国梦”3个方面带领师生们学习了十九大报告精神。

同时,学院积极组织学生参加“不忘初心跟党走,青春奋进新时代”合唱比赛,用歌声表达了青年对党和人民的热爱、对祖国未来发展的美好憧憬。

以师德建设为着力点推进教职工党支部建设。通过工学院网络,及时报道宣传工学院师德人物典型;以“青年教师互助组”为依托,加强对青年教师的师德培养和实践锻炼,充分发挥青年教师在教职工党组织建设中的作用。在2015年初工学院成立了青年教师互助组。2017年,工学院在此基础上按照不同年级组织了“班主任沙龙”活动,邀请经验丰富的班主任与年轻班主任进行座谈交流,帮助解决年轻教师在带班过程中遇到的各类问题。2017 年共组织班主任沙龙 4 次，参与教师 30 余人次，收到了学院教师的一致好评。

建设学生发展辅导中心，更贴近学生。2015 年，学院建成了“工学院学生发展辅导中心”，经过一年的使用、建设，学生发展中心受到了学院师生的好评。在 2017 年中，学生发展中心累计发布就业信息 800 余条，与学生座谈 600 余次，组织学生活动 60 余项。

优化党支部设置，推动党、团、班一体化。工学院党委对原有的党支部进行了改选和调整，本科生采取按照专业划分的原则，由高年级党员带领低年级党员、积极分子进行党支部建设，更好地发挥了“传帮带”的作用，各年级辅导员担任年级党建责任人，指导、参与、督促本科生党支部建设。2017 年工学院党委对研究生党支部建设进行了更新，重新将研究生按照科研导师划分为 18 个班级，在班级成立团支部、党支部。实现了党支部建在团支部上，团支部建在班级上。

2017 年，学院共发展党员 130 人，其中研究生 60 人，本科生 70 人。预备党员按期转正 106 人，其中研究生 51 人，本科生 55 人。

2017 年，学院党委协助学校党校开展了业余党校，包括积极分子培训班、发展对象培训班、预备党员培训班，167 名学生参加了积极分子培训班，其中 140 人通过考核，244 名学生参加了发展对象培训班，其中 215 人通过考核，139 名预备党员参加了预备党员培训班，有 138 名党员通过考核。

2017 年，学院党委共计申请“红色 1＋1”活动 2 项。农工研究生第五党支部与院办党支部赴平谷区大华山镇挂甲峪村与当地村委党员就农产品种植、加工的问题进行交流，寻求共建方式，并参观了知名校友企业——北京世纪阿波斯生物制药有限公司，与校友就农药化肥等学科对口问题进行深入探讨。农工研究生第九党支部在 112 周年校庆活动中，与后勤基建处餐饮一部党支部进行共建，在校庆当天的食堂开放日活动中，化身志愿者，为数千名校友服务。

（张青岳）

信息与电气工程学院

【学院概况】

信息与电气工程学院，起源于 1955 年筹建的农村电气化系，围绕农村电力和农业信息化领域国家重点需求，不断加强信息与电气工程学科建设。学院涵盖农业工程高峰学科、计算机科学与技术高原学科、电气工程特色学科。下设电气工程系、电子工程系、计算机工程系和控制工程系 4 个系，1 个工程实践创新中心；中国农业大学计算中心挂靠学院。学院重点建设并形成了电气工程与新能源发电、电子技术与自动化、计算机与信息技术三个特色鲜明的科技创新平台，在农业电气化与自动化、农业农村信息化技术、精准农业与智慧农业等领域具有重要学术地位和影响力。学院拥有 4 个校级研究中心、6 个部级重点实验室和科研试验基地，2 个省部级工程（技术）研究中心。中国农业工程学会农业电气化与信息化分会、中国电机工程学会农电科教专委会、全国高等院校计算机基础教育研究会农林类专业委员会挂靠学院。

（杜松怀）

【学科专业建设】

学院拥有1个国家级重点学科（农业电气化与自动化）、2个一级学科博士点（计算机科学与技术、农业工程）、2个二级学科博士点（农业电气化与自动化、农业信息化技术）、3个一级学科硕士点（农业工程、电气工程、计算机科学与技术）、4个专业学位硕士点（电气工程、计算机技术、电子与通信工程、农业工程与信息技术）。开设7个本科专业（电气工程及其自动化、计算机科学与技术、通信工程、电子信息工程、自动化、电子信息科学与技术和地理信息科学及1个信息科学实验班）。

学院的学科特色已从原来仅围绕解决农村能源科技问题，发展为集计算机技术、电气技术、自动化技术、电子信息技术、通信技术、生物和生命科学技术于一体的农业电气化、自动化和信息化学科，并已成为我国高等农业院校中惟一具备完整的电气、电子、以及信息工程学科基础的计算机科学与技术、农业电气化与自动化高级专门人才培养和科学研究基地。

（许朝辉）

【师资队伍】

学院有教职工173人，其中教授35人，副教授87人，高级实验师2名，高级工程师1名，中国工程院院士1人。博士生导师32人、硕士生导师99人，党政管理12人。

2017年，学院引进优秀人才2人。2017年学院2人晋升教授，3人晋升副教授。退休4人。

（宋子豪）

【本科教育教学】

2017年，共招收本科学生256人（8个班，其中含信息科学试验班50人），招收计算机科学与技术专业双学位学生57人。2017届毕业生246人，其中236人获得学士学位；推荐免试研究生89名；10篇校级优秀毕业论文。本科生申请北京市大学生创新训练计划21项，国家大学生创新训练计划35项，教育部专项22项，校级URP项目23项，经费累计105.28万元。实施院级教改项目12项，重点支持教材建设、名师专项等项目，累计经费支持20万元。由王涛副校长主持学院参与的“农业现代化创新领军人才‘五位一体’培养模式研究与实践”获北京市教学成果奖特等奖；孙瑞志教授主持的“以学生为中心、‘自主学习－互动反馈－持续改进’教学模式研究与实践”和张晓东教授主持的“以工程素养塑造为核心的智慧农业创新人才培养模式研究与实践”获北京市教学成果奖二等奖；2017年度本科教学运转费共计215万元。

（段颖昕）

【研究生教育教学】

2017 年，学院招收硕士研究生 157 人，全日制专业学位研究生 62 人，非全日制专业学位 5 人；博士研究生 36 人，其中留学生 1 人。毕业博士研究生 16 人，授予博士学位 17 人；毕业硕士研究生 115 人，授予硕士学位 130 人，其中专业学位 61 人。209 名研究生获奖学金，24 名获三好学生，9 名获优秀学生干部，6 名获优秀团员，6 名获北京市优秀毕业生，18 名获中国农业大学优秀毕业生，11 名研究生获得“国家高水平大学公派研究生项目”的资助。

2017 年，博士生导师 32 人，其中外聘的博导 5 人；硕士生导师 99 人，其中外聘导师 17 人 。共开设研究生课程 66 门。

（许朝辉　张鑫）

【科研工作】

2017 年，学院在研科研项目 206 项；其中，纵向课题 117 项，横向课题 89 项，到校总经费 5 083 万元。申报国家自然科学基金 26 项，获批 10 项，共计 446 万元。

2017 年收录的国际论文 210 篇，其中 SCI 收录 64 篇，EI 收录 142 篇，SSCI 收录 4 篇；申请专利 266 项，其中发明专利 251 项，实用新型专利 15 项，；获得专利授权 79 项，其中发明专利 68 项，实用新型专利 11 项；软件著作权登记 275 项；获得省部级奖 5 项。

（王晓红）

【学生工作】

2017 年，学院共有本科学生 1 027 人，硕士研究生 353 人，博士研究生 106 人，班主任 32 名，专职辅导员 6 名，兼职辅导员 7 名。本科毕业生 246 人，115 人保送、考取研究生，24 人出国，本科毕业生就业率为 98.78%。奖优助困工作中，781 名本科生参加综合测评，共有 559 人次获得综合、单项、专项各类奖学金，累计金额 125.65 万元。共有 212 人次获得三好学生、优秀学生干部、优秀团干部、优秀团员荣誉称号。204 名经济困难学生申请国家助学金，资助金额 786 000 元，63 人获得社会助学金，资助金额 216 000 元，1 名同学获得二等学费减免。评选出 4 个校优秀班集体、3 个校级优秀团支部、1 名校级优秀班主任。

学院积极组织学生参加全国电子设计竞赛、美国 ASABE 大学生机器人设计竞赛、“蓝桥杯”全国软件设计大赛、美国大学生数学建模竞赛、溢达全国创意大赛、中国自动化大奖赛等竞赛。全国电子设计竞赛获国家二等奖 2 人，北京市一等奖 5 人，北京市二等奖 6 人，北京市三等奖 3 人；美国 ASABE 大学生机器人设计竞赛中获得冠军；“蓝桥杯”全国软件设计大赛获北京赛区一等奖 3 人，二等奖 5 人，三等奖 26 人。举办了“不忘初心跟党走、青春建功新时代”“践行新思想、拥抱新时代”等主题教育活动，在“五月的花海”“金色的希望”及校运动会、校新生运动会等活动上，学院均取得了优异成绩。在中国农业大学第二届纪念“一二·九”运动合唱比赛中荣获全校一等奖、优秀组织奖、最佳伴奏奖。

（张鑫）

【合作交流】

学院先后与美国、加拿大、澳大利亚、德国、希腊、俄罗斯、日本、韩国、罗马尼亚、泰国、越南、斯洛伐克、巴基斯坦、中国台湾、中国香港等国家和地区的多所大学、研究机构及国际组织建立了长期友好的合作关系，开展广泛的学术交流与科研合作。2017年，主办了“中国发展论坛暨2017智慧农业国际研讨会”，包括1个大会、7个分会场，来自中国、美国、俄罗斯、韩国、希腊等国的专家、学者共300余人参会，会议共收录论文147篇，其中包括中文97篇、英文50篇。共评选出优秀论文奖9个、优秀演讲者奖8个、优秀poster奖8个，并在国际会议上颁奖。学院引进1名国际专家指导研究生、本科生进行科技创新活动，参加“2017美国ASABE大学生机器人设计竞赛”，并最终荣获冠军；引进2名国际专家参与英文专业课程建设。学院教师赴国外参加学术会议、合作交流、培训进修67人次；邀请外籍专家15人次。接待多个来校访问的国外大学代表团；与美国北卡罗来纳大学教堂山分校、日本产业技术综合研究所签署协议或备忘录；与美国加州大学戴维斯分校、美国俄克拉何马州立大学、悉尼大学、澳大利亚国立大学、悉尼科技大学已经达成口头协议，拟签署协议或备忘录。

（史银雪）

【党建工作】

学院有党支部33个，其中本科生党支部12个、研究生党支部14个、教工党支部7个。学生党员475人，其中本科生党员199人，占全院本科生总人数19.38%；研究生党员302人，占全院研究生总人数58.08%。教工党员104人，占全院教职工总人数的59.7%。2017年共有285人提出入党申请，确定入党积极分子128人；发展学生党员135人，其中研究生党员47人；共有135名预备党员按期转正，其中研究生党员47人。3个“红色1+1”活动获评北京市优秀奖。

（张鑫）

【工会工作】

2017年，成功的召开了学院二级教代会——第四届一至三次教代会，广泛征求教职工意见，维护教职工的权益，凝心聚力，共谋发展。发挥工会的职能，不断提高教师的思想道德和科学文化素质，树立师德标兵，关注青年教师成长，关心女教职工身心健康。举办青年教师基本功比赛、青年教师座谈会、校内外名师讲座等；完成职工保险、体检和女工保险、体检；完善各项档案资料编写留存。

在校工会组织的各项活动中，积极组织教职工参与。组织参加校运动会获得优异成绩；校乒乓球比赛获得团体冠军等，承办校级活动——瑜伽。在学院内组织工会会员各项文体活动，组织奥林匹克公园健步走、羽毛球比赛、乒乓球赛等活动、组建合唱小组、舞蹈队。

2017年，创建北京市模范之家及校模范之家，以评促建，促进职工小家基本建设和自我完善，多次接待校工会活动，获得好评。

（陈继威）

水利与土木工程学院

【学院概况】

水利与土木工程学院源于1958年成立的北京农业机械化学院农田水利化系。学院下设水利工程系、农业建筑与环境工程系、流体机械与流体工程系、土木工程系4个系；拥有5个本科专业、2个国家级重点学科、1个省部级重点学科、5个省部级重点实验室、工程中心及野外观测实验站；在作物高效用水理论与技术、节水灌溉技术与产品、农业水资源与水环境、水动力学与水力机械、动物健康养殖环境工程、设施园艺环境工程、城乡规划与建筑工程、环境增值能源与废弃物处理工程等领域形成了优势互补的研究方向。

（戈志奇）

【学科专业建设】

学院设置农业水利工程、水利水电工程、能源与动力工程、农业建筑环境与能源工程和土木工程五个本科专业，博士学位授权点（水利工程、农业生物环境与能源工程、农业水土工程）3个，硕士学位授权点（农业生物环境与能源工程、农业水土工程、水利工程、动力工程及工程热物理、土木工程、城乡规划学）和专业学位授权点（水利工程、农业工程、动力工程、建筑与土木工程、项目管理、设施农业）各6个，博士后流动站2个（水利工程、农业工程）。学院建有农业工程（农业生物环境与能源工程、农业水土工程）、水利工程、土木工程学科，在教育部第四轮学科评估中，农业工程评估结果为A^{+}，水利工程评估结果为B^{+}，土木工程评估结果为C^{-}。

学院拥有农业部设施农业工程（综合性）重点实验室、农业节水与水资源教育部工程研究中心、北京市畜禽健康养殖环境工程技术研究中心、北京市供水管网系统安全与节能工程技术研究中心、农业部作物高效用水武威科学观测实验站、农业部沼气质量测试中心华北工作站等科研平台，在甘肃武威、北京通州、内蒙古巴彦淖尔等地建有多个科研教学基地，其中石羊河实验站入选国家农业科技创新与集成示范基地。建设有科技部温室设备国际科技合作基地和北京市畜禽健康环境与福利养殖国际科技合作基地、现代节水灌溉技术与设备国际科技合作基地。

（李凴峰）

【师资队伍】

学院拥有教职工112名，具有博士学位者75人，其中教授33人、副教授52人、副研究员1人、高级工程师3人、高级实验师1人。2017年新引进教师5人，截至2017年12月，博士后研究人员在站6人，进站2人。

教师队伍具有中国工程院院士1人、国家“千人计划”1人、长江学者特聘教授4人、国家杰出青年基金获得者3人、中科院百人计划2人、国家“万人计划”领军人才1名、国家“青年千人计划”1 人、青年长江学者 2 人、国家优秀青年基金获得者 3 人、北京市教学名师 3 人、农业部产业技术体系岗位科学家 4 人、教育部新世纪优秀人才 9 人、宝钢优秀教师奖获得者 7 人、霍英东奖励及基金获得者 3 人、北京市科技新星 2 人、北京高校青年英才计划入选者 2 人。拥有国家自然科学基金创新研究群体 1 个、教育部创新团队 1 个、农业部农业科研杰出人才及创新团队 1 个。

（戈志奇）

【本科教育教学】

学院在校本科生 767 人。2017 级本科新生共 205 人，其中水利类专业 117 名，农业建筑环境与能源工程专业 58 名，土木工程专业 30 人。2017 届本科毕业生 169 人，其中授予学位 169 人，结业 6 人。2014 级本科生免试研究生 47 人，免推比例 26.11%。

获批一项教育部新工科研究与实践项目；获得高等学校水利类专业教学成果奖二等奖 2 项；3 本教材入选农业部“十三五”规划教材；蒋秀根教授获 2017 年北京市教学名师称号；施正香教授获得 2016 年“(大北农)中国农业大学教学名师奖”；姚志锋副教授获得北京市青年教师基本功比赛二等奖、最佳演示奖。韩宇、刘浏、姚志锋被授予水利与土木工程学院青年教师精彩一课的荣誉。

2017 年启动农业水利工程、水利水电工程的工程教育专业认证工作，将在 2018 年接受专家组的评审；完成 2016 级各专业本科生的教学大纲的编写；启动第二批青年教师导航计划。校外实践教育基地新增 10 个；2017 年开发了高效节水灌溉系统、设施健康养殖虚拟仿真教学资源 2 套，获得软件著作权 64 项；完成国创、北创项目 39 项、URP 项目 50 项，探索性地开设大学生创新成果展，评选优秀成果 5 项；2018 年大学生创新项目立项 38 项；承办第十届北京市高校土木院系联席会，近 20 所院校土木院系负责人、教师代表近 50 人参加会议。

（孙艳京）

【研究生教育】

研究生在校 448 人，其中，博士生 149 人、硕士生 299 人；招生 182 人，其中，博士生 35 人、硕士生 147 人；毕业研究生 157 人，其中博士生 30 人，授予博士学位 29 人，硕士生 127 人，授予硕士学位 127 人。

全年学院共开设全日制研究生课程 67 门，非全日制研究生课程 11 门。推荐公派出国联合培养博士研究生 12 人，出国攻读博士学位研究生 5 人，出国联合培养硕士研究生 5 人。完成了博士生资格考试、开题报告、论文中期检查、教学实践、学术交流以及硕士生开题报告、实践教育等研究生培养环节的考核工作。

（王宝芝）

【科学研究】

2017 年，学院承担国家重点研发计划项目、国家自然科学基金、公益性行业专项、现代农业产业技术体系建设项目等各类纵向科研项目 133 项，横向科研项目 37 项；全年到校科研经费 7 978 万元。2017 年度学院获批 7 项国家“十三五”重点研发计划项目；申报国家自然科学基金项目 39 项，获批 6 项，其中杰青项目 1 项，面上项目 5 项。

学院“农业高效用水创新引智基地”高校学科创新引智计划(111 计划)开展顺利，来自美国、英国、法国、澳大利亚、以色列、中国香港以及学校 140 余人参会，共有 26 位植物水分生理、农业与生态水文、水资源管理等方面的知名专家学者围绕变化环境下农业及生态水文与可持续水资源管理做了报告；国家重点研发计划“农田节水减排控盐技术及应用”项目和“养分原位监测与水肥一体化施肥技术及其装备”项目顺利启动；国家自然科学基金委员会“黑河流域生态—水文集成研究”重大研究计划集成项目“黑河流域绿洲农业水转化多过程耦合与高效用水调控”进展顺利；主持的 2016 年度国家重点研发计划课题“甘肃内陆河区高效节水灌溉技术研究与集成应用”和“固体废弃物热处理及生物炭气油制备关键技术研发”进展顺利；中国工程院重大咨询课题“华北地区食物安全可持续发展战略研究”召开课题进展研讨会；“农业部设施农业工程学科群”农业科技创新能力条件建设项目进展良好。

学院发表 SCI 收录论文 106 篇、EI 收录论文 84 篇、SSCI 收录论文 3 篇，影响因子大于 5 的 5 篇。获授权专利 31 项(其中发明专利 25 项，实用新型专利 6 项)、登记软件著作权 32 项。学院主报“大型灌溉排水泵站更新改造关键技术及应用”获得国家科技进步二等奖，参报的“高光效低能耗 LED 智能植物工厂关键技术及系统集成”获得国家科技进步二等奖，主报的“设施农业工程工艺与环境控制创新团队”获得中华农业科技奖—优秀创新团队类成果，主报的“高效滴灌系统抗堵塞关键技术研究及应用”获得大禹水利科学技术奖一等奖。

(李漂峰)

【合作交流】

学院在籍留学生 2 人。多次聘请国内外学者、专家到学院进行学术交流和研究，积极组织申报外国专家项目。学院主办或协办国际会议 3 项、国内会议 5 项；接待来访外国专家 60 余人；承办国际培训班项目 2 个。

学院与美国农业部农业研究组织(USDA-ARS)建立了互访交流；与美国康涅狄格大学农业与自然资源学院开展的“3＋2”联合办学项目稳步推进。此外，学院与美国新墨西哥州立大学、佛罗里达大学、伊利诺依大学、英国斯旺西大学、丹麦奥胡斯大学、以色列理工大学、香港中文大学等国内外高校互派访问团，与美国农业部农业研究组织、法国国家农业研究中心、中国科学院、中国工程院、中国水科院、中国农机院等科研单位通过项目合作和人员交流，建立了长期合作研究关系。

(张立伟)

【学生工作】

学院学生荣获美国大学生数学建模大赛二等奖 1 项，全国大学生英语竞赛二等奖 4 项，三等奖 7 项，全国部分地区大学生物理竞赛一等奖 1 项，民生杯数学建模比赛一等奖 1 项，二等奖 1 项，北京市大学生数学竞赛获一等奖 1 项，二等奖 2 项，三等奖 1 项；全国部分地区大学生物理竞赛一等奖 2 项。主办第五届全国大学生农业建筑环境与能源工程相关专业创新创业设计竞赛，选送 4 组选手在全国比赛中获特等奖 3 项，一等奖

1 项，荣获“优秀组织奖”，赵淑梅、陈刚、段娜获得“优秀指导教师奖”；在第五届全国大学生水利创新设计大赛中，选送 3 组选手在全国比赛中获特等奖 1 名，一等奖 2 名，丁涛获得“优秀指导教师奖”，中国农业大学获得“优秀组织奖”。继续举办结构设计大赛和 CAD 制图大赛，共吸引了全校 500 人次参与；代表学校参加第十一届北京市建筑结构设计大赛获三等奖，本科生以第一作者发表 SCI 论文 2 篇，中文核心期刊 1 篇，软件著作权 1 项。

学院 1 个团支部获“北京市先锋团支部”称号，1 个班级获“北京市先进班集体”称号，1 个团支部获“中国农业大学标兵集体”称号，2 个班级获“中国农业大学优秀班集体”称号，3 个团支部获“中国农业大学优秀团支部”称号。2 人获“北京市三好学生”称号，1 人获“北京市优秀学生干部”称号，1 人获“北京市‘先锋杯’优秀基层团干部”称号，1 人获“北京市‘先锋杯’优秀团员”称号，1 名学生获“中国农业大学五四青年标兵”称号。

学院获春季田径运动会精神文明奖、男子团体总分第一名、女子团体总分第二名、男女团体总分第三名；新生运动会获男子团体总分第三名和男女团体总分第六名；在学校“一二·九”运动合唱比赛中获二等奖。

2017 年全年共有 339 人次本科生获得各类奖学金 87.43 万元，194 人次研究生获得各类奖学金 103.3 万元；助困方面，共认定家庭经济困难学生 208 人，全年各类资助 500 余人次，总金额 125 万元。

本科生就业率 96.57%，硕士研究生就业率 97.52%，博士研究生就业率 100%。

（黄振翔）

【党建行政工作】

2017 年，共吸收优秀大学生入党 91 人，其中女性 47 人，少数民族 11 人，预备期满转正 97 人。开办二级业余党校，开办 4 期积极分子培训班、发展对象培训班、预备党员培训班和党支部书记培训班，共培养入党积极分子 179 名，其中 140 名通过党课考核，培养发展对象 92 名，其中 69 名通过考核。

学院开展了 “新时代 新使命 新作为”学习十九大精神、“两学一做”常态化制度化、“红色 1+1”、学习贯彻全国高校思政工作会议精神等一系列主题教育实践活动，1 个党支部获北京市“红色 1+1”共建活动优秀奖，1 个党支部获评“中国农业大学先进基层党组织”；2 名教职工获得“中国农业大学优秀共产党员”称号；1 个党支部活动获得“中国农业大学优秀党日活动”称号，1 名学生党员获得“中国农业大学优秀党务工作者”荣誉称号，7 名学生党员获得“中国农业大学优秀学生党员”荣誉称号。

学院通过搭建“3 项制度”“5 项管理”推进目标管理。

（黄振翔、戈志奇）

【教代会与工会工作】

召开学院二级教代会，就学院绩效津贴发放情况、学院规章制度修订等进行通报征集代表意见与建议。

学院分工会继续建设好教职工之家，参加学校教职工之家评审；组织教工拖拉机（扑克牌）比赛和与农业部规划设计研究院的乒乓球友谊赛。

学院工会慰问退休老领导、老教师，慰问有病住院、有生活困难的职工，为生育青年教工送上慰问金；组织召开了新老教工迎送座谈会，重阳节举办了退休老同志座谈会。

（董清）

理 学 院

【学院概况】

理学院下设应用数学系、应用物理系、应用化学系和应用力学系 4 个系。

（宋慧芳）

【学科建设】

拥有农药学、农产品安全及化学一级学科博士点，与信息与电气工程学院共建了计算机科学与技术博士学位点，设有化学、数学、力学一级学科及农药学、农产品安全、生物物理学硕士学位点。农药学是国家“双一流”“985”“211 工程”重点建设学科，设有博士后流动站；化学专业是全国农林院校唯一的“国家化学理科基础科学研究和教学人才培养基地”。拥有北京市实验教学示范中心、农业部农产品质量检验测试中心等。

（何志巍）

【师资队伍】

学院共有教职工 171 人，其中，专任教师 142 人，包括教授 50 人、副教授 79 人；博士生导师 31 人（不含数学、力学及物理）、硕士生导师 71 人；享受政府特殊津贴专家 3 人。北京市教学名师 3 人。

2017 年，学院退休 4 人，晋升正教授 4 人，副教授 4 人，博士后研究人员在站 5 人，进站 2 人。

（孙薇）

【本科教育教学】

本学年承担学校和学院的各类本科课程共有 169 门，有 156 位教师承担相应教学任务，涉及学生人数达到 3 000 人以上，全年共完成本科生教学工作量 64 495 标准学时。

2018 年硕士研究生的推免情况，化学 40 人；数学 8 人；力学 6 人被推荐为免试研究生。

2017 年，学院获北京市教学成果一等奖 1 项，二等奖 1 项，校教学成果特等奖 3 项，校教学成果一等奖 2 项，校教学成果二等奖 4 项。完成 9 项院级教改项目，5 项校级教改项目。

出版了具有农业特色的系列教材 5 部，其中《线性代数》是学校唯一一部被列入普通高等教育农业部“十二五”规划教材的基础课教材。

组织各系教学主任、青年骨干教师参加国际教学会议 2 次，观摩北大、清华的教学公开课 5 次；先后安排 16 人次奔赴上海、青岛等地参加暑期教学交流会议。

组织教学专家开展讲座：先后邀请主管教学的王涛副校长和教务处林万龙处长就教学理念、教学制度进行答疑解惑；邀请北京大学、北京师范大学的教授就教学设计、教学内容和教学方法开展专题讲座。

实验课翻转课堂全面铺开：大学物理实验、物理化学实验等课程先后录制视频、整合实验器材、整理课程资源、改革授课和考核体系，翻转课堂教学模式有条不紊推进中。

11 月 25 日，由理学院主办的北京地区“行业院校”数理化理学课程建设研讨会在北京西郊宾馆举行。王涛、周志强、谭豫之，以及来自周边 20 所行业院校的教学管理者、课程建设老师、一线的优秀教师代表共计 120 多人参加了此次研讨会。清华大学朱邦芬院士作为本次研讨会的特邀嘉宾，分享了他的报告《理学教学面临的挑战和我们的应对之道》。

为加强学生创新能力培养，本年度组织学生参加了一系列学科竞赛：

理学院 2017 年国家级大学生创新项目获批 36 项，北京市大学生创新项目获批 13 项，共获得 85 万元资助。组织、指导全校学生参加学校、北京市、全国及国际大学生学科竞赛共计 13 项。其中：数学 7 项(国家级 4 项，省部级 1 项，校级 2 项)；化学 3 项(国家级 1 项，省部级 2 项)；物理 3 项(省部级 2 项，校级 1 项)；获市级以上奖励情况：(1)2017 年“高教社杯”全国大学生数学建模竞赛，全国一等奖 2 项、全国二等奖 2 项、北京市一等奖 5 项、北京市二等奖 12 项。(2)2017 民生杯数学建模竞赛：省部级一等奖 1 项；二等奖 5 项；三等奖 6 项。(3)2017 美国大学生数学建模竞赛，国家级二等奖 1 项；三等奖 32 项。(4)第九届全国大学生数学竞赛(北京赛区非数学专业)：全国二等奖 1 项；北京市一等奖 2 项；二等奖 4 项。(5)第六届全国大学生数学竞赛(北京赛区数学专业)：北京市三等奖 1 项。(6)第七届北京市大学生实验化学竞赛：二等奖 2 项。(7)第 36 届全国部分地区大学生物理竞赛：一等奖 5 项；二等奖 30 项；三等奖 13 项。(8)北京市大学生物理实验竞赛：一等奖 1 项；二等奖 2 项，三等奖 2 项。

(何志巍　宋慧芳)

【研究生教育】

研究生在校 290 人，其中，博士生 130 人、硕士生 160 人；招生 111 人，其中，博士生 32 人、硕士生 79 人；毕业研究生 103 人，其中博士生 38 人，授予博士学位 34 人，硕士生 65 人，授予硕士学位 65 人(含同等学力 1 人)。

夏令营活动　7 月 3—6 日，组织了理学院第一届化学与应用化学学科大学生夏令营活动。来自大连理工大学、华东理工大学、西南大学、山东农业大学等 19 所院校的 29 名同学参加了本次活动。共吸引 5 位校外优秀同学申报了本学科 2018 年的免试硕士研究生，另外还有多位同学报考本学科研究生。

研究生创新活动　举办了第二届理学院研究生学术交流活动，促进理学院研究生内部的学术交流。经过院务会决定，从学院发展专项中拨出专项经费用于资助全院研究生参加国内学术交流。另外邀请多名国内外的知名学者进行学术报告。通过各类的研究生创新活动，使得全院研究生增强了内部交流。

学位点合格评估　组织实施了理学院数学、力学、农药学学位点合格评估工作。根据学校的部署，已初步完成了自评估报告的撰写。

（王鹏　宋慧芳）

【科学研究】

2017 年，学院到校科研经费 3 602 万元，主持国家重点研发计划课题 2 项，新增经费 800 万元。截至 12 月，发表国际论文 231 篇，较上年增长 5%；高水平论文大幅增加，其中影响因子大于 5 的有 20 篇，在 Angewandte Chemises，International Edition 等影响因子大于 10 的刊物上发表论文 4 篇，学科前 10% 的论文 28 篇，学科前 20% 的论文 52 篇，通讯作者教师数 65 人。已获国家发明专利 18 项，较上年增加 50%以上。

9 月 14—16 日，在涿州农场召开了学院学科建设研讨会。学院领导、系领导、支部书记、学术委员会委员、学位委员会委员、教学委员会委员、教授、引进人才、教研室主任等 60 余人参加。

（杜凤沛）

【合作交流】

组织申报了理学院外专项目及“一院一平台”外国专家项目。加强教职工出国境、境外专家请进管理，2017 年度共 36 人次办理出入境手续。

邀请国内外专家进行学术报告。与美国 Auburn 大学正式签署了本科-研究生 3+2 联合培养项目。邀请斯德哥尔摩大学 Tamara Church 研究员进行英文授课，加强研究生“专业英语与科技论文写作”课程建设。

（王鹏）

【学生工作】

理学院在校本科生 661 人、研究生 290 人，其中本科生党员 100 人，研究生党员 109 人。

截至 2017 年 10 月 31 日，2017 届本科生和研究生毕业生的一次就业率分别达到 93.29%和 98.10%，总就业率 95.28%，博士一次就业率达 100%。独立举办一场大型双选会，30 家企业提供了 1 000 余个岗位，参加人次近 200 人；积极开拓就业市场，利用校友资源促进就业，组织校园专场招聘近 20 场；连续第五年举办求职大赛，吸引了百余名同学积极参与。

1 个集体获得北京市“先锋杯”优秀团支部；1 个集体获得北京市先进班集体；1 名同学被评为北京市“先锋杯”优秀团干部；1 名同学被评为北京市“先锋杯”优秀团员；1 名同学被评为北京市优秀学生干部；2 名同学被评为北京市三好学生；工力 151 团支部的团日活动获得校级十佳团日活动荣誉称号。2017 年，我院有 100 余名同学组成 39 队伍参与涉及精准扶贫、“饮水思源”、回访母校等内容的社会实践；学生作品获得“挑战杯”竞赛北京市特等奖 1 个，校级一等奖 1 个，校级二等奖 1 个；200 余名团员积极参加了学雷锋地铁志愿服务、“我是小小环保员”清友园少年锄禾活动等多项志愿服务活动。

2016—2017 年度，共 207 名本科生获得国家奖学金、校长奖学金、优秀学生奖学金等各类奖学金，累计奖励金额近 76 万元，获奖面达 31.32%；共有 136 名研究生获得国家奖学金、大北农奖学金、农药学学科奖学金等，累计奖励金额近 83 万元，获奖面达 49.10%。

资助经济困难学生 142 人，资助覆盖面达 100%。

关注心理问题学生 21 人，成功干预心理危机案件 4 起，处理应急事件 4 起，帮助 12 名学生走出阴霾。

（武靓靓　武镒）

【党建工作】

理学院党委被评为先进基层党组织，1 人被评为北京高校优秀共产党员，1 人被评为校级优秀党务工作者，6 名党员获校级优秀党员，1 个党日活动获校级优秀活动。本科生党支部开展了“红色 1+1”活动，获北京市“红色 1+1”示范性活动三等奖 1 个。2017 年新发展党员 45 人；继续实行“党员责任区”制度，开展了党员“服务先锋”行动计划，开展了“两会”学习、“两学一做”学习教育、全国高校思想政治工作会议精神学习、十八届六中全会精神学习、党的十九大精神学习等多项党员教育活动，通过形式多样的党的实践活动开展党员教育。

2017 年学院党委带领全院师生完成了学习十九大精神、学习思政工作会议精神、意识形态专题教育等 30 余项专题教育，完成了巡视整改、意识形态专项整改、党风廉政建设、统战、“两学一做”督查、宣传思想工作检查、北京市《基本标准》检查等 20 余项政治任务。

认真落实各项政治学习任务。全年理论中心组学习 14 次并有完备的记录，学院党委带领全院党员、师生完成了 14 个主题的政治学习任务，组织开展了 4 个学院层面的大型党的实践活动，各教工和学生党支部开展实践活动 23 个，均取得了显著的教育效果。2017 年组织党员、干部到井冈山进行党支部工作培训和党员教育培训，在学习革命历史、缅怀先烈事迹、传承红色基因等教育过程中，提高党员的政治素质。

进一步加强党支部建设，使支部工作规范化。学院党委召开党建专题会议，每学期至少 1 次对支部建设进行专题研究。采用“走支部”现场指导工作、实施“支部书记工作能力提升计划”等提升支部整体建设水平。教工党支部严格执行了双周三的学习制度，坚持“三会一课”制度，支部组织生活至少 2 次/月，民主生活会 1 次/学期，各支部建立并实行了组织生活考勤制、支部活动内容记录制、支部手册填写要求等，组织生活有考勤、有记录，支部换届有报告、有批复，工作更为规范。

进一步落实党风廉政建设，2017 年组织党风廉政建设专题会议 2 次，班子成员党风廉政工作汇报 2 次；组织党风廉政专题学习，强化党员干部廉政责任；召开各类群体座谈会，征求师生意见，加强监督力度。

认真落实巡视整改任务，落实意识形态工作责任制。学院分党委制定了巡视整改方案，查找了学院存在的问题与不足，完成了整改工作报告和 120 多套整改支撑材料。完成了意识形态工作专项整改和意识形态工作责任制的落实，制定了整改方案和清单，完成了整改工作报告，修订了制度 15 项，加强了意识形态阵地的管理，出台或修订制度 10 项，加强了对课堂教学、教材选用、涉外合作及交流、网络阵地、电子屏管理、各类讲座报告论坛、各类活动的管理与审批。

大力开展党员教育，设计和组织形式新颖、吸引力强的党的实践活动，包括："我是一面旗帜"主题党日活动、"学习十九大精神"主题实践等。2017 年继续开展"党员责任区"工作，共建立 209 个责任区（本科生 100 个、研究生 109 个）。

继续做好宣传工作，利用宣传平台对学院的中心工作进行全面报道和信息发布，2017 年全年学院首页新闻稿件数 150 篇，二级栏目稿件 500 余篇。

（岳敏）

【工会工作】

第四届二级工会委员会于 2017 年 1 月 17 日完成了换届选举工作。

7 月组织教职工参加学院组织的"井冈山精神"教育活动。

在 2017 年北京市高校第十届青年教师教学基本功比赛中，数学系王燕飞获得理工类 A 组比赛的二等奖。

修订完善了学院分工会有关福利费、工会会费的管理和使用规定。

结合学院特点和教职工兴趣，组织了青年教工座谈会、理学院青年沙龙、领略凤凰美景、齐心协力通天梯、端午节文化体验活动、共度"中秋节"活动、分工会健步走、乒乓球比赛、羽毛球比赛、基础课教学名师讲座、会员基本知识比赛等活动，促进了教师间的交流和全院和谐的氛围。

（刘丰茂）

经济管理学院

【学院概况】

2017 年，经济管理学院设置 5 个系：农业经济系、金融系、工商管理系、会计系、经济贸易系。拥有 19 个研究中心：中国农业大学期货与金融衍生品研究中心、中国农业大学食品安全政策与战略研究中心、中国农业大学国家农业市场研究中心、农村金融与投资研究中心、国际农产品贸易研究中心、战略与决策研究中心、区域物流规划与发展战略研究中心、风险管理与农业保险研究所、中国农户经济研究中心、食物与健康经济研究中心、中国县域经济研究中心、中国农业品牌研究中心、农村休闲旅游与风险管理研究中心、畜牧经济研究中心、中国食品流通研究中心、国际应用经济与政策研究中心、会计案例研究中心、东亚农业农村发展研究中心、人力资本发展数据研究中心。

（马晓燕　杨欣）

【学科专业建设】

拥有农林经济管理和应用经济学两个一级学科博士学位授予权，工商管理一级硕士学位授予权，农业经济管理博士后流动站；其中，农林经济管理一级学科下的农业经济管理二级学科是国家级重点建设学科。开设 5 个博士招生专业（农业经济管理、农业经济史、金融学、产业经济学、国际贸易学）、6 个学术型硕士招生专业（农业经济管理、金融学、产业经济学、国际贸易学、会计学、企业管理)、3 个专业硕士招生专业(工商管理硕士、金融硕士、会计硕士)。

10 月,经北京市教委、市哲学社科办领导专家实地考察,正式批准中国农业大学“北京食品安全政策与战略研究基地”挂牌成立,并同时纳入北京市智库建设系列。这是由经济管理学院牵头的中国农业大学首个省部级哲学社科基地。该基地负责人为辛贤副校长,首席专家为白军飞教授,成员来自经济管理学院、人文与发展学院、食品科学与营养工程学院、马克思主义学院和植物保护学院。基地聘请了海内外众多学科领域的专家学者 17 名组成学术委员会和科技顾问委员会。基地以解决食品安全中的实际问题为导向,以培养高端人才、孵化一流成果、引领产业提升为己任,通过产学研联动,为首都和全国人民“吃得放心、吃得安心”做出贡献。

(马晓燕　杨欣)

【师资队伍】

共有教职工 128 人,其中,专任教师 104 人,包括教授 42 人、副教授(含副研究员)51 人;博士生导师 54 人、硕士生导师 39 人;国务院参事 1 人,“长江学者奖励计划”青年学者 1 人,享受政府特殊津贴专家 5 人,北京市教学名师 3 人。

学院本年度引进讲师 2 人(许骞、孟婷),引进管理人员 1 人(章博),引进专职辅导员 1 人(杨曦彤),退休 5 人(刘丽、陈宝峰、常清、乔忠、方芳),调离 1 人(胡天石),晋升正教授 3 人(安毅、陈前恒、苏保忠),副教授 1 人(赵启然),博士后研究人员在站 1 人(张明霞),进站 1 人(张明霞)、出站 1 人(李婷婷)。

(马晓燕　杨欣)

【本科教育教学】

2017 年,招收本科生 182 人、双学位学生 233 人。本科毕业生 296 人、双学位毕业生 288 人。截至 2017 年年底,在校生 986 人。

开设本科课程 306 门。实践教学工作进一步加强,在原有专业学生实习走出校门的基础上,金融学专业的社会调查也到了山东和宁夏,经济管理学院实验室改造项目一期、二期项目完成,云平台系统、VBSE 综合实训平台也投入使用。

建立了经济管理学院领导班子听课制度,院领导班子成员及系主任每学期每人听课至少 2 次;出台了经济管理学院 Office Hour 制度实施方案(暂行),并于 2017 年秋季全面实施(147 门本科课程全部确定了 Office Hour 的时间、地点);出台了经济管理学院本科教学实践实习基地建设与管理办法;拟定了经济管理学院教学团队建设方案;根据中央巡视组的整改建议,对 2016 版本科培养方案进行了完善,增加了马克思主义理论课程;出台了“2017 年经济管理学院 URP 及大学生创新创业项目管理细则”。

5 本教材入选农业部“十三五”规划教材;中国农业大学专业课发挥思政教育功能专项教学改革立项 6 项;张希玲主持的财务报表阅读与分析列为核心通识建设计划项目;后立项方式教改立项 9 项。

(郭淑媛　魏占祥)

【研究生教育】

截至12月，在校研究生893人，其中：博士研究生248人、硕士研究生645人。毕业研究生317人，其中博士研究生35人，授予博士学位30人；硕士研究生282人，授予硕士学位280人。农业经济史博士研究生胡鹏（导师李军）获评校级优秀博士学位论文。

录取学术型硕士研究生56人，金融硕士研究生47人，会计硕士研究生36人；录取博士研究生55人（含20名硕博连读生）。9月，完成2018年推免生接收工作，共招收推荐免试学术型硕士研究生14人，推荐免试专业型硕士研究生30人。

录取工商管理硕士165人，实际报到159人，其中，已拥有硕士学历的学生占比2%，本科来自“985”“211”院校的学生占比33%，比上年略有增长。举办期货实战大赛；邀请国内外期货证券投资、大农业类企业领域专家、企业家与在读学生沙龙交流；与大连商品交易所合作举办期货交易品种系列培训；与中国农业大学企业家校友联谊会共同举办“校友创业训练营”。应全国MBA教育指导委员会邀请，在全国MBA培养院校管理学院院长联席会上，就中国农业大学MBA教育的办学思路进行经验介绍和分享。

（陈琰　谷征）

【科学研究】

2017年，学院新增科研项目118项，到校科研经费1 944万元。其中：国家自然科学基金项目3项（穆月英、陈前恒、司伟）；国家社会科学基金项目4项（韩一军、刘宏曼、方向明、鞠荣华）；教育部外专项目1项（司伟）；北京市科学技术委员会项目1项（卢凤君）；国务院扶贫办项目2项（任金政）；中国扶贫发展中心项目1项（陈前恒）。

学院本年度发表论文、著作共计256篇。其中被SSCI、SCI收录37篇；EI收录4篇；CSSCI收录91篇（包括22篇扩展）；CSCD收录15篇；核心期刊46篇；其他期刊著作87篇，其中作为主编著作合计20部，参编5部。陈祁晖以第一作者在《Food Policy》发表论文1篇；何婧以通讯作者在《经济研究》发表论文1篇；马红旗以第一作者在《管理世界》发表论文1篇。

参加学术会议合计285人次，其中国际会议25人次，国内会议260人次，发表会议论文38篇；受聘讲学共派出41人次；国内社科考察合计140人次，国际考察1人次；开展国内合作研究3项，国际合作研究1项。

研究报告合计18篇，获国家领导人批示2篇。由蔡海龙、马铃、吕之望撰写的“当前东北玉米市场形势调研及政策建议”，获汪洋副总理的重要批示；由李军、蔡海龙、吕之望撰写的“东北玉米备耕进度缓慢政策急需明确”获汪洋副总理、陈锡文、江泽林重要批示。

陈前恒获得国务院参事室颁发的首届“费孝通田野调查奖”一等奖；司伟获得农业部颁发的农业部软科学优秀研究成果二等奖；赵霞、杨汭华获得农业部软科学优秀研究成果三等奖；吕之望获得北京市教委颁发的第九届“挑战杯”首都大学生课外学术科技作品竞赛优秀指导教师奖；王玉斌获得中国教育会计学会颁发的特殊贡献奖。赵霞、李晓峰获2017年度中国农业大学优秀教育工作者荣誉称号；李军获中国农业大学十佳优秀博士论文指导教师称号；李晓峰、李平获中国农业大学百篇优秀毕业论文优秀指导教师称号；陈秀凤获得中国农业大学教学成果奖一等奖；吕建军获教学成果奖二等奖；陈秀凤获得中国农业大学研究生专业学位社会实践优秀指导教师称号。

（马晓燕、章博）

【合作交流】

招收留学生 8 人。在校留学生 22 人，其中博士研究生 2 人硕士 20 人。留学生毕业并授予硕士学位者 8 人。派出 8 名博士研究生参加联合培养博士生项目。

接待来访外宾 18 批次 98 人次，其中：美国来访者占 60%；日本来访者占 20%；欧洲国家来访占 20%；其中由经济管理学院牵头举办国际会议 3 次；国际系列学术讲座 2 次；国际出访 1 次。

2 月 27 日至 3 月 6 日，美国加州大学戴维斯分校（UC Davis）农经系 Timothy Beatty 教授受邀来院访问。期间，Beatty 教授面向经济管理学院师生开展了学术论文写作系列培训，分别从选题、文章构架、与评审人和主编的沟通、简短学术报告等角度进行了精彩的讲解。

6 月，经济管理学院依托“一院一平台”重点外专引智项目，邀请美国普渡大学农业经济系 JUAN P SESMERO 助理教授和 Michael Delgado 助理教授，为来自校内外的百余名听众举办了《环境经济学》与《非参数/半参数估计方法》系列学术讲座。

6 月，经济管理学院与西北农林科技大学贾相平教授合作，举办了“通过投资进行农业创新”为主题的学术对接交流活动，来自瑞士、韩国、印度尼西亚、乌兹别克斯坦和蒙古等“一带一路”沿线国家以及来自国际粮农组织（FAO）和国际农业发展基金（IFAD）的 8 位专家参加本次活动。

10 月 19 日，第九届 CAER-IFPRI 国际学术年会在中国农业大学国际会议中心开幕，本次大会由 CAER 编辑部、中国农业大学和国际食物政策研究所（IFPRI）共同主办。本次学术年会主题为“Agricultural Competitiveness in China：Assessment，Challenge and Options”（中国农业竞争力：评估、挑战和选择）。

10 月 21—22 日，由中国农业大学经济管理学院和北京大学新结构经济学研究中心联合组织举办的“新结构经济学及其在农业发展上的应用——纪念林毅夫教授回国执教三十周年座谈会”在北京大学英杰交流中心举行。

11 月，经济管理学院院长郭沛教授和学院外事协调员肖亦天参加学校海外招聘团，赴美国奥本大学、乔治亚大学与明尼苏达大学访问。

（陈琰　肖亦天）

【学生工作】

资助工作，对家庭经济困难学生进行经济帮扶。本年度共有 764 人获得奖学金，本科生认定经济困难 174 人。

心理工作，一抓队伍，二抓教育。通过“挥洒自如——广告衫 DIY”“会回信的树洞”等活动调动学生对心理健康的关注度。落实个案跟踪督导工作。

团学工作，搭建二级团校、精英摇篮和英才沙龙三个平台，加强对学生骨干的培养，提升学生综合素质。开展评优评奖活动。

就业工作，共有毕业生 599 人。截至 12 月底，本科生就业率 95.2%，研究生就业率 93.9%。举办经济管理学院首届专场招聘会。举行了经济管理学院整届别毕业典礼。

（朱葛军）

【党建工作】

经济管理学院分党委以落实巡视整改工作和迎接党建基本标准检查为契机，扎实落实高校思想政治会议精神和党的十九大会议精神，发挥基层党组织战斗堡垒作用和广大师生党员的先锋模范作用。配合中央巡视检查并落实整改工作，完成迎接北京市党建基本标准检查，完成意识形态工作责任制落实情况整改，完成关于整改学科建设和人才培养中马克思主义指导地位严重边缘化问题的整改工作。完成分党委期末组织生活会和民主评议党员工作。

截至 12 月，学院共有教职工党员 85 人，学生党员 370 人，其中本科生党员 100 人，研究生党员 270 人；教职工党支部 6 个，学生党支部 29 个，其中本科生党支部 4 个，研究生党支部 25 个。2017 年完成发展党员 90 人，开设积极分子、预备党员和党员骨干二级党校。

学院分党委理论学习中心组召开专题学习 12 次，秋季学期举办教职工集中理论学习 4 次，青年教师实践活动 1 次。11 月 15 日，邀请杰出校友、十九大代表、大连商品交易所党委书记、理事长李正强博士，做了题为"新时代、新思想、新征程——十九大报告学习体会"的报告，扎实落实"双周三"专题学习工作。修订"院领导、支部书记、系主任听课制度"，并在秋季学期得到严格执行，有助于院领导了解教学第一线思想状况，并对课堂师德师风和意识形态情况予以监督。

（史煜成）

【教代会与工会工作】

经济管理学院分工会于 2017 年年初启动新一届教代会暨工会换届工作，推选出中国农业大学第四届双代会代表 14 人，教代会代表 46 人。每学期末召开二级教代会。重视和关心女职工的身心健康，坚持为女工购买保险，配合学校工会开展三八节女教工活动，组织女工制度性体检。邀请北京大学人民医院美学专家给师生举办了一场美学标准科普讲座，到场师生反响热烈。坚持每月一次的生日会，为增强经管凝聚力搭建交流的平台。在校运动会上取得了第二名的历史最好成绩，并被授予"优秀组织奖"。组织建院 90 周年院庆晚会及新年晚会教职工节目。

（陶益清）

【建院 90 周年院庆系列活动】

90 周年院庆校友系列讲座　为迎接建院 90 周年院庆，经济管理学院推出了校友系列讲座活动，特别邀请知名校友与全院师生分享他们的学术研究、政策研究和企业管理心得。3 月 30 日，应农业经济系主任冯开文教授邀请，著名经济学家、中国人民大学农业与农村发展学院教授温铁军（2000 届中国农业大学农业经济管理博士）前来学院，做了题为"中国百年乡建述要——基激进发展主义自毁与底层社会自救"的学术报告；4 月 27

日，应金融系邀请，中国人民银行金融研究所所长孙国峰（1993 届农村金融学士）做了题为“我国货币政策框架演进与前瞻”的学术报告；5 月 24 日，应工商管理系主任侯云先教授邀请，财政部关税司巡视员王伟博士（2001 届管理学博士）做了题为“我国自贸区战略及实施进程”的学术报告；6 月 27 日，应国际贸易系邀请，农业部农业贸易促进中心主任倪洪兴研究员（2002 届农业经济管理博士）做了题为“开放条件下农产品价格形成机制与政策选择”的学术报告；9 月 28 日，应学院邀请，党的十九大代表、大连商品交易所理事长李正强博士（1986 届农林经济管理学士，1989 届农业经济管理硕士）做了题为“国内外期货市场发展与风险管理”的学术报告。受邀前来的杰出校友们各自回顾了自己在经济管理学院的学习历程，与师生进行分享与交流。五场报告会也得到了全院师生的热烈欢迎，共有近 400 人次出席。

《百年农经》第六卷正式出版　为纪念学院九秩历程，见证学科发展脉动，彰显师生学术业绩，学院决定编撰出版 2006—2016 年十年学术历程的《百年农经》第六卷。10 月，学院辛贤教授与郭沛教授担任主编的《百年农经》第六卷，由中国农业出版社正式出版。该卷收录的 113 篇论文涉及农业经济理论、农产品市场与贸易、涉农企业管理、农村金融与投资、农业经济史等诸多领域，反映了经济管理学院师生聚焦国家重大需求、关注经济社会发展、追踪国际科技前沿的学术精神和学者价值。随着学院国际化水平的不断提高，师生发表英文论文的数量与质量大为提升；一些师生通过大量农村田野调查，将论文写在大地上，据此提出的政策建议获得了高层决策者的采纳。《百年农经》第六卷不仅是以资纪念的学院学术记录，更是一种学院文化传承，还是学院的学术研究新起点。

院情报告会　10 月 14 日，是中国农业大学 112 周年校庆的校友返校日，也是学院建院 90 周年校友接待日，学院在行政楼 109 会议室举行了院情报告会，院长郭沛代表学院，对各位返校校友表示热烈的欢迎和衷心的感谢，接着向校友们详细介绍了学院使命、治理结构、师资队伍、学生规模、科研工作、国际合作、社会影响等院情，并对未来的学院校友工作进行了展望、提出了新的要求。学院党委书记张瑞海回忆了自己的大学经历，并讲述了大学对自己人生之路的影响，与众校友共勉，语言真切动人。到场的 80 余位返校校友踊跃发言，场面温馨而热烈。93 级校友王新杰讲述了返校了解学院发展的感受，表达了对母院的感激之情，并为大家朗诵了自己创作的纪念院庆的一首词《破阵子》，赢得满堂喝彩。

“九秩经管 再续辉煌”院庆校友联谊晚会　沧桑稼穑，春华秋实，稳步发展的经济管理学院喜迎九十华诞。10 月 14 日，以“九秩经管 再续辉煌”为主题的院庆校友联谊晚会在曾宪梓报告厅举行。晚会由学院党委书记张瑞海主持。副校长辛贤代表姜沛民书记和孙其信校长，向经济管理学院建院 90 周年献上祝贺。柯炳生作为学院老院长代表上台致辞，并祝愿学院一代更比一代强。学院历届老领导、海内外兄弟院校代表、学院旅美校友代表和 MBA 校友代表奉上问候和祝愿。青年校友代表王忠平、李天剑、马涛分享了他们的个人经历，表达了内心难以割舍的校园情怀和对学院的感激之情。院长郭沛教授做了题为“九秩经管 再续辉煌”的报告，回顾了学院 90 年的风雨历程，梳理了学院校友为社会所做的贡献，展望了学院继往开来再创辉煌的决心。学院师生还为大家带来了精彩的文艺节目。中国农业大学各级领导代表、校友代表、在校师生 600 余人出席了晚会。

（杨欣）

人文与发展学院

【学院概况】

人文与发展学院正式成立于2002年，是在原人文社会科学学院与农村发展学院等院系基础上组建而成。学院下设五个系：发展管理系、社会学系、法律系、媒体传播系和外语系。学院同时承担中国农业大学公共管理学院的职能。中国农业大学公共管理学院职能包括MPA教育、研究、培训与咨询。

学院设有国际发展研究中心、中国生态补偿政策研究中心、农业与农村法治研究中心、农民问题研究所、高等教育研究室、乡村传播研究所、推广与创新管理研究中心、性别与发展研究中心等八个研究咨询机构。学院还设有教育部“985工程”中国农村发展与政策研究哲学社会科学创新基地。学院同时承办《中国农业大学学报》(社会科学版)。

(龚利)

【学科专业建设】

人文与发展学院成立以来，学科建设得到快速发展，已经建立起学科较为齐全、培养层次完善、专业性强、综合性突出的较为完备的高级研究人才培养体系。

学院博士招生专业现有：公共管理一级学科授权点，招收专业包括农村发展与管理(北京市重点学科，公共管理下自设二级学科)、社会保障、教育经济与管理和行政管理；区域经济学专业；社会学一级学科授权点(目前按一级学科招生)。

学院学术型硕士专业现有：社会学一级学科授权点(目前按一级学科招生)、法学一级学科授权点、区域经济学专业、公共管理学一级学科授权点(目前招收农村发展与管理、社会保障、行政管理、教育经济管理专业)、英语语言文学专业、新闻传播学(2017年传播学由二级授权点新增为新闻传播学硕士学位授权一级学科点)。2017年11月，社会学一级学科博士点下自设“发展研究”二级学科工作已完成教育部备案程序。

学院还设有包括公共管理硕士、农业硕士(农村发展领域)、法律硕士等全日制和在职人员专业学位研究生。学院同时设有面向留学生的全英文农村发展与管理专业博士和硕士研究生项目，2017年继续招收商务部留学生全英文公共管理硕士研究生项目和国家留学基金项目博士生项目。

(武晋)

【师资队伍】

人文与发展学院共有教职工196人。其中，专任教师173人，包括教授(含研究员等正高职称)34人、副教授(含副研究员等副高职称)91人，博士生导师28名，硕士生导师52名(含文体部4人)；北京市教学名师1人，享受国务院特殊津贴2人，宝钢教育基金奖3人，教育部“新世纪优秀人才计划”2人，北京市新世纪社科理论人才百人工程1人，北京高等学校"青年英才计划"8 人,"大北农"中国农业大学教学名师 3 人,"大北农"青年学者奖 2 人;C 岗编外人员 14 人。

本年度,学院退休 11 人,长期病假、离职 6 人,晋升正教授 3 人,副教授 2 人。

(朱智毅)

【本科教学】

2017 年,人文与发展学院在校本科生 731 人,其中招生 177 人,毕业 173 人。

2017 年,人文与发展学院获得了 5 项校级教学成果奖励:"国际发展合作人才培养机制创新"获得校级教学成果特等奖,"以学生需求为导向的大学英语课程体系建设"和"建立高校内法学实践教学平台的新探索——以模拟法庭教学改革为尝试"获得一等奖,"社会学专业科研训练与十届本科生的妙峰山追踪研究"和"农业推广学教材建设创新"获得二等奖。其中,孙庆忠教授主持的《社会学专业科研训练与十届本科生的妙峰山追踪研究》,还获得了由教育部高等学校社会学类专业教学指导委员会组织的 2017 年度优秀教学成果二等奖。朱启臻《农村社会学》(已出版)、高启杰《农业推广学》《农业推广理论与方法》(已出版)、何慧丽《乡村治理与乡村建设》(未出版)等被评选为"十三五"规划教材。

2017 年,人文与发展学院本科理论教学和实践教学皆有突破。新开设了 5 门马克思主义理论选修课,同时有 13 项校级发挥思政教育功能的本科教学改革项目获得立项,本科理论教学实现突破,阵地建设得到强化。新增 3 个实践教学基地,分别是云南省勐腊县人民政府合作示范基地、北京延庆农村认知体验教学基地和河北馆陶特色小镇社会实践教学基地。

2017 年,人文与发展学院开展本科学业指导计划"一对一"学业咨询工作,景发、熊春文、安文军、翁怡洁、沈曦五名老师作为校级咨询师开展"一对一"学业咨询工作。

(何慧丽)

【研究生教育教学】

2017 年,人文与发展学院增选博导 6 名,共有博士生导师 28 名,硕士生导师 52 名(含文体部 4 人)。学院在学博士研究生 115 名(其中留学生 21 名),硕士研究生 541 名(其中全日制学术型硕士 101 名、专业学位硕士 67 名,全日制农业硕士 27 名,非全日制专业学位硕士 291 名,留学生 55 名)。其中,2017 年新招收博士留学生 2 名,招收商务部援外公共管理硕士项目留学生 31 名。

2017 年春季共有 177 人获得博士、硕士学位(其中博士 22 人,有 1 人为返回申请学位答辩博士;学术型硕士 91 人,全日制专业学位硕士 38 人,非全日制专业学位硕士 26 人),其中获得博士学位留学生 5 人,硕士学位留学生 31 人。秋季共有 67 人获得博士、硕士学位(其中返回申请学位答辩博士 3 人,全日制学术型硕士 1 人,全日制专业学位硕士 5 人,非全日制专业学位硕士 58 人)。

2017 年,学院继续优化专业学位硕士研究生招生结构;2018 招生计划中,公共管理硕士(MPA)全部招收非全日制学生,农业硕士全部招收全日制学生,法律硕士 2018 年正式招收全日制学生。同时,积极发展特色专业学位研究生项目,在国务院扶贫办全国扶贫宣传教育中心支持下，MPA 重点招收扶贫方向学生，2017 年录取新生 106 人，报名人数与录取分数线均创历史新高。

（武晋）

【科学研究】

2017 年，中国农业大学社会科学总论 ESI 全球排名继续保持前 1%，篇均引用次数比 2016 年有所提高。学院教师共发表 SSCI/SCI 论文 5 篇，CSSCI、中文核心期刊论文 100 多篇，到校科研经费 1 025 万元，在研基金项目 20 余项，新获批社会科学基金重大项目 1 项，社会科学基金重点项目 1 项，社科基金一般项目 1 项，社科基金青年项目 1 项，北京市第十四届哲学社会科学优秀成果奖二等奖 1 项，且有 4 项政策咨询报告获得国家领导人的批示。

截至 2017 年底，学院农政讲座共举办 81 期，演讲教授 75 位。中国农业大学学报（人文社科版）在全国期刊影响力指数及影响因子排名稳定。学院扶贫与乡村振兴、国际发展与中非合作、生态补偿、农村法制、传播与乡村文化遗产等研究取得了广泛的政策、学术及社会影响。学院在人文社科领域的学术影响力和科研竞争力显著增强。

叶敬忠教授团队研究成果获北京市第十四届哲学社会科学优秀成果奖二等奖 2017 年 9 月 8 日，第十四届北京市哲学社会科学优秀成果奖获奖结果揭晓，学院叶敬忠教授团队的研究专著《双重强制：乡村留守中的性别排斥与不平等》获得二等奖。

开展“专业课程强化马克思主义分析方法”教改试验 为了强化马克思主义分析方法在专业教学内容中的应用，2017 年 9 月 13 日，人文与发展学院发布通知，计划开展“专业课程强化马克思主义分析方法”的教改试验。在主讲教师自愿申请的基础上，确立 10 门以内的本科生或研究生专业课程参与此教改试验。

李小云教授荣获 2017 年全国脱贫攻坚奖之创新奖 2017 年 9 月 13 日，国务院扶贫办召开的新闻发布会公布了 2017 年“全国扶贫攻坚奖”的获奖者，学院李小云教授获得了创新奖。

举办习近平“三农”思想与乡村振兴学术论坛之新发展理念与乡村振兴分论坛 2017 年 12 月 23 日，由教育部社科司指导、中国农业大学承办的“习近平‘三农’思想与乡村振兴学术论坛”在京举行，学院负责组织的“分论坛三：新发展理念与乡村振兴”学术交流活动顺利开展。来自中国农业大学在内的十余所高校的 40 多名教师、研究生分享了与论坛主题相关的学术成果。

（武晋）

【合作交流】

2017 年共请进外国专家 112 人次，因公出国（出境）91 人次，其中老师因公出国出境 56 人次，学生因公出国出境 35 人次。来访学者涉及阿尔巴尼亚、埃塞俄比亚、澳大利亚、德国、法国、菲律宾、荷兰、加拿大、美国、孟加拉国、坦桑尼亚、英国、意大利等国家。因公出访涉及埃塞俄比亚、爱尔兰、德国、法国、俄罗斯、哈萨克斯坦、韩国、荷兰、美国、马拉维、坦桑尼亚、土耳其、中国香港等 22 个国家和地区。

2017 年，人文与发展学院新招收博士留学生 2 名，招收商务部援外公共管理硕士项目留学生31名。为了使留学生更快地适应中国的学习生活，更直观地了解中国及中国农村的发展经验，2017年学院举办了实践体验课程2次，乡村调研1次，同时开设包括中非青年减贫与发展论坛、农政与发展及IDT系列讲座在内的讲座十余次。

2017年9月，学院承办了阿尔巴尼亚农业技术与水资源管理研修班，24名来自阿尔巴尼亚的学员，经过为期一个月的学习，获得了结业证书，加深了双方的交流与友谊。

2017年11月27—30日，联合国南南发展合作博览会(GSSD Expo 2017)在土耳其安塔利亚举行。学院在国际发展、非洲发展和南南合作领域的研究、教学和实践工作近年来成果显著，因此受到邀请。

（龚利）

【学生工作】

2017年，人文与发展学院学生党建工作严格按照上级有关部署，围绕"支部建设"和"理论学习"，积极开展工作。全年共发展学生党员82名。截至2017年年底，学院共有学生党员260人，本科113人，研究生147人，其中本科生预备党员42名，正式党员71名，研究生预备党员31人，正式党员116人。

2017年，院结合国家与学校新资助政策的相关规定，修订了经济困难学生认定办法。共认定经济困难学生123人，占全院本科生总数的17.13%。其中男生34人，女生89人；一年级29人，二年级30人，三年级28人，四年级36人；城镇33人，农村90人；根据经济困难程度分别认定特别困难学生42人，比较困难学生46人，一般困难学生35人。2017年，学院123名经济困难学生全部获得助学金资助，总计587 000元，人均金额4 772.4元，达到全面覆盖。

学院2017届毕业生共298人，其中本科生173名，硕士研究生102名，博士研究生23名。截至2017年10月31日，就业率96.98%。其中，本科生中就业66人，国内深造读研61人，出国深造40人。深造率58.38%，总就业率96.53%。硕士研究生中就业91人，国内深造7人，出国深造2人。深造率9.89%，总就业率98.03%。博士研究生中就业22人，总就业率95.65%。

7月，学院根据上级文件精神以及学院党委扩大会议精神，结合实际，对学院各学科专业的培养方案、教学大纲及教学用书进行全面排查，对可能存在的意识形态方面的问题进行自查并整改，落实完成学院本科生、研究生教学整改工作。

11月29日，学院组织召开了党建与学生工作研讨会，学院党政领导、教工支部书记、学生支部书记、班主任、学生干部代表参加了会议。会议以践行十九大精神，全面提升党建与学生工作为主题，旨在促进师生间形成广泛共识，在完成日常工作的基础上进行创新，同时帮助师生聚焦焦点问题，培育特色品牌活动。

（范晨辉）

【教代会与工会】

2017年1月，学院分工会委员会顺利完成换届选举工作，分工会现有主席1名，副主席1名，工会委员5名。分工会委员会采取民主管理原则，不定期召开会议进行讨论，从而有效发挥作用。

11 月，人文与发展学院分工会参加北京市教育工会先进教职工小家评审。11 月 24 日，评审专家组莅临学院通过听取汇报、查阅资料、实地考察等程序，对学院“先进职工小家”的建设情况进行综合考评。

学院工会积极开展教育创新活动，努力加强“四有”教职工队伍建设。开展“青年教师双周学习会”“科研工作交流会”“教授荣休会”等活动激发青年教师的学术兴趣，逐渐提高业务水平；同时组织多种形式的实践教育活动，提高教职工的综合素养。

学院分工会尝试与老师的科研项目相结合，联合开展一系列的社会实践服务活动。如与“巢状市场”项目联合开展“绿色食材烘焙”活动、与“小云助贫中心”联合发起公益捐赠活动等。此外，学院分工会还创新地提出“以兴趣带动活动，以活动丰富生活”的思路，鼓励教职工以兴趣为基础，成立兴趣协会，开展多彩的活动。学院开展了“开心合唱团”“插花兴趣小组”等诸多特色活动。

（龚利）

马克思主义学院

【学院概况】

马克思主义学院前身是人文与发展学院下属的社会科学部。2009 年 6 月，学校成立中国农业大学思想政治教育学院，2015 年底，更名为马克思主义学院。

马克思主义学院设置四个系：思想道德教育系、马克思主义原理系、近现代历史系、中国化马克思主义系。学院拥有 1 个研究生教研中心，承担全校本科生、研究生思想政治理论课和全校核心素质课程的教学，以及马克思主义理论学科建设、研究生培养等工作。

（李梦雅）

【学科专业建设】

学院现有马克思主义理论一级学科硕士学位授权点，下设有 4 个二级学科方向，即思想政治教育、马克思主义基本原理、马克思主义中国化、中国近现代史基本问题研究。

（李梦雅）

【师资队伍】

学院共有教职工 38 人，其中，专任教师 32 人，包括教授 5 人、副教授 21 人，讲师 6 人；具有博士学位 23 人，占 72 %；硕士生导师 16 人，占 50 %。

本年度学院引进优秀人才 1 人，退休 1 人，晋升正教授 1 人，副教授 1 人。为进一步提高思政课教学实效，学院聘任兼职教授 1 人和兼职教师 7 人参与课程建设。2017 年 5 月，学校党委任命中国人民大学马克思主义学院宋学勤教授为挂职副院长。

（李梦雅）

【教学工作】

本年度学院全面推进以问题为导向的“三三制”协同育人思政课教学改革，主要包括：在教学方式上，理论讲授、专题互动和实践教学三结合；在教师队伍上，完善专职教师、兼职教授和朋辈益友三支队伍；在教学阶段上，形成入学教育、四年教育不断线和本研贯通衔接教育三阶段。

12 月 23 日，马克思主义学院举办了“推进习近平新时代中国特色社会主义思想‘三进’，增强高校思政课教学时代感”教学研讨会，北京十几所高校思政课教师代表以及学院全体教师共计 60 余人参加了会议，共同交流了十九大精神进课堂的教学经验并进行了教学展示。

（李梦雅）

【科学研究】

本年度中央高校基本科研业务费 100 万元；教师个人项目科研经费共 113.15 万元，其中包括 1 个国家社会科学基金一般项目 20 万元，1 个教育部人文社会科学研究项目专项 8 万元，其他项目 85.15 万元。

2017 年，“习近平新时代三农思想研究”项目获得“第一批北京高校学习研究党的十九大精神重点项目”立项。参与国务院中国扶贫发展中心“2017 年贫困村定点观测典型调查”项目，完成西南 5 个省区 10 个定点村的调研。高校志愿服务团队在第四届中国青年志愿服务项目大赛暨志愿服务交流会上发布《高校志愿服务发展报告》，农村基层党建团队已建立起覆盖全国 638 个村，共计 9 570 份问卷的中国农村基层党建研究数据库。

本年度学院教师共发表论文 42 篇，其中 CSSCI 论文 17 篇。

（相润）

【合作交流】

根据与中国社会科学院马克思主义研究院签订的合作协议，2017 年 1—7 月中国社会科学院马克思主义研究院专家对马克思主义学院思政课教师开展系统培训，共 16 讲课程，29 位老师考核合格获得结业证书。

学院发起并举办求是论坛，全年共举办 23 期，来自教育部、中国社会科学院、清华大学、中国人民大学的专家学者来校做报告，为学院师生搭建马克思主义理论学术交流平台，营造学术氛围。

12 月 10 日，中国农业大学主办、马克思主义学院承办了习近平“三农”思想分论坛，来自全国农林高校等 20 多个单位的 50 多位师生参会，征集论文 39 篇。

（相润）

【学生工作】

2017 年，学院招收硕士研究生 13 人，毕业硕士研究生 13 人，在读硕士研究生 27 人。在读硕士研究生 10 人获得学校奖学金，1 人获得北京高校马克思主义理论学术奖学金，2 人获得北京高校马克思主义理论专业奖学金，1 人获得国家奖学金。1 人获得 2016 年首都高校思想政治理论课学生社会实践优秀论文二等奖。

2017 年 5 月，成立马克思主义学院团支部，组织开展学习十九大精神主题团课、演讲比赛等活动。成立研究生宣讲团，深入学生党支部宣讲十九大精神。

（相润）

【党建工作】

学院党总支下设党支部 6 个，党员 42 人，其中教工党员 28 人，学生党员 14 人；2017 年发展党员 6 人，转正 1 人；转入党员 11 人，转出 12 人。学院党总支被评为 2017 年中国农业大学先进基层党组织。

学院党总支认真组织学习十九大精神，组织党员参观“砥砺奋进的五年”成就展，集中收看十九大开幕会直播。十九大召开后，学院理论中心组和各支部组织学习会，邀请多位专家学者解读十九大精神。四个系组织集体备课，各门课程均通过专题教学等形式讲授十九大精神，大力推进十九大精神“三进”工作。学院教师积极宣传十九大精神，累计宣讲 32 次。在教工委“学习贯彻党的十九大精神与新时代高校思想政治工作创新发展”主题征文活动中，学院教师积极参与，分别获一等奖、三等奖、优秀奖各一项。

学院党总支推进“两学一做”学习教育常态化制度化。组织全院教师赴河北曲周开展“重温农大历史，弘扬曲周精神”实践教育活动。通过立项方式支持各党支部开展主题党日活动，组织党员参观天津高新区党群中心、焦庄户地道战遗址、毛主席纪念堂等地。11—12 月，学院四个教师党支部完成换届选举。12 月，组织开展党支部书记述职考核评议工作。

1 月，学院工会进行了换届选举，李桂华任工会主席，积极创造条件建设工会之家，组织开展了健步走、午间茶座等一系列丰富多彩的活动。

（相润）

国际学院

【学院概况】

1994 年，原北京农业工程大学与美国科罗拉多大学（丹佛）合作开办国际经济与贸易本科专业中外合作办学项目。

1995 年 4 月，经农业部批准，原国家教育委员会备案正式成立国际学院。同年，国际学院通过美国中北部高等教育委员会（NCA）的学位教育资格评估，得到学位教育资格的正式批准。1998 年，北京市教育委员会批准国际学院为北京市首批中外合作办学单位。2006 年，国际学院通过英国高等教育质量保障署（QAA）的教学质量评估。

国际学院开设 3 个项目，共 5 个专业：中国农业大学与美国科罗拉多大学（丹佛）合作办学项目，包括经济学专业和传播学专业；中国农业大学与美国俄克拉荷马州立大学合作办学项目，包括农林经济管理专业（农业商务方向）；中国（教育部）留学服务中心/中国农业大学出国留学项目，包括国际金融类专业和工商管理类专业。

2017年,国际学院在册学生1 338人,其中国内在读学生841人,国外在读学生497人,就读国际学院的长期和短期留学生共15人。2017年,国际学院毕业生共计374人,赴海外交流学习学生共计212人。

2017年,国际学院有教职工99人,其中行政管理人员34人,中外籍教师65人,其中70%以上的全职教师拥有世界一流大学的博士学位,且具有良好的科研经历和在国外大学教学经验。

(黄冠华)

【合作办学项目建设】

2017年,中国农业大学与俄克拉荷马州立大学联合举办的农林经济管理专业(农业商务)项目迎来第一届毕业生。该项目2012年获教育部批准,是国内第一个涉农的中外合作办学项目。项目举办以来,学生的学习满意度和社会认可度都在不断提升,项目发展势头良好。该项目2013年招录第一批学生,所有学生于2017年6月毕业,除继续深造的学生外,学生就业率为100%。

中国农业大学与美国科罗拉多大学(丹佛)合作举办的经济学和传播学项目平稳运行,为经济学专业的一年级学生增设《财务会计》选修课,高年级课程种类和门数都有所增加,课程开设以学生为本,涉及多个人文学科,满足学生差异化需求。与教育部国际合作与交流司及留学服务中心积极沟通,理清多年来学生各类变更信息,一次性解决部分毕业生学历学位认证过程中的历史遗留问题。

出国留学项目有四所合作院校,为学生提供多层次多专业的出国交流学习选择。国际学院与合作办学院校积极配合,为学生和家长开展充分有效的咨询和申请指导,项目优质生源流失情况减少,学生和家长对项目满意度提升。2017年,赴外方院校交流学习70人,其中普利茅斯大学45人,赫瑞瓦特大学16人,德蒙福特大学9人。

2017年11月,院长黄冠华带队参加了第八届中外合作办学年会暨中国高等教育学会中外合作办学研究分会第二届学术年会,并受邀在年会上做了关于《加强质量提升,促进中外合作办学事业发展》的主题报告,系统介绍了新时期中外合作办学的背景机遇,国际学院在教学质量控制方面的措施和经验,交流了在中外合作办学角色与定位、创新引领作用、机制与制度等方面的思考。

(许廷武)

【教育教学】

国际学院办学坚持以人为本,充分尊重学生个性化发展的需求,通过个性化的、多维度的学业指导体系帮助学生解决有关课程规划、学习方法、学习效果等方面的问题和困惑。

建立以学生为主体的学业指导体系,组建了专兼结合的指导人员队伍,包括外方派驻的全职学业指导教师和由中外籍任课教师、教学管理人员等担任的兼职学业指导教师。每学年根据学生的GPA和英语水平考试成绩决定升留级情况,通过分层学业预警体系,甄别出学业有困难的学生。学业指导教师根据学生个人特点,进行诊疗式或发展式学业指导。2017 年度，国际学院接受“一对一”学业指导的约 300 人次。

部分课程突破传统的围绕教室展开的形式，创新教学模式，重视实践与理论的有机结合。部分课程结合课堂教学内容，突出以学生为中心的教学模式，组织学生举办课程展示会，如历史课程展示会、数学课程展示会等。学生以小组为单位，通过海报、视频、角色扮演等形式来展示学习内容并解答参加展示会的老师和学生提出的问题。这种教学形式增加了课程的知识性和趣味性，得到任课教师和学生的普遍认可。

国际学院全年面向学校其他学院学生开设公选课 5 门次，开课 160 学时；为学校生命科学实验班、信息科学实验班和工学院农业工程专业（中美联合培养）开设英文课程 22 门次课，开课 920 学时；承担学校共建中小学英语教师培训项目，并开设学生英语口语课程。

2017 年，国际学院承担学校高等教育改革研究项目，从国际化创新人才培养目标和课程体系研究、国际化创新人才培养学业指导模式研究、国际化创新人才培养的思政教育模式研究、国际化背景下学生实践与创新能力培养模式探索等方面开展研究，探讨提升国际化高等教育本科人才培养质量的途径。相关成果发表论文 1 篇。

（王晓燕）

【招生就业】

2017 级统招生首次按照经济学类和传播学类进行录取，避免了专业大类和具体专业名称不符可能导致的合作办学风险。2017 年共招收新生 354 人，其中国家统招生 244 人，计划外单招生 110 人。统招生占录取新生总数的 69%，比例为历年最高；单招生中，成绩在一本线以上学生占单招生总数的 24%，占比连续 3 年持续提高。

2017 年毕业生共计 374 人，其中统招生 213 人，单招生 161 人，就业率为 99%。90% 的毕业生继续攻读国内外大学研究生，其中 9% 的毕业生进入世界排名前 50 名的学校就读，16% 的毕业生进入世界排名前 100 名的学校就读。其中，俄克拉荷马州立大学项目首批 44 名毕业生中的 50% 的学生被世界排名前 100 名的大学录取为研究生，包括康奈尔大学、约翰霍普金斯大学、杜克大学等。科罗拉多大学项目毕业生中，获科罗拉多大学荣誉学位的毕业生为 44 人，占比为 30%。89 人获辅修学位，占比为 65%。攻读研究生比例超过 80%，其中 10 人被哥伦比亚大学录取。出国留学项目统招毕业生中，荣获一等学位毕业生占比为 42%，二等一学位占比为 50%，远高于所就读学校全体毕业生学位等级的平均水平。另有 7 名 2018 届毕业生成功通过免试推荐，将继续在国内“985”大学攻读研究生。

（隋熠）

【学生工作】

2017 年，国际学院的学生工作以推进学风建设为核心，为学生的身心健康成长提供支持和帮助。严格按照评选流程开展奖学金评定工作，2017 年，国际学院共有 542 人次荣获校院各级各类奖学金，总金额达到 84.78 万元。

在制度建设方面，修订《家长手册》和《新生手册》，为规范学生会管理，制定《国际学院学生会章程》《中国农业大学国际学院学生会干部考勤制度》《中国农业大学国际学院分团委学生会秋季学期优秀部门评选实施方案》等。出台《中国农业大学国际学院宿舍管理补充规定》，切实加强宿舍管理，有效维护宿舍环境，保障学生住宿安全。

重视学生工作队伍建设，落实班主任工作例会制度，2017 年召开例会 9 次，推进辅导员队伍建设，选拔品学兼优的大二学生 30 名担任班级辅导员，并通过 17 次例会及 1 次坏拓展等方式，培养辅导员思想政治水平、综合能力素质。

积极开展学生心理健康教育工作。2017 年，学院兼职心理老师开展 138 次心理咨询，共有 27 名学生接受心理咨询，其中接受 3 个月以上咨询的学生有 8 人，学生心理状况明显改善。

加强团的基层组织建设，结合学生特点，分年级分主题的开展团日活动，细化主题内容。通过院内评比，推荐 1 个班级参加北京市优秀班集体评选，3 个班级被评为校级“优良学风班”，3 个团支部评选为校级“优秀团支部”。

加强实践育人，组织开展好暑期社会实践。2017 年暑假，选拔 9 个院级社会实践小队分赴内蒙古、安徽等地开展以精准扶贫调研等为主题的社会实践活动，共有 130 余名学生参与到院级社会实践活动中，这是建院以来首次组织院级暑期社会实践活动。此外，由 3 位老师带队，选拔优秀学生组成专项实践小队赴广西崇左开展精准扶贫专题社会实践调研活动。继续组织好“蓝色 1+1”志愿服务活动，搭建文化育人平台。

（隋熠）

【党建工作】

做好学习宣传贯彻落实党的十九大精神相关工作。学院立足实际，进行分类指导，确保学习全覆盖。党政联席会专题研讨学院十九大精神学习方案，党委理论学习中心组把学习党的十九大精神作为重点内容，结合学院事业发展，深入开展学习交流。依托分党委委员联系支部制度，五名分党委委员分别通过线上、线下的方式，指导学院国内、国外 6 个党支部开展学习，交流心得。在国内，组织全院师生员工集中收看学习党的十九大开幕会、闭幕会，各党支部在第一时间组织召开专题学习交流会，热议十九大报告。在国外，海外学子依托海外党支部、海外学生会等，集中在线或个人在线观看党的十九大开幕会并积极开展交流。同时结合学生思政，组织国内 22 名本科生党员组成宣讲小组，集中组织录制“微党课”，面向国内外学生进行推广。挑选 12 名学生组成学习小组，形成学习稿件，专题发布推送。

推进“两学一做”学习教育常态化制度化，夯实基层党建工作。2017 年 1 月，按照流程进行了教工党支部书记换届，选配副高级职称专任教师担任教工党支部书记。2017 年 5 月，在二年级学生赴美、赴英前完成海外党支部调整，新设 OSU 海外党支部。根据工作要求，共进行 6 次支部书记培训。2017 年，国际学院发展学生党员 38 人，教工党员 1 人，海外党员全部回国发展、转正。各党支部按照计划，认真开展各项活动。2017 年 11 月，在学校党委的支持下，建成“党员之家”。

全面落实从严治党要求，开展失联党员排查工作。对已经毕业党组织关系仍存放在学院的 160 多名党员逐一联系并建立工作台账，对 1 名毕业生做出停止党籍处理。严格按照相关文件要求管理好毕业生党组织关系保存、转接等工作。组织海内外所有支部开展民主评议党员。

按照学校党委的要求，落实巡视整改工作，严格按照上级要求设置思想政治理论课，完成专业培养方案修订。组织完成党建标准验收工作，系统梳理近五年学院党建各项工作取得的成绩及存在的问题，撰写并提交《国际学院基层党建自查报告》。11 月 15 日，检查专家组到学院实地走访党员之家和职工之家，对有关工作给予充分肯定。

全面贯彻落实党委意识形态工作责任制，年内专门研判学院意识形态工作 4 次。提升宣传工作水平，创新宣传的手段，2017 年，学院下属各微信公众平台所发布内容累计阅读量约为 168 万次，关注量累计增加约 1 000 人。

（隋熠）

【教代会与工会工作】

2017 年国际学院工会完善制度建设，编写并印发《国际学院工会工作制度》《国际学院教职工大会制度》《国际学院职工婚丧嫁娶生育福利暂行办法》等。

教代会与工会通力协作，开展了许多有利于加强学院凝聚力的工作。本年度工会设立工会网页，组织教职工参加学校运动会及春游活动，帮助中外籍教师子女解决入园入学问题，切实解决教职工生活中遇到的实际困难。

（杨子华）

体育与艺术教学部

【概况】

2006 年，经学校批准，体育教学部与学校艺术中心合并，成立体育与艺术教学部。体育与艺术教学部主要承担学校体育与艺术的教学、群众性文体活动及高水平运动队、学生艺术团的训练、比赛及展演工作。

2017 年是学校体育工作贯彻落实国办发〔2016〕27 号文件精神——《关于强化学校体育促进学生身心健康全面发展》的关键一年。这一年中，继续深化体育教学改革，以科研促教学；课内外一体化新举措为校园体育建设增添了新的亮点；高水平运动则呈现出传统强队优势稳固，新锐项目创造历史的大好局面。

艺术中心是中国农业大学实施艺术教育和美育的主要教学机构。面向全校本科生开设艺术类选修课程和学生艺术团艺术实践限选课程；承担对学生艺术团的教学、指导与管理；开展艺术学科的研究及艺术教学探索；指导全校群众性艺术活动的开展等。

（王永生　王琳琳）

【师资队伍】

体育与艺术教学部共有教职工 65 人，其中，体育教师 51 人（含橄榄球队教练），艺术教师8人。共有教授5人、副教授28人(体育副教授26人,艺术副教授2人)。

(王永生)

【本科教学】

体育教学改革继续深化,狠抓教师师德师风建设,严格执行教学制度,让教学质量明显提升,课程也日渐丰富。体育俱乐部课程的增加,使得更多学生有机会提高自身的技能,为课内外一体化提供了良好模式。体质健康测试被列为一票否决的考核内容,使得学生自觉加强锻炼,整体水平达到了较高层次。艺术课程进入校核心课程,使得更为广大的学生艺术修养得以提升。

坚持制度管理,规范教学秩序 严格执行学校各项有关教学的管理制度,明确、细化相关的监督、考核、奖惩等制度,杜绝教学事故的发生;根据体育教改需求,制定、修订新的教学管理文件。加强教师业务学习,定期进行教师集体备课。

推进师资队伍建设,践行"内涵式发展" 全年不间断地组织学习习总书记在全国高校思想政治工作会议上重要讲话精神,加强师德师风建设。

出台了相应的鼓励政策及保障措施,鼓励、支持教师进行专业培训和学术交流,开拓了教师们的视野,达到修炼"内功"的目的。

在各级各类评优、考核工作中,严格按照学校有关评选规定,公平公正地予以推荐,在单位中树立真正优秀的榜样。

合理规划教师招聘计划,注重德才兼备,对拟聘人员的品德提出了具体要求并落实在实际工作中。

深化教学改革 认真学习落实国办发〔2016〕27号文件精神,执行"因材施教、分类教学、达标管理、四年一贯"的教改方针,以全面提高学生的体质健康水平为抓手、以使学生掌握一两项运动技能为导向。2017年新增加了足球、排球、健身瑜伽3门俱乐部课程,进一步修订了身体运动功能课教学大纲,完善了课程评价部分的内容。体艺部共有48位体育教师参与体育教学工作,全年累计完成569个班的体育类教学课,累计授课10 759人次。

艺术教学进一步完善和丰富学校独具特色的"三层次"艺术教育课程体系,进一步拓展了学校艺术教育的学生覆盖面,提高了艺术育人、文化育人的针对性。改善和更新艺术教育网络教学"云平台"和移动学习平台,提高了艺术教育的教学效果和效率。

(王永生 王琳琳)

【科学研究】

2017年,体育与艺术教学部教师所主持的教改科研项目达到6项,总金额76万元。在首都高校体育科学论文报告会获得二等奖3篇,三等奖3篇;在全国农业高校体育科学论文报告会获一等奖1篇,二等奖4篇,三等奖1篇。参加各级各类学术交流50多人次,在核心期刊发表论文4篇。见表1至表4。

表 1　2017 年体育教师课题情况

项目名称	项目来源	本年度入校经费（万元）
中国农业大学特色体育课程微课程制作与研发	教务处	2
低氧降体重及保护心脏效果的研究	其他	2
青少年橄榄球训练体系建立研究	其他	10
中国农业大学特色体育课教材	教育部人文、社科规划项目	9
橄榄球体能训练	省市自治区项目	3
校园橄榄球竞技化的路径	省市自治区项目	50
大学体育引进美国青年成长计划（4H-YDP）实践研究	教育部人文、社科规划项目	3
基于大学生心身健康发展推广 4H-健身瑜伽俱乐部的研究	其他	0.5
中国农业大学普通生校园足球开展现状及对策研究	其他	4

注：本表仅统计体育教师为课题主持人项目数量。

表 2　2017 体育教师发表文章情况

论文题目	发表刊物	收录类别	作者
校园体育促进大学生健全人格培养的效果和对策研究	高等农业教育	核心	邓毅明
我国中小学英式橄榄球运动推广的价值与策略研究	文体用品与科技	一般期刊	张志强
我国橄榄球运动市场化发展路径优化研究	运动	一般期刊	张志强

注：本表仅显示第一作者为体育与艺术教学部教师文章数量。

表 3　艺术教师在研和新增科研课题一览

项目名称	项目来源	经费（万元）	主持人
普通高校艺术教育课程体系构建及信息化技术支持平台研究	教务处	3	王怡
普通高校钢琴教学效率的提升	北京市科学研究院	10	栗林林
探索普通高校室内乐教学新模式	北京市科学研究院	10	胡含之
普通高校艺术教育课程体系构建及信息化技术支持平台研究	教务处	3	王怡
普通高校钢琴教学效率的提升	北京市科学研究院	10	栗林林
探索普通高校室内乐教学新模式	北京市科学研究院	10	胡含之

注：本表仅统计艺术教师为课题主持人项目数量。

表 4 2017 年艺术教师发表文章一览

论文题目	发表刊物	收录类别
基于移动互联网的信息化教学模式研究	中国高校科技	CSSCI
利用移动学习方式推进公民语言文字终身学习体系的构建	语文建设	核心期刊
中外普通高校通识教育与艺术教育的比较研究浅述	大众文艺	普通期刊

注:仅统计第一作者为体育与艺术教学部艺术教师文章数量。

（王永生　王琳琳）

【党建行政工作】

发挥党政联席会的核心作用,坚持集体议决　坚持每周一次的党政联席会制度,及时交流,统一思想。凡涉及重大决议,必须经过体育与艺术教学部党政联席会集体决定,杜绝一言堂,发挥党政联席会的核心作用。要求联席会成员在利益面前不计较个人得失,一切以发展为重。

加强制度建设,严抓落实　在“新时代、新思想、新目标、新征程”的指导下,严格执行学校的各项规章制度,注重结合体育与艺术教学部的实际工作情况加强制度建设,狠抓日常管理,规范教职工行为,做到部务公开、透明,随时接受群众监督。

严格执行财务制度,做好资产管理　严格执行预算,做到所有经费收支都纳入统一管理。花好每一分钱,把有限的经费最高效率地使用在学校体育、艺术工作中,坚决杜绝突击花钱。严格遵守国家及学校资产管理规定,做好购买、登记、使用及维护等工作,确保资产完好,确保账、卡、物完全相符,杜绝国有资产的流失。

推动学校体育工作委员会的成立　为加强对学校体育工作的领导和实施,2017 年 6 月 22 日,中国农业大学体育运动委员会重新成立并召开了第一次全体工作会议,在会议上解读了国办发〔2016〕27 号文件精神。本次会议确定了学校体育工作委员会组织机构、各部门的主要工作职责和工作制度。

围绕工作要点,扎实做好党建工作　体育与艺术部直属党支部共有党员 30 名,党支部委员 5 名。2017 年体育与艺术教学部直属党支部发挥政治核心作用,共召开党政联席会 25 次。严格党内组织生活,丰富党的组织活动,2017 年召开党支部会议共计 20 次,其中支委会 6 次。此外组织主题党日活动 2 次。本年度开展的工作主要成效如下:一是加强理论学习,坚持立德树人。2017 年理论中心组共计进行理论学习 4 次;全体党员每月至少开展一次学习活动,深入学习贯彻习近平总书记系列重要讲话精神,推进“两学一做”学习教育常态化制度化,十九大胜利召开后,迅速开展十九大报告以及十九大新修订党章的学习;建立教职工理论学习制度,全体教职工共计集中进行党的十九大专题学习共计 3 次。二是掌握意识形态工作主动权,强化师德师风建设。2017 年体艺部直属党支部成立意识形态工作组,书记和主任担任组长,组员为班子成员。对师德考核不合格的教师,一年内在职务(职称)评聘、晋升晋级、评优评奖中实行“一票否决制”,体艺部一名教师因论文抄袭,违反了师德规定,年终考核为不合格。三是体艺部直属党支部加强对入党积极分子的培养,经支委会讨论通过,为 9 名入党申请人每人配备了两名培养联系人。支部书记对入党积极分子进行了个别谈话和集体教育,对入党积极分子的理论学习和思想改造提出了要求。四是加强党风廉政建设工作,落实中央巡视整改工作。此外体艺部直属党支部完成了北京市党建和思想政治工作的评估验收检查工作和党员统计工作，体育与艺术教学部直属党支部截至目前没有失联党员情况的发生。2017 年体艺部直属党支部建成了“党员之家”，为党员创造、完善学习活动条件。

（王永生）

【工会工作】

履行体育与艺术教学部分工会职责，关爱工会会员。服务对象涉及在职教职工、合同工和离退休老同志。针对个别困难职工的实际情况，采取措施，灵活调整其工作时间。对个别生活困难的会员积极帮扶，想办法解决各种困难，给每个成员以家的感觉。

利用专业优势，积极参与学校各类文体活动。积极协同校工会开展各类教工文体活动，极大地丰富了学校教工的业余文化生活。

（王永生）

【校园文化建设】

学校体育工作坚持以“育人为本，健康第一，全面发展”为指导思想，积极引导学生“走下网络、走出宿舍、走向操场”。在校内举办了以全校性的春季运动会和秋季新生运动会为主群众性体育活动及多种体育单项课外体育活动和竞赛。校外体育活动机会越来越多，给了更多的学生展现自我，代表学校参加校际比赛的机会。此外，加强对学生的课外辅导，据不完全统计，2017 年辅导次数达 600 余次，运动项目涉及篮球、排球、网球、羽毛球、高尔夫球、足球、瑜伽、武术、乒乓球等，受到了师生的一致好评。丰富多彩的体育活动让更多的学生参与其中，培养学生团队意识、拼搏精神，在校园内营造热爱体育、崇尚运动、健康向上的良好风气和珍视健康、重视体育的校园体育文化氛围。为此，北京市教委 2017 年 3 月将中国农业大学评为“阳光杯优胜校”。又因为中国农业大学在全国范围内对橄榄球运动推广所做出的贡献，被国家体育总局评为“全国群众体育先进单位”。

学校艺术工作则是在管理好高水平艺术团学生的基础上，吸纳更多的普通学生参与其中。在场地、人员及经费等受限的情况下，克服重重困难，集思广益，连夜奋战，在教师节暨迎新晚会上呈现给全校老师和新生一台高艺术水平、高思想水平的晚会，成为学校文化建设的重要品牌。见表 5、表 6。

表 5　2017 年群体比赛(校内)情况一览表

比赛时间	竞赛名称	主办单位
2017.4	足球联赛	体育与艺术教学部 校团委
2017.5	春季田径运动会	体育与艺术教学部 校工会
2017.5	校院际篮球赛	体育与艺术教学部 校团委
2017.5 2017.10	触摸式橄榄球联赛	体育与艺术教学部 校团委
2017.10	新生篮球赛	体育与艺术教学部 校团委
2017.11	排球联赛	体育与艺术教学部 校团委
2017.11	室内高尔夫球模拟器比赛	体育与艺术教学部

表 6　2017 年群体比赛(校外)情况一览表

比赛时间	比赛名称	比赛成绩
2017.4	首都高校第五届徒步大会	一等奖
2017.4	首都高校羽毛球锦标赛(团体)	男子团体乙 B 组第三名 女子团体乙 B 组第三名
2017.5	首都高校 2017 年高尔夫球技能赛	女子团体第六名、男子团体第二名 团体总成绩第三名
2017.5	首都高等学校春季触式橄榄球比赛	冠军
2017.6	2016 首都高校游泳冠军赛	男子乙组 50 米自由泳第二名 男子乙组蝶泳第一名
2017.6	首都高校首届瑜伽体式展示表演赛	甲组团体一等奖 女子单人项目二等奖
2017.6	首都高校校园铁人三项赛	2 人在 1 个项目上获得前八名
2017.7	首都高校 CUBL 大学生篮球联赛	女子第七
2017.10	首都高校秋季田径运动会	女子有 4 人次在 5 个项目上获得前八名
2017.10	2017 首都高校第十一届高尔夫公开赛	女子普通生组团体总分第四
2017.10	首都高校第十四届越野攀登赛	甲组第 2 名
2017.11	首都高校排球联赛	男子第四,女子第六
2017.11	首都高校跑射联赛	个人前八名
2017.11	首都高校大学生网球联赛单项赛	女子单打第五名 男子单打第三名
2017.11	首都高校乒乓球锦标赛(单项比赛)	女子乙组亚军,女子双打第七名
2017.11	第十五届全国大学生攀岩锦标赛	男女前八名
2017.11	首都高校大学生秋季触式橄榄球比赛	第五名
2017.12	首都高校游泳锦标赛	女子前八名
2017.12	首都高校网球精英赛	男子个人第三
2017.12	首都高校大学生羽毛球锦标赛(单项)	

(王永生　王琳琳)

【学生体质测试工作】

2017 年,本科生体质健康平均水平在 2016 年的基础上继续提高,中国农业大学较其他高校已经处于较高水平。2017 年,应测人数为 11 250 人,有效上报人数为 10 476 人,缺测率 6.88%(含病、残学生),较去年下降了 1.88%。学生总体的《标准》均分为 75.58 分,比 2016 年提高了 1.43 分。优秀率为 3.11%,良好率为 29.46%,达标率为 96.14%。较 2016 年,优秀率提高了 1.62%,良好率提高了 7.23%,达标率下降了 0.08%。

(王永生)

【代表队与艺术团工作】

中国农业大学是教育部批准的试办橄榄球、田径、足球项目高水平运动队的高校。随着近年来教育部政策的变化，对各支队伍的资源配置做了一定的调整。加大了对足球队的支持力度，保持了男子橄榄球队在国内高校第一的位置，在一定程度上维持着田径队规模，女子橄榄球队作为C类队建设。按照教育部的规定，配合学校招办严格招生程序，加强对高水平运动员的培养，成效显著。《稼穑之歌》的出台，不仅是反映了中国农业大学独特办学精神与百年文化的传承，更让世人了解了我们这所中国农业领域的最高学府。

橄榄球队 2017年5月，北京全民橄榄球推广周在中国农业大学落下帷幕。中国农业大学派出三支队伍参加了U22大学组比赛队。除了研究生队夺得U22大学组杯级冠军之外，西区队获得了碗级冠军，东区队获得碗级季军。11月，第五届全国大学生七人制橄榄球锦标赛比赛中，中国农业大学男队卫冕男子乙组冠军，成就五连冠壮举；女队取得第四名，获体育道德风尚奖。

2017年4月，学校男子橄榄球队受邀在北京101中学举行橄榄球推广活动；5月份，北京全民橄榄球推广周在中国农业大学举行；10月份，全国青年7人制橄榄球总决赛西校区举行。比赛期间2017年中国农业大学橄榄球文化展同时展出。

田径队 田径队作为老牌高水平队，在2017年的一系列比赛中取得了稳定的成绩。2017年7月，第17届全国大学生田径锦标赛，中国农业大学田径队在高水平组别的比赛中获1枚金牌，另有2人次进入全国前八名；同时荣获“体育道德风尚奖”。

足球队 2017年，足球队实现了历史性突破。4月份，“特步”中国大学生校园足球联赛超级组北区的比赛，足球队获得亚军。6月份，“特步”中国大学生校园足球联赛超级组全国总决赛，足球队点球惜败太原理工大学，获得亚军，创造了历史最好成绩。11月，2016—2017赛季首都大学生足球联赛(高水平组)夺得了比赛第四名。12月，卫冕2017年首都高校大学生五人制足球联赛冠军。

9月份，第十三届全国学生运动会，两名队员入选北京学生足球代表队。其中，王智在决赛中进球建功，为夺冠做出重要贡献。

艺术团 戏剧团于2017年10月29日参加第六届北京大学生戏剧节，短剧类《爷爷》在清华大学蒙民伟音乐厅演出受到广泛和高度赞扬，获得金奖。11月1日，反映中国农业大学独特办学精神与百年文化传承的《稼穑之歌》，于中央戏剧学院实验剧场演出，获得金奖。同时获得优秀编剧奖、优秀导演奖、优秀男演员奖，在北京市和各高校产生巨大影响。

10月份，合唱团的“让世界看见你的声音”获得2017电视合唱邀请赛金奖，并获得最佳组织奖、最佳钢琴伴奏奖、最佳指挥奖。该节目应邀参加了希腊国际合唱节，这让我们有机会把中国优秀传统文化展现给世界，演出受希腊各级人士的好评。由于良好的表现，为中国农业大学的艺术教育赢得了好评，受到北京市教委的多次表扬。

5月25日，舞蹈团的《逆时光》节目在现代舞普通甲组荣获北京大学生舞蹈节金奖。

（王永生　王琳琳）

【社会服务工作】

按照北京市教委的要求和学校的统筹安排，体育和艺术教师们积极参与到中小学共建工作中。根据中国农业大学体育特色及对方需求，将橄榄球、足球、乒乓球等优势项目引入共建校。4月份，男子橄榄球队受邀在北京101中学进行表演赛，并指导学生体验橄榄球运动，获得校方、家长和学生们的一致好评。

艺术教育进入中小学，有效地提升学生的审美情操，实现了让学生“感受多元文化，参与多元创造，建立多元视野”的理念，切实落实了学生素质教育的基本要求，使学生的艺术修养得以提高，激发学生对美的爱好与追求，塑造了健全的人格和优秀的品质，进而有力推动学校的全面发展。在我们的倾心帮助下，农大附中艺术团正式成立并将在北京市亮相。

2017年5月，承接了国家体育总局小球中心主办的北京全民橄榄球推广周活动。本次活动参赛队伍多、地域广，比赛约束少、项目多，对在全国各地各年龄段推广英式橄榄球运动起到了积极作用。10月份，承接了中国橄榄球协会主办的全国青年7人制橄榄球总决赛，比赛期间进行了中国农业大学橄榄球文化展，展品包括中国农业大学橄榄球队在国内和国际比赛中获得的各种奖杯、奖牌、比赛服装、比赛用球、境外橄榄球队赠送的礼品以及参加重大国内外比赛的照片和图片。不仅唤起农大人对过去学校橄榄球运动艰苦岁月和美好时光的回忆，同时也让更多人对橄榄球文化有深刻的认识。

为全民健身服务 为响应全民健身的号召，多次承接周边单位的职工运动会，并尽可能地对周边居民开放运动场地。

（王永生 王琳琳）

烟台研究院

【学院概况】

烟台研究院源于2003年中国农业大学与烟台市人民政府合作建设的中国农业大学烟台校区。2007年5月30日，教育部批复同意设立中国农业大学烟台研究院，隶属中国农业大学。2015年6月17日，烟台研究院正式注册为独立事业法人，成为中国农业大学的二级单位，下设人文学院、理工学院、商学院、海洋学院、食品与葡萄酒学院5个学院。

2015年3月25日，中国农业大学、荷兰格罗宁根大学和烟台市人民政府签署合作办学备忘录，同意共同建设烟台格罗宁根大学。10月26日，在两国元首的共同见证下，三方正式签署《关于合作建立烟台格罗宁根大学的协议》。2017年11月30日，教育部下发《教育部关于批准筹备设立烟台格罗宁根大学的函》（教外函〔2017〕107号），批准中国农业大学与荷兰格罗宁根大学在烟台市筹备设立烟台格罗宁根大学，烟台格罗宁根大学正式获批筹建。

（张海瑜）

【学科建设】

烟台研究院现开设公共事业管理、市场营销、设施农业科学与工程、水产养殖学 4 个本科专业，拥有小麦玉米国家工程实验室烟台实验站（国家级）、食用菌育种实验室、山东省农业废弃物高效利用技术研究推广中心、海洋水产科学技术研究开发中心、食品与葡萄酒工程研发中心、农业物联网与大数据研究中心和农业文化研究中心等 7 个研究实验机构。

（张海瑜）

【师资队伍】

烟台研究院拥有专任教师 191 人，其中，教授 9 人、副教授 85 人、讲师 92 人、助教 5 人，中高级以上职称占 97.4%，具有博士、硕士学位的占 70.15 %。

2017 年，选派 3 名教师参加由教育部、财政部联合举办的 2017 年度职业院校教师国家级培训；选派 13 名教师参加由山东省教育厅举办的 2017 年度职业院校教师省级培训。组织烟台研究院第五届教育教学软件应用大赛。评选出“优秀教师”19 人。3 项教研课题、2 项课程建设项目获得立项。

（张海瑜）

【本科教学】

招生情况 2017 年烟台研究院计划招生 360 人，实际录取 360 人（见表 1）。其中，理工类 230 人，文史类 130 人，均为山东生源。其中，文史类专业录取最高分 582 分，最低分为 561 分；理工类专业录取最高分为 603 分，最低分为 553 分。院校一志愿率 100%，报到率 98.89%。截至 2017 年 12 月 31 日，本科在校生总数 1 302 人（含驻京 356 人）。

表 1 2017 年本科录取情况统计表

科类	专业	录取数	最低分	最高分	平均成绩
理科	设施农业科学与工程	70	559	603	568.72
理科	水产养殖学	70	553	590	560.10
理科	市场营销	90	557	593	567.37
文科	市场营销	30	568	582	572.99
文科	公共事业管理	100	561	582	565.90
合 计		360	—	—	—

教育教学 全年安排本科开课 338 门次，完成教学工作量 1.3 万个标准学时，其中必修课 294 门次、选修课 44 门次，选课人数 1 729 人次。根据学校新版人才培养方案修订计划，按照标准对 4 个专业的人才培养方案进行了全面修订，报送学校教务处纳入统一教学管理体系。对《大学英语》和《形势与政策》课程进行了相应改革。

2017 年，烟台研究院批准立项本科生科研训练计划（URP）项目 76 项，结题验收 84 个项目，评选 13 个优秀项目。成功举办烟台研究院第七届大学生科技论文大赛和第十届大学生基本技能大赛。在第十九届全国大学生英语竞赛，获得特等奖1项、二等奖2项、三等奖5项、优秀指导教师奖1项、优秀组织奖1项，烟台研究院被授予“优秀组织单位”称号。在“龙正杯”第五届全国大学生农业建筑环境与能源工程相关专业创新设计竞赛中，烟台研究院选派的三支队伍获得2个一等奖和1个二等奖。大学英语四、六级考试中，共1 216学生人次参加，四、六通过率为30.8%和27%。

组织2017届毕业生的毕业论文进行中期检查、论文查重、毕业答辩及优秀毕业论文评选等工作。其中查重共抽查论文186篇，第一次检测有33篇不通过，通过率达到82.26%，共68篇毕业设计被评为优秀毕业设计，13名教师被评为优秀毕业设计指导教师。

教学实践活动 人文学院依托11处教学实践基地，增长学生的社会认知。商学院依托营销实习和小学期综合实践，形成校内与校外互补、模拟与实战融合，实验教学、专业实践、社会实践并举的实践教学体系。海洋学院按照学生实习意愿分别到8个不同养殖特色的实习地点进行生产实习。理工学院与青岛蓝天温室工程有限公司合作，安排工程师带领学生下车间实地操作，将实践能力培养落到实处。

（张海瑜）

【科学研究】

课题申报与立项 2017年，组织申报各级各类科研项目共73项，立项科研项目23项，总经费296.5万元，比2016年增加38.2%(2016年是214.5万元)。其中纵向科研项目13项，经费77.5万元；横向科研项目10项，经费219万元。校内科研基金立项10项，资助经费为7.1万元。

科技成果 获得科技奖励9项，烟台市第十六届自然科学优秀学术论文奖1项；获烟台市第三十届社会科学优秀成果奖二等奖1项、三等奖3项，山东省档案学优秀成果奖奖励4项。申请专利8项、授权专利6项，授权软件著作权6项。发表论文104篇，其中SCI收录3篇，EI收录2篇，CSSCI 0篇；核心刊物论文35篇。出版教材1部。结题验收科研项目20项，其中国家级2项、市级1项、横向5项、校内科研基金12项。组织完成2017年度10个项目国家科技成果登记工作，重大科技成果上报1项。

校企合作 2017年，走访企业50余家，形成调研报告20多份(其中3篇调研报告已经投稿)。与5家企业完成合作，达成横向课题5项，与多家企业达成合作意向。完成全国技术合同网上登记8项，登记合同额为77万元。

首次成功举办国际性学术会议 10月21日至23日，由烟台研究院、生物质能科学与技术国家级国际联合中心、农业部农村可再生能源开发利用学科群共同主办的“畜禽养殖废弃物处理与资源化利用研讨会”暨“中欧畜禽养殖粪水‘厌氧发酵’高层研讨会”在烟台研究院举行。会议邀请德国、意大利、荷兰、澳大利亚、波兰、美国和我国的该领域顶级专家44名，农业部、环保部、山东省科技厅、省农业厅等省市级领导57人，另有高等教育科研单位、各地畜牧局和畜牧站代表以及畜禽养殖相关行业的企业代表参会，与会人员300余人。会议围绕畜禽养殖废弃物处理与资源化利用相关的国家政策、模式创新和工程工艺技术等进行解读与交流。此次会议为研究院历史上层次最高、规模最大的学术研讨会。

（张海瑜）

【学生工作】

主题教育 开展“学雷锋，学习十九大、践行中国梦，爱国教育、团员评议，心理健康教育、团日活动”等实践活动。3月到5月开展“学习总书记讲话 做合格共青团员”团员主题教育评议活动，开展“蕴志愿精神，铸大爱情怀”系列学雷锋主题活动。4月，组织学生参加“情系森林防火，绿满美丽烟台”微文大赛，获得一等奖1项，二等奖1项，三等奖3项，优秀奖5项，优秀组织奖1项。5月，推举十名学生作为研究院“五四标兵”。组织参加校本部以“多彩青春”为主题“五月的花海”青年节系列活动，提交作品13件。获校本部“十佳团日”荣誉称号1项。

学生教育 加强国旗班班级建设，第十一届国旗班完成日常升降旗、重大活动、节日升旗及坚持每天六点早训与周六上午大训，开展了“一二·九”运动纪念活动、国家公祭日烛光悼念等活动。11月份，组织开展研究院优良学风班和优秀团支部评选活动经评比和志愿农大评选活动。

社会实践 组织开展“稼穑之路——农科学子助力精准扶贫”“薪火相传”“我为家乡送信息”等系列寒暑期社会实践活动。组建暑期社会实践活动小队25支，8支小队获得校级优秀小队，3支小队获得院级优秀小队；8人获暑期社会实践校级优秀个人，11人获社会实践院级优秀个人，组建寒假社会实践活动小队31支，9支小队获校级优秀社会实践小队。组织学生参加“挑战杯”大学生课外学术科技作品竞赛，获得一等奖1项，二等奖1项，级三等奖5项；。3—11月，组织参加“第五届青岛啤酒大学生微营销创意大赛”，获得微营销优秀奖14人、优秀组织奖1项；3月到5月，组织参第五届溢达创意大赛，获三等奖1项，四等奖3项，优秀奖7项，获得优秀组织奖1项；5—6月，组织参加第三届中国“互联网＋”大学生创新创业大赛二等奖1个，团体奖3个。

心理健康教育 组织开展“母亲节”“感恩节”“5·25大学生心理健康宣传月”“10·25大学生心理文化节”等系列活动。共收到并回复心理委员各月度班级情况汇报表160余份，阅读并反馈各学院例会记录32次，个体心理咨询面询30余人次。5月，山东省大学生心理健康节各项评比活动中，获得三等奖1项。11月，在校本部优秀心理部评比活动中，获得二等奖1项。

就业与深造 2017级本科毕业生272人，就业率为98.16%。其中，升研127人、出国9人，升研率45.22%，深造率50%，2014届共62名本科生获得推免资格，推免率21.23%，为历年最高。签约西藏1人，考取公务员3人、选调生4人。

奖学助贷 办理33名学生生源地助学贷款。认定经济困难学生125名，125人获国家助学金，17人获得社会助学金。完成947名本科学生的每月生活补助发放工作。41名学生获“优秀毕业生”，12名学生获“北京地区高校优秀毕业”。评出三好学生82名，优秀学生干部31名，优秀团干部23名，优秀团员21名，优良学风班3个，优秀团支部3个，各级社工奖33名，文化活动奖学金13名，24名同学获优秀学生奖学金，384名同学获单项奖学金，本学年共评国家奖学金15人，国家励志奖学金46名。

成人教育 现设中国农业大学烟台函授站、中国农业大学现代远程教育烟台研究院学习中心。2017年函授教育与网络教育毕业生76人，在校生224人。

（张海瑜）

【社会服务】

农民培训 依托省级农民培训平台，完成“农业合作社经营管理”和“农村村级事务管理”两个培训科目共 1 000 人的培训任务。

其他培训 与西安市农林委合作举办了两期 70 余人的西安市农林委系统科级干部培训班。

包村服务 选派优秀干部为“第一书记”坐镇牟平区王格庄镇前柳林夼村，先后派出 12 名专家教授入村开展技术培训，指导农业生产。筹集资金 5 万元为村修筑两道拦河坝；筹集资金 5 万元购买 30 吨复合肥，利用绿化资金 8 万元，对村中街道进行绿化。协助举办大樱桃采摘节，完成村委换届选举等工作。

（张海瑜）

【党建行政工作】

党务工作 烟台研究院现设 14 个党支部（包括 2 个离退休党支部），党员 278 人，其中，在职党员 155 人，学生党员 54 人，离退休党员 69 人。全年共发展党员 44 人，预备党员转正 3 人。全年先后召开 4 次全体党员会议，1 次培训会，1 次座谈会，2 次领导班子专题讨论会，执行领导干部基层联系点制度，带动班子成员建立联系点 5 个，年内开展调研指导 2 次。完成各类系统党员信息录入工作并组织做好学习竞赛活动。全年共收缴党费 92 739 元，接转组织关系 55 人次。

组织开展“两学一做”学习教育常态化制度化活动、党的十九大会议精神专题学习活动、组织全体党员参加“灯塔—党建在线”党的十九大精神学习竞赛活动。完成“灯塔—党建在线”“党组织和单位信息管理系统”“党员信息管理系统”的开通、信息录入等工作，组织了全校 236 名党员进行信息采集、注册登录。

廉政建设 全年共召开五次党风廉政建设情况落实会议，制定并签订《党风廉政建设责任书》；下发《党风廉政建设和行风建设工作的组织领导与任务分解》及《落实党风廉政建设责任制目标考核评分标准》，结合《廉政风险防范管理》，划分廉政风俭等级，查找廉政风险点，针对排查出的问题制定风险整改方案，要求相应部门限期整改。

宣传思想教育工作 全年编辑处理 355 条新闻信息，公告 402 条，其中自主采访编写新闻 82 条，自主编辑 135 条信息。完成烟台研究院微信公众号的注册工作进入试运行阶段。9 月 18 日，开展“喜迎党的十九大，高雅艺术进校园”专题交响音乐会，11 月 6 日，开展“喜迎党的十九大高雅艺术进校园”书画摄影展。

舆情监控反馈 全年处理 206 件信件，其中 160 条校长信箱有效信件处理答复。问题涉及考试安排，选修课程设置；餐饮服务态度、伙食质量；网络速度，教学楼供暖，公寓管理，助学金发放、毕业生档案信息丢失补充；外来人员进入教学场所管理，校外老师授课薪酬支付，图书馆打印室管理等问题。在“六四”期间，将校园网进行筛查，进行舆情监控；9 月份，根据校本部要求监控清查校网“古尔邦节”有关内容。连续 5 年被授予烟台市“精神文明单位”称号。

统战工作 推荐3名党外优秀知识分子参政议政。4月份，向市委统战部推荐6名优秀党外知识分子充实市级党外人才库建设。组织3名教师参加烟台市新阶层党外知识分子联谊会换届暨烟台市党外知识分子成立大会。

（张海瑜）

【后勤保障工作】

资产管理 2017年3月，烟台研究院成立资产管理中心，负责国有资产管理、产业开发和物业管理相关工作。中心起草了《烟台研究院国有资产管理暂行办法》《产业管理暂行办法》《固定资产管理实施细则》《网点房管理规定》《网点房租赁管理办法》《物业收费规定》等规定。完成了食品与葡萄酒研发中心资产收回工作，网点房资产工作，果园管理理顺工作，启动人工湖承包权收回工作，规范场地租赁业务以及黑松林基地资产归口管理等工作。9月29日，与烟台奥威依曼酒业有限公司（中澳合资）签署合作协议，成立中农澳葡萄酒有限公司。提高物业服务水平，加大物业费收缴力度，收缴物业费总数比去年同期提高33.7%。12月1日，正式启动固定资产年终清查盘点工作。

校园安全 与23个中层部门分别签订《安全生产综合目标管理责任书》、与上级有关部门签订了《2017年今冬明春火灾防控工作承诺书》《2017年消防安全责任状》《2017年夏季消防安全承诺书》。春季防火期内，制作防火宣传刊版一期、悬挂防火宣传横幅9个、更换防火知识宣传栏4次、通过学校网站下发防火通知（通告）5次，建立了学校义务消防队，坚持昼夜巡逻达51天。及时组织更换过期、失效的灭火器材，张贴消防器材使用、警示明白纸400余张，制作实验楼、教学楼紧急疏散示意图刊版，设立楼梯紧急疏散标志18个。与消防维保公司管理签订了管理合同，组织小型消防演练2次。全学年无安全生产责任事故、无刑事案件、无食品安全事故、无群体性事件。

国际合作与交流 2017年3月30日，烟台研究院成立国际处，主要承担学校国际交流、外籍专家、国际合作等工作。制定了《烟台研究院因公出国（境）手续办理流程》《中国农业大学烟台研究院举办国际会议管理规定》及《中国农业大学烟台研究院邀请短期专家管理规定》等相关规定。全年共接待国外团体来访17批次，123人次，来访单位涉及荷兰经贸代表团、荷兰格罗宁根大学、美国田纳西大学、南非开普半岛科技大学等，请进境外专家79人次。

餐饮服务 采取严格的索证、索票和审核准入制度，建立台账登记制度，严把食品采购关。严格遵循食品加工流程。按照《食品安全法》的规定，要求从业人员一律持健康证上岗，定期组织人员培训。

公寓管理 开展“我爱我家”宿舍文化节、“宿舍安全月”等系列活动。

（张海瑜）

【烟台格罗宁根合作大学项目】

申报工作 2017年，烟台格罗宁根大学的申报工作先后完成第三轮和第四轮整改、顺利获批筹建。1月10日，荷兰格罗宁根大学的西布兰德·波佩玛（Sibrandes Poppema)校长在向我国教育部致函，承诺国会批准教育法律修改的可靠性 。1月13日，向教育部国际司提交《关于申请成立烟台格罗宁根大学的请示》(中农大校字〔2017〕1号)，请求给予烟台格罗宁根大学有条件批准，待荷兰修法完成相关程序达到合作办学要求后，启动首批招生工作。1月20日，教育部国际合作与交流司出具第三轮整改意见《关于反馈烟台格罗宁根大学整改材料专家意见的函》(教外司办学〔2017〕82号)，1月23日，将“《关于反馈烟台格罗宁根大学整改材料专家意见的函》的说明及相关落实措施”第三次提报教育部。2月10日，中国农业大学收到教育部最新(第四轮)整改意见。此次意见共涉及两项内容：一是荷兰高等教育相关法律条文的修改，二是山东省政府对烟台格罗宁根大学的经费支持。其中，关于经费支持问题：2月初，烟台市政府张永霞市长赴济南向省领导汇报情况，恳请省政府在办学前五年给予相应资金支持 2月8日，山东省常务副省长孙伟做批示：“请省财政厅、教育厅调研，尽可能予以支持”，已交由山东省教育厅和财政厅落实支持办学的财政补助办法。3月6日，向教育部提交《中外合作办学机构信息表》。关于荷兰高等教育相关法律条文的修改：2月23日，荷兰下院经过辩论，最终以138对12的绝对多数票通过了对外国学生获得荷兰学位法案的修改。6月6日，荷兰上议院按程序在不经投票的情况下即一致通过该法案的修改，确认删除“国际项目中要求外国学生在荷兰学习时间达到25%”的条款。3月14日，中国农业大学校长柯炳生与荷兰格罗宁根大学校长西布兰德·波佩玛联名向教育部国际司司长许涛致函，并提交“关于反馈烟台格罗宁根大学整改材料专家意见的函”的说明及相关落实措施。8月24日，针对荷兰新内阁组建以及格罗宁根大学校内申请进展情况，中国农业大学将烟台格罗宁根大学批准设立的申请变更为“申请批筹”，并将相关文件上报山东省政府。9月11—9月22日，教育部收到省政府提交的烟台格罗宁根大学批筹的申请函。11月30日，教育部下发《教育部关于批准筹备设立烟台格罗宁根大学的函》(教外函〔2017〕107号)，批准中国农业大学与荷兰格罗宁根大学在烟台市筹备设立烟台格罗宁根大学，烟台格罗宁根大学正式获批筹建。

校园建设工作 2017年，烟台市财政批复预算8亿元用于烟台格罗宁根大学项目。2月24日，烟台市政府金志海副市带领市直有关部门和高新区管委负责同志到烟台格罗宁根大学建设现场调研，实地察看了校园建设情况，听取烟台格罗宁根大学办学和建设进展工作汇报，并召开座谈会议研究部署有关工作，就烟台格罗宁根大学获批、校园建设进度、土地调整方案等问题给予指示。市政府启动出让土地评估和规划工作，并结合土地市场情况及未来发展预期，制定了高效集约的土地出让及融资方案。1月3日，烟台市发改委批复《烟台格罗宁根大学校园改造一期项目可行性研究报告》，一期项目包括校园IT(一期)、图书馆、教学楼、双塔学生公寓、学生餐厅。2月8日，烟台市发改委批准烟台格罗宁根大学校园改造一期工程项目投资概算(烟发改审〔2017〕9号)。一期工程包括图书馆、校园信息系统第一阶段、教学楼、双塔学生公寓、学生餐厅，改造总面积为128 682.86平方米，项目概算42 162万元。3月31日图，书馆(原实验楼)改造工程作为首个开工建设项目开标，4月9日，烟台格罗宁根大学图书馆改造工程正式进入施工阶段。原实验室搬迁工作全面展开。6月12日取得施工许可证，6月15日监理单位下达开工令。目前,已经完成图书馆改造工程投资总额的63%。一期二标段项目(学生餐厅、教学楼、双塔学生公寓)和信息化建设项目(一期)正式进入施工阶段,正在进行校园改造二期项目工程(行政楼、多层学生公寓、风雨操场、室外运动场、东大门、北大门等改造项目和动力站及变配电室、临时实验室)可研性报告、投资概算等审核工作和信息化建设项目(二期)的规划设计工作以及校园改造工程三期项目(研发大楼及室外配套)的深化设计工作。

新大学启动工作推进情况 经举办方协商,初步明确了大学架构和机构设置框架,确立了董事会领导下的校长负责制,完成了首批开设专业的教育教学规划和设计,依托两母体学校建立了办学初期的师资库资源,提出了学科规划和教学运作与质量保障体系等。围绕筹建新大学建设各项工作,2017年格罗宁根大学共派出108名工作人员,13次赴烟进行工作对接,涉及基建、IT、本科教学、研究生培养、学科建设和大学治理体系、研究生预科等多个项目。11月6—9日,烟台研究院工作团出访,双方就校园改造进展情况、一年级教学、新大学质量保障体系、教师招聘、招生宣传、科研工作、外籍教师来烟生活安排等新大学运行的具体事务进行了对接。按照格大和中国教育部要求,结合中国学生特点以及新大学培养目标,正在就本科一年级课程建设,进行课表设计、校历设计、课程大纲、教案建设等材料的编写。经过深入研究,决定在烟台市设立"烟台罗宁根大学硕士预科项目"。

一年级课程设置 一年级课程设置是烟台格罗宁根大学国际化课程体系的特色之一。双方先后分别投入30余人,参与并成立一年级教学部。1—5月,一年级教学部基本完成对烟台格罗宁根大学一年级课程的初步设计,明确各课程负责人及参与人员,落实各课程中文教学大纲的撰写工作。3月底,一年级教学部两名老师参加了西交利物浦大学为期四天的调研及教学工作会议,就以学生为中心的高等教育理念、科学的大学管理体系、教师发展与支持促进教学能力提升、专业与课程设置、学术支持与服务的专业化、中外合作大学质量保障体系建设等主题进行了学习和交流,为烟台格罗宁根大学教学管理和一年级课程设计积累经验。5月23至27日,荷兰格罗宁根大学代表团一行49人来烟台校区,就新大学第一年即将启动的教学工作进行全面对接,双方就中国学生高考后的数学水平、校历设置、相关课程及授课语言、课程考核形式、双方各自教学质量评估体系共通之处达成共识,并就一年级课程设置的相关事宜形成完整的工作计划。7月22至7月25日,荷兰格罗宁根大学理工学院院长雅斯伯·诺斯特(Jasper Knoester)一行3人来烟对接,对烟台格罗宁根大学一年级课程的设计方案与校历方案等细节内容进行讨论,基本确定整体课程设置方案。11月6日至10日,烟台研究院院长、烟台格罗宁根大学筹委会主任傅泽田教授率工作团队一行7人赴荷兰格罗宁根大学进行工作访问,就一年级教学、新大学质量保障体系、教师招聘等具体事务与格罗宁根大学达成共识,并明确了下一步工作安排。11月中旬至2017年12月,一年级教学部与格罗宁根大学理工学院共同编写了UGY一年级课程设计完整方案,准备提交董事会审核。

(张海瑜)

附：

烟台研究院2017年大事记

2月24日，烟台市副市长金志海带领市财政局、市教育局、高新区管委等职能部门主要分管负责同志到筹建中的烟台格罗宁根大学校园现场办公，协调解决烟台格罗宁根大学筹备工作中涉及的校园基础建设改建遇到的相关问题，加快推进新大学建设进度。

2月27日，国家成立畜禽养殖废弃物资源化处理科技创新联盟，烟台研究院当选第一届联盟理事单位。

3月30日，美中食品能源水系统跨学科环境网络项目"FEWS"组来烟考察项目合作。

4月12日，荷兰经贸代表团一行22人到筹建中的烟台格罗宁根大学建设现场参观考察，听取了关于新大学的办学定位和发展设想的介绍，新大学筹建情况的介绍和关于校园建筑设计方案的介绍。

5月3日，南非工程院院士菲利普·劳埃德应邀来访，并受聘烟台研究院教授。

5月23—27日，荷兰格罗宁根大学代表团一行49人来烟台，就新大学第一年即将启动的工作进行全面对接。此次来访，双方就校园改造项目、校园IT项目、一年级教学、招生与宣传、科研合作、课程设置、学生工作、后勤对接等内容进行充分探讨与交流，就多个重要事项达成共识，并明确下一步工作重点与目标。

5月26日，筹建中的烟台格罗宁根大学举行图书馆改造工程开工仪式。

10月23—27日，由烟台研究院、生物质能科学与技术国家级国际联合中心、农业部农村可再生能源开发利用学科群共同主办的"畜禽养殖废弃物处理与资源化利用研讨会"暨"中欧畜禽养殖粪水'厌氧发酵'高层研讨会"在烟台研究院举行。

11月6—10日，烟台研究院院长兼党委书记傅泽田、烟台农校党委书记兼校长李兴佐率工作团队一行7人赴荷兰格罗宁根大学进行工作访问，就校园改造进展情况、一年级教学、新大学质量保障体系、教师招聘、招生宣传、科研工作、外籍教师来烟生活安排等事大学运行的具体事务进行对接。双方在探讨内容上达成了诸多共识，在关键问题上取得了突破进展，并明确了下一步工作安排。

11月20日，筹建中的烟台格罗宁根大学图书馆楼钢结构胜利封顶。

11月30日，教育部签发《教育部关于批准筹备设立烟台格罗宁根大学的函》（教外函〔2017〕107号），批准中国农业大学与荷兰格罗宁根大学在烟台市筹备建立烟台格罗宁根大学。

12月25日，烟台研究院被选举为"山东省食用菌协会"第五届理事会常务理事单位。

（李梅　张海瑜）

土地科学与技术学院

【概况】

12 月 17 日,土地科学与技术学院成立。

一带一路农业合作学院/南南农业合作学院

【概况】

12 月 4 日,由中国农业大学发起筹办的“一带一路农业合作学院”、中国农业大学联合西北农林科技大学共同筹办的“中国南南农业合作学院”成立。

研究生教育教学

【概况】

至12月，学校共有全日制在校研究生7 780人，其中硕士研究生4 486人，博士研究生3 294人。共录取硕士研究生2 374人，其中全日制2 060人(学术型硕士生1 336人，专业学位硕士生724人)，非全日制314人(均为专业学位硕士生)。共录取全日制博士研究生871人，其中直博生43人，硕博连读生366人，申请考核制学生437人，另有与农科院联培博士生25人。

春季学期(夏季)，共授予学位2 363人。①授予596人博士学位。其中，学历教育博士590人，同等学力博士3人，兽医专业学位博士3人；②授予硕士学位1 767人。其中，学历教育硕士970人，全日制专业学位硕士698人，非全日制专业学位硕士99人。

秋季学期(冬季)，共授予学位416人。①授予109人博士学位。其中，学历教育博士99人，同等学力博士4人，兽医专业学位博士6人；②授予硕士学位307人。其中，学历教育硕士63人，全日制专业学位硕士50人，非全日制专业学位硕士194人。

全年共授予学位人数2 779人，其中授予博士学位人数705人；授予硕士学位人数2 074人。

(张红　刘军　倪立红)

【研究生招生】

2017年是统筹全日制和非全日制研究生招生管理工作的第一年，硕士生招生考试报名人数创历史新高，达到7 939人，比上一年度5 982人增加了1 957人。

加强招生宣传，提高生源质量　研究生院利用学校招生宣传专项经费资助了全

10 个学院开展了暑期夏令营活动，吸引全国 104 所高校的 734 名优质生源提前了解中国农业大学、专业、导师、实验室等。另外，学校研招网域名变更为 http://yz.cau.edu.cn，更加方便考生识记与对外宣传。

多部门协同配合，考试安全稳定进行 召开了全国硕士研究生招生考试考务安全协调会，会议由辛贤副校长召集，研究生院组织。

强化数据分析，提升管理质量，服务合格评估 开展了多项分析工作，包括硕、博报名库与录取库分析，推免生招录情况分析，暑期夏令营问卷的调查和分析，硕士研究生新生的问卷调查与分析，学科视角下的博士生招录情况分析，自命题分科目成绩分析等。启动了学位授权点合格评估，研招办对进五年各学位授权点的招录数据、导师数据等进行了全面的梳理与汇总。

（刘军）

【研究生培养】

推进学位点建设工作，促进学科发展 ①完成了学位授权点申报和自主审核单位申报工作。完成了自主审核单位、工程博士、新闻与传播学等 3 个学位授权点审核申报工作。②完成了自主设置二级学科增设工作。共涉及 2 个学院的 3 个目录外二级学科，即人文与发展学院的社会学一级学科下新增自设“发展研究”，经济管理学院“农林经济管理”一级学科下新增自设“食物经济与管理”二级学科、工商管理一级学科下设“物流与供应链管理”二级学科。

加强研究生质量保障体系建设 ①开展课程质量调查、毕业生离校调查和校友调查。与高教中心合作，继续开展了研究生课程质量、毕业生离校调查和校友调查工作。②启动学位授权点合格评估工作。评估共涉及 46 个学位授权点，其中有 8 个采取国际评估的方式。③启动研究生培养方案修订工作。修订的工作原则包括树立立德树人和学生为中心的教育理念、突出问题导向、加强研究生的能力训练、改革培养实施工作机制。④加强培养过程管理，完善分流淘汰机制。共计完成了 1 338 名博士生的资格筛查工作。⑤开展了全日制专业学位硕士研究生实践基地研究项目。共批准设立项目 103 项，经费支持 100 万元，其中 8 名研究生被验收专家组推荐，获得校级优秀实践项目。⑥启动实践基地和导师备案工作。共有工学院、人文与发展学院、信息与电气工程学院、园艺学院、植物保护学院等新增备案基地 68 家。

深化培养模式改革 ①拓展培养平台。一是发挥现代农业产业技术体系的优势。二是以科技小院为基础。三是建设农林高校专业学位研究生创新创业平台。②创新培养模式。积极推进“实践-理论-实践”的三段制培养模式，加强研究生入学前生产实践锻炼。③优化培养体系。开展案例教学和案例课程建设，创新研究生教学模式，提高课程教学水平。④推进国际合作。共有 196 名研究生同学最终通过了基金委评审，其中博士联培 121 人，硕士联培 29 人，攻读博士 46 人。⑤加强课程建设。出台了《混合课程建设管理办法》《全英文课程建设管理办法》《案例课程建设管理办法》等相关的制度文件，并举办研究生混合式课程工作坊 8 期。

不断规范落实各项管理工作，提高管理服务质量 ①以信息化为手段，提高了管理工作效率和水平。开发了“教育教学综合评价系统”、在研究生信息管理综合系统中新增“研究生四、六级网上报名”功能模块，完善了“网络学习空间”“研究生网上办事大厅”。②做好研究生教学日常管理工作。共开设研究生课程 1 200 余门次，共接收校内外学生选课 32 554 人次。共归档 1 060 门的课程试卷。

加强研究生教学实验室和公共教室的日常运行管理 对东区 3 个教室进行了座椅更换、地面改善、投影空调增设等土建、设备购置，并审核拨付经费 104 万元用于加强现代生命科学研究技术、食品加工与安全技术、农业装备现代设计与先进制造、农业空间信息技术、设施农业环境与装备、细胞生物学、动物科学技术学院研究生公共教学实验室等 7 个研究生课程公共教学开放实验室日常运行管理和研究生院所属教室维护保养工作。

（王雯）

【研究生学位授予与质量管理工作】

研究生导师工作 新增研究生导师培训于 10 月 26 日在生命科学楼报告厅举行。培训会由研工部部长兼研究生院副院长郭鑫教授主持，新增研究生导师、部分现任研究生导师、学院研究生管理人员以及研究生院工作人员共 300 余人参加了培训会。

优秀学位论文评选工作 圆满完成校级优秀博士、硕士论文评选工作。春季学期，共从各院推荐的 25 篇博士学位论文和 23 篇硕士学位论文中，评选出校级优秀博士和硕士学位论文各 10 篇。

学位论文质量工作 ①校内博士学位论文抽查。继续与教育部学位中心合作，将由学校抽查双盲评阅的博士学位论文送教育部学位与研究生教育评估工作平台，将抽查论文交由第三方评阅。②教育部博士学位论文抽检。③北京市硕士学位论文抽检。北京市学位委员会办公室对 2015—2016 学年度北京地区硕士学位论文进行了随机抽检。共 62 篇硕士学位论文被抽检，抽检结果尚未公布。

博士学位论文评阅及答辩专家费用管理 2017 年经费总额为 390 万元。在答辩工作完成后与各学院进行了认真核对，对不符合经费使用的情况进行了及时的纠正。

校学位评定委员会办公室工作 中国农业大学第五届学位评定委员会于 4 月、10 月分别进行了调整。本年度中国农业大学第五届学位评定委员会召开了第 7、第 8 两次会议。

对口援疆高层次人才培养专项工作 新疆建设兵团高层次人才培养专项 2010 年正式启动，共两期学员：第一期学员 25 人，15 人获得博士学位。第二期学员 16 人（4 人退学），共 3 人获得博士学位，至此兵团专项圆满结束。

（倪立红）

【思想政治教育】

坚持育人为本、德育为先，加强研究生党建思政工作 ①加强研究生党员骨干队伍培训工作。组织开展了“先锋工程”研究生党员骨干培训班，全校 196 名研究生党支部书记全部参加，集中培训 56 学时。②开展研究生科学道德和学风建设教育。开展“研究生新生第一课”、新生签署学术诚信承诺书等活动。通过导师培训，开展《导师如何担起研究生思想政治教育的首要责任》专题培训。③优秀毕业生评选工作。共计评选夏季“校级优秀毕业生”324 人，“北京市级优秀毕业生”推荐人选 97 人。共计评选春季“校级优秀毕业生”28 人，“北京市级优秀毕业生”推荐人选 8 人。

推动基层组织建设发展，深化实践育人效果 ①打造“三位一体”研究生社会实践平台。搭建了“品牌活动—科技服务—校地合作”三位一体的研究生社会实践平台，取得了显著成效。②优化研究生团委组织机构。成立科技创新中心、媒体运营中心、社会实践发展中心、奖助中心、事务中心，有效促进研究生团学工作有序开展。

紧密围绕平安校园建设，打造稳中有进的宣传阵地 ①做好研究生校园安全稳定工作。研工部建立了与各学院研究生管理工作领导和辅导员间相对稳定、上下沟通顺畅的研究生安全稳定工作信息网。②打造“农博士在身边”微信公众号。于 6 月正式上线运营，该公众号由研团委媒体运营中心负责运营。公众号主要发挥农林院校学科特色，开展具有导向示范性的科普内容推送，力图建成国内农业知识传播的知名公众号，现已发布 70 余篇原创科普推文，粉丝超 800 人。

健全研究生资助制度，进一步完善研究生管理服务体系 ①积极落实国家助学金最新资助标准。从 2017 年春季学期起，提高全国研究生招生计划内的全日制博士生(有固定工资收入的除外)国家助学金资助标准，中央高校博士生从每生每年 12 000 元提高到 15 000 元。②加强奖助工作流程风险控制工作。③保质高效完成奖学金评选工作。共计评选出校长奖学金 20 人，总金额 18.8 万元；硕士生国家奖学金 97 人，博士生国家奖学金 95 人，共计 192 人，总金额 479 万元；学业奖学金 3 216 人，总金额 1 452.6 万元；专项奖学金 87 人，总金额 35.8 万元。④加强研究生助管助教选聘工作。2017 年共聘任助管 198 名，助教 94 名，累计发放津贴 137 万余元。

（刘宇）

【研究生学籍管理和教育评估】

学籍管理 修订了《中国农业大学研究生学籍管理规定》，经学校审议通过，9 月开始执行。依托“研究生综合管理信息系统”，深化校院二级的管理制度，做好学期注册、学籍异动、毕业答辩和毕业管理等工作。

硕博连读生的选拔 对硕博连读研究生选拔办法进行修订，在总结往年硕博连读选拔工作经验的基础上，完成了 2017 年度的硕博连读研究生选拔工作。

毕业生管理 完成了 2017 年度毕业研究生学历证书信息审核工作和本年度报教育部的毕业研究生学历证书电子注册工作。完成了 2018 年毕业研究生学历证书照片图像采集工作。

研究生教育评估工作 对 2016 年授学位博士学位的 457 论文进行了匿名送审。抽检评议结果显示:2016 年授予博士学位论文总体质量可靠，457 篇学位论文中有 13 篇出现了一个专家评价为不合格，这 13 篇论文再次赠送两个专家后，没有再出现不合格评价。

（张红）

附表

附表1 2017年中国农业大学授予博士、硕士学科中英文对照目录(科学学位)

学科门类	序号	一级学科	序号	学科名称	英文名称	专业代码	授权等级
农学 Agriculture	1	作物学 Crop Science (0901)(博士一级学科授权)	1	作物栽培学与耕作学	Crop Cultivation and Farming System	090101	博士
			2	作物遗传育种	Crop Genetics and Breeding	090102	博士
			3	种子科学与技术*	Seed Science and Technology	0901Z1	博士
			4	作物生理学*	Crop Physiology	0901Z2	博士
	2	园艺学 Horticulture (0902)(博士一级学科授权)	5	果树学	Pomology	090201	博士
			6	蔬菜学	Olericulture	090202	博士
			7	茶学	Tea Science	090203	博士
			8	观赏园艺*	Ornamental Horticulture	0902Z1	博士
	3	农业资源与环境 Agricultural Resources and Environment (0903)(博士一级学科授权)	9	土壤学	Soil Science	090301	博士
			10	植物营养学	Plant Nutrition	090302	博士
			11	土地利用与信息技术*	Land Use and Information Technology	0903Z1	博士
			12	农业气象学*	Agricultural Meteorology	0903Z2	博士
			13	生物质工程*	Biomass Engineering	0903Z3	博士
	4	植物保护 Plant Protection (0904)(博士一级学科授权)	14	植物病理学	Plant Pathology	090401	博士
			15	农业昆虫与害虫防治	Agricultural Entomology and Pest Control	090402	博士
			16	农药学(可授农学、理学学位)	Pesticide Science	090403	博士
			17	植物检疫与农业生态健康*	Plant Quarantine and Agricultural Ecological Health	0904Z1	博士
			18	农产品安全*	Safety of Agricultural Products	0904Z2	博士

续附表 1

学科门类	序号	一级学科	序号	学科名称	英文名称	专业代码	授权等级
	5	畜牧学 Animal Science(0905)(博士一级学科授权)	19	动物遗传育种与繁殖	Animal Genetics, Breeding and Reproduction	090501	博士
			20	动物营养与饲料科学	Animal Nutrition and Feed Science	090502	博士
			21	特种经济动物饲养(含蚕蜂)	The Rearing of Special-type Economic Animals (including Silkworm, Honeybees, etc.)	090504	博士
			22	畜牧生物工程*	Bioengineering For Animal Husbandry	0905Z1	博士
	6	兽医学 Veterinary Medicine (0906)(博士一级学科授权)	23	基础兽医学	Basic Veterinary Medicine	090601	博士
			24	预防兽医学	Preventive Veterinary Medicine	090602	博士
			25	临床兽医学	Clinic Veterinary Medicine	090603	博士
			26	兽医生物工程*	Veterinary Bioengineering	0906Z1	博士
			27	兽医公共卫生*	Veterinary Public Heatlh	0906Z2	博士
	7	林学(0907) Forestry (硕士二级学科授权)	28	园林植物与观赏园艺	Ornamental Plants and Horticulture	090706	硕士
	8	草学 (0909) Practaculture Science (博士一级学科授权)	29	草学	Practaculture Science	090900	博士
工学 Engineering	9	力学 Mechanics (0801)(硕士一级学科授权)	30	一般力学与力学基础	General and Fundamental Mechanics	080101	硕士
			31	固体力学	Solid Mechanics	080102	硕士
			32	流体力学	Fluid Mechanics	080103	硕士
			33	工程力学	Engineering Mechanics	080104	硕士
	10	机械工程 Mechanical Engineering (0802)(博士一级学科授权)	34	机械制造及其自动化	Mechanical Manufacture and Automation	080201	博士
			35	机械电子工程	Mechatronic Engineering	080202	博士
			36	机械设计及理论	Mechanical Design and Theory	080203	博士
			37	车辆工程	Vehicle Engineering	080204	博士

续附表1

学科门类	序号	一级学科	序号	学科名称	英文名称	专业代码	授权等级
工学 Engineering	11	电气工程 Electrical Engineering (0808)（硕士一级学科授权）	38	电机与电器	Electric Machines and Electric Apparatus	080801	硕士
			39	电力系统及其自动化	Power System and its Automation	080802	硕士
			40	高电压与绝缘技术	High Voltage and Insulation Technology	080803	硕士
			41	电力电子与电力传动	Power Electronics and Power Drives	080804	硕士
			42	电工理论与新技术	Theory and New Technology of Electrical Engineering	080805	硕
	12	计算机科学与技术 Computer Science and Technology (0812)（博士一级学科授权）	43	计算机系统结构	Computer Systems Organization	081201	博士
			44	计算机软件与理论	Computer Software and Theory	081202	博士
			45	计算机应用技术	Computer Applied Technology	081203	博士
	13	土木工程 Civil Engineering (0814)（硕士一级学科授权）	46	岩土工程	Geotechnical Engineering	081401	硕士
			47	结构工程	Structural Engineering	081402	硕士
			48	市政工程	Municipal Engineering	081403	硕士
			49	供热、供燃气、通风及空调工程	Heating,Gas Supply,Ventilating and Air Conditioning Engineering	081404	硕士
			50	防灾减灾工程及防护工程	Disaster Prevention and Reduction Engineering and Protective Engineering	081405	硕士
			51	桥梁与隧道工程	Bridge and Tunnel Engineering	081406	硕士
	14	水利工程 Hydraulic Engineering (0815)（博士一级学科授权）	52	水文学及水资源	Hydrology and Water Resources	081501	博士
			53	水力学及河流动力学	Hydraulics and River Dynamics	081502	博士
			54	水工结构工程	Hydraulic Structure Engineering	081503	博士
			55	水利水电工程	Hydraulic and Hydro-Power Engineering	081504	博士
			56	港口、海岸及近海工程	Harbor, Coastal and Offshore Engineering	081505	博士

续附表 1

学科门类	序号	一级学科	序号	学科名称	英文名称	专业代码	授权等级
工学 Engineering	15	农业工程 Agricultural Engineering (0828)(博士一级学科授权)	57	农业机械化工程	Agricultural Mechanization Engineering	082801	博士
			58	农业水土工程	Agricultural Water-Soil Engineering	082802	博士
			59	农业生物环境与能源工程	Agricultural Biological Environment and Energy Engineering	082803	博士
			60	农业电气化与自动化	Agricultural Electrification and Automation	082804	博士
			61	农业信息化技术*	Agricultural Information Technology	0828Z2	博士
			62	水动力学与水力机械*	Hydrodynamics and Hydraulic Machinery	0828Z3	博士
	16	环境科学与工程 Environmental Science and Engineering (0830)(博士一级学科授权)	63	环境科学	Environmental Science	083001	博士
			64	环境工程	Environmental Engineering	083002	博士
	17	食品科学与工程 Food Science and Engineering (0832)(博士一级学科授权)	65	食品科学	Food Science	083201	博士
			66	粮食、油脂及植物蛋白工程	Cereals, oils and Vegetable Protein Engineering	083202	博士
			67	农产品加工及贮藏工程	Processing and Storage of Agriculture Products	083203	博士
			68	水产品加工及贮藏工程	Processing and Storage of Aquatic Products	083204	博士
			69	食品生物技术*	Food Biotechnology	0832Z1	博士
			70	营养与食品安全*	Nutrition and Food Safety	0832Z2	博士
理学 Science	18	数学 Mathematics(0701)(硕士一级学科授权)	71	基础数学	Fundamental Mathematics	070101	硕士
			72	计算数学	Computational Mathematics	070102	硕士
			73	概率论与数理统计	Probability and Mathematical Statistics	070103	硕士
			74	应用数学	Applied Mathematics	070104	硕士
			75	运筹学与控制论	Operational Research and Cybernetics	070105	硕士

续附表 1

学科门类	序号	一级学科	序号	学科名称	英文名称	专业代码	授权等级
理学 Science	19	化学 Chemistry (0703)(博士一级学科授权)	76	无机化学	Inorganic Chemistry	070301	博士
			77	分析化学	Analytical Chemistry	070302	博士
			78	有机化学	Organic Chemistry	070303	博士
			79	物理化学(含:化学物理)	Physical Chemistry	070304	博士
			80	高分子化学与物理	Chemistry and Physics of Polymers	070305	博士
	20	大气科学(0706) Atmospheric Sciences (硕士一级学科授权)	81	气象学	Meteorology	070601	硕士
			82	大气物理学与大气环境	Atmospheric Physics and Atmospheric Environment	070602	硕士
	21	生物学 Biology (0710)(博士一级学科授权)	83	植物学	Botany	071001	博士
			84	动物学	Zoology	071002	博士
			85	生理学	Physiology	071003	博士
			86	水生生物学	Hydrobiology	071004	博士
			87	微生物学	Microbiology	071005	博士
			88	神经生物学	Neurobiology	071006	博士
			89	遗传学	Genetics	071007	博士
			90	发育生物学	Developmental Biology	071008	博士
			91	细胞生物学	Cell Biology	071009	博士
			92	生物化学与分子生物学	Biochemistry and Molecular Biology	071010	博士
			93	生物物理学	Biophysics	071011	博士
			94	生物信息学*	Bioinformatics	0710Z1	博士
	22	生态学(0713) Ecology (博士一级学科授权)	95	生态学	Ecology	071300	博士

续附表1

学科门类	序号	一级学科	序号	学科名称	英文名称	专业代码	授权等级
管理学 Management Science	23	工商管理 Science of Business Administration (1202)(硕士一级学科授权)	96	会计学	Accounting	120201	硕士
			97	企业管理(含财务管理学、市场营销学、人力资源管理学)	Corporate Management	120202	硕士
			98	旅游管理	Tourist Management	120203	硕士
			99	技术经济及管理	Technology Economy and Management	120204	硕士
	24	农林经济管理 Agricultural and Forestry Economics and Management (1203)(博士一级学科授权)	100	农业经济管理	Agricultural Economics and Management	120301	博士
			101	林业经济管理	Forestry Economics and Management	120302	博士
			102	农业经济史*	Economic History of Agriculture	1203Z1	博士
	25	公共管理 Science of Public Management (1204)(博士一级学科授权)	103	行政管理	Administration Management	120401	博士
			104	社会医学及卫生事业管理	Social Medicine and Health Management	120402	博士
			105	教育经济与管理	Educational Economy and Management	120403	博士
			106	社会保障	Social Security	120404	博士
			107	土地资源管理	Land Resource Management	120405	博士
			108	农村发展与管理*	Rural Development and Management	1204Z1	博士
	26	图书情报与档案管理 Science of Library, Information anдArchival (1205)(硕士一级学科授权)	109	图书馆学	Library Science	120501	硕士
			110	情报学	Information Science	120502	硕士
			111	档案学	Archival Science	120503	硕士

续附表1

学科门类	序号	一级学科	序号	学科名称	英文名称	专业代码	授权等级
经济学 Economics	27	应用经济学 Applied Economics (0202)(博士一级学科授权)	112	国民经济学	National Economics	020201	博士
			113	区域经济学	Regional Economics	020202	博士
			114	财政学(含税收学)	Public Finance(including Taxation)	020203	博士
			115	金融学(含保险学)	Finance	020204	博士
			116	产业经济学	Industrial Economics	020205	博士
			117	国际贸易学	International Trade	020206	博士
			118	劳动经济学	Labor Economics	020207	博士
			119	统计学	Statistics	020208	博士
			120	数量经济学	Quantitative Economics	020209	博士
			121	国防经济	National Defense Economics	020210	博士
法学 Law	28	法学 Science of Law (0301)(硕士一级学科授权)	122	法学理论	Jurisprudence	030101	硕士
			123	法律史	Legal History	030102	硕士
			124	宪法学与行政法学	Constitutional Law and Administrative Law	030103	硕士
			125	刑法学	Criminal Jurisprudence	030104	硕士
			126	民商法学(含劳动法学、社会保障法学)	Civil Law and Commercial Law (including Science of Labour Law and Science of Social Security Law	030105	硕士
			127	诉讼法学	Science of Procedure Laws	030106	硕士
			128	经济法学	Science of Economic Law	030107	硕士
			129	环境与资源保护法学	Science of Environment and Natural Resources Protection Law	030108	硕士
			130	国际法学(含国际公法学、国际私法学、国际经济法学)	International Law	030109	硕士
			131	军事法学	Science of Military Law	030110	硕士
	29	社会学 Sociology (0303)(博士一级学科授权)	132	社会学	Sociology	030301	博士
			133	人口学	Demography	030302	博士
			134	人类学	Anthropology	030303	博士
			135	民俗学(含中国民间文学)	Folklore (including Chinese Folk Literature)	030304	博士

续附表1

学科门类	序号	一级学科	序号	学科名称	英文名称	专业代码	授权等级
	30	马克思主义理论 Marxist Theory (0305)(硕士一级学科授权)	136	马克思主义基本原理	Marxist Principles	030501	硕士
			137	马克思主义发展史	Marxism and Its Historical Development	030502	硕士
			138	马克思主义中国化研究	Marxism and Its Development in China	030503	硕士
			139	国外马克思主义研究	Marxism and Its Development outside China	030504	硕士
			140	思想政治教育	Education in Ideology and Politics	030505	硕士
			141	中国近现代史基本问题研究	Some Historically Fundamental Questions Arising Since the Opium War in China	030506	硕士
医学 Medicine	31	公共卫生与预防医学 Public Health and Preventive Medicine (1004)(硕士二级学科授权)	142	营养与食品卫生学	Nutrition and Food Hygiene	100403	硕士
文学 Literature	32	外国语言文学 Foreign Languages and Literatures (0502)(硕士二级学科授权)	143	英语语言文学	English Language and Literature	050201	硕士
	33	新闻传播学 Journalism and communication (0503)(硕士二级学科授权)	144	传播学	Communication	050302	硕士

注:1.博士一级学科授权20个,95个博士学位授权点,"*"表示在博士学位授权一级学科范围内自主设置学科(共18个)。硕士一级学科授权29个,硕士学位授权点144个。

2.2016年新增社会学、计算机科学与技术2个博士一级学科授权;撤销管理科学与工程博士一级学科授权1个;撤销地理学、科学技术史、动力工程及工程热物理、信息与通信工程、控制科学工程、城乡规划学、软件工程、管理科学与工程硕士一级学科授权8个;撤销园林植物观赏园艺、水土保持与荒漠化博士二级学科2个;撤销科学技术哲学、载运工具运用工程、水土保持与荒漠化防治硕士二级学科3个。

附表 2 2017 年中国农业大学专业学位授权点目录

专业学位类型	领域名称	英文名称	代码	招生学院	设立时间	撤销时间
农业硕士(一) Master of Agricultural Extension (0951)	1. 作物	Crop Science	095101	农学院	2000 年	
	2. 种业	Seed Industry	095115		2010 年	
	3. 农业科技组织与服务	Agricultural Science and Technology Organizations and Activities	095111		2006 年	
	4. 园艺	Horticulture	095102	园艺学院	2000 年	
	5. 植物保护	Plant Protection	095104	植物保护学院	2000 年	
	6. 农业资源利用	Utilization Science of Agricultural Resources	095103	资源与环境学院	2000 年	
	7. 养殖	Breeding	095105	动物科学技术学院	2000 年	
	8. 草业	Practaculture Science	095106		2000 年	
	9. 农业机械化	Agricultural Mechanization	095109	工学院	2002 年	
	10. 农村与区域发展	Rural and Regional Development	095110	人文与发展学院	2003 年	
	11. 农业信息化	Agricultural Informatization	095112	信息与电气工程学院	2006 年	
	12. 食品加工与安全	Food Processing and Safety	095113	食品科学与营养工程学院	2006 年	
	13. 设施农业	Facility Agriculture	095114	水利与土木工程学院	2010 年	
工程硕士(二) Master of Engineering (0852)	1. 机械工程	Mechanical Engineering	085201	工学院	2000 年	
	2. 物流工程	Logistics Engineering	085240		2004 年	2016 年
	3. 交通运输工程	Communication and Transportation Engineering	085222		2010 年	2016 年
	4. 工业设计工程	Industrial Design Engineering	085237		2010 年	
	5. 车辆工程	Vehicle Engineering	085234		2010 年	
	6. 工业工程	Industrial Engineering	085236		2010 年	2016 年
	7. 项目管理	Project Management	085239	工学院、信息与电气工程学院	2004 年	
	8. 电气工程	Electrical Engineering	085207	信息与电气工程学院	2000 年	
	9. 计算机技术	Computer Technology	085211		2010 年	
	10. 农业工程	Agricultural Engineering	085227	工学院、水利与土木工程学院	1999 年	
	11. 食品工程	Foodstuff Engineering	085231	食品科学与营养工程学院	2000 年	

续附表 2

专业学位类型	领域名称	英文名称	代码	招生学院	设立时间	撤销时间
工程硕士(二) Master of Engineering (0852)	12.建筑与土木工程	Architectural and Civil Engineering	085213	水利与土木工程学院	2004 年	
	13.动力工程	Power Engineering	085206		2010 年	
	14.水利工程	Hydraulic Engineering	085214		2010 年	
	15.环境工程	Environmental Engineering	085229	资源与环境学院	2010 年	
	16.电子与通信工程	Electronic and Communication Engineering	085208	信息与电气工程学院	2014 年	
兽医(含硕士和博士)(三) 0952)	—	Veterinary Medicine	095200	动物医学院	1999 年	
公共管理硕士(四)(1252)	—	Master of Public Administration	125200	人文与发展学院	2000 年	
工商管理硕士(五)(1251)	—	Master of Business Administration	125100	经济管理学院	2003 年	
金融硕士(六)(0251)	—	Master of Finance	025100		2010 年	
国际商务硕士(七)(0254)	—	Master of International Business	025400		2010 年	2015 年
保险硕士(八)(0255)	—	Master of Insurance	025500		2010 年	2015 年
风景园林硕士(九)(0953)	—	Master of Landscape Architecture	095300	农学院	2005 年	
工程管理硕士(十)(1256)	—	Master of Engineering Management	125600	工学院	2010 年	2015 年
会计硕士(十一)(1253)	—	Master of Professional Accounting	125300	经济管理学院	2014 年	
法律硕士(十二)(0351)	—	Juris Master	035100	人文与发展学院	2014 年	

注:学校共有 9 种专业学位类型,工程硕士 13 个领域,农业硕士 13 个专业学位领域。

附表3 2017年中国农业大学硕士研究生招生考试复试分数线

类型	学科门类	总分要求	单科要求			
			政治	外语	业务课一	业务课二
学术型学位	经济学[02]	335	55	55	90	90
	法学[03]	330	55	55	90	90
	文学[05]	345	55	55	90	90
	理学[07]	305	50	50	75	75
	工学[08]	310	50	50	75	75
	工学照顾学科[0801][0815][0828]	305	50	50	75	75
	农学[09]	315	50	50	75	75
	管理[12]	335	55	55	90	90
专业学位	金融硕士[0251]	320	50	50	75	75
	工程硕士[0852]	300	50	50	75	75
	农业硕士[0951]	300	50	50	75	75
	兽医硕士[0952]	300	50	50	75	75
	风景园林[0953]	300	50	50	75	75
	工商管理[1251]	180	管理类综合100分，外语50分			
		165	管理类综合100分，外语50分（适用于提前面试成绩优良者）			
	公共管理[1252]	195	管理类综合110分，外语55分			
	会计硕士[1253]	220	管理类综合135分，外语65分			
少数民族高层次骨干计划		在报考学科分数基本要求基础上总分降30分，单科各降10分				
退役大学生士兵计划		在报考学科分数基本要求基础上总分降30分，单科各降10分				

本科生教育教学

【招生工作】

经教育部批准，学校在全国31个省、市、自治区及港澳台地区计划招收普通全日制本科生2 910名，除河北、江西国际学院计划安排在提前批，其他计划全部安排在各省本科第一批次录取。其中分省来源计划：安排360名烟台研究院本科计划仅在山东省招生；安排260名国家专项计划（贫困地区定向招生专项计划），分布在河北等21个省（区、市）；安排高校专项计划60人（首次安排为分省计划）；安排非西藏生源定向西藏就业招生计划5名；安排南疆单列计划2人。其中未分省来源计划：安排内地西藏班计划17名、新疆高中班计划22名、少数民族预科转入计划35名、高水平艺术团计划29名、高水平运动队计划29名、预留计划29名。由于2017年无保送生报考学校，未安排保送生计划。

另在内蒙古、贵州、云南、西藏、陕西、甘肃、宁夏、新疆8省（区）安排少数民族预科班计划40名。

学校录取普通本科新生2 913名，其中文史类385人，占13.22%；理工类2 431人，占83.45%；综合改革（上海、浙江）97人，占3.33%。共新录取少数民族预科班学生35人，全部在北京邮电大学民族教育学院就读。

2017年，学校录取第一志愿考生2 886人，第一志愿率为99.07%。应届考生2 760人，占94.75%；往届考生153人，占5.25%；城镇考生2 186人，占75.04%；农村考生727人，占24.96%；平均年龄18.24岁；年龄最小的15岁，年龄最大的23岁；汉族考生2 597人，占89.15%，其他25个少数民族的考生共316人，占10.85%；同一中学录取人数达到5人以上的有115所，其中录取人数较多的中学有：山东省实验中学24人、河北省衡水第一中学22人、山东省东营胜利第一中学17人、山东省淄博市实验中学14人、四川省绵阳中学14人、广西南宁市第三中学12人、河北省石家庄市第二中学11人、陕西省西北工业大学附属中学11人、北京市第四中学10人、首都师范大学附属中学10人、河南省郑州外国语学校10人、内蒙古包头市九中10人、山东省烟台一中10人。

录取新生中，高水平运动队17人、高水平艺术团9人、非西藏生源定向西藏就业学生0人（无生源报考）、国家专项计划学生260人、南疆单列计划学生2人、高校专项计划学生59人、内地西藏高中班学生16人、内地新疆高中班学生22人、港澳台学生8人、少数民族预科班转入34人。

2017年一批本科的生源质量情况为：理工类录取最低分各省平均比当地一本线高96.55分，文史类比当地一本线高77.62分。

理工类考生的投档成绩平均超过当地一本线110.42分，文史类考生的投档成绩平均超过当地一本线82.23分。除海南以外，今年共招收600分以上的理工类考生834人，占34.31%；共招收600分以上的文史类考生107人，占27.79%；理工类考生中超过当地一本线100分以上的1 394人，占57.34 %；超过当地一本线100分以下80分以上的654人，占26.90%。

截至10月10日，共有28人未在规定时间内报到，放弃入学资格；另有10人因病、因事办理保留入学资格，报到率为99.04%。

（李桢）

【教学管理】

2017年春季共编排课程2 257门次（包括上课、实验、上机），任课教师达到1 144人。计划开设校选课299门次，院选课292门次，实际开设校选课267门次，院选课266门次，停开校选课32门次，院选课26门次。开设体育专项不同级别的51个项目的289课次，停开38课次，实际开设251课次。

2017年秋季共编排课程2 547门次（包括上课、实验、上机），任课教师达到1 180人。计划开设校选课337门次，院选课410门次，实际开设校选课311门次，院选课332门次，停开校选课26门次，院选课78门次。开设体育专项不同级别的41个项目的321课次，停开12课次，实际开设309课次。

2017年为学院路教学共同体开设5门次选修课，共有375人次选修。

2017年评选出校级优秀毕业论文（设计）99篇，学校对获得校级优秀毕业论文（设计）的毕业生和指导教师给予了表彰与奖励。

（李璐　赖瑞琴　谢丽娜）

【考务工作】

1. 校外考试

精心组织了2017年3月、9月全国计算机等级考试，顺利完成了2 853人次22个批次的上机考试，共安排39人次抽签巡考。考场秩序井然有序、保密安全工作未出现过任何差错。

精心组织了2017年6月、12月的全国大学英语四、六级考试。2017年6月，共有6 588人报名参加考试，共安排224考场，447人次监考，54人次巡视和28人次参与安全保卫工作；12月共有6 799人报名参加，共安排228考场，456人次监考，51人次巡视，32人次参与安全保卫工作。

2017年共承担了两次北京地区中小学教师资格考试考务工作，考试工作分别于3月和11月进行，考试科目共4科，考生人次为5 609人次，188场次，监考教师376人次，巡考34人次。

2017年，共组织了21次雅思考试，为6 927名（截至12月9日）雅思考生做好服务工作。

北京市普通话水平测试于2017年4月进行，1 422名2014级本科生参加了测试，其中 227 人获得一级乙等证书，850 人获得二级甲等证书，221 人获得二级乙等证书，53 人获得三级甲等证书，3 人获得三级乙等证书。

（朱利芬）

2. 校内考试

考试周考试情况 2017 年春季学期期末考试周共安排 114 门 309 门次课程，243 个考场，参加考试学生 14 672 人次，安排监考人员 705 人次，巡考 106 人次。2017 年秋季学期期末考试周共安排 134 门 384 门次课程，298 个考场，应参加考试学生 18 531 人次，安排监考人员 924 人次。

补考工作 2017 年春季学期共安排补考课程 205 门次，应参加补考学生 1 842 人次，实考 1 281 人，缺考 561 人，缺考率 30.5%，安排监考 86 人次。2017 年秋季学期开学初补考共安排补考课程 225 门次，应参加补考学生 1 565 人次，实考 1 028 人，缺考 34.3%，安排监考 69 人次。

学期中考试周 2017 年期中考试周集中安排在第 11、12 周的周六、周日进行。春季学期共安排 68 门 159 门次课程，124 场次考试，参加考试的学生 7 294 人次，安排各学院监考 364 人次，教务处人员以及各学院教学院长校级巡视共 61 人次。秋季学期共安排 61 门 130 门次课程，113 场次考试，参加考试的学生 6 725 人次，选派监考人员 334 人次，教务处人员以及各学院教学院长校级巡视 59 人次。

组织 2017 级英语分级考试工作 2017 级共有 93 个班，2 714 人参加分级考试，共安排 63 个考场。落实监考人员 156 人，教务处、外语系部分人员参加了巡视工作。

（邢淑芬）

【学籍管理】

2017 年本科学籍异动 休学 87 人次；复学 145 人次；退学 52 人；保留学籍 59 人；放弃入学资格 28 人；保留入学资格 10 人；编级（留级）129 人次（学籍异动数据含有留学生）。

2017 年本科毕业生 毕业生 2 787 人，其中，夏季毕业数据：普通学生毕业 2 672 人，普通学生结业 81 人，留学生毕业 4 人，留学生结业 2 人；冬季毕业数据：普通学生毕业 26 人，普通学生结业 2 人。学士学位授予 2 737 人。其中，夏季学位数据：应届毕业生 2 670 人，15 届毕业生补证 4 人，16 届毕业生补证 16 人，留学生 4 人；冬季学位数据：应届毕业生 26 人，16 届毕业生补证 2 人，17 届毕业生补证 15 人。2017 届毕业生中，450 人同时获得双学位证书，8 人获得辅修证书。

2017 年推荐优秀应届（2018 届）本科毕业生免试攻读研究生工作 共推荐优秀应届本科毕业生免试攻读硕士学位研究生 721 名。721 名中，普通类 705 名，支教团 14 名，教育部直属师范大学名额补偿 2 名。普通类的 705 名中保留研究生入学资格两年从事学生辅导员 25 名，社会工作创新人才 1 名，艺术特长生 4 名，体育特长生 5 名，按“少数民族高层次人才骨干计划”项目培养的民族生 3 名，特殊学术专长 29 名，共计 67 名。

（盖宝川）

【教学检查】

开展教学检查 坚持开学初、期中的教学检查，学期初学校对学生到课情况、任课教师课前准备情况进行了重点检查，着重检查了开学第一周周一至周三的第一大节、第三大节的教师到课、学生出勤等情况，教师到课情况良好，学生出勤率情况：春季学期为97.53%，秋季学期为98.28%。

2017年5月8—19日以及11月27至12月17日，教务处组织开展了春秋两学期期中教学检查。6月26日，修订了《中国农业大学教学检查管理办法(中农大教字〔2017〕7号)》。依据修订的教学检查管理办法，开展了多层次听课检查，其中，校领导、机关干部到一线课堂听课18门次；春季学期，66名院系领导、系主任共听课147门次，31位院级视导组专家本学期共计听课170余门次。秋季学期，共计97位院系领导、教学团队负责人听课240余门次，29位院级视导组专家共计听课153门次。

此外，各学院在两个学期分别组织教师和学生座谈会，听取师生对教学工作的意见和建议，全校共计近350名教师与900余名学生分别参加了各学院召开的座谈会。

春季学期，学校进行了教学秩序抽查，全校范围内抽查了404门次课程的上课情况，大部分课程秩序井然，教师按时、认真上课，其中有9门课程事先报备院教务并办理调课手续。但在检查过程中，仍发现个别问题并进行了通报：4门次课程，任课教师未按规定流程办理手续，擅自变动上课时间；2门次课程，任课教师未按教学大纲规定，更改课程内容；2门次课程，任课教师上课迟到。

教学基本文档检查 11月27至12月17日，学校集中对全校上一学年试卷文档及2017届毕业论文(设计)进行了规范检查与质量检查。为迎接2018年本科教学审核评估，对学校本科教学基本文档进行一次梳理与完善，本学期进行了大范围的普查。其中，在试卷检查部分，抽查1 327门次课程试卷，对试卷质量等情况进行评价，对1 183门次试卷进行了规范性检查，总计检查覆盖率达89.1%；在论文检查部分，共抽查726本论文，对论文选题、质量、规范等情况进行评价以及对学院整体论文质量进行汇总评价，共普查1 453本论文的存档规范，总计检查覆盖范围达95%。在教学检查中，发现诸多不规范、不严谨的问题。为引起各学院主管领导及任课教师的高度重视，学校于12月15日召开了本科教学工作会议，对本次期中教学检查中各院系存在问题及时汇总传达，并对共性问题与特性问题进行了会上通报说明，针对每个学院的具体问题做出详细的信息反馈，希望各学院针对发现问题积极进行自查，确保各院系存档规范，材料质量有所提升。

(张陈文　崔情情)

【视导组】

2017年，校级本科教学视导组专家增加至25人。10月25日，学校修订并出台《中国农业大学本科教学视导组工作管理办法》(中农大教字〔2017〕12号)，对加强院校两级本科教学视导工作的组织管理与责任分工提出明确要求。

教学视导工作主要以随堂听课形式检查学校教学秩序、教学质量、教学条件和教学管理状况，调查研究教学活动中的主要经验和问题，提出加强教学工作的建议。2017 年，农学、理学、工学、人文社科四组视导团队集中对动物科学技术学院、动物医学院、水利与土木工程学院、理学院(包括物理系、力学系、化学系)、经济管理学院、生物学院、工学院、人文与发展学院 8 个学院进行教学视导，共计听课 914 门次课程，并于学期末通过座谈等形式向学院进行视导汇报，集中反映问题，提出教学建议。

《教学视导工作通讯》是视导组专家交流工作，宣传教学改革经验和教学研究成果的内部刊物，投稿人以视导专家为主，一线教师为辅。2017 年共发布通讯 5 期，共刊登 21 篇教学视导文章。《通讯》以校内平台、微信公众号、视导通讯专栏、邮件等形式进行广泛传播，网络浏览量近 10 000 人次，成为开展经常性教学交流的有效平台与窗口。

2017 年 12 月 29 日，学校承办了第九届北京地区高等院校教学督导协作交流会。31 所北京高校约 220 位相关专家、负责人共聚一堂，以“贯彻落实党的十九大精神，新时代高等教育教学督导工作新探索”为主题，以大会主题发言与分组讨论相结合的方式共同探讨新时代教育教学督导工作的发展方向。教育部高等教育教学评估中心专业评估处处长盛敏、学校副校长王涛出席会议。

(崔情情)

【教学评价】

2017 年继续推动本科教学评价改革，构建多维度综合评价体系。

在新版教学评价改革中，充分强调“以学生为中心”，突出五大改变。一是由“评教”转为“评学”，引导教师突破传统教学模式，关注学生学习收获；二是教学评价覆盖整个学期，学生可随时且多次评价，教师即时收获反馈，加强教学过程中师生互动；三是利用数据分析为教师提供本学期教学评价报告，科学反映教师教学效果；四是教学评价作为教师职称评定的必要评审指标，充分突出教学中心地位；五是出台教学复评制度，对教学评价有异议的教师可提出教学复评申请，经过全学期、多环节考察且复评结果为优秀，在 3 年结果有效期内可取代该课程原有的教学评价得分，有效提高教学公正与教育质量，引导教师积极投入教学。

2017 年春季学期学生评价结果　应参评人次 104 283，实际参评人数 76 429，学生参评率为 73.29%；全校有效评价课程门数为 1 764 门，课程参评率 100%；全校应获评教师人次为 1 125，教师获评率为 100%。评价得分统计结果为：理论课有效评价课程 1 307 门，平均分 85 分，最高分为 93 分，最低分为 60.4 分。其中，90 分以上课程有 180 门，占总课程的 13.8%；80～89.9 分课程有 959 门，占总课程的 73.4%；70～79.9 分课程有 153 门，占总课程的 11.7%；70 分以下课程有 15 门，占总课程的 1.1%。实验课有效评价课程 312 门，平均分 85 分，最高分为 92.82 分，最低分为 67.88 分，其中，90 分以上课程有 39 门，占总课程的 12.5%；80～89.9 分课程有 234 门，占总课程的 75%；70～79.9 分课程有 37 门，占总课程的 12%；70 分以下课程有 2 门，占总课程的 0.5%。

体育与艺术类课程有效评价课程 145 门，平均分为 85 分，最高分为 85.6，最低分为 82.95。

2017 年秋季学期学生评价结果 应参评人次为 125 787，实际参评人次为 102 131，参评率为 78.4%。全校有效评价课程 2 060 门，课程参评率 99.8%；全校应评教师人次为 1 193，教师获评率为 99.9%。评价得分具体统计结果为：理论课有效评价课程门数为 1 501，平均分 89 分，最高分为 95 分，最低分为 68.8 分。其中，90 分以上课程有 680 门，占总课程的 45.3%；80～89.9 分课程有 790 门，占总课程的 52.6%；70～79.9 分课程有 27 门，占总课程的 1.8%；70 分以下课程有 4 门，占总课程的 0.3%。实验课有效评价课程 416 门，平均分 89.1 分，最高分为 95 分，最低分为 65 分，其中，90 分以上课程有 195 门，占总课程的 46.8%；80～89.9 分课程有 212 门，占总课程的 51%；70～79.9 分课程有 7 门，占总课程的 1.7%；70 分以下课程有 2 门，占总课程的 0.5%。体育与艺术类课程有效评价课程 139 门，平均分为 90 分，最高分为 95.1，最低分为 80.9。其中，90 分以上课程有 76 门，占总课程的 54.7%；80～89.9 分课程有 63 门，占总课程的 45.3%。

教学复评结果 5 月，教务处出台《中国农业大学教学复评办法》，接受两位教师复评申请。通过 2017 秋季整个学期开展的教学文件评价、专家随堂听课评价、集中公开课同行评价、学生评价四部分内容，两位教师均以达到“优秀”通过复评考核。复评结果有效期为 3 年。复评结果为“优秀”的课程，在有效期内将取代该课程原学生评价结果。

（崔情情）

【教学条件建设】

教室建设 2017 年，教室多媒体设备改造与教室管理维护专项投入 110 万元，主要用于教室内多媒体设备日常管理、维护与更新，投影机灯泡等耗材更换。2017 年通过修购专项、教改专项和教室专项经费对教室进行建设：改造更换东校区主楼四层、二教和语音室教室桌椅，购置安装活动排椅、自动回弹式排椅和语音室专用学生桌椅共三类桌椅。对东校区二教进行整体地面改造、墙面刷新和设备拆装。对东校区二教所有教室门进行统一更新改造。采用国内一线品牌音响对一教、二教、三教、主楼、农学楼部分教室进行音响设备升级改造。更换一教、二教、三教、新教、旧教部分教室待报废投影，建设新教 4 间、二教 2 间讨论型教室。为信电楼教室购置安装空调和空调架。对东校区二教三层语音室进行了整体软硬件设备改造，完成基于云桌面的新型语音室集控及教学系统改建。

学院公共教学条件建设 2017 年中央高校教育教学改革专项—校内创新创业资源建设（经济管理学院云课堂项目暨实验室改造项目计划（二期）实验室改造项目（二期）总执行经费为 150 万元。该项目在经济管理学院修购项目一期项目建设基础上，延展至经管节约楼 315 实验室以及主楼 357 实验室。从一期建设的 80 实验点位扩容到二期共 200 试验点位。经过教务处、网络中心和经济管理学院实验室管理团队集体验收。此外还邀请了2015、2016级同学亲临实验室，体验实验室学习环境和实训软件的使用效果。

（赵磊　王素珍）

【大学生创新创业训练】

2017年累计投入626.7万元资助各级各类大学生创新创业训练项目结题226项、立项883项。其中：国家级大学生创新创业训练计划立项303项，参加学生668人，划拨启动经费281万元；北京市大学生科研创新与创业训练计划立项102项，参与学生295人，划拨启动经费100万元；本科生科研训练计划（URP）共立项578项，参加学生1 205人，资助经费99万元。其中本科生科研训练计划（URP）教师立项321项，占总项目数的55.5%，学生立项257项，占总项目数的44.5%。

据不完全统计，2017年学生发表研究性论文86篇，其中，SCI 30篇、CSSCI 5篇、EI 5篇、CSCD 9篇、中文核心期刊16篇，普通期刊21篇。

（何靖）

【学科竞赛】

2017年，学校承办了北京市大学生生物学竞赛、全国大学生农业建筑环境与能源工程相关专业创新设计竞赛、中国无人机与机器人应用大赛、全国牛精英挑战赛等高级别赛事，同时组织了结构设计竞赛、人文知识竞赛、高等数学竞赛、数学建模选拔赛、大学物理实验竞赛、大学生物理学术竞赛等校级竞赛。

2017年，学校组织学生参加的主要竞赛有：全国大学生电子设计竞赛、全国大学生“恩智浦”杯智能汽车竞赛、全国大学生智能农业装备创新大赛、国际大学生数学建模竞赛、全国大学生物联网创新应用设计大赛、全国大学生数学建模竞赛、全国大学生英语竞赛、首都高校机械创新设计大赛、北京市大学生工程训练综合能力竞赛、北京市大学生化学实验竞赛、北京市大学生物理实验竞赛等30项省部级及以上级别竞赛。共有594个项目、1 044人获得奖励，其中，国家级竞赛获得奖励192项，其中特等奖1项，一等奖12项，二等奖67项，三等奖112项；省部级竞赛获得奖励255项，特等奖7项，一等奖56项，二等奖94项，三等奖86项，优秀奖12项。校级竞赛获得奖励147项，一等奖30项，二等奖58项，三等奖52项，优秀奖7项。

（何靖）

【教材建设管理】

农业部“十三五”规划教材申报，经农业部教材办公室教材建设专家委员会专家评审和网上公示，学校有63种教材入选农业部“十三五”规划教材。

中华农业科教基金会2017年全国农业教育优秀教材资助项目评选，经农业部教材办公室教材建设专家委员会专家会议评审，学校有5种（9本）教材入选2017年全国农业教育优秀教材资助项目。

中国农业大学主编 2017 年全国农业教育优秀教材资助项目入选书目

序号	教材名称	主编姓名	评奖部门
1	草地学(第四版)	毛培胜	中华农业科教基金会
2	高级植物营养学(第二版)	李春俭	中华农业科教基金会
3	工程图学系列教材:		中华农业科教基金会
	现代工程制图基础(第三版)	李　丽　张彦娥	
	机械制图与计算机绘图(第三版)	张彦娥　潘白桦	
	现代工程制图基础习题集(第三版)	李　丽　何扬清	
	机械制图与计算机绘图习题集(第三版)	吴红丹　张彦娥	
	计算机绘图实验指导(第二版)	张彦娥　李　丽	
4	线性代数(第二版)	周志坚　甄　苓	中华农业科教基金会
5	农业推广学	高启杰	中华农业科教基金会

(王雪华)

【教材选用管理】

成立"中国农业大学哲学社会科学等重点教材选用工作领导小组",并制定《中国农业大学教材选用管理办法》(中农大教字〔2017〕14 号)。从教材选用的原则、要求、管理和程序等方面,对本科生教材选用做出明确规定。

规范"马工程"重点教材使用。已出版教材的相应课程全部按规定统一选用了"马工程"重点教材。学校免费为任课教师提供教师用书,并购买已出版"马工程"重点教材,作为教务处、学院留存样书,方便教师查阅。开展"马工程"重点教材任课教师系列培训,确保"先培训、后上课"。

(王雪华　任卫萍)

【教材供应】

本年度正式出版教材售出 5.5 万余册,码洋 206 余万元,实洋 157 余万元。印制自印教材 24 种,发放 1.4 万余册。

(王雪华　任卫萍)

【试卷印刷】

本年度完成了全校本科生 1 657 门次课程的试卷印刷装订工作,共制作 3 935 版,印制 347 558 张试卷,装订了 138 895 份,配备答题纸 118 785 张,草稿纸 62 673 张,研究生英语试卷 3 717 份。

(刘玉琳　董艳华)

【专业建设】

2017年，学校本科专业数为65个。

本年度，对新版人才培养方案确定的核心课程教学大纲进行了修订。

车辆工程等6个专业申请工程认证，其中车辆工程、水利水电工程、农业水利工程和电气工程及其自动化4个专业被受理，将于2018年接受认证。

（刘为民）

【课程建设】

核心课程建设 为提高素质教育课程质量，培养高素质创新人才，2017年开展了第二批核心素质课程建设。共遴选10门课程作为第二批核心素质课程，核心素质课总数达到40门。开设对425门基础和专业核心课程建设，每门课程每年资助1万～3万元，支持课程团队开展教学建设。今后几年将持续资助。

在线课程建设 7门在线课程获得教育部首次评选的国家精品在线课程称号，分别是画法几何与技术制图基础、大学计算机基础、C语言程序设计—快速入门与提高、C++语言程序设计、C程序设计案例教程、计算机图形学、食品安全与日常饮食。

新开课 为满足师生需要，每学期组织一次开选修课评审。2017年共新增选修课21门。

（刘为民）

【教学改革】

北京市教改项目 2015年立项的5个北京市教改面上项目完成了结题验收。

教学改革招标项目 继续支持2016年立项的18个校级教改专项，新增6个体育俱乐部项目，支持经费共计41万元；设立思政课程建设专项，建设经费30万元。组织开展“专业课发挥思政教育功能专项”研究，共批准74门课程开展专业课发挥思政功能专项研究，共资助经费37万元。

（刘为民）

【教学奖励】

“万人计划”教学名师 彩万志荣获2017年“万人计划”教学名师，成为学校第2位“万人计划”教学名师。

北京市教学名师 在第十三届北京市教学名师奖评选中，蒋秀根、李保云2名教师荣获北京市教学名师奖。

北京市优秀教师、优秀教育工作者 在2017年北京市优秀教师和优秀教育工作者评审中，廖小军、张福锁、陈奎孚、刘金华当选北京市优秀教师，刘为民当选北京市优秀教育工作者。

校级教学名师 根据《“大北农教育基金”2017年资助计划》，开展了第五届“中国农业大学教学名师奖”评选，何志巍、施正香、马秋刚、王冬梅、徐杨、郭仰东6名教师获“中国农业大学教学名师奖”。

（刘为民）

【教学成果】

市级教学成果奖 在2017年北京市教学成果奖评选中，王涛副校长牵头的《农业现代化创新领军人才"五位一体"培养模式研究与实践》获得北京市高等学校优秀教学成果特等奖，成为学校首次获得北京市特等奖的成果，8项成果获得一等奖、14项成果获得二等奖，获奖总数23项，创历史最高，比上一次的21项增加2项。

（刘为民）

【本科教育国际交流】

2017年联合培养项目 2017年学校有联合培养项目11个，2+2形式联合培养项目合作院校分别是：美国康奈尔大学（Cornell University）、美国普渡大学（Purdue University）、美国马里兰大学（The University of Maryland）、美国科罗拉多州立大学（Colorado State University）、美国罗格斯大学（Rutgers University）（专业仅限动物科学技术学院各专业）、加拿大滑铁卢大学（University of Waterloo）、加拿大阿尔伯特大学（University of Alberta）；3+2形式联合培养项目合作院校分别是：美国奥本大学（Auburn University）（专业仅限农学院、植物保护学院、园艺学院、经济管理学院、理学院、生物学院、工学院相关专业）、美国康涅狄格大学（University of Connecticut）（专业仅限水利及土木工程学院相关专业）、美国加州大学戴维斯分校（University of California, Davis）（专业仅限资源与环境学院相关专业）。本年度共有81人报名申请，向国外大学推荐41人，32人被国外大学录取并办理出国手续，其中2+2项目28人，3+2项目3人，2+4项目1人。

2017年交换生项目 2017年学校有交换生项目共10个，分别是中国农业大学—美国马里兰大学；中国农业大学—美国俄克拉荷马州立大学；中国农业大学—加拿大阿尔伯特大学；中国农业大学—新西兰梅西大学奥克兰校区；中国农业大学—新西兰梅西大学惠灵顿校区；中国农业大学—美国俄亥俄州立大学；中国农业大学—日本新泻大学；中国农业大学—日本九州大学（上半年）；中国农业大学—日本岛根大学（上半年）；中国农业大学—日本佐贺大学（上半年）。其中，获批国家公派优秀本科生国际交流项目的有6个（美国、加拿大项目）。其中计划选派57人，报名25人，录取12人（2人获国家留学基金资助）。日本新泻大学交换生分春秋两学期派出。

2017年暂停执行台湾地区交换生项目，分别是台湾大学、中兴大学、逢甲大学、宜兰大学4个项目。春季学期派出20人。

2017年国家建设高水平大学公派研究生项目和国家公派硕士研究生项目 2017年报名37人，向国家留学基金委推荐攻读博士学位候选人5人，录取1人；推荐攻读硕士学位候选人32人，录取9人。

暑期实习项目 2017年，学校14名同学、2名教师于8月30日至9月12日到日本东京农业大学进行了为期两周的农事实习。

学校向国家留学基金委加拿大Mitacs科研实习项目推荐候选人7人，录取4人；向国家留学基金委加拿大阿尔伯塔大学科研实习项目推荐候选1人，录取1人。

（曾佳）

附录

附录 1 2017 年本科专业一览表

填表日期:2017 年 12 月 03 日

序号	专业代码	专业名称	修业年限	学位授予门类
1	020101	经济学	四年	经济学
2	020301K	金融学	四年	经济学
3	020401	国际经济与贸易	四年	经济学
4	030101K	法学	四年	法学
5	030301	社会学	四年	法学
6	050201	英语	四年	文学
7	050304	传播学	四年	文学
8	070101	数学与应用数学	四年	理学
9	070202	应用物理学	四年	理学
10	070301	化学	四年	理学
11	070302	应用化学	四年	理学
12	070504	地理信息科学	四年	理学
13	070602	应用气象学	四年	理学
14	071001	生物科学	四年	理学
15	071002	生物技术	四年	理学
16	071004	生态学	四年	理学
17	071201	统计学	四年	理学
18	080102	工程力学	四年	工学
19	080202	机械设计制造及其自动化	四年	工学
20	080204	机械电子工程	四年	工学
21	080205	工业设计	四年	工学
22	080207	车辆工程	四年	工学
23	080301	测控技术与仪器	四年	工学
24	080501	能源与动力工程	四年	工学
25	080601	电气工程及其自动化	四年	工学
26	080701	电子信息工程	四年	工学
27	080703	通信工程	四年	工学
28	080714T	电子信息科学与技术	四年	理学
29	080801	自动化	四年	工学
30	080901	计算机科学与技术	四年	工学
31	081001	土木工程	四年	工学

续附录1

序号	专业代码	专业名称	修业年限	学位授予门类
32	081101	水利水电工程	四年	工学
33	081801	交通运输	四年	工学
34	081802	交通工程	四年	工学
35	082301	农业工程	四年	工学
36	082302	农业机械化及其自动化	四年	工学
37	082304	农业建筑环境与能源工程	四年	工学
38	082305	农业水利工程	四年	工学
39	082502	环境工程	四年	工学
40	082503	环境科学	四年	理学
41	082506T	资源环境科学	四年	理学
42	082701	食品科学与工程	四年	工学
43	082702	食品质量与安全	四年	工学
44	082706T	葡萄与葡萄酒工程	四年	工学
45	083001	生物工程	四年	工学
46	090101	农学	四年	农学
47	090102	园艺	四年	农学
48	090103	植物保护	四年	农学
49	090105	种子科学与工程	四年	农学
50	090106	设施农业科学与工程	四年	农学
51	090301	动物科学	四年	农学
52	090401	动物医学	五年	农学
53	090502	园林	四年	农学
54	090601	水产养殖学	四年	农学
55	090701	草业科学	四年	农学
56	120101	管理科学	四年	管理学
57	120201K	工商管理	四年	管理学
58	120202	市场营销	四年	管理学
59	120203K	会计学	四年	管理学
60	120301	农林经济管理	二年	管理学
61	120301	农林经济管理	四年	管理学
62	120302	农村区域发展	四年	管理学
63	120401	公共事业管理	四年	管理学
64	120402	行政管理	四年	管理学
65	120404	土地资源管理	四年	管理学
66	120801	电子商务	四年	管理学

附录 2　2017 年第二批核心通识课名单

序号	单位	课程编号	课程名称	责任教师	职称
1	园艺学院	51317001	美术鉴赏与实践	李险峰	教授
2	食品科学与营养工程学院	51306002	舌尖上的历史与文化	胡小松	教授
3	人文与发展学院	51312006	影视艺术基础与精品赏析	李焕征	教授
4	人文与发展学院	51312007	农业知识产权	杨述兴	副教授
5	生物学院	51302002	身边的生物化学	杨海莲	教授
6	动物医学院	51305002	动物福利和动物保护	何诚	教授
7	经济管理学院	51311003	财务报表阅读与分析	张希玲	副教授
8	人文与发展学院	51312008	北京风物与传统文化	张曼玲	副教授
9	马克思主义学院	51313005	世界文明史	王冬梅	副教授
10	国际学院	51314001	管理学原理与应用	李岩	副教授

附录 3　2017 年中国农业大学本科教学视导组专家名单

序号	学院	姓名	分组
1	农学院	苏胜宝	农科
2	园艺学院	张文	农科
3	植物保护学院	施大钊	农科
4	生物学院	张蜀秋	农科
5	资源与环境学院	孙振钧	农科
6	动物科学技术学院	张忠诚	农科
7	动物医学院	谢联金	农科
8	食品科学与营养工程学院	陈敏	工科
9	工学院	纪威	工科
10	工学院	李丽英	工科
11	信息与电气工程学院	林家栋	工科
12	信息与电气工程学院	屈瑞谦	工科
13	水利与土木工程学院	张燕生	工科
14	理学院	焦群英	理科
15	理学院	贾贵儒	理科
16	理学院	王来生	理科
17	理学院	李楠	理科
18	经济管理学院	乔忠	人文
19	马克思主义学院	戴芳春	人文
20	人文与发展学院	张蓉	人文
21	经济管理学院	李秉龙	人文
22	人文与发展学院	孙悦芬	人文
23	人文与发展学院	于华江	人文
24	理学院	付志一	理科
25	工学院	张淑敏	工科

附录 4　2016—2017 学年教学质量评估统计表

%

指标	2017 年
学生评教覆盖比例	75.8
学生评教优	55.9
学生评教良好	43.2
学生评教中	0.9
学生评教差	0
同行、督导评教覆盖比例	26.5
同行、督导评教优	44.45
同行、督导评教良好	48.61
同行、督导评教中	6.25
同行、督导评教差	0.69
领导评教覆盖比例	7.36
领导评教优	53.98
领导评教良好	44.25
领导评教中	1.77
领导评教差	0

附录 5　2017 年国家精品在线课程名单

序号	课程名称	课程负责人	学院	主要开课平台
108	画法几何与技术制图基础	李丽	信息与电气工程学院	爱课程(中国大学 MOOC)
109	大学计算机基础	陈雷	信息与电气工程学院	爱课程(中国大学 MOOC)
110	C 语言程序设计——快速入门与提高	吕春利	信息与电气工程学院	爱课程(中国大学 MOOC)
111	C++语言程序设计	阚道宏	信息与电气工程学院	爱课程(中国大学 MOOC)
112	C 程序设计案例教程	张莉	信息与电气工程学院	学堂在线
113	计算机图形学	赵明	信息与电气工程学院	爱课程(中国大学 MOOC)
114	食品安全与日常饮食	陈芳	食品科学与营养工程学院	超星尔雅

附录 6　2017 年新开选修课名单

序号	开课学院	课程编号	课程中文名称	主讲教师
1	理学院	52310002	公式图形不烦恼	陈奎孚
2	资源与环境学院	52303001	空间经济学导论	王健
3	生物学院	52302001	环境微生物工程与环境健康	杨金水
4	人文与发展学院	52312051	出国留学英语高级听说	祁引霞
5	人文与发展学院	52312052	评估思想与方法	罗泮
6	人文与发展学院	52312053	基础拉丁语(1)	罗泮
7	食品科学与营养工程学院	52306002	果蔬采后家庭贮藏保鲜技术	申琳
8	生物学院	34302012	Python 语言与高通量测序数据分析	程金魁
9	生物学院	34302013	生命科学前沿讲座	何群
10	生物学院	44302037	生物制品学	王吉贵
11	信息与电气工程学院	24308005	社交及信息网络分析	贾璐
12	农学院	34301021	表观遗传学	金危危
13	农学院	34301022	商业化育种体系与实践	朱作峰
14	农学院	52301002	生物质工程概论	王洪亮
15	人文与发展学院	52312060	欧美流行音乐简史	徐晓颖
16	经济管理学院	52311003	国际贸易原理与实务	李建文
17	体育与艺术教学部	52316013	生物仿真模型的设计与制作	余国梁
18	人文与发展学院	14312013	农村组织与治理	饶静
19	动物医学院	34305011	奶牛围产期管理	高健
20	动物医学院	34305010	现代马病学	李靖
21	动物医学院	34305012	小动物软组织手术学	袁占奎

附录 7　2017 年北京市教改项目结题名单

编号	项目名称	项目负责人	项目类别	验收结果
2015-ms045	翻转课堂教学模式在大学理科基础课程中的探索与实践	杜凤沛	面上	通过
2015-ms046	基于 MOOC 平台的高校教育教学新模式研究与实践	张晓东	面上	通过
2015-ms047	协同适应工程教育认证和卓越农林人才培养的农业工程类专业课程建设研究与实践	李云开	面上	通过
2015-ms048	动物解剖学虚拟仿真数据库建设	曹静	面上	通过
015-ms049	以工程教育认证为导向的车辆工程专业实践教学改革研究与实践	赵建柱	面上	通过

附录8　2017年资助校级招标类项目名单

序号	单位	项目名称	负责人	2016年经费/元
1	工学院	工学院大学本科基层教学组织建设模式研究	李海涛	20 000.00
2	水利与土木工程学院	设施农业工程类创新创业人才培养体系机制构建与实践	李保明	20 000.00
3	农学院	中国农业大学种业精英人才培养探索——“中国种业菁英班”	曲瑛德	20 000.00
4	植物保护学院	微媒体在普通植物病理学和普通昆虫学教学中的应用	李贞	20 000.00
5	园艺学院	园艺学科本科生实验实践教学体系的优化	朱元娣	20 000.00
6	生物学院	国家级生命科学实验教学示范中心平台化建设模式探索	王　娜	20 000.00
7	动物医学院	动物医学院本科生临床技能训练平台的建设及运行	钟友刚	20 000.00
8	动物科学技术学院	“动物繁殖学实验”课程建设与实践	傅祥伟	10000.00
9	食品科学与营养工程学院	食品学科实践教学和创新创业人才培养模式研究	尹淑涛	20 000.00
10	理学院	基于翻转课堂的基础理化实验考核体系的构建与实践	何志巍	20 000.00
11	人文与发展学院	“四自主”框架下的大学英语课程改革	张彩华	20 000.00
12	经济管理学院	基于AOL的经管类本科专业人才培养与课程体系研究——以会计学专业为例	任金政	20 000.00
13	体育与艺术教学部	中国农业大学特色体育课微视频研发与制作暨体育微课程在全民健身中发展途径研究	梁　勇	20 000.00
14	信息与电气工程学院	面向工程教育专业认证标准的信息与电气工程学院本科实践教学体系改革与实施研究	张晓东	20 000.00
15	信息与电气工程学院	完善制图教学实验设计，改善制图基本教学及实验条件	李丽	20 000.00
16	经济管理学院	中国农业大学创业人才培养机制与实践研究	侯云先	20 000.00
17	人文与发展学院	模拟法庭实践教学课程创新研究	杨述兴	20 000.00
18	马克思主义学院	思想政治理论课教学改革再探索	齐爱兰	20 000.00

附录 9　2017 年体育俱乐部教改项目

项目名称	负责人	项目单位
触摸式橄榄球俱乐部	吴卫	体育与艺术教学部
高尔夫球俱乐部课程设计	束景丹	体育与艺术教学部
篮球俱乐部	翟强	体育与艺术教学部
乒乓球俱乐部课程	刘文浩	体育与艺术教学部
中国农业大学网球俱乐部课程建设	郭大海	体育与艺术教学部
羽毛球俱乐部	徐菲聆	体育与艺术教学部

附录 10　2017 年专业课发挥思政教育功能专项教学改革立项名单

序号	学院	申请人	项目名称
1	动物科学技术学院	马秋刚	《动物营养学》思政教育功能实现途径探索
2	动物医学院	陈耀星、曹静	动物解剖学教学中的教书育人
3	动物医学院	董玉兰	思政教育融入动物解剖及组织学专业课中的教学策略
4	工学院	徐杨	工程材料及成形技术课思政教育功能的探索与实践
5	工学院	郑永军	专业导论与认知实习课中新生思政教育探索与实践
6	工学院	陈度	以机器人实验室为平台创新思想政治教育模式研究
7	工学院	陈雨	工业设计史课程融入中国因素，培养爱国情怀
8	工学院	李淑艳	专业课发挥思政教育功能专项教学改革——发动机原理教学和思政教育结合模式探究
9	工学院	刘彩玲	农业机械课程发挥思想政治教育功能的教学改革与实践
10	工学院	刘守荣	在模具设计类专业课教学中融入思想政治教育方法探讨
11	工学院	宋正河	工程流体力学课程育人功能建设与实践
12	工学院	谭彧	《控制工程基础》专业基础课融入思政教育功能探索与研究
13	工学院	王红英	专业课程教学与思想政治一体化教学设计——以“畜牧及加工机械”课程为例
14	工学院	吴薇	大学生道德品质教育与生物学教学实践有机结合的研究探索
15	工学院	徐丽明	加强“农机农艺融合”的农工大类专业《农学概论》课程体系，提升大学生的专业思想教育
16	工学院	杨德勇	现代农机装备需求引领农业工程领域人才培养
17	工学院	尹丽娟	机械设计教学中的德育渗透探索
18	工学院	张俊雄	机械制造工程学思政教育功能探索
19	经济管理学院	马威	管理学理论教学与中国经济社会管理实践相结合的探讨
20	经济管理学院	武拉平	宏观经济学教学与中国经济实践的相结合
21	经济管理学院	臧日宏	充分发挥课堂教学的价值观引领作用

续附录10

序号	学院	申请人	项目名称
22	经济管理学院	侯云先	运营与供应链管理教学与习主席的教书育人精神的有机结合
23	经济管理学院	高颖	经济法课程如何发挥思政教育功能探索
24	经济管理学院	鞠荣华	利用《金融风险管理》课堂教学贯彻马克思主义唯物辩证法教育
25	理学院	陈奎孚	《理论力学》课程教学的德育功能
26	理学院	刘霞	将思想政治教育工作贯穿基础化学教学全过程
27	理学院	刘玉颖	立德树人——物理与文化同行，专业与思想并重
28	理学院	路慧哲	《结构化学》中的爱国主义与辩证唯物主义教育
29	理学院	甄苓	在大学数学公共课教学中贯穿德育教育，挖掘思政教育内涵
30	理学院	朱世秋	在“大学物理学”教学中培养科学世界观和辩证思维
31	理学院	高阳	在力学专业课中加强思政教育功能
32	理学院	何志巍	自然科学与思政教育有机结合的探索与研究
33	理学院	经玲	《数值分析》专业课发挥思政教育功能的探索
34	理学院	李春燕	教书与育人相统一，上好大学基础物理课
35	理学院	庞慧慧	大学数学类课程与思政教育融合的途径探索
36	理学院	王学进	大学物理C中实施思政教育的探索研究
37	理学院	左淑华	贯穿物理教学中的辩证法与方法论
38	人文与发展学院	旷宗仁	以交流、探讨代替说教：《传播伦理与法规》课程帮助你做一个好记者
39	人文与发展学院	任大鹏	农业法学课程教学中学生的马克思主义政治观念培养
40	人文与发展学院	祁引霞	社会主义核心价值观教育对准出国留学生的影响对比研究
41	人文与发展学院	谭英	关于传播学专业学生核心价值观培育的对策研究
42	人文与发展学院	普书贞	《日本影视欣赏》课程中渗透爱国敬业教育方法例谈
43	人文与发展学院	何慧丽	增强学生“三个自信”的扎根教育研究——来自《农村认知体验课》的经验探索与提升
44	人文与发展学院	高雪莲	社会主义意识形态与《网络经济》课程建设
45	人文与发展学院	张彩华、刘海英	“欧洲文学传统”课程中的思想政治教育研究探索
46	人文与发展学院	周超	《国际法学》教学中加强大学生国际法视野下的“国家意识”研究
47	人文与发展学院	刘明明	物权法课发挥思政教育功能的方法与实践
48	人文与发展学院	连丽霞	《法学逻辑》教学中加强大学生“制度自信”等意识研究
49	人文与发展学院	高瑞琴	宪法教学中的马克思主义分析方法研究
50	人文与发展学院	李梅	思政教育融入法律英语课堂的探索

续附录 10

序号	学院	申请人	项目名称
51	生物学院	陈志忠	植物生理学教学中发挥思政教育功能的初步探讨
52	生物学院	李连芳、康友敏	基于“整全”人培养的“普通生物学”教学范式研究与实践
53	生物学院	王娜	在实验教学领域实现全程育人、全方位育人的模式初探
54	生物学院	吴晓岚	“植物生理学”和“植物生理学实验”课程教学中渗透思想政治教育的教学研究与实践
55	生物学院	周波	生物学野外综合实习课程中的思政教育
56	生物学院	胡宏宇	在专业课学习中培养社会责任心与合作精神
57	生物学院	刘朝辉	《植物学 A》课程教学中融入思想政治教育的探索与研究
58	生物学院	于静娟	让思想政治教育贯穿在专业课的各教学环节
59	生物学院	张学琴	寓德育教育于植物生理学专业基础课的教学中
60	生物学院	王宝青	将教书育人相结合，运用专业知识引导学生树立正确的人生观
61	水利与土木工程学院	彭红涛	《土木工程造价》课程教学中激发学生树立社会主义核心价值观的研究
62	体育与艺术教学部	邓毅明	基于大学生心身健康发展推广 4H-健身瑜伽俱乐部的研究
63	信息与电气工程学院	史银雪	计算机体系结构课程中渗透性思政教育途径探析
64	信息与电气工程学院	杨德昌	寓思政教育于专业认知课程-以电气专业为例
65	植物保护学院	王海光	讲历史、说时事，有效发挥普通植物病理学教学的思政教育功能
66	资源与环境学院	姜会飞	专业课程教学与思想教育在农业气象教学过程中的自然融合
67	资源与环境学院	高阳	测量学实习课程中加强学生社会主义核心价值观树立
68	资源与环境学院	李子忠	土壤学基础与土壤地理学课程教学中加强思想政治教育的探索
69	资源与环境学院	伦飞、邵辉	土地法学理论中的社会主义核心价值观建设
70	资源与环境学院	王健	从我国不动产估价理论学习中深入认识社会主义市场经济体系
71	资源与环境学院	王靖	思政教育与农业气象业务专业教育的有机融合研究
72	资源与环境学院	王兴	生态学理论与研究方法在生态文明建设中的作用
73	资源与环境学院	江荣风	挖掘曲周精神在本科生思想政治教育中的作用
74	资源与环境学院	吕贻忠	探索挖掘“土壤学”专业课的德育内涵与元素

附录11 2017年各省市普通本科录取分数统计

省份	科类	人数	重点线	最低分	平均分	最高分	最低超线	平均超线	最高超线
北京市	理工	121	537	622	628	645	85	91	108
	理工(中外)	58	537	605	611.61	624	68	74.61	87
	文史	15	555	617	620.02	624	62	65.02	69
	文史(中外)	28	555	598	605.7	620	43	50.7	65
天津市	理工	78	521	604	612.16	628	83	91.16	107
	理工(中外)	3	521	592	595.77	598	71	74.77	77
	文史	10	531	595	597.22	601	64	66.22	70
	文史(中外)	3	531	578	579.78	583	47	48.78	52
河北省	理工	113	485	612	619.32	641	127	134.32	156
	理工(中外)	3	485	594	598.33	605	109	113.33	120
	文史	14	517	621	623.37	627	104	106.37	110
	文史(中外)	2	517	606	609	612	89	92	95
山西省	理工	67	481	555	565.43	601	74	84.43	120
	理工(中外)	10	481	520	533.2	555	39	52.2	74
	文史	10	518	572	575.31	580	54	57.31	62
	文史(中外)	7	518	545	553.97	568	27	35.97	50
内蒙古	理工	53	466	579	601.24	637	113	135.24	171
	理工(中外)	13	466	544	572.38	601	78	106.38	135
	文史	6	472	564	572	578	92	100	106
	文史(中外)	5	472	547	553.2	563	75	81.2	91
辽宁省	理工	59	480	609	619.17	634	129	139.17	154
	理工(中外)	5	480	583	589.12	599	103	109.12	119
	文史	9	532	598	600.12	601	66	68.12	69
	文史(中外)	2	532	584	584.11	584	52	52.11	52
吉林省	理工	53	507	545	591.84	622	38	84.84	115
黑龙江	理工	64	455	591	600.22	618	136	145.22	163
上海市	综合改革	6	402	527	537.33	546	125	135.33	144

续附录 11

省份	科类	人数	重点线	最低分	平均分	最高分	最低超线	平均超线	最高超线
江苏省	理工	61	331	367	370.62	380	36	39.62	49
	文史(中外)	5	333	357	361.2	363	24	28.2	30
浙江省	综合改革	86	577	627	633.83	646	50	56.83	69
	综改(中外)	5	577	626	628.4	631	49	51.4	54
安徽省	理工	74	487	587	594.03	610	100	107.03	123
	理工(中外)	5	487	567	571.41	580	80	84.41	93
	文史	12	515	593	596.52	602	78	81.52	87
	文史(中外)	2	515	580	582.94	584	65	67.94	69
福建省	理工	46	441	546	556.89	582	105	115.89	141
	文史(中外)	5	489	548	553	560	59	64	71
江西省	理工	56	503	581	588.08	604	78	85.08	101
	理工(中外)	5	503	552	559.4	566	49	56.4	63
山东省	理工	84	433	624	630.94	647	191	197.94	214
	理工(中外)	10	433	598	601.13	605	165	168.13	172
	理工(烟台)	230	433	553	565.57	603	120	132.57	170
	文史	16	483	602	604.82	613	119	121.82	130
	文史(中外)	6	483	582	584.63	587	99	101.63	104
	文史(烟台)	130	483	561	567.54	582	78	84.54	99
河南省	理工	96	484	589	595.08	609	105	111.08	125
	理工(中外)	9	484	566	571.89	580	82	87.89	96
	文史	14	516	600	603.45	610	84	87.45	94
	文史(中外)	6	516	582	586.62	595	66	70.62	79
湖北省	理工	59	484	588	593.18	607	104	109.18	123
	文史(中外)	5	528	574	578.52	587	46	50.52	59
湖南省	理工	67	505	583	589.41	606	78	84.41	101
	文史	8	548	609	614.74	629	61	66.74	81

续附录11

省份	科类	人数	重点线	最低分	平均分	最高分	最低超线	平均超线	最高超线
广东省	理工	49	485	562	574.11	639	77	89.11	154
	理工(中外)	3	485	501	523.33	555	16	38.33	70
	文史(中外)	8	520	549	551.63	556	29	31.63	36
广西区	理工	59	473	556	568.71	587	83	95.71	114
	文史(中外)	7	535	571	578.14	593	36	43.14	58
海南省	理工	9	539	620	689.91	758	81	150.91	219
重庆市	理工	50	492	599	609.79	633	107	117.79	141
	理工(中外)	4	492	561	573.72	594	69	81.72	102
	文史	6	525	597	599.05	602	72	74.05	77
	文史(中外)	2	525	584	592.71	601	59	67.71	76
四川省	理工	96	511	600	609.08	628	89	98.08	117
	理工(中外)	4	511	587	589.12	592	76	78.12	81
	文史	13	537	597	602.81	613	60	65.81	76
	文史(中外)	3	537	583	585.79	588	46	48.79	51
贵州省	理工	31	456	565	572.2	596	109	116.2	140
云南省	理工	57	500	569	591.88	630	69	91.88	130
西藏区	理工	2	426	543	543	543	117	117	117
陕西省	理工	68	449	578	594.16	650	129	145.16	201
	文史	9	509	602	608.82	617	93	99.82	108
甘肃省	理工	49	460	561	568.58	587	101	108.58	127
	文史(中外)	5	505	536	546.61	555	31	41.61	50
青海省	理工	7	391	437	508	545	46	117	154
宁夏区	理工	10	439	555	561.21	572	116	122.21	133
新疆区	理工	71	437	549	560.42	586	112	123.42	149
	文史(中外)	5	486	552	559.71	566	66	73.71	80

注：本统计不包括保送生、高水平艺术团、高水平运动队、少数民族预科转入、定向生、国家专项、南疆单列、高校专项等特殊类考生及非一志愿考生。

附录 12　2017 年各专业录取情况统计

科类	专业名称	人数	最低超线	平均超线	最高超线	志愿率（%）	一志愿率（%）
理工	理科试验班(生命科学)	24	46	130.3	201	100	100
理工	生物科学类	77	45	119.4	205	100	32.89
理工	理科试验班(信息科学)	24	43	118.63	206	100	54.17
理工	经济学类	85	40	117.61	216	100	78.75
理工	食品科学与工程类	171	38	115.67	219	100	58.08
理工	工商管理类	61	39	114.94	202	100	46.51
理工	园林	29	41	114.18	199	100	72.73
理工	计算机科学与技术	29	39	112.88	198	100	30.43
理工	农学	86	39	112.65	207	88.06	38.81
理工	动物医学	81	44	112.47	214	92.06	63.49
理工	种子科学与工程	29	41	112.16	199	95.65	30.43
理工	环境科学与工程类	118	40	111.2	201	100	35.56
理工	数学与应用数学	29	40	110.25	202	100	41.67
理工	园艺	87	36	110.21	195	87.88	27.27
理工	社会学	14	64	109.88	198	60	20
理工	土地资源管理	24	38	109.49	200	85	30
理工	电气工程及其自动化	52	37	109.31	200	100	39.02
理工	植物保护	117	38	109	203	82.22	17.78
理工	电子信息类	87	37	108.42	198	100	25.37
理工	机械设计制造及其自动化	58	37	107.71	193	93.33	28.89
理工	农业工程类	58	18	107.22	196	84.44	31.11
理工	水利类	114	37	106.96	202	81.32	15.38
理工	化学类	114	36	106.68	196	86.52	21.35
理工	工业设计	29	37	105.3	195	82.61	34.78
理工	农业建筑环境与能源工程	57	37	105.26	195	66.67	15.56
理工	车辆工程	88	37	105.16	195	92.42	24.24

续附录 12

科类	专业名称	人数	最低超线	平均超线	最高超线	志愿率（%）	一志愿率（%）
理工	动物科学	116	38	104.87	195	78.65	17.98
理工	机械电子工程	58	37	104.57	196	81.82	4.55
理工	土木工程	29	38	104.26	197	82.61	34.78
理工	地理信息科学	29	37	104.04	195	78.26	17.39
理工	工程力学	30	37	103.59	194	79.17	12.5
理工	草业科学	29	38	102.91	195	73.91	4.35
理工	农村区域发展	18	38	99.67	138	75	16.67
理工	传播学	10	78	91.05	103	100	33.33
理工	经济学类(中外合作办学)	120	16	85.61	172	97.48	97.48
理工	新闻传播学类(中外合作办学)	13	39	83.52	166	100	84.62
理工	设施农业科学与工程	70	126	135.72	170	100	100
理工	市场营销	90	124	134.37	160	100	92.22
理工	水产养殖学	70	120	127.1	157	98.57	38.57
文史	农村区域发展	13	57	85.66	124	100	63.64
文史	传播学	20	55	84.12	121	100	22.22
文史	社会学	17	56	82.91	121	100	31.25
文史	工商管理类	29	57	82.75	130	100	95.65
文史	英语	31	54	81.81	120	96.67	13.33
文史	法学	29	60	79.32	122	100	35.71
文史	经济学类(中外合作办学)	48	30	59.52	104	91.67	91.67
文史	新闻传播学类(中外合作办学)	58	24	51.18	100	91.38	31.03
文史	市场营销	30	85	89.99	99	100	100
文史	公共事业管理	100	78	82.9	99	99	60

注：本统计不包括保送生、高水平艺术团、高水平运动队、少数民族预科转入、定向生、国家专项、南疆单列、高校专项等特殊类考生及非一志愿考生，也未包括综合改革省份浙江、上海的考生。

附录 13　2017 届中国农业大学本科生校级优秀毕业论文(设计)学生、教师名单

序号	学院	专业	学生	指导教师	论文题目
1	农学院	农学	何苇	朱作峰	水稻粒重基因 GW3 的初步定位
2	农学院	农学	韩旭	田丰	玉米株高突变体的遗传分析和突变位点初步定位
3	农学院	农学	柯璐	王璞	甜菜碱及其复配药剂对花前干旱高温胁迫下玉米籽粒发育的调控效益
4	农学院	农学	吴桐	崔宗均	秸秆与尾菜混合厌氧发酵产气性能研究
5	园艺学院	观赏园艺	王云吉	义鸣放	唐菖蒲 *GhNCED* 基因上游转录因子的筛选
6	园艺学院	观赏园艺	王虹	马男	3 个月季品种的愈伤诱导和再生的探索
7	园艺学院	园艺(果树)	蔡文博	朱元娣	四个鲜食葡萄品种快繁体系的建立
8	园艺学院	园艺蔬菜	段懿桐	张小兰	黄瓜(*Cucumis sativus L.*)*CsUGD2* 基因的克隆与功能初探
9	园艺学院	园艺	张雅娴	杨文才	不同基因型番茄的潮霉素耐受性研究
10	园艺学院	园林	朱蕊	崔山	北京市威可多商业综合体室内外环境的复层绿色空间设计
11	园艺学院	园林	林绚锦	孟祥彬	开封市国家级黄河湿地公园规划设计方案
12	植物保护学院	植物保护	王颖杰	沈杰	Hippo 信号通路在抑制 vg 引起的细胞运动中的作用
13	植物保护学院	植物保护	凯婧	吴学宏	引起山西省马铃薯病害的丝核菌种类及其融合群的鉴定
14	植物保护学院	植物保护	琚羽	范军	稻瘟菌侵染水稻活体及死体组织的特征比较研究
15	生物学院	生物科学(理科试验班)	陈嘉婧	张子丁	拟南芥蛋白质泛素化位点的预测
16	生物学院	生物科学	高雪瑶	于政权	miR-31 对于脂肪细胞分化及脂肪功能的调控
17	生物学院	生物科学	李唯	王磊	固氮菌石油降解能力分析
18	生物学院	生物科学	李晓雨	周波、朱岩	构建果蝇的抑郁模型

续附录13

序号	学院	专业	学生	指导教师	论文题目
19	生物学院	生物科学	罗莹	袁红莉	马齿苋内生和根际促生菌的分离与鉴定及其促生效果研究
20	生物学院	生命科学理科试验班	苏丹	邢怡明	*Fstl*1基因在小鼠肺中的表达模式及损伤修复相关机制的研究
21	资源与环境学院	环境科学	施元基	张涛	探究水热碳对溶液中重金属离子的吸附特性
22	资源与环境学院	环境工程	马晓晨	李花粉	硒对玉米吸收转运镉的影响
23	资源与环境学院	土地资源与管理	李瑶瑶	朱道林	土地储备、土地供应与房地产市场供求关系研究—以北京市为例
24	资源与环境学院	农业气象	张镇涛	杨晓光	气候变化背景下华北平原夏玉米适宜播期研究
25	资源与环境学院	生态学	常亚迪	乔玉辉	三种不同设施种植模式下土壤重金属含量的年际变化及风险分析——以曲周试验为例
26	资源与环境学院	植物营养系	侯美羽	袁力行	钾离子转运子参与植物解铵毒机制的研究
27	动物科学技术学院	动物科学	李煜	陈义强	饲料中铜离子快速检测方法的优化及稳定性研究
28	动物科学技术学院	动物科学	张海亮	王雅春	北京地区荷斯坦牛皮肤褶皱厚度遗传参数估计
29	动物科学技术学院	动物科学	马宁	马曦	新型日粮防霉剂对BALB/c小鼠肠道屏障功能和微生物区系的影响
30	动物科学技术学院	草业科学	徐艺泉	王克华	玉米籽粒大小相关性状的遗传分析
31	动物医学院	动物医学	高翔	周磊	猪流行性腹泻病毒SD2014毒株全基因组测序及遗传特点分析
32	动物医学院	动物医学	高嘉枫	林德贵	复方伊曲康唑(霉菌净)治疗犬皮肤真菌感染的临床效力评价
33	动物医学院	动物医学	王倩玉	金艺鹏	大熊猫视网膜电图的采集及分析
34	食品科学与营养工程学院	食品科学与工程	李燕	罗永康	武昌鱼贮藏过程中品质控制技术的研究
35	食品科学与营养工程学院	食品科学与工程	许嘉璐	程永强	香醋抗氧化活性和其酚类组成在消化过程中的变化

续附录 13

序号	学院	专业	学生	指导教师	论文题目
36	食品科学与营养工程学院	食品科学与工程	王砚樵	梁建芬	荞麦无麸质面包的开发与试制
37	食品科学与营养工程学院	食品科学与工程	李美玲	张列兵	三聚甘油酯对搅打稀奶油稳定性的影响及应用研究
38	食品科学与营养工程学院	食品科学与工程	周幸	李平兰	一种低盐发酵香肠产品的研发
39	食品科学与营养工程学院	食品质量与安全	王琳琳	范志红	蔬菜处理方法对餐后血糖和食物摄入的影响
40	食品科学与营养工程学院	食品质量与安全	张韫玥	张昊	酚酸与人血清白蛋白结合特性的研究
41	食品科学与营养工程学院	葡萄与葡萄酒工程	韦漪	潘秋红	转 *VvWRKY*32 的番茄异戊二烯类香气组分的变化
42	工学院	机械电子工程	李萌萌	谭彧	高灵敏的柔性压力传感器设计与研究
43	工学院	机械电子工程	李树多	陈度	爬墙机器人设计
44	工学院	机械设计制造及其自动化	曹刚	张文强	磁控胶囊内镜运动控制算法研究
45	工学院	机械设计制造及其自动化	侯健	刘守荣	精密微电铸模仁的设计、制造及性能评价
46	工学院	工业设计	李修平	张云文	基于触觉交互的盲人步行导航鞋设计
47	工学院	农业机械化及其自动化	胡泽明	王庆杰	玉米免耕播种机无级调速装置设计
48	工学院	机械设计制造及其自动化	阮培春	刘彩玲	油菜种子精密直播机的设计
49	工学院	农业工程	尹竑婕	黄光群	猪粪好氧堆肥过程中阿莫西林降解的试验研究
50	工学院	车辆工程	伍凯	赵建柱	饲喂智能推料机机械结构设计
51	工学院	车辆工程	王昕杰	李淑艳	发动机热力过程分析软件开发
52	工学院	车辆工程	张波	李真芳	电动树篱修剪机的研制
53	工学院	车辆工程	黄益伦	朱忠祥	智能电动车自动导航系统的集成与开发
54	信息与电气工程学院	电子信息工程	周雪婧	程强、薛一鸣	基于 Android 视频信息隐藏与提取系统的软件设计

续附录13

序号	学院	专业	学生	指导教师	论文题目
55	信息与电气工程学院	地理信息科学	高欣然	黄健熙	华北地区夏玉米主产区 WOFOST 作物生长模型的标定与验证
56	信息与电气工程学院	电气工程及其自动化（理科试验班）	廖文龙	杨德昌	含分布式电源的配电网无功优化研究
57	信息与电气工程学院	电气工程及其自动化（理科试验班）	张晓洁	王一	高压脉冲电源的研制
58	信息与电气工程学院	电气工程及其自动化	奚耀冕	巨云涛	提高配电网可观测性的量测配置技术
59	信息与电气工程学院	电气工程及其自动化	庄益鑫	井天军	分布式电采暖需求侧响应控制器的开发
60	信息与电气工程学院	电气工程及其自动化（理科试验班）	占颖	叶林	双馈风电场串补输电系统的振荡模式及其分布
61	信息与电气工程学院	电子信息工程	姚岚	林建涵	用于食源性致病菌快速检测的阻抗生物传感器研究
62	信息与电气工程学院	自动化	王娇	陈一飞	基于机器视觉的板球定位控制研究
63	信息与电气工程学院	计算机科学与技术	林力蔚	程新荣	基于潮州语方言语音识别的移动终端家庭助手 FamilyHelper 的设计与实现
64	信息与电气工程学院	计算机科学与技术	李观波	贾璐	在线社交网络用户行为分析——微博短视频推荐
65	水利与土木工程学院	农业建筑环境与能源工程	周洪宇	段娜	奶牛场再生垫料干燥系统设计
66	水利与土木工程学院	农业水利工程	喻启华	康绍忠	大规模灌溉农业发展对河西走廊地表温度和湿度影响的研究
67	水利与土木工程学院	土木工程	韩文佳	蒋秀根	腾达大厦工程设计
68	水利与土木工程学院	农业水利工程	沈筱	李光永	玉米地下滴灌工程设计
69	水利与土木工程学院	水利水电工程	张晨	苏艳平	青山水库重力坝设计

续附录 13

序号	学院	专业	学生	指导教师	论文题目
70	水利与土木工程学院	能源与动力工程	关昕	肖若富	双吸离心泵水力设计与三维结构设计
71	水利与土木工程学院	土木工程	吴学玲	王东生	北京市通州区九棵树大街 3 号住宅楼投标书编制
72	水利与土木工程学院	土木工程	吴雪	郝仕玲	北京市通州区九棵树大街 2 号高层住宅楼投标书编制
73	理学院	工程力学	宋金谦	周喆	砖墙结构仿生复合材料界面裂纹扩展稳定性分析
74	理学院	数学与应用数学	颜全福	申振才	S-半置换子群和 SS-补子群对有限群 p-幂零性的影响
75	理学院	化学	王鹏	刘东晖	一种新型石墨烯@SiO_2@Fe_3O_4 磁性纳米复合材料应用于环境水样本中有机磷农药分析
76	理学院	化学	王奇君	郭红超	钯催化的乙烯基环丙烷与贫电烯烃的[3+2]环加成反应
77	理学院	化学	韩敏晖	安杰	一种 α,α-二氘代醇类化合物的合成方法及应用
78	理学院	应用化学	王文卓	刘丰茂	嘧菌酯和戊唑醇在煮食花生上的残留行为及分布研究
79	经济管理学院	农林经济管理专业	刘沛源	方向明	农民工心理健康对工资收入影响的实证分析—基于抑郁状态的视角
80	经济管理学院	农林经济管理专业	裴春晨	陈前恒	劳动力迁移、留守儿童与农村老人的福利水平
81	经济管理学院	国际经济与贸易	吴伊晗	高颖	可追溯体系建立对我国农产品出口贸易的影响分析
82	经济管理学院	会计学	邢佳宁	李平	创业板上市公司无形资产与经营业绩相关性研究
83	经济管理学院	会计学	甄婧含	郑忠良	企业金融化是否会影响上市公司主要经营活动——基于经营资产收益率和净资产收益率视角
84	经济管理学院	会计学	徐佳豪	席爱华	财务视角下企业股权激励制度研究——以华为公司为例

续附录13

序号	学院	专业	学生	指导教师	论文题目
85	经济管理学院	工商管理	朱绍元	侯云先	刻字苹果经营行为意向影响因素的实证研究
86	经济管理学院	金融学	徐璐	林万龙	证券公司股权结构对公司效率的影响研究
87	信息与电气工程学院	金融（理科试验班）	胡玉涵	臧日宏	中间业务发展对上市商业银行经营绩效影响的比较研究
88	经济管理学院	金融学	刘馨爽	翟留栓	沪港通背景下内地股市与香港股市联动性研究——基于上证综指与恒生指数的实证分析
89	经济管理学院	金融学	晏妮	李晓峰	影子银行规模对北京市房价的影响分析
90	经济管理学院	金融学	贾舒喆	牛霞	资本监管、股权结构对商业银行风险承担的影响
91	经济管理学院	电子商务	杜梦婷	张建胜	《众安在线公司互联网营销策略研究》
92	人文与发展学院	法学	杜文文	杨述兴	地名商标法律问题研究
93	人文与发展学院	法学	耿子舒	李玉梅	人民陪审员制度功能研究
94	人文与发展学院	社会学	辛育航	孙庆忠	故土与远方：王金庄村道路的分界与融合
95	人文与发展学院	农村区域与发展	陈蕊	刘林	社会组织参与农村残疾人社区康复的实例研究——以北京市怀柔康怡残疾人职业康复劳动站为例
96	人文与发展学院	农村区域与发展	黄润楠	唐丽霞	巴黎气候峰会后各国INDC进展情况研究
97	人文与发展学院	英语	路妍桢	李建华	海峡两岸英文电影片名的翻译差异研究
98	人文与发展学院	传播学	李倩楠	安文军	网络舆论反转中的刻板成见探析——以“成都男司机暴打女司机”事件为例
99	人文与发展学院	传播学	陈一珺	王朋进	西方媒体涉华报道框架——《卫报》对G20杭州峰会报道个案研究

继续教育

【概况】

2017 年,继续教育学院开展“两学一做”常态化学习教育活动,深入学习领会党的十九大会议精神和国家继续教育方针政策,紧密围绕国家重大方略和学校“十三五”建设目标,以“切实服务社会需求、创新发展终身教育”为己任,整合优质教育资源,加强内控体系建设,规范教学管理过程,提升教育教学质量,各项工作顺利完成既定目标。

(曲越)

【党建管理】

学院以“学习型、服务型、创新型”党支部建设促管理,落实“三会一课”制度,定期开展民主评议党员工作,提交了《党支部规范化建设试点工作总结》,开展河北青县司马庄主题党日活动;进一步强化党支部整体功能;研究制定《继续教育学院关于落实意识形态工作责任制规定》;强化意识形态工作,注重阵地管理;加强党建工作,夯实工作基础;落实党风廉政建设,强化监督问责;服务学校工作、改善办学条件、规范内控管理、安全保障到位。

(曲越)

【成人教育】

提升层次,缩减规模 执行国家政策,规范招生行为;适应学校定位,提升办学层次;保障生源质量,逐步缩小规模。2017 年初注册(业余、函授)新生 4 356 人;在校生规模 10 229 人。本年度根据在各省总报名人数情况确定全校计划招生 4 056 人,分布在 13 个省市,20 个教学站。其中本科计划 3 244 人,专科计划 812 人,北京地区招生计划 2 272 人。

加强管理,规范办学 规范管理各教学环节,规范管理各类教学档案特别是毕业生档案等,本年度共清查档案 11 223 份;坚持每学期结课考试时对每位任课老师的每门课程做课堂教学评价,保证基本教学质量;加强对教学站点的考察、检查;开展各教学站点教学管理先进个人的评选,评出站点教学管理先进个人共 24 名;学院发文件进行表彰。

持续推动信息化建设 2017 年试运行网络收费模块,北京农业职业学院、廊坊农广校及校本部等站点已全部或部分学生共 2 578 人通过网络平台交学费;全面梳理与检查教务管理平台系统上已有课件信息,为后续更新与增加课件奠定基础。

坚持原则,严格学籍、学历和学位管理 严审入学资格,及时清查服务。把关毕业条件,确保合格毕业。2017 年,成人教育毕业学生 6 230 人,授予学士学位 324 人。

防范风险、依法办学 加强站点管理,停止不合格站点的招生。及时审核站点办学资格和办学协议,规范站点的办学行为;2017 年到期续签协议教学站 7 个。对于不符合要求的站点、教学质量效益不好的站点坚决予以停办。及时更新协议:到期的和学校名称变化的;规范协议格式:签名、签章(法人章);试点新款办学协议、教师聘用新协议、及时提交各种信息给各省市教育主管部门以备评估检查、年审等。

附表　2017年成人高等学历教育在校生统计表(单位:人)

类别	合计	一年级	二年级	三年级	四年级	五年级
函授	5 602	2 264	3 305	11	12	10
业余	4 627	2 010	2 211	49	117	240
合计	10 229	4 274	5 516	60	129	250

(王艳霞)

【教育培训】

2017年共举办各级各类培训班38期,培训学员共计2 116人次,培训总天数221天,培训人天数为13 059。其中农业管理干部培训班共举办15期,培训农业管理干部共737人次;农业企业负责人和新型经营主体培训班10期,培训学员522人次;农业职业经理人培训班4期,培训学员246人次;开展职业技能鉴定6个批次,鉴定人数为289人次。此外,还为新疆进修教师及访问学者40人次提供管理服务。学院获得了农业部认定的首批全国新型职业农民培育示范基地,河北省农业厅认定的河北省现代农业培训基地,也获得了学校教学成果一等奖(中国农业大学继续教育人才培养模式的创新)以及学校教学成果二等奖(打造培训移动课堂,助理培训效果提升)等荣誉。

农业部全国农牧渔业大县农牧局长轮训项目　受农业部委托,开展了2期全国农牧渔业大县农牧局长培训班,第一期是农业生物技术与安全管理重点县农业局局长班,培训了来自全国23个省区市的转基因生物安全监管重点区域县农业局局长,以及部系统干部共101人;第二期是疫病防控畜牧兽医局长班,培训了来自34个省(区、市)的畜牧大县兽医局局长、省畜牧兽医主管部门负责同志和部系统干部共108人。

各级地方农口干部农业供给侧改革专题培训项目　开展了湖南、黑龙江、广西、北京、云南、河北、山东、河南、内蒙古、江苏、四川、江西等地区的农业供给侧改革专题培训班12期,培训了来自各地政府分管农业副市长、副县长、副区长、县市农业局长、县市委农办主任等农口干部共计502人次。

新型农业经营主体带头人培训项目　为长沙、防城港、延庆、常州等地方政府开展了新型农业经营主体带头人农业产业创新发展专题研修班共10期,培训了来自各地企业负责人、合作社理事长、新型职业农民、家庭农场主等带头人共计522人次。

农业职业经理人培训项目　为成都市农委、巨鹿县政府开展了农业职业经理人经营管理能力提升专题培训班4期,培训了来自当地优秀农业职业经理人共计246人次。

农业技术人员培训项目　为黑龙江省农垦局、河北省农业厅开展农业技术实践应用专题培训班4期,培训来自基层从事农业技术工作的相关人员353人次。

现代产业扶贫培训项目　为云南镇康县开展了领导干部学习十九大精神,提升发展农业产业能力培训班1期,培训了镇康县各职能部门选派的优秀正科级实职领导干部 26 人次。

村党支部书记抓党建促发展专题培训项目 为曲周县委开展了优秀村党支部书记抓党建促发展专题培训班 1 期,培训了来自曲周各乡镇推荐的优秀村党支部书记和列入"滴灌"式培养的支部书记人选共 50 人次。

军民共建培训项目 为中央警卫团开展职业技能培训班 2 期,培训了来自中央警卫团固安教导大队以及中央警卫团第三大队的武警战士共计 97 人次。

师资培训项目 为新疆塔里木大学开展了塔里木大学中层领导干部能力建设研修班 1 期,培训了来自塔里木大学中层领导干部共计 32 人。

农业职业技能鉴定项目 为动物科学技术学院、资源与环境学院、黑龙江农垦局等单位开展了农业职业技能鉴定 6 个批次,鉴定学生及相关人员共计 289 人次。

(马少军)

现代远程教育

【概况】

2017 年,现代远程教育在狠抓优质教学资源建设的同时,开展了专业与层次结构调整,人才培养方案的全面修订以及服务"三农"人才培养模式改革,得到教育主管部门的充分肯定和社会的广泛认可。《中国农业大学网络教育学院聚焦"三农"人才培养模式创新实践》在教育部现代远程教育协作组 2017 年第 47 期简报报道。《聚焦"三农",立足基层,深耕合作,联结共享——中国农业大学网络教育学院"三农"人才培养创新》入围"2017 中国高校远程与继续教育优秀案例库"。学校新疆农业职业技术学院学习中心、云南省现代远程教育社会服务体系数字化连锁中心等两个校外学习中心被评为"2017 年全国高校现代远程教育优秀校外学习中心"。网络教育学院荣获"2017 中国最具社会影响力高校网络教育学院"荣誉称号。

(张国红)

【专业层次调整】

调整专业层次结构 按照教育部文件和北京市教委相关要求,2017 年,完成网络高等学历教育专业与层次结构调整和 2018 年拟招生专业申报备案,对专科专业进行了大幅度削减,由从原来的 20 个减少到 4 个,只保留了农业经济管理、园林技术等 4 个优势特色专科专业。

修订专业教学计划 根据现代远程教育人才培养需求变化和专业的调整,组织进行本科专业教学计划的全面修订,重点对食品质量与安全、动物医学、园林技术等 10 个专业培养目标、课程设置、各教学环节基本要求等方面的修订,同时修订农村干部培养项目相关专业教学计划。

(李晓娜)

【招生工作】

加强招生组织管理 统一制作印发了中国农业大学现代远程教育2017年招生简章13万份,招贴画0.3万份,要求学习中心统一招生宣传材料。实施入学资格审核工作平台管理,进一步加强了学生入学资格平台审核,采取初审、复审和终审三级审核措施,严格按程序进行录取,确保生源质量。2017年春季两季注册缴费1.6万余名学生,与2016年基本持平。积极改进网上缴费通道,全面推行学生个人自行网上缴纳学费。

推进特色项目发展 在行业系统合作办学、本科二学历的基础上,继续推进"农村基层干部学历教育定向培养工程",2017年,批准开展该项目的校外学习中心共有7家,招生近1 000人。继续推进土木工程专业BIM项目管理岗位考试项目,已有700多人参与该项目学习。

(刘维斌)

【教学资源建设】

结合招生层次和专业结构的调整,以给学生提供高质量网络课程学习资源为原则,重点开展了目前运行课程的梳理工作,制定了2017—2019年资源建设规划。2017年,新聘任主讲教师16名,完成了20门课程共343课时的设计与录制,包括新课件建设与老课件资源重建与改造;完成9门课程题库资源建设;新上线移动学习课件30门,更新青书教材40本。选择江苏农林、包头轻工、弘成宿迁等校外学习中心开展青书教材推广试点。继续推进国家级精品课程后续建设情况、网络教育课程校内共享进程以及普通高等学校继续教育数字化学习资源开放联盟相关栏目建设。

(李晓娜)

【教学管理与学生服务】

加强开课考试管理 制订发布2018年全年开课计划。2017年全年共完成了3次课程考试组织与管理,试卷命题达683门次,共有约28万人次参加考试。全年3次统考1.9万人次报名;2次学位英语共计2 000多人次报考。完成9 000多人次的毕业论文(设计)的组织与管理。

升级教学教务平台 升级改造教学教务数据库软硬件,实现数据库集群化,大幅提高了平台数据的安全可靠度。升级数据库服务器硬盘,将存储速度提高了10倍以上。与此同时,不断升级改造教学监控系统、完善考试管理功能模块、增加学位英语考试报名功能、维护课件管理系统、优化网上阅卷系统、开发测试"E知教育支撑平台"等日常平台技术支持服务。

学生管理与服务 不断完善网上学生社区管理,发表日志、图片、发起各类学生活动等,保持版面的活跃性。进行考前考风考纪宣传,对学生进行思想教育。评选出2017年度优秀学生34名,整理事迹报告成册。完成1.4万名毕业生资格审核与上报,以及406名学生的学士学位授予资格审核。开展毕业生问卷调查,开展第25、26届优秀毕业生评选,共评选出117名优秀毕业生。

(杨建波 王念)

【学习中心建设】

按照教育部和各地教育行政主管部门的要求，优化学习中心布局，服务地方经济发展。重视对学习中心空白区域的研究和拓展，新建山东畜牧兽医职业学院、湖南农业大学、陕西杨凌中等职业学校等6个校外学习中心。积极配合各省教育主管部门对学习中心专项检查和年报年检工作，先后组织完成北京、河北、福建等省市30多个学习中心的年报年检。积极做好与校外学习中心的沟通与协调，加强培训学习与推动日常考评。组织召开了中国农业大学网络教育2017年校外学习中心业务培训会。开展2017校外学习中心日常工作考评，对其日常工作进行量化考核。加强校本部服务中心建设，着力开展网络教育教学改革，建好服务示范窗口。

（庞葆军）

【网络教育增值服务】

积极开展新型职业农民、农业管理干部、大学生村官以及农技推广人员等一系列“三农”人才的培育工作。在乐清市以特色农产品种养专业大户、家庭农场、农民专业合作组织主要成员、务工返乡人员等为培训对象展开电子商务培训。与凤阳县小岗村培训中心合作，采用线下培训、“互联网＋三农”的培训模式，围绕创业实践、品牌建设、电子商务、新品质推广、农业经营管理等相关知识，展开大学生村官创业培训。服务农业院校、高职院校的互联网＋函授教育，践行全国高等农业院校继续教育在线联盟宗旨，走平台和资源的共建共享之路，推动继续教育信息化建设。

（王海）

一流大学与一流学科建设

年鉴

【《建设世界一流大学建设方案》编制】

按照教育部要求和学校总体部署，学校在系统梳理学校发展现状基础上，经反复修改和征求意见，完成了学校一流大学总体建设方案和9个一流学科建设方案。7月8日，召开中国农业大学世界一流大学总体建设方案专家论证会，对《中国农业大学一流大学建设总体方案(审议稿)》进行论证。7月10日，中国农业大学世界一流大学总体建设方案和9个一流学科建设方案上报教育部备案。8月，针对教育部反馈中国农业大学世界一流大学总体建设方案和中国农业大学一流学科建设方案的修改意见，发展规划处组织相关部门集中修改并再次向教育部报送《中国农业大学世界一流大学总体建设方案》。

2017年9月20日，教育部 财政部 国家发展改革委 三部委联合下发了《关于公布世界一流大学和一流学科建设高校及建设学科名单的通知》(教研函〔2017〕2号)，中国农业大学进入了一流大学(A类)，9个学科进入一流学科，分别为生物学、农业工程、食品科学与工程、作物学、农业资源与环境、植物保护、畜牧学、兽医学、草学。标志着学校正式进入了一流大学和一流学科建设时期。

(李冬梅　侯继武　杜伟)

【成立“双一流”建设组织机构】

为保障学校“双一流”建设方案的实施，10月，中国农业大学“双一流”建设组织体系通过校长办公会审议，确定成立“双一流”建设领导小组、建设工作组和办公室以及成立人才培养-本科生、人才培养-研究生、人才培养-“三全”育人、师资队伍、科学研究、社会服务与成果转化、文化传承创新、内部治理、社会参与、国际合作、支撑保障等11个专项工作组和各学院“双一流”建设工作组(中农大规划字〔2017〕7号)。

(李冬梅　侯继武　杜伟)

【“双一流”建设组织实施】

11 月，学校“双一流”建设办公室召开第一次研讨会，相关部门负责人就学校“双一流”建设实施方案、各部门负责的任务清单及下一步工作安排进行了研讨。11 月 10 日，校长孙其信主持召开“双一流”建设办公室第二次工作会议，传达上级有关“双一流”建设的有关精神，研讨下一步学校工作计划。

12 月，校长孙其信主持召开“双一流”建设工作座谈会，听取学院对学校“双一流”建设工作的意见和建议，研讨部署学校“双一流”建设工作。孙其信要求，要提高政治站位，围绕贯彻落实党的十九大精神，认真谋划学校的“双一流”建设。全校上下要进一步解放思想，提高认识，抓住当前大好的发展机遇，积极对学校发展进行长远的战略布局，开动脑筋，主动作为，合力推进学校“双一流”建设。

“双一流”建设办公室组织各专项组以及“双一流”建设学科编制了专项任务书和学科任务书，明确了各专项组与学科 2018—2020 年建设期内建设目标、考核指标、建设任务等。在此基础上，初步完成学校“双一流”建设实施方案编制。

（李冬梅 侯继武 杜伟）

【引导专项资金项目申报】

发展规划处联合“双一流”建设专项工作组，编制 2018 年中央高校建设世界一流大学（学科）和特色发展引导专项资金项目申报表，按照党委常委会要求完成上报工作。

（李冬梅　侯继武　杜伟）

附件　中国农业大学一流大学建设方案

为全面贯彻落实党的十九大精神，贯彻习近平新时代中国特色社会主义思想，落实全国高校思想政治工作会议精神和立德树人根本任务，培养担当民族复兴大任的时代新人，开启中国特色、农业特色世界一流大学和一流学科发展新征程，根据《统筹推进世界一流大学和一流学科建设总体方案》等精神，制定本建设方案。

一、建设目标

（一）学校的分期建设目标

以建成中国特色、农业特色世界一流大学为目标，全面贯彻党的教育方针，紧紧围绕国家决胜全面建成小康社会，开启全面建设社会主义现代化国家新征程的战略安排，坚持新发展理念，以改革创新精神，高质量推进“双一流”建设。

1. 近期目标

到 2020 年，综合办学实力稳居国内研究型大学前列，若干优势学科进入世界一流前列，在世界涉农高校中的影响力显著提升。人才培养质量显著提高，引领中国高等农业教育发展，为建设中国特色、农业特色世界一流大学打下坚实基础，为乡村振兴和建设教育强国做出积极贡献。

2. 中期目标

到2030年，形成完善的中国特色、农业特色现代大学治理体系和世界一流大学学科布局，更多学科进入世界一流前列，人才培养质量达到世界一流水平，初步建成中国特色、农业特色的世界一流大学，为农业农村现代化和创新型国家建设做出突出贡献。

3. 远期目标

到21世纪中叶，更多学科进入世界一流前列，引领世界高等农业教育发展，人才培养质量位居世界前列，全面建成中国特色、农业特色的世界一流大学，为乡村全面振兴、实现中华民族的伟大复兴和建设社会主义现代化强国做出卓越贡献。

为实现上述建设目标，重点实施“1＋5”建设工程。“1”是坚持党对学校工作的全面领导，全面贯彻党的教育方针；“5”人工程分别为：结合党中央要求和学校发展目标，实施思想建设工程；以高质量、高标准推进“双一流”建设为契机，实施“双一流”建设工程；积极拓展办学空间，实施发展保障工程；以健全校院两级管理体系为目标，实施完善治理工程；以人才队伍建设为突破，实施人才强校工程。学校将紧跟国家战略步伐，力争在2035年国家基本实现社会主义现代化、2050年建成社会主义现代化强国的伟大历史进程中，做出新的更大的贡献。

(二)学科建设总体规划

以习近平新时代中国特色社会主义思想为引领，以一流学科为核心，着力建设农学与生命科学、资源与环境科学、工程与信息科学、食品安全与营养健康、哲学社会科学等学科群，强化前瞻性布局，加强学科交叉融合，拓展新型学科，建设以“新农科”为核心的中国特色、农业特色世界一流大学学科体系。

1. 基于国内一级学科口径

按照高峰学科、高原学科、基础与支撑学科3个梯次建设。

高峰学科：作物学、植物保护、农业资源与环境、畜牧学、兽医学、农业工程、食品科学与工程、草学和生物学等学科保持领先地位，为学校打造世界一流学科提供更强劲的动力。园艺学、水利工程和农林经济管理等学科2020年进入国内学科前列，为学校一流大学建设提供更广泛的支撑。

高原学科：生态学、社会学、化学、机械工程、计算机科学与技术、应用经济学、环境科学与工程、公共管理、马克思主义理论等学科实力到2030年力争达到或接近一流学科水平。

基础与支撑学科：数学、力学、大气科学、电气工程、土木工程、法学、工商管理、图书情报与档案管理、公共卫生与预防医学、新闻传播学、风景园林等学科总体实力显著提升，为一流大学整体发展和拔尖创新人才培养提供更有力的基础支撑。

2. 基于国际学科口径

2020年，力争临床医学进入ESI世界前1%，进入世界前1%的学科数达到11个，各个进入ESI前1%学科领域的排名显著提升。

2030年，在国际有影响力的学术评价体系中，农业科学居全球高校首位，更多学科进入世界一流前列。

(三)拟建设学科及其对带动学校整体建设的作用

2017—2020年期间，重点建设作物学、植物保护、农业资源与环境、畜牧学、兽医学、农业工程、食品科学与工程、草学和生物学等9个学科。拟建设的9个学科覆盖面广，在学校学科建设中处于核心地位，构成了解决农业重大前沿问题，支撑农业农村现代化建设和培养拔尖创新人才的学科架构。以拟建设学科为核心，搭建高水平学科公共平台，组建跨学科创新团队，引领多学科交叉融合，促进科教协同育人，推动全校形成追求卓越、追求创新、追求贡献的学科文化和追求一流的学术氛围、育人氛围，推进学校“双一流”建设。

二、建设基础

(一)办学理念

学校秉承“解民生之多艰，育天下之英才”的校训，坚持社会主义办学方向，坚持“四个服务”重大使命，以农立校，特色兴校，围绕人类的营养与健康，以国家农业科技重大需求和国际学术前沿为导向，以落实立德树人为根本任务，以办好人民满意的教育为主要目标。

(二)办学定位

作为我国现代高等农业教育的发源地和排头兵，学校坚持德育为先、能力为重、全面发展的人才培养理念，培养具有爱国情怀和社会责任感、富有创新精神和实践能力的行业领军和拔尖创新人才。秉承“顶天立地”的方针，瞄准国际农业科技前沿和国家重大战略需求，开展高水平科学研究、社会服务、文化传承与创新和国际交流合作。

(三)优势特色

学校始于1905年成立的京师大学堂农科大学，形成了特有的勤勉持重、爱国忧民的精神传统和严谨求实、厚德博学的办学传统，积累沉淀了朴实厚重的高等农业教育文化，为我国农业高等教育和“三农”事业发展做出了积极贡献。

学校始终扎根中国大地，服务经济社会发展，培养了一大批具有“三农”情怀的行业领军和拔尖创新人才。诞生了中国第一个发明专利，取得了一批重大创新成果，对推动国家农业农村现代化和经济社会发展发挥了重要的作用。

学校形成了以农学、生命科学、农业工程和食品科学等为显著特色和优势的学科体系，以农学和生命科学为代表的学科领域已跻身世界一流行列。

(四)重大成就

(1)构建了特色鲜明的本硕博人才培养体系，培养了大批行业领军和拔尖创新人才。在国内率先实施了全校范围内的自由转专业政策，形成了“通专结合，通专平衡”的个性化人才培养体系，在全国率先全面实行博士生招生申请考核制，教育综合改革走在前列。

(2)科技创新能力显著提升，为国家农业农村现代化建设提供了有力支撑。在农学、生命科学、食品科学、农业工程等领域创新性研究取得重要进展，玉米生物学团队在全球形成领跑优势，近十年以第一完成单位获国家科技奖励25项，在全国高校中并列第7位。

(3)发挥学校综合优势,在粮食安全、食品安全、农业政策、扶贫攻坚等方面取得重要进展。研究成果获得第六届高等学校科学研究优秀成果奖(人文社会科学)一等奖,学校教师荣获2017年"全国脱贫攻坚奖创新奖"。"十二五"以来,70余篇政策报告得到党和国家领导人的批示或被政府部门采纳。

(4)传承和发扬心系"三农"的担当奉献精神,先进校园文化建设成效显著。承办全国科普日活动,成立了全球首家饲料博物馆,荣获2015年"全球重要农业文化遗产保护与发展贡献奖",学校教师被评为2015年度全国"十大科学传播人"。

(5)统筹国际教育资源,一流农业大学国际影响力不断扩大。与涉农世界一流大学全面对接,建立"中特农业创新园"和"中坦农业村级减贫学习中心"等平台,积极共享中国农业发展经验,教育援外在发展中国家广泛覆盖。

(五)面临的机遇和挑战

随着中国特色社会主义进入新时代,国家加快实现社会主义现代化的新步伐,尤其是科教兴国、人才强国、创新驱动发展和乡村振兴等国家战略的实施和北京全国科技创新中心的建设,为学校实现高质量发展带来了历史性机遇。同时,学校也面临着严峻挑战,办学空间急需拓展,高层次人才尤其是中青年人才队伍建设需要更加重视,内部治理体系需要进一步完善。

三、建设与改革任务

今后三年,重点实施六大计划,全面完成建设和改革任务。实现一流大学建设目标,实施一流学科建设计划;以人才培养为根本,实施农业一流人才培养计划;以人才强校为基础,实施"315"创新人才强校计划;以提升科技创新能力和创新质量为动力,实施卓越引领创新能力提升计划;以服务社会的新格局为目标,实施"顶天立地"乡村振兴服务计划;以"一带一路""南南合作"为基础,实施全球视野国际合作交流计划。

(一)建设一流师资队伍

深入实施人才强校战略,打造一支"顶天立地"、政治素质强、教学和科研水平高的师资队伍,为学校的可持续发展提供人才保障。

1. 高层次人才引进与培育计划

实施"315"创新人才强校计划,聚焦领军人才和中青年学术骨干的引进和培育,完善和健全人才工作体制机制,深化人才引进和培育工作改革,形成多层次全方位的人才成长体系。

2. 教学名师培育计划

实施教学名师培育工程,组织开展名师工作坊、教学法国际研修班等活动,推进科技沙龙等培训活动,助力教师全面发展。设立教学型教师系列岗位,健全教学效果评价体系。

3. 教师发展体制机制提升计划

实施教学型、教学科研型、科研型教师分类管理制度,推进教学辅助各系列的晋升评价。完善岗位责任制,完善职员晋升制度。实施不同层次的人才支持计划,突出激励导向，形成合理薪酬体系。

4. 师德师风建设计划

加强马克思主义理论、中国特色社会主义理论体系特别是习近平新时代中国特色社会主义思想学习。完善师德师风的考核监督和表彰奖励机制，将师德师风建设贯穿教师职业生涯全过程。

(二)强化一流人才培养

构建以马克思主义为指导、促进人的全面发展的教育教学体系，全面提升人才培养质量，引领制定国家涉农专业标准和卓越农林人才培养计划，成为"新农科"拔尖创新人才培养模式的开创者。

1. 一流专业建设计划

围绕中国特色、农业特色世界一流大学的建设目标，推进农科类专业认证，建设一批一流涉农专业；全面推进工程专业国际认证工作，对标一流专业标准，对现有工科专业进行建设与改造；加强一流学科相关的本科专业教学实验室、基础学科教学实验室和公共基础实验室建设，支持专业急需的综合性实习基地的条件建设。建设一批核心课程并开展教材建设，开展"校级优质教材"评选。

2. 一流本科人才培养计划

探索建立大类招生模式，申请启动自主招生并逐步建立"综合素质评价"招生模式。推进人才大类培养，实施教学模式改革。建设一批优质课堂(课程)，开展"优质课程与优质课堂"评选，建设一批高水平在线课程，建成一批虚拟实验教学项目。完善创新创业课程体系，将创新创业教育融入人才培养全过程。加大对创新创业、URP、学科竞赛项目的支持。实行创新人才优先推荐保研政策。改革完善转专业政策、学业成绩计算方法、自由选课政策。

3. 试点升级版卓越农林人才培养计划

以卓越农林人才培养计划 2.0 版为指导，在对已有的卓越农林人才培养专业按照"一流专业、一流人才"的要求进行全面改造升级之外，试点卓越农林拔尖创新人才实验班(新农科实验班)，培养涉农拔尖创新人才；试点卓越农林农科教协同育人实验班，强化对牛精英项目、种业菁英班、乡村振兴青年菁英班、科技小院等一批农科教协同育人项目的支持，培养"一懂两爱"行业领军人才。

4. 博士研究生创新能力强化计划

以科教融合和创新能力培养为核心，提高博士生培养质量。健全博士生优秀生源吸引激励机制，继续实行直博生选拔制度，提高硕博连读生比例，完善博士生招生"申请—考核"制度。设立跨学科博士生培养项目，组建跨学科的导师指导组。推进博士生培养管理与评价的过程导向、重心前移。构建国际化的学术创新环境，聘请国际知名学者开设高水平课程，支持博士生国际化学术交流。

5. 硕士研究生实践能力提升计划

以产教融合和实践能力培养为核心，提高硕士生培养质量。树立人才培养、科技创新、社会服务三位一体的应用型人才培养新理念，构建"产业链""综合化""创新创业"人才培养平台，推进"实践—理论—实践"的三段制培养模式。探索与国家职业资格认证评价的有机衔接。开展联合培养示范基地建设，继续实施“卓越农机装备工程师”等双学位中外联合培养项目。

6. 研究生培养质量保障体系建设计划

加强校院两级学位论文质量管理，建立研究生课程任务分类体系和适合培养特点的教学方法规范与基本模式，提高研究生课程教学的有效性。完善新增导师培训制度，建立任课教师培训制度和学位授权点的教学研讨制度。创建多样化的学习共同体，为研究生提供个性化、针对性的学习咨询和支持服务。健全学位授权点质量管理、质量监督、质量反馈和质量改进体系。在一流学科试点开展国际评估。

7. 学生思政工作质量新体系构建计划

发挥思想政治工作在人才培养中的引领作用，完善理想信念熔铸、核心价值内化、“三农”情怀培养、健康人格塑造、创新创业能力培养、领导力培养、学生骨干培养、党团组织作用发挥、工作队伍素质提升、支撑平台建设等思政体系。以思想政治教育和“三农”情怀培养融入课程教学、融入典型示范、融入服务实践、融入创新创业的“四融入”模式为工作主线，形成课程教育、先锋引领、实践养成的工作体系，完善人才培养工作格局。

(三)提升科学研究水平

以新发展理念为指导，面向科技前沿和农业农村现代化建设主战场，加强顶层设计和战略规划，提升解决重大问题和原始创新能力，争做国际学术前沿领跑者，国家战略、经济社会发展和政府决策的服务者。

1. 卓越科技创新计划

推进科研组织模式创新，重点在植物生物学与生物种业、畜禽育种与健康养殖、食品营养与人类健康、水资源绿色高效利用、耕地质量提升与功能拓展、绿色农业生产、生物质转化利用与畜禽废弃物处理、智能农业机械装备与智慧农业等领域布局和建设重大科技创新链。

2. 一流平台建设计划

重点建设模式动物表型与遗传研究国家重大科技基础设施，建成国家玉米全程机械化生产科技创新基地，在作物生物学、资源环境、动物遗传育种与繁殖、动物医学、农田水利与农业绿色高效用水、农业工程等领域培育国家级研究平台；建设若干学科公共创新平台，形成支撑一流大学建设的科技创新平台体系。

3. 高端智库建设计划

重点建设中国农业大学国家农业农村发展研究院、中国土地政策与法律研究中心、“一带一路”农业合作学院/南南农业合作学院、北京食品安全政策与战略研究中心等高端智库。建立具有中国特色、中国风格、中国气派的农业领域哲学社会科学学术评价和学术标准体系。

4. 国家农业科技创新中心建设计划

紧密对接《北京加强全国科技创新中心建设总体方案》和《北京市“十三五”时期加强全国科技创新中心建设规划》，以北京食品营养与人类健康研究高精尖中心等为基础，着力打造北京国家科创中心农业板块，推进国家农业科技创新中心建设，使农业科技创新成为北京全国科技创新中心新的“亮点”。

（四）传承创新优秀文化

坚定文化自信，坚守中华文化立场，继承和弘扬中华优秀传统文化及革命文化，弘扬社会主义先进文化，以“三农”情怀为魂，将文化传承与创新贯穿于办学全过程，成为农大人致力于“四个服务”的情感认同和行为习惯，为国家文化软实力的提升做出农大的贡献。

1. 社会主义先进文化育人计划

以马克思主义为指导，以社会主义核心价值观为灵魂，推动学校文化事业全面繁荣，不断丰富师生精神世界、增强师生精神力量。着眼文化育人，引导师生践行社会主义核心价值观；教育引导广大教师坚持教书和育人相统一、言传和身教相统一、潜心问道和关注社会相统一、学术自由和学术规范相统一。

2. 中华农耕文化研究与传播计划

鼓励支持教师开展中华农耕文化的研究。加强中国农业数字博物馆、饲料博物馆等虚拟与实体文化平台建设，发挥校园与基地科普教育职能，提升社会文化服务水平。依托“一带一路”农业合作学院/南南农业合作学院和孔子学院等平台，传播中华优秀农耕文化，展示中国农业发展成就。

3. 特色校园文化提升计划

加强学校、学院和学科文化的研究，重点开展学科开创性人物的资料挖掘整理，宣传发扬“曲周精神”，形成农大人共同的价值坚守和文化底蕴。打造一批文化品牌，构建多层次多形式的文化载体，开展内涵丰富的特色校园文化活动，构筑网络文化表达体系，讲好农大故事，发出农大声音。

（五）打造社会服务新格局

着力推进科技成果转化，形成学校服务社会新格局，支撑服务乡村振兴等国家重大战略的实施。

1. 加强产学研平台建设，推动农业转型升级

重点围绕黄淮海农业绿色发展、京津冀都市农业、东北现代农业、西北绿洲农业的可持续发展需求，完善实验站、教授工作站和现代农业产业技术体系为主要平台的“两站一体系”社会服务体系。推动与南方及沿海经济发达地区建立产业研究院，探索建立“农业科技＋大资本、大企业、大政府”的社会服务和成果转移转化模式。

2. 加强多学科协作，服务区域协调发展

立足北京，面向京津冀，服务全国，加强校地合作，服务区域发展。依托曲周试验站和涿州教学实验农场，与地方共建乡村振兴示范基地，探索服务京津冀、服务区域协调发展新模式；依托上庄实验站，建立都市农业和智慧农业基地，探索国际化大都市农业发展新路径。

3. 加强科教社会扶贫，助力国家精准脱贫

与云南省建立治理深度贫困的省校战略合作关系，加强对深度贫困综合治理的研究和实践，深化云南镇康、勐腊等已有科教扶贫试点，为国家深度贫困的脱贫攻坚提供可行的范式。深化与山西灵丘的校地合作，完成教育部安排的河北青龙县、威县定点扶贫任务。

4.加强社会培训工作,服务乡村振兴战略

适应新时代农业经营模式转型,提升现代农业技术的远程培训水平,开展新型农场主、新型农业经营管理人才、新型职业农民和创业者及跨界投资者的培训。建设新型职业农民培育基地,搭建农林高校培训教育网络联盟教学平台和共享课程资源库,打造实用精品培训课程体系。

(六)推进国际交流合作

1.夯实国际一流农业大学合作网络,提升学校高端引领

进一步夯实与世界农业学科排名前10和综合排名前100涉农院校的合作网络,完善网络区域和学科布局,将国外优质教育资源有效融合到教学科研主要环节。强化校际优势互补的实质性、多层次、多渠道合作,加强世界顶尖农业大学联盟建设,提升学校在世界高等农业教育的影响力和话语权。

2.搭建国际合作平台,推进国际科教协同创新

以国际合作联合实验室和学科创新引智基地为核心,推进一流学科与相关领域国际顶尖高校和科研机构及国际顶尖科学家的可持续合作。通过校、院两级国际合作平台建设,将科学研究和人才培养紧密结合,建立可持续发展的国际合作与交流新机制。

3.改善国际化办学条件,提升教育国际化水平

突破制约留学生教育规模的硬件瓶颈,改善国际化人才培养基础条件,扩大留学生招生规模。加强面向发展中国家农业青年领袖的培养项目建设。扩大中外合作办学和联合培养等项目的覆盖面,加强外籍教师聘用工作的力度。办好烟台格罗宁根大学,发挥中外合作办学机构对学校国际化发展的推动作用。

4.积极参与国际科教事务,增强中国农业高等教育国际话语权

加强与国际主流学术组织合作,积极承办重大国际学术会议,支持学术骨干到国际学术组织任职。面向我国驻外使领馆、联合国粮农组织等国际和区域农业组织需要,培养优秀人才。办好主办的国际学术期刊,提升期刊的国际影响力。

5.积极参与国家对外战略,扩大国家国际影响

服务农业"走出去"战略,实施共建"一带一路"农业教育行动计划,筹建"一带一路"农业教育科技创新联盟,扩大海外合作基地,实现对"一带一路"沿线重点国家农业教育科技的全覆盖,在"一带一路"农业教育科技合作、"南南合作"中发挥引领作用。

(七)完善内部治理结构

1.以大学章程为统领,完善学校规章制度体系

围绕"双一流"建设,全面梳理规章制度,加快形成以章程为统领,完善、规范、统一的制度体系。建立章程审查机制和规章制度定期清理机制。牢固树立依法治校理念,用法治思维规范学校管理行为。

2.加强学术组织建设,健全学术管理体系与组织架构

完善以学术委员会为核心的学术管理体系和组织架构,保障学术委员会在学科建设、学术评价、人才培养、学术发展等学术事务中发挥主要作用。在学术决策与行政执行之间建立良性沟通协同机制,形成学校发展合力。

3. 完善学校民主管理、民主参与、民主监督机制

充分发挥党代会、教(职)代会、学代会、研代会、团代会等民主参政与决策作用,充分发挥民主党派、校友、社会评价机构等各方面代表作用,完善定期沟通机制,促进学校科学民主决策。推进和完善基层民主协商,加强智库型、服务型统战建设。严格督办机制,完善校长信箱、教代会提案等多方面渠道意见建议的受理答复机制。

4. 完善院校两级管理体制,扩大学院自主权

整合资源,重心下移,提高学院的资源配置能力,释放学院办学活力,发挥学院建设主体作用。针对一流学科建设,鼓励学院提出综合改革整体方案,经学校审定批准后自主实施。

(八)实现关键环节突破

1. 实现科教协同育人,构建人才培养新模式

完善"依法治教"基本教学制度。充分发挥教育教学专门委员会的指导和咨询功能。建立完善责任教师、助教、教师培训、学分、转专业、校院两级教学管理等系列制度,保证教育教学依法有序运行。

完善教育教学激励政策。在人事政策中充分体现人才培养的核心地位,引导学科带头人和学术骨干将更多精力投入到人才培养工作中。制定教授级高级实验师的聘任与考核办法。强化实验教学和实践教学队伍建设,把创新创业、实习实践指导纳入职称评聘条件。

完善教学服务支持体系。适应创新人才培养需要,成立相应的校级教育教学支撑服务机构,更好地为师生提供教育技术、教学技能、学业指导等方面的服务。推动信息技术与教学方式方法改革的深度融合,建立新型教学状态感知与评价体系。

2. 实现人事制度新变革,探索队伍建设新机制

完善人才引进制度。不断完善招聘工作制度,加大领军人才和优秀青年人才引进的政策倾斜和支持力度。完善引进人才资助体系,强化引进人才的聘期考核。

健全教师评价体系。以贡献和潜力为评价导向,突出体现学科的基础地位和立德树人的核心地位,完善教师科学评价体系。分别制定各类教师岗位基本责任、晋升要求和标准、考核要求及评价机制。

完善激励制度。制定符合校情并与一流大学建设相匹配的薪酬体系,完善激励机制,完善人才奖励和教师兼职兼薪制度,进一步激发教师参与学校改革发展事业的热情。

3. 建立新型科研组织和评价机制,激发科技创新新活力

改革科研组织管理模式。按照基础前沿研究、重大共性关键技术开发、应用示范一体化设计思路,组织若干个跨单位、跨学院、跨学科的重大项目,构建公共创新服务平台,探索校内外协同创新模式。

建立完善的分类科技评价体系。建立以科技创新质量、贡献、绩效为导向的分类评价体系,根据不同学科特点,制定评价指标、标准和奖励办法。探索第三方评价与国际评价、团队评价与个人评价相结合的科研评价模式。

（九）构建社会参与机制

1.吸收社会力量参与学校建设发展

完善利益相关者参与学校治理的体制机制，鼓励吸引社会力量参与学校管理，以更加灵活多样有效的方式，吸引社会资源支持学校发展，扩大社会合作、提升学校办学水平。

2.坚持落实“管办评”分离，积极引进第三方评估

调动社会机构、组织、个人参与学校治理的积极性，健全多方位评价机制，将第三方评估机制作为教育行政部门监督、学校自我评价机制外的有益补充。

3.加强与行业企业密切合作，充分发挥校友力量

加强与校友、社会各界的联系，推进与科研院所、社会团体等资源共享、优势互补，形成协调合作的有效机制。加强与企业合作，争取社会各方支持。

4.健全信息公开机制

坚持“以公开为常态，不公开为例外”的原则，及时更新信息公开事项清单，接受社会各界的广泛监督，提高学校工作透明度。

四、支撑体系

（一）拓展办学空间资源，合理布局校区功能

立足北京，积极服务首都发展。以创建国家农业科技创新中心为契机，积极拓展学校办学空间。统筹考虑学校发展基础和未来发展需求，合理布局现有校区功能，为学校的可持续发展奠定基础。

（二）立足整体规划，加强教学科研基础设施建设

改善办学条件。推进留学生与专家公寓、水利楼、风雨操场（西校区）等建设，加快推进涿州科教园区等实验场站网络体系建设，建成新图书馆，提升文献资料和信息保障水平。

（三）树立信息化思维，加强智慧校园建设

完善学校信息化管理运行体制和建设机制。促进信息技术与教学、科研、管理和服务的深度融合，加强校园网络等基础支撑条件建设，搭建信息系统深度集成化、数据分析与推送智能化的信息环境，为师生提供全面、个性化和获取方便的信息服务。

五、预期成效

到2020年，学校整体实力显著增强，若干学科进入世界一流前列，夯实建设中国特色、农业特色世界一流大学的坚实基础。

（一）人才培养质量稳步提升

立德树人取得重大进展。形成思想政治工作质量提升和“三农”情怀教育大格局，拔尖创新人才培养体系进一步完善，人才培养质量全面提升。一批农学、经济管理类专业通过教育部专业认证，一批工科专业通过国际认证，成为涉农专业建设标准的引领者；建成一批核心课程，厚基础、宽口径、强专业、重素质的系统性强、特色鲜明的课程体系建设

取得突破；建成一批核心教材、特色教材和优质课堂，引领我国农科课程教育新内容。

(二)科技创新能力显著提高

支撑服务国家重大战略需求的能力和国内外学术影响力显著提升。建成若干个具有世界先进水平的科技创新平台，取得一批高水平研究成果，在农业生物学和玉米遗传育种等方向发挥国际领跑作用。在种业创新、粮食丰产增效、畜禽高效安全养殖、农机智能装备、水土资源高效利用、绿色农业、食品安全与营养健康等领域做出突出贡献，打造若干具有中国特色、农业特色和世界影响力的新型高端智库。

(三)社会服务贡献更加凸显

推动我国"三农"事业发展的能力进一步增强。以"两站一体系"为依托的农业技术集成示范推广体系得到完善，学校服务社会的维度、深度和效率进一步提升。为乡村振兴提供更广泛的支撑，在现代种业、食品营养与安全技术、现代农业装备、农业可持续发展等领域转化推广一批重大科技成果，在关乎国计民生和重大农业发展战略等问题上为国家政策制定提供支持的能力持续增强。

(四)国际影响力不断扩大

全面建成世界顶尖农业大学联盟合作机制；主办的高水平国际学术会议次数和在重要国际学术组织任职人数不断增加，国际化办学水平得到提高。在"南南合作"、"一带一路"农业合作与发展中起到引领作用，在发展中国家农业教育和科技领域具有话语权和影响力。

(五)文化传承创新作用更好发挥

具有浓厚农大特色、鲜明时代特点的文化传承创新工作格局基本形成，社会主义先进文化育人工作成效显著，中华农耕文化研究与传播取得进展。特色校园文化建设成果丰硕，形成一批校园文化品牌，出版一批文化著作，研发一批文化产品。在教育对外开放、科技交流合作中更好地助力国家文化软实力提升。

六、领导与组织保障

以习近平新时代中国特色社会主义思想为指导，坚持"四个自信"，增强"四个意识"，落实"四个服务"，坚持学校党委对学校"双一流"建设的整体谋划和对学校各项工作的全面领导。

(一)加强党的全面领导

坚持和完善党委领导下的校长负责制，把党的政治建设摆在首位，增强政治领导能力，履行管党治党、办学治校的主体责任。完善和落实民主集中制的各项制度，完善党委常委会、校长办公会议事规则，推动科学决策、民主决策，增强党委议大事、谋大局能力。

强化基层党组织政治功能和服务功能，进一步发挥学院党委的政治核心作用，完善党政联席会议制度，在"双一流"建设中充分发挥基层党组织的作用，树立党的一切工作到支部的鲜明导向，有效发挥政治核心作用、战斗堡垒作用和党员先锋模范作用。

加强全面从严治党和党风廉政建设，履行全面从严治党主体责任和监督责任，严肃党内政治生活，强化党内监督，积极实践监督执纪“四种形态”，加强重点领域的廉洁风险防控。

（二）完善管理体制机制

建立“双一流”建设领导组织体系，成立由党委书记和校长任组长的建设领导小组，负责统筹“双一流”建设中的重大政策和重要事项。成立由校长任组长的建设工作组，负责“双一流”总体建设方案和学科建设方案的统筹协调和监督实施。成立由分管校领导任组长的建设专项工作组，负责“双一流”相关领域的建设与改革任务专项工作的推进与落实。领导小组和工作组下设办公室，具体负责“双一流”建各专项任务的沟通协调和统筹推进。

实施目标责任制。以一流大学建设方案为依据，建立“双一流”建设目标责任制，签订责任书，明确职能部门和各学院、学科“双一流”建设的责任人，定期接受学校考核和评价。建设任务实行项目管理，严格预算执行。

（三）建立自我评价和动态调整机制

建立以绩效为核心的学科建设评价与调整机制，建立学科发展状态监测系统，对各建设学科在评价分析中发现的问题提出预警，根据监测结果对建设资金做出调整。完善部门绩效评价机制，将建设成效与部门的考核评价挂钩。以评价结果为主要依据，对相关政策举措做出调整。

（四）优化资源筹集与配置机制

建立健全争取社会资源的工作机制，增强多渠道资源筹集能力。强化资源统筹力度，优化资源配置机制。强化学院是一流学科建设的主体。推动管理重心下移，进一步加强学院能力建设。

学科建设

12 月 28 日，教育部学位与研究生教育发展中心公布了全国第四轮学科评估结果。中国农业大学共有 28 个一级学科参评，其中 25 个学科上榜，9 个学科获评 A 级，居全国高校第 24 位；获评 A^+ 的学科 6 个，在全国高校中与北京师范大学并列第 6 位；学科优秀率 27%，居全国高校第 19 位。此外，学校有 10 个学科被评为 B 级，6 个学科被评为 C 级。

附表　中国农业大学部分参评学科在第四轮学科评估中的评估结果

学科代码与名称	结果
0828 农业工程	A^+
0832 食品科学与工程	A^+
0901 作物学	A^+
0905 畜牧学	A^+
0906 兽医学	A^+
0909 草学	A^+
0710 生物学	A
0903 农业资源与环境	A^-
0904 植物保护	A^-
0713 生态学	B^+
0815 水利工程	B^+
0902 园艺学	B^+
1203 农林经济管理	B^+
1204 公共管理	B^+

续附表

学科代码与名称	结果
0303 社会学	B
0802 机械工程	B
0830 环境科学与工程	B
0812 计算机科学与技术	B⁻
1202 工商管理	B⁻
0305 马克思主义理论	C⁻
0701 数学	C
0703 化学	C⁺
0808 电气工程	C⁻
0814 土木工程	C⁻
1205 图书情报与档案管理	C⁻

（杜伟）

科学研究与产业开发

科学研究

【科研项目】

科研经费 2017年，学校累计到校科研经费145 623万元。

科研项目立项 国家重点研发计划获批项目12个，国拨经费2.98亿元，牵头项目数列全国高校第8位，经费数列全国高校第5位；获批课题54个，国拨经费2.6亿元。国家自然科学基金项目获批187项，直接经费1.53亿元；其中面上项目118项，青年科学基金项目34项，重点项目9项，国家杰出青年科学基金1项，优秀青年科学基金4项，国际（地区）合作与交流项目13项，重大项目4项，联合基金项目3项，重大研究计划项目1项。农业部项目立项151项，项目金额5 091万元。农业转基因生物安全评价获批中间试验80件。高校基本科研业务费经费5 270万元（按财务处统计口径，未计入学校科研经费总额），组织329个项目立项。北京市自然科学基金获批12项，经费214万元。北京市科委项目获批17项，国拨经费1 535万元。6人入选第三批国家"万人计划"科技创新领军人才。现有30个现代农业产业技术体系岗位专家81人，其中首席6人，到校经费2.2亿元。北京市现代农业产业技术体系创新团队36人，到校经费1 475万元。

科研项目结题验收 356个项目（课题）完成结题验收。其中11项国家转基因生物安全重大专项课题、4项国际科技合作项目、2项973计划项目、5项973计划课题、8项科技支撑计划课题、1项863计划课题、7项公益性行业科研专项项目完成结题验收，国家自然科学基金185个项目完成结题申报，高校博士点基金50个项目完成结题，10项北京市自然科学基金项目、16项北京市科委项目、4项北京市农委项目、35项北京市教委共建项目完成结题验收，大北农青年学者研究计划项目63项完成结题工作。

（李聪颖）

【科研基地建设】

科研基地建设与运行 新增甘薯生物学与生物技术、草地管理与合理利用、葡萄酒加工、农业转基因生物安全评价(食用)、农业信息化标准化、农业灾害遥感6个农业部重点实验室。作物分子育种国际合作联合实验室得到教育部认定。农业生物技术、植物生理学与生物化学2个国家重点实验室通过2016年度生命科学领域国家重点实验室评估,评为良好类。北京食品营养与人类健康高精尖创新中心建设运行良好,在人才团队、科技创新、条件建设等方面取得可喜成果。

科研基地创新能力条件建设 发展改革委批准建设的国家玉米全程机械化生产科技创新基地项目2017年度到位资金6 000万元,运行进展顺利。关于农业部农业创新能力条件建设,9个农业部重点实验室承担的建设项目参加农业投资项目延伸绩效考核,农业部设施农业等3个重点实验室承担的建设项目完成竣工验收,农业部果蔬加工等4个重点实验室承担的建设项目完成初步竣工验收;21个在建建设项目按照农业部督查要求完成自查工作,配合农业部完成督导检查实地复核;农业部河北北部耕地保育农业科学观测实验站建设项目和果蔬制汁加工技术集成、精准农业技术集成(畜牧业)、精准农业技术集成(渔业)、精准饲草料加工等5个科研基地建设完成项目申报,获批中央投资6 651万元。

(李聪颖)

【科研成果】

科技成果奖励 2017年,学校共获得6项国家科技奖励,其中主报2项、参报4项。作为第一完成单位,工学院彭彦昆教授主持的"生鲜肉品质无损高通量实时光学检测关键技术及应用"获国家技术发明二等奖,水利与土木工程学院王福军教授主持的"大型灌溉排水泵站更新改造关键技术及应用"获国家科学技术进步二等奖。食品科学与营养工程学院廖小军教授(第一完成人)、水利与土木工程学院宋卫堂教授、资源与环境学院李隆教授、动物科技学院张蕴薇教授参加的4个项目获国家科技进步二等奖。获省部级科技成果奖励33项,其中获得2016—2017年度中华农业科技奖19项(优秀创新团队奖6项、一等奖6项、二等奖4项、三等奖3项);获得2017年度教育部高等学校科学研究优秀成果奖3项(一等奖1项、二等奖2项),北京市科技进步奖2项。动物医学院沈建忠院士、食品科学与营养工程学院胡小松教授获得首届"全国创新争先奖奖状"。

学术论文 2017年,学校发表论文累计被SCI、EI和SSCI收录2 425篇次,比2016年同期(2 310篇)增长5%。其中SCI收录1 710篇、EI收录664篇、SSCI收录51篇。其中SCI论文中影响因子大于5的256篇,比2016年同期(204篇)增长25%。在ESI各学科领域的排名中,发表的SCI论文进入学科前10%的共计370篇,比2016年同期(296篇)增长25%,进入学科前10%~20%的共计534篇,比2016年同期(398篇)增长34%。在国际顶尖期刊《NATURE》上发表论文1篇。

专利等 申请国内专利893项,其中发明专利764项、实用新型118项、外观设计11项;获得授权国内专利444件,其中发明专利352件、实用新型85项、外观设计7项。申请国际(PCT)专利6项,获得国际专利授权4项。申请软件著作权519项,获得登记证书523项。获得品种审定证书5个，其中孙其信教授团队培育的小麦品种农大5181通过国家审定。获得新兽药证书2项。主持制(修)订国家标准1项和地方标准6项。

(李聪颖)

【哲学社会科学发展】

哲学社科基地建设 第一个省部级哲学社会科学领域的研究基地—北京食品安全政策与战略研究基地获得北京市教委与北京市哲学社会科学规划办公室联合批准建设。为服务国家重大需求、贯彻落实十九大精神，2017年成立了习近平新时代"三农"思想研究中心、乡村振兴战略研究中心。

"三农"高端智库建设 国家农业农村发展研究院、食品安全政策等智库积极开展研究，通过"政研要报"等平台报送多项政策建议，获得国家领导人批示和政府部门采纳。主办了习近平"三农"思想与乡村振兴学术论坛、中国农业发展新年论坛暨中国农业企业领袖论坛等高端学术交流活动，围绕农业绿色发展、食品安全、智慧农业等话题，邀请各领域专家学者、政府官员、农业企业领袖等与会互动交流，共同探讨阐释中国农业发展的挑战与机遇。

社科类科研项目 2017年，学校人文社科类科研项目共获批209项，比2016年增加56项；获批经费3 829.55万元，比2016年增加1 403.55万元。其中国内纵向项目124项，合同经费1 816.73万元；国内横向项目80项，经费1 145.05万元；国际合作项目5项，经费867.77万元。在国家社科基金项目立项方面，获得各类项目9项，为历年最高。其中，熊春文教授团队投标的《农业社会学的基本理论与前沿问题研究》获得国家社会科学基金重大项目立项，还获批重点项目1项、年度项目6项、后期资助项目1项。

学术论文与成果 2017年，学校发表论文被SSCI收录51篇，比2016年同期(34篇)增长50%。获得农业部软科学优秀成果奖等省部级奖励。学校教师针对国家经济社会发展中的重大问题，积极建言献策，2016—2017年共有12项政策建议或咨询报告获得党和国家领导人批示。在国家脱贫攻坚战中，人文与发展学院李小云教授团队在云南勐腊县河边村，成立了"小云助贫中心"，与贫困农民共同生活，在扶贫"最后一公里"进行实践创新，摸索出以主导产业拉高贫困人员收入为特点、以复合型产业为核心的深度贫困综合治理模式，并在云南省推广。李小云教授获得"2017年全国脱贫攻坚奖创新奖"。

学术期刊 学校加强各类期刊管理和支持，在大北农科教基金中专门设立"期刊专项"，支持学校为主办单位的期刊建设和发展。学校强化学校党委对中国农业大学学报(社科版)管理，成立了新一届学报编委会，增加6名马克思主义理论专家作为编委会委员，提高马克思主义理论文章的刊发比例，在办公条件、办刊经费、人员编制等方面给予学报(社科版)充分保障。《中国农业大学学报(社会科学版)》影响因子在617种综合性人文、社会科学期刊中排名第10位，影响力指数排名第20位。

(李聪颖)

【科技服务】

学校充分发挥科技教育比较优势，积极探索高校服务新农村建设的新模式与新机制，整体提升学校人才培养能力和社会服务能力，重点进行多途径多平台推进大学技术推广服务体系建设，探索适合农业高校特点的“农业科技＋大资本、农业科技＋大企业、农业科技＋大政府”的“三＋”社会服务和成果转移转化模式，形成倍加和辐射放大效应，高效服务“三农”，助力精准扶贫。

服务模式和机制创新，推进新农村发展研究院建设 社会服务体制和机制的改革创新是构建大学科技成果推广模式的必要条件，学校开展了一系列的体制机制改革。在中国农业大学新农村发展研究院咨询委员会基础上，学校专门成立了中国农业大学科学研究专门委员会社会服务专门工作组，为服务新农村的发展方向把脉，提供决策咨询；完善了社会服务突出社会贡献奖等政策，完善了中国农业大学教授工作站服务新农村新模式，组织和引导师生深入农村基层开展系统化、规范化、制度化、长效化的社会服务。

结合地方的产业发展需求，学校建立了河南杞县、深圳金新农、山东日照、山西灵丘、江苏高邮、河北邢台婴泊、山东拜尔、新疆伊犁、宁夏银川、西藏扎囊、河南平顶山、广西扶绥、山东安丘、北京市平谷教授工作站，共建立了 14 个教授工作站，至此，学校已经在全国 25 个省建立了 67 个综合性和特色产业教授工作站，教授工作站已经成了学校与地方合作的一个抓手，依托教授工作站，与地方的一些科技合作已经顺利开展，一些成果已经顺利转化、落地。

学校与广西壮族自治区防城港市、云南省临沧市、福建漳州市、四川内江、江苏常州、江苏南通、江苏高邮、山东潍坊、山东威海、内蒙古赤峰、重庆巫溪等 10 多个地市开展合作对接活动，实施了推进科技创新驱动服务区域经济、促进地方产业升级的实质性合作，分别为当地进行了畜牧业、食品加工/农业园区的规划，将校地合作与农技推广服务落到实处。

加强人才培养，提升创新创业能力 围绕地方的支柱产业，67 个教授工作站和 110 多位国家和北京市现代农业产业技术体系服务岗位专家及其团队努力突破产业发展技术瓶颈，集成产业转型升级所需的支撑技术，解决产业发展的应急性问题，开展了多种形式的农业科技推广和服务，协助当地政府、龙头企业、农民合作组织、农技部门，切实解决了区域农业的实际问题，组织针对农技人员、农业管理部门进行有针对性的专业和技术培训。

依托全国 23 个省市建立的 83 个科技小院直接服务农户超过 2 万户，辐射农户 8 万多户，累计开展农民培训 1 396 场，培训农民 59.8 万人次。仅 2016—2017 年科技小院专项统一招收 43 名专业学位研究生；研究生驻村 9 521 人次，开展农民培训 167 场，培训农民 8 419 人次；2017 年各科技小院研究生引进廉价优质牧草种植技术、小麦同步营养肥等技术 18 项；示范推广面积达 5 万余亩，辐射面积 28 万余亩；科技小院相关事迹及案例被报道 22 次；累计开展各类田间现场观摩会 120 多余场，建立各类技术示范方 60 多个，示范推广各类农业新技术 1 000 多万亩以上；一系列高产高效技术得到应用，粮食产量快速增长，化肥用量则缓慢增长，氮肥利用效率稳步提高，实现了区域绿色增产增效的目标。

加强科技合作，成果转化效益显著 2017 年，学校共签署横向技术合同 700 余项，当年有经费到账的合同数达到 600 余项，合同经费总额超过 2 亿元，合作地区涉及全国 20 多个省、市、自治区的近百个地市，促成学校与多家企业在食品加工、农业物联网、富硒农产品生产、有机牛奶生产、有机蔬菜生产等领域的合作，其中城市垃圾处理与循环利用项目，已经进入了实质性合作阶段，双方在设备制造，工艺改进等方面在进行广泛交流基础上已经开始了中试，为相关技术的产业化奠定了坚实的基础。

2017 年，学校培育的 30 余个植物新品种（包括花卉、蔬菜、果树等）在全国进行了大面积的推广，其中玉米新品种 13 个，推广面积 1 000 余万亩，每亩平均增产 40 千克，共计增产粮食 4 亿余千克；2017 年新审定了小麦新品种农大 5181、农大 3486、农大 5133 等，推广自主研发的小麦新品种包括农大 211、农大 212；在北京、天津、河北推广面积 30 万亩，每亩平均增产 25 千克，共计增产粮食 750 万千克，增加农民收入 1 500 万元；农大 399：在河北推广 50 万亩，每亩平均增产 30 千克，共计增产粮食 1 500 万千克，增加农民收入 3 000 万元；农大 1108：在河南推广 40 万亩，每亩平均增产 30 千克，共计增产粮食 1 200 万千克，增加农民收入 2 400 万元。

开展大学农技推广服务模式探索，科技服务京津冀 学校积极和地方政府、企业合作，整合学校相关资源，提供针对性服务。先后与江苏省苏州市人民政府、江西省科技厅、甘肃临夏等 10 余个地方政府和单位签署合作协议，并向江苏高邮、宿迁、河北张家口选派了科技挂职人员，促进地方现代农业的发展；与全国 10 余个农业科技示范园区进行了对接合作，提供发展规划设计和技术成果支撑；通过与大北农、德清源、中粮集团、中化集团、新希望等龙头企业共建研发机构共同开发等形式的合作，加速了高校科技成果转化，促进地方经济水平的提高。

加强沟通交流，定点扶贫落到实处 结合地方的需要和科技发展需求，学校对定点扶贫县云南镇康县和河北威县、青龙县采取选派挂职干部、梳理产业需求、教授进乡提供技术支撑、学生进村（博士研究生常年驻村）对接生产等模式，依据当地产业发展特点选择对口专业教授和团队进行专属技术支撑，助力当地脱贫。先后选派挂职干部 9 人，20 余位教授，深入当地，打造一支“永不走”的定点扶贫队伍；学校对定点扶贫县领导干部、相关企业、专业合作社进行培训，培训内容结合当地的产业发展需求量身定做，大力实施智力扶贫工程，强化当地的“造血”功能，不断提升当地的自我发展能力，在产业扶贫的基础上助力当地智力脱贫。

学校组织相关专家结合青龙县果树产业发展的重大需求，从产业发展战略规划入手，总体统筹，编制了《青龙满族自治县果树产业发展规划》，为地方明确农业发展定位，指明发展思路和目标，提出技术和政策措施；发起成立“青龙县板栗产业发展中心”，负责全县板栗产业相关的技术服务和产业化发展。开始实施板栗优良品种高接换种，根据优良品种接穗的可供给量，完成 5 000 亩幼树嫁接及老劣品种的改劣换优。与北京德青源有限公司合作，把发展蛋鸡产业作为打赢脱贫攻坚战的重要抓手，学校蛋鸡产业技术体系的多位专家投入到科技扶贫工作当中。作为德青源公司“金鸡帮扶”项目的第一个试点县，威县德青源生态园开始建设，与威县主管部门一道，探索出了“国企融资建厂、扶贫资金入股、企业租赁经营、贫困群众分享、集体经济受益”的新模式，项目全部建成后，年可实现利润 1 980 万元，直接带动 750 人就业，这是帮助贫困群众找到一条见效快、收益稳、无风险、无污染的产业扶贫之路。

（李聪颖）

附表

附表1　2017年度各级各类科研项目到校经费　万元

项目类型	汇总
重点研发	40 277
国家自然基金	18 373
产业体系	17 405
北京市项目	15 728
横向自科	13 939
重大专项	7 083
行业科技	4 639
国际合作	4 093
科技支撑	2 486
重点实验室经费	2 277
973计划	1 957
人文其他	1 249
横向社科	968
863计划	645
博士点基金	494
教育部社科	24
948项目	18
其他项目	7 014
间接经费	6 953
总计	145 623

备注:因为间接经费只有一个账号,所以间接经费没有分类到具体项目类型中。

附表2　2017年度各部委到校科研经费统计　万元

项目来源	汇总
科技部	52 822
农业部	22 171
自然基金委	18 373
横向	18 135
北京市	15 728
重点实验室经费	2 277
国际合作	865
教育部	713
其他	7 586
间接经费	6 953
总计	145 623

附表 3 2017 年度各学院科研经费统计

万元

单位	汇总
动物科学技术学院	21 851
农学院	18 358
资源与环境学院	14 963
生物学院	13 106
食品科学与营养工程学院	12 000
食品高精尖创新中心	11 000
植物保护学院	9 489
动物医学院	8 817
水利与土木工程学院	7 978
工学院	7 189
信息与电气工程学院	5 083
理学院	3 602
园艺学院	2 784
经济管理学院	1 944
人文与发展学院	1 025
马克思主义学院	117
其他	6 317
总计	145 623

附表 4　2017 年度各学院发表国际论文统计

篇

学院	SCI	EI	SSCI	合计	IF>5
食品科学与营养工程学院	241	111		352	27
动物科学技术学院	205	14	2	221	28
资源与环境学院	174	71	13	258	25
理学院	165	65	1	231	20
动物医学院	162	9		171	25
植物保护学院	141	7		148	20
生物学院	135	6		141	56
农学院	122	17	1	140	24
工学院	114	128	2	244	9
水利与土木工程学院	106	84	3	193	5
信息与电气工程学院	64	142	4	210	1
园艺学院	51	3	1	55	10
经济管理学院	17	4	20	41	1
人文与发展学院	1		4	5	
马克思主义学院					
国际学院	1			1	
其他	11	3		14	5
合计	1 710	664	51	2 425	256

备注：(1)统计口径为中国农业大学人员为第一作者，且中国农业大学为第一署名单位的论文；
(2)IF 表示论文影响因子。

附表 5　2017 年度各学院授权专利和软件著作统计

件

学院	授权专利		软件著作
	总数	发明	登记
动物科学技术学院	24	19	11
动物医学院	10	9	
工学院	149	93	101
理学院	27	26	
农学与生物技术学院	52	51	
生物学院	15	15	5
食品科学与营养工程学院	31	28	20
水利与土木工程学院	41	31	76
信息与电气工程学院	79	68	275
资源与环境学院	10	9	21
农学院	3	1	2
植物保护学院	2	2	4
体育与艺术教学部	1		
经济管理学院			1
网络中心			6
烟台研究院			1
总计	444	352	523

注：由于专利的滞后性，表中农学与生物技术学院为未分院时统计数据。

附表6 2017年度科研实验室和基地清单

序号	科研基地名称	建设时间	批准部门	级别	依托学院	负责人
1	农业生物技术国家重点实验室	1987.10.31	科技部	国家级实验室	生物学院	何群(代)
2	植物生理学与生物化学国家重点实验室	2002.01.11	科技部	国家级实验室	生物学院	杨淑华
3	动物营养学国家重点实验室	2005.03.23	科技部	国家级实验室	动物科学技术学院	呙于明
4	畜禽育种国家工程实验室	2008.11.27	国家发展改革委	国家级实验室	动物科学技术学院	杨宁
5	河北沽源草地生态系统国家野外科学观测研究站	2005.12.20	科技部	国家级野外站	动物科学技术学院	王堃
6	国家饲料工程技术研究中心	2000.06.20	科技部	国家级中心	动物科学技术学院	谯仕彦
7	国家果蔬加工工程技术研究中心	2011.01.07	科技部	国家级中心	食品科学与营养工程学院	胡小松
8	国家玉米改良中心	1998.04.14	农业部	国家级中心	农学与生物技术学院	赖锦盛
9	国家家禽测定中心	1999.01.21	农业部	国家级中心	动物科技学院	徐桂云
10	国家兽药安全评价中心	1999.09.26	农业部	国家级中心	动物医学院	沈建忠
11	国家能源非粮生物质原料研发中心	2011.09.28	国家能源局	国家级中心	农学与生物技术学院	王涛
12	草业科学北京市重点实验室	2001.06.06	北京市教委	省部级实验室	动物科技学院	毛培胜
13	作物遗传改良北京市重点实验室	2001.06.06	北京市教委	省部级实验室	农学与生物技术学院	李自超
14	果树逆境生理与分子生物学北京市重点实验室	2001.06.06	北京市教委	省部级实验室	农学与生物技术学院	韩振海
15	生物饲料添加剂北京市重点实验室	2011.03.21	北京市科委	省部级实验室	动物科技学院	谯仕彦
16	动物源食品安全检测技术北京市重点实验室	2011.03.21	北京市科委	省部级实验室	动物医学院	沈建忠
17	现代农业装备优化设计北京市重点实验室	2011.05.18	北京市科委	省部级实验室	工学院	宋正河
18	种子病害检验与防控北京市重点实验室	2011.05.18	北京市科委	省部级实验室	农学与生物技术学院	李健强

续附表 6

序号	科研基地名称	建设时间	批准部门	级别	依托学院	负责人
19	设施蔬菜生长发育调控北京市重点实验室	2012.05.23	北京市科委	省部级实验室	农学与生物技术学院	高丽红
20	植物源功能食品北京市重点实验室	2012.05.23	北京市科委	省部级实验室	食品科学与营养工程学院	籍保平
21	现代精细农业系统集成研究教育部重点实验室	2002.01.11	教育部	省部级实验室	信息与电气工程学院	李民赞
22	植物-土壤相互作用教育部重点实验室	2002.01.11	教育部	省部级实验室	资源与环境学院	张福锁
23	功能乳品教育部北京市共建重点实验室	2003.11.27	教育部	省部级实验室	食品科学与营养工程学院	任发政
24	作物杂种优势研究与利用教育部重点实验室	2005.12.15	教育部	省部级实验室	农学与生物技术学院	孙传清
25	农业部动物遗传育种与繁殖重点实验室	1996.11.14	农业部	省部级实验室	动物科学技术学院	田见晖
26	农业部动物流行病学与人畜共患病重点实验室	1996.11.14	农业部	省部级实验室	动物医学院	杨汉春
27	农业部作物有害生物监测与绿色防控重点实验室	1996.11.14	农业部	省部级实验室	农学与生物技术学院	郭泽建
28	农业部设施农业工程重点实验室	1996.11.14	农业部	省部级实验室	水利与土木工程学院	李保明
29	农业部华北耕地保育重点实验室	1996.11.14	农业部	省部级实验室	资源与环境学院	李保国
30	农业部玉米生物学与遗传育种重点实验室	2002.11.07	农业部	省部级实验室	农学与生物技术学院	赖锦盛
31	农业部农作制度重点实验室	2002.11.07	农业部	省部级实验室	农学与生物技术学院	陈阜
32	农业部土壤微生物重点实验室	2002.11.07	农业部	省部级实验室	生物学院	楼慧强
33	农业部兽药残留及违禁添加物检测重点实验室	2008.07.29	农业部	省部级实验室	动物医学院	沈建忠
34	农业部果蔬加工重点实验室	2008.07.29	农业部	省部级实验室	食品科学与营养工程学院	廖小军
35	农业部饲料安全与生物学效价重点实验室	2011.07.08	农业部	省部级实验室	动物科学技术学院	张丽英

续附表6

序号	科研基地名称	建设时间	批准部门	级别	依托学院	负责人
36	农业部土壤-机器-植物系统技术重点实验室	2011.07.08	农业部	省部级实验室	工学院	张东兴
37	农业部可再生能源清洁化利用技术重点实验室	2011.07.08	农业部	省部级实验室	工学院	王涛
38	农业部园艺作物营养与生理重点实验室	2011.07.08	农业部	省部级实验室	农学与生物技术学院	韩振海
39	农业部农业信息获取技术重点实验室	2011.07.08	农业部	省部级实验室	信息与电气工程学院	朱德海
40	国家动物海绵状脑病检测实验室	2003.12.18	农业部	省部级实验室	动物医学院	赵德明
41	国家动物寄生原虫实验室	2004.09.16	农业部	省部级实验室	动物医学院	汪明
42	国家兽药残留基准实验室	2004.12.16	农业部	省部级实验室	动物医学院	沈建忠
43	国家级兽药安全评价(环境评估)实验室	2007.10.09	农业部	省部级实验室	动物医学院	沈建忠
44	农业部农产品贮藏保鲜质量安全风险评估实验室(北京)	2011.12.29	农业部	省部级实验室	食品科学与营养工程学院	罗云波
45	国土资源部农用地质量与监控重点实验室	2012.05.10	国土资源部	省部级实验室	资源与环境学院	朱道林
46	农业部草地生态环境科学观测实验站	2005.10.14	农业部	省部级野外站	动物科学技术学院	王堃
47	农业部武川农业环境科学观测实验站	2005.10.14	农业部	省部级野外站	资源与环境学院	潘学标
48	农业部作物高效用水吴桥科学观测实验站	2008.07.04	农业部	省部级野外站	农学与生物技术学院	王璞
49	农业部河北北部耕地保育科学观测实验站	2011.07.08	农业部	省部级野外站	工学院	李洪文
50	农业部作物高效用水武威科学观测实验站	2011.07.08	农业部	省部级野外站	水利与土木工程学院	康绍忠
51	农业部桓台农业环境科学观测实验站	2011.07.08	农业部	省部级野外站	资源与环境学院	吴文良
52	种苗健康北京市工程研究中心	2011.04.18	北京市发展改革委	省部级中心	农学与生物技术学院	李健强

续附表 6

序号	科研基地名称	建设时间	批准部门	级别	依托学院	负责人
53	先进农业传感技术北京市工程研究中心	2011.12.31	北京市发展改革委	省部级中心	信息与电气工程学院	李道亮
54	北京市农业物联网工程技术研究中心	2012.05.23	北京市科委	省部级中心	信息与电气工程学院	李道亮
55	畜产品北京市高等学校工程研究中心	2010.01.04	北京市教委	省部级中心	食品科学与营养工程学院	任发政
56	河北省低平原区农业工程技术研究中心	2008.09.27	河北省	省部级中心	农学与生物技术学院	王璞
57	玉米育种教育部工程研究中心	2001.01.15	教育部	省部级中心	农学与生物技术学院	陈绍江
58	现代农业装备与设施教育部工程研究中心	2006.06.28	教育部	省部级中心	工学院	高振江
59	果蔬加工教育部工程研究中心	2006.06.28	教育部	省部级中心	食品科学与营养工程学院	胡小松
60	农业节水与水资源教育部工程研究中心	2007.10.12	教育部	省部级中心	水利与土木工程学院	李光永
61	植物生长调节剂教育部工程研究中心	2009.12.21	教育部	省部级中心	农学与生物技术学院	李召虎
62	农业部牧草与草坪草种子质量监督检验测试中心(北京)	1998.11.16	农业部	省部级中心	动物科学技术学院	毛培胜
63	农业部农产品质量监督检验测试中心(北京)	1998.11.16	农业部	省部级中心	食品科学与营养工程学院	黄昆仑
64	农业部家禽品质监督检验测试中心(北京)	2003.04.17	农业部	省部级中心	动物科学技术学院	杨宁
65	农业部饲料效价与安全监督检验测试中心(北京)	2003.04.17	农业部	省部级中心	动物科学技术学院	李德发
66	农业部兽药安全监督检验测试中心(北京)	2003.04.17	农业部	省部级中心	动物医学院	沈建忠
67	农业部饲料质量安全监督检验中心	2007.11.23	农业部	省部级中心	动物科学技术学院	李德发
68	农业部饲料工业中心	1996.04.25	农业部	省部级中心	动物科学技术学院	李德发

续附表6

序号	科研基地名称	建设时间	批准部门	级别	依托学院	负责人
69	农业部保护性精细耕作研究中心	1999.05.19	农业部	省部级中心	工学院	李洪文
70	农业部牧草工程技术研究中心	2010.11.03	农业部	省部级中心	动物科学技术学院	张英俊
71	国家农业野生植物鉴定评价中心(水稻)	2007.12.10	农业部	省部级中心	农学与生物技术学院	孙传清
72	国家果蔬加工技术研发分中心	2008.10.16	农业部	省部级中心	食品科学与营养工程学院	廖小军
73	国家农产品加工技术装备研发分中心	2009.11.12	农业部	省部级中心	工学院	彭彦昆
74	食品质量与安全北京实验室	2012.12.04	北京市教委	省部级实验室	食品科学与营养工程学院	傅泽田
75	畜禽遗传改良北京市重点实验室	2013.06.17	北京市科委	省部级实验室	动物科学技术学院	连正兴
76	生物多样性与有机农业北京市重点实验室	2013.06.17	北京市科委	省部级实验室	资源与环境学院	吴文良
77	北京市畜禽健康养殖环境工程技术研究中心	2013.06.17	北京市科委	省部级中心	水利与土木工程学院	李保明
78	农业部动物产品质量安全化学性危害因子风险评估实验室(北京)	2013.04.25	农业部	省部级实验室	动物医学院	沈建忠
79	温室设备国际科技合作基地	2013.11.05	科技部	示范型国际科技合作基地	水利与土木工程学院	张天柱
80	北京市畜禽健康养殖环境与福利国际科技合作基地	2014.03	北京市科委	示范型国际科技合作基地	水利与土木工程学院	李保明
81	花卉发育与品质调控北京市重点实验室	2014.06.30	北京市科委	省部级实验室	农学与生物技术学院	高俊平
82	北京市供水管网系统安全与节能工程技术研究中心	2014.06.30	北京市科委	省部级中心	水利与土木工程学院	王福军
83	北京市果树良种繁育工程技术研究中心	2014.06.30	北京市科委	省部级中心	农学与生物技术学院	韩振海
84	北京市生鲜乳质量安全工程技术研究中心	2015.06	北京市科委	省部级中心	动物科学技术学院	李胜利

续附表 6

序号	科研基地名称	建设时间	批准部门	级别	依托学院	负责人
85	食品非热加工北京市重点实验室	2015.06	北京市科委	省部级实验室	食品科学与营养工程学院	廖小军
86	中国农业大学农作物种子全程技术研究北京创新中心	2013.12	农业部	省部级实验室	农学与生物技术学院	王建华
87	生物质能科学与技术国际联合研究中心	2016.12	科技部	国家级国际联合研究中心	工学院	董仁杰
88	农田土壤污染防控与修复北京市重点实验室	2016.12	北京市科委	省部级实验室	资源与环境学院	李国学
89	植物蛋白与谷物加工北京市重点实验室	2016.12	北京市科委	省部级实验室	食品科学与营养工程学院	郭顺堂
90	中国农业大学中欧农业信息技术研究中心	2009.1	科技部	示范型国际科技合作基地	信息与电气工程学院	李道亮
91	农业部甘薯生物学与生物技术重点实验室(试运行)	2016.12	农业部	省部级实验室	农学与生物技术学院	刘庆昌
92	农业部草地管理与合理利用重点实验室(试运行)	2016.12	农业部	省部级实验室	动物科学技术学院	张英俊
93	农业部葡萄酒加工重点实验室(试运行)	2016.12	农业部	省部级实验室	食品科学与营养工程学院	段长青
94	农业部农业转基因生物安全评价(食用)重点实验室(试运行)	2016.12	农业部	省部级实验室	食品科学与营养工程学院	黄昆仑
95	农业部农业信息化标准化重点实验室(试运行)	2016.12	农业部	省部级实验室	信息与电气工程学院	高万林
96	农业部农业灾害遥感重点实验室(试运行)	2016.12	农业部	省部级实验室	信息与电气工程学院	王鹏新
97	作物分子育种国际合作联合实验室	2017.10	教育部	省部级实验室	农学与生物技术学院	李召虎
98	北京食品安全政策与战略研究基地	2017.10	北京市哲学社会科学规划办公室、北京市教委	省部级实验室	经济管理学院	白军飞

产业开发

2017年，校办产业办公室按照学校对产业发展工作的总体要求，在学校领导的指导下，在全体人员的共同努力下，脚踏实地，真抓实干，使企业管理更加规范，成果转化稳步发展，对外合作快速发展，较好地完成了各项工作任务。

【配合中央对学校的巡视工作】

2017年3—4月，中央巡视组对学校开展巡视工作，其中校办企业是巡视的重点领域之一，在学校的统一领导下，校产办作为联络部门，向巡视组报送了学校50余家企业的基本情况、分析报告、重要数据；根据巡视组的要求，报送了部分重点企业的资产、财务、合同等原始凭单和数据；报送了部分企业的资产重组情况报告。

（钟锦）

【企业管理工作】

加强体制机制和制度建设 进一步完善了产业系统工作机制，规范了经资委会议的工作流程，理顺了学校与各级各类校属企业的工作关系，使产业系统的决策机制和执行机制运行更加顺畅，衔接更加紧密。规范了校属企业重要人事任命工作制度和流程，校属一级企业管理人员的任命列为学校“三重一大”工作。

完成了资产处置工作 按照教育部要求，对校属企业经营不善、资产不清，以及长期形成的历史遗留问题进行了全面的梳理，进一步摸清了校办产业家底，开展清理瘦身工作，为产业发展卸下包袱。

2017年中，解决了与乾元浩生物股份有限公司关于投资的矛盾，全面维护了学校权益，收回积欠的全部分红款487.472万元。北京欣农招待所有限责任公司开始进行清产核资；北京中农大生物技术股份有限公司股权分立进行资产评估备案；以“扩繁植物雄性不育系的高效种子标记方法”的两项专利进行对外投资，已得到教育部和财政部的批准；完成北京中农大我爱我爱动物医院有限公司40%股权挂牌转让审批工作；完成新发现的3家公司企业核查工作；正在办理海南正业中农高科股份有限公司股权转让的资产评估工作。办理了11户回龙观小区业主10余年未办的房屋产权证；解决了回龙观小区一户业主与房屋建设方多年未解决的房屋维修纠纷问题。

（王正）

【科技成果转化工作】

加强成果转化规范管理编制科技成果转移转化相关法律法规资料汇编，内容涵盖专利法、成果转化法、种子法、植物新品种保护条例，教育部、农业部、科技部等部委的制度、规定、意见等，为提高学校科技成果转化水平助力。

筹建技术转移中心服务平台开展科技成果转化服务平台项目建设，开发面向全校教职员的科技成果转化管理平台，面向全社会的技术转移转化推广平台，截至年底已经完成大部分的功能开发，预计 2018 年 5 月投入使用。

获批北京市知识产权运营示范单位 按照北京市知识产权局的工作要求，申报了“北京市知识产权运营示范单位”，经专家评审和相关部门审核，学校被确定为“首批北京市知识产权运营试点单位”。

参加了第 15 届中国・海峡项目成果交易会、第 24 届杨凌农高会、首届中国江苏・现代农业科技大会等科技成果展示交易会，广泛宣传推广了学校科技成果。

全年完成科技成果转化 23 项，涉及 32 项专利或技术，合同金额 4 404.2 万元，科技成果转化工作稳步推进。

（石玉蓉　刘亚）

【物业管理】

坚持把安全生产摆在经营管理的首要地位，全面落实学校关于安全生产的各项要求和措施，排查安全隐患，补牢薄弱环节，努力确保安全生产。与快轨公司、北京基础设施投资公司多次洽谈，完善地铁 16 号线出口的还建设计，维护学校权益。完成了加油站、东西区科贸楼等出租房屋的评估、公开招租工作。全年上交学校物业收入 1 246 万元。

（丁鸿）

【积极拓展产学研合作平台】

代表学校作为理事长单位，组织召开全国农林水高校校办产业协会年会暨成立 25 周年庆祝大会，组织成立了“全国农林水高校与龙头企业联盟”，34 家农林水高校和 23 家龙头企业加入了联盟。积极组织、参与中国富硒农业产业技术创新联盟、都市农业产学研联盟、全国农业健康产业联盟、全国绿色循环农业联盟的活动和项目，拓展了学校产学研合作和校办产业发展的空间。

与安徽省滁州市、江西省丰城市、四川省眉山市等地方政府开展合作。

（王颖）

主要教学科研服务体系

网络中心

【概况】

2017年是“十三五”建设的第二年，根据《中国农业大学“十三五”智慧校园建设规划》总体规划，贯彻“一个建设、三个支撑、一个服务”的工作思路，做好校园网络基础设施和信息化公共应用系统（平台）建设维护、安全管理和用户服务；同时以师生需求和应用为导向，努力推进信息技术与教学、科研和管理服务的深度融合。

（桂银生）

【信息化项目建设任务】

完成信息化应用平台二期建设项目 2017年，学校批复网络中心修购专项一项，即信息化应用平台二期建设项目，批复经费190万元。建设内容包括基础平台建设及微服务构建，主要包括。①主数据管理平台，通过平台可完成对全校业务系统及管理系统的基础数据和共享数据的整合，截至2017年12月，整合公共标准等标准表752个，整合人事、科研等业务数据表501个，涉及数据量超过2 600万条，可监控数据集成变化情况及业务数据变化情况，实现各业务系统之间的数据共享和流转。②流程引擎平台，通过流程引擎平台，可快速构建基于流程的服务，目前已完成服务构建21个，并上线使用。③数据分析平台，通过与主数据平台数据及其他业务日志数据的分析，构建老师、学生、领导三个角色对教学、科研、消费、上网等方面数据的分析与对接，图形化展现数据分析结果。还对上年一期延续项目进行了持续改进，包括新服务大厅、APP的升级改进等。

继续补充完善办公区无线网和有线网建设 利用2016年无线校园网一期建设项目的部分备机，本年度完成了东区的计网中心楼、工会楼及家委会；西区的实习基地、绿苑活动中心、老家属区工会、建大的无线网建设。此外，完成了保卫处视频监控、后勤门禁、科贸楼、实习基地等楼宇或系统的有线布点。共计新增 POE 交换机 10 台，无线信息点 AP130 颗(其中高密 AP：19 颗；放装 AP：17 颗；面板 AP：104 颗)；有线信息点 207 个，新增光缆 6 条(21.38 芯·千米)。至此，全校教学办公区已经全部部署校园无线网。

完成数据中心升级扩容建设 2017 年，数据中心支撑平台继续进行了扩容。①完成数字校园虚拟化集群的虚拟化版本升级、计算资源池升级和扩容。虚拟化版本从 5.1 到 6.0 的升级，使得集群在获得了一些新的功能的同时在安全、虚拟机性能、容错等功能方面获得一些改进。完成了计算资源池的升级和扩容，即将数字校园虚拟化集群从 2 台 Dell 910 迁移到 4 台 Dell 930 上，增强了集群的处理能力，提高了集群的高可靠性。②云计算平台资源的扩容，缓解了云计算平台计算资源池资源使用紧张的情况。完成了新增的两台高性能服务器到云计算平台计算资源池的安装和部署，使云计算平台计算资源池的 CPU 使用率由 46%降为 37%，内存使用率由 65.5%降为 42%；③存储的升级扩容，核心业务系统和非核心业务系统的存储分离，缓解了存储资源使用紧张的情况，提高了存储的高可靠性。完成了新增的宏杉 MS3000G2 的上架和上线部署，完成了数字校园虚拟化集群和邮件系统从原有的宏杉 MS3300 上到宏杉 MS3000G2 的存储迁移工作。

进一步加强建设项目的规范化管理 不断总结完善信息化项目的管理机制。2017 年，修订了《网络中心建设项目管理办法》；进一步完善申报和立项程序，修订立项的系列文档模板；实施《建设项目管理员职责六条》，建立“管理员主导制”的项目建设机制；针对实际情况，不断完善验收程序等。通过不断总结实践经验，不断提升网络中心的项目建设和管理能力，为学校信息化水平的持续提升积累人力资源。

(邱小彬　劳凤丹)

【推动规划落实和项目申报工作】

初步建立了网络中心《三年项目库》。2017 年 6 月，根据《十三五智慧校园建设规划》总体安排，通过申报和论证，对 2018—2020 年建设项目进行了布局，确定入库建设项目 24 个，这些项目将是今后立项和预算安排的基本依据。

完成申报 2018 年修购专项。2017 年上半年，通过认真调研，申报 2018 年修购专项 3 项，总申报经费 1 300 余万元；经学校审核和教育部专家评审，最终调整确定申报项目 3 项，实际预算经费 1 120 万。申报中，制定《2018 年修购专项申报方案》，明确立项原则，规范申报程序，提升申报质量和可行性。

积极申报“双一流”专项。2017 年 11 月，积极申报 2018—2020 年“双一流”信息化建设项目，组织申报一个整体项目，5 个分项目，总体预算 9 000 多万元。此项工作还在推进之中。

此外，还完成了网络中心运行费项目申报和实施工作。2017 年运行费项目安排了 29 项，完成总预算经费 690 余万元。通过规范项目管理，保证了网络运行费量入为出，资源分配合理。

(桂银生)

【网络设施与信息系统运行维护】

实现了校园网出口带宽扩容 在学校专项拨款支持下，完成了教育网接入带宽采购工作（一招招三年），将出口的国际带宽限额由5%增加为10%；完成与电信和联通线路的续约采购，最终在保持原价格不变的基础上，实现了2018年公网带宽500M的扩容（联通扩400M，电信扩100M）。校园网出口链路带宽总共达到5.3G（联通2.7Gbps、电信1.9Gbps、教育网700Mbps）。

完成了网关系统的升级改造 学校校园网旧网关系统从2011年5月上线运行至今已满6年，急需进行升级改造，以解决其功能不足、用户体验度不高以及硬件设备已到使用年限等问题。经过近一年的准备，新网关系统在11月初已经上线，在满足已有功能的基础上，实现了高性能、认证界面智能化、具有统一管理平台、支持多种新主流计费模式、支持计费数据的平滑迁移、支持统一的访客管理、支持统一的无感知管理、支持微信充钱功能、具有扩展性与开放型等新的功能。

完成了数据中心UPS的安全加固 网络中心核心机房UPS电池已经使用多年，部分电池单元已存在漏液现象，且只有机房建成初期所做的环境监控的温度监控，尚未安装任何消防报警与灭火设备，如遇特殊情况，无法发出警报、无法第一时间正确处置。2017年，对东西区核心机房UPS电池组进行了更换，对东区UPS间消防设备进行了加设，保障了校园网数据中心机房的用电安全。

由于变电室设备更新改造长时间停电，会带来的全校所有数字化应用以及用户上网的中断，今年启动了长时间停电应急预案：夜间实施发电车应急发电，实现了停电期间对数据中心及校园网络的不间断供电。

完成东区数据中心机房的环控系统的建设 2017年建设了一套机房动力环境监控系统，实现对核心机房动力设备及环境的实时联网管理和监测。该系统能实现对机房内温度、湿度、烟感、配电、UPS、精密空调、漏水监测等进行全方位的监控，并配以声光、短信等多种报警方式，达到24小时实时监测，可保证数据中心内服务系统所承载的校园信息化业务的高可靠性运行和不间断服务。

落实网络设备的保养和机房日常管理措施 完成了每年春、秋两次的核心机房和配线间机房内网络设备的保养除尘工作。

完成机房服务器标识检查清理工作。完成两校区机房内全部服务器（包括自管和托管服务器）的信息梳理，并重新制定服务器标牌模版。

继续运用网管技术手段提升校园网运维水平 运维iMC华三网管、太阳风网管、锐捷网管、ARUBA网管、流量监控、日志收集与监控等系统，对所有三层设备、数据中心接入设备进行端口流量监控，对所有网络设备（含有线、无线设备）、网络运行所有重要服务器进行服务状态监控，及时发现并解决问题。目前全网共监控8 385台网络设备，其中：有线及无线交换机共计2 242台（有线交换机1 897台，无线交换机345台），AP共计6 143颗。

进一步做好校园网运行安全维护工作。

一是完成校园网出口防火墙的运维及管理。实现了对校内所有访问设备的访问控制，及时关闭校内有安全隐患服务器的访问权限，并在服务器加固后及时开启访问权限；通过技术手段及时发现受攻击的托管服务器并切断其网络连接；对所有网络设备和网络系统均作了访问控制，定期查看系统日志。

二是加强对网络资源的安全管理。关停了音乐在线平台；加强了爱思资源平台的规范化管理，爱思资源注册实现与数字校园的对接，进行了爱思资源链接的清理，站内所有资源要仅限于数字空间内部访问；此外，为规避校内网络资源存在的版权纠纷风险，在年底紧急处理 VOD 和 PT 上的华语视频。

数字校园平台运维 数字校园平台包括校内平台、我的空间(易班)及服务大厅 3 大部分。2017 年校内平台共发布了 2 237 条校内公告，平台访问量(PV)非假期每月超过 500 万次，假期每月超过 350 万次。系统直通车接入业务系统 34 个，服务大厅总共接入服务 184 个，2017 年新增服务 62 个，访问量(PV)超过 17 万次。数字校园各平台总体运行稳定。

网站群及新闻系统 完成了网站群系统从 v2.5 升级到 v2.7，跨了 2 个大版本升级。

邮件系统 2017 年邮件系统服务器和邮件系统运行状态正常，通过升级反病毒网关和防垃圾网关，保障邮件系统的安全运行。6 月，完成与农大云盘对接，实现邮件附件与云盘的融合使用；9 月，邮箱个人容量由 5G 扩容至 15G，取消了大邮箱收费业务；11 月，开始实施邮件实名制，强密码等安全措施，并增加邮件找回密码等实用功能的开发，预计 2018 年 7 月前完成。截至 12 月，邮件用户总数为 38 887 个，用户活跃度趋于稳定(32.3%)，与上一年基本一致。

统一通信平台 统一通信平台主要负责校内公共短信的发送，2017 年总计发送 15 万余短信，其中成功 12.9 万余条。平台自 2013 年建立以来，承担了超过百万的短信发送量，运行基本稳定，但自 2016 年以来，平台原建设单位砍掉了该产品线，导致无后续服务，2017 年 7 月后，接触了现有的多家短信平台产品，并做深入测试，当前测试平台中为 4 个单位提供了群发短信的服务，共发送短信 1 411 条，运行与服务稳定。

微信企业号应用 微信企业号已上线包括网络服务、学工、一卡通等服务，截至 2017 年 12 月，农大微信企业号已接入应用 43 个，支撑了教务处、学工部、后勤等多个部门的教学和业务工作。关注人数已经达到近 22 000 人，每日进入企业号的人数近 1.3 万人次，每日进入企业号次数达 3 万次，是学校日活跃度很高的一项应用。

(劳凤丹　邱小彬)

【公共应用平台与网络保障服务】

公共云平台服务 2017 年全年共受理全校 28 个单位 61 台虚拟服务器的申请、创建和部署上线。到 2017 年年底为止，公共云平台共为全校 44 个单位提供了 231 台虚拟服务器服务。

存储及云盘系统 完成了公共存储(宏杉)的升级扩容，在用户无感知的情况下，完成了邮件系统、数字校园虚拟化集群从旧的宏杉 MS3300 到新的宏杉 MS2000G2 的存储迁移，实现了核心业务系统和非核心业务系统的存储分离，一方面缓解了存储资源使用紧张的情况，另一方面提高了存储的高可靠性。数据中心东西两校区存储高速盘总容量为 212.2T，平均使用率 55.3%；低速盘总容量为 164T，平均使用率 43.9%。

新云盘系统继续升级，服务趋于稳定。2017 年主要完成了客户端大文件量的级联加载等优化、客户端的错误友情提示、WEB 的基于文件夹多级目录的分享、文件同步冲突自主设置等，为全校师生每人提供 200GB 的存储空间。完成分布式存储系统扩容项目，购买 3 台大容量存储服务器，裸容量从 210T 扩容到 308T，目前使用率 54%。

多媒体和资源平台 完成了IPTV系统的升级改造，完成5个高清频道的收视费续交。

VPN及缓存系统 对VPN系统进行了无缝升级，实现了免插件wevpn的登录方式：绝大部分校内资源可免插件浏览，并不受浏览器影响。

做好对CACHE缓存系统的维护。出口缓存设备分担出口带宽压力效果良好，峰值服务带宽超过600M。至2017年12月13日本年服务流量558.87TB，回源流量105.41TB，节省流量453.46TB，命中率84%。

为全校各部门提供其他网络技术支持和保障服务。

（劳凤丹）

【全校信息化建设与网络安全统筹管理】

继续探索提出完善学校信息化管理机制的建议 根据主管领导的要求，进一步调研和修订有关报告，提出改进完善学校信息化建设管理机制和机构设置的建议，并上报学校。

2017年9月，孙其信校长到网络中心调研，网络中心全面汇报了学校信息化建设情况及管理和服务中存在的主要问题，之后修订并报送《关于网络中心机构调整的建议报告》，为学校研究网络中心机构设置提供参考。

11月，根据信息化工作的新形势新需求，启动《中国农业大学公共管理数据管理办法》的调研及制定工作。

完成对学校信息化建设项目的统筹论证和管理任务 组织完成2017年全校改善基本办学条件专项的申报论证。

组织完成校内信息化专项的统一建设管理。根据学校安排，2017年首次承担了全校校内信息化专项的统一实施任务，通过组织论证评审，对全校12个部门的16个项目进行了统一管理，将总申报经费从462.4万元，审减到预算控制线300万元。

实施对全校信息化项目和产品采购的统筹管理 上半年，根据学校资产采购新政策，组织修订了《中国农业大学网络类产品服务采购细则》，使信息化采购工作更加规范有序。

根据《网络类产品和服务采购实施细则（修订版）》的相关规定，2017年度，网络中心总共受理了38个部门或学院的288个项目申请审核，总金额3 427.28万元。

完成对新建楼宇（植保楼、新图书馆）网络工程监管 根据网络中心有关网络项目建设和验收的相关规定，对新建楼宇网络工程的建设过程全程实施监管，包括：有线/无线网络规划、设计审核，招标技术参数撰写。

开展2017年全校网络安全综合治理行动 从2017年5月开始，根据教育部的统一部署，组织实施学校2017年度网络安全治理工作。完成了全校网站系统的梳理、二级单位管理员的清查、机房服务器的梳理等，汇总材料入档备查；完成了全校二级系统的重新定级和备案，着手进行二级系统的测评和整改工作；组织与全校二级单位签订《网络安全责任书》；建立全校及网络中心网络安全事件台账。

继续定期对学校各单位的服务器、网站进行安全扫描和及时整改。完成了2017年春季和秋季的两次漏扫工作。

及时联系处理教育部、内保局、教育行业漏洞平台提示的网站安全事件 26 起。

继续做好全校各单位系统的备案与等级保护工作 整理出《中国农业大学网站和信息系统汇总表》,目前在网络中心备案的网站/系统有 58 个单位的 342 各网站和信息系统。完成了 158 个一级系统、19 个二级系统的定级备案资料的收集、整理工作,其中 19 个二级系统已经在内保局完成定级备案。19 个二级系统的等保测评工作招标和合同签署工作已经完成。

加强特殊敏感时期的网络安全管理和保障服务 2017 年,除了传统的两会、六四和国庆等敏感日外,还面临召开十九大、勒索病毒多次爆发等安全敏感事件。网络中心及时制定专项工作方案,发布通知信息,全力做好特殊敏感时期的网络安全技术保障。对安全敏感时期校园网出口进行严格的访问控制。

进一步健全网络安全作机制,开展安全培训教育 成立了网络中心"网络安全工作组",明确了本单位网络安全工作的领导决策、组织协调和落实实施等层面的人员分工,为做好网络安全工作提供了组织机制保障。

积极开展网络安全教育培训工作。通过邀请公安部门相关领导,召开网络安全座谈会,对全校二级部门负责人进行网络安全培训,提升责任意识;配合宣传部、校团委等部门,对 2017 级新生进行网络安全法专题教育。

(邱小彬　劳凤丹)

【用户服务与培训】

进一步做好各项服务渠道的服务受理工作 网络中心东西区统一服务的渠道有:统一受理服务电话:62738000;统一网上在线咨询台;统一受理电子邮件:wlzx@cau.edu.cn。和东、西区网络中心用户服务厅(窗口)。还通过校长信箱、电话回访、远程桌面协助操作、讲座培训现场操作等,根据用户特殊需求多渠道受理用户服务请求。

2017 年,全年中心共接听用户电话 1.4 万个,其中客服部接听电话 5 503 个,全年回访电话 300 多个,校长信箱来信 232 封,公开回复 91 封,未公开回复 141 封。校内咨询平台回复 349 条,发布通知公告 78 篇,微信平台发布公告 2 次;网络综合服务平台年更新 2 次。

对用户反映的热点问题进行分析和提供解决办法 2017 年,师生对校园网的热点问题主要是为:①对"预增流量"问题缺乏了解;②流量跑得过快;③网速慢、网络掉线,尤其是学生宿舍无线网问题突出;④邮件问题。客服部及时向相关业务部门反馈用户使用意见,分析热点问题,并提出解决建议。

(王笑娟)

【科研与对外交流】

科研工作 2017 年,网络中心共发表论文 4 篇(网络中心为第一作者单位 3 篇),其中 EI 收录 2 篇;核心学术期刊 1 篇;其他 1 篇。主持及参与项目 7 项。获批准软件著作权 5 项。

内部研发项目 对"校园网运行管理平台(一期)"项目结题。

对外交流合作 继续与教育部有关部门、北京市公安局文保总队、高教学会教育信息化分会、中国教育发展战略学会教育管理信息化专业委员会等上级机关和社会团体保持密切的业务联系；4月，组织和支持湖南农业大学承办第四届全国农业高校信息化研讨会；6月，网络中心主任参与组织首届全国高校教育信息化校长论坛，参加中国卫星应用协会组织的卫星教育座谈会；11月，参加第四届全国高校CIO论坛；参加高信学会理事会换届选举工作。

（乔军　周南　桂银生）

【单位内部管理】

组织修订《网络中心建设项目管理办法》《网络中心主机房管理规定》《校园网自管网关账号管理办法》《网络中心议事规则》《网络中心夜间值班制度》等规章制度，做到各项工作制度先行，规则公开，统一标准。

继续组织举办管理层培训研讨班。通过加强规范管理，提高管理层决策议事效率；通过加强项目管理、督促落实检查、促进沟通协作，着力提高管理和技术服务两支队伍的工作规范意识和团队执行力。

（吕智超）

【特色与创新】

全校信息化统筹建设和规范管理工作保持了不断巩固的趋势　2015年制定《网络类产品和服务采购实施细则》以来，信息化建设统筹在国资处、财务处等部门的配合下，工作得到进一步落实，2017年度，根据新的采购政策，对《采购细则》进行了修订，网络中心先后组织或参加了全校27个网络类产品采购方案的专家论证，保持和巩固了全校信息技术资源的统筹管理和协调分配工作，提升了投资效益，提高了学校网络安全统一管理水平。各单位主动接受建设项目统一管理的意识也在不断增强。2017年，除了承担修购专项的统一论证，还首次承担了全校校内信息化专项的统一实施任务，通过组织论证评审，对全校12个部门的16个项目进行了统一管理。

数据治理成为信息化建设新的重心　随着信息化应用项目的深入开展，一个清晰的共识是，智慧校园建设的核心在于数据资源的集中高效使用。为此，2017年，学校信息化应用项目的重点任务是进行数据治理和数据分析，建立了学校主数据管理平台，通过平台可完成对全校业务系统及管理系统的基础数据和共享数据的整合。还建立了学校公共数据库和数据仓库模型，开展了以学生数据为重点的数据分析，为以后持续进行智慧校园建设打下了基础。完成了《学生上网行为分析报告》第四期的编写。

网络安全得到前所未有的重视　2017年，随着《国家安全法》的实施，以及召开十九大等重大活动网络保障的需要，网络安全工作得到了前所未有的高度重视。网络中心在上级的统一部署下，联合其他部门，开展了全校网络安全综合治理行动，充分动员各二级单位共同参与校园网络安全建设，解决了一些多年未能解决的安全问题，使学校网络安全水平得到较大的提升。安全工作永远在路上，此项工作还将持续实施。

（桂银生）

图　书　馆

【概况】

2017 年 12 月底，图书馆总建筑面积 21 665 m^2，馆藏文献总量 209.5 万册，在编工作人员 97 人。设有办公室、资源建设部、流通一部、流通二部、信息服务一部、信息服务二部、系统与数字化部、情报研究中心、综合部和 CALIS 农学中心办公室等 10 个部门。

2017 年 6 月，图书馆、档案与校史馆合署办公。

（王永进）

【图书流通情况】

全年借出图书 11 万册。全年接待进馆读者 79 万人次（东馆 35.4 万人次，西馆 43.6 万人次）。

（雒庆生　刘元科　喻浩）

【文献检索课教学】

完成全校本科生“文献检索”公选课教学任务，共 395 标准学时；研究生公选课“电子资源检索与利用”全年完成教学任务 337.6 个标准学时；研究生公选课“人文社科类电子资源检索与利用”全年完成教学任务 66.2 个标准学时。

（袁永翠　陈仕吉）

【培训与讲座】

组织完成了 2017 年新生培训，培训本科生 3 057 人，研究生 752 人。

举办专题讲座 25 次，参加师生人数达 1 618 人次。还邀请数据库商来馆开展有关数据库使用讲座 2 次。

（袁永翠　陈仕吉）

【科技查新】

全年完成科研立项、成果鉴定、技术引进等查新项目共 105 项。每月向学校通报学校教师论文被 SCI、EI 的收录情况，共完成 SCI、EI 检索收录、引用证明 640 份。

实施了对学校学位论文进行学术不端检测的工作，并就学生学习中存在的科技论文写作、论文投稿、专业信息获取、文献管理软件的使用等方面开展“一对一”咨询。

（袁永翠　陈仕吉）

【文献传递与馆际互借】

2017 年共完成文献传递 1 372 篇，馆际互借 595 册图书。本馆分别获得“BALIS 原文传递先进集体奖”“BALIS 馆际互借先进集体三等奖”；获得两个“BALIS 原文传递服务先进个人奖”，一个“BALIS 馆际互借服务先进个人二等奖。

（袁永翠　陈仕吉）

【馆藏资源建设】

截至2017年底，文献总量达到209.5万册，比上年增加3.2万册。

2017年完成中文图书编目15 776种，34 206册；西文图书编目753种，1 027册；学位论文编目整理加工7 408册；随书光盘96种，160张。

向CALIS中心提交原编数据：中文图书711条；西文图书281条。获得“2016—2017年度CALIS联合目录馆藏数据建设先进单位奖”“2013—2017年CALIS联合目录业务培训优秀组织奖”。

继续开展了电子资源的评估分析工作，争取更多电子资源的试用，2017年共试用各种数据库40余次，新增电子资源有中国共产党思想理论资源数据库，ASCE（美国土木工程师协会）全文电子期刊、Springer电子图书等8个。

接收捐赠并确认馆藏图书3 518册。

继续开展本校机构知识库各项资源建设，2017年新增元数据8 536条，其中新增硕博士学位论文元数据2 773条。

（徐伟　康实）

【新馆建设】

东区新馆建设项目主体土建工程进展顺利。

围绕“前瞻、低碳、好看、好用”的建设目标，不断细化施工内容，确保新馆建设顺利推进。对新馆建成后所需设备、家具等进行了前期论证，多次对新馆各功能区进行研讨。已经获批2018年改善办学条件专项资金支持。

（孙德昊）

【图书情报与档案管理学科建设与研究生培养】

2017年公布的第四轮学科评估中，图书情报与档案管理学科首次进入排名榜单。

修订了图书情报与档案管理硕士研究生培养方案。2017年共招收研究生8人（图书馆学1人，情报学7人），7名图书情报学硕士研究生完成学业，获得学位，学生李冬毕业论文获得校优秀硕士论文。完成10门硕士课程教学任务，其中春季课程5门，秋季课程5门。

图书情报与档案管理学科共主持中央部委和学校各部门的科研项目10项，参与其他部门主持项目4项。发表学术论文16篇。其中，CSSCI收录论文8篇、中文核心刊论文3篇、普通期刊论文3篇、国际会议论文1篇、EI收录论文1篇。

（孙德昊）

【职工队伍情况】

2017年有5人退休，3人调入，截至年底在编人员97人，目前具有博士学位馆员12人。

（孙德昊）

【编辑出版】

2017 年 6 月,《中国农业大学图书馆"图书情报学"研究丛书》之一,图书馆副研究员师丽娟著《中外农业工程学科发展比较研究》一书由中国农业大学出版社出版。该书以农业工程学科历史演进为主线,通过历史比较与国际比较,对中外农业工程学科发展模式与规律、知识结构演化、人才培养模式及课程体系的演变进行了研究,揭示了农业工程学科发展演变的规律与特征。

此前,于 2013 年 12 月曾出版了由馆长何秀荣教授主编、中国农业大学出版社出版的《转型发展中的大学图书馆研究》一书。

《高校与学科发展》电子期刊已出版的 15 期,共刊出稿件 187 篇。其中,2017 年刊载 48 篇,合计 287 页,29.3 万字。2017 年刊载的 15 篇情报分析报告类稿件中,有 4 篇已被学术期刊发表或录用。

《中国农业工程文摘》全年共出版期刊 6 期,发表各类文章 204 篇。所有数据均已进入"中国知网"和"万方数据库"。根据中国知网系统显示,论文总下载量达到 4 991 篇。重新设计 2017 年的期刊封面,调整栏目设置,新增论文编译、农村党建等栏目。改进本刊的征稿和编、审、排、发工作流程,完善和维护远程稿件处理系统,加强官网建设,积极尝试微信公众号。

(王永进　李晨英)

【阅读推广】

4 月 20—30 日,围绕"世界读书日"启动了"阅读改变人生,共享书香农大"的阅读推广活动。通过品书、荐书、超期免责等形式,增强图书馆与读者的沟通与了解,宣传和利用图书馆的信息资源。共组织活动 7 场,参加师生近 500 人次。

依托学生社团,积极开展阅读分享活动。2017 年,先后组织"读红旗书、走长征路、圆中国梦"主题读书报告会、"塘约道路"阅读分享会、共读"西行漫记",等阅读分享活动 15 场,参加师生 700 人次。与青年马克思主义者协会、恰同学少年读书会、1905 读书会等阅读类社团建立了合作关系。

2017 年获得"全民阅读先进单位"称号。

(王鲁燕)

【CALIS 农学中心工作】

组织 CALIS 农学中心的成员馆对 CAB Abstracts database、Annual Reviews 综述期刊数据库的联盟采购工作。

2017 年 5 月 3—5 日 CALIS 全国农学文献信息中心在江西农业大学(南昌)召开了常务理事会议,来自 12 个常务理事单位及 3 个特邀单位的 24 名代表参加。会议主旨为立足联盟,拓宽服务。CALIS 全国农学文献信息中心副主任、中国农业大学图书馆副馆长潘薇介绍了"涉农联盟共享资源服务平台"项目的整体进展情况;参会代表则就平台的整体框架和功能进行了测试与分析,通过了对"涉农联盟共享资源服务平台"的验收;同时参会代表也对平台目前存在的问题以及后续的发展模式进行了探讨与分析。

9 月 25—28 日，由 CALIS 全国农学文献信息中心主办，浙江海洋大学图书馆承办的“2017 年 CALIS 全国农学文献信息中心业务交流暨学术报告会”在浙江海洋大学杨詠曼图书馆举行。海内外的近 160 位图书馆界专家、学者参加会议。

10 月 24—28 日，CALIS 农学中心和宝和数据公司联合举办 CALIS 涉农联盟共享资源服务平台使用培训，34 家高校图书馆的老师共 57 人参加培训。培训涉及的内容有新平台的功能模块介绍，科研绩效的评估报告和对于学科投稿的服务，收录引证报告平台的使用和操作。

图书馆获得 2016—2017 年度 CALIS 联合目录馆藏数据建设先进单位奖。

继续开展项目研究。2017 年共立项研究项目 66 项，28 家农业高校图书馆参与。对 2016 年立项的 71 项研究项目进行评审，评出 19 个获奖项目。

（李雪原）

【孙其信到图书馆调研】

11 月 7 日，校长孙其信调研图书馆、档案与校史馆工作，听取工作情况汇报及工作中面临的困难和存在的问题，对做好图书信息、档案和校史等工作提出要求。

孙其信在调研中说，图书馆是大学中培养人才和开展科学研究的重要基地之一，对办好一流大学具有重要意义。近年来，学校图书馆服务教学和科研工作，同时积极为学校决策提供参考，形成特色和优势，走在全国大学图书馆的前列。

孙其信指出，随着现代科技进步和信息获取方式的变革，图书馆的内涵和功能正在发生变化。学校图书馆的建设发展，要着眼未来发展走向来思考，以前瞻性的眼光来布局。学校图书馆的管理服务，要始终把为人才培养、科研创新提供全方位信息服务作为核心职能；在此基础上，进一步凝练拓展职能的重心和重点，把形成的优势和特色坚持好、发展好。正在建设的新图书馆，是学校的标志性建筑，将来也要体现出标志性管理水平、标志性服务质量。

（陈卫国）

【人事变动】

2 月 21 日，经学校第 2017—04 次党委常委会研究决定，任命孙德昊为图书馆党总支书记，刘清水因年龄原因不再担任图书馆党总支书记兼副馆长职务。

6 月 6 日，经学校党委常委会第 2017—21 次会议研究决定，任命何秀荣为档案与校史馆馆长（兼）；师桂芳为图书馆党总支副书记（兼）。

（王永进）

【机构调整】

6 月，图书馆、档案与校史馆合署办公。档案馆党员组织关系转入图书馆党总支，并成立档案与校史馆党支部。

（孙德昊）

【党建工作】

2017 年共发展研究生党员 2 名。截至 2017 年底,总支共有党支部 4 个,其中教职工党支部 3 个,学生党支部 1 个;党员 51 人(其中教师 41 人,研究生 10 人)。

(孙德昊)

【党建书屋、红旗书架建设】

2017 年 1 月,接受红旗出版社捐赠的红旗书架,在网上、网下建设党建书屋。5 月,东馆建成党建与思想政治阅览室;11 月,在西馆建成党建书屋,为党员学习与党建活动的开展提供了良好的场所。

(孙德昊)

【何秀荣列席旁听两会】

2017 年 3 月 3—15 日期间,图书馆馆长何秀荣教授以国务院参事身份列席了全国政协第十二届五次会议的全部全会和旁听了第十二届全国人大五次会议的全部全会。

(王永进)

附表　馆藏统计表

项　目	2013 年	2014 年	2015 年	2016 年	2017 年
文献总量(万册)	193.92	198.35	202.90	206.25	209.56
中文图书(册)	1 410 356	1 448 473	1 480 232	1 510 401	1 538 256
外文图书(册)	210 873	213 002	214 214	215 308	215 962
中文现刊(种)	1 586 (2 009 份)	1 581 (2 003)	1 575 (1 985)	1 417 (1 695 份)	1 411 (1 688 份)
外文现刊(种)	364 (367 份)	354 (357 份)	352 (355 份)	340 (343 份)	308 (311 份)
电子图书(册)	48 965	48 965	49 103	49 103	50 878
网上数据库(个)	70 (重新统计)	70 (重新统计)	74	74	78
中文电子期刊(种)	12 000 多	12 000 多	12 000 多	12 000 多	12 000 多
外文电子期刊(种)	14 000 多	14 000 多	14 000 多	14 000 多	17 000 多

(徐伟)

档案与校史馆

【概况】

2017 年,档案与校史馆继续做好全校各类档案的收集、保管、提供利用等工作,为学校教学、科研、管理等中心任务提供支撑服务,以馆藏档案数字化为核心的档案信息化建设进展顺利，档案利用服务程序更加规范，面向校外用户的服务量持续增加，服务效率得到提升。在保证档案管理稳定有序的同时，开展了以资料整理和文稿撰写为主要内容的档案编研与校史研究工作，为下一阶段的校史研究与成果发布打下了基础。

（蔡远渊）

【档案收集与业务指导】

档案接收 因电梯更换工程，本年度部分行政类档案的移交进馆工作相应推迟。截至2017年11月底，接收党群行政类档案500余件；财会类档案5 000余卷；基建档案100余卷；科技类档案600余卷；教学类档案9 000余件，其中本科生学籍记载表与成绩单近4 000件，研究生成绩单与培养档案等5 000余件。

接收王步峥先生捐赠的20余件珍贵文件及照片；整理录入名人档案44卷304件。

业务指导 根据学校各部门机构变动和岗位人员调整情况，重新确定校属各归档部门的兼职档案管理员及主管领导，对党政办公室、纪委监察处、学生工作部、研究生院、中以中心等部门新任兼职档案员进行了培训，现场指导档案收集整理工作。

（苏雅澄）

【档案保管与利用服务】

档案实体保管 截至2017年11月底，大部分新入馆档案的整理入库已经完成。其中，财会档案全部整理上架；本科生学籍记载表及成绩单整理上架41卷1 300余卷；研究生成绩单整理上架31卷2 500件。

对于馆藏的全部教学类档案进行清点、核对与整理。对14卷725件档案进行目录信息补录，近1 000卷档案的实体存放位置进行调整，进一步提高库房利用率和档案利用检索效率。

档案利用规范化 为确保档案信息安全，落实《中国农业大学档案管理办法》相关规定，进一步规范了档案借阅手续。自2017年3月起明确要求校内各单位在借出档案时必须提交书面申请，并由相关单位主管领导签字后方可执行。

校内利用服务 2017年的综合档案校内利用服务主要是配合学校各部门在执行中央巡视整改工作中对基础材料的查证与复制，主要涉及党群、行政、财会、基建、科研等门类。截至11月底，接待财会档案（凭单）查询1 300余人次，查档近12 000卷；基建、教学、科研等其他门类档案查询约260人次，查档1 500余卷（件）；为教职工及其家属办理房屋信息登记，遗产公证等事宜，查阅利用死亡人员档案150余卷。

全年处理档案借阅申请60多次，外借档案390卷（件）。

校外利用服务 2017年的综合档案校外利用服务主要是往届毕业生的学历学位认证、学籍成绩、录取信息等原始档案的复制与相关证明材料的出具。截至2017年11月21日，通过网上认证服务平台接受认证订单1 366份，办理材料8 000余份，发送快递746份。现场接待并办理学历学位证明、高考录取表、成绩单、毕业名册等各类档案利用申请700余人次，出具材料1 000余份。

通过电话和传真受理各国家、地方机关、企事业单位核对毕业生信息510余人次，提供证明材料 1 400 余份，协助其开展干部人事档案审核工作。

办理教育部学位与研究生教育发展中心提交的认证申请 612 份，办理北京高校毕业生就业指导中心提交的认证申请 75 份。

（蔡远渊　苏雅澄）

【人事档案管理】

2017 年完成人事档案材料的审核、归档约 23 600 份，其中：职工档案归档材料 6 500 余份，研究生归档材料 17 100 余份。

按照中组部最新要求对新移交入馆的人事档案材料进行审核装订，截至 11 月重新整理、装订干部人事档案 1 000 余册。

办理人事档案查、借阅 1 300 余人次，其中职工档案约 300 人次，研究生档案约 1 000 人次；开具公证证明 150 次，其中教职工 90 人次，研究生 60 人次。

办理人事档案转递（接收与转出）共计 7 749 卷，其中：接收新入校职工档案约 79 卷，研究生及博士后档案 2 935 卷，本科生档案 2 302 卷；因教职工工作调动转出档案 5 卷；因人员去世转出档案 30 卷；转出研究生、博士后档案 2 500 卷；转出本科生档案 1 793 卷。

为协助教职工和在校研究生办理解决夫妻分居、父母投靠、出国进修、留学深造、升学就业等民生事项，查阅和复制人事档案相关材料 400 余份。

（蔡远渊　孙海燕）

【档案信息化建设】

做好档案馆门户网站的改进、更新与工作信息发布工作；做好现有各档案管理信息系统、学生档案转递情况查询平台等的维护和升级；基本完成 OA 系统与综合档案管理系统的数据对接，实现党政办公电子文件的在线归档。

本年由网络中心审核批准了档案信息化专项，继续推进教学档案的数字化处理，主要包括北京农业工程大学本科生成绩单、中国农业大学研究生成绩单、新生录取名册、毕业生名册，成人教育学籍档案等。项目内容分为两部分，阶段性实施。至 2017 年 5 月底，项目第一阶段完成扫描 A3 幅面档案 29 000 余页，A4 幅面档案 25 000 页；至 2017 年 11 月底，第二阶段完成扫描 A3 幅面档案 9 000 页，A4 幅面档案 40 000 页。

（蔡远渊）

【档案编研与校史工作】

档案与校史编研成果 充分调动和整合馆内人力，进一步发掘和利用档案资源，继续推进档案与校史的编撰与研究工作。《图说农大——中国农业大学校史简本》、校史专刊《往事寻踪—中国农业大学的人和事》的编写工作进展顺利；完成人物专稿《出身名门望族 终生爱国爱民——记中国昆虫学学科的奠基人之一，中国害虫生物防治研究的先驱者，中国资源昆虫学的开创者刘崇乐先生》和《辛勤耕耘半个多世纪——记中国现代家畜内科学及兽医临床诊断学奠基人崔步瀛先生》；编辑《施平谈人生经历（连载之二）》；组织人员参与《爱国与革命精神永存——追忆中国农业大学的光荣革命传统》的编写工作。

校史展陈与接待参观 继续加强与校团委及志愿者服务总队密切合作，招募并遴选新一批校史讲解志愿者，进行校史辅导和现场讲解培训，完善志愿者培训和上岗管理办法，改进校史馆讲解队伍的组织形式和服务机制，发挥学生志愿讲解员在校史讲解、校史传播、校园文化宣传中的作用，全年接待各界参观团队1 000余人次。

（蔡远渊　刘建平）

出 版 社

【概况】

2017年，出版社有员工61名，比2016年增加2名。企编人员中，1名获得副编审职称晋升，1名通过数字编辑专业中级资格考试。

2017年，出版社总计出版图书392种。其中，新版图书194种，重印图书198种。印制码洋3 700余万元。在新出版的194种新书中，教材170种，占90%；业余教育课本（科技书）24种，占10 %。

2017年出版社在售图书品种达2 603种，发行有效业务量8 346单，1 929 873册，有效码洋3 793.75万元（总册数1 102 655册，总码洋4 407.08万元）。

（童云）

【坚持正确的办社方向，加强科学管理】

出版社社委会组织班子成员和全社职工，认真学习领会习近平系列重要讲话精神，特别是认真学习领会“十九大报告”精神，用习近平新时代中国特色社会主义思想武装头脑，指导出版工作，牢固树立“四个意识”，坚持“四个自信”，认真学习贯彻落实党和国家有关出版工作的方针政策，努力担负起出版传播真理、传承文明、教育人民、服务社会的重要职责，多出好书，不出坏书。

（童云）

【强化阵地意识，加强马克思主义主流意识形态出版工作】

出版社认真组织学习，努力提高班子成员和骨干编辑对马克思主义主流意识形态出版工作重要性的认识，从制度建设抓起建立长效机制，同学校马克思主义学院合作，积极组建专兼职的编辑团队，制定选题规划和计划、遴选优秀作者、撰写编辑加工出版发行可操作性强的实施方案，设立50万元的出版基金用于马克思主义主流意识形态出版物的出版工作，确保出版物数量和质量双提升。

（童云）

【图书品种更加丰富，规模效益进一步扩大，结构更加合理，科学发展态势明显】

全力支持学校“双一流”建设工作　社委会在积极组织全社职工落实中国农业大学核心课程教材编写出版工作基础上，进一步组织动员全社力量积极投身于服务学校一流师资队伍、一流人才培养、一流科学研究、一流社会服务、一流文化传承的建设工作中，研究制定出具体的实施方案，做出出版社应该做出的重要贡献。先后组织与理学院、经济管理学院、农学院、植物保护学院、动物医学院以及教务处等单位联系沟通，取得阶段性进展。组织开展了应用型本科食品科学类专业系列教材建设前期调研和组织动员工作，即将进入教材组织的具体工作阶段。

加强学术著作出版工作 按照党的十九大提出的新要求，出版社围绕国家农业方面的重大战略需求，积极组织出版国内外优秀专家学者撰写翻译的权威经典的学术著作和译著。在组织申报了三项 2017 年国家出版基金项目图书的基础上，继续组织现代农业高新技术成果丛书二期书稿，申报国家出版基金项目。积极为学校“三农”思想研究中心和乡村振兴战略研究中心提供高质量的出版服务，认真落实好乡村振兴战略丛书的出版工作。

组织实施“社刊工程” 认真做好国家新闻出版广电总局提出的“社刊工程”，帮助中国植物病理学会申请的《植物病理学报(英文)》期刊，获得了总局批准的连续出版物号。出版社作为出版单位将同学会一道努力，把这个期刊尽快办成具有较高国际影响力的学术期刊，以此带动本学科学术著作和教材的出版工作。

加快内容资源数字化建设步伐 组织申报的“农业教育三层移动大数据教学平台及数字化课程建设”项目被新闻出版广电总局列入 2017 年度新闻出版改革发展项目库。同时，2017 年，出版社以已实施的数字转型升级项目为基础，将本社已经积累的出版物内容数字资源，同合作单位及个人可利用的文字、图片、音频和视频内容数字化资源进行聚集，建成若干个专业资源数据库，生产出不同载体形式可在不同媒体上方便使用的出版物，满足不同使用者的多样化需求。持续通过二维码技术，推动纸质图书与数字内容的融合，完成 70 余种教材的融合出版。在 2017 年，作为试点项目，完成了《大学物理》视频课程的拍摄工作，准备在 2018 年完成后期制作，上线运营，为以后大规模的数字化课程建设和运营提供经验。2017 年出版社还组织申报了“中国共产党农业政策数据平台建设”项目，争取能够入选 2018 年度新闻出版改革发展项目库，并争取得到 2019 年度文化产业发展专项资金支持。

（童云）

【公益活动】

应有关领导和部门要求，发挥出版社的图书出版特点，为两会代表、中国农业大学、河南牧业经济学院、山西农业大学、内蒙古大学等单位捐赠约 30 万码洋的优秀“三农”图书。

（童云）

【团队建设和管理工作】

建立健全党建工作 完成了出版社党支部的改选工作，组建新的支委会并做好分工，全面开展党建工作。坚持“三会一课”制度，积极组织党员与非党员的学习，积极组织党员实践活动。

关心职工生活，改善职工待遇 为更好地调动全体职工的积极性和创造性，实现出版社可持续发展，根据近两年学校职工有关收入调整的政策和出版社整体经营状况，结合北京市和出版行业薪资增长水平，拟定了调整方案和实施办法，经出版社董事会讨论通过后进行实施。

重视业务培训和交流，提高员工素质 按照规定组织完成了职工的各项考核，包括年度考核、试用期考核、新员工的招聘及考察等工作，人力资源工作有序进行。组织了企编1人参加新闻出版广电总局组织的职称晋升工作、企编1人参加了北京市新闻出版广电局组织的数字编辑考试工作，全部顺利获得晋升与考试合格。先后派出38人次参加了新闻出版广电总局等有关部门组织的编辑、发行、会计、网络出版专业技术培训；组织编辑业务交流活动多次，员工业务能力和水平得到了提升。

规范企业全体员工管理 按照中央八项规定和学校对企业的管理要求，起草和修订了涉及业务招待、公务车管理、履职待遇、会议费等方面的制度，严格和规范了有关工作的审批流程和具体要求。

（童云）

涿州教学实验场

【发展概况】

2017年，中国农业大学教学实验场（以下简称“实验场”）深入学习贯彻党的十九大、习近平新时代中国特色社会主义思想，紧紧围绕学校“双一流”战略任务，加强自身治理能力和治理体系现代化建设，深化实验场内部改革，重点加强实验场法制建设、人事制度改革、园区项目落地、人才家园项目建设及各项农业生产基础设施建设，重点做好教师科研保障和学生实习实训实践服务等工作，让实验场成为学校发展的支撑平台和场站载体，为未来实验场的持续快速发展打下坚实的基础。

（李佳兴）

【党建工作】

2017年，场党委确定了9名发展对象，37名入党积极分子，62名申请入党人员，全年党员共缴纳党费50 447元。强化党委对全场工作的领导核心作用，所有三重一大事项，决策均由党政联席会研究部署。

（李佳兴）

【制度建设】

完善全场核心制度体系建设，制定教学实验场机构设置和岗位职责方案，建立党政联席会制度、会议制度、职工考勤制度、土地收回管理办法、职工转岗安置方案，切实推动依法治场进程。坚决贯彻执行党的路线、方针、政策，敢于改革创新和开拓进取，使实验场的组织架构趋于合理，为长远发展提供依靠和保障。

（李佳兴）

【场区建设】

“人才家园”项目　涿州中农涿园科技开发有限公司（以下简称“涿园公司”）截至2017年12月底，房款收入6 028.64万元，装修押金收入55.5万元，退人才家园装修押金97万元，实现资金流水14 956万元。完成95人，5 197万元购房人银行按揭贷款。专家公寓一期及高层住宅楼全部销售完毕，整理汇编公司的内审制度，形成36项管理制度，公司各项规章制度进一步科学化规范化。专家公寓二期各项开工手续有序办理。

园区建设　农业部饲料工业中心涿州实验基地建设项目、国家玉米全程机械化生产科技创新基地涿州基地项目、产业沼气工程平台建设项目、葡萄酒涿州实训研发中心及国家级无病毒葡萄原原种培育基地建设项目、菊花种质资源圃、中农航天智慧农业集成试验示范项目等重大项目建设持续落地推进，模式动物表型与遗传研究国家重大科技基础设施项目于2017年6月28日通过了国家发改委可研评审，正式获得批复。2017年，在学校、地方政府的领导和支持下，共申报和引进国家、北京科委、河北省、学校等项目17个，引进资金2 661万元。5月，农业部授予“中国农业大学培训中心＋涿州教学实验场”成为首批100家全国新型职业农民培育基地之一。

实验站建设　2017年度严格做好项目落户工作，各项科研工作有序推进。配合圆满完成大学生实习工作。除科研用地外，剩余土地实验站根据场里的统一安排认真耕作管理，并配合实习工作，为科研、实习、实践基地的更好发展提供有力保障。

（李佳兴）

【主要工作】

农业方面　为进一步保证土地安全，保证教学科研项目顺利实施，实验场2017年共计收回土地5 600亩，成功安置转岗职工53人。并根据现有收回土地资源，组织播种机将挨着各个村边的土地种上了油葵，涉及近7个村，播种面积近600亩，其余地块全部播种玉米，保证土地安全的同时，实现创收一百多万元；为保证农业部饲料研发中心涿州基地项目和航天五院实施的中农航天智慧农业试验示范基地项目顺利落地，实验场积极安排稳定安抚工作，顺利解决以上项目300余亩用地问题。

人事方面　完成了对职工薪级工资的调整和兑现，2017年12月份完成了在职职工2016年7—12月份的工资补发工作。并组织职工技考，2017年实验场技工报考积极性高，报考人数为187人，在涿州市规定时间内率先完成了纸制材料申报和电子组档申报。

会议接待方面　切实做好大学生实习实训和教科基地项目服务工作，全年累计接待11个学院共计约1 600名本科生、1 000名研究生、600多名老师来场开展实习实训和教学科研任务，对接北京市中小学生实习实训和农事体验等课外课程建设，累计接待中小学生500人；除做好学生实习实训工作，积极对接外部资源，全年累计接待参观考察近120起，承担相关培训约20起，服务人次近1 500人次。制定会议中心、住宿中心、餐饮中心工作规程、制度规范、服务标准。参与学校双一流编制建设工作，作为学校双一流建设的重要场站平台和支撑载体，在学校双一流编制工作、学科论证工作中倾力配合，积极参与。

后勤保障方面 根据河北省政府关于加快实施保定廊坊禁煤区电代煤和气代煤的指导意见及《京津冀大气污染防治措施(2016—2017年)》的精神，完成了天然气锅炉项目及场房改造工作。正式启动新燃气锅炉，争取到河北省160万元的锅炉改造补贴。借助华夏幸福桃源新都电力线路迁建工作，完成了西部二三分场电力线路优化升级工作，为二三分场中长期发展夯实了电力基础，节省和增收资金约390万元。

安全保卫方面 对辖区内各单位进行综合治理安全大检查。在三夏期间，提前制定《"三夏"期间工作安排》，并对各农业分场、实验站、农技推广中心等单位消防器材及消防设施进行检查，做到防患于未然。配合涿州市防范办及公安局国保大队切实做好实验场"法轮功"不放心人员的监控与管理工作。对各种可能引发社会治安的重大问题及时进行排查，确保问题处理在萌芽阶段，同时做好外来人口的排查登记工作。

宣传方面 加强宣传阵地建设，营造良好的工作氛围；积极开辟新媒体建设，成为宣传服务学校党委、场党委行政工作的重要载体，以宣传实验场建设发展为主要内容，以实验场微信群新媒体快速、及时地通报实验场新闻新事。全年刊发宣传实验场网络新闻60余篇。

（李佳兴）

曲周实验站

【概况】

中国农业大学曲周实验站建于1973年，是黄淮海平原最早建立的农业科研实验站之一。曲周实验站占地1 088亩，总建筑面积10 000平方米，其中，实验楼2400平方米，办公培训楼4 000平方米，实验用地规划规范。拥有自动气象站、土壤水分检测仪及传感器TDR、大气CO_2和H_2O原位连续测定仪、氧化亚氮自动监测系统、原子吸收、气相色谱仪等精密仪器27台套，价值两千余万元。可以满足自动气候观测、土壤养分、地下水变化、溶质运移、植物呼吸、碳氮循环等方面常规分析及田间连续数据自动采集。曲周实验站为主体组织了"中国曲周首届新三农论坛"暨全国科技小院联盟启动会；先后组织开展了两期"一带一路"国家农业官员培训，先后接待了学校宣传部、马克思主义学院、信息与电气工程学院、教务处及视导组专家、学校新入职青年教师等参观学习和传承曲周精神的考察培训；承担了资源与环境学院2015级本科生暑期认知实习。接待英国洛桑实验站站长、英国牛顿基金会官员以及荷兰、德国等国际专家100多名。2017年12月，中国农业大学资源环境与粮食安全研究中心主任、曲周双高项目负责人、"科技小院"负责人张福锁教授当选为中国工程院院士，曲周"科技小院"负责人李晓林教授当选河北省人大代表。

（王绍雷）

【科学研究】

曲周实验站承担了多项国际合作、国家和省部级重点科学研究项目，布置了多项长期定位试验和集成示范，涉及栽培、育种、土壤、蔬菜、果树、农机、生物质等各个领域。实验站在全面支持曲周农业、农村发展的同时，引领了河北乃至整个黄淮海农业综合开发与现代农业发展。“十三五”国家科技支撑计划《环渤海经济区基本农田建设技术研究与示范》课题的各项工作正在稳步有序地推开。“河北省依托国家科研院校开展重大农技推广服务试点试验基地建设实施方案”——“中国农业大学曲周实验站小麦、玉米主粮产业技术创新与集成科研试验基地建设”项目正在有序进行。“多抗型优质小麦育种”项目，高级品种比产试验720个品种(品系)。7月份独立报审(参加河北省区域试验)1个，另有多个材料品系分别参加河北、山东、河南等省级区域试验。

(王绍雷)

【社会服务】

由曲周县政府和中国农业大学资源与环境学院依据“立足曲周、面向华北、走向全国”的指导原则，依托中国农业大学人才、资源、技术、品牌等优势，以曲周实验站为核心，利用农科教联盟基站、科技小院等形式推动种植业结构、农业结构和产业结构的优化，探索、建立新型高产、高效技术推广模式，在促进农村经济发展形势转变的同时，增加农民收入。曲周实验站与曲周县、邯郸市、河北省联系，利用曲周县——中国农业大学双高基地，探索“科技小院”农技创新、示范推广与人才培养模式，推动“乡村振兴”战略，并由曲周向全国各地推广。2017年，多次举办现场技术交流会，先后开展各类针对农民和农技员的科技培训，推动中国农业大学技术示范，推动曲周县粮食高产高效技术示范推广。曲周实验站有关技术人员与邯郸市农业局、山东淄博市有机农业协会、曲周县农业局、河北肃宁农业局、北京首农集团等合作，推广杂粮及蔬菜有机栽培技术，召开现场会、项目论证会；指导了北京市诺亚有机农庄、北京首农延庆农场、石家庄木佛有机农庄、沧州肃宁诚誉农庄、曲周县第四疃镇杏园有机基地日光温室的有机蔬菜生产。还参与了河北省承德市现代有机农业技术培训和参与邯郸市农业局供京蔬菜项目。有力地支持了当地农业的发展，提高了农产品品质。应农牧局邀请，多次进行了河北省新型职业农民培训。在曲周县3个乡镇拥有白寨科技小院、范李庄“三八”科技小院、后老营科技小院、相公庄科技小院、王庄科技小院5个科技小院。中国农业大学师生长年驻扎科技小院，接受农业技术咨询，开展田间技术指导。通过科技小院建立起了多层次、多形式的贯穿了县、乡、村、农户四级的高产高效技术培训体系，满足了不同种植规模、不同类型农户对不同种类技术的大部分需求。

(王绍雷)

【人才培养】

长期的教学实践和科研经验积累形成了独特的实践教学体系，可为各种专业提供土壤调查、植物分类、地质学、农业气象学、作物栽培学、农业生态学、农村社会调查等十几个学科的教学实习，规划建设专门的高水平、高质量、高技术、有故事的实习基地，涵盖学生实习涉及的盐碱地及不同作物的各个学科包括垃圾处理和污水处理的模块。方便各学科顺利完成实习教学，果园要四季由花有果，菜园四季有菜，曲周实验站已经成为重要的教学实习基地。全年共接待本科生、研究生以及新入职的青年教师800多人到曲周实验站实习和培训。曲周实验站已申请到农业部和共青团中央的“青少年农业科普基地”“中国农业大学思想政治理论课曲周实践教学基地”、河北省“院士工作站”、邯郸市“爱国主义教育基地”和邯郸市“科普基地”。

（范聚芳）

【领导关怀】

3月8日，农业部全国农业技术推广服务中心国际合作处处长程映国、副处长孙钊到曲周进行调研考察，拟将曲周列为第三世界国家培训基地。4月25—27日，由中国农业大学、农民日报社和全国农业专业学位研究生教育指导委员会主办，中共曲周县委、曲周县人民政府承办的中国—曲周“新三农”论坛暨全国科技小院联盟启动会在曲周召开。农业部原副部长路明、中国工程院院士陈学庚、校党委副书记、副校长张东军、河北省农业厅副厅长马荣才、农业日报社党委副书记陈江凡、邯郸市政府副市长范国珍、教育部学位处处长陆敏、中国农业大学资源环境与粮食安全研究中心主任张福锁、曲周县委书记郭新耀、曲周县政府县长李凡、英国洛桑研究所和英国班戈大学6名专家及全国37所高校150余位专家代表参加了本次会议。6月9日上午，中国农业大学宣传部陈明海部长率领一行13人来曲周考察。6月30日上午，曲周县委书记郭新耀、曲周县政府县长李凡到曲周实验站现场调研。江荣风站长和郭新耀、李凡就曲周实验站老旧学生宿舍改造、食堂改造及进站道路改造情况进行了探讨。8月2日，科技部组织专家组成员科技部农村中心地方科技处处长杨经学、河北省科技厅副厅长李丛民、河北省科技厅农村处副处长杨佩茹、中国科学院研究员李秀彬、中国农业大学教授廖小军、山东农业大学副教授张亮、河北农业大学教授赵邦宏、河北省社会科学院研究员陈建伟、河北地质大学教授牛建高、河北省社会科学院副研究员边继云等一行10人来曲周就河北邯郸国家农业科技园区建设情况进行考察验收。考察验收期间在市县领导陪同下到曲周实验站参观考察。9月18—20日中国农业大学教务处及视导组专家一行到曲周实验站考察指导工作。

（范聚芳）

【对外交流】

4月21日和6月29日，共两批来自加纳、南苏丹、尼泊尔、斯里兰卡、菲律宾、巴拿马、马拉维等国第三世界国家农业培训班73位政府官员到曲周实验站参观考察。8月15—16日，英国洛桑实验站站长（洛桑研究所所长）Achim Dobermann教授到曲周实验站参观考察。11月5日，英国洛桑实验站专家一行26人到曲周实验站参观考察。

（范聚芳）

【基础建设】

2017年曲周实验站从学校争取专项资金90万元，将3排36间学生宿舍进行了修缮改造，更换了屋顶及门窗，加装了卫生间和洗浴设备，大大改善了本科生实习的住宿条件。

（王绍雷）

上庄实验站

【发展概况】

2017年2月底，上庄实验站实现了新老班子的顺利交接。上庄实验站全体教职工始终坚持全心全意为学校教学、科研工作服务的初衷，克服了经费紧张、设施设备落后、人员短缺等不利因素，充分利用好周边人文环境缓和的时机，解放思想，转变观念，推动实验站的各项工作向质量提升的方向发展，真正实现了校领导提出的“有为”才能“有位”的工作要求。

（杜金昆）

【科研试验和教学实习】

2017年，共12个学院、近90个科研团队在实验站进行科研和教学工作，1 400多本科生到站开展教学实践和实习活动，400多名研究生开展科学研究工作。2017年各学院在上庄实验站课题组试验情况及在上庄实验站完成的教学、学习工作任务情况如下（表1、表2）：

表1 2017年各学院在上庄实验站课题组做试验情况

序号	学院名称	教师团队	试验项目
1	农学院	27	玉米、小麦、水稻、棉花、高粱、甘薯、中草药、生物能源利用
2	园艺学院	9	果树、花卉、草莓、蔬菜大棚、设施温室
3	植物保护学院	12	小麦、水稻、玉米、大豆、花生
4	食品科学与营养工程学院	13	酒用葡萄、鲜食葡萄
5	信息与电气工程学院	3	玉米、农机、远程信息采集
6	水利与土木工程学院	2	生物环境工程、开放实验室、温室
7	资源与环境学院	2	小麦、玉米、杏树、竹子、气象站、肥料中试车间、温室、生物质
8	工学院	2	甜玉米、再生能源利用
9	理学院	4	蔬菜
10	动物科学技术学院	1	牧草
11	生物学院	2	玉米、棉花、大豆
12	其他	8	南瓜、玉米

（魏春）

表 2　2017 年完成实践教学、实习工作任务

序号	学院名称	实习时间	学生人数	学习内容
1	生物学院	7 月 1 日(周六全天)	180 人	农事认知
2	经济管理学院	7 月 3—4 日(两半天)	246 人	农事认知
3	食品科学与营养工程学院	7 月 17—28 日(两周)	29 人	葡萄专业实习
4	校团委科学营	7 月 19 日(周三全天)	260 人	科普与实践
5	资源与环境学院(土壤)	9 月 1—3 日(三天两宿)	50 人	土壤专业实习
6	农学院	7 月 10 日(半天)	110 人	玉米专业实习
7	园艺学院	9 月 22—23 日	120 人	果树专业实习
8	农学、植物保护、园艺学院	9 月 25、27、29 日	450 人	农机专业实训
9	2017 年高校支持中小学发展项目——农业实践课堂授课中小学生 900 余人次。			

(谢虹)

【基地建设】

上庄实验站与研究生院共同建设实施研究生培养创新实验室项目(见下表),第一期植物组织培养室即将投入使用。

为了改善和提升实验站灌溉系统设备和方式,经过积极争取将上庄实验站的实验土地纳入了北京市的“两田一园”建设项目。

上庄实验站 2017 年承担的项目统计表

序号	项目名称	经费来源	金额(万元)	备　注
1	高校支持中小学发展项目	学校教务处	54.46	农大附小、实验附小、附中实践课程
2	粮食作物产业技术体系北京市创新团队项目	北京市农业局	30.0	鲜食玉米、甘薯
3	高校青年教师　社会实践地建设	北京市教育工委	2.0	学校宣传部、工会牵头组织和安排
4	就业指导中心(创业实践)	学校学工部	10.288	大学生双创基地
5	改善基本办学条件修购专项	教育部(学校)	26.6	大型农机购置
6	北京冬小麦高产稳产区试、品比、生产试验	北京市农业局	2.34	上庄实验站独立承担

(谢虹)

【工作调研】

根据学校对上庄实验站提出的各项要求,新站长上任伊始,紧紧围绕为科研教学服务这根主线,针对实验站存在的问题和面临的挑战,开展了大量的调研和座谈活动,共十

多次近百人参与。涉及的主要内容包括:实验站内部运行与管理,今后发展方向和定位、服务教学科研工作新思路新方法、服务社会的创新举措等内容。调研座谈的对象包括:校领导、相关学院领导、国家相关部门领导、各相关单位专家领导、站内工作教师等。在调研过程中,各位专家和领导对上庄实验站的工作给予了肯定并提出了很多建设性的意见。有些意见和建议立即采纳付诸了实施,并加强了整改,有些意见为实验站发展提供了新思路。

2017 年 11 月 20 日,孙其信校长带队到上庄实验站进行工作调研,他充分肯定了上庄实验站从建站开始为学校科研教学工作提供了大量的服务工作,对于学校大部分学科的发展,高水平科技成果和教学成果的产出做了强有力的支撑。孙校长指出,一段时间以来,学校未很好地重视实验站的工作和发展。提出要将实验站的发展提升到建设中国特色、农业特色的世界一流大学目标上来,提升到与学校事业发展需要的高度上来,提升到服务学校"双一流"建设工作上来。他要求相关部门尽快研究提出上庄实验站的发展定位,报学校党委常委会和校长办公会研究。发展定位报告已由实验站递交给发展规划处待组织专家论证。

2017 年上庄实验站先后安排人员赴西北农林科技大学、吉林梨树实验站调研学习实验场站的制度建设、科学研究、运行管理方面的好的经验和做法,形成了调研报告。

(杜金昆)

【机制调整】

针对实验站内部管理制度不完善,决策机制不健全等问题,制定了《上庄实验站决策管理机制与议事规则》。主要由站务会和在编教职工全体会议组成。截至 12 月底已经召开了 5 次职工全体会议和 14 次站务会议,在履行职责和完善行政决策的科学化、民主化、规范化、法制化建设,推动各项工作任务的有效完成,发挥了重要的作用。

调整实验站内部管理机构,由原来的两个科级部门,调整设置为 3 个科室:综合办公室、试验管理中心、运行保障部,明确各部门的分工和制定岗位职责。

通过学校审计实验站工作中发现的问题,着力抓好内部财务制度的建设。严格管理每一笔经费支出,预算外资金支出数额较大的须由站务会讨论集体决策。

重新修订和完善了《科研试验用地协议》《科研试验设施、房屋使用协议》;起草了《上庄实验站实验用地、实验设施收费管理办法》《上庄实验站运行管理办法(试行)》;通过制定严格的管理制度,规范实验站的收费和运行。

(杜金昆)

【社会服务】

积极与国外农机具公司商谈联合建立校外实训基地;开辟永久性的服务学校教学工作的实验土地用于实践教学;探讨建设智慧农庄示范点、智能灌溉展示区;协商与相关学院合作在上庄实验站建设以精酿啤酒产业为模型的现代农业产业链研究和技术研发与推广工作;承担《农业机械化》课程的教学实践环节。以上这些举措,提升了实验站的整体形象,拓展了实验站的服务功能,将逐步满足学校"双一流"建设工作的要求。

(杜金昆)

【党建工作】

充分发挥基层党支部战斗堡垒作用和党员先锋模范作用，通过“两学一做”学习教育，践行实验站党员同志在工作岗位上的主动担当，率先垂范做出成绩。坚持依法治站，努力学习十九大报告精神，创建了依法治站系列学习活动和学习贯彻十九大精神报告活动，邀请相关部门的领导及专家教授为全体教职工授业解惑，购买和征询法律服务，为实验站的运行提供法律保障。

（杜金昆）

【条件建设】

2017年，上庄实验站网络带宽增至50兆，网站进行了全面更新。

积极改善食堂饭菜质量，提高在站农民工的饮食水平；增加纯净水设备，为教师和学生提供健康干净的饮用水。

（杜金昆　谢虹）

【土地使用情况】

2017年上庄实验站试验土地利用情况表

用地单位	面积（亩）	种植作物、设施种类等
农学院	488.61	小麦、玉米、水稻、棉花、高粱、红豆杉
园艺学院	75.1	果树、蔬菜试验大棚、菊花
植物保护学院	58	小麦、玉米、棉花、大豆、甜菜、花生、水稻、蔬菜、果树
资源与环境学院	131.3	玉米、小麦、气象站
生物学院	92.8	玉米、大豆
食品与营养工程学院	18.27	葡萄
动物科学技术学院	7	牧草
信息与电气工程学院	9	玉米、农机试验
理学院	9	棉花、蔬菜
工学院	8	农机实习
农业部科技发展中心	75	作物安全性评价
后勤基建处	10	绿化苗木
中国农业科学院	3.5	南瓜、西葫芦
上庄实验站	79.9	玉米、小麦、甘薯、科普百草园、果树
设施温室	39.5	11栋日光温室、两栋玻璃温室、实验室
夏播	86.6	玉米、甘薯、油葵、萝卜、白菜
合计	1 191.58	注：含复种亩数

（王占森）

食品营养与人类健康高精尖创新中心

【中心概况】

食品营养与人类健康高精尖创新中心(以下简称“中心”)是北京市首批启动建设的高校高精尖创新中心之一。该中心依托中国农业大学和北京工商大学建设管理,一个建设周期为5年。北京市每年支持财政专项经费1亿元,用于中心作为“科技特区”和“人才特区”建设。

中心以明晰食品营养与人类健康的关系、以及食品安全控制为两大基本支撑点,围绕健康食品加工技术研发与转化开展建设。其建设目标是成为国际一流的食品营养与人类健康研究的学术创新高地、高水平创新人才培养基地、引领健康食品新技术研发的阵地,为我国健康食品产业的发展提供科学依据、技术支撑和转化平台。

下设3个平台:食品营养与人类健康研究平台、食品安全基础研究平台、健康食品加工技术研发与转化平台。

(史娟)

【运行机制】

成立了由中国农业大学和北京工商大学校长任组长的中心领导小组、建设管理委员会,聘任了主任、副主任、中心第一届学术委员会委员15名,并在两校科研院分别设立了中心秘书处。成立了中心办公室,聘任专职管理人员协调中心整体运行。中心实行建设管理委员会领导下的主任负责制,运行以研究团队为基本单位,每个研究团队实行首席科学家负责制。

(史娟)

【基础保障】

中心依托中国农业大学食品科学与营养工程学院和北京工商大学食品学院,中国农业大学动物医学院、生物学院、理学院现有实验室开展科研工作。另外,新增实验用房、教授办公室等,总计约6 000平方米,其中包括中国农业大学新理学楼约1 000平方米、北京工商大学耕耘楼约5 000平方米。新增部分于2017年4月投入使用。

截至2017年12月31日,中心已采购仪器设备450余台/套,其中50万～100万元以上仪器10台,100万～200万元仪器2台,300万元以上仪器1台。

为充分发挥中心服务北京、科普大众的作用,中心开通微信公众号“NUTRI-VIEW”、新浪微博“北京营养创新中心”,2017年全年,微信公众号共发出156篇原创文章,40万人订阅;微博号有160万人关注。

(史娟)

【团队建设】

中心已聘任在国内外食品营养与人类健康研究领域有巨大影响力的27位拔尖人才(校内8位、国内校外9位、海外10位)作为首席科学家，其中，中国农业大学聘任首席科学家共20位(兼职13位、全职7位；校内6位、国内校外6位、海外8位；院士3位、入选长江学者奖励计划3位、海外高层次人才引进计划2位、获得国家杰出青年科学基金5位)。

中心已聘任在行业领域内已取得一定成就并具有较大发展潜力的60位创新人才(校内47位，校外13位)作为岗位科学家，其中，中心(中国农业大学部分)聘任岗位科学家共42位(校内35位，校外7位)。中心现聘任的岗位科学家均为全职到岗工作。

中心自组建以来，新增院士1位，入选长江学者奖励计划1位，获得国家优秀青年科学基金2位；3位通过中国农业大学高层次人才引进。招收入站博士后40位，加入中心团队博士研究生177位、硕士研究生39位，科研助理27位。

(杨媛媛、史娟)

【学术交流】

1月18日，食品营养与人类健康平台召开年度会议，平台各首席科学家对年度工作进行了汇报，并就加强平台合作、完善奖励机制、完善人才队伍建设、举行定期会议等进行了研讨。

5月27日，中心举办"食品营养与人类健康"学术研讨会，来自中心及美国奥本大学的24位专家围绕"食品营养与人类健康"进行了座谈交流，相关专家也参观了中心位于东校区的实验室。

6月23日，食品营养与人类健康平台召开年中交流会，各首席科学家就团队的工作进展进行了汇报，并就凝练研究方向及成果、加强合作与宣传、完善人才队伍建设与培养、定期举行学术交流等进行了研讨。

(史娟)

【科学研究】

中心2017年发表SCI、EI文章253篇(其中NATURE COMMUNICATIONS等影响因子10以上的4篇)，授权专利23项，完成成果转化4项。庞国芳院士主持的两项院士建议均得到国务院批示。

为充分发挥中心对于科技创新的引领作用，鼓励并资助科技人员开展与本中心学术方向相关的科学研究，自2016年起，中心面向全校食品营养与人类健康、食品安全、食品制造新技术领域的科研人员开放征集研究项目，设立了"开放基金"。2017年，第二批开放基金课题立项20项，并运行良好。

(史娟)

模式动物表型与遗传研究国家重大科技基础设施

【概况】

“模式动物表型与遗传研究设施”是《国家重大科技基础设施建设中长期规划(2012—2030年)》(国发〔2013〕8号)中“十二五”时期优先安排的16项建设内容之一。该设施为国际上首次创新建设的以猪作为模式动物的标准化、规模化、自动化、智能化、精准化大型综合性表型与遗传研究公共平台,将解决表型和基因型测定及关联遗传机制分析中的科学问题,为人类疾病、动物生命过程调节等研究提供支撑。设施的建设,将为我国创造一个占据国际生命科学研究高地的契机,形成一个推动生命基础研究、医学研究、药物研发以及农业动物品种培育等多个领域快速发展的创新集群,对推动区域经济发展方式加快转变、实现创新驱动发展具有重要意义。

项目由中国农业大学牵头进行统筹协调;中国农业大学、中国科学院昆明动物研究所作为共同项目法人单位,分别负责猪和灵长类动物设施建设。项目新建建筑面积54 300平方米,建设期5年。项目总投资暂定112 493万元。具体包括猪表型与遗传研究设施项目新建建筑面积30 200平方米,项目总投资76 093万元,建设地点为河北省涿州市;灵长类表型与遗传研究设施项目新建建筑面积24 100平方米,项目总投资36 400万元,建设地点为云南省昆明市。

主要建设内容包括模式动物生产和培育系统、表型分析系统、遗传分析系统 、信息处理与智能化管控系统等。设施建成以后,将具备以下能力:一是对猪与灵长类个体与群体大样本的快速、精确表型和遗传测定能力,建立猪与灵长类模式动物的数据库,形成行业标准与评价体系;二是基于猪与灵长类动物的人类疾病模型的创建、机理解析与综合评价能力;三是基于猪与灵长类动物模型的药理药效与毒理评价能力;四是海量数据系统收集与处理能力,能够系统、精确地描述模式动物的表型与遗传型及其在环境变化中的响应。

2015年3月完成项目建议书并上报,2016年2月1日国家发改委发文批复项目建议书(发改高技〔2016〕217号);2016年12月完成并上报可研报告,2017年6月获国家发改委对可研报告的批复(发改高技〔2017〕1228号);2017年7月启动设计公开招标,2017年11月24日,中国中元国际工程有限公司中标,于2017年11月28日启动设计,包括方案设计阶段、初步设计、施工图设计及施工配合四个阶段;预计2018年底或2019年初开工建设。

(张树川　姚新宇)

【组织机构】

在项目的决策管理机构方面,2017年9月成立重大设施工程指挥部、工程经理部和重大设施建设办公室(中农大规划字〔2017〕6号)。工程指挥部由孙其信校长担任总指挥,副总指挥由李召虎副校长、龚元石副校长担任;工程经理部经理由副校长李召虎担任，副经理由发展规划处处长刘竹青担任；建设办公室设编制9个，主任1名，副主任2名（1名副主任由涿州农场副场长兼任，1名副主任专职负责工程建设，副处长级）。

2017年7月20日，同涿州开发区管委会召开启动项目建设推进会，由开发区工委副书记、管委会副主任赵东宏牵头，园区办、规划局、城建局等相关部门主要负责人参与，成立项目建设推进小组，随时沟通联系，协助配合办理项目在地方的报批手续。

在项目的技术组织方面，2015年3月学校聘任孟安明院士担任首席科学家，项目组由赵要风教授担任副首席科学家，孟庆勇副教授担任总工艺师，并明确生产培育、表型分析、遗传分析、智能自动化管控、智能化信息与网络等各系统负责人。2017年11月11日成立国际科学咨询委员会，学校颁发聘书聘任2007年度诺贝尔奖获得者 Mario R. Capecchi 教授为主席的首批5位委员。

（温皓杰）

【举办国际高端论坛】

2017年11月10—11日，与中国工程院联合举办2017动物生物技术国际高端论坛，邀请了包括 Mario R. Capecchi 教授在内的17位国外知名专家、世界著名的实验动物机构 Jackson 实验室、美国国家猪资源与研究中心、法国国家农业研究所的代表等，以及中国工程院院士夏咸柱、金宁一等近50位国内该领域专家莅临。论坛期间，介绍了模式动物重大设施的基本情况，提议启动国际“模式猪计划”，与会专家、学者就以上工作开展的设想进行了广泛而深入的讨论，达成了一系列重要共识和合作意向。

（于坤）

【设计启动会】

2017年11月24日，中国中元国际工程有限公司成为模式动物表型与遗传研究设施项目设计的中标单位。2017年11月28日，会同中国科学院昆明动物研究所与中国中元国际工程有限公司召开设计启动会。会上，大家就前期工作进展情况、初设完成的时间表、项目参与人员构成、初步设计时间节点把控、初设的详细要求等问题进行了深入沟通，对现阶段存在的问题和制约因素给出了相应的建议与解决办法。最后大家共同决定，本着目标清晰一致，共担责任的态度，精诚合作，共同高效、高质量的推进项目设计的进度。

（王夏玲）

中国农业大学科技园/北京建设大学

【概况】

中国农业大学国家大学科技园（简称中国农业大学科技园）核心区位于海淀区天秀路10号北京建设大学。北京建设大学是1989年由九三学社中央创办的一所非学历教育民办高校。2003年经教育部批准，在北京市教委的支持下，变更为由中国农业大学所属北京中农大科技企业孵化器有限公司举办。2006 年 8 月至 2011 年，北京建设大学继续民办教育，同时创办中国农大国际创业园，承办中国农业大学科技园；自 2011 年北京建设大学开始向服务学校教学科研转型，2013 年经学校常委会研究决定，停止新招全日制学生，逐步结束民办教育，全力开展科技园、创业园及服务学校教学科研工作。

（赵忠英）

【国家大学科技园】

2003 年 1 月由北京市教委、北京市科委批准为北京市级大学科技园，2006 年 11 月经教育部、科技部批准为国家级大学科技园，2011 年 8 月再次通过教育部与科技部复审。截至 2017 年 12 月初，中国农业大学科技园共有在园企业 340 家，其中新入孵企业 77 家，出孵离园企业 60 家。2017 年引入美国爱荷华州的连锁畜牧企业、袁隆平农业高科技股份有限公司分公司在园区落户。中国农业大学科技园旨在打造农业和生物技术为主的现代化农业产业示范园。

（赵忠英）

【创新创业】

2005 年获中关村管委会与中国农业大学共建中国农大留学人员现代农业创业基地，2016 年获北京市众创空间称号，2016 年获北京市星创天地称号，2017 年度北京建设大学成功转型双创服务，2017 年 11 月经中国农业大学校长办公会审议通过，“中国农业大学大学生创业园”在北京建设大学落地成立。2016 年 12 月北京建设大学获北京市众创空间后补贴支持资金 40 万，2017 年 4 月获中关村管委会海淀园“创新创业服务载体”专项资金 20 万元支持，2017 年 9 月获批国家大学科技园 2016 年度税收优惠资质。2017 年中国农业大学六个优秀学生创业团队在园区落地（北京智农核芯科技有限公司—畜牧智慧芯、麦哒哒烘焙小屋、北京中农信驰科技有限公司、北京中农青牧科技研究院—牛精英、中农康诺生物科技公司—喔乡信林下生态养鸡项目、“辛・汤森斯”天然芳疗护肤）。

（赵忠英）

【服务教学科研】

致力服务入驻北京建设大学的团队，为学校教学科研做好服务保障。服务植保实验室 2 267 平方米，国家果蔬加工工程中心 3 967 平方米，博士生住宿 13 748 平方米，学生创新创业团队 247.67 平方米。2017 年完成 15 级博士生迁回中国农业大学住宿办理退宿 220 人，16 级博士生退宿 22 人，迎接 17 级博士新生入住 259 人。截至 2017 年 12 月，服务在住博士生 467 人，留学生 27 人。

（赵忠英）

【孵化基地楼建设】

2015 年 7 月 20 日，北京市规划和国土资源管理委员会（以下简称“北京市规委”）批准北京建设大学申报新建 4 号孵化基地楼，有效期 2 年。2016 年 10 月，学校研究并通过北京建设大学启动 4 号孵化基地楼建设项目。2017 年 2 月，设计方案送北京市规委海淀规划分局初审；4月10日海淀规划分局批准进入申报流程；5月10日，通过海淀区建委组织的绿色建筑标识评价预评审；6月7日得到海淀建委同意确认函；6月8日正式进入窗口申报流程；7月7日取得《北京市规划和国土资源管理委员会关于北京建设大学建设孵化基地项目设计方案规划审查意见》(方案复函)；11月10日取得《北京市海淀区民防局人防工程设计审核批准意见书》；截至2017年12月，项目进展至海淀园林局征求意见阶段。

(赵忠英)

党建与思想政治工作

组织工作

【概况】

2017年，组织部门在上级和学校党委的领导下，深入学习贯彻党的十九大精神和全国高校思政会精神，以落实中央专项巡视反馈整改意见和迎接北京市高校党建与思想政治工作基本标准入校检查为契机，全面推进“两学一做”学习教育常态化制度化，夯实基层党建工作基础，规范干部选任程序，扎实开展干部监督工作，进一步提升组织工作的科学化、专业化水平。

（周进）

【党建工作】

截至2017年12月31日，学校全年共发展党员1 131名，比2016年减少8人，其中本科生692名、研究生425名、教职工14名；全年共有2 789人办理党员组织关系接转手续，其中转入1 030人，转出1 759人。中国农业大学党委下属20个分党委、2个党总支、2个直属党支部，500个基层党支部。基层党支部中，学生党支部306个（本科生党支部87个、研究生218个，混合学生党支部1个），在职教职工党支部145个（其中，教学科研一线党支部71个，机关党支部26个，其他党支部48个），离退休党支部48个；教师、学生混合党支部1个。全校共有党员9 514人，占全校总人数的36%。学生党员共计5 894人，占学生总数的31%（其中，本科生党员1 533人，占本科生总数的14%；研究生党员4 361人，占研究生总数的54%）；在职教职工党员2 100人，占教职工总数的47%（其中在职教师党员932人，占教师人数的55%）；离退休党员1 065人，占离退休总数的37%；其他党员455人。

落实巡视反馈整改，迎接《基本标准》入校检查 以落实中央专项巡视反馈整改意见和迎接北京市高校党建与思想政治工作基本标准入校检查为契机，以加强基层组织建设，强化制度约束为抓手，全面梳理学校选人用人、干部监督、基层党组织建设中存在的问题和薄弱环节，共完成了《中央专项巡视反馈意见整改任务清单》和《中国农业大学关于中央选人用人工作检查整改任务清单》中 36 项整改措施；对标《北京市高校党建和思想政治工作基本标准》，从 11 个方面、30 个关键点、123 项主要任务中，总结和回顾了五年来干部队伍建设和基层党组织建设方面的工作，共制定或修改基层党建相关制度 8 项，干部队伍建设管理监督相关制度 3 项，针对 24 个二级党组织建设开展了 2 轮全覆盖的督导检查，不断夯实基层党建基础，创新党员教育管理模式，拓展干部选拔管理途径，严格干部监督问责机制，不断构建基层党建和干部管理科学化体系，提高组织工作水平。

全面推进“两学一做”学习教育常态化制度化，夯实基层党建基础 制定《中国农业大学“两学一做”学习教育常态化制度化实施方案》，在工作中全面梳理，摸清基层党建工作的短板，推动党建与中心工作深度融合。制定《二级党组织工作规程》，强化学院党委的政治核心作用，在教学科研管理和人才队伍建设等重大事项中履行政治责任和发挥主导作用；进一步规范基层党组织换届，建立基层党组织换届台账，指导 4 个学院党委完成党委换届工作，统一完成了各级党组织纪检委员的增补；制定出台基层党支部“1＋2”建设文件，即《进一步加强和改进新形势下基层党支部建设的实施意见》和《教职工党支部工作规程》《教职工党支部工作考核评估办法》，强化党支部的政治功能；开展党支部规范化建设试点工作，对“一规一表一册一网”进行试用，不断强化基层党组织的组织生活规范性；以“培训学习＋工作部署”的模式开展基层党支部书记集中培训；在研究生培养、野外试验场站、学生社团等探索功能型党支部建设，扩大基层党组织有效覆盖。

加强领导与督查，建立健全基层党建责任体系 2017 年迎接中组部基层党建工作督导检查 4 次，建立基层党建 8 项考核重点指标和 15 项基础党建工作自查清单，抓实党组织书记作为抓党建工作第一责任人的职责。2017 年初共有 12 个二级党组织书记就 2016 年度党建工作进行现场述职，实现两年现场述职全覆盖，形成《2016 年度基层党建述职评议考核结果分析报告》，向现场述职的书记反馈述职评议考核结果、考核打分结果和综合评价意见；在落实中央巡视整改期间组成 5 个督查组，开展了落实中央巡视反馈意见整改督查，实现对 24 个二级党组织督导检查全覆盖，并逐一向党组织负责人反馈督查结果。为迎接党建标准入校检查，开展了基层党支部建设情况专项督导调研工作，由二级党组织书记组成的 6 个工作小组，对全校基层党支部建设情况进行督查调研，形成 21 份督查调研反馈报告，179 份基层党支部督查调研反馈表，提出改进意见建议。逐步建立完善了抓基层党建工作的“述、考、评、督”机制。

加强党员教育管理，形成长效机制 创新党员教育模式，始终坚持在发挥作用中加强党员的教育管理服务。深入推进学习型党组织建设，构建全方位、立体式、全覆盖的学习体系，开展“新时代、新使命、新作为”的主题党日活动，搭建党支部学习贯彻十九大精神的平台；深入开展社会实践锻炼，各基层党组织结合学科特色与优势，聚焦服务“三农”、对接国家战略需求，彰显了基层党组织的战斗堡垒作用；以李小云、陈青云、侯书林、李克江等为代表的一大批优秀共产党员，积极开展支边支疆支教的社会实践和志愿服务，“把论文写在贫苦地区的大地上”，充分发挥党员了先锋模范带头作用；开展党员组织关系集中排查回头看，依规对 150 名失联党员进行规范管理和组织处置，其中 142 人采取了停止党籍处理，8 人取消了预备党员资格；做好毕业生党员组织关系的管理工作，将党组织关系保留在学校的党员纳入党组织管理，建立防止党员失联的长效机制；下发《关于规范党费收缴使用管理工作的通知》，开发网上党费缴纳和统计系统；制定使用补缴党费工作方案，其中 200 万元用于助力“扶贫攻坚”，100 万元用于帮扶生活困难的党员、群众，发挥党费收缴与使用的教育意义。坚持标准、严格程序，不断提高党员发展质量。

强化组织保障、加大基层党建支持力度 学院党委建立党委(党总支)办公室，由党委副书记兼任党委办公室主任，制定了《关于加强党务干部队伍建设的意见》，将党务工作队伍建设纳入学校干部队伍建设和人才建设总体规划，每个学院配备 1 名专职组织员，增强基层党务工作力量；投入经费 200 余万元，支持各二级党组织建设“党员之家”；完善激励机制，制定《中国农业大学党内评优表彰办法》规范党内表彰，增加党建评优奖励额度和党支部书记奖励人数，2017 年投入 61 万元开展党内评比表彰。评选优秀基层党组织 20 个，优秀共产党员 100 人，“优秀党务工作者”20 人。

（杨志）

【干部工作】

截至 2017 年 12 月 31 日，学校处级干部共计 201 人，其中正处级干部 68 人，副处级干部 133 人；具有硕士及以上学位的 175 人，占干部总数的 87.06%(其中具有博士学位的 105 人，占干部总数的 52.24%)；平均年龄 46 岁(其中正处 49 岁，副处 45 岁)，35 岁以下的处级干部 14 人，占 6.97%，女干部 70 人，占 34.83%；少数民族干部 12 人，占 5.97%；党外干部 31 人，占 15.42%。

严格工作程序，有序开展干部选任 根据中央精神，结合巡视整改意见，修订出台了《处级干部选拔任用工作办法》，从制度上进一步规范完善干部选任工作程序。2017 年共提任干部 5 人(其中正处级干部 4 人、副处级干部 1 人)，平级任用干部 23 人(其中原职务任用 5 人、平级调整 18 人)，8 人不再担任处级职务(其中正处级干部 4 人、副处级干部 4 人)。园艺学院、食品科学与营养工程学院、理学院、国际学院 4 个二级党组织进行了换届，选举产生了新一届党委委员及书记、副书记，继任处级干部 5 人。召开全校定向推荐会 1 场、非定向推荐会 1 场，学院民主推荐大会 3 场。对提任的 5 名干部进行考察、个别谈话征求意见 94 人次。严格执行任职回避制度，调整 2 名处级干部配偶工作岗位。加大干部交流轮岗力度，对在同一岗位任职满 10 年的 13 名干部进行了交流轮岗。

强化日常管理，从严从实管理干部 一是认真开展干部考核。组织完成 3 名任职试用期满干部的考核，协助有关单位召开述职测评大会 3 场，共有 158 人次参加了测评，进行了 21 人的个别谈话，征求了纪委对考核对象在试用期内廉政情况的意见，完成考核材料，并提交党委常委会确定考核结果。组织全校正、副处级干部进行年度考核，汇总测评考核结果。二是做好干部挂职的选派与接收工作。钱学军、陈青云、侯书林圆满完成了援疆任务，3 人均获得了新疆维吾尔自治区记功一次的奖励，陈青云同志还获得了全国对口支援新疆先进个人的奖励。第 16 批博士团选派人员杜金昆、京郊人才行选派人员俞红强挂职期满。2017 年学校选派研究生院刘军挂职云南临沧镇康县副县长；校工会李克江继续在驻村担任第一书记；水利与土木工程学院王凤新挂职甘肃武威县水务局副局长；工学院侯书林继续在塔里木大学机电学院挂职副院长；农学院康定明挂职新疆农业大学农学院副院长；党委组织部尤泳挂职海南省琼中县副县长。三是积极开展后备干部选拔。深入16个学院进行谈话调研（谈话范围包括院长、党委书记、学科带头人、系主任、教师代表等），个别谈话154人次，建立了双肩挑后备干部库；在已有各类民主推荐的基础上，建立党政管理正处级后备干部库，进一步扩大选人用人工作视野。

健全工作制度，深入推进干部监督 一是认真开展干部选人用人"一报告两评议"工作。完成干部选任工作报告，对学校选任工作和在2016年至2017年2月底提拔选任的13名正副处级干部进行了民主评议。从反馈结果看，民主评议总体满意情况（满意＋基本满意）为91.80％，较去年提高1.13％，不满意率为6.01％，下降1.24％，呈现出良好态势。二是组织干部申报个人有关事项。严格执行拟提拔干部凡提"四必"，对1位拟提拔干部进行了申报核查，认定其如实申报。根据上级要求，并结合实际情况，学校明确了内设管理机构的范围，并报教育部备案。组织在填报范围内的92名领导干部申报了个人有关事项，其中正处级干部31人，副处级干部61人。全部领导干部个人有关事项信息于2017年4月统一录入上报，并随机抽取11人进行核查，抽查比例为12％。三是规范处级干部、离退休干部兼职审批。制定《中国农业大学处级领导干部兼职管理办法》，对干部兼职管理细化了工作要求。7月，对全校处级领导干部目前在社会团体、基金会、企业和民办非企业的兼职情况以及在高水平期刊担任评委、在国外学术组织兼职情况进行了集中申报、认定和审批，并对退休领导人员兼职情况进行了排查。10月，学校进一步对离退休校级、处级干部社会团体兼职情况进行清理规范。四是严格干部因私出国（境）管理。制定《中国农业大学领导干部因私出国（境）管理办法》，对处级干部因私出国（境）证件的管理、因私出国（境）的审批程序等做了严格的规定，做到因私出国（境）证件管理有章可循，有法可依。目前，学校处级及以上干部中192人持有因私证件271本，其中因私护照182本，港澳通行证49本，台湾通行证40本。全年共审批处级领导干部因私出国（境）59次，共出具《同意申办出入境证件的函》19份。

按照上级要求，认真做好人才项目申报 学校共有9人申报北京市优秀人才培养资助项目北京市拔尖人才；11人申报北京市优秀人才培养资助项目骨干人才；3个团队申报北京市优秀人才项目。经过北京市委教工委、北京市委组织部的层层审核，共有5人入选2017年北京市优秀人才，他们分别是马克思主义学院王娜、园艺学院闫佳琪、食品科学与营养工程学院姚志轶、动物科学技术学院周磊、理学院郑冰。

（周进）

【党校工作】

2017年，根据党的十八届六中全会、党十九大和全国高校思政会的精神，学习贯彻《中共中央关于加强和改进新形势下党校工作的意见》，配合学校中心工作，更新教学内容、完善网络教学平台，开展了分层次、分类别、多渠道、大规模、重实效的干部教育培训和党课培训活动。

积极开展党校教务教学工作 2017全年（春秋两季）校院两级共举办党课培训班68期，培训学员总计近4 386人次。其中入党积极分子培训班23期，培训学员1 930人（其中教职工学员77人）；发展对象培训班31期，培训学员1 340人（其中教职工学员30人）；预备党员培训班12期，培训学员851人（其中教职工预备党员7人）；大学生党员骨干培训班 2 期，培训学员 265 人。根据党十九大精神以及十八届六中全会精神和全国高校思政会的精神更新了教学内容，及时把党的创新理论和党的建设新要求融入党课学习课堂之中。

完善党课网络教学平台 联合开发党的十九大精神专题学习平台，设置包括十九大精神学习课程、学习十九大新党章、专家带你读报告和微视频课件学习，研讨交流、心得体会、知识测验的学习模块系统。形成了比较完整的网络学习体系，实现了入党积极分子、发展对象网络学习全覆盖。

加强教育培养，提高干部综合素质 一是选调干部参加教育行政学院等单位组织的集中培训，2017 年至今共选派 27 名处级干部外出脱产培训。二是选派青年管理干部出国研修人员。通过自愿报名、资格评审、外语面试等环节，确定了 8 名入选人员。另有 3 名以往入选人员出国研修。三是以“两学一做”和学习贯彻十九大精神为契机，开展干部学习教育。处级干部发挥带头示范作用，除认真参加学校集中培训外，还参加各级理论中心组学习。四是举办在职教职工党支部书记培训班。2017 年 9 至 11 月，举办了教职工党支部书记集中轮训班，包括理论知识和业务培训等。五是组织干部网络在线学习。使用新的高等教育管理干部培训平台，处级干部每人在线学习 52 小时，并撰写理论学习文章。

（李桦）

宣传思想文化工作

【概况】

2017 年，中国农业大学认真学习贯彻习近平新时代中国特色社会主义思想和党的十九大精神，落实全国高校思想政治工作会议精神和中央巡视整改任务，围绕学校中心工作，聚焦立德树人根本任务，以迎接和学习宣传贯彻党的十九大精神为主线，内聚人心强基础，外树形象促发展，不断加强宣传教育工作。

（刘铮）

【理论学习】

深入学习宣传贯彻党的十九大精神 学校党委研究制定了学校《学习宣传贯彻党的十九大精神的实施意见》，党委书记姜沛民、校长孙其信等领导干部带头学习研讨，深入师生宣讲党的十九大精神，思想政治理论课教师集体备课，确保党的十九大精神进课堂。各二级党组织利用双周三下午的专题学习培训时间，开展各类学习宣讲活动，达到师生全覆盖。

2017 年，学校党委组织报告会、研讨会等十余次，覆盖师生 3 000 余人次。学校领导和千名学子参观“砥砺奋进的五年”大型成就展，见证十八大以来建设成就。发挥党委理论中心组的示范引领作用，修订《理论学习中心组学习规定》，制订年度专题学习计划，2017 年学校党委理论中心组专题学习 14 次。

营造良好学习氛围 学校制定《学习宣传贯彻党的十九大精神的实施意见》，购置十九大报告单行本等书籍、光盘，促进各单位迅速掀起学习热潮。

围绕重要节日、纪念日和评选活动，综合运用电子屏、宣传栏、报纸等平面媒体，网络、广播、视频等传统媒体，微信、微博等新媒体，构建宣传教育立体化平台，营造良好氛围，深化主题教育效果。开辟党建专题网站，全方位展示学校党建工作。在中国农业大学微信企业号平台设立“学习路上”栏目；全年编印、发放各类学习材料共计万余册；编写《宣传通讯》9期；印发《思想理论动态简报》；订阅报刊40余种，共计1 000余份；通过校园网上传、发布各类通知文件、学习资料等百余条。

（刘铮）

【教师思政】

加强教师工作顶层设计，成立教师工作部 2017年9月，学校进一步强化党委对教师思政工作的统筹领导，成立教师工作部，统筹做好教师思想政治教育和管理服务工作，明确由分管教师思想政治工作的党委副书记分管，与党委宣传部合署办公，教师工作部部长由宣传部长兼任。教师工作部主要负责全校教师思想政治工作的规划制定与协调落实；统筹教师的思想教育和师德师风建设；统筹教师评聘、考核、评优中的思想政治表现评价；负责组织和开展教师思想政治工作研究。

加强研究部署，增强工作针对性实效性 大力开展思想状况调查，先后开展北京市教师思想状况滚动调查、春季和秋季学期返乡教师思想状况调查。完善教职工理论学习体系，制定《关于加强教职工理论学习工作的实施意见》，以双周专题学习制度为依托，落实每月1次（半天）的集中政治理论学习，建立理论学习师资库、学习资源库，各单位的学习情况纳入二级党组织考核评估，教职工参加理论学习的情况纳入各类评奖评优。

抓好理论武装，不断强化教师“四个自信” 引导教师开展“大学习”，为教师配发学习材料，组织教师参加校、院、支部三级学习辅导及交流研讨，教师层面传达十九大精神学习全覆盖；组织教师听取“大宣讲”，中国工程院院士、水利与土木工程学院教授康绍忠等专家学者结合学科解读十九大精神，“十九大精神宣讲团”在校内宣讲近30场；组织教师开展“大讨论”，举办“学习贯彻党的十九大精神与新时代高校思想政治工作创新发展”研讨会，组织教师在深入研讨基础上形成理论文章，向北京市教工委征文活动报送论文12篇，其中5篇获奖。

深化师德教育，完善师德建设长效机制 广泛开展学习宣传李保国同志、廖俊波同志和黄大年同志等先进典型事迹，邀请河北梆子《李保国》走进校园，用共产党员全心全意服务“三农”的事迹感染教师。挖掘校内典型人物、优秀团队的事迹，开设“一线”“人物”“关注”“身边榜样”“北京教学名师”等多个专栏，报道先进基层党组织、优秀共产党员和党务工作者、一线教师好故事，号召全校教师向先进学习。修订《教师手册》（第3版），制定《师德考核实施办法》。2017年共59个单位组织、2738名教职工参与了师德考核。

聚焦重点群体，提升青年教师思政工作水平 2017年新增曲周实验站作为实践教学基地，增加校史文化教育比重，让新教师了解学校“曲周精神”“小院模式”，引导新教师感受学校历史文化精神，继承学校扎根中国大地办社会主义大学的传统，更好担起学生健康成长指导者和引路人的责任。积极选送骨干教师研修，按照上级单位要求，2017年共组织24名教师参加中宣部、教育部哲学社会科学教学科研骨干研修班、北京市哲学社会科学教学科研骨干研修班、北京高校青年骨干教师理论培训；组织教师听取上级单位举办的名师大讲堂、形势政策报告会、科学道德和学风建设报告会等活动，积极参与北京高校青年教师调研成果评选，8 个项目获得北京市一、二等奖。

（刘铮）

【新闻宣传】

弘扬主旋律，提高宣传舆论引导能力 制定《校园宣传媒介管理办法》《新闻发布工作实施办法》《新媒体管理实施办法(试行)》，对校园媒体、新媒体、校外媒体入校采访和对外新闻发布等进行规范，完善新闻管理制度。

发挥媒体的主渠道作用，传播学校发展成就，新闻网刊发新闻约 2100 篇，新闻图片 4400 余幅，年度策划完成专题 12 个，对十九大、“双代会”等校内外重大事件，精心策划，有效设置某一时段的网络传播议程。新闻网推出“一线 · 人物”专题，聚焦一线变化，关注身边人物，已累计推出 11 篇报道，受到师生好评。全年编辑出版校报 26 期，其中新视线 9 期，定期通过“CAU 新视线”微信公众号发布“掌中报”，实现了传统纸媒、手机终端、网络电子版“三位一体”同步传播格局，策划出版了“七一专刊”“新媒体联盟成立一周年”等专刊，推出“求是”专栏、“十九大时光”“学习十九大”“媒体农大——用心丈量中国”等专题板块，在读者中形成积极的正向舆论。结合时政，通过录制转发十九大开幕会、十九届中共中央政治局常委同中外记者见面、十九大专题新闻发布会，解读十九大报告等视频，累计点击量两万余人次，参与学校各项重大会议、活动相关视频的拍摄、直播或制作，服务师生视听需求。结合微信传播特点，推出了“新闻纵横”“农大印象”“校园科普”等专栏，较好地反映了学校的工作动态、师生的精神风貌、校园生活。微博、微信规范管理后，以荐读或转发形式扩大新闻宣传效果，同时从文化传播、资讯服务等层面宣传学校与新闻网形成初步联动态势。

在主流社会媒体发稿 350 余篇，重点围绕十八大以来成就报道、十九大开闭幕师生反响等重要时间节点邀请媒体入校采访或推送稿件，在《光明日报》推出“砥砺奋进的五年 · 迎接‘十九大’”专版，系统介绍学校十八大以来的成就，党委书记姜沛民同时发表署名文章《始终把服务农业现代化当作使命》。组织专家及时在媒体上就社会热点等话题发声，引导社会舆论，提高了学校的社会影响力。

完善制度，建强工作队伍 依托新媒体联盟，加强学校新媒体传播合力，鼓励全校新媒体平台更加积极地推动校园新媒体发展，多出好作品，协调理事副理事长单位有关负责人对报送作品进行评选表彰，报送作品获得“动漫作品”二等奖一个，“网络文章”优秀奖一个；为增强师生对网络安全认识，自觉规范网络行为，在 2017 网络安全宣传周来临之际，组织部分师生前往新浪网总部参观交流，开展线上答题和线下签名等活动，有效提升师生网络安全意识；宣传部、学工部等多部门联动，形成新闻宣传培训和易班学院品牌，对全校师生进行培训，提升新闻业务素质，首期邀请《中国教育报》记者讲授“教育新闻的采访与写作”。

推进工作创新，多措并举提高传播影响力 宣传部以世界读书日和十九大宣传报道为契机，尝试新闻网、校报、微博、微信、视频、对外宣传联动，吸引了师生和《中国教育报》等校外媒体的关注。在 4 月 24 日世界读书节日前后，学校组织各学院院长、分党委书记向全校学生推荐了 29 本图书，通过图书引导学生学习红色文化和中华传统文化，同时也培养学生辩证思考的能力，还在网络、微信、校内电子屏、校报等多种媒体平台上联合发声，从推荐图书到评选“阅读之星”再到基于大数据制作的分享农大师生借阅习惯的微视频，通过营造浓厚的阅读氛围促进师生培养读书习惯。

十九大前后，学校通过制作主页大图、新闻网推出专题、校报出版专刊、视频中心转发大会盛况、专家讲座、解读视频等形式，在全校范围内掀起学习宣传贯彻十九大精神的热潮。全年制作精美官网主页大图110余幅，内容涉及国家科技奖、112周年校庆等，注重校园网主页和新闻网以图片反映学校近期的重点工作。

积极创新媒体报道形式，邀请校外媒体入校直播，全方位扩大学校的影响力。邀请《光明日报》、光明网、光明日报融媒体中心三路记者入校直播新生开学等，实时在线最高观看量1.2万人次，直播总观看量达13万人次。

健全规章制度，规范学校网站建设、域名审批流程。与网络中心联动，健全学校网站建设、独立域名审批制度，规范申请、审批流程，确保所有网站、域名相关信息详尽备案，信息源追溯可查。

（刘铮）

【校园文化】

创新方式，强化价值引领 通过在各学院楼内设计社会主义核心价值观系列海报，在传播正能量的同时，营造出良好文化氛围。通过开展“我与社会主义核心价值观”班会，与“两学一做”学习教育结合起来，围绕“学党章・有信念”专题，组织新老党员共同交流探讨，通过老党员“榜样的力量”，触动和启发年轻教师党员和学生党员自觉践行社会主义核心价值观。以社会主义核心价值观中的“敬业”和“诚信”为主题举办师生演讲比赛，学校教师在北京市总工会举办的“敬业八小时・我有我精彩”主题演讲比赛中荣获一等奖。

开拓思路，注重以文化人 继续发挥品牌文化阵地的思想引领功能，共举办名家论坛4期、文化艺术讲堂6期，文化艺术展览10期、橱窗专题展览9期，全校全年共开展各类讲座、论坛、报告会212场。沈建忠院士、谭凯家少将、陈毅之子陈昊苏、诺奖获得者卡佩奇分别做客名家论坛，与师生共话责任担当，将实现个人价值与服务国家社会发展相结合，为同心共筑中国梦汇聚精神动力。举办“砥砺前行——学习贯彻党的十九大精神・名家进名校书画作品邀请展”等文化艺术展，让师生在欣赏文化艺术的同时，也提升思想认识境界。以世界读书日为契机，策划“稼穑书香”读书活动，通过经典导读、精品荐读、佳作诵读等多种形式，营造多读书、读好书的良好氛围，其中微信栏目《为你朗读》，被人民网誉为农大版“朗读者”，在文化育人方面做了积极探索。

把握节点，传承大学精神 利用开学典礼、毕业典礼、入职仪式等重要仪式场合，开展农大文化专题讲座，结合校庆日活动，积极培育师生践行“解民生之多艰，育天下之英才”的校训和“团结——朴实—求是—创新”的校风，铭记农大长期办学历程中特有的勤勉持重、爱国忧民的精神传统和严谨求实、厚德博学的办学传统，利用校徽拼图、文化地图等文化产品，增强校徽的认知与理解，成为全球农大人共同的文化品格和精神力量，同时推进校歌传唱活动，不断彰显和丰富农大文化元素。

环境育人，打造精致校园 完成校园道路指示系统建设，不仅实现了道路指示功能，还注入了老校门等文化元素，实现了环境文化的育人功能，从细微处入手，强化育人理念。

（刘铮）

统战工作

【概况】

2017 年，党委统战部以习近平新时代中国特色社会主义思想为指导，在思想上行动上深入贯彻习近平总书记统一战线重要思想和上级部门对统战工作的重大部署，以迎接、配合中央专项巡视和落实巡视整改为动力，积极融入学校思想政治工作格局，着力推进党外知识分子思想政治工作，深入实施“心桥工程”和“168”工程，讲统战故事，做育人文章，主动对接服务国家脱贫攻坚战略、京津冀协同发展战略和北京市低收入农村发展，坚持不懈推进民族宗教工作，加强重点难点问题调研，牢固树立“四个意识”，营造“大统战，大调研，大培训”的工作格局，进一步打造统战工作“升级版”。

（赵竹村）

【加强党委领导】

切实加强党委领导，依托大党建推进大统战 5 月份，成立学校统战工作领导小组（港澳台侨工作领导小组）。学校党委统筹部署，举办高层次人才红色教育实践班，赴井冈山、延安开展体验式培训。结合落实《北京普通高等学校党建和思想政治工作基本标准》检查，将统战工作要求进一步纳入《中国农业大学教职工党支部工作规程》和《中国农业大学教职工党支部工作考核评估办法》。

深入开展调研协商，为“双一流”建设凝聚智慧力量 印发《中国农业大学 2017 年民主协商工作方案》，继续围绕第三次党代会“八个一流”战略任务，广泛协商，广纳群言，广集众智。4 月 21 日，邀请各民主党派负责人集中学习研讨如何贯彻落实全国高校思想政治工作会议精神。学校统战成员围绕中心，凝心聚力完成《高校统战工作与大学发展的关系》《提升大学的社会影响力是民主党派成员的主战场》《中国农业大学本科生在国际合作交流中成长成才情况调研报告》《高校教师社会服务绩效考核管理系统设计》《关于学校教育基金会投资策略选择及投资方案规划的建议》等成果。

各基层党组织不断加强基层统战工作，与本单位民主党派、无党派人士密切联系，党员领导干部主动联系民主党派代表人士，重大活动以及重要的理论学习和工作形势报告邀请民主党派人士参加，调动他们的积极性和创造性，共同协商促进学校和学院事业发展。分层分类做好党外知识分子工作，将政治引导与关心其政治安排、业务发展和实际困难相结合，做好引进人才的后续工作，帮助解决实验条件、子女上学等问题。

（赵竹村）

【党外知识分子工作“心桥工程”】

紧紧围绕脱贫攻坚战略，为党外知识分子搭建建言出力的平台 贯彻落实北京市委教工委《关于新形势下深入推进北京高校统一战线“心桥工程”的实施意见》（京教工〔2017〕17 号），制订印发实施《中国农业大学统一战线“心桥工程”脱贫攻坚行动纲要（2016—2020）》。3 月 27—29 日，学校组织畜牧、园艺、植保和食品相关学科专家赴滇西科技师范学院开展学术交流及研讨活动，加强对口联系与帮扶。4月26日，学校统战系统召开“科技教育精准扶贫的路径与模式”研讨会，总结扶贫经验，进一步落实精准扶贫思想和战略。6月5—6日，学校组织多党派专家随同农工党中央社会服务部，赴贵州毕节大方县进行精准扶贫调研，指导大方农业发展，建立科教帮扶工作机制。7—8月份，依托学校统战系统在贵州毕节纳雍县设立的“教授工作站”，一批师生连续奋战，进行技术帮扶，啃硬骨头，积极参与和推动纳雍县土鸡扶贫产业发展。

精心打造区域化统战创新综合体，搭建党外知识分子大规模实践锻炼平台 在北京市委统战部指导下，重点与怀柔区委统战部对接，通过座谈、研讨和调研协商等方式，共同推进统战合作。5—6月份，学校党委统战部、组织部、园艺学院、民盟委员会等多次实地调研，启动百名专家服务怀柔科技行动，首批安排6位党外高级知识分子赴怀柔挂职锻炼，大批专家走进怀柔农村。7月12日，在怀柔区喇叭沟门满族乡举行怀柔区委统战部与中国农业大学党委统战部战略合作签约仪式，学校党委副书记、副校长张东军出席并讲话。12月8日与怀柔区委统战部、怀柔区农委共同举办“北京怀柔乡村振兴战略研讨会”，学校特邀专家、挂职专家共30余人参加研讨会，共同为怀柔贯彻落实乡村振兴战略、建设美丽怀柔出谋划策，标志着校区合作由面上调研迈向点上聚焦新阶段。

（谢宝红）

【党外代表人士队伍建设】

完善校领导联系党外代表人士制度 印制《校级党员领导干部和党委常委联系民主党派组织与党外代表人士工作手册》。学校党委书记姜沛民同志带头开展联系工作。继续开展校级党员领导干部和党委常委联系民主党派组织与党外代表人士工作。

加强党外代表人士举荐和使用工作 协助中央统战部、北京市委统战部、北京市委教工委、各民主党派市委会等做好党外代表人士的举荐考察工作，配合上级部门做好全国政协和北京市政协换届工作。各民主党派组织换届，武维华院士当选九三学社中央主席，张福锁院士当选民盟中央委员、北京市委会委员，黄卫东教授、呙于明教授当选民进中央委员，朱道林教授参加致公党中央全国代表大会，孙其信校长携中央统战部党外知识分子建言献策小组农业组成员为落实乡村振兴战略建言献策，学校一批党外代表人士已经或正在登上国家层面的大舞台，参与国家更高层次的参政议政，发挥更大的作用。农工党党员、全国政协委员韩鲁佳教授提交的“推进农业供给侧结构性改革需要补上农业职业教授短板”和农工党农大支部副主委、资源与环境学院副教授芮玉奎提交“加强进口猪肉兴奋剂类药物检测，降低食品安全风险”建议，经中共北京市委统战部上报后，被中央统战部信息刊物《零讯》采用。无党派人士左停同志两个政策咨询报告获得国务院领导批示。芮玉奎还被选任为北京知识产权法院人民陪审员。

（刘秀梅）

【加强民主党派建设工作】

多方面关心支持民主党派发展，调动和发挥积极作用 2017年学校大幅度提高各民主党派负责人工作补贴，其中民盟委员会和九三学社委员会主委工作补贴由原来每年1 000元提高到每月1 000元。1月份，学校关于民主党派特色发展与作用发挥途径的调研成果获评中央统战部一局2016年民主党派工作调研报告评比优秀奖,被收录到中央统战部一局编印的《民主党派工作调研报告集(2016年)》。4月28日,在全市统战部长会议上,学校九三学社委员会荣获北京市参政议政服务发展“同心奖”。

各民主党派开展丰富多彩主题活动,进一步激发内在活力。学校九三学社委员会3月和4月组织相关专家两次赴河北省昌黎县与县政协建立对口联系,开展产学研对接服务调研。6月,学校民盟委员会盟员一行45人,前往怀柔喇叭沟门满族乡进行社会服务调研与交流活动。学校九三学社委员会的三个支社分别荣获2016年度社区委建档立志工作先进集体一等奖(第一支社、第二支社)和二等奖(第三支社)。学校农工党支部获得农工党北京市委会“先进集体”称号,韩鲁佳、芮玉奎、袁建敏、于德海获得“优秀党员”称号,芮玉奎、陈青云、韩鲁佳获得“参政议政先进个人”称号,芮玉奎获得“社会服务先进个人”和“思想宣传理论研究先进个人”称号。

(张志成)

【做好民宗侨台等相关工作】

加强少数民族学生工作政策调研,为促进各民族学生交往交流交融提供意见建议 在市委教育工委、北京高校统战理论与实践研究会的支持下,学校多部门、多学院参与,完成《新时期学校各民族大学生交往交流交融政策体系研究报告》,提出推进“共居、共学、共事、共乐”的政策措施建议,为完善交往交流交融政策体系提供参考。

开展民族宗教相关学习培训,增强工作主动性和实效性 3月,学校选派干部、教师参加2017年北京高校民族宗教工作高级研修班。3月27日,结合学校民族宗教工作实际,举办民族宗教理论与政策集体备课会,邀请中央民族大学余梓东教授来校进行辅导讲座,为各基层单位提供“党的民族和宗教理论和政策教学”课件,推进马克思主义民族观、中国特色社会主义宗教理论进课堂工作。9月2日为新生辅导员和班主任作《党的民族宗教政策》宣讲,对学生管理干部队伍进行党的民族宗教基本知识的普及培训。11月29日至12月20日,选派统战干部和学工干部参加市委教育工委举办的“2017年北京高校思想政治工作队伍民族宗教问题专题研修班”,着力提升干部开展学校民族宗教工作的素质和能力。

依托侨联(留联会)、台联等开展活动,加强联系沟通交流 先后组织归国留学人员参观饲料博物馆、信电学院实验室、通州实验站、中关村创业公社等,帮助归国留学人员尽快了解校情、农情、社情,加强联系沟通与交流。4月20日,组织侨台联成员参观北京园博园。向北京市侨联积极推荐基层群众文化骨干22人。支持女教授协会举办2017年“三八节”观看电影联谊活动。学校食品科学与营养工程学院老教授王平华应邀参加中华职业教育社成立100周年庆祝大会,并被颁发纪念中华职业教育社成立100周年荣誉证书。

(谢宝红)

【加强整改和学习调研工作】

积极配合中央专项巡视,进行迎接巡视和整改落实工作 认真整理和提供相关材料,包括“加强对宗教及宗教思想在校内传播管理情况”的专项材料共3卷24项。落实中央专项巡视要求，以问题为导向，提高政治站位，增强规矩意识，严格自查，警钟长鸣，引以为戒。

积极配合2017年北京普通高等学校党建和思想政治工作基本标准检查验收工作 认真逐项对照标准要求，总结经验，查找不足，以查促建，以查促学，共提交6卷408项材料。另外，根据党委安排，统战工作的“九载‘心桥工程’画好最大同心圆”作为3个特色之一，为学校党建工作争得荣誉。

积极开展学习与调研活动，营造浓厚的工作创新氛围 校、院统战调研成果4篇文章入选清华大学出版社出版的《实践与思考——北京高校统一战线研究论文选集（2012—2016）》。学校统战领域1篇调研成果被《加强政党协商制度化建设——2015统一战线前沿问题研究文集》收录。完成《“心桥工程”的内涵与活动方式方法研究报告》。立项开展《党外知识分子思想状况调研与思想政治教育引导研究》《高校民主党派民主监督情况调研》《发挥统战工作优势促进一流大学建设的理论研究》《科技教育精准扶贫的路径与模式——以学校统战系统参与贵州毕节扶贫为例》等课题调研。完成《大学与街道协同开展新社会阶层人士统战工作研究》课题报告。4月15日，学校马克思主义学院、党委统战部等联合举办“中国特色社会主义协商民主的理论与实践”研讨会。

（张志成）

【统战部门自身建设】

加强统战部党支部建设，党员干部严格落实和遵守各项规章制度。坚持思想建设贯穿始终，厚植讲政治、求创新、谋发展和打造学校统战工作“升级版”的思想基础；坚持党员议事贯穿始终，搭建发扬民主、议事建言、凝心聚力的实践平台；坚持实践锻炼贯穿始终，走基层、走下去、走出去，服务群众；坚持监督批评贯穿始终，设立意见箱，把党内监督落实到工作学习全过程。

（赵竹村）

【完成上级和学校部署的其他工作】

按照市委教工委部署，完成学校统战工作对象情况年度统计工作。积极报送“2017北京榜样”候选人推荐材料。承办教工委“2017年北京高校党外代表人士高级研修班”，承担课程设置、师资聘请、会务安排等工作。按照学校统一部署，完成意识形态工作相关总结、计划和整改材料；开展党的十八大以来教育综合改革总结自评、贯彻落实《加强和改进新形势下学校思想政治工作的实施意见》自查等工作。

（谢宝红）

附录

附录1 各级人大代表、政协委员名单

第十二届全国政协委员 武维华（常委） 柯炳生 韩鲁佳

第十五届北京市人大代表 张福锁（常委）

第十二届北京市政协委员　黄卫东（常委）　李保国　李赞东
第十五届海淀区人大代表　秦世成　龚元石　李　丽　夏朝晖
第九届海淀区政协委员　　韩东海　李绍明（常委）　王　堃　朱道林　许廷武
芮玉奎

附录2　各民主党派及侨联、台联、女教授协会负责人名单

中国国民党革命委员会中国农业大学支部
主　委　刘广利
副主委　朱世秋
委　员　王海华
中国民主同盟中国农业大学委员会
主　委　赵兴波
副主委　李赞东　袁小艳
委　员　王红清　尹靖东　肖若富　张葳葳　孟庆勇　李筱珍
中国民主建国会中国农业大学支部
主　委　鞠荣华
副主委　曾昭海
委　员　孙桂凤
中国民主促进会中国农业大学支部
主　任　廖小军
委　员　傅金銮　南国良
中国农工民主党中国农业大学支部
主　委　夏兆飞
副主委　许廷武　芮玉奎
委　员　袁建敏　于德海
中国致公党中国农业大学支部
主　委　朱道林
副主委　王淑凤　刘奇志
委　员　安　冬　张蕴薇
九三学社中国农业大学委员会
主　委　高振江
副主委　王　堃　凌　刚　孙　明
委　员　刘海虹　张　超　林启美　杨淑华
中国农业大学归国华侨联合会
主　席　郝晋珉
常务副主席　陈秀禾
副主席　李赞东　刘　培
委　员　杨　晶　冯标俊　刘　英　邵长发　叶海建　刘　仔

中国农业大学台湾同胞亲属联谊会

主　任　佘锐萍

副主任　孟昭清　董　清　沈人德

委　员　王丽莎　周　密　贾慧茹　蒋爱群　陈　薇　卢兆彤　严泰来

首都女教授协会中国农业大学分会

会　长　韩鲁佳

常务副会长　王建华　李　伟

副会长　胡三媛　义鸣放　姚彩霞　潘大志

秘书长　李　丽　乔　娟

理　事　牛　霞　宁秋娅　李　红　李志红　佘锐萍　杨明皓　罗海玲

侯彩云　杨　萍　刘国琴　周志坚

纪检监察工作

【概况】

2017年中国农业大学深入学习党的十九大精神，贯彻实践习近平新时代社会主义思想，坚持党要管党、从严治党，落实中央八项规定精神，坚持不懈纠正"四风"，深入推进党风廉政建设和反腐败工作。今年初春，十八届中央第十二轮巡视启动，进驻学校。中央巡视组对学校反馈的意见，代表中央的意见和要求，体现中央权威，指出的问题客观中肯、切中要害，全面贯彻落实中央巡视组提出的整改工作贯穿全年。

（吴宝利）

【全面完成巡视整改工作】

提高政治站位　2017年3月1日至4月28日，中央第一巡视组对中国农业大学党委进行了巡视。学校纪委积极配合巡视工作开展，发现问题立知立改，提高政治站位，全面落实中央巡视提出的整改工作贯穿全年工作。为保证学校党委下达整改任务的落实，在驻部纪检组和校党委的领导下，学校纪委加强组织领导，紧贴学校工作实际，首先从思想上做好整改。中国农业大学纪委召集纪委全委会，集体认真学习习近平总书记就中央政治局常委会听取18届中央第十二轮巡视情况汇报后发表的重要讲话精神，深入学习中央政治局关于审议巡视中管高校党委情况的会议精神，学习陈希同志的《在专项巡视中国农业大学党委反馈会上的讲话提纲》、王怀臣同志的《关于专项巡视中国农业大学党委的反馈意见》和《中国农业大学选人用人工作检查反馈意见》《关于在专项巡视中对中国农业大学党委意识形态工作责任制落实情况监督检查的报告》，对于反馈意见完全认同、诚恳接受，照单全收、坚决整改，牵头开展专项检查工作和具体纪律审查工作，充分发挥监督执纪问责作用；以高度的政治责任感和强烈的使命感把落实巡视整改工作作为重大政治任务和政治考验，协助党委坚决落实中央巡视要求。

强化任务担当　中国农业大学纪委通过集中研讨，发挥集体决策作用，充分调动纪委委员作用，先后召集 6 次全委会讨论整改工作和具体落实情况。纪委办公室（监察处）全体人员，多次召开工作会议，认真学习反馈意见及讲话，提高思想认识。全处人员做好思想准备，提高对整改工作认识，把整改工作当作一次对纪检人员体现忠诚、干净、担当的集中检验。全体工作人员克服家庭和个人的困难，加班加点将整改工作落实到位。组织上打破原科室设置，全员参与、全员查信、全员办案。任务上不单完成巡视组交办的信访件和问题线索，还主动针对巡视报告中指出的其他问题，进行跟进处理。对照整改任务清单，逐条研究举措，逐条督促落实，明确责任人和完成时限，切实做到责任到位、任务分解到位、工作部署到位、制度机制到位。

（吴宝利）

【开展廉政宣传教育】

运营中国农大纪委微信企业号，以专题形式定期推送学习辅导材料和警示案例，持续深入开展党风廉政建设形势任务教育和党规党纪教育，进一步提高对党员领导干部进行党风廉政教育的针对性、有效性。利用廉政短信平台，发挥手机短信便捷与及时的特点，定期向全校党员干部发送廉政短信，紧盯年节假期重点时段，加强廉洁教育，重申各项纪律规矩，提醒党员干部要时刻保持清醒的头脑，实现自我约束，自觉遵守廉洁自律各项规定，营造风清气正的良好氛围。更新、维护好学校纪委办公室（监察处）网站，及时更换、填充最新内容。定期编辑电子简报发放校领导、处级干部、有关部门、党员干部。

（吴宝利）

【贯彻中央八项规定精神】

一是加强公务接待管理。修订《公务接待管理办法》，规范管理，加强监督。从严规范审批程序和用餐标准，细化接待清单制度，加强对各单位接待经费的预算管理，严格限定餐费支出经费项目。全面调查公务接待过程中购买校内红酒情况，对相关单位及责任人严肃追责问责。二是完善公务用车规定。修订《公务用车管理办法》，对公车使用调度、管理台账、行驶登记、运行维护、费用核算、服务性收费等提出了具体明确的要求。三是进一步加强因公出国（境）管理。修订《因公出国（境）管理办法》《因公临时出国（境）经费报销管理办法》，加强出国审批管理和经费管理。完成了对处级以上干部 2013－2016 年因公出国（境）情况的全覆盖检查。

（吴宝利）

【将监督工作落到实处】

加强对特殊类型招生、物资采购招投标、校产企业管理、科研经费管理等工作的监督，开展本科生的远程录取全过程监督，完善文艺特长生、高水平运动员的招生监督工作。做好硕士生、博士生的招生监察工作，加强对面试环节的纪律要求，强化基层党组织对于招生工作的监督作用。加强对科研经费规范使用与管理的监督，形成对重大科研项目的自查及专项检查的常规做法。加强对校办产业、后勤实体运行管理工作的监督，对校办企业、后勤实体内部管理情况的监督检查。

（吴宝利）

【加强制度建设】

修订完善工作制度。根据《中国共产党巡视工作条例》的修订情况，结合中央办公厅《市、县巡察工作意见》的有关内容，修订完成《中国农业大学巡察工作实施办法》，明确规定在一届党委任期内对二级党组织巡察全覆盖，增加巡察工作内容，明确将意识形态工作纳入巡察工作范围。

（吴宝利）

【强化自身内部建设】

根据《中国共产党纪律检查机关监督执纪工作规则（试行）》相关要求，适应监察体制改革新要求，将科学合理调整纪委办公室内设部门，调整纪委办公室内设部门，梳理工作职责，形成线索集体排查、集体决策等工作制度，规范信访受理、线索管理、纪律审查等工作，实现审查分离、各尽其责、相互监督，坚持把纪律和规矩挺在前面，抓早抓小，贯彻落实监督执纪“四种形态”。提高工作规范化水平，提高纪检干部工作能力建设，防止灯下黑，打造忠诚、干净、担当的工作队伍。

（吴宝利）

保卫工作

【概况】

2017 年，国家层面和学校层面重大活动多，维护安全稳定的任务重。围绕确保“十九大”顺利召开这一中心任务，保卫处认真贯彻落实上级安保维稳工作任务，细化职责任务分工，强化安全监督检查，促进安全稳定责任落实，不断夯实安全稳定工作基础，提升校园安全管理水平，圆满完成了“两会”“一带一路国际合作高峰论坛”“党的第十九次全国代表大会”等重大敏感时期的安全稳定工作，维护了学校的政治稳定和校园安全，确保了学校教学、科研等工作顺利进行。

（袁强）

【坚决打赢安全维稳攻坚仗】

2017 年，从“两会”到“一带一路”高峰论坛再到“党的十九次全国代表大会”的安全保障，国家层面的重大活动不断；“建军 90 周年”“全民族抗战爆发 80 周年”“香港回归 20 周年”“南京大屠杀 80 周年”等各类敏感期和“五四”“六四”“七五”“国庆”等敏感时间节点贯穿全年，中央、北京市安保等级逐步升级，安保维稳工作任务贯穿全年始终。在学校层面，有中央专项巡视和北京市党建与思想政治工作基本标准检查验收两项重要政治任务。全年上级有关部门下达的有关安保维稳方面的文件要求近百份，从市委市政府到市教委、市教工委、市安委会、市防火委、市公安局再到区县一级相关部门甚至到街道有关部门，层层向学校传导压力，布置任务，督导检查。保卫处顺利完成各项安保维稳任务，确保了学校安全稳定。

（袁强）

【多层次开展安全宣传教育】

2017 年，保卫处注重加强安全宣传教育工作，结合新生入学教育、毕业生离校安全教育、6.16 安全生产日、119 消防宣传日、122 交通安全日等活动，通过网上发布安全提示、发放宣传材料、张贴宣传海报、组织安全讲座、开展消防安全培训、组织应急疏散演练等方式，多层次、多渠道，开展国家安全、防盗、防诈骗、防侵害、防吸毒、防传销、防火及交通安全等方面的安全宣传教育活动，增强师生的安全防范意识和自救自护能力。

2017 年累计发放各类宣传材料 6 000 份，展示宣传板、海报 50 余块、横幅 6 条，发布安全温馨提示、标语 90 条，开展安全教育 20 场次，应急疏散演练 11 场次，累计教育师生员工近万人次。结合 119 消防安全月活动和新时代新使命新作为主题党日活动，组织农学院、资源与环境学院 50 余名安全员走进圆明园消防中队，开展安全讲座、参观学习、灭火培训和逃生体验等活动，切实增强安全员的责任意识和业务技能。

（袁强）

【切实强化安全检查与整改】

2017 年围绕两会、一带一路高峰论坛和十九大安全保障工作，教育部、北京市组织两轮安全大检查工作。11.18 大兴火灾之后，北京市再次组织大清理大排查大整治活动。根据教育部和北京市有关安全生产大检查及火灾防控工作的有关部署，学校制订安全大检查工作实施方案，细化任务分工，落实工作任务。保卫处与各职能部门、基层单位协作联动，专项检查与督导检查多措并举，共同促进安全隐患问题的整改落实。全年保卫处组织及参与较大规模检查 10 次，安全巡视、巡查 78 次，签发监督检查意见书 67 份，提出整改意见 287 条。在专项整改工作结束后，及时总结、梳理当前工作中存在的问题及薄弱环节，认真查找问题根源所在，研究建立长效工作机制。由于现实需要与历史原因，校内存有 32 处聚苯乙烯彩钢板建筑，面积 1.27 万平方米，存在重大安全隐患，多年未能有效整治。2017 年，校长亲自牵头研究，确定整改方案。截至 2017 年底，拆除、改造聚苯乙烯彩钢板建筑 8 330 平方米，其余 4 400 平方米正在整改实施过程中。

（袁强）

【加强日常安全管理防范】

消防方面，保卫处建立 7 栋高层建筑消防档案，参与市内“户籍化”管理，督促家属区建立高层建筑消防档案；监督指导各二级单位对本辖基础单位消防工作的实施和法规的落实，做好对施工队的消防检查和管理，审批并签订建筑、装饰装修工程消防安全协议书 20 份。在治安方面，保卫处继续加大治安检查、管理和治理力度，全年到各院、各单位治安检查 310 人次，提出治安整改要求及建议 43 次；加强对外来施工单位和务工人员的管理，与 30 个施工队伍签订治安防范责任书；登记、审查外来务工人员 4 000 人次，确保校园用工安全；共受理师生员工报警 150 起，配合公安机关调查处理盗窃、打架、骚扰、偷拍、滋事、矛盾纠纷等案件 50 起，抓获犯罪嫌疑人 10 名，挽回经济损失 15 万元，保障了师生的生命财产安全。在交通方面，保卫处加强对重点路段的重点整治，全年累计处理校内违章停放和超速机动车241辆/次；做好公务车辆的管理和服务工作，协助海淀交通队发放交通违章信息单63份，对公务车辆违章次数较多的单位和驾驶员进行批评教育；加强对车队、施工单位等重点单位管理，与相关人员签订责任书，严格落实交通管理责任；严格执行大客大货和危险品运输专用车辆提前预约登记制度，对于重点单位发放《中国农业大学关于外来大货大客和危险品专用车辆进入校园相关单位须提前预约的告知书》，预约车辆均进行登记。通过加强安全管理手段，预防和减少各类案事件和安全事故的发生。

（袁强）

【做好基础设施维护保养】

在消防设施维护方面，对东西两校区8 303具灭火器、2 620个室内外消防栓及报警主机、消防水泵等消防设施进行全面检修、保养，保证消防设施设备完好有效。在交通设施方面，全年施画道路线、减速线、停车位等各种标线18 292米；网格线和人行横道476.9平方米；新增交通指示牌10块、新增车轮锁、指挥棒、警示灯等交通用具10套；更换减速带300米，修缮和维护其他交通设施20处。通过总结规律，在事故易发路段，设置减速慢行提示牌、提示灯等，在部分路口设置机动车减速慢行标志和减速通过提示灯。

（袁强）

【积极落实意识形态责任】

2017年3月，对国家安全领导小组进行调整，姜沛民书记任组长，主管意识形态工作的副书记秦世成和主管安全稳定工作的副书记宁秋娅任副组长，保卫处、党政办公室、宣传部、组织部、国际合作与交流处等部门为成员单位，进一步加强了对国家安全工作的统筹。按照国家安全工作任务书的相关要求，保卫处严格落实意识工作责任制，配合上级有关部门做好数据信息搜集上报、重点人员教育管控、涉案事件人员协查和抵御防范校园传教工作。全年及时上报35名外籍教师、专家和286名留学生的数据，完成国家安全局布置的《高校人员出国（境）登记表》，并做好信息更新上报工作。建立健全学生档案；发现并制止7起校园传教活动，收缴宗教宣传材料173份；配合公安局、安全局等上级单位协查人员5人次，约谈6人次，及时了解掌握情况，预防西方反华势力渗透，制止事态向不良方向发展。

（袁强）

【切实做好师生服务工作】

深入贯彻落实全国思政会精神，结合“两学一做”常态化学习教育活动，在全处范围内，发挥党员同志示范引领作用，加强师德师风建设，积极研究研讨如何更好地服务师生，在办事流程上尽量简化，主动服务、热情服务。在户籍服务方面，全年为3 500名本科及研究生新生完成落户及身份证的办理工作，为3 000名应往届毕业生完成户口迁出工作，完成5 000人次的户口借出工作、820人次的身份证补办工作及430人次的户籍证明开具工作。在大型活动安保服务方面，全年完成新生报到、人大副委员长张宝文、教育部部长陈宝生、北京市副市长阴和俊来访、新年庆祝活动、首都高校足球甲级联赛等40场(次)大型活动的执勤工作,共动用执勤兵力600人次、指挥疏导大型客车共500台(次),小车2 000辆(次),有效保障了活动的顺利进行。在车证办理方面,完成362辆新增机动车的资格审查和信息录入和98辆车号变更工作,办理正门出入证658个,预约贵宾车辆950辆次,大型车辆1500辆次。在政审方面,完成师生出国、结婚、工作、落户等相关方面的政审工作,出具相关证明600份。

(袁强)

【圆满完成各项重大任务】

2017年,学校完成迎接中央巡视、中央巡视整改、落实思政会精神,迎接党建基本标准检查等多项重要任务。在维护稳定压力大,保障安全责任重的情况下,保卫处围绕学校中心工作,认真完成中央巡视安保、巡视工作整改、落实思政会精神方案维护安全稳定工作部分、党建基本标准检查安全稳定工作迎检内容及基层党支部建设等重要任务,切实履行好各项工作职责,保质保量完成各项工作任务。

(袁强)

【履行好理事长单位职责】

2017年是中国农业大学当选北京高教保卫学会理事长单位的第二年,保卫处充分发挥学会秘书处作用,统筹协调,做好学会各项工作。2017年完成40所高校的《大学生安全知识》的征订工作,共征订7.3万册;协同学会学术部组织完成2017年学术研究课题的发布、申报、评审、立项工作,共收到26所高校提交的课题申请65项,经学会组织人员评审,最终确定了2017年立项课题44项,包括重大课题2项,重点课题12项,一般课题18项,自筹课题12项,课题经费50万元。2017年6月和11月,学会组织处级干部培训班、技防专项培训班和新任保卫干部培训班,加强对保卫干部的培养培训,参加培训人员共240人。

(袁强)

学 生 工 作

2017年,学校本科生教育工作紧密围绕学习宣传贯彻党的十九大精神和全国高校思想政治工作会议精神,根据学校"双一流"建设规划构建学生思想政治工作质量新体系,推进各项工作迈上新台阶。

【工作体系】

推动建设完善"理想信念熔铸、核心价值内化、'三农'情怀培养、健康人格塑造、创新创业能力培养、领导力培养、学生骨干培养、党团组织作用发挥、工作队伍素质提升、支撑平台建设"十大思政工作质量体系。

(李洪栋)

【学生党建】

开展学生主题教育 制定《中国农业大学学生学习贯彻党的十九大精神主题教育活动工作方案》。组织近5 000名学生参观"砥砺奋进的五年"大型成就展;组织开展学习十九大精神主题创作征集活动。

合理规范支部设置 优化党支部设置,学院根据本科生党员发展现况按照年级、班级或专业科学设置本科生党支部,使党支部与团支部、班级设置相匹配。探索以"青马协会"为单位,建立功能性党支部。

加强党员骨干培养 开办2期大学生党员先锋班,对学员进行系统性培养,在青马协会执委会中成才的遴选、培训、跟踪培养工作机制。组织学生党员参加《大道之行——中国共产党与中国社会主义》《习近平的七年知青岁月》等系列读书分享会;组织毕业生党员听取"延安精神与成功之路""在五四运动中觉醒的农大人"等报告会。

组织学习培训活动 组织学生党员骨干听取中央宣讲团报告会;12月8—10日,组织本科生党员骨干赴革命圣地延安开展"不忘初心,牢记使命"专题教育培训。

建立党员学习锻炼纪实制度 设计、制作并向全体大学生党员印发《大学生党员日记》,深化"实践锻炼纪实制度"落实。

加强理论社团建设 指导青马协会完成换届交接,选派青马协会骨干参加北京市高校大学生理论社团交流会及"第二届全国高等农业院校大学生党员先锋论坛"。

加强党员实践锻炼 38名学生党员带领6支实践小队共57名同学,赴广西、贵州等地开展"两学一做"学习教育、涉农政策法规宣讲、科技文化服务、基层党建与精准扶贫调研等实践活动,在全校评比中获优秀小队2支、优秀个人2名、优秀成果1项,发表校级及以上新闻报道29篇。

推进支部共建活动 立项开展"红色1+1"共建活动,31个本科生党支部立项25个,其中8项获评北京市"红色1+1"示范活动,学校获得该项工作优秀组织奖。

开展主题党日活动 组织"我是一面旗帜"主题党日活动,69个本科生党支部通过学习研讨、志愿服务等形式开展130余次实践活动。

服务"乡村振兴战略" 学校联合西北农林科技大学等8所高校共同发起成立全国高等农业院校大学生服务乡村振兴战略联盟。

建立党员责任区 制定并实施《中国农业大学本科生宿舍"党员责任区"工作实施方案》,建立本科生党员责任区2 195个,党员责任人1 176名。

选树党建先进典型 评选本科生"优秀党日活动"10个,向承办支部发放1000元奖励经费。

(李萌)

【学生思想教育】

教育项目管理 印发《中国农业大学2017年新生引航工程实施方案》,开展新生教育创新项目立项,全校共立4项。2016年新生扬帆计划结题,结题43个项目,支持经费68 138元。

多维开展教育活动 精心组织开学典礼,制作《圆梦》视频让每位新生成为开学典礼的主角;举办新生教育教学管理与服务专题报告会;CAU易班网推出“欢迎新同学”专题内容,CAU思想客推出新生教育管理课课程回顾。组织开展“写给未来自己的一封信”毕业纪念封设计征集活动。

发挥典型示范作用 遴选在思想政治工作、学习科研、基层就业、创业创新、文艺体育等方面表现突出的8名毕业生在CAU易班网封面(首页大图)中展示风貌风采,其中1名学生在毕业典礼作为毕业生代表发言,彰显榜样力量。

加强信息员队伍建设 对2016—2017学年139名信息员进行考核,评选表彰优秀信息员70名。招募新一届信息员146名。开展21次思想动态调查。

全面加强课程建设 完善《形势与政策课程建设实施办法》,加强课程师资队伍建设,组建课程教学团队和管理团队,组织召开集体备课会。将加强“扎根一线、服务‘三农’”的专题教学内容等纳入形势与政策课程教学。

创新形势政策报告 组织校级形势与政策报告会18场;举办《聆听中国·对话世界》系列报告会;邀请中国农业大学校长孙其信,国防大学军事后勤与军事科技装备教研部副主任、教授谭凯家等校内外名师大家,举办6场报告。

加强网络平台建设 加强“CAU易班网”建设;组建易班发展中心;推进“CAU易班网”宣传推广工作,发起CAU易班网logo征集活动。加强“CAU思想客”微信公众平台建设,创新设计“荐书赏影”专栏,拓展丰富“中华传统文化”“形势与政策课”等栏目推送内容,持续更新“观天下”“相约星期二”等经典专栏。指导“青马协会”建设“CAU青马奔腾”微信公众号。

(李萌)

【学生资助】

综合实施资助措施 2017年资助2.3万人次,资助总金额(含贷款)3 796万元。设立60项奖学金项目(含院设奖学金)及2项专项奖励项目用于奖励学校优秀学子,6 318人次获奖,奖励金额达1 445万元;认定2017—2018学年家庭经济困难学生2 055人,占全校本科生(不含国际学院)比例19.3%;国家助学金和社会助学金总额合计1 024万元,发放助学金2 759人次;为1 344人办理发放助学贷款,发放贷款总额822.12万元。为36名学生办理基层就业学费补偿和贷款代偿金额逾21.56万元。为41名学生办理服义务兵役学费资助,资助总金额共计41.68万元。校内外勤工助学6 426人次,支付勤工助学工资总额283万元。开展减免学费工作,共有37名学生获得减免,减免金额7.4万元。绿色通道为193名家庭经济困难新生办理入学手续,暂缓缴纳学杂费约103.15万元,发放生活补贴14.4万元、日用品补贴5.32万元,发放爱心手机礼包、床上用品等物品价值约19.47万元。

开展学生家庭走访 开展“师生缘·家校情”走访学生家庭工作,组织2支小分队,在7—8月份分别走访了内蒙古自治区赤峰市、云南省曲靖市、宣威市、昆明市的共29户学生家庭。

推进学生发展资助 2016年翱翔计划项目结题,达标率超过50%,考研成功率达到40%;2017年翱翔计划新申请项目有49项获得资助,支持资金近12.92万元。开展添翼工程系列培训课程,投入经费近5万元。20名同学参加大北农文化之旅活动,56名学生参加了大北农北大暑期学校的课程学习，资助金额共计 6.275 万元。

推行公益服务项目 “爱＋行动”公益实践项目对 12 个项目予以立项资助，共 9 个项目实施完成，其中两个队伍分获暑期社会实践活动团队一等奖、三等奖，并同时获得优秀成果奖；“微公益卡”激励受助学生参与微公益行动的效果明显，约 2 000 名学生累计完成不少于 40 000 小时的公益服务时长。

加强新生政策宣传 利用迎新报到系统对学校资助政策进行解读，开通新生暂缓缴纳学费申请通道；开通暑期资助热线。加强微信、微博等新媒体利用。开展“国家资助 助我成才”资助政策宣讲会；开展“资助育人 文化艺术进校园”歌剧电影《长征》展映。

加强财务风险教育 组织学生签署《校园网贷风险告知书》等方式，深入开展防范电信诈骗和校园网贷的宣传教育；面向新生宣讲国家和学校有关资助政策，防控新生财务风险。

加强道德品质教育 编印受助学生成长手册多本；举办曦之奖助学金设立 20 周年暨曦之奖学金颁奖会；结合校园地贷款面签开展诚信教育和征信、金融知识宣讲；设立勤工助学体验日。在第四届“助学·筑梦·铸人”主题活动中，瓦哈甫江·吾麦尔获学生征文一等奖，学校连续第四年荣获优秀组织奖。评选 10 名 2016—2017 学年“自强之星”。

推进精准资助管理 结合家庭经济困难学生认定，开展面对面深度访谈，深入了解同学的家庭情况及学生成长需求落实专项工作要求，为家庭经济困难学生资助马工程重点教材 9 000 多元。

（饶晓盼）

【学生管理】

事务管理服务 春季补办学生公交卡 586 张，秋季办理学生公交卡 1 566 张；为准备考研的 2017 届本科毕业生共计办理 191 张临时校园卡。

学生奖惩工作 评选出 127 名“北京市普通高等学校优秀毕业生”、421 名“中国农业大学优秀毕业生”。修订《中国农业大学学生违纪处分规定》，全年共处分 23 名学生。

安全教育管理 设计发布安全提示漫画和假期安全小课堂警示语，通过校网及微信公众平台发布安全提示。开展新生安全教育和法制教育；关注特殊群体，妥善处理涉及学生切身利益的问题。

加强管理平台建设 成立少数民族学生工作室“石榴”工作室（石榴网），开展十九大精神学习、学业帮扶、就业指导、文化宣传等活动；定期召开少数民族学生工作例会。为新疆籍少数民族学生发放困难补助、节日补贴等各项费用 15 余万元。

军事训练工作 组织新生 3 100 人参加军训，圆满完成军事技能训练和军事理论课教学。

征兵工作 预报名 57 人，上站体检 46 人，体检合格 30 人，政审合格 30 人，区武装部批准入伍 30 人。奖励表现较好的退伍返校学生，共发放学校优抚金 17 万。

军民共建工作 召开军民共建 30 周年座谈会；慰问共建部队、烈属、伤残军人、复转退军人、军属，共发放慰问金 6.07 万元。

（古丽）

【学生心理】

加强危机排查干预 2017年，对16个学院兼职咨询师工作情况和危机排查情况进行了充分调研。加强对学生心理异常情况的干预和后续效果反馈，编写心理危机案例集。加强对研究生心理素质教育工作和心理危机预防与干预工作。全年共干预心理危机21起。

开展家庭走访互动 继续开展心理隐患学生家访，走访了新疆的5户学生家庭，就学生成长环境及家庭教养方式等问题与家长进行了面对面的沟通。

加强课程体系建设 加强集体备课，构建“理论授课、课堂实践、实践活动”3大模块内容组合。完善选修课《心理咨询与辅导》《大学生心理学(一)》《成功之道》的授课。总结梳理教学经验成果，编写心理素质教育教材。

强化心理实践活动 “5·25”心理健康节活动组织开展多项活动，学校获首都大学生心理健康节1个一等奖、2个二等奖、1个三等奖的好成绩，荣获2017年“最佳组织奖”称号。开展以“寻梦初心，成长有我”为主题的10·25心理素质教育文化节系列活动，各类活动共计28项，参与人数达5 000余人次。

加强排查建立档案 2017年，学校申请成为教育部“中国大学生心理健康测评系统”试点单位，新生参测教育部心理健康量表，测试率为99.86%；为3 048名新生建立心理档案。

加强专业查询服务 提供一对一的心理测试结果查询服务。通过分析筛选测试数据，形成全校和十六个分院的普查测试报告。

满足新生个性需求 设计并撰稿“给新生家长的一封信”，对家长进行调查。创新开展亲子大讲堂，对家长开展讲座，首次对亲子大讲堂开展网络直播，观看人数达到近2万人次。

加强心理咨询服务 开展个体咨询，全年个体咨询2 986人次；开展新生班级适应性团体辅导，29名朋辈心理咨询员开展新生班级团体辅导103次；开展单次团体辅导34次，“菜单式”长程团体辅导17次，涉及情绪管理、人际交往、情商培养、人际关系、性心理与恋爱关系等，受益人数达1 200余人次。

强化分类管理模式 加强队伍专业性提升，将咨询师队伍分为三个专业成长小组，进行心理个案研讨、专业学习等活动。招聘实习咨询师，为咨询师队伍补充新鲜血液。

完善基地培训工作 面向北京高校心理素质教育工作学生骨干和教师组织举办第三期北京高校学生骨干朋辈互助技能培训和“存在—人本主义”心理学实务工作坊晋阶培训，来自40余所北京高校的379名学生和85名教师参加了培训。

完善朋辈互助模式 完善“四级三阶的心理委员培训体系”，考核合格的朋辈心理咨询员76名。5·25大学生心理健康节期间，组织校级优秀心理委员暨心灵使者评选活动，评选出25名校级优秀心理委员，对最优的10名授予“心灵使者”称号。

推进媒体平台建设 丰富和完善微信公众平台“中国农业大学沁心港湾”功能，共有6 521人订阅。策划并推进“施钢心理工作室”的建设等。

(周蜜)

【队伍建设】

实现“双线晋升”突破 参与制定《中国农业大学学生思想政治教育系列专业技术职务聘任办法》(中农大人字〔2017〕33 号)，落实辅导员双线晋升制度保障。

制定队伍建设细则 制定《中国农业大学辅导员队伍建设实施细则》(中农大党发〔2017〕80 号)。

做好队伍人员配备 根据辅导员队伍配备规划，2017 年选聘 2 名在编辅导员、25 名 2018 届 2+2 辅导员；选聘 113 名 2017 级新生班主任；选聘 132 名研究生及高年级本科生作为一年级班级兼职辅导员。

调整队伍人员结构 针对辅导员队伍 2+2 辅导员占比高、流动大的特点，经过充分调研论证，提交 2017—34 次党委常委会讨论决定，分三年新聘在编辅导员 19 人(2018 年 7 人、2019 年 7 人、2020 年 5 人)，同时减少“2+2”辅导员 12 人。

改善人员待遇保障 班主任津贴从 300 元/月标准提高到 500 元/月。按两人一间的标准进行 2+2 辅导员宿舍的调整和布置，为每间宿舍配备书柜、衣柜、桌椅、鞋柜等生活用品。

学习上级重要精神 组织全校一线专职辅导员集中学习党的十九大精神，组织辅导员赴革命圣地延安开展“不忘初心，牢记使命”专题教育培训。分批次组织《普通高等学校辅导员队伍建设规定》(教育部第 43 号令)专题学习。马紫威、刘亚楠入选北京市委教育工委“学习宣传贯彻党的十九大精神‘双巡活动’北京高校优秀辅导员宣讲团”。

精心组织各级培训 选派 28 名辅导员参加国家三级心理咨询师培训，3 名辅导员参加国家二级心理咨询师培训；选派 12 名专职辅导员参加教育部全国高校辅导员骨干培训班；选派 22 人参加北京市辅导员专题培训。组织 2+2 辅导员岗前培训和新生辅导员班主任业务培训。

提升职业能力水平 组织学校第三届辅导员职业能力大赛，展示工作技能、交流工作经验；组织辅导员参加北京市、全国的辅导员职业能力大赛，国际学院辅导员刘亚楠荣获北京市辅导员职业能力大赛一等奖、全国辅导员职业能力大赛华北赛区一等奖、全国辅导员职业能力大赛决赛二等奖。

年度人员考核工作 对合同期满的 2+2 辅导员进行了考核，23 名考核优秀，1 名考核合格；完成专兼职辅导员考核，考核优秀 37 名，合格 136 名；对班主任进行可考核，考核优秀 73 名，合格 296 名。评选 10 名 2017 年度优秀教育工作者(A 类)。

完善工作考核办法 根据工作实际，启动《辅导员工作考核办法》修订及考核指标体系建立工作。

研究工作 申报了 2018 年首都大学生思想政治教育课题 8 项，中标 2 项；2016 年首都大学生思想政治教育课题结题 4 项；2017 年首都大学生思想政治教育课题中期检查 7 项。

(古丽)

附表

附表 1 2016—2017 学年中国农业大学研究生奖学金汇总表

类别	奖学金名称	获奖人数	总金额(万元)	资助方
国家类	国家奖学金	192	479	财政部
综合类	校长奖学金	20	18.8	中国农业大学
	学业奖学金	3 944	1 598.2	中国农业大学
专项奖学金	香港崇正奖学金	10	1	香港崇正总会
	安莉芳奖学金	10	1	安莉芳(中国)服装有限公司
	宝钢优秀学生奖	2	2	宝钢教育基金会
	金正大奖学金	13	5.8	金正大集团
	大北农励志奖学金	22	11	大北农集团
	孟山都奖学金	20	10	孟山都公司
	赛默飞奖学金	6	3	赛默飞世尔科技有限公司
	先正达农业奖学金	4	2	先正达(中国)投资有限公司
总计	11 项	4 033 人/4 243(人次)	2 131.8	

附表 2 2016—2017 学年本科生奖学金汇总表

序号	奖学金项目		金额(元)	合计(元)
1	综合奖学金	校长奖学金(奖优)	80 000	5 801 000
2		国家奖学金(奖优)	1 296 000	
3		国家励志奖学金(助困)	1 875 000	
4		优秀学生奖学金(奖优)	2 550 000	
5	单项奖学金	学习优秀一等奖学金(奖优)	1 156 000	5 613 500
6		学习优秀二等奖学金(奖优)	1 806 000	
7		学习优秀三等奖学金(奖优)	1 649 000	
8		理科基地奖学金(奖优)	22 000	
9		学习进步奖学金(奖优)	116 500	
10		社会工作优秀一等奖学金(奖优)	90 000	
11		社会工作优秀二等奖学金(奖优)	210 000	
12		社会工作优秀三等奖学金(奖优)	233 000	
13		优秀少数民族学生一等奖学金(奖优)	6 000	
14		优秀少数民族学生二等奖学金(奖优)	38 000	
15		优秀少数民族学生三等奖学金(奖优)	17 000	
16		文化活动奖学金(奖优)	90 000	
17		精神文明优秀奖学金	0	
18		创新创业奖学金	180 000	

续附表2

序号	奖学金项目		金额(元)	合计(元)
19	专项奖学金	曦之教育基金奖学金(助困)	792 000	2 037 000
20		先正达奖学金(奖优)	30 000	
21		何康奖学金(奖优)	36 000	
22		张纪光奖学金(奖优)	30 000	
23		金正大一等奖学金(奖优)	42 000	
24		金正大二等奖学金(奖优)	100 000	
25		杨振辉奖学金(奖优)	159 000	
26		宝钢教育基金奖学金(奖优)	30 000	
27		香港崇正奖学金(奖优)	30 000	
28		安莉芳奖学金(奖优)	30 000	
29		恒天然奖学金(奖优)	80 000	
30		儒盛奖学金(助困)	100 000	
31		金龙鱼奖学金(奖优)	400 000	
32		大北农奖学金(奖优)	90 000	
33		钱正英奖学金(奖优)	8 000	
34		春雨奖学金(奖优)	80 000	
35	专项奖励	科技创新与学术实践奖励	440 600	672 150
36		体育竞赛奖励	231 550	
37	其他	院级奖学金		973 500

就业创业与毕业生教育

【概况】

2017年,学校共有毕业生5 150人,其中本科毕业生2 742人,硕士研究生1 716人,博士毕业生692人。截至2017年10月底,本科生就业率为96.79%(其中深造率60.79%),硕士研究生就业率96.39%,博士研究生就业率96.68%,总就业率96.64%。

毕业生中 410 人赴西部就业，188 人被选聘为选调生，30 人应征入伍。

（张潇予）

【多渠道创造就业机会】

按照“市场为导向，需求促就业，坚持走出去，热情请进来”的工作思路，分校院两组开拓就业市场。学校就业创业指导中心负责整体组织协调工作，联系各省市，组织大型招聘会，走访用人单位，建立就业实习基地。学院按专业联系用人单位、行业协会、校友等。2017 年，学校累计发布招聘信息 7 032 条，涉及 5 000 家企事业单位，举办校园招聘会 250 余场，其中包括有中粮集团、隆平高科、一汽集团等知名企业，单位质量明显提升。

（张潇予）

【引导、鼓励、促进毕业生基层就业】

学校积极宣传国务院、教育部和地方政府的促进就业政策、开展就业服务。就业创业指导中心持续巩固与北京、四川、广西、陕西、江苏、宁夏、河北、黑龙江、云南等地选调生、村官负责部门的合作与联系，新增与青海、贵州、河南等组织部门的人才输送渠道。2017 年，学校开展了 16 场“当代中国基层公共部门人才政策概览”系列讲座。学校对到西部、基层就业的毕业生进行表彰奖励，给予 100 名 2017 届毕业生发放基层就业奖励金总计 42.6 万元。2017 年，定向选调生（含人才引进）签约人数实现新高。

（张潇予）

【创新创业】

2017 年，学校有 80 名毕业生自主创业，212 名参与创业。本年度，通过学校遴选，共 6 支学生创业团队入驻中国农业大学学生创业园并注册公司。学校就业创业指导中心在两校区面向在校本科生同时开设《大学生创业基础》课程；结合学科特色，在 5 个学院开展创业工作特色项目建设，并在全校范围内示范推广。定期邀请优秀校友、社会成功人士来校为在校学生分享创业经验、体会，开展座谈会和创业沙龙 30 余场、小型校企交流会 10 余场。针对全体在校生开展大学生自主创业问卷调查，了解、分析中国农业大学学生在创业过程中的重点和难点，更好地指导学生创业工作的开展。

（张潇予）

【就业指导】

学校就业创业指导中心组织在本科生中开设了“大学生职业生涯规划”和“大学生求职技能”2 门职业指导类课程共计 15 个班次，选课人数超过 800 人。学校采用校内外培训相结合方式，加强师资队伍建设，累计培训 60 余人次。就业创业指导中心积极利用求职大赛等活动手段拓展职业咨询服务的深度和广度，促进创业学生对自己、对企业、对职业的科学了解，提升创业学生求职技能，为创业学生的职业生涯发展提供支持、奠定基础。此次活动累计深度指导人数达到 200 余人次。此外，学校日常的一对一咨询服务累计人数也达到 200 余人次。

（张潇予）

【支持毕业生赴国际组织实习任职】

学校在人才培养和输送工作中充分注重对学生国际视野的培养，利用多种资源，支持并鼓励毕业生到国际组织、机构中实习或工作。学校定期在就业信息网上发布相关的实习、工作信息，重视并发挥导师和校友的作用，帮助学生建立获取赴国际组织实习、工作机会的有效途径。2017 年，学校一些同学前往国际组织实习或者见习，主要集中在联合国开发计划署（UNDP）、联合国环境规划署（UNEP）、世界自然基金会（WWF）等国际组织。

（张潇予）

工会与教代会工作

【概况】

2017 年，校工会在校党委和上级工会的领导下，在校行政的支持和广大教职工的参与下，紧紧围绕国家和学校的发展大局、中心任务开展工作，全面履行工会职能，团结凝聚广大教职工，在推进学校民主建设、弘扬劳动精神、劳模精神、工匠精神和社会主义核心价值观、助力教职工素质提升、构筑和谐校园、维护教职工合法权益等方面发挥作用。2017 年，学校被授予首都劳动奖状；校工会在北京市教育工会工作考评中获得“先进单位奖”；食品科学与营养工程学院分工会获得“北京模范职工小家”称号，信息与电气工程学院和人文与发展学院分工会获得“北京先进职工小家”称号；在北京市第十届青年教师教学基本功大赛中，学校 4 名选手分获一等奖 1 个、二等奖 3 个、最佳教案奖 2 个、最佳演示奖 2 个、最受学生欢迎奖 1 个和最佳指导老师奖 1 个，校工会获得优秀组织奖；学校代表市教育工会参加北京市“我有我精彩”演讲比赛，获得一等奖。

（孙晓莉）

【组织建设】

学校党政领导学习贯彻市总工会改革方案、市委教育工委和市教育工会《关于加强和改进新形势下北京高校工会工作的意见》以及市教育工会九届十次委员（扩大）会议、第十次代表大会确定的工作任务，以学校双代会换届为契机，加强工会组织建设，坚定推进工会改革。

学校成立由党委副书记、工会主席任组长的双代会换届工作领导小组，严格按照上级工会要求，组织换届大会各项事宜。1 月，各基层工会全部完成二级双代会的换届和学校双代会代表的选举；3 月，学校召开第三届双委会会议，审议通过了第四届二级教代会执委会和二级分工会委员会人选；5 月，校工会下发《中国农业大学第四届教代会执委会成员、工会委员会及教代会工会各专门委员会委员候选人产生办法》；11 月 8 日，经广泛征集意见，候选人建议人选经过各分工会“二上二下”民主推选产生；11 月 9 日，召开第三届双委会扩大会议，审议通过候选人建议名单；11 月 17 日召开学校第四次双代会，完成换届选举工作。本届代表中一线教职工、劳模先进、科技工作者占77%；工会委员会中一线教职工、劳模先进、科技工作者占66%；工会主席为学校党委副书记，常务副主席按中层正职配备，兼职副主席一线教师2名，其中一名是劳模先进。女教职工委员会主任由兼职女副主席担任。

2017年，校工会修订了学校《建家评审办法》和《建家基本标准》，确保政策措施、工会经费、服务资源向基层工会倾斜。1月，采用分工会项目制经费管理模式，促进分工会的年度工作开展，促使工会的各项职能落实在一线。12月，组织建家评级，评选出校级"模范教职工之家"和"优秀教职工之家"，其中模范教职工之家占30%。分工会品牌活动有生日会、荣休会、儿童托管班、儿童烘焙班、青年学术沙龙、羽毛球锻炼等，平均一个月各项活动达22项。2017年，校工会推荐人文与发展学院和信息与电气工程学院为"北京市教育工会先进职工小家"，并接受专家现场评审考察。

稳步推进会员发展，逐步落实非在编教职工入会，实现工会组织在校园内的全覆盖。2017年，共有超过1 000名非在编教职工加入工会组织，全校会员人数超过4 000人。依法依规修订非在编工会会员管理办法，完善非在编会员管理方式和流程，保障非在编会员与事业编会员享有同等权利。

贯彻十九大精神，做好工会干部思想政治培训工作。3月，为新一届基层工会干部组织培训，邀请北京大学工会主席孙丽分享工会工作的实践与探索。在十九大胜利闭幕之后，各基层工会组织学习十九大报告，同时，按照市教育工会要求，校工会参加上级工会的各项培训和会议，加强工会理论知识的学习，增强上级文件精神的领会。

此外，依托学校《2017年度党建研究专项课题》的研究，带领分工会主席奔赴上海高校开展调研活动，为学校职工小家建设提供借鉴经验。

（孙晓莉）

【校园民主】

2017年，校工会以学校教代会年会制为核心、提案办理制度为抓手、二级教代会制度、代表巡视制度、代表听证制度、教代会专委会专项工作制度、情况通报会等组成的教职工参与民主管理制度体系，推动校园民主建设，维护教职工合法权益。

为落实上级文件精神，修订《中国农业大学教职工代表大会条例》和《中国农业大学提案工作管理办法》，依法依规推进学校民主建设。2017年是学校教代会换届年，学校党政齐抓会议质量，代表到会率达83%，征集提案70件，同比2016年翻番。大会除了讨论和审议教代会规定的报告之外，还讨论了《学术委员会2016年年度工作报告》《关于修订〈中国农业大学章程〉部分条款说明的报告》。

教代会执委会听证学校2017年财务预算方案，审议《中国农业大学科技成果奖励办法(征求意见稿)》(2017年修订)、《学院发展专项试行办法》(征求意见稿)，听取后勤基建处关于《学校教职工住宅建档备案有关问题》的通报等。生活福利委员会专委会、女教职工委员会巡视学校教职工、女工体检。提案工作委员会讨论提案工作流程，修订《提案工作管理办法》，评选2016年优秀提案3件，并开展第四次教代会提案征集工作。

拓宽民主渠道组织教代会代表源头参与民主活动。比如"一报告两评议"工作会暨校领导年度述职会议、开展生育政策调整后如何帮助青年职工解决生育后顾之忧专题调研座谈、学校教师干部大会、教代会代表座谈会、海淀区人大代表与教职工见面座谈会等。

此外，在双代会召开之前，组织学校新一届代表进行培训，邀请北京市工会干部学院工会理论研究所研究员张丽，做了关于“如何做好一名合格教代会代表”的知识讲座。

（孙晓莉）

【校园民生】

2017 年，校工会继续为教职工办实事，维护教职工的合法权益。

一是贯彻落实市总工会制定的“七五”普法规划，开展法律宣传，提供法律咨询和服务，发挥劳动人事争议调解委员会作用。2017 年，劳动争议调解 0 起。

二是按照《中国农大爱心基金使用细则》，分档次降低门槛扩大帮扶对象，为 7 名教职工发放爱心基金 15.5 万元。为 4 名去世教职工申请北京市温暖基金 4 万元，同时向北京市温暖基金会捐款 2 万元。为 723 人办理职工重大疾病互助保险，为女教工 633 人办理特殊疾病互助保险。全年为 4 名去世教职工和 4 名生大病教职工办理保险理赔工作。全年日常慰问生病住院、因病去世以及家庭遇到重大变故的教职工 16 人。持续关注和帮扶北京市困难职工 1 人，年初集中慰问了 2016 年困病教职工 27 人。

三是关心职工心理发展，组织教职工参加北京市职工发展心理体验示范中心的“放飞心灵 认识自我” 心理体验活动。举办了“青春期极端心理问题和行为的预防”讲座。

四是依法依规做好全员慰问工作。2017 年，校工会的大宗慰问品采购严格按照《中国农大工会物资采购实施细则（暂行）》的规定执行。几个重大节日的慰问品都采取教职工多选的方式，满足教职工的需求。2017 年扩充福利范围，为全体会员发放生日蛋糕、定制蛋糕券和生日贺卡。

五是持续做好关爱工作。组织全校教职工体检和女工体检工作。六一儿童节慰问学校两所幼儿园师生，护士节慰问校医院医护人员。在五一劳动节，组织发放“橙天嘉禾”和“嘉华国际”电影票共 700 张。

此外，根据教职工的需求，组织教职工寒暑假旅游信息、驾驶员培训班、购车购物服务等信息，转发 12351 上工会会员服务信息。

（孙晓莉）

【校园文化】

2017 年校工会围绕家风建设主题，从三八妇女节开始拉开序幕，以“修身齐家”为活动主旨，推出系列活动：3 月，举办庆三八“品读咖啡”文化讲座；4 月，在全校范围内征集优秀家训；4 月，举办花香伴我育家风之阳台园艺与室内栽培讲座；5 月，在圆明园举办“爱在春天，健行家风”之圆明园家庭健走活动，为参与活动的每一个家庭照一张全家福，并冲洗成精美相框赠送；11 月，举办葡萄酒文化评鉴交流会。2017 年党委宣传部于哲老师代表北京市教育工会参加北京市“我有我精彩”主题演讲比赛，获得第一名。

2017 年校工会定期组织开展教职工乒乓球、羽毛球、台球、中国象棋、扑克升级等全校性比赛；坚持举办春季、秋季健步行和登山活动。承办市教育工会“2017 年学院路地区高校教工羽毛球邀请赛”，组织参加农林水高校教职工羽毛球赛、高校教职工台球赛、乒乓球友谊赛、象棋友谊赛等。

2017年校工会鼓励各类文体协会健康有序开展活动，推进各类教职工文体协会成立，出台《2017年推广“健步121绿色好生活”》等活动办法，扩大奖励范围。文体协会自发组织活动，有舞蹈协会的“圆圈舞”活动、健走协会的公益讲座、足球协会的联赛、羽毛球协会的培训训练等。

（孙晓莉）

【职工教育】

2017年，校工会将不断提升教职工思想政治素质作为重点工作任务。在学校党委的领导和统筹下，提高工会组织政治站位，发挥工会组织教育职能，把理想信念教育放在首位，突出思想引领政治功能。

上半年，由校工会负责组织建立了基于井冈山革命根据地和延安革命根据地的两个高层次人才革命教育轮训基地，面向全校各学院高层次人才开展以“铸牢理想信念，肩负育人使命”为主题的革命实践教育活动，参加人员近70人。

2017年，组织4名参赛选手备战北京市第十届青年教师教学基本功大赛，在赛前组织了1次沙龙和3次培训，参赛选手均获佳绩。

9月，校工会为从事教育工作30年的教师召开表彰会，表彰长期从事教育工作的教职工为学校建设发展所做的贡献。校工会为每位从教30年教师拍摄专业形象照，并制作成精美相框让大家留作纪念。该活动已经成为校工会的品牌活动之一。

（孙晓莉）

【其他】

校工会继续探索服务工作中“互联网＋”的应用，维护现有平台，开发新型管理系统，搭载市总应用平台。

2017年，校工会依托学校校园信息化建设项目申请研发“中国农业大学工会会员管理系统”，加强会员网络化管理，提升工会管理网络化服务。3月，继续维护工会网站，增加分工会宣传委员上传新闻的功能。中国农大工会官方订阅号全年推出信息达217条，搭载市总12351APP平台上线9个活动。

2017年校工会起草校工会宣传岗位工作职责及规范以及分工会宣传委员工作职责及规范；5月，邀请北京市教育工会宣教文体部部长蒋汶桐以及校党委宣传部老师对分工会宣传委员进行培训。全年共在北京市教育工会网站上传发布学校工会工作活动报道144篇，从3月至12月，连续进入发文排行榜前10名的位置；在《北京教工》发表学校工会活动的文字和图片报道6篇（平均每期1篇）；共编辑四期《工会简讯》；校园网刊登学校教代会工会报道30余篇，在工会网页发布相关报道60篇；各分工会上传基层活动报道120余篇。

2017年中国农业大学工会经费上缴任务全部完成，完成市总工会2015—2016年度经费审计工作。按照党风廉政建设的要求，加强工会经费管理，规范经费开支的范围及标准。11月，通过向银行系统的申请，实现工会财务报销实时转账业务。此外，还及时开展年度统计工作并上报年度统计信息，12351热线派单按时接单率100％，结案率100％。

（孙晓莉）

附：

一、中国农业大学2017年度优秀教职工之友名单

曲瑛德　李海滨　胡小松　宋正河　叶敬忠

二、中国农业大学2017年度工会先进个人名单

谢光辉　周　平　高琪洁　范　军　闫华玉　马紫威　张　华　李贵桐　罗文海
张俊伶　黄　莺　王楚端　孙秀萍　王宏钧　毛立科　袁长梅　张春龙　田　笛
姬建新　汤红卫　张再军　刘　浏　吕　芬　左淑华　侯云先　揣君健　宣荣涛
宋海燕　王树远　马　莉　赵　佳　张天鹏　李晨晨　高　颖　谢宝红　张　宏
任　蔚　冯　汀　李　浩　索红卫　张　祎　刘　秀　殷作明　陈立军　张爱民
康昊婷　纪光辉

三、中国农业大学2017年度优秀工会干部名单

袁旭峰　姜　峰　张　迪　李　溱　伦　飞　张　浩　王帅玉　曲桂芹　张　敏
吴红丹　王胜男　刘旭华　史煜成　刘晓林　李桂华　柴　利　王永生　陶宪盛
李天舒　苏雅澄　魏颂媛　尚　峥　尚文绢　李　兰　江　波　潘晓丽　张增文

四、中国农业大学2016—2017年度评审结果名单

模范教职工之家名单

生物学院　资源与环境学院　动物科学技术学院　食品科学与营养工程学院
工学院　国际学院　信息与电气工程学院　图书馆

优秀教职工之家名单

农学院　园艺学院　植保保护学院　动物医学院　水利与土木工程学院
理学院　经济管理学院　人文与发展学院　马克思主义学院　机关一
机关二　机关三　继续教育学院　校医院　校办产业　后勤基建

五、中国农业大学2017年工会宣传工作先进工作单位名单

生物学院　食品科学与营养工程学院　信息与电气工程学院　理学院
人文与发展学院　马克思主义学院

共青团工作

【概况】

2017年是中国共产党第十九次全国代表大会胜利召开、中国特色社会主义进入新时代、具有划时代的里程碑意义的一年，也是学校全面贯彻落实全国高校思政工作会议精神、启动双一流建设的开篇之年，更是在习近平总书记系列重要讲话和中央党的群团工作会议精神的指导下，全面实施共青团改革的开篇年。在新精神的历史方位上，学校共青团在学校党委和上级团委的领导下、在全校广大青年的积极努力下，继续高举中国特

色社会主义伟大旗帜，坚持以习近平新时代中国特色社会主义思想为指导，深入贯彻落实党的十九大的精神，紧密围绕学校“立德树人”的中心工作，深化实施共青团“思想引领、素质拓展、权益服务、组织提升”的四维工作格局，切实增强政治性、先进性、群众性，团结带领广大团员学生听党话、跟党走，推动学校共青团工作实现了新的发展。

（张银）

【坚持立德树人，全面开启共青团改革】

全面推进共青团改革各项任务 4月，学校党委正式印发《中国农业大学共青团改革实施方案》，进入共青团全面深入改革的新阶段。作为全国共青团改革的试点高校，率先在团中央、团市委信息平台发布改革方案，并在高校中作典型经验介绍，兄弟高校也多次来校交流学习。本年度已根据学校情况在不同程度推进22项任务，发布配套文件9个。实施改革加大对基层的支持力度，20个二级团组织根据各自单位党委的总体部署、特色和实际工作情况，分别选定本年度重点推进的改革项目27个，鼓励二级团组织先试先行，在团组织建设、社会实践、创新创业、文化活动等方面重点进行支持，在调整校级活动的基础上，下拨经费40余万元。

开展学习宣传十九大精神系列活动 组织校级学生骨干、分团委书记、团委委员，学生会、研究生会和社团等学生组织主要学生收听收看、分享交流、学习研讨参加学校组织的十九大精神专家解读报告会，确保及时的学、深入的学；针对二级分团委部署学习贯彻落实十九大精神工作安排，确保深入支部全覆盖。通过微信公众号的《身边的十九大》等栏目推送图文十余篇，将会议成果与身边的生活联系起来，进行解读；通过两校区电子屏，将报告中的重点内容以口号标语的形式不间断展示，入脑入心。搭建活动载体学深用活十九大精神，开展“不忘初心跟党走，青春奋进新时代”纪念一二·九合唱比赛和“以年轻初心，圆复兴之梦”阅读演讲比赛，紧密围绕十九大主题，营造浓厚的宣传学习氛围。在学校学生中开展学习十九大精神主题创作征集活动，共征集摄影、平面设计、原创歌曲、陶瓷工艺品等60余件作品。

完善宣传思想工作机制，提升宣传工作实效 深化校院两级宣传联席会制度，进一步巩固大宣传格局，形成工作合力。“青年农大”微博现有粉丝数18 306，月均150万阅读量以上。“CAU我们的团”微信公众平台粉丝量达11 450人，全年无休共推送700余篇，坚持突出思想内涵，紧贴时政要点、重大纪念日等进行主题报道。宣传报道围绕学习贯彻十九大精神、共青团改革等内容进行专题报道，主动对内对外发声，宣传更具影响力和辐射性。本年度向学校推荐高质量新闻稿件30余篇；在团委网站共发布通知公告200余条，新闻稿件近200篇。

加强网络舆情收集分析，研判学生思想动态 不断巩固意识形态工作的主动权，充分发挥团组织在网络舆情研判、安全稳定中的重要作用。2017年，依托“校、院、团支部”的三级舆情收集体系，创新使用调查问卷的形式，同时结合校团委宣传部、校研究生会、校学生会等提供的舆情信息，共计向学校党委宣传部报送学生舆情报告50期，舆情关注点共计500余项，针对调研数据进行科学分析，为全面掌握学生思想动态、科学部署工作提供了决策依据。

（张银　秦颖　张晓星　章萌）

【夯实基层基础，优化机制完善骨干培养体系】

增强团员意识培养，扎实做好基础团务工作 通过各级团组织逐级落实，认真完成团务统计、团员注册、团组织关系转接、团费收缴、团籍管理等方面的工作，团务工作有序进行。2017年共完成14 825名共青团员注册以及4 331名新生共青团员的团组织关系转入工作，收缴团费38 022.1元。印发《推荐优秀团员作为入党积极分子的实施办法》，细化推优入党的程序和环节，明确将推优入党工作纳入学校党员发展工作规划。

加强基层组织建设，增强团组织凝聚力和活力 根据学校改革实施方案，指导各二级团组织重新梳理组织架构，印发《关于加强基层团组织建设的指导意见》，发挥支部的引领和凝聚作用，增强青年学子的荣誉感和归属感。2017年全校新成立团支部共178个，其中研究生团支部161个、教工团支部10个、特色团支部7个，实现团组织全覆盖。

梳理学生荣誉奖励，完善评奖评优体系 2017年，坚持公开公平公正原则，选树10名在精神文明建设、学术创新、躬身实践、校园文化建设等方面取得突出成绩的青年学生10名，授予的在校生最高荣誉“五四青年标兵”称号，发挥青年先进的示范引领作用。此外，评选社会工作优秀奖学金418人、文化活动优秀奖学金180人、创新创业奖学金30人；三好学生1 368人、优秀学生干部599人、优秀团干部300人、优秀团员408人。获得北京市三好学生33人，北京市优秀学生干部11人。农学151等42个班级荣获“优秀班集体”荣誉称号，农学163等47个团支部荣获“优秀团支部”荣誉称号，试验152等11个班级为北京市优秀班集体。马文强获得2017年度“北京市优秀共青团员”荣誉称号，张银获得2017年度“北京市优秀共青团干部”荣誉称号，园艺学院园林专业151班团支部获得2017年度“北京市五四红旗团支部”荣誉称号。

分层分类制订培养计划，系统培养学生骨干 完善的学生骨干培养体系为学校团学工作的改革创新提供了坚实的人才保障。持续开展“知行”团校工作，经过不断总结与调研，逐渐完善团校的培养体系，形成以“校级课＋院级课”“必修课＋选修课”的“横纵交错”教学模式，2017年春季学期，“知行”团校结业学员905人，校、院两级开课20余次；秋季学期，“知行”团校招募学员922人。创新英才学校培养模式，包括理论学习、素质拓展、社会实践、封闭式军训等，学习内容涵盖中国传统文化、青年人才素质、国家政策方针、社会科学、国际视野、团队建设等。2017年，英才学校共计培养学生101人(71名初级班，30名高级班)，并全部顺利结业。

(张晓星)

【倡导实践育人，三大平台服务学生成才需求】

完善机制搭建平台，创新创业取得新突破 2017年“溢达”创意大赛八百余名同学参加，提交创意作品199件，创参赛作品数量新高，食品科学与营养工程学院闫文佳等同学的《梁RED》获“溢达”全国总决赛二等奖。精心组织“挑战杯”大学生课外科技学术作品竞赛，“第九届首都挑战杯”3件获特等奖、3件获一等奖、6件获二等奖、2件获三等奖，人文社科类作品首次获奖，学校获得史上最好成绩，学校获得“首都优胜杯”和“优秀组织奖”；“第十五届全国挑战杯”共5件作品荣获三等奖。“互联网＋”大学生创新创业大赛学校在北京市赛获1个一等奖、1个二等奖、3个三等奖，信息与电气工程学院张国锋的

“智慧畜牧芯”项目荣获全国铜奖，获得史上最好成绩。承办首都第六届大学生科技创新作品与专利成果展示会，收获 2 个创新金奖、2 个二等奖、2 个三等奖并获最佳高校组织奖殊荣。修订《中国农业大学学生创新创业成果奖励办法》，增设创新创业奖。承接全国青少年高校科学营活动，343 名来自全国各地的师生聆听大师报告，参观校史馆、重点实验室、试验田和农场等，学校获高校科学营北京营优秀组织奖及全国营特色活动案例奖。

社会实践助力精准扶贫，内容丰硕成果扎实 紧贴国家“十三五扶贫开发”规划，开展以“稼穑之路——农科学子助力精准扶贫”为主题的社会实践活动，完善组织模式，积极打造“互联网＋社会实践”平台，按照校院两级的组织管理方式，共组成 365 支实践小队（其中校级 243 支、院级 122 支），赴 29 个省（自治区、直辖市）深入 130 个贫困县开展实践活动，参与学生 3 000 余人。此外，结合学校自身工作，联合校内外多家单位，组织了“千乡万村”“假期农校”“寻访校友”“饮水思源”“爱＋行动”等 6 个专项实践活动。各学院根据自身特色组织了贴近专业、形式多样的“一院一品”品牌实践活动。本次实践形成调研报告 171 篇、团队总结报告 98 篇，团队随笔 1 371 篇，累计字数达 360 万。评选出 62 支社会实践优秀团队、30 项优秀成果和 62 名优秀个人予以表彰，并出版社会实践成果集。10 余家校内外媒体对社会实践进行了报道，共发布新闻报道 300 余篇。“塘约模式”考察行动实践小队获 2017 年“青年服务国家”首都大中专学生暑期社会实践百强团队二等奖，峰云社人文科考队在 2017 年全国大中专学生志愿者暑期“三下乡”社会实践活动中获得优秀团队奖。首次开展以“稼穑之路——农科学子聚焦乡村振兴”为主题的寒假社会实践，聚焦农科学子十九大宣讲、乡村调查、乡村志愿为内容开展，实现全校学生全覆盖。

健全志愿服务长效机制，开启志愿服务新局面 努力构建具有时代特点、青年特征、农大特色的志愿服务长效机制。邀请魏娜教授为全体新生开启志愿服务教育第一课，树立担当和奉献精神。制定《关于新生实名注册志愿北京方案》，实现 2017 级全体新生志愿者注册率 100％。建立志愿项目库，采用项目负责人负责制方便统筹全校的志愿资源。修订《志愿服务认证制度》《志愿服务项目立项工作办法》等文件。开展“志愿农大”评选工作，以评促建，评选出 79 位优秀志愿者、10 个优秀志愿团体和 10 个优秀志愿项目，鼓励青年学子传承志愿精神。以“小而精、简而实、深而专、易推广、可持续”为特点打造具有农大特色的品牌项目。学校 65 个常态化志愿服务项目累计招募志愿者 2 215 人，累计时长超过 23 760 小时。先后参与 2017 北京国际长跑节、北京鸟巢半程马拉松、北京马拉松、世界残疾人射箭锦标赛和乒乓球锦标赛以及亚太区轮椅篮球赛等大型赛会志愿服务活动，活动人数超过 1 500 人，志愿时长累计 19 985 小时，多次被评为优秀组织单位。

（秦颖　邢雨凝）

【繁荣校园文化，熏陶渐染促进学生完善人格】

打造品牌活动，项目化运行突出新颖形式 本年度“五月的花海”和“金色的希望”系列活动，分别以“多彩青春”和“青春启航 · 创新共赢”为主题，调整立项方式，支持 15 个如昆虫文化节、烘焙体验课、畜牧文化节、汉字听写大会等一批内容丰富、形式新颖的活动。打造五四青年节“青春之我”系列活动和校庆日“金色的家园”系列活动，社团嘉年华、亮灯艺术行为秀等活动收到师生热烈反响。

建设和谐校园，文化活动百花齐放 通过各级学生组织举办丰富多彩的活动繁荣校园文化。举办水泥篮球联赛、校园吉尼斯、新生风采大赛、十佳歌手大赛、毕业晚会等，丰富文体文化；举办四六级模考、辩论赛、研究生学术文化节、新时期农林高校研究生学术论坛等，厚植学术文化；开展心理节活动，通过不同主题的心理舞会和心理剧比赛等，塑造健康心理；举办生活嘉年华、宿舍文化节等活动，引领阳光宿舍文化；土豆文化节打造高品质饮食文化；继续围绕中华传统文化和学校文化开展更具农大特色的文化活动，举办"CAU1905 读书会""百团大战""丰学稼实知识问答竞赛"等活动。首次举办有关农业和校史的"时和穗丰农业文化节"等活动，场面热烈，彰显农大学子青春风采。

鉴赏国粹经典，感受高雅艺术 全年组织"高雅艺术进校园——新生走进国家大剧院"活动 10 余次，内容涵盖声乐、器乐、舞蹈、戏剧等不同种类的艺术类演出和周末音乐会等，保证了新生没人都有机会去感受一次高雅艺术的熏陶。拓展了与国家京剧院的合作及北京市教委的支持，争取到更多能够欣赏高雅艺术的机会，青年学生的文化素养和艺术品鉴能力得到不断提升。2017 年引进的活动有"国家大剧院歌剧电影赏析""杜丽娘与朱丽叶跨界戏剧"等。

（秦颖　张晓星　邢雨凝　章萌）

【加强对学生组织的指导，引导促进学生健康成长】

切实加强学生会组织的指导工作，推进学生会组织自我革新 深入贯彻落实《学联学生会组织改革方案》的文件精神，加快学校学生会、研究生会的改革的步伐。推进"一心双环"团学组织工作格局的构建。在校学生会成立社团工作部，加强学生会组织对社团的引导、帮助和联系。将研究生会调整至团委统筹指导。实行学生会组织常任代表会议制度，切实履职，积极发挥监督、评议等职能。承担共青团中央改革学联学生会组织改革项目工作，制定《学校学生代表大会会议指导手册》提交全国学联作为参考。严格规范学生代表大会和研究生代表大会的正式代表、常任代表、主席团候选人预备人选的产生过程，严格规范主席团成员的选举过程。成立中国农业大学研究生会校友会，助力学校校友工作多层次平台搭建。成立校学生会和校研究生会功能性党支部，成为学校党建创新和学生会组织改革的有力措施。

支持引导学生社团规范发展，推进学生社团管理机制转型 修订《中国农业大学学生社团管理条例》，规范社团筹备、申请、成立、转正等，理顺各环节流程并制定奖惩措施，加强对社团的管理。严格学生社团的成立、转正、注销等程序，2017 年度新成立学生社团 13 个，转正学生社团 6 个，注销学生社团 8 个。加强社团团工委机构设置，重新划分职能部门，将原有九个部门缩减为六个明确工作职责；制定《中国农业大学学生社团团工委工作条例》，举办社长大会、学生社团发展论坛、十佳学生社团评选等传统活动，搭建各类学生社团沟通、交流、展示的平台。国旗班参加北京高校第八届国旗仪仗队检阅式比赛获三等奖；微博协会获得"全国十佳微博协会""北京地区最具影响力微博协会"等称号；峰云社在全国学生定向锦标赛中荣获 5 个三等奖、1 个二等奖，在北京市体育大会无线电测向定向竞赛定向越野比赛中获得 2 个第一名、1 个第二名的好成绩；滑雪社同学在第三届全国大学生滑雪挑战赛分获全国总结赛男、女第一名的好成绩。

注重培养学生维权意识，维护青年的合法权益 完善学生权益维护工作机制，充分发挥学生维护自身权益的作用，畅通提案的提出、审核、办理和反馈流程。及时答复并处理29条校长信箱中涉及团委工作的信件。通过纵向和横向的深入调研，确定学代会和研代会综合提案8项、专项提案15项，内容涵盖学生学习实践、生活服务、校园文化等方面。组织各种权益活动，第三届“权心权益”提案大赛共收到提案138份。充分利用新媒体平台，在做好失物招领、果果去哪儿、解忧杂货铺、权益速递等日常权益工作的同时，建立权益工作交流微信群，为同学们反映问题拓宽渠道。召开书记校长和学生代表座谈会，与各相关职能部门沟通探讨，推进学生权益问题跟进问题的解决和反馈，也为学校治理提供决策参考。

（张晓星　邢雨凝　刘建伟）

【强化自身建设，为共青团工作提供坚实保障】

加强共青团工作深度探讨，认真开展理论研究　搭建青年理论研究平台，印发《青年研究课题项目管理办法》，首次在校内设立共青团改革研究项目，本年度设立项重点课题5项、一般课题15项，营造学习研究的浓厚氛围，提升广大团员青年研究能力，深入系统研究共青团改革工作，主持两项学校的高教管理研究项目。

完善制度建设，提升管理服务水平　完善财务报销流程和物资采购管理制度，规范团委物资招标制度，首次实现校级学生活动舞美统一进行招标，有效防范风险。加强东西校区报告厅的管理，2017年共承接校内外报告、演出共计121场次（东区69场次、西区52场次）。统筹团委管辖范围内各活动场地的借用管理和程序，提高排练厅、会议室等的使用率，为校园文化建设提供有力保障，全年共计安排1 619场次。完成曾宪梓报告厅改造和社团活动场地维修工程，进一步改善学生活动条件，建造精致良好的育人环境。

（张晓星　刘建伟）

发展规划工作

【概况】

2017 年，发展规划处组织完成了中国农业大学一流大学建设方案和 9 个一流学科建设方案。起草了学校重要报告，推进学校“十三五”规划任务分解及综合改革落实。组织开展了院校研究等。

（戴晓曦）

【学校重要报告调研和起草工作】

起草学校雄安新校区建设构想、北京良乡新校区建设构想及请求北京市支持中国农业大学建设的报告、学校服务北京国家科创中心建设报告等相关材料，供学校决策参考。

（韩晓燕）

【推进学校“十三五”规划和综合改革方案落实】

组织完成了学校“十三五”发展规划任务的分解。完成学校综合改革方案实施情况的评估工作，形成自评报告及综合改革典型案例报告，并上报教育部。

（韩晓燕　戴晓曦）

【组织完成机构设置相关工作】

会同党政办公室、组织部、人事处先后组织论证了党委教师工作部、模式动物重大设施建设办公室、土地科学与技术学院、后勤基建处、人才工作办公室等机构的设置方案，按照学校部署，会同相关部门启动了新一轮党政管理机构定编定岗方案编制工作，相关工作有序推进，这项工作的完成，将为学校改革发展奠定组织基础。

（韩晓燕　金樱）

【院校研究】

以“基本科研业务费高等教育研究专项”为基础，资助引导各管理部门结合自身工作开展研究，2017 年共有 34 个高教研究专项立项。

（金樱）

【学校公共数据管理】

紧密跟踪学校在 THE、QS、上海软科等大学排名机构的排名情况，完成学校所需相关数据填报和基础信息提供工作；协调相关单位完成本年度各类统计数据的填报工作；会同教务处，组织协调相关部门完成 2017 年度本科教学基本状态数据采集工作。

（戴晓曦）

【年鉴工作】

组织学校相关单位编制完成《中国农业大学年鉴》(2016)，完成《中国教育年鉴》和《北京教育年鉴》相关内容的撰稿工作。

（戴晓曦）

【管理研究】

以 ESI 和 INcites 为工具，分析监测学科发展动态，组织编写《中国农业大学学科竞争力分析》(2016)、《学科与学院贡献度分析》等报告，编制《学科发展研究》22 期；编写《高校发展纵横》3 期，《CAU 发展纵横》(微信平台)11 期，《中国农业大学“双一流”建设工作动态》4 期，为学校学科建设与改革发展提供参考。

（侯继武　杜伟　金樱）

【学术委员会秘书处工作】

作为学校第五届校学术委员会秘书单位，本年度组织学术委员会全体会议 5 次。组织各学院学术委员会制定了院学术委员会工作规程；学术委员会网页开通使用。

（杜伟）

人事管理

【概况】

2017 年学校人事人才工作，全面学习党的十九大会议精神，坚持贯彻习总书记“面向世界科技前沿、面向经济主战场、面向国家重大需求”的建设要求；紧密围绕学校“双一流”建设目标，在国家深化人才发展体制机制改革的背景下，抓住机遇，牢牢跟紧国家发展与改革的步伐，按照“四个服务”要求，科学谋划、统筹推进，强化人才队伍建设，激发人才队伍活力，创新人事工作体制机制，努力构筑适应新形势下的人才发展体系。

（杨凌晔）

【教职工队伍现状】

截至 2017 年 12 月 31 日，学校教职工总规模为 6 826 人。其中，事业编制教职工 2 720 人，占 39.8%；非事业编制教职工 1 545 人，占 22.6 %；在站博士后研究人员 233 人，占 3.4 %；离退休人员 2 328 人，占 34.2 %。

事业编制教职工中，专任教师 1 679 人，具有博士学位的 1 299 人，具有硕士学位的 285 人，具有学士学位及以下的 95 人。其中，教授（含研究员）620 人，副教授（含副研究员）855 人。学校有中国科学院院士 5 人，中国工程院院士 7 人，其中 1 人为双院士。长江学者特聘教授 27 人，长江学者讲座教授 7 人，享受政府特殊津贴专家 74 人（不含退休）。

（赵瑞娇）

【院士增选】

2017 年，张福锁教授成功当选中国工程院农业学部院士。

（刘盈）

【长江学者】

2017 年度，杜太生教授当选"长江学者奖励计划"特聘教授。马曦、李思恩二人当选"长江学者奖励计划"青年学者。

（刘盈）

【人才引进】

继续推进国家"千人计划"项目，2017 年，孙连军入选国家"千人计划"青年项目。2017 年，学校先后组织召开了两次人才引进专家遴选会，由学校学术委员会对各院上报的 73 名引进人才候选人进行评议，学校同意引进人才 45 名（含千人计划长期项目候选人 2 人、短期项目 1 人），办理入校手续 30 人。同时，学校对已引进人才进行了中期、期满考核，35 位引进人才通过相应的考核。2017 年用于高层次人才科研启动经费 1 351 万元，人才岗位津贴、安家费、年薪等 1 079 万元。

（刘盈）

【人才培养工作】

2017 年继续实施"青年教师成长工程"，统筹各项目的选派工作，全部满足符合选派条件教师出国研修的需求。国家公派高级研究学者及访问学者（含博士后）项目（即"全额资助项目"），共有 18 人入选。青年骨干教师出国研修项目（即"1：1"配套项目），经专家评审并上报国家留学基金委审批，14 人入选。此外，先后批准 9 人享受学术休假，81 人认定高等学校教师资格；组织 100 人参加青年教师岗前培训，多途径提高教师学术水平，拓宽研究领域；全方位、多层面地加强教职工的业务素质，提高教师可持续发展能力。

（崔晓晨）

【人才选拔与推荐】

辛明明、王献兵 2 人入选 2017 年度北京市科技新星计划；金艺鹏、郑永军、徐义田、石旺鹏等 4 名教师获得“宝钢优秀教师奖励基金”。

（崔晓晨）

【人事调配】

2017 年，学校新增入校人员 94 人，其中接收应届毕业生 21 人，留学回国 21 人，博士后出站 24 人，京内调入 28 人。新增人员中具有博士学位 64 人，占总数的 68.1%；具有硕士学位的 29 人，占总数的 30.9%，具有学士学位的 1 人。新增人员补充到教学科研岗位 53 人，占总数的 56.4%；党政管理岗位 27 人，占总数的 28.7%；教学辅助岗位 14 人，占总数的 14.9%。

校内调动 13 人；非离退减员 11 人。

（赵瑞娇）

【优秀教师评选】

2017 年，学校出台了《中国农业大学教职工奖励办法（2017 年修订）》（中农大人字〔2017〕20 号），对参评范围、奖项设置、评选程序等进行了修订，教务处、学工部、人事处、工会分别组织了 2017 年度优秀教师以及优秀教育工作者一、二、三类的评选工作，共评选优秀教师 60 名、优秀教育工作 40 名。

（崔晓晨）

【专业技术职务评聘与晋升】

2017 年，学校共有 35 人晋升正高级专业技术职务，40 人晋升副高级专业技术职务，38 人晋升中级及以下专业技术职务。

（崔晓晨）

【职员晋升与聘任】

2017 年，学校共有 47 人晋升或聘任各级管理职员。其中，试用期考核合格的副处级 1 人直聘六级管理职员；42 人晋升职员职级，其中 2 人晋升五级管理职员，12 人晋升六级管理职员，28 人晋升八级管理职员（含合同聘用制 A 岗 8 人）。

2017 年新入校管理职员 18 人初聘九级管理职员，8 人初聘七级管理职员；2017 年入校合同聘用制 A 岗人员，4 人初聘八级管理职员。

（刘晓航）

【职工年度考核】

2017 年，参加年度考核的单位共有 59 个，应参加考核人数为 2 768 人（不含校领导），实际参加考核 2 738 人，未参加考核 30 人。考核优秀 414 人，考核合格 2 317 人，考核基本合格 4 人、不合格 3 人。

（刘晓航）

【在职工资管理】

规范人事待遇有关制度，落实职工各项工资待遇。2017 年结合中央巡视组来校巡视工作，进行了人事待遇相关制度的梳理和修订工作，规范了职工请销假待遇。按照人社部和财政部关于中央有关事业单位实施绩效工资的精神，改革和探索校内绩效工资分配的合理办法，结合年终考核结果一次性发放业绩津贴。完成日常工资管理工作，包括为考核合格等级以上人员晋升一级薪级工资；调整在职人员住房公积金基数；做好各类职务或岗位变动后的工资变动等。

（刘瑞春）

【离退休待遇管理】

按照人社部规定，为符合退休条件的 113 人办理退休手续并核定退休工资。根据国家政策为 63 名去世人员（含在职职工 4 人）核发抚恤金和丧葬费。根据上级工作部署，调整离退休人员补贴，兑现 2017 年基本养老金增资，2016 年基本养老金补差，按时准确发放到位，将发放进度和资金需求及时上报教育部；根据三部委联合通知，为解决部分生活不能自理离休干部特殊困难，从 2017 年 7 月起调整部分离休干部护理费。

（杨家福）

【博士后管理】

2017 年，招收博士后研究人员 85 人，其中流动站招收 74 人，工作站联合培养 11 人。出站 57 人。在站博士后 233 人。5 人获批"国际交流计划"派出项目，3 人获得"博士后创新人才支持计划"资助，23 人获得中国博士后科学基金资助，10 人获得自然科学基金青年项目资助。

（张宏）

【社保工作】

截至 2017 年 12 月底，学校共有非事业编制人员 1 545 人，其中学院 691 人，教辅单位 118 人，机关 106 人，后勤实体 630 人；学校保险费总计 3 887.6 万元，比去年同期增加 14.4%；社会保险总业务量 5 670 人次，与去年同期持平。

2017 年，学校部署完成了事业单位基本养老保险首次参保登记工作，登记数据 4 762 条，其中在职人员 2 678 条，退休人员 2 084 条。

（王迎）

【制度建设】

2017 年，根据巡视组反馈意见及学校工作实际，制定修订各类人事规章制度 11 项，包括《中国农业大学专业技术职务聘任暂行办法（2017 年修订）》《中国农业大学学生思想政治教育系列专业技术职务聘任办法》《中国农业大学马克思主义学院校内兼职教师聘任办法》《中国农业大学职员岗位设置与聘任暂行办法》等晋升聘任相关文件；《中国农业大学马克思主义学科人才引进办法》《中国农业大学人事调配工作规定（2017 年修订）》等引进调配相关文件;《中国农业大学教职工年度考核办法(2017 年修订)》《中国农业大学师德考核实施办法》《中国农业大学教职工奖励办法(2017 年修订)》等考核评价相关文件;以及《中国农业大学教职工退休实施办法(暂行)》《中国农业大学关于博士后制度改革与管理的实施意见》等各类管理办法。

(赵瑞娇)

【其他日常工作】

2017 年,为 250 人办理出入境审批手续;本年度共接收各类来校进修学员 14 人,其中,少数民族科技骨干"特培"学员 10 人,"西部之光"访问学者 4 人。完成教育部和地方劳动局的工资、干部统计报表的上报等工作。

(刘晓航)

附录

附录 1 2017 年中国农业大学教职工基本情况

总规模:6 826 人,100%
事业编制总人数:2 720 人,39.8%
其中:女性:1 252 人,46.0%
教师队伍:1 679,61.7%
教育教学辅助人员(不含实体):371,13.6%
党政管理人员(不含实体):472,17.4%
后勤校产实体等人员 170 人,6.3%
工勤人员:52 人,1.9%
其他人员:29 人,1.1%
在站博士后总人数:233 人,3.4%
非事业编制总人数:1 545 人,22.6%
离退休总人数:2 328 人,34.2%
注:双岗人员同时计入教师队伍和管理职员队伍

附录 2 2017 年中国农业大学新增人员的类别及学历分布

学历	合计	接收毕业生	留学回国人员	博士后	调入
合计	94	21	21	24	28
博士	64	9	18	24	13
硕士	29	12	3		14
本科	1				1

附录 3 2017 年中国农业大学非离退减员工作岗位分布

合计	教学科研	党政管理	实验技术	工程技术	图书资料	其他教辅	校产实体	人才交流中心
11	7	1					2	1

财务工作

【概况】

财务处负责贯彻执行国家财经法规和会计制度，建立健全学校财经工作规章制度，规范学校财务行为；编制学校年度财务预算方案，监督预算方案执行；编制年度经费决算，总结分析年度财务预算执行情况；负责学校各项经费的管理及收支核算业务，定期上报财务运行状况；负责学校各类人员工资、劳务、住房公积金及学生奖助学金的发放和上缴工作；负责学校收费管理、票据管理及各项税款的代扣代缴工作；负责校园卡管理中心的运行及管理；负责学校财经领导小组的日常工作。

2017 年，财务处按照学校“规范有序、热情主动、务实高效”工作要求，以“开源节流，严格监管，热情服务”为宗旨，在认真贯彻执行国家财经法规的同时积极改进工作方法，加强财务信息化建设，提高办事效率，有效运行学校内控体系，推进财务管理改革。

（李易倩）

【财务收支】

学校收入稳定增长 2017 年，学校总收入 376,509 万元，完成预算的 109.88%，比 2016 年增长 27 892 万元（表 1）。从收入来源渠道分析：①财政补助收入 163 340 万元，其中，教育补助收入 150 594 万元，科研补助收入 7 303 万元，其他补助收入 5 443 万元；②事业收入 175 880 万元，其中，教育事业收入 32 539 万元，科研事业收入 143 341 万元；③附属单位上缴收入 1 042 万元；④其他收入 36 247 万元。

表 1 2017 年学校收入情况表 万元

项目名称	2017 年预算	2017 年总收入	完成预算/%	2016 年总收入	增长额	增长率/%
收入总计	342 640	376 509	109.88	348 617	27 892	8.00
一、财政补助收入	163 340	163 340	100.00	147 067	16 273	11.07
1.教育补助收入	150 594	150 594	100.00	129 676	20 918	16.13
2.科研补助收入	7 303	7 303	100.00	11 246	−3 943	−35.06
3.其他补助收入	5 443	5 443	100.00	6 144	−701	−11.40
二、事业收入	143 000	175 880	122.99	169 311	6 570	3.88
1.教育事业收入	33 000	32 539	98.60	31 819	720	2.26
2.科研事业收入	110 000	143 341	130.31	137 492	5 849	4.25
三、上级补助收入						
四、附属单位上缴收入		1 042		276	766	277.54
五、经营收入						
六、其他收入	36 300	36 247	99.85	31 964	4 283	13.40

（冯汀 孙军丽）

学校支出得到合理调控 2017 年，学校总支出 346 120 万元，完成预算的 83.49%（表 2）。从支出方向分析：①事业支出 344 284 万元。事业支出中基本支出 143 359 万元：其中，教育事业支出 86 867 万元，科研事业支出 12 万元，行政事业支出 5 748 万元，后勤保障支出 19 790 万元，离退休支出 30 942 万元；项目支出 200 925 万元：其中，教育事业支出 60 052 万元，科研事业支出 129 043 万元，行政事业支出 30 万元，后勤保障支出 11 800 万元。②其他支出 1 836 万元。

表 2 2017 年学校支出情况表 万元

项目名称	2017 年预算	2017 年总支出	完成预算/%	2016 年总支出	增长额	增长率/%
总支出	414 563	346 120	83.49	308 560	37 560	12.17
一、事业支出	414 563	344 284	83.05	306 689	37 595	12.26
（一）基本支出	150 717	143 359	95.12	130 943	12 416	9.48
1.教育事业支出		86 867		80 371	6 496	8.08
2.科研事业支出		12		23	−11	−47.83
3.行政事业支出		5 748		6 191	−443	−7.15
4.后勤保障支出		19 790		19 198	592	3.08
5.离退休支出		30 942		25 161	5 782	22.98
（二）项目支出	263 846	200 925	76.15	175 746	25 179	14.33
1.教育事业支出		60 052		53 964	6 089	11.28
2.科研事业支出		129 043		109 952	19 091	17.36
3.行政事业支出		30		30	0	0.00
4.后勤保障支出		11 800		11 800	0	0.00
5.离退休支出						
二、上缴上级支出						
三、对附属单位补助支出						
四、经营支出						
五、其他支出		1 836		1 871	−35	−1.89

（冯汀 孙军丽）

【财务状况分析】

年末资产 2017年末，学校总资产为951 448万元，比2016年末总资产899 517万元增加51 931万元，增长5.77%。其中：①货币资金258 536万元。②应收账款793万元。③其他应收款82 801。④存货574万元。⑤长期投资18 352万元。⑥固定资产502 983万元。⑦在建工程72 701万元。⑧财政应返还额度12 957万元。⑨预付账款29万元。⑩无形资产1 722万元。

年末负债 2017年末，学校总负债为79 461万元，比2016年末总负债84 056万元减少4 595万元，减少5.47%。其中：银行贷款37 700万元，应付账款2 953万元，其他应付款31 065万元，预收账款8万元，应付职工薪酬3 856万元，应缴税金1 045万元。

年末净资产 2017年末，学校净资产余额总值为871 987万元。其中，事业基金54 316万元，专用基金11 319万元，非流动资产基金595 760万元，财政补助结转15 490万元，财政补助结余834万元，非财政补助结转194 268万元。

（冯汀　孙军丽）

【财务管理】

加强预算资金管理 2017年，学校综合财力收入达37.65亿元，再创新高；学校综合财力支出34.61亿元。通过多渠道积极组织收入、筹措资金，完成各项应缴款项的收取和计提，确保学校事业发展资金需求；改革预算分配，合理控制支出，加强预算执行过程中的管理和控制，坚持按预算用款；严格执行各类政策文件，并不断加强对预算执行情况的考核分析。

校级财力继续保持平衡 学校校级财力收入达12.06亿元，预算赤字得到控制，校级收支基本平衡。本年度偿还银行贷款1 200万元，银行贷款降至3.77亿元，缓解学校债务负担。

全面运行内部控制体系 2017年，已全面运行高校内部控制体系，财务处作为牵头单位全力配合协调。按照《行政事业单位内部控制规范（试行）》《教育部直属高等学校内部控制指南》要求，学校形成了《中国农业大学内部控制管理手册》《中国农业大学内部控制评价规范手册》《中国农业大学授权管理规范手册》试行版本，内容包括内部控制框架、风险评估、单位层面内部控制、业务层面内部控制、内部监督与评价五部分，涉及预算、财务收支、资产管理、科研管理、校办企业、工程管理、政府采购、基金会管理等业务。在内部控制试运行过程中，及时完善及修订相关制度；梳理校内办事流程；及时反馈，总结经验，进一步完善；并按照权责一致、有效制衡的原则，定期评估风险、检查漏洞，确保制度有效执行。

财务规章制度更加完善 修订《中国农业大学人文社科类纵向科研项目经费管理实施细则》《中国农业大学非财政性收入分配管理办法》《中国农业大学差旅费管理办法（2017年修订）》《中国农业大学会议费管理办法（2017年修订）》《中国农业大学因公临时出国（境）经费报销管理办法》等规章制度，进一步完善财务管理制度体系；在财务报销方面，修订完成2017版《财务报销指南》，方便指导各项经费报账。

进一步规范教育收费行为 完成“三证合一”的税务登记证变更，并落实报税软件和增值税票据的更新；扩大简易征收范围(主要是科研横向)，降低税负，综合税率由6.34%降低到3.26%；归集基础信息，为开征环境保护税做准备；完成学校新增专业学位的收费标准备案工作，并继续做好学校服务性收费立项工作；完成近5年财政票据的检查工作；完成2017年教育部重大政策落实情况调查。

推进财务信息化建设 充分运用信息化手段，全面推进财务信息化建设，修订了《中国农业大学财务信息化管理规定》，明确了财务信息化岗位设置、权限设置。2017年全面启用网上自助报账系统、对公网银支付方式；完成"公务卡"软件平台建设，报账功能运行正常；充分利用"微信企业号"平台发布财务信息，开通财务微服务；增加校园网上"缴费平台"服务项目，网费、学费、住宿费、购电费、四六级报名费、校园卡充值、党费、学费等缴费项目均已上线。升级电子支付平台，实现用户自助交纳各种费用。

进一步规范科研经费管理 进一步完善学校科研经费管理制度，建立长效机制。根据国家科研经费管理政策，进一步完善相关规章制度，制定《中国农业大学科研项目劳务费发放实施细则》，会同科研院修订《中国农业大学科研项目与经费信息公开实施细则》，不断强化和规范学校财经制度体系，确保科研项目的顺利实施。

全面实现网上自助报账 根据新的报账模式，确定新的报销流程，编写《网上自助报账用户使用手册》；两校区举办三场科研经费报账员培训、两场公务卡使用培训；不断梳理和简化财务报销手续；在不违规的前提下尽可能为教职员工提供便利，进一步优化核算业务流程。会计核算中心保证了银行、现金、审核制单、外事等服务窗口的正常运转。全年共录入凭单62万笔，办理支票及汇款业务3 500余笔、现金业务6 000余笔、网银业务19万笔，装订凭单7 800余本。此外，认真梳理和解决历史遗留问题，清理历年往来款，完成年度资产清查工作，涉及流动资产金额9.7亿元，提供相关证明材料及情况说明。

基本完成校园卡二期建设 2017年是校园卡中心稳定运行、巩固成果的一年，校园卡系统软件、硬件等都得到了更大程度上的完善，工作流程、业务办理进一步优化。全年纳入总资金达2.7亿元，其中建行卡16 821万元、支付宝5 685万元、微信4 503万元、现金733万元、校内转账及发放补助101万元。包括现金充值、卡成本、银行圈存和各类缴费等资金，资金量比上年同期已经翻倍增长。顺利完成了5 300多名毕业学生的销户及退款工作，8月份完成6 000多名新生卡的制作、开户、生活补助及卡的发放工作，圆满完成迎新工作。

(李易倩)

审计工作

【概况】

审计处是学校设置的内部审计机构，在校长领导下，依照国家法律、法规和政策对学校及其下属单位经济活动的真实性、合法性和效益性实行内部审计监督，独立行使内部审计职权，向学校领导报告工作，接受教育部审计机构的业务指导。通过审计促进学校及其下属单位遵守国家财经法规，规范内部管理，加强廉政建设，维护自身合法权益，防范风险，提高教育资金使用效益。

审计处设有财务审计科和工程审计科，主要包括财务收支审计、预算执行审计、建设工程及修缮工程项目预（概）算和结算审计、全过程审计、处级领导干部和企业负责人的经济责任审计、内部控制审计、专项经费审计、科研经费审计，以及校领导和上级主管部门交办的其他审计事项。

（张素梅）

【完善审计制度，规范审计程序】

根据《教育部关于加强直属高等学校内部审计工作的意见》《教育部关于加强直属高校建设工程管理审计的意见》和《中国农业大学内部审计工作规定》等要求，学校制定了《中国农业大学投资评审办法》《中国农业大学建设工程投资评审工作规程（试行）》，修订了《中国农业大学建设工程结算审计实施办法》《中国农业大学建设工程全过程审计实施办法》《中国农业大学建设工程结算审计工作规程》《中国农业大学建设工程全过程审计工作规程》等6个文件，进一步规范学校基本建设资金的管理，实现建设工程管理审计全覆盖。

（张素梅）

【完善跟踪机制，落实问题整改】

为促进学校审计整改工作取得实效，进一步推进审计结果的应用，继续深化审计问题整改工作，审计处梳理了2012—2016年审计报告发现的问题，按审计问题主要责任单位下达审计整改通知，建立审计问题整改台账，实施跟踪检查动态管理，对已经整改到位的问题予以销号，对未整改到位的问题，要求责任单位说明原因，明确期限，督促审计问题的整改落实，提高审计整改效率和效果。

（张素梅）

【加强审计监督，规范财务管理】

完成学校2016年预算编制、预算执行及决算审计工作，对审计中发现的问题，提出优化预算管理手段、加强预算管理与部门之间的沟通协调、提高预算编制科学性等审计建议。在促进财务预算管理、规范财务预算编制、强化预算执行等方面发挥积极作用。

受组织部委托，完成了上庄实验站、新农村发展研究院、马克思主义学院、曲周实验站、继续教育学院、建设大学、教务处、后勤基建处、国际学院、经济管理学院等10个部门的领导干部任期、任中经济责任审计工作，审计提出合理化建议59条，通过开展干部任中、任期审计，推进经济责任审计制度化、规范化，增强了干部经济责任意识，促进廉政建设。

完成学校2016年度公务接待费、公务车购置及运行费、因公出国（境）费支出情况的专项审计，重点检查了执行中央“八项规定”和“三公”经费预算的执行情况。学校2016年“三公”经费支出总额较2015年明显下降。

（张素梅）

【开展建设工程投资评审工作】

按照《教育部关于加强直属高校建设工程管理审计的意见》要求，积极开展学校建设工程投资评审工作，成立了由校长担任组长的建设工程投资评审小组，制定了《中国农业大学投资评审办法》《中国农业大学建设工程投资评审工作规程(试行)》等文件，2017 年启动留学生与专家公寓项目、风雨操场项目的投资评审工作，通过比选确定了北京永达信工程造价咨询有限公司、北京华清技科工程管理有限公司为两个项目的初评服务单位。

(许宁)

【强化工程审计，提高资金效率】

2017 年共完成学校基建、修缮工程竣工结算审计 88 项，送审金额 5 815 万元，审定金额 5 635 万元，审减金额 180 万元，审减率为 3.10%

完成学校理学楼工程的竣工结算审核并出具结算审核报告，送审金额 9 224 万元，审定金额 7 950 万元，审减金额 1 274 万元，审减率 13.81%，为学校节约了建设资金，促进工程规范化管理。

组织开展了植保楼工程、新图书馆工程、葡萄酒实训研发中心建设工程、科教基地及公共平台改造三期工程、5 000 亩高标准农田改造工程、饲料工业中心涿州试验基地建设项目等六项重大建设工程项目的招标、合同签订、隐蔽工程、设计变更与洽商、现场签证等重点环节全过程跟踪审计，规范了建设工程管理，为提高学校建设资金的使用效益发挥了审计的监督职能。

(许宁)

国有资产管理

【概况】

2017 年，国有资产管理处按照学校党委和行政的部署和要求，围绕维护学校资产产权、规范配置资产、提高资源使用效率、确保实验室安全四大目标，坚持“问题导向，规范管理”八字方针，通过完善制度，细化落实，推进信息化建设、热情服务四个途径，促进国有资产管理工作再上一个新台阶。

(马姝婷)

【货物采购招标】

完善采购制度 贯彻落实政府采购法、招投标法，全面落实“放管服”的要求，修订了《中国农业大学固定资产采购管理实施细则》(中农大国资字〔2016〕31 号)。

推进采购服务方式创新 加入了“全国高校竞价网采购平台”，建设“中国农业大学竞价采购网”；对于 20 万元以下的采购项目，尝试使用网上竞价的采购方式进行采购，缩短采购周期；建设"中国农业大学货物、服务采购平台"，实施采购申请审批电子化，实行采购申请在线填报、实时审批，让教师少跑腿、少跑路。

严格执行采购程序 2017年，组织学校采购领导小组评议10次，其中会议评议3次，通讯评议7次，审议采购项目132项，预算金额16 041.54万元；组织集中采购货物1 839台套，采购金额701.96万元，其中批量集中采购1 066台套，金额265.82万元；校内竞价采购620台套，采购金额1 309.24万元；委托代理机构采购132项，预算金额16 041.54万元；审批备案大于100万元项目20项，金额11 505.21万元。全年共办理进口货物减免税共计354台套，设备金额7 681.6万元，减免税额按20%计算约合1 920.4万元。

（侯秀兰　高颖　杜龙龙）

【固定资产管理】

规范资产登记验收流程 明确图书（含数据库）和基本建设工程项目中固定资产登记问题；规范无形资产入账流程；2017年，登记验收固定资产10 562台套，金额19 027.40万元，同比增长7.82%；现场验收100万元以上设备15台。

创新固定资产报废处置方式 严格落实教育部废旧资产处置要求，组织遴选处置回收公司，规范了资产处置程序。2017年，上报教育部备案11批次，报废处置旧设备及家具6 952台件，金额5 218.05万元，同比增加207.88%。

超标车辆处置 根据教育部《教育部直属高校和直属单位公务用车制度改革实施方案》（教办〔2016〕5号）和《关于中国农业大学等15家单位公务用车制度改革实施方案的批复》文件精神，完成23辆超标车辆的处置工作，其中5辆上市拍卖，18辆解体报废。

（马姝婷　邵锐　赵瑞春）

【无形资产管理】

发布《中国农业大学无形资产管理办法》（中农大国资字〔2017〕1号），登记验收无形资产4 347件，金额1 544.69万元，同比增长884%。

（马姝婷　邵锐　赵瑞春）

【公用房屋管理】

组织召开公用房出租管理委员会会议，摸清了全校公用房出租管理情况，进一步理清公用房出租的管理体制，明确了公用房出租评估、招租、备案流程。制定东区老图书馆、西区土化楼调配建议方案；参与东区新图书馆使用规划方案。组织并协调计算中心搬迁；完成后勤服务中心房屋腾退。

（王亚东　果雅静）

【不动产登记办理】

不动产权证书事关老百姓的切身利益和学校新的基建工程开工建设。通过查阅几十年的建筑档案，彻底厘清了东西两校区上百栋建筑基础档案信息。在多方努力下，学校于2017年8月底取得了东校区三宗地的不动产权证书（不含争议地）。西区宗地的不动产登记工作业已开展，2017 年，已完成宗地的上报、受理、现场勘查及测绘等工作。

（王亚东　刘梅）

【实验室安全管理】

加大实验室安全检查力度　组织各学院进行实验室安全自查，对各学院自查上报的安全隐患进行分类汇总，建立《中国农业大学实验室安全隐患自查台账》。联合科学技术发展研究院、保卫处、教务处、后勤基建处等部门组成检查小组开展督查工作，及时排除安全隐患，保障正常教学科研秩序。2017 年，进行专项大检查 4 次。

组织开展多种形式的安全教育　加强新生对发生安全事故的警醒意识，强化对新生的安全教育工作。联合科研院、保卫处共同编写了《中国农业大学实验室安全知识手册》。与党委研工部、保卫处等部门联合组织 2017 级研究生新生开展实验室安全教育和安全知识在线学习与考试，共 2 400 多人参加，积极探索建立实验室安全准入制度。

加强对实验室管制类危化品采购的审批监管　2017 年，审批办理购买易制爆危化品 42 批 1 135.5 千克、2 275 瓶。严格审批放射性同位素购买申请、转让手续及环保局备案。

加强实验废弃物的处置工作　对于危险废弃物处置要求进行分类收集、集中暂存、统一处置，印制发放统一的“实验室化学废弃物暂存收集台账本”和危险标识。共处置危险化学废弃物 34 批 54 车 74.2783 吨。经环保局批准，自行送处剧毒、重金属、未知废化学试剂至红树林处置场 238.3 千克。

加强实验室安全监督队伍建设　组织各学院成立主要由研究生组成的科研实验室安全监督员队伍，并配发实验室安全监督员胸卡，及时发现安全隐患，及时整改，确保学校实验室安全无事故发生。

（左林贵　席艳霞　吴志刚）

后勤基建工作

【概况】

2017 年，后勤基建系统全面加强党委的政治核心作用，坚持“为教学服务，为科研服务，为师生员工服务”和“服务育人，管理育人，环境育人”的“三服务，三育人”工作方针，践行“规范、安全、创新、和谐”的工作理念，围绕“精致校园建设”和“节约型校园建设”等重点任务，努力实现后勤基建工作的“规范化、标准化、智慧化和精细化”，为学校“双一流”建设做好坚实的后勤服务保障。

（王焱　胡亚男　肖志刚　郭昱静）

【党委政治核心作用】

2017 年，发挥党组织的政治核心作用，严抓思想政治工作，召开党政联席会 26 次，党委会 16 次，理论中心组会议 6 次，加强领导班子思想政治建设，统一认识，不断提高班子成员的思想认识和理论水平，增强班子成员科学决策能力。认真开展“两学一做”学习教育工作，制订“两学一做”学习教育活动实施方案，加强组织领导，强化分党委的组织责任，全员动员、层层落实、加强学习、务求实效，要求党员领导干部和普通党员在所在支部讲党课。高度重视党风廉政建设，认真自查自纠，要求全系统要高度重视，层层落实，迅速行动，认真排查风险点和工作中需要改进的地方，立行立改。

（王焱　胡亚男　肖志刚　郭昱静）

【规范化管理】

持续完善制度建设　根据上级和学校的文件以及工作实际，后勤基建系统切实进行了规章制度废、改、立工作，修订或新订了《中国农业大学扫雪铲冰工作预案（2017 年修订）》《中国农业大学校园绿化管理规定（2017 年修订）》《中国农业大学住宅小区室内装饰装修管理规定（2017 年修订）》等校发文 9 个，修订或新订了《后勤基建处事业编制人员加班津贴发放办法（试行）》《后勤基建处关于中心（实体）事业编制人员工资发放和收入分配有关事项的通知》《中国农业大学后勤基建处党政联席会会议制度（2017 年修订）》等处发文制度 17 个，定期更新《中国农业大学后勤管理规章制度汇编》和《中国农业大学建设项目管理规章制度汇编》。坚持制度先行，进行制度建设，加强制度的贯彻落实，对工作进行规范化管理。

规范房产管理，积极推进解决遗留问题　对全校家属区住宅情况进行了数据核实，确保房屋数据的完整性、准确性，学校现有房产 4 409 套，建筑面积 417 238.64 平方米。完成每年职工的住房补贴、无房青年职工临时生活补贴、物业服务补贴和供暖补贴的发放工作。对 2017 年学校职工的住房补贴进行了公示发放，共计发放 200 人。完成了 2018 年职工住房补贴的财政预算，预算人数 1 201 人，金额约 1 976 万元。根据《中国农业大学无房青年教职工临时生活补贴发放暂行办法》发放补贴人数在编教职工 89 人、全职流动岗 50 人，共计 139 人；根据《中国农业大学无房青年教工生活补贴发放办法》停发无房青年教工生活补贴人数 67 人。发放学校教职工 5 000 余人的物业服务补贴 1 000 余万元，采暖补贴 1 200 余万元。安排优秀人才 18 人。

规范招标管理，依法合规，保障项目顺利执行　2017 年，完成了 38 项建设项目的招标工作，其中公开招标 37 项，邀请招标 1 项，中标金额共计 4 555 万元。2017 年是执行《中国农业大学工程建设项目采购暂行办法（2016 年修订）》的第一年，2017 年工程建设项目纳入政府采购监管平台，采用全新的政采流程和办法。根据各项目不同特征和需求，依法有序、有效地组织实施招标工作，保障了学校建设工程的顺利实施。进行了后勤系统后勤物资供货商遴选工作和后勤物资采购工作情况的自查、检查等工作，分别对东、西校区各中心（实体）进行检查。2017 年共完成物业服务项目招标共 14 件，其中后勤物业服务 6 件，各学院物业服务 8 件。

（王焱　胡亚男　肖志刚　郭昱静）

【精致校园建设】

基础建设完成计划任务　编制完成了中国农业大学“十三五”基本建设规划，完成了新楼总建筑面积 42 025 平方米的建设任务，基本完成了新图书馆总建筑面积 48 575 平方米的建设任务，完成了留学生与专家公寓项目规划条件的审批工作，完成了水利楼项目的项目建议审批工作，启动了文体综合楼的前期立项审批工作，为学校“双一流”建设奠定了硬件基础。2017 年基建工程新建项目 2 个，建筑规模共 90 600 平方米，投资 5 亿多元；学校“双一流”项目 1 项，完成投资 143.4 万元；学校专项 4 项，完成投资 103.04 万元；工程专项验收、报建 12 项。全年总体工作部署全部完成，工程质量合格，无安全生产事故，项目使用单位比较满意。

教学与办公条件逐年改善 进行公共区域维修改造，改善学校基本办学条件。组织申报、实施学校电梯维修工程，两校区学生公寓维修工程，东区三食堂维修改造工程，西区 10、11 号楼女儿墙等维修工程，新教外门窗更换、外墙及屋面维修工程，防水维修工程，东区校医院维修改造工程，两校区供暖系统综合改造工程，地下管网综合改造工程，校园环境整治。改善基本办学条件专项 10 项，总投资 5 699 万元，其中房屋修缮类投资 3 414.13 万元，基础设施维修改造类投资 2 284.63 万元；应急维修专项 32 项，总投资 491 万元；其他类维修项目 3 项，总投资 404 万元。相比 2016 年基本办学条件专项总投资增加了 2 123 万元，维修专项和其他类维修项目投资均有所增长。

校园绿化走向精细管理 加大校园绿化工程建设，全面打造“精致校园”。完成东区校园环境整治工程——苗木栽植工程，东区校园环境整治工程——绿化喷灌工程，完成第二教学楼西北侧、西门路南侧、主楼东球场北侧、公主楼北球场南侧、图书馆北侧、5～7 号楼周边、第三教学楼东、西两侧、食品学院、三教周边的绿地改造。东校区新增绿地 496 平方米，改造绿地共计 5 198 平方米，完成改善基本办学条件专项工程绿化面积 4 964 平方米，加装喷灌绿地约 4 367 平方米，铺设草坪约 6 503 平方米，引进小叶椴、大叶椴、金叶复叶槭、紫叶挪威槭、乔松、青楷槭 6 种新树木，美化了校园环境，丰富了校园景观。西校区完成了学生公寓 5～6 号楼间空地改造(拆除)工程，整理绿化用地 1 520.12 平方米，种植乔木 12 株，灌木 44 株，冷季型草 822.24 平方米，宿根花卉 459.68 平方米，色带 53.91 平方米，安装喷灌 1 520.12 平方米。东区绿化覆盖率已达 46%，西区绿化覆盖率达 39%，做到了“四季常绿，三季花开”。

环境治理效果突出 完成东校区留学生楼前广场、8 号楼北侧道路改造工作，拆除西校区原有水泥路面和车棚及基础，并回填种植土。完成日常保洁工作，全校保洁员每天人均保洁面积超过 2 万平方米，东校区全年共清除校园灯杆墙面小广告约 2 400 平方米，撤收教学区杂乱横幅、彩喷 40 余条，集中组织清拣绿地、树池杂物 11 次；对于校园内垃圾暂存点的垃圾做到日产日清。西校区每年外运生活垃圾约 8 760 吨，外运各类建筑及修剪树枝等垃圾 3 500 余吨，每天清运食堂垃圾约 1 吨，清掏校园区 350 个雨水口 4 遍，工作中遇到校园小广告随时清理，校园内悬挂的杂乱条幅随时摘除。

（王淼　胡亚男　肖志刚　郭昱静）

【节约型校园建设】

定期对学校教学、科研、办公区域、家属区以及校内施工单位的节能减排进行检查，督促各单位加强节能减排管理，做到节能减排人人有责；利用能源监管平台用能监测功能，杜绝跑冒滴漏；以第二十四届“世界水日”为契机，在校园内联合多个单位开展大型节水宣传活动，倡导全校师生践行绿色生活理念。

（王焱　胡亚男　肖志刚　郭昱静）

【智慧后勤建设】

结合后勤基建工作实际情况，进行了系统内部各功能模块的顶层设计，逐年推进智慧后勤建设。2017 年已经改版了智慧后勤门户主页，创建了智慧后勤企业号，大大增强了网络宣传力度；完成了职工住宅管理信息系统、学生宿舍管理信息系统、后勤电子收费平台、新闻公告信息审批平台等信息系统，给服务对象和管理者带来更多的方便。让信息多跑路、群众少跑腿；让职责更明确、审批更高效；让应用更广泛、流程更透明；让管理更精确、监督无死角是我们智慧后勤建设的目标。

（王焱　胡亚男　肖志刚　郭昱静）

【师生吃住行服务】

稳定食品价格，确保质量安全　认真加强日成本核算及单菜成本核算，配合农校对接、基地对接、厂家对接，参加高校联采，努力拓宽采购渠道，同时积极做市场调研，努力降低原材料价格，在确保价格稳定的基础上，高度重视食品安全，严格执行《食品安全法》《普通高等学校食堂安全工作指南》，安全制度落实，管理规范标准，监管程序严格。增加特色风味食品，能满足不同区域、不同层次师生的需求。重视食品安全工作，做到每日化验农药残留蔬菜 16 种，兽药残留肉类抽取 3 种，违禁添加抽检样品 6 种，食品添加剂抽检样品 6 种。餐具每天检验，ATP 餐具洁净度检测 10 次。食堂供应的免费汤专人看管。后厨菜品生熟分开，三餐保洁，同时在工作中邀请食品科学与营养工程学院教授、食药所到中心指导工作，本年未发生食品安全事故。2017 年，东校区共保障师生员工就餐 718.74 万人次，营业额达到 4 248.8384 万元，其中基本伙食堂营业额达到 2 966.99 万元，比去年同期增长 9%。全年共采购面粉、大米、食用油、肉、鸡蛋和青菜等各类食品原料约 1 800 吨，花费 1 500 多万元，合理适时利用学生食堂价格平抑资金对基本伙食堂米、面、油、肉、蛋、蔬菜等原材料补贴合计 89.65 万元。西校区共保障师生员工就餐 639.34 万人次，营业额达到 3 152.389 万元，其中基本伙食堂营业额达到 2 332.907 4 万元，比去年同期增长 5.45%。饭菜安全，价格稳定，服务运行井然有序。一年来，圆满完成迎新、军训、校庆免费供餐、教代会自助餐等上级领导安排的各项活动供餐任务，获得领导肯定和广大师生的一致好评。

改善学生住宿条件，服务、管理相结合　学生公寓严格执行 24 小时巡查与不定期检查制度，加大高峰时段、双休日、重大节日期间对学生公寓的安全巡查力度，中控消防值班员每周对楼内安全设施设备进行检查，楼管员每月轮回对楼内所有消防设施进行一次安全巡查，开展宿舍安全检查 13 次，每年组织宿舍管理员培训 15 次以上，执行 24 小时小型维修工作制度，设专人接听报修电话并进行派工。完成为留学生公寓加装电子显示屏、更新大门门禁系统、更换橱柜设备、更新电子门锁、电热水器以及部分空调等工作。编制完成学生宿舍管理系统。完成毕业生离校工作、"东迁西"搬迁工作、学生公寓的装修改造工程工作、东迁西粉刷工程及部分宿舍的家具更换工作、安排新生及其他人员住宿工作，同时持续有效进行"灭四害"工作、寒假火车票预订工作。

基础设施维护及时，确保运行正常 做好校园内的供排水、供电、供暖管网的运行维护(室外部分)和小型维修工作，茶炉、浴室、水井、配电室、锅炉房的运行及日常维护工作、教学区内房屋建筑(不含学院用房、教工住宅、经营用房和学生公寓)、公共场所、公用设施等的日常运行维护及所辖电梯的运行维保工作，2017 年东西校区平均维修量 10 000 余次。完成东区宿舍、暖气热水管线改造、防水维修工程、电梯维修改造工程、两校区供暖系统综合改造；完成西区办公及实验楼屋面防水工程、供暖管线更换工程、土化楼计算机中心用房室外电源工程、动科、动医楼地下室防水维修工程、生命科学研究中心房屋防水修缮工程、学生宿舍去道路地砖更换工程、农大 2 号院锅炉及浴室屋面防水工程、学校电梯工程、园艺楼外挂消防梯修缮工程。确保学校教学、科研和师生员工生活的正常运行。

努力提升综合服务水平 切实加强规范管理，确保规范有序运行。车队 4 辆班车全年完成校区班车服务 5 562 次，行驶 12.8 万多千米。本科生东迁西工作中，车队共安排大客车 24 台次、大货车 26 台次，并及时向保卫处报备出入车辆，以确保车辆出入畅通及行驶安全，保障了东迁西工作的用车。车队在保证班车运行之余，为教学、科研提供用车服务 480 余次。全年运输过程中未发生一起交通安全责任事故。收发室负责邮箱总数 1 044 个，全年平均每天投递报纸 1 860 余份，每天投递信件和书刊 2 450 余份。科教服务部共发售教学材料 258 930 件、玻璃仪器 62 300 件、试剂常规试剂 23 180 瓶、易燃品 22 330 瓶、工业酒精 8 吨、易制毒 7 520 瓶，做好各种玻璃加工产品和化学试剂的管理。桶装水提供量较去年有所提高，年平均送水量由 33 600 桶增加到 39 600 桶。

(王焱　胡亚男　肖志刚　郭昱静)

【和谐社区建设】

创建平安、和谐、优美的文化社区 加强家属区科技创安和住宅区的绿化美化工作，定期对消防设施、电梯设备进行维保，加强对小区安全监控管理，坚持 24 小时监控与门卫值班。2017 年，东校区完成办理门禁卡工作；西校区组织完成了家属区停车收费管理、绿苑一条街整改工作；东西校区开展安全隐患大排查大清理大整治专项行动，对辖区内地下空间、各办公室、各商业、各值班点、库房仓库、临建房和员工宿舍及三角地等所有重点部位开展全面安全大检查，逐一排查有可能存在安全事故隐患的部位，在各重点部位及公告栏、单元门张贴安全隐患大排查大清理大整治专项行动通知，增强安全意识，确保辖区安全稳定。

社区针对计生特扶家庭及时开展年审及新进入家庭的申报工作；对流动人口加强管理，提供服务；在子女入学、孩子保健免疫、居住准许、计划生育等方面，做了认真细致的工作；开展"春风送暖""春雨行动"和"冬衣送暖"等主题捐赠月活动；举办关爱残疾人，温情满社区活动；"庆六一流动人口子女"儿童趣味运动会；为流动人口送温暖、送服务活动；举办医学讲座，健康讲座等；社区还开展了内容丰富、形式多样的妇女和青少年教育活动。

加强幼儿教育，促进幼儿全面健康发展 改善办园环境和条件，加强建设投入。规范并完善各项工作，继续推进和落实幼儿园园所文化建设，更好地凸显"温馨、和谐、优美；绿色、生机 、童趣"的园所环境及文化的特色；注重教师队伍的建设工作，根据幼儿园教工队伍的实际情况，有计划地进行有效的培训，采取分层（管理岗位团队、教师团队）、园内、园外等多种形式提升教工队伍的职业道德、职业素养及专业技能。

（王焱　胡亚男　肖志刚　郭昱静）

离退休工作

【概况】

2017年离退休工作主要是深入贯彻落实中办发〔2016〕3号文件精神，推进“两学一做”学习教育常态化制度化，加强离退休干部思想政治建设和党组织建设，学习宣传党的十九大精神，组织引导老同志发挥独特优势和积极作用，为党和人民的事业增添正能量，凝心聚力、全心全意做好老同志服务管理工作。

全年共有113位教职工办理退休手续，66位老同志去世。截至12月31日，全校共有离退休老同志2 337人，其中男同志1 100人，女同志1 237人；离休同志86人，退休同志2 251人（含退职退养同志55人）。

（赵静）

【党建工作】

至12月底，离退休分党委共有党员941名，48个党支部，其中离休支部5个、离休退休混编支部21个，退休支部21个，在职支部1个。

“两学一做” 离退休分党委积极推进“两学一做”学习教育常态化制度化。先后组织8次理论中心组学习会、5次支部书记会议，学习传达习近平同志系列重要讲话、两会报告、民法总则、廖俊波、黄大年、李保国同志先进事迹、十九大报告、习近平治国理政第二卷等。为老同志购买印发《“两学一做”学习教育基础知识摘编》《政府工作报告》《民法总则》《党章》《学习资料汇编（1、2）》《十九大报告》《习近平治国理政第二卷》等学习资料4 900余份。组织380人次老同志听取16场由教育部、北京市教工委、学校党委举办的“中美关系新变化新挑战”“习近平总书记治国理政新理念新思想新战略”“一带一路”“历史性变革与新时代的理论创新”“十九大精神”等专题报告讲座。

创新支部活动 离退休党委16支部书记王凤竹联合支部党员将“两学一做”学习资料送到老党员张久为家中并为他庆祝90岁生日；42、46、47党支部书记王尚敏、李淑芹、李玉宏三位同志联合17个支部组织49名老同志开展了一次“新时代、新使命、实地感受社会发展新变化”为主题的碧桂园九华山庄养老公寓考察活动，通过参观实地感受十八大以来社会发展的新变化、新成就。

主题活动 离退休党委组织支部书记培训会，深入学习习近平总书记7月26日在省部级主要领导干部“学习习近平总书记重要讲话精神，迎接党的十九大”专题研讨班上的重要讲话精神，邀请齐爱兰作题为“认真学习习近平总书记‘7.26’重要讲话精神”的专题报告。组织两校区550多名老党员参加建党96周年联欢会，老同志用精彩的节目，重温党的光辉历程，歌颂党的伟大成就，表达老党员对党的热爱。

十九大学习 离退休党委组织老同志开展学习贯彻党的十九大精神系列活动，通过“八个一”：听一遍总书记报告、读一遍报告原文，听一次报告宣讲，参加一次支部学习讨论，(写)说一段学习心得，体验一次学习参观，参与一次十九大知识问答，支部书记讲一次党课，积极学习宣传贯彻十九大精神。

十九大召开前夕，组织 178 名老同志参观北京展览馆“砥砺奋进的五年”大型成就展；开幕会当天，要求老同志通过电视、互联网等收看收听开幕会，并组织分党委委员、支部书记通过党委理论中心组、支部书记会议、微信群表达对十九大开幕会的观后感；闭幕后，组织分党委委员、支部书记、关工委委员、党员 260 人次参加 4 场十九大精神辅导报告会。开展“两学一做”“十九大报告”有奖知识问答活动，通过学习、讨论、交流加深对党章党规、十九大精神的理解，有 800 名党员参与，覆盖率达到 80%以上。为老同志发放《党的十九大报告》《中国共产党章程》《全面从严治党面对面》《十九大精神学习参考》《十九大精神报刊摘要》等学习资料 2 000 余份。

（高鹏）

【落实生活待遇】

4 月 6 日至 14 日，学校分校区为老同志进行健康体检，两校区有近 1 500 名老同志参加体检，占老同志总数的 66%；配合校医院组织 150 余位 65 岁以下退休女同志参加免费妇科体检；新年和国庆节为离退休人员发放生活补助。

（赵静）

【迎春团拜和慰问】

春节前分校区举办离退休教职工迎新年联欢会，有 1 200 位老同志参加；各协会召开迎春座谈会、茶话会，有 1 500 余人次参加。

元旦春节期间共走访慰问 391 位困难重病老同志，发放慰问金(品)总计 21.2 万元，其中，离退休教职工爱心基金委员会资助困难、重病老同志 83 人，发放爱心基金 10 万元；离退休人员福利费慰问困难、重病老同志 70 人，发放慰问费 7.2 万元，看望高龄体弱老同志 238 人，发放慰问品金额约 4 万元。在庆祝建党 96 周年之际，离退休分党委走访慰问了 79 位老党员和困难党员，发放慰问金 7.9 万元；关怀关爱离休老同志，节假日走访慰问离休同志 177 人次，发放慰问费、健康疗养费、生日慰问费等 9.28 万元；及时探望住院、重病老同志 153 人次，发放慰问品、慰问金共计 3.799 万元；做好 66 位去世老同志家属的慰问工作，协助人事和财务处做好抚恤金领取及相关工作。

（赵静）

【开展增添正能量系列活动】

3 月，离退休工作处组织 229 名女同志参观河北廊坊九天休闲谷游景区；5 月，组织 141 位老同志赴怀柔黄花城水长城春游；6 月，联合农大超市发，组织西区协会负责人 40 余参观了北京金盛福食品有限公司；9 月，组织两校区 80 名协会负责人参观上庄实验站；10 月，组织两校区 175 位老同志赴延庆野鸭湖国家湿地公园秋游；，联合社区居委会组织两校区 150 余名老同志重阳节趣味运动会；11 月，为 22 对伉俪举办“夕阳红”集体婚庆活动;,组织 140 名老同志前往中国国际展览中心参观 2017 第六届北京国际老龄产业博览会,全面了解老龄产业的发展和社会养老公共服务资源情况等。

(高鹏)

【协会活动】

离退休工作处积极支持老同志参加有益于身心健康的协会,现有 21 个老同志文体协会:乒乓球、台球、门球、沙狐球、羽毛球、篮球、太极拳、钓鱼、游泳、舞蹈、交谊舞、柔力球、时装、晨练、摄影、合唱、手工艺、葫芦丝、回春医疗保健操、书画协会和诗菊社。协会负责人 111 人,协会会员 1 800 余人次参与各项活动。

3 月,摄影协会(东区)组织 88 人到怀柔响水湖长城旅游风景区采风并参观响水湖第二届梅花展。

4 月,书画协会(东区)组织会员到丰台榆园游览采;门球协会(西区)参加"海淀杯"门球赛,取得第五名;5 月,参加北京市第二十五届"中青杯"门球赛,获第六名。

5 月,太极拳协会(西区)参加海淀区健身气功展示六字诀比赛获二等奖;摄影协会(西区)组织 28 人赴普陀、临海、仙都、宁德、霞浦等多地采风。

6 月,摄影协会(东区)举办成立十周年专题摄影展,共展出照片 282 幅。

9 月,教工舞蹈队(西区)参加教育部在京老同志文艺汇演,抒发对党对国家的无限深情;摄影协会(西区)组织 30 名会员赴阿尔山景区采风;摄影协会(东区)组织 60 名会员前往草原天路和闪电湖景区采风。

10 月,游泳协会(东区)参加京津冀游泳公开赛暨第四届北京市全民游泳大赛,王争鸣、张湧男分获 50 米蛙泳第七名和第八名。

11 月,心声合唱团参加海淀区第 8 届文明市民艺术节歌咏比赛、《国家宪法日》的法制文艺汇演。

12 月,柔力球协会参加首届北京市柔力球公开赛获集体规定套路(社会组)二等奖。

(赵静)

【涉老团体】

学校支持老同志在自愿量力的基础上发挥作用。现有关心下一代工作委员会(以下简称关工委)、老教授协会(以下简称老教协)、老科技工作者协会(以下简称老科协)和老年大学 4 个涉老团体,其中,老科协 81 人、老教协 138 人、关工委 15 人。

关心下一代工作委员会 2017 年,关工委通过组织集体学习、听报告、自学文件、深入学院关工委分会学习等多种形式认真学习了党的十九大文件、习总书记在全国高校思政工作会上重要讲话以及关工委工作精神,全年有 10 多次学习,120 多人次参加。撰写关心下一代文章共 21 篇(其中简报 14 篇)。开展主题教育活动,组织学生党员到圆明园"3.18"烈士陵园;组织建设是 2017 年关工委工作的重点,农学院、植物保护学院、园艺学院、经管学院先后成立了关工委分会。2017 年争取资金 35 万元,帮扶贫困大学生及奖励品学兼优学生 70 人:资助农学院、动物科学技术学院、水利与土木工程学院等来自西南西北籍农村家庭贫困生"王方名助学金"20 人,共 10 万元;争取"碧水源"助学金 10 万元,资助 20 人。争取校友捐款 15 万元,奖励品学兼优学生 30 人。做好教学视导工作,全年听了30多位老师30多门课，听后注意填写教学评价表，并将改进建议向教务处及讲课老师反映；评审本科生试卷、毕业论文近70份，为《教学视导通讯》发表论文20篇。2017年关工委同志指导“农研会”加强组织建设，为社员作农业发展报告，与新老会员谈心，帮助解决新形势下出现的问题，通过活动加强社会主义核心价值观教育，全年报告、谈话20多次，160多人次参加。

老教授协会 老教授协会和书画院成员坚持每年送书画、春联下乡，参加中国老教授协会换届工作，梅汝鸿、张玮当选理事。在绿苑活动中心做有关航天育种的报告，20人参加。组织协会会员前往北京国际都市农业科技园参观，100人参加。老教授协会在2017年度大力支持农业专业委员会工作获得先进集体表彰。

老科技工作者协会 老科协为老科技工作者发挥余热搭起平台：领衔组织了6个“三农”科技服务团，先后对接5个农业科技企业，签署了7个科技服务协议。与兄弟学校“联营”组建“清农林航”老科协(联合体)。基本完成年初提出的任务：建立老科协活动会员建档工作，基本摸清了家底；解决办公地点、办公设备问题；除学校经费外，通过科技服务为老科协筹措了10多万元活动经费。筹备建立老科协网站，为老科协的农业科技服务打造平台。

老年大学 老年大学每年春季和秋季招收老年学员，2017年共开设国画班、书法班、山水画班、摄影班、微信班等8个班，共计17期，学员有近300余人次。学员还自发组织沙龙进行交流与研讨。

（赵静）

国际合作与交流

【概况】

2017年，国际合作与交流处(港澳台办公室)重点围绕学校“双一流”建设和国际化战略布局，在“一带一路”国际合作与南南合作、校际交流合作等对外合作交流工作中取得了进展，开启了学校“一带一路”国际合作新机制建设。请进、派出和留学生业务继续完善推进信息化建设和加强服务，师生满意度不断提升。

（唐莹）

【对外交流总量】

2017年，中国农业大学共举办(含承办、合办等)国际会议8次，其中100人以上国际会议5次，300人以上国际会议1次。信息与电气工程学院举办了“2017年智慧农业创新发展国际研讨会”，国际合作与交流处举办了“推动‘一带一路’农业合作、构建人类命运共同体论坛”，动物医学院举办了“2017年国际奶牛乳房炎会议”，经济管理学院举办了“2017《中国农业经济评论》国际学术研讨会”，水利与土木工程学院举办了“2017年高附加值植物生产的环控技术国际研讨会”等学术交流会议。

学校请进境外专家1 078人次，其中短期专家(≤90天)1018人次，长期专家(>90

天)60 人次。专家中副教授以上 479 人次,教授以上 381 人次。专家数量保持稳定增长,参与学校教学和科研等人员层次比例稳定提升。聘请的高层次专家中,诺贝尔奖获得者1 人,科学院/工程院院士 14 人,生命科学、生物质工程、食品科学、生态学等各学科领域权威学者 550 人。

学校接待国外高校、科研机构、使馆等单位 71 批次,282 人次,其中高级别接待 46 次。世界排名前 100 的 8 所大学共来访 17 批次。农业科学学科排名世界前 5 的 3 所大学来访 7 批次。"一带一路"沿线 4 个国家的 4 所涉农高校的校长代表团首次访问了学校。

2017 年,学校师生因公出国(境)1 207 人次(含国家公派出国留学),其中:教职工 724 人次,短期出国(境)698 人次,长期出国(境)(≥90 天)52 人次;学生 483 人次,短期出国(境)245 人次,长期出国(境)(≥90 天)238 人次。参加国际学术会议 506 人次,学术交流 644 人次。

(刘冉　唐莹)

【新校际战略合作关系】

2017 年,校领导出访主动构建国际交流网络,搭建高层次对话渠道。校领导访问了位于亚洲、非洲、美洲的 14 所合作院校,其中 6 所院校为"一带一路"沿线和南南合作院校,3 所院校为世界排名前 100 位的世界一流大学。

响应国家"一带一路"倡议,大力推进学校与沿线高校的交流与合作,拓展中亚高校参与"一带一路"合作,并号召学校在西亚和南亚的合作高校与中国农业大学共建"一带一路"教育科技创新联盟。在农业部、教育部的大力支持下,学校发起成立了"'一带一路'农业合作学院",并联合西北农林科技大学成立"中国南南农业合作学院",为学校国际发展学科提供平台支持。积极参与国内其他院校搭建的"一带一路"平台,加入了由西北农林科技大学发起的"丝绸之路农业教育科技创新联盟"和由厦门大学发起的"21 世纪海上丝绸之路大学联盟"。

同时,继续拓展与世界一流大学的合作范围,搭建多边合作平台,与瓦赫宁根大学、加州大学戴维斯分校、康奈尔大学、巴西圣保罗大学筹备成立世界顶尖农业大学联盟(A5)。利用双方政府搭建的各种中外大学交流平台加强与世界一流大学和涉农学科排名靠前的国外大学对话交流,助力海外校友工作和海外人才招聘工作。

学校新签及续签合作协议 26 份,包括美国加州大学戴维斯分校、康奈尔大学、乔治亚大学、巴西圣保罗大学、荷兰格罗宁根大学、俄罗斯喀山国立农业大学、哈萨克斯坦赛福林农业技术大学、哈萨克斯坦国立农业大学等。截至 2017 年 12 月,学校与世界上 43 个国家和地区的 231 所大学与研究机构签署了 445 份合作协议,其中有效协议 196 份。

(唐莹)

【国际教育合作与学生海外交流】

与加州大学戴维斯分校签署了"3+X 本硕连读培养"合作协议。这是学校与世界顶尖农业大学联盟(A5)成员大学建立的首个双边合作人才培养计划,将显著推动中国农业大学与世界顶尖农业大学在世界顶尖农业人才培养方面的合作与交流。

组织一流合作伙伴来校召开学生项目交流宣讲会11场，包括美国加州大学戴维斯分校、康奈尔大学等。

学校本科生联合培养项目共派出151名学生，其中国际学院共派出119名学生；学校根据校际协议向6所国外高校派出32名学生，包括康奈尔大学8名，马里兰大学8名，普渡大学10名，罗格斯大学2名，奥本大学(3+2)3名，英国爱丁堡大学(2+4)1人。

学校与美国、新西兰、荷兰、日本等多所大学开展了学生交流项目。学校向新泻大学派出了9名学生学期交换生，向日本九州大学派出了2名学期教授，向美国俄克拉荷马州立大学派出了5名学期交换生(其中1名持CSC奖学金)，向新西兰林肯大学派出1名学期交换生(持CSC奖学金)。学校共派出50名学生赴日本、美国、荷兰和德国进行暑期交流。同时，学校鼓励学生双向交流，接待了来自美国奥本大学和荷兰瓦赫宁根大学的学生团组共计41人。

(唐莹)

【援外建设与援外培训项目】

积极申报教育部、商务部援外培训项目，为学校与非洲及“一带一路”沿线国家大学开展合作扩建高层次平台。学校已获批教育部2017年度教育援外“中非20+20”项目立项。向商务部培训中心提交《中国农业大学援外培训项目管理规范(草案)》和《中国农业大学援外培训项目应急预案(草案)》。

(唐莹)

【外专项目规模与管理】

2017年共获得国家外国专家局资助1 224万元，比2016年增加108万元。

获批的国家重点项目包括：高校学科创新引智计划(“111”计划)项目6项(540万元)；海外名师项目3项(55万元)；学校特色项目3项(60万元)；高端外国专家项目4项(70万元)；外国青年人才引进项目1项(20万元)。其中4项为2017年学校新增国家重点项目。

为进一步统筹资源，加大支持，完善激励机制，对“一院一平台”项目管理模式进一步调整：取消学校重点项目、学校常规项目，对各学院统一设立“一院一平台”外专项目，学院自主下设子项目。2017年设立“一院一平台” 国际学生交流项目、青年人才成长项目和国际化课程项目等共21项。

学校进一步加强引智工作环境建设，对12套外专公寓进行了整体修缮、保洁及生活设施物品配备，确保专家拎包入住。同时，拟定了《外专公寓管理暂行办法》《外专公寓租住流程》《外专公寓租住协议》等，规范管理，进一步推进引智工作开展。

(唐莹)

【国家公派出国留学项目】

2017年，学校国家公派出国留学各类项目共录取272人，其中教师46人，包括国家公派高级研究学者及访问学者(含博士后)项目18人，青年骨干教师出国研修项目14人，博士生导师国际交流项目10人，其他项目4人；学生226人，其中国家建设高水平大学公派研究生项目167人，国家公派硕士研究生项目37人，优秀本科生国际交流项目2人，创新型人才国际合作培养项目13人，其他项目12人。

（刘冉）

【留学生工作】

2017年，全年新招长期留学生118人，其中学历生75人（本科生5名，硕士生49人，博士生21人），专业进修生41人，语言生2人。留学生短期交流团组涉及2个学院，共计68人。整专业英文授课项目招生60人。

2017年，各类留学生总人数353人，长期留学生人数为285人，其中博士生139人，硕士生92人，本科生31人，进修生和语言生23人。长期生中，中国政府奖学金生224人，占长期留学生的79%，亚非学生259人，占长期留学生的91%，欧美学生26人，占9%。

2017年，留学生毕、结业人数91人，其中学历生76人（博士生14人、硕士生56人、本科生6人）、进修生15人。

2017年，学校以特多孔子学院为平台，利用学校学科优势为特多农业创新园建设培养人才，开展“CAU-UWI奖学金专项”，面向农学、园艺、植保领域的学生进行招生，2017年共招收4名硕士研究生，涉及三个专业。

学校依托“农村发展与管理”整专业英文授课专业，承办商务部2015—2017援外培训硕士学历项目，三年共接收来自亚非17个国家的83名政府部门及高校中层领导来学校攻读硕士学位，其中84%学生来自坦桑尼亚、马拉维等非洲国家。2017年招收共招收31名商务部项目学生。

（李彩霞）

【港澳台交流】

学校师生赴港澳台地区交流66人次，包括，香港地区23人次、澳门地区3人次、台湾地区40人次。其中19名学生赴台湾4所高校（台湾大学2名、中兴大学7名、逢甲大学5名、宜兰大学5名）进行一学期的交换学习。

接待港澳台地区团组来访3批次，包括台湾逢甲大学校长一行5人的来访、“海峡两岸学农青年农业科研研习营”15人来访、澳门驻京办事处两人的来访。

港澳台学生毕业11名，新录取港澳台本科生7名。2017年底共有44名港澳台侨学生在校攻读学位，包括香港学生15人、澳门学生2人、台湾学生26人、华侨学生1人。接收台湾大学、中兴大学、逢甲大学、宜兰大学4所高校14名交换生来学校进行为期一学期的交换学习。来自香港的4名本科生和台湾的6名本科生分别获得2017年度港澳台学生奖学金一等奖、二等奖和三等奖。

工学院举办的“发展中国家可再生能源发展研讨会”获得王宽诚教育基金会资助项目6 500美元资助；共青团中国农业大学委员会举办的“追根中华农耕文化　共筑民族复兴梦想”获得教育部对台教育交流项目4.2万元人民币资助。

2012年学校与香港中文大学续签协议以来，连续五年派出研究生、博士生参加在香港中文大学的《内地及台湾高校生暑期研究体验计划》，2017年学校共派出7名食品科学与营养工程学院和生物学院的研究生和博士生前往香港中文大学进行为期49天的研究实习。

（李彩霞）

【制度完善】

进一步规范学校因公出国（境）管理工作，出台了《中国农业大学因公出国（境）管理办法（2017年修订）》（中农大外字〔2017〕88号），规范了因公出国（境）审批手续。

起草发布了学校涉外协议签署管理办法和审核流程，并制定了《中国农业大学涉外合作协议报批表》，规范了学院提交涉外协议的资料内容和格式。

（李莉　唐莹）

附表

附表1　2017年因公出国（境）人员统计（教师）　　724人次

学术会议	学术交流	工作访问	进修培训	国家公派	比赛等其他
366	363	43	7	46	50

附表2　2017年因公出国（境）人员统计（学生）　　483人次

学术会议	学术交流	工作访问	进修培训	国家公派	比赛等其他
140	55	0	0	231	73

附表3　2017年中国农业大学请进境外专家国家/地区分布统计　　人

国别	美国	荷兰	非洲	英国	加拿大	澳大利亚	日本	德国	其他	总计
人数	308	140	84	67	38	25	35	51	204	952

附表4　2017年中国农业大学港澳台侨学历生统计　　人

	合计	一年级	二年级	三年级	四年级	五年级
总计	44					
博士	1		1（香港）			
硕士	5	4（台湾、澳门、香港）	1（台湾）			
本科	38	7（香港、台湾）	8（香港、台湾、澳门、华侨）	10（台湾、香港）	10（香港、台湾）	3（香港、台湾）

校友会工作

【概况】

2017 年，校友工作办公室完成了寻访校友、值年校友返校、校友子女夏令营等系列品牌系列活动，寻访校友活动首次实现寻访足迹境内省(直辖市/自治区)全覆盖；新成立地方校友会 2 个，地方校友会换届选举 4 个；落实校友卡服务、校友联系人聘任等工作；开展首届“中国农业大学全球校友迎新月”活动；配合学校 112 周年校庆设立“校友返校日”；协助筹划和实施校庆系列活动；加强校友工作研究，开展题为《中国农业大学在校师生校友意识现状及提升培养途径研究》的课题研究。

(邓娇)

【校友组织建设】

3 月 17 日，香港校友会举行了第十次会员大会。会议表决通过了第十届理事会组织架构名单，黄广禄先生连任理事会会长，邱冠南担任理事会秘书长。

6 月 24 日，内蒙古校友会在呼和浩特召开理事会换届会议。会议选举产生了第二届理事会成员，马瑞强当选为理事会会长、陈瑞霞当选为理事会秘书长。

加拿大埃德蒙顿时间 8 月 28 日，中国农业大学加拿大埃德蒙顿地区校友会在阿尔伯塔大学成立，范鸿冰担任会长。

10 月 14 日，研究生会校友会成立仪式在西区图书馆报告厅举行，学校党委副书记、副校长张东军出席会议并为研究生会校友会揭牌，谭祖卫担任会长。

12 月 3 日，甘肃校友会在兰州召开理事会换届会议。会议选举产生了第三届理事会成员，韩少平当选理事会会长，傅亲民当选理事会秘书长。

12 月 29 日，上海校友会 2017 年年会在上海举行，大会举行了换届仪式，选举产生了新一届理事会：唐克轩任会长，吕名礼任执行会长，金为民任秘书长，新增选唐彬婧等 10 位理事。

(邓娇)

【值年返校活动】

1 月，2017 年值年校友返校活动正式启动。7—8 月，67、87、97、07 四个届别 22 个班级 600 余位校友值年返校。10 月 14 日，07 届 50 个班级近 700 位校友返校；并在东西校区两个分会场同步召开了 07 届整届校友毕业十周年纪念大会，党委副书记、副校长张东军，党委副书记兼纪委书记秦世成代表学校分别出席西区、东区会场会议；97 届 10 个班级，近 260 位校友返校。

(邓娇)

【校友子女夏令营活动】

7 月 15 日，第三届校友子女夏令营活动开营。活动历时 6 天，涉及大学生活体验、院士讲座、结构力学实践课、机器人实践课、葡萄酒酿造中心参观、田野实践教学、西区体验、北京名胜古迹参观等内容。来自15个地方校友会选报的18位校友子女参加了此次活动。

（邓娇）

【寻访校友活动】

5月，与校团委联办的第三届寻访校友社会实践活动正式启动，6月确定受访校友名单，7月完成寻访校友小队招募、培训，7月中旬至9月下旬寻访小队进行寻访，9月底进行寻访校友工作小结。10月27日，在第三教学楼举办第三届寻访校友暑期社会实践活动展示环节暨寻访校友故事会，总结表彰了6个优秀小队、6名优秀个人。

此次活动共招募了44个寻访小队，分赴全国40个城市，共计寻访了200余位校友，首次实现了寻访足迹境内省（自治区、直辖市）全覆盖。

（邓娇）

【兄弟院校工作交流】

5月12日，华南农业大学党委常委、总会计师蒋育燕带队访问中国农业大学，就校友工作经费、新媒体平台及校友会、基金会其他相关事宜进行探讨交流。副校长张建华会见了客人，教育基金会、校友工作办公室有关负责人，华南农业大学校友会兼教育发展基金会有关负责人参加座谈。

（邓娇）

【落实2017届“校友联系人”聘任工作】

6月22日，2017届校友联系人聘任仪式在东区举行，党委副书记兼副校长张东军出席仪式并向各学院领导颁发了2017届校友联系人聘书，授权学院领导颁发给校友联系人。2017年，经过本人申请、学院审核等环节，各学院（含图书馆）共聘任校友联系人280名，覆盖2017届本科140个班级，硕士102人、博士38人。

（邓娇）

【举办首届“中国农业大学全球校友迎新月”活动】

6月22日，首届“中国农业大学全球校友迎新月”活动启动仪式在东区举行。活动为2017届毕业生/新校友与各地方校友会搭建网上快速对接平台，新校友通过微信、邮件等形式与各地方校友会对接。

（邓娇）

【112周年校庆】

10月14日，“校友返校日”，举办值年校友返校活动，特别打造毕业10周年校友值年返校庆祝活动、第三届校友企业专场招聘会、为返校校友提供免费怀旧午餐等系列活动。

10月16日，协助筹划和实施112周年校庆整体活动方案，配合举办“全校学生校庆日免费午餐”等“常态化”校庆系列活动。

（邓娇）

【开展校友卡服务工作】

2017年，制作、发放校友卡6 000余张。校友可以凭卡出入校园、在学校图书馆阅览图书、参观校史馆等。

（邓娇）

【开展“中国农业大学在校师生校友意识现状调查与提升策略研究”课题研究】

2017年，开展《中国农业大学在校师生校友意识现状及提升培养途径研究》课题研究，课题以文献研究为理论基础，采用线上调研方式对在校师生的校友意识现状和需求进行调研，并对收集到的3 150份有效调研问卷综合分析（其中：学生2 550份，教师600份），得到提升在校生校友意识的政策及建议主要有以下4个方面：①从“全员育人”高度，不断强化“校友工作人人有责”理念；②引进校友资源，助力母校发展；③重点培养在校生的表达能力及信息技术能力；④注重举办有效运作且有主题意义的校庆日及校友返校日活动。

（邓娇）

【地方校友会活动】

1月5日，贵州校友会五位校友代表在贵州黔西县一中对13名学生开展一年一度的捐资助学活动。

1月7日，重庆校友会在“大学客”举行2016年年会暨迎春团拜会。会议做了2016年工作总结及2017年工作计划，并增选了鑫源汽车公司副总经理杨昌华为副会长。

1月8日，四川校友会在成都举行新年迎春校友团拜会。

1月15日，北京校友会在东区一号学生公寓三层大厅举行第二届新春嘉年华活动。同时举办了第一届中国农业大学校友优质食品论坛、校友企业优质农产品年货大集。学校相关领导和四百余位校友共同参加嘉年华活动。

荷兰当地时间2月19日下午，荷兰校友会主办的“学术沙龙”系列学术交流活动第一期在瓦赫宁根大学开讲，活动主题是《植物育种与微生物植物互作》，主讲嘉宾分别为瓦赫宁根大学植物育种实验室的白玉玲副教授与瓦赫宁根大学分子生物实验室的程旭博士。12月10日下午，第三期“学术沙龙”活动在瓦赫宁根召开，活动主题是中荷奶业发展现状及展望，主讲嘉宾分别为来自Campina担任高级研究科学家的曹林秋博士与首届中荷乳业发展中心自助派遣的在读博士张春月。

3月，四川校友会常务副会长兼秘书长钟建军，副会长帅世友，副秘书长胡顺建等校友组成的考察团一行六人，赴重庆“大学客双创基地”考察交流。

3月27、28日，贵州校友会孙龙德副会长一行到访福建校友会，与福建校友会及福州校友会校友就校友会工作、项目合作等方面交流座谈。

4月9日，由中国高校校友羽毛球联盟（筹）主办的第二届“动享－YONEX”中国高校校友羽毛球联赛在北京举行。北京校友会羽毛球俱乐部遴选 8 名校友组成中国农大校友队，挺进八强。

4 月 22、23 日，福建校友会名誉会长汪建国、会长陈俊华、贵州校友会副会长孙龙德等 20 余位福建校友和家属在福安市举办“茶乡行”活动，共同领略了中国茶文化的魅力。

5 月 13 日，安徽校友会首届掼蛋比赛在合肥外商国际俱乐部酒店举行，30 余位校友参加比赛。

5 月 19 日，中国农大上海校友会在浦东新区道顺射箭馆举办射箭聚会活动。

5 月 20 日，重庆校友会参加了由 985 高校重庆校友会羽毛球协会主办的第二届羽毛球联赛，荣获第五名。

6 月 7 日，河北校友会唐山校友分会原会长杜仲勋，廊坊校友分会原会长王世勋，现任会长王建民等，应邀访问天津校友会开展工作交流。

6 月 22 日，广西校友会与招生宣传大使阳军旺校友主动配合学校到桂招生宣传，两个工作小组分别赴广西会展中心和南宁市第三中学、南宁市第三中学等进行招生宣讲。

8 月 5 日，海南校友会举行“双迎新”座谈会。会议为新生分享在校学习经历，为新毕业校友分享工作经验、提供职业规划建议。17 届毕业回琼工作校友及 17 年录取到中国农业大学新生参加了座谈会。

8 月 5 日，北京校友会青年俱乐部在北京十之堂茶艺馆举办“XIAO 友轻酌，共话NONG 桑——回家、品茶”交流活动，开展“茶道养身”专题讲座，1996 届校友、中国茶文化委员会常务秘书长王如良等近 20 位校友参加活动。

8 月 6 日，宁夏校友会在宁夏银泰国际生态园举办校友联谊会，共叙同校情，接待寻访宁夏校友的学校社会实践小队。

8 月 13 日，重庆校友会 2017 年迎新送新活动在大学客举行，迎新 2017 届到渝工作校友，送新考上中国农业大学的 2017 级学子。50 余位校友、学子参加活动。

8 月 31 日，大芝加哥地区校友会座谈会暨引进高级人才宣讲会在香槟大学举行。姜沛民书记率领的中国农业大学赴美国加拿大访问代表团向校友介绍学校现状与发展远景，带去学校引进海外高层次人才政策与机制以及各项优惠条件，招揽人才。

10 月 8 日，厦门校友会在厦门曾厝垵举行了中秋博饼联谊活动，在厦校友欢度国庆中秋佳节，共庆母校 112 周年华诞。

10 月 21 日，广西校友会应北京中农富通园艺有限公司的热情邀请，在玉林市的校地合作基地“五彩田园”，进行为期两天的参观交流活动，为母校庆祝生日。30 余位校友参加活动。

10 月 28 日，四川校友会 2017 年联谊会在成都三圣乡圣源山庄举行，四川校友会会长刘华致辞，秘书长钟建军代表校友会作 2017 年工作报告，四川校友企业家张大成等分享创业经历。

12 月 16 日，贵州校友会 2017 年会暨迎春团拜会在贵阳举行，活动以“宛如初见”的中国农业大学为主题，近 20 位校友参加活动。

12 月 29 日，上海校友会 2017 年年会在上海举行，年会以“传承、感恩、交流、发展”为主题，100 余位校友参加活动。

（邓娇）

【企业家校友联谊会活动】

1月7日，福建企业家校友联谊会第二次理事会议在福州大北农生物技术园区召开。会议审议了新增理事名单，同意增补李彦晨、邱忠润、胡涛、邱冠南及郭艳五位校友为联谊会理事；会议做了2016年工作总结及2017年工作计划，审议通过了联谊会财务管理制度。

3月25日，由企业家校友联谊会、校友股权投资基金、MBA教育中心共同成立的首期校友创业训练营正式开营并开展第一次集体活动。21位校友企业家成为“中农创一期”学员。6月3—4日，校友创业训练营一期第二次活动在经济管理学院行政楼112拉开帷幕，围绕战略梳理主题，进行典型案例汇报学习和行业领军企业现场学习。10月21—22日，第三次活动在中国农业大学经济管理学院行政楼117开展，围绕市场营销主题，进行相关典型案例汇报、场外教授授课等。11月23日，第四次活动在经济管理学院举行，活动围绕“人力资源”主题进行探讨解析。

11月23—24日，“中农创学院”二期开学典礼暨第一次集体活动举行，24位校友企业家成为“中农创学院”二期学员。

12月23日，2017年中国农业大学企业家校友联谊会理事会年会在东区金码大厦举行。会议听取了理事会工作报告、各行业分会秘书处工作报告；讨论了有关组织建设等事宜；研讨了2018年工作。中国农业大学校长孙其信、副书记兼副校长张东军出席了会议。

（邓娇）

【行业校友会活动】

11月11—12日，由种业校友会、农场主校友会及农学院联合主办的“培养‘一懂两爱’人才，发力乡村振兴战略”主题论坛在中国农业大学召开。种业校友会围绕“发力乡村振兴战略：新时代种业的机遇与挑战”，农场主校友会围绕“发力乡村振兴战略：多种形式适度规模经营推进农业农村现代化”进行了主题沙龙研讨。农学院与农场主校友会联合举办的首届“乡村振兴青年菁英班”正式开班。副校长王涛等学校有关领导、行业代表、人民日报等有关媒体代表共计300余人参加了论坛。

（邓娇）

校医院

【概况】

2017年4月8日0时，《北京市医药分开综合改革方案》实施。该方案取消挂号费、诊疗费和药品加成，增加医事服务费；实施药品阳光采购，降低药品采购价格；规范基本医疗服务项目，调整435项服务项目的价格。校医院按照上级要求，顺利完成信息系统改造，各项工作按照《北京市医药分开综合改革方案》实施。校医院的社区卫生服务功能日趋完善。努力为全校师生及社区居民做好门急诊基本医疗、健康体检、计划免疫、健康教育、计划生育、妇幼保健、中医药服务、传染病防控及管理、慢性病管理、精神病管理、家庭医生式服务，圆满完成各项工作。

（陈淑珍）

【重点任务】

基本医疗 按照医疗技术操作规范做好日常门急诊基本医疗工作。全年诊疗门急诊病人 15 029 人次，门诊输液 8 668 人次，肌肉注射 9 866 人次，各类健康体检 20 052 人次。计划免疫 15 096 人次。

保健服务 为离退休老同志、学生野外实习、新生军训、学校各种会议提供安全有效的医疗保健服务 72 次。

健康自助设备 为社区居民免费测量血压、血糖及体质成分。

计划免疫 认真做好计划免疫工作，全年完成学生预防接种 7 506 人次；老年人及儿童流感疫苗接种 3 628 人次；儿童预防接种 3 465 人次。

传染病防控及管理 高校做好传染病防控及管理至关重要。全年对医务人员进行各类传染病知识和法规培训 22 次；完成结核病筛查、信息统计 6 282 人次；共流调传染病人 112 人，流调 340 余次。3.24 世界结核病防治日进行现场宣传、发放资料，为新生举办结核病、专题讲座 4 次；为配合艾滋病的宣教及防控，邀请北京市疾控中心专家对新生进行防艾讲座、开设了艾滋病的网络课程、举办艾滋病专题讲座 4 次、组织学校红十字会志愿者开展艾滋病主题宣传活动 5 次。使学生了解艾滋病，自觉做好防控。

慢病管理 完成社区内慢性病如高血压、糖尿病的规范管理，2017 年度管理慢病病人 2 320 人，其中高血压 2 320 人，规范管理 1 600 人，规范管理率达到 90%以上。管理糖尿病人 398 人，均为规范管理。完成冠心病、脑卒中、肿瘤、精神病的日常管理，积极预防并发症及急危重症。各种慢病管理率及控制率达标。在辖区居民中建立高血压自管小组及糖尿病同伴支持小组，引导居民自我监测血压、血糖。

家庭医生式服务 继续做好家庭医生式服务工作，按照家庭医生式全科诊疗模式将家庭医生式服务的各项措施落到实处。全年新建个人电子健康档案 2 012 例。慢病人群和 65 岁以上老年人签约率达到 80%。根据辖区内不同人群需求，为 65 岁以上老人、孕产妇及儿童提供健康体检、健康评估、一键式电话、中医药管理、上门服务等多方位服务。

体检工作 年内完成在职职工、离退休职工、“102”人员、女职工、学生五大体检。体检结果输机管理。设立体检预约查询系统，职工体检可网上预约、检后查询，提供近 3 年的体检结果，方便受检者数年对比，动态观察。同时，注重后续服务，体检结束后请专家为老同志解读、答疑体检问题，受到信任与好评。对体检中发现的高血压、糖尿病等病人进行规范慢病管理。

中医药服务 大力开展中医中药工作，运用中医、针灸、拔罐等 10 种中医适宜技术服务社区，以满足社区居民对中医中药的需求。开展中医体质辨识，完成目标人群 40%覆盖率。对高血压病人进行中医药健康管理。对儿童家长进行中医健康指导，对 0～36 个月儿童进行中医健康管理，管理率 40%以上。

妇幼保健工作 建立了妇幼信息系统，围产保健模块及儿童保健模块，及时准确录入信息。孕产妇建册率、高危孕妇筛查及管理率、产后访视率、新生儿访视率均完成目标管理人群覆盖率。完成0～1岁儿童神经心理发育筛查、1～6岁儿童听力筛查、0～3岁儿童中医健康服务，达到指标值。

开展高校其他特殊服务 校医院积极开展家庭医生式服务，满足特殊人群的社区卫生服务要求。①特殊人群、院士及"102"人员提供家庭医生式服务，入户体检，保证他们的生活质量和良好的工作状态。②医护人员跟随学生野外实习服务。③提供新生军训现场服务，为新生进行急救知识培训。④校医院全年为社区居民、学生组织举办了10余次健康知识讲座，并利用板报、发放彩页、网络、微信等多种形式向师生宣传防病知识，受到欢迎。

（陈淑珍）

【业务培训】

相关业务培训 对医务人员进行了心肺复苏等急诊急救培训，高血压、糖尿病及慢病管理知识培训，处方点评及合理用药讲座，组织院感控制、抗生素合理使用，传染病法、传染病防治知识等各类学习培训共计20余次。选派2名医生到北医三院学习培训。

继续教育 做好医务人员"三基、三严"培训。为所有专业技术人员办理了年度学习卡，全部完成国家卫计委要求的卫生系列每年网上培训学习25学分。

（陈淑珍）

【医疗质量控制】

认真做好医疗质控和医疗安全管理，把医疗质量和医疗安全作为医院核心工作。医院设有医疗质量控制管理委员会，认真学习和贯彻病历、处方管理规定，结合医院实际情况，每月对全院临床医生的病历进行质控，每月对医师处方及抗生素使用进行点评。科主任及院领导每月检查督导，做好质控分析，发现问题及时整改。保证医疗质量和医疗安全。按照医疗技术操作规范完成了年度的基本医疗工作、全年未出现医疗差错事故。

（陈淑珍）

【提高满意度】

设专人负责在来诊的病人中发放调查表进行满意度调查，并有专人负责每天在网上"校长信箱"查阅患者来信，及时回复。请专家讲授医患沟通技巧，注意与患者良性沟通，广泛征求意见，积极改进工作，以提高患者满意度。

（陈淑珍）

【基本建设】

2017年，东区校医院进行房屋装修，整体改善了校医院的诊疗环境。安装外挂电梯，方便老人及儿童就诊。东、西区医院各自购置了先进的B超机，图像清晰，可对多个脏器进行检查，提高了诊断的精准率，进一步满足了师生员工的临床及体检需求。

（陈淑珍）

【公费医疗管理】

公疗各项管理指标规范。医疗报销认真、仔细，耐心解答患者疑问。年度北京市公疗办审计规范合格。

（陈淑珍）

【计划生育】

随着国家二胎政策的放开，积极宣传国家有关法规、条例及政策。做好育龄妇女的服务保障工作。发放节育工具，年度检查达标。

（陈淑珍）

体育馆管理工作

【概况】

2017 年，体育馆管理中心按照“规范有序、热情主动、务实高效”的工作要求，对内配合学校党政办公室、宣传部、体育与艺术教学部、保卫处、校团委以及各学院、部门，保障学校体育与艺术室内教学、大型文体活动、会议的顺利进行；对外兼顾社会公益效益，严格遵守国家法律法规，拓宽体育馆收入来源，减轻学校财政负担。体育馆管理中心有事业编制人员 4 名，非事业编制聘用人员 18 名。设有办公室、活动管理部、运行保障部、财务物资部 4 个部门。

（杜学振）

【保障体育与艺术教学】

体育馆管理中心本着“教学为主，活动为辅”的原则，全力协调和保障各类室内体育与艺术教学。2017 年体育馆内完成体育与艺术教学 2 250 课时，其中羽毛球教学 486 课时，乒乓球教学 756 课时，舞蹈教学 1 008 课时，合计在馆内上课约 45 000 人次。提供测试场地，保障 2017 年度国家学生体质健康测试顺利完成。

（张景文）

【承办校内外大型活动】

体育馆与学校相关部门沟通协调与密切配合，圆满完成 8 项校内大型活动和会议的承办工作。在保证学校正常使用和丰富师生课余文化生活的同时，承接校外其他活动 14 次（见表 1、表 2）。

表1 2017年中国农业大学内部大型活动(体育馆内)一览表

序号	日期	活动名称	活动性质
1	6月19日	2017年教职工羽毛球混合团体赛	比赛
2	6月28日	中国农业大学2017届本科生毕业典礼	会议
3	6月28日	中国农业大学2017届研究生毕业典礼	会议
4	9月6日	中国农业大学2017级本科生开学典礼	会议
5	9月7日	中国农业大学2017级研究生开学典礼	会议
6	9月8—25日	2017级新生军事理论培训	培训
7	9月10日	2017年教师节表彰暨迎新晚会	演出
8	10月14日	中国农业大学112周年校庆校友羽毛球联谊赛	比赛

表2 2017年中国农业大学外部大型活动(体育馆内)一览表

序号	日期	活动名称	活动性质
1	1月7日	五八到家公司年会	年会
2	1月12日	五八同城公司年会	年会
3	2月25日	北京世纪康攀公关策划有限公司趣味运动会	比赛
4	4月20日	北京环球智康时代教育咨询有限公司羽毛球赛	比赛
5	5月18日	北京奥鹏远程教育中心羽毛球赛	比赛
6	6月3日	北京新能源汽车羽毛球赛	比赛
7	6月10日	北京教育网考试咨询会	咨询会
8	6月18日	英特尔大学生电竞比赛	比赛
9	8月19日	2017搜狐集团运动会	比赛
10	11月4—5日	国家机关"ETCP杯"羽毛球团体赛	比赛
11	12月1日	北京城建置业公司员工乒乓球赛	比赛
12	12月4日	农业部"猎英行动计划"2017—2018毕业季农业走出去企业校园招聘活动	招聘会
13	12月9日	学院路地区高校教职工羽毛球赛	比赛
14	12月16—17日	北京市科协第六届大学生科技创新作品与专利成果展示推介会	展会

（张景文）

【文化艺术馆工作】

2017年，文化艺术馆共举办10次展览，展出作品1 047幅/件，参观人数达5 278人次，进一步推动了文化艺术馆成为学校新文化坐标的工作(见表3)。

表 3　2017 年中国农业大学文化艺术馆展览一览表

序号	时间	名称	展览性质
1	3 月 17 日	雪域高原一蔚国银油画展一第 61 站	书画
2	4 月 9 日	非遗进校园一杨秀玲剪纸艺术展	剪纸
3	6 月 11 日	刘文槐书法展	书画
4	6 月 20 日	农大东校区老年摄影协会成立十周年摄影展览	摄影
5	6 月 20 日	艺术发展史学生作品展	综合
6	6 月 26 日	2017 届园林专业本科毕业展	综合
7	7 月 1 日	盛世高歌一名家进高校中国画学术邀请展	书画
8	10 月 13 日	翰墨留香一庆祝建校 112 周年暨文化艺术馆馆藏展	综合
9	11 月 24 日	“一花一世界”摄影展	摄影
10	12 月 3 日	砥砺前行—贯彻党的十九大精神 名家进名校书画作品邀请展	书画

（于立春）

【场馆健身项目开展】

2017 年，体育馆继续对外开放羽毛球和乒乓球项目。羽毛球项目累计使用 27 368 场次，乒乓球项目累计使用 2 025 场次。

组织调研周边高校管理模式，完成了健身房配套浴室及卫生间的改造、健身设备供货、器材组装、加强力量训练区防护布置等工作，为健身房顺利开放打好基础。

（张景文）

【运行与保障工作】

加强体育馆硬件设施改造，提升体育馆功能，改善室内体育与艺术教学及健身环境，加强维修改造，保障场馆安全，满足教学与健身需求。

执行 2017 年“中央高校改善基本办学条件专项”资金 200 万元，完成了体育馆锅炉大修维护工程、体育馆卫生间改造及体育馆一层地面维修改造工程。执行学校“双一流”专项资金 48 万元，改造了部分体育馆活动用房，升级了体育馆门禁系统，维修消防自动报警系统。

组织员工消防知识培训和防汛培训各 1 次，加强场馆安全管理。

（刘淑梅）

教育基金会工作

【概况】

中国农业大学教育基金会2017年在学校和理事会的领导下，以服务学校建设和发展为宗旨，多渠道拓展社会资源筹集资金，接受社会捐赠3 568.8万元；开展项目资助、管理和服务等工作，年度支出1 885.7万元；开展基金投资理财，投资理财收益404万元；争取捐赠收入中央财政配比资金2 693万元；期末净资产达1.32亿元。

（沈其林）

【捐赠筹款】

捐赠收入总体情况 2017年，教育基金会共计争取捐赠3 568.8万元。从资金来源看，来自境内自然人捐赠2 117.0万元，境内法人或者其他组织的捐赠1 197.5万元，其他基金会的捐赠138.1万元；来自境外自然人的捐赠26.6万元，境外法人或者其他组织的捐赠89.6万元。从捐赠用途看，学校发展1 702.1万元，学院学科发展740.6万元，学生发展682.9万元，教师发展265.0万元，科学研究178.2万元。

重大捐赠项目与活动 3月13日，“现丰博士后发展基金”捐赠仪式在农学院举行。河南省现代种业有限公司捐资100万元在学校设立“现丰博士后发展基金”，用于农学院博士后的奖励与津贴。学校党委副书记兼副校长、教育基金会执行副理事长张东军出席了捐赠仪式。

6月22日校友邵根伙博士与教育基金会签署捐赠协议，捐赠1 000万元设立国家农业农村政策研究基金，支持中国农业大学对当前我国农业农村发展过程中具有全局性、战略性重大问题进行研究。

6月23日，圣牧有机奶捐赠仪式在学校举行。校友邵根伙博士控股的内蒙古圣牧高科牧业有限公司向学校捐赠圣牧有机纯牛奶1 100多箱，教育基金会秘书长周旭峰代表学校接受捐赠，并联合校工会、离退休工作处、后勤基建处餐饮中心向广大师生进行了发放。

7月18日，普德施（北京）科技有限公司捐赠仪式在信息与电气工程学院举行。校友企业普德施（北京）科技有限公司捐赠500万元用于信电发展基金，支持信息与电气工程学院的建设和发展。

9月20日，“中国农业大学康普森水稻人才培养基金”捐赠仪式在农学院举行，北京康普森生物技术有限公司向教育基金会捐赠120万元人民币，设立康普森水稻人才培养基金，用于支持学校水稻人才的培养。学校党委副书记兼副校长、教育基金会执行副理事长张东军出席。

9月30日，晨光生物科技集团股份有限公司与教育基金会签署捐赠协议，捐赠100万元设立曲周基地建设基金，用于支持学校曲周试验站的基础设施建设。

11月7日，融智生物科技（青岛）有限公司捐赠仪式在信息与电气工程学院举行，董事长周晓光代表公司向基金会捐赠 100 万元，用于支持该学院实验室建设。学校党委副书记兼副校长、基金会执行副理事长张东军，中国工程院院士汪懋华出席。

12 月 7 日，北京明俞大成国际贸易有限公司捐赠仪式在国家果蔬加工工程技术研究中心举行，董事长俞明子代表公司向教育基金会捐赠 100 万元，支持国家果蔬加工工程技术研究中心建设。学校党委副书记兼副校长、教育基金会执行副理事长张东军出席。

（沈其林）

【公益项目】

资助学校各方面事业发展 2017 年教育基金会开展各类资助项目 100 项，公益项目支出 1 855.0 万元。其中，学校发展项目 625.5 万元，包括学校校园基础建设、校园文化建设、实验站/场建设、图书馆建设等，旨在改善学校办学条件，丰富校园文化生活，提升校园环境质量；学院学科发展项目 400.5 万元，支持相关学院一流学科建设与发展，支持相关学科的学术活动、人才培养等工作；学生发展项目 674.1 万元，主要包括奖学金、助学金、创新创业教育、社会实践、大病救助等；教师发展项目 100.6 万元，主要包括奖教金、教职工爱心基金等，奖励在师德方面为人师表、在教学科研一线表现优异、深得学生好评的优秀教师，青年教师及辅导员培养，救助困难教职工等；科学研究项目 54.4 万元，包括资助科研平台建设，资助具有前瞻性、公益性的科研项目，奖励取得科研成就的教师和科研人员等，激励农大师生积极进取、努力钻研的科研精神，提升学校的科研水平。

做好项目规范管理工作 落实捐赠项目背景及意识形态审查，推进境外非政府组织捐赠项目备案工作；积极联系捐赠方，争取年度捐赠资金顺利到位；加强立项审批，明确项目负责单位和负责人，严格执行项目预算管理制；加强项目过程管理，根据项目重要节点发布项目通知，积极联系、督导公益项目的开展；参与奖助学金、学生实践等项目的评审工作，推进溢达创意大赛、华为竞赛项目、宝钢教育奖等项目的评审和后续事迹跟踪工作；做好项目资料的收集和管理。

启动大北农教育基金二期计划 组织学校执行部门全面总结大北农教育基金第一期执行情况和资助成效，并启动大北农教育基金第二期资助计划。成立了“大北农教育基金”管理委员会，于 2017 年 12 月 7 日召开管理委员会会议，审议并研究大北农教育基金 2017—2021 年资助方案。学校党委副书记兼副校长、基金会执行副理事长张东军主持会议，大北农集团副总裁宋维平代表邵根伙校友参会。

（沈其林）

【捐赠关系维护】

举办柏年公益基金会见面交流会 10 月 25 日，柏年基金会主席、北美永新能源有限公司总裁王柏年到校访问，学校党委副书记、纪委书记秦世成在东区主楼 517 会见了王柏年先生一行。王柏年自 2005 年在学校设立了“永新能源助学金”，每年出资 15 万元，资助学生 75 名，2013 年更名为“柏年基金助学金”。基金会协同学生资助管理中心举办了柏年基金助学金受助学生分享交流会。

举办王妩蓉助学金见面交流会 11 月 3 日，腾讯公司副总裁、中国农业大学 MBA 教育中心客座教授王妩蓉女士到学校访问。王妩蓉自 2003 年捐资设立“王妩蓉助学金”，资助品学兼优的家庭经济困难学生。基金会协调学生资助管理中心、MBA 中心，组织了王妩蓉与受助学生及经管学院 MBA 学员见面交流会。

举办曦之奖助学金 20 周年纪念会 12 月 5 日，基金会联合学生资助管理中心共同举办曦之奖助学金设立 20 周年纪念活动。曦之教育基金是旅居香港的美籍华人企业家欧阳启、刘锦銮夫妇于 1986 年创立的私人慈善基金，自 1997 年在学校设立曦之奖助学金，至今已累计资助农大学生 1 830 人次，总金额达 856.53 万元，是学校个人设立奖学金当中持续时间最长、奖励人数最多、累计金额最大的奖学金项目。纪念活动邀请香港曦之教育基金负责人欧阳莹之女士，学校党委书记、基金会理事长姜沛民，校党委副书记宁秋娅会见了客人。纪念活动由基金会秘书长周旭峰主持，校党委副书记宁秋娅为欧阳莹之颁发二十周年纪念书。活动同时邀请往届曦之奖学金获奖者参会，征集“我的曦之故事”并编撰成册。

（沈其林）

【理事会换届】

12 月 29 日，基金会召开理事会换届会议，审议通过了第二届理事会工作报告和财务工作报告，选举产生了第三届理事会。选举姜沛民、张东军、张建华、宁秋娅、邵根伙、马国玉、王勇、刘罡、曲瑛德、史长丽、沈建忠、张普光、吴文良、高万林、宋正河、严海军、周志强、张瑞海、景发、周旭峰为理事，选举张树彦、高立国为监事。选举姜沛民为理事长，张东军为执行副理事长，张建华、宁秋娅为副理事长，周旭峰为秘书长。

（沈其林）

【社会影响】

11 月 16 日，教育基金会参加中国高等教育学会教育基金工作研究分会第 19 次年会，并积极参与“全国高校教育基金工作成就展览”，被中国高等教育学会教育基金工作研究分会评为“基金工作先进单位”。

（沈其林）

2017年党发、校发文件

年鉴

2017年中国农业大学党发文件目录

文号	文件标题
中农大党发〔2017〕1号	关于在“两学一做”学习教育中召开专题组织生活会和开展民主评议党员的通知
中农大党发〔2017〕2号	关于植物保护学院党委选举结果的批复
中农大党发〔2017〕3号	关于食品科学与营养工程学院党委选举结果的批复
中农大党发〔2017〕4号	关于宋正河等同志任免职的通知
中农大党发〔2017〕6号	关于郭鑫等同志任免职的通知
中农大党发〔2017〕7号	关于2017年党委理论学习中心组专题学习计划的通知
中农大党发〔2017〕9号	关于成立思想政治理论课建设领导小组的通知
中农大党发〔2017〕10号	关于调整“中国农业大学党务、校务公开工作领导小组”的通知
中农大党发〔2017〕11号	关于杜金昆等同志任免职的通知
中农大党发〔2017〕12号	关于杜学振同志任职的通知
中农大党发〔2017〕13号	关于国际学院党委选举结果的批复
中农大党发〔2017〕14号	关于印发《中共中国农业大学委员会关于中国共产党北京市第十二次代表大会代表选举工作方案》的通知
中农大党发〔2017〕16号	关于印发《中国农业大学2017年党政工作要点》的通知
中农大党发〔2017〕17号	关于辛贤等同志任免职的通知
中农大党发〔2017〕19号	关于印发《处级干部因公出国(境)专项检查工作方案》的通知
中农大党发〔2017〕20号	关于印发《党建经费使用管理办法》的通知

续表

文号	文件标题
中农大党发〔2017〕21号	关于印发《中国农业大学共青团改革实施方案》的通知
中农大党发〔2017〕22号	关于印发《中共中国农业大学委员会2017年度党建工作计划》的通知
中农大党发〔2017〕24号	关于印发《落实〈普通高等学校学生党建工作标准〉的实施方案》的通知
中农大党发〔2017〕25号	关于迎接《北京普通高等学校党建和思想政治工作基本标准》检查的通知
中农大党发〔2017〕26号	关于转发《中共教育部党组关于深入学习贯彻习近平总书记在中国政法大学考察时重要讲话精神的通知》的通知
中农大党发〔2017〕27号	关于成立统战工作领导小组(港澳台侨工作领导小组)的通知
中农大党发〔2017〕28号	关于印发《领导干部因私出国(境)管理办法》的通知
中农大党发〔2017〕29号	关于宋学勤同志任职的通知
中农大党发〔2017〕30号	关于园艺学院党委选举结果的批复
中农大党发〔2017〕31号	关于印发《中国农业大学"两学一做"学习教育常态化制度化实施方案》的通知
中农大党发〔2017〕34号	关于评选表彰先进基层党组织优秀共产党员和优秀党务工作者的通知
中农大党发〔2017〕35号	关于何秀荣等同志任职的通知
中农大党发〔2017〕36号	关于转发《中共教育部党组贯彻落实〈中国共产党问责条例〉实施办法(试行)》的通知
中农大党发〔2017〕40号	关于进一步加强和改进新形势下基层党支部建设的实施意见
中农大党发〔2017〕41号	关于印发《教职工党支部工作规程》的通知
中农大党发〔2017〕42号	关于印发《教职工党支部工作考核评估办法》的通知
中农大党发〔2017〕43号	关于开展2017年春季学期期末集中组织生活的通知
中农大党发〔2017〕44号	关于表彰先进基层党组织、优秀共产党员、优秀学生党员和优秀党务工作者的决定
中农大党发〔2017〕45号	关于加强教职工理论学习工作的实施意见
中农大党发〔2017〕46号	关于印发《关于坚持和完善党委领导下的校长负责制的实施办法》的通知
中农大党发〔2017〕47号	关于印发《党委常委会议事规则(2017年修订)》的通知
中农大党发〔2017〕48号	关于印发《关于执行"三重一大"决策制度的规定(2017年修订)》的通知
中农大党发〔2017〕49号	关于印发《党员领导干部联系指导学生党支部工作办法》的通知
中农大党发〔2017〕50号	关于印发《处级党政领导干部选拔任用工作办法(2017年修订)》的通知
中农大党发〔2017〕51号	关于印发《处级领导干部兼职管理办法》的通知

续表

文号	文件标题
中农大党发〔2017〕52 号	关于进一步加强和改进新形势下党务工作队伍建设的实施意见
中农大党发〔2017〕53 号	关于印发《党代表大会代表任期制实施办法》的通知
中农大党发〔2017〕55 号	关于印发《党代表大会代表提案制实施细则》的通知
中农大党发〔2017〕56 号	关于印发《学院党政联席会议事规则(试行)》的通知
中农大党发〔2017〕57 号	关于钱学军等同志任免职的通知
中农大党发〔2017〕58 号	关于胡金有等同志任免职的通知
中农大党发〔2017〕60 号	关于印发《巡察工作实施办法》的通知
中农大党发〔2017〕61 号	关于转发《中共教育部党组关于深入学习贯彻习近平总书记在省部级主要领导干部专题研讨班上重要讲话精神的通知》的通知
中农大党发〔2017〕62 号	关于调整党风廉政建设领导小组成员的通知
中农大党发〔2017〕63 号	关于印发《中共中国农业大学委员会理论学习中心组学习规定(2017 年修订)》的通知
中农大党发〔2017〕64 号	关于进一步引导和鼓励毕业生到基层工作的实施意见
中农大党发〔2017〕65 号	关于毕忠臣同志免职的通知
中农大党发〔2017〕68 号	关于调整中共中国农业大学保密委员会的通知
中农大党发〔2017〕69 号	关于印发《开展党支部规范化建设试点工作方案》的通知
中农大党发〔2017〕71 号	关于成立“中国农业大学党委教师工作部”的通知
中农大党发〔2017〕72 号	关于张瑞明同志免职的通知
中农大党发〔2017〕73 号	关于郭晓旭等同志任免职的通知
中农大党发〔2017〕74 号	关于印发《中国农业大学教职工代表大会工作条例(2017 年修订)》的通知
中农大党发〔2017〕75 号	关于印发《中国农业大学工会工作细则(2017 年修订)》的通知
中农大党发〔2017〕76 号	关于乔宏柱同志任职的通知
中农大党发〔2017〕78 号	关于印发《二级党组织工作规程》的通知
中农大党发〔2017〕79 号	关于开展“新时代 新使命 新作为”主题党日活动的通知
中农大党发〔2017〕80 号	关于印发《中国农业大学辅导员队伍建设实施细则》的通知
中农大党发〔2017〕81 号	关于开展 2017 年度处级干部考核工作的通知
中农大党发〔2017〕82 号	关于认真学习宣传贯彻党的十九大精神的实施意见
中农大党发〔2017〕83 号	关于做好 2017 年度党支部书记抓党建工作述职评议考核的通知

续表

文号	文件标题
中农大党发〔2017〕84 号	关于印发《2017 年二级党组织书记抓基层党建工作述职评议考核实施方案》的通知
中农大党发〔2017〕85 号	关于邓淑娟同志免职的通知
中农大党发〔2017〕86 号	关于杨淑华等同志任免职的通知
中农大党发〔2017〕88 号	关于印发《中国农业大学党内评优表彰办法(暂行)》的通知
中农大党政办发〔2017〕1 号	关于废止若干规章制度的通知
中农大党政办发〔2017〕2 号	关于印发《中国农业大学公务用车制度改革实施方案》的通知
中农大党政办发〔2017〕3 号	关于印发《中国农业大学公务用车管理办法》的通知
中农大党政办发〔2017〕4 号	关于印发《中国农业大学校园宣传媒介管理办法》的通知
中农大党政办发〔2017〕6 号	关于转发《中共北京市委教育工作委员会、北京市教育委员会关于印发北京教育系统关心下一代工作委员会工作规程的通知》的通知
中农大党政办发〔2017〕7 号	关于转发教育部等五部门《关于深化高等教育领域简政放权放管结合优化服务改革的若干意见》的通知
中农大党政办发〔2017〕9 号	关于印发《中国农业大学 2017 年民主协商工作方案》的通知
中农大党政办发〔2017〕10 号	关于印发《中国农业大学 2017 年网络安全综合治理行动方案》的通知
中农大党政办发〔2017〕11 号	关于印发《中国农业大学公务用车管理办法(2017 年 7 月修订)》的通知
中农大党政办发〔2017〕12 号	关于印发《中国农业大学国内公务接待管理办法(2017 年修订)》的通知
中农大党政办发〔2017〕13 号	关于印发《中国农业大学深入开展安全生产大检查工作方案》的通知
中农大党政办发〔2017〕14 号	关于做好庆祝 2017 年教师节有关工作的通知
中农大党政办发〔2017〕15 号	关于印发《“112 周年校庆”活动工作方案》的通知

2017 年中国农业大学校发文件目录

文号	文件标题
中农大校字〔2017〕2 号	关于印发《学院发展专项管理办法(试行)》的通知
中农大校字〔2017〕3 号	关于印发《中国农业大学合同管理办法》的通知
中农大校字〔2017〕10 号	关于印发《中国农业大学校长办公会议事规则(2017 年修订)》的通知
中农大校字〔2017〕13 号	关于印发《中国农业大学校长办公会议事规则补充规定》的通知
中农大校字〔2017〕20 号	关于撤销部分议事协调机构的决定
中农大学字〔2017〕1 号	关于表彰 2017 届北京市普通高等学校优秀毕业生和中国农业大学优秀毕业生的决定
中农大学字〔2017〕2 号	关于表彰到西部地区和基层就业的 2017 届毕业生的决定
中农大学字〔2017〕3 号	关于印发《中国农业大学学生违纪处分规定(2017 年修订)》的通知
中农大学字〔2017〕4 号	关于印发《中国农业大学 2017 年新生引航工程实施方案》的通知
中农大学字〔2017〕7 号	关于表彰 2017 年暑期社会实践优秀集体、优秀个人和优秀成果的决定
中农大学字〔2017〕8 号	关于公布 2016—2017 学年辅导员、班主任考核结果的通知
中农大学字〔2017〕9 号	关于表彰第十一届“志愿农大”优秀志愿者、优秀志愿服务团体、优秀志愿服务项目的决定
中农大监字〔2017〕1 号	关于印发《中国农业大学学生申诉管理规定(2017 年修订)》的通知
中农大规划字〔2017〕1 号	关于撤销中国农业大学生命科学中心管理委员会的通知
中农大规划字〔2017〕6 号	关于成立“模式动物表型与遗传研究国家重大科技基础设施”建设管理机构的通知
中农大规划字〔2017〕7 号	关于成立中国农业大学“双一流”建设领导小组等机构的通知
中农大规划字〔2017〕9 号	关于成立土地科学与技术学院的通知
中农大研生字〔2017〕3 号	关于调整中国农业大学第五届校学位评定委员会人员组成的通知
中农大研生字〔2017〕5 号	关于印发《中国农业大学研究生学籍管理规定(2017 年修订)》的通知
中农大研生字〔2017〕7 号	关于调整中国农业大学研究生招生工作领导小组的通知
中农大研生字〔2017〕9 号	关于调整中国农业大学第五届学位评定委员会的通知
中农大研生字〔2017〕10 号	关于成立中国农业大学学位授权点合格评估工作领导小组的通知
中农大教字〔2017〕1 号	关于成立普通本科招生委员会和本科招生工作组的通知

续表

文号	文件标题
中农大教字〔2017〕2 号	关于公布中国农业大学 2016 年教学成果获奖名单的通知
中农大教字〔2017〕4 号	关于开展"第五届中国农业大学教学名师奖"评选工作的通知
中农大教字〔2017〕5 号	关于印发 2017 年普通本科分专业招生计划的通知
中农大教字〔2017〕6 号	关于印发《中国农业大学本科教学事故认定和处理办法(2017 年修订)》的通知
中农大教字〔2017〕7 号	关于印发《中国农业大学教学检查管理办法(2017 年修订)》的通知
中农大教字〔2017〕8 号	关于表彰 2017 届校级优秀毕业论文(设计)获奖学生的决定
中农大教字〔2017〕9 号	关于印发《中国农业大学本科教学工作规范(2017 年修订)》的通知
中农大教字〔2017〕10 号	关于印发《中国农业大学教学成果奖评选办法(2017 年修订)》的通知
中农大教字〔2017〕11 号	关于印发《中国农业大学本科专业设置管理办法(2017 年修订)》的通知
中农大教字〔2017〕12 号	关于印发《中国农业大学本科教学视导组工作管理办法(2017 年修订)》的通知
中农大教字〔2017〕13 号	关于成立哲学社会科学等重点教材选用工作领导小组的通知
中农大教字〔2017〕14 号	关于印发《中国农业大学教材选用管理办法》的通知
中农大教字〔2017〕16 号	关于调整中国农业大学普通本科招生委员会和本科招生工作组的通知
中农大教字〔2017〕17 号	关于印发《中国农业大学教育教学奖励办法(2017 年修订)》的通知
中农大教字〔2017〕18 号	关于印发《中国农业大学理科试验班管理办法(2017 年修订)》的通知
中农大教字〔2017〕19 号	关于印发《中国农业大学本科生毕业论文(设计)管理办法(2017 年修订)》的通知
中农大教字〔2017〕20 号	关于印发《中国农业大学学籍电子注册管理办法》的通知
中农大教字〔2017〕21 号	关于印发《中国农业大学迎接本科教学审核评估工作实施方案》的通知
中农大人字〔2017〕1 号	关于印发《中国农业大学科研财务助理岗位管理办法》的通知
中农大人字〔2017〕2 号	关于公布 2016 年度晋升聘任专业技术职务人员及管理职员名单的通知
中农大人字〔2017〕4 号	关于公布 2016 年度考核优秀人员名单的通知
中农大人字〔2017〕5 号	关于印发《中国农业大学专业技术职务聘任暂行办法(2017 年修订)》的通知
中农大人字〔2017〕7 号	关于成立"中国农业大学教师发展中心"的通知
中农大人字〔2017〕9 号	关于余芳同志初聘专业技术职务的通知
中农大人字〔2017〕10 号	关于印发《中国农业大学马克思主义学科人才引进办法》的通知

续表

文号	文件标题
中农大人字〔2017〕11号	关于印发《中国农业大学马克思主义学院校内兼职教师聘任办法》的通知
中农大人字〔2017〕12号	关于成立“中国农业大学畜禽疫病诊断研究中心”的通知
中农大人字〔2017〕14号	关于工人技术职务聘任的通知
中农大人字〔2017〕15号	关于调整“中国农业大学生物质工程中心”挂靠单位及相关负责人的通知
中农大人字〔2017〕16号	关于成立“中国农业大学食品安全政策与战略研究中心”的通知
中农大人字〔2017〕19号	关于博士后制度改革与管理的实施意见
中农大人字〔2017〕20号	关于印发《中国农业大学教职工奖励办法(2017年修订)》的通知
中农大人字〔2017〕24号	关于吴敏等同志科级干部任免职的通知
中农大人字〔2017〕26号	关于印发《中国农业大学人事调配工作规定(2017年修订)》的通知
中农大人字〔2017〕27号	关于印发《中国农业大学教职工年度考核办法(2017年修订)》的通知
中农大人字〔2017〕28号	关于印发《中国农业大学职员岗位设置与聘任暂行办法》的通知
中农大人字〔2017〕29号	关于吴敏等同志科级干部任免职的通知
中农大人字〔2017〕32号	关于印发《中国农业大学大学师德考核实施办法》的通知
中农大人字〔2017〕33号	关于印发《中国农业大学学生思想政治教育系列专业技术职务聘任办法》的通知
中农大人字〔2017〕34号	关于表彰奖励2017年度优秀教职工的决定
中农大人字〔2017〕36号	关于调整中国农业大学养老保险改革工作领导小组的通知
中农大人字〔2017〕38号	关于王珊等同志科级干部任免职的通知
中农大人字〔2017〕39号	关于印发《中国农业大学教职工退休实施办法(暂行)》的通知
中农大人字〔2017〕41号	关于给予倪中福警告处分的决定
中农大人字〔2017〕42号	关于给予张军记过处分的决定
中农大人字〔2017〕43号	关于2017年教职工年度考核的通知
中农大人字〔2017〕44号	关于成立“中国农业大学国家农业市场研究中心”的通知
中农大人字〔2017〕45号	关于成立“中国农业大学特殊食品研究中心”的通知
中农大人字〔2017〕47号	关于成立“中国农业大学国际奶业战略和技术研究中心”的通知
中农大人字〔2017〕49号	关于设立学院党委(党总支)办公室的通知
中农大人字〔2017〕50号	关于解除张中民警告处分的决定
中农大人字〔2017〕52号	关于2017年度职员晋升聘任的通知
中农大人字〔2017〕53号	关于2017年度专业技术职务晋升聘任的通知

续表

文号	文件标题
中农大人字〔2017〕54 号	关于成立"中国农业大学'一带一路'农业合作学院"与"中国农业大学中国南南农业合作学院"的通知
中农大人字〔2017〕56 号	关于调整学校管理人员招聘评审委员会及职员评议组组成人员的通知
中农大人字〔2017〕57 号	关于段颖昕等科级干部任免职的通知
中农大研字〔2017〕1 号	关于印发《中国农业大学促进哲学社会科学学科发展的若干措施(2016—2020 年)》的通知
中农大研字〔2017〕3 号	关于成立《中国农业大学学报》第五届编辑委员会的通知
中农大研字〔2017〕5 号	关于成立中国农业大学农业投资项目绩效评价领导小组的通知
中农大研字〔2017〕9 号	关于调整"国家饲料工程技术研究中心"主任的通知
中农大研字〔2017〕22 号	关于印发《中国农业大学科研项目与经费信息公开实施细则》的通知
中农大研字〔2017〕23 号	关于成立《中国农业大学学报(社会科学版)》第一届编辑委员会的通知
中农大研字〔2017〕24 号	关于印发《中国农业大学科研诚信管理办法》的通知
中农大研字〔2017〕25 号	关于印发《中国农业大学校级研究机构管理办法》的通知
中农大研字〔2017〕26 号	关于"农业部农产品质量监督检验测试中心(北京)"人员任免的通知
中农大研字〔2017〕27 号	关于调整中国农业大学农业转基因生物安全领导小组和农业转基因生物安全委员会的通知
中农大财字〔2017〕2 号	关于印发《中国农业大学人文社科类纵向科研项目经费管理实施细则》的通知
中农大财字〔2017〕3 号	关于印发《中国农业大学非财政性收入分配管理办法(2017 年修订)》的通知
中农大财字〔2017〕9 号	关于印发《中国农业大学差旅费管理办法(2017 年修订)》的通知
中农大财字〔2017〕10 号	关于印发《中国农业大学会议费管理办法(2017 年修订)》的通知
中农大财字〔2017〕23 号	关于调整中国农业大学财经工作领导小组的通知
中农大财字〔2017〕25 号	关于印发《中国农业大学因公临时出国(境)经费报销管理办法(2017 年修订)》的通知
中农大国资字〔2017〕1 号	关于印发《中国农业大学无形资产管理暂行办法》的通知
中农大国资字〔2017〕5 号	关于印发《中国农业大学网络类产品及服务采购实施细则》(2017 年修订)的通知
中农大基字〔2017〕6 号	关于印发《中国农业大学基本建设管理办法(2017 年修订)》的通知
中农大后勤字〔2017〕1 号	关于印发《中国农业大学扫雪铲冰工作预案(2017 年修订)》的通知
中农大后勤字〔2017〕2 号	关于印发《中国农业大学校园绿化管理规定(2017 年修订)》的通知
中农大后勤字〔2017〕3 号	关于印发《中国农业大学住宅小区室内装饰装修管理规定(2017 年修订)》的通知

续表

文号	文件标题
中农大后勤字〔2017〕4 号	关于调整中国农业大学校园建设规划委员会的通知
中农大后勤字〔2017〕5 号	关于印发《中国农业大学学生宿舍管理规定》的通知
中农大保字〔2017〕1 号	关于调整中国农业大学安全稳定工作领导小组人员组成的通知
中农大保字〔2017〕2 号	关于调整中国农业大学交通安全委员会组成人员的通知
中农大保字〔2017〕3 号	关于调整中国农业大学防火安全委员会组成人员的通知
中农大保字〔2017〕4 号	关于调整中国农业大学社会治安综合治理委员会组成人员的通知
中农大保字〔2017〕5 号	关于调整中国农业大学防火安全委员会的通知
中农大保字〔2017〕6 号	关于开展安全隐患大排查大清理大整治专项行动的通知
中农大校产字〔2017〕1 号	关于“科技成果转化与推广中心”更名为“技术转移中心”的通知
中农大校产字〔2017〕2 号	关于印发《中国农业大学经营性资产管理委员会议事规则》的通知
中农大校产字〔2017〕3 号	关于对北京欣农招待所有限责任公司进行清算注销的决定
中农大校产字〔2017〕4 号	关于对北京益生机械厂进行清算注销的决定
中农大校产字〔2017〕13 号	关于成立中国农业大学待注销企业清产核资工作小组的通知
中农大校产字〔2017〕18 号	关于北京中农大生物技术股份有限公司分立的决定
中农大校产字〔2017〕22 号	关于以“扩繁植物雄性不育系的高效种子标记方法”无形资产对北京中农大地科技发展有限公司增加注册资本的决定
中农大校产字〔2017〕30 号	关于以“扩繁植物雄性不育系的高效种子标记方法”无形资产对北京中农大地科技发展有限公司增加注册资本的决定
中农大校产字〔2017〕32 号	关于调整中国农业大学经营性资产管理委员会的通知
中农大校产字〔2017〕33 号	关于同意挂牌转让北京中农大地科技发展有限公司持有北京中农大我爱我爱动物医院有限公司 40%股权的决定
中农大外字〔2017〕107 号	关于调整中国农业大学外事工作领导小组的通知
中农大外字〔2017〕110 号	关于调整中国农业大学国家留学基金委员会资助出国留学项目领导小组及工作小组的通知
中农大审字〔2017〕2 号	关于成立经济责任审计工作领导小组的通知
中农大审字〔2017〕3 号	关于成立审计工作领导小组的通知
中农大审字〔2017〕4 号	关于印发《中国农业大学内部控制审计规定》的通知
中农大审字〔2017〕7 号	关于调整中国农业大学经济责任审计工作领导小组的通知
中农大审字〔2017〕8 号	关于调整中国农业大学审计工作领导小组的通知
中农大审字〔2017〕9 号	关于公布 2016 年度“三公经费”审计情况的通知
中农大审字〔2017〕10 号	关于印发《中国农业大学马克思主义学院原院长林万龙同志任期经济责任审计报告》的通知
中农大审字〔2017〕11 号	关于印发《中国农业大学新农村发展研究院原副院长吴海芹同志任期经济责任审计报告》的通知

2017年度获奖科研成果

序号	奖励名称	成果名称	第一完成人	所属学院	获奖等级	参与形式	备注
1	2017年度国家技术发明奖	生鲜肉品质无损高通量实时光学检测关键技术及应用	彭彦昆	工学院	二等	主报	
2	2017年度国家科技进步奖	大型灌溉排水泵站更新改造关键技术及应用	王福军	水利与土木工程学院	二等	主报	
3	2017年度国家科技进步奖	番茄加工产业化关键技术创新与应用	廖小军	食品科学与营养工程学院	二等	参报	
4	2017年度国家科技进步奖	青藏高原特色牧草种质资源挖掘与育种应用	张蕴薇	动物科学技术学院	二等	参报	
5	2017年度国家科技进步奖	高光效低能耗LED智能植物工厂关键技术及系统集成	宋卫堂	水利与土木工程学院	二等	参报	
6	2017年度国家科技进步奖	作物多样性控制病虫害关键技术及应用	李隆	资源与环境学院	二等	参报	
7	中华农业科技奖——科研类成果（2016—2017年度）	环塔里木盆地特色林果品种选育与产业发展关键技术研发及利用	王涛	生物学院	一等	主报	
8	中华农业科技奖——科研类成果（2016—2017年度）	优质安全饲草加工技术及产业化应用	杨富裕	动物科学技术学院	一等	主报	

续表

序号	奖励名称	成果名称	第一完成人	所属学院	获奖等级	参与形式	备注
9	中华农业科技奖——科研类成果（2016—2017年度）	东北玉米垄作少免耕播种与垄台修复技术及装备	李洪文	工学院	一等	主报	
10	中华农业科技奖——科研类成果（2016—2017年度）	遥感与机理模型融合的主要粮食作物农情预测技术及应用	朱德海	信息与电气工程学院	一等	主报	
11	中华农业科技奖——科研类成果（2016—2017年度）	规模化沼气工程沼渣沼液高值利用关键技术及设备研发与应用	董仁杰	工学院	二等	主报	
12	中华农业科技奖——科研类成果（2016—2017年度）	盲蝽类重要害虫灾变规律与绿色防控技术	高希武	植物保护学院	一等	参报	
13	中华农业科技奖——科研类成果（2016—2017年度）	京津冀环境友好生态施肥关键技术与应用	崔振岭	资源与环境学院	一等	参报	
14	中华农业科技奖——科研类成果（2016—2017年度）	西北黄灌区盐碱地高效改良利用关键技术	陈阜	农学院	二等	参报	
15	中华农业科技奖——科研类成果（2016—2017年度）	养殖渔情精准监测与服务关键技术研发及应用	李道亮	信息与电气工程学院	二等	参报	
16	中华农业科技奖——科研类成果（2016—2017年度）	现代农业工程集成技术体系创建与应用	杨敏丽	工学院	二等	参报	
17	中华农业科技奖——科研类成果（2016—2017年度）	新发重大入侵病害番茄黄化曲叶病毒病绿色防控技术研发及推广应用	曹永松	植物保护学院	三等	参报	
18	中华农业科技奖——科研类成果（2016—2017年度）	我国饲料质量安全评价及标准体系研究与应用	张丽英	动物科学技术学院	三等	参报	
19	中华农业科技奖——科研类成果（2016—2017年度）	茶树重要害虫叶蝉发生规律及监测预警与绿色防控技术	高灵旺	植物保护学院	三等	参报	

续表

序号	奖励名称	成果名称	第一完成人	所属学院	获奖等级	参与形式	备注
20	中华农业科技奖——优秀创新团队类成果(2016—2017年度)	玉米遗传育种创新团队	戴景瑞	农学院	创新团队	主报	
21	中华农业科技奖——优秀创新团队类成果(2016—2017年度)	小麦抗病优质遗传育种创新团队	孙其信	农学院	创新团队	主报	
22	中华农业科技奖——优秀创新团队类成果(2016—2017年度)	猪健康养殖的营养调控创新团队	谯仕彦	动物科学技术学院	创新团队	主报	
23	中华农业科技奖——优秀创新团队类成果(2016—2017年度)	设施农业工程工艺与环境控制创新团队	李保明	水利与土木工程学院	创新团队	主报	
24	中华农业科技奖——优秀创新团队类成果(2016—2017年度)	生物靶标导向的农药高效减量使用关键技术与应用团队	高希武	植物保护学院	创新团队	主报	
25	中华农业科技奖——优秀创新团队类成果(2016—2017年度)	植物病害生物防治与微生态创新团队	王琦	植物保护学院	创新团队	主报	
26	2017年度高等学校科学研究优秀成果技术发明奖	香辛料精油高效提取及品质提升关键技术创新与应用	倪元颖	食品科学与营养工程学院	一等	主报	
27	2017年度高等学校科学研究优秀成果自然科学奖	集约化旱作农田氮素循环与环境效应的基础研究	巨晓棠	资源与环境学院	二等	主报	
28	2017年度高等学校科学研究优秀成果科技进步奖	规模化沼气工程沼渣沼液高值利用关键技术及设备研发与应用	董仁杰	工学院	二等	主报	
29	2017年度北京市科学技术奖	饲料主要霉菌毒素生物降解剂的创制与应用	马秋刚	动物科学技术学院	二等	主报	
30	2016年度农业部软科学优秀研究成果	产业链视角下的糖料产业发展问题研究	司伟	经济管理学院	二等	主报	
31	2016年度农业部软科学优秀研究成果	我国棉花保险制度研究	杨汭华	经济管理学院	三等	主报	

续表

序号	奖励名称	成果名称	第一完成人	所属学院	获奖等级	参与形式	备注
32	2016年度农业部软科学优秀研究成果	我国农业供给侧结构性改革问题研究	赵霞	经济管理学院	三等	主报	
33	北京市第十四届哲学社会科学优秀成果奖	双重强制:乡村留守中的性别排斥与不平等	叶敬忠	人文与发展学院	二等	主报	
34	2016年度山东省科技进步奖	农业多源信息整合与精准服务技术	李道亮	信息与电气工程学院	一等	参报	补
35	2015年度内蒙古自治区科技进步奖	高产苜蓿中苜2号新品种的选育与应用	孙彦	动物科学技术学院	二等	参报	补
36	2016年度江西省科技进步奖	几种真菌生物农药系列新产品的创制、生产工艺与应用技术	吴学民	动物医学院	二等	参报	补
37	2016年度湖南省自然科学奖	不同农艺措施条件下双季稻田生态功能变化特征研究	张海林	农学院	三等	参报	补
38	2016年度安徽省科学技术奖	秸秆还田下麦玉轮作机械化生产关键技术与集成应用	王庆杰	工学院	三等	参报	补

2017年北京市教学成果奖获奖名单

序号	成果名称	成果完成人	所在单位	奖项
1	农业现代化创新领军人才“五位一体”培养模式研究与实践	王涛/傅泽田/高万林/林万龙/周志强/宋正河/刘庆昌/李尚民/金帷/陈昕/张漫/史银雪	中国农业大学	特等奖
2	食品类专业“三结合、四平台、全过程”创新人才培养实践教学体系构建与实践	廖小军/殷丽君/尹淑涛/张惠/刘毅/张普光/樊秦/周忻	食品科学与营养工程学院	一等奖
3	突出农工交融的农业院校水利工程卓越人才培养体系创建与实践	康绍忠/李云开/王福军/杨培岭/杜太生/黄冠华/霍再林/肖若富	水利与土木工程学院	一等奖
4	课内外一体、校内外结合、产学研联动——涉农大学工程实践教学体系创新建设	毛恩荣/宋正河/李海涛/谭彧/张淑敏/张宾/赵建柱/柳沙/高振江/郑永军	工学院	一等奖
5	基于“牛精英计划”的畜牧业未来领军人才培养体系创新与实践	曹志军/李胜利/呙于明/张英俊/田见晖/曹兵海/孟庆翔/赵广永/王雅春/郭晓旭	动物科学技术学院	一等奖

续表

序号	成果名称	成果完成人	所在单位	奖项
6	夯实基础，思行合一，培养国际一流农业人才的理学基础教学改革与实践	何志巍/杜凤沛/李春燕/聂海瑜/庞慧慧/饶震红/甄苓/吴燕华/刘玉颖/王燕飞	理学院	一等奖
7	南南发展合作本科人才培养体系创新	李小云/徐秀丽/唐丽霞/武晋/齐顾波/汪力斌/张传红/王妍蕾/陆继霞/廖兰	人文与发展学院	一等奖
8	农业专业学位研究生创新创业能力培养机制理论研究与实践	卢凤君/杜松怀/陈黎明/李晓红/陈昕/翟留栓/马会勤/卢韬/王晓红/张文	经济管理学院等	一等奖
9	德、教、科融合育人——数学教学团队推进优秀农林人才培养的探索与实践	甄苓/庞慧慧/周志坚/徐义田/王燕飞/陈静/邹辉/姚玉芹/申振才/盛洁	理学院	二等奖
10	生物地学野外教学体系标准化建设与SRQT教学模式	张洪军/黄峰/陈京生/李保国/胡菊/刘依/张玲娥	资源与环境学院	二等奖
11	以学生为中心、“自主学习－互动反馈－持续改进”教学模式研究与实践	孙瑞志/高万林/吕春利/孙龙清/陈瑛/陈雷/赵明/阚道宏/段青玲/郑立华/黄岚	中国农业大学	二等奖
12	对靶国际一流——农业工程专业深化改革与创新实践	韩鲁佳/刘嫣红/黄光群/王红英/杨德勇/吴敏/魏青/杨增玲/肖卫华/张敏	工学院	二等奖
13	涉农工程类专业虚拟仿真实验教学体系构建与实践	宋正河/陈度/董向前/柳沙/杜岳峰/张学敏/谭彧/朱忠祥/徐丽明/陈雨	工学院	二等奖
14	基于“教材－标本－模型－数字－基地”的土壤调查拔尖人才培养模式与实践	孔祥斌/张凤荣/段增强/王数/徐艳	资源与环境学院	二等奖
15	农学专业本科生实践教学体系构建与实践	曾昭海/陈阜/隋鹏/张海林/王璞/褚庆全/张英华/陈源泉/周顺利/王志敏	农学院	二等奖
16	激发组织内在驱动力，促进师生共同成长	刘国琴/王娜/杨海莲/王宝青/吴晓岚/苏俊/曹勤红/孙德昊/于静娟	生物学院	二等奖
17	基于现代教育信息技术的“动物解剖学”课程建设与改革	陈耀星/曹静/董玉兰/王子旭/王继凤	动物医学院	二等奖
18	开放式、柔考核、重创新—基于系统分解与重构的管理信息系统教学改革	王瑞梅/郑小平/吕建军/郭淑媛/魏占祥	经济管理学院	二等奖

续表

序号	成果名称	成果完成人	所在单位	奖项
19	从独白式授课到对话性学习——建构思想政治理论课教学有效课堂	李明/张晓红/范力军/车雷/赵少华/齐春桓	马克思主义学院	二等奖
20	以工程素养塑造为核心的智慧农业创新人才培养模式研究与实践	张晓东/陈昕/孟繁佳/仲崇山/苏伟/张漫/杨德昌/马钦/陈英义/安冬	信息与电气工程学院	二等奖
21	中国农业大学本科生自由转专业政策研究与实践	柯炳生/王涛/周旭锋/韦笑/盖宝川/吴文良/林万龙/仇莹/刘为民/张陈文	中国农业大学	二等奖
22	中国农业大学继续教育人才培养模式的创新与实践	张建华/吴加志/曹兆红/王颖/梁书华/陶宪盛/马少军/王艳霞/郭淑梅/曲越	继续教育学院	二等奖
23	基于资源共享的京津冀农林高校协同育人机制的创新与实践	范双喜/赵辉/申书兴/张喜春/刘京国/李存东/林万龙/于志明/安健/王冠愚/宋微/朱文碧/李相阳/武艳艳/郑冬梅	教务处（第四完成单位）	一等奖

2017 年获教学名师奖名单

获奖名称	获奖人	所在学院	颁奖部门
国家高层次特殊人才支持计划（“万人计划”）教学名师	彩万志	植物保护学院	中共中央组织部
北京市教学名师	蒋秀根	水利与土木工程学院	北京市教委
	李保云	农学院	
北京市优秀教师	廖小军	食品科学与营养工程学院	北京市教育工作委员会、市教委、市人社局、市财政局、市教育工会
	张福锁	资源与环境学院	
	陈奎孚	理学院	
	刘金华	动物医学院	

续表

获奖名称	获奖人	所在学院	颁奖部门
北京市优秀教育工作者	刘为民	教务处	北京市教育工作委员会、市教委、市人社局、市财政局、市教育工会
中国农业大学教学名师	何志巍	理学院	中国农业大学
	施正香	水利与土木工程学院	
	马秋刚	动物科学技术学院	
	王冬梅	马克思主义学院	
	徐杨	工学院	
	郭仰东	园艺学院	

2017年中国农业大学优秀教师

农学院:杨佑明　陈阜　康定明

园艺学院:义鸣放　刘国杰

植物保护学院:周涛　高峰　闫跃英

生物学院:陈智忠　陈文峰　邢怡明　王宝青　王毅

资源与环境学院:申建波　黄峰　艾东　何奇瑾

动物科学技术学院:方美英　毛培胜　张微　傅祥伟

动物医学院:郭鑫　朱要宏　曹静

食品科学与营养工程学院:石英　何非　张世湘

工学院:辛喆　郑永军　汤修映　董向前

信息与电气工程学院:耿光飞　薛一鸣　苏伟　刘哲　翁荔

水利与土木工程学院:剧锦三　王朝元　姚志峰

理学院:王明安　张建军(06001)　路慧哲　林海波　唐明筠　徐春晖

经济管理学院:穆月英　张希玲　李晓峰　吕建军

人文与发展学院:唐丽霞　孙庆忠　杨述兴　王朋进　杨敬丛　衣莉

马克思主义学院:陈东琼　王冬梅

国际学院:James Eyre

体育与艺术教学部:黄亚茹　廖俊

2017年中国农业大学优秀教育工作者

农学院:宋岳镇

园艺学院:郝京辉

植物保护学院:石旺鹏　刘姝言

生物学院:马紫威　张树川

资源与环境学院:侯玉峰

动物科学技术学院:徐威

食品科学与营养工程学院:李景妍　石宝霞

信息与电气工程学院:杨德昌

工学院:张学敏　朱玉龙

水利与土木工程学院:丁日升

理学院:王燕飞

经济管理学院:赵霞

国际学院:杨晨飞　刘海泓

党政办公室:范大年

党委组织部:尤泳

党委保卫部:袁强

财务处:张立英

后勤基建处:李华君

国际合作与交流处:唐莹

国有资产管理处:王亚东

审计处:张素梅

校办产业办公室:王颖

离退休工作处:高鹏

继续教育学院:汪九林

体育馆管理中心:张景文

图书馆:赵杰　黄兴建

出版社:汪春林

校医院:金学英

后勤实体:张斌　刘兆元　李金凤　肖黎　刘魁力

上庄实验站:马永良

北京高校先进基层党组织

北京高校优秀共产党员

林万龙　沈建忠　周志强

北京高校优秀党务工作者

赵竹村

中国农业大学先进基层党组织(20个)

农学院党委

理学院党委

马克思主义学院党总支

继续教育学院直属党支部

园艺学院党委蔬菜学系教工党支部

植物保护学院党委昆虫学系研究生第三党支部

生物学院党委教学中心教工党支部

动物科技学院党委2014、2015级本科生联合党支部

动物医学院党委基础兽医学系研究生第二党支部

食品科学与营养工程学院党委本科生第二党支部

工学院党委农业工程系研究生第三党支部

信息与电气工程学院党委2015级本科生党支部

水利与土木工程学院党委2014级本科生土建党支部

经济管理学院党委2013级本科生第二党支部

国际学院党委2013级本科生第一党支部

机关党委教务处党支部

后勤基建党委西区幼儿园党支部

离退休党委第二十党支部

校办产业党委金码大酒店党支部

图书馆党总支西校区图书馆党支部

中国农业大学优秀共产党员(50名)

马少军	马国玉	王永进	王红梅	王笃利	王　超	王敬国
尹淑涛	申振才	白军飞	朱作峰	乔　忠	刘志丹	刘　英
齐爱兰	许朝辉	孙瑞志	苏春元	李小云	李玉宏	李　欢
李志红	李春燕	李胜利	杨文兰	吴常信	吴聪明	沈建忠
宋明志	张永生	张海涛	张　银	张　敏	张　越	张　蓉
陈范骏	陈　度	陈源泉	林万龙	周志强	孟超英	胡亚男
徐　威	唐运新	曹　杰	康绍忠	隋　熠	傅　缨	楼慧强
翟　强						

中国农业大学优秀学生党员(100名)

于　娇	于　荷	马一畅	王　轩	王　洋	王艳明	王　航
王萍萍	王彩金	方嫦青	邓　绛	卢家灿	田　珊	田璐伊
史丹妮	乐桢宇	朱建亚	朱艳乔	刘夫国	刘　卉	刘昊升
刘国永	刘佳星	刘欣然	刘欣然	刘晓航	刘海华	刘雯雯
刘　楚	闫东哲	关　昕	许嘉璐	阮虢凯	孙丹丹	孙　渊
孙婷婷	李　帅	李　江	李　宏	李　茉	李珊儿	李菁菁
杨　幸	肖　瑶	吴　昊	邱梅杰	张艺凡	张丽娜	张秀润
张雨柔	张国锋	张佳伟	张　欣	张贸越	张蚌蚌	张润铎
张　越	张　瑶	陈　雨	陈孟征	陈　勇	陈　晨	武玉钦
林子钰	林　君	林梦圆	欧嫣然	郅明雷	尚　程	周可心
周青霞	周　涵	赵士荣	赵天晨	赵英杰	赵　睿	郝　泽
胡　晨	柏玉胜	姜玉池	娄鸿耀	贺腾飞	秦　彪	耿仲钟
钱嘉瑞	徐淑婷	高宇辉	黄　敏	黄琬茹	曹　青	常暖迎
崔钰萍	梁　潇	韩永涛	景　阳	曾译影	谢羽斐	雷　鸣
雷承丰	潘亚男					

中国农业大学优秀党务工作者(21名)

王冬梅	王忠义	尹　蛟	邓　婷	史长丽	刘显祖	江　丽
安文军	李志强	杨晶晶	吴加志	吴海芹	张国中	陈　旭
武　镒	赵文生	赵竹村	崔　艳	程永强	解超杰	谭　彧

首都大学、中职院校“先锋杯”优秀基层团干部(25 人)

李　浩	常　瑶	靳倩兰	李景行	沈其林	吕沛瑶	伍　越
李　宁	付宇彤	高　芮	赵一鸣	蔡玉恒	王一雷	夏卫军
郝梓伊	娄思涵	王韵书	刘　赓	娄凯皓	王　钰	章　萌
周　航	李　根	乔宏柱	刘建伟			

首都大学、中职院校“先锋杯”优秀团员(25 人)

彩　旭	时学锋	仇　芸	张贝贝	于　淼	高　迪	汪伟坚
韩　悦	吴超男	王冬兰	冯　蕊	林涥夏	张贸越	王晓雨
陈　峰	蒋　瑶	任静娴	王　雯	孔　玉	马英辉	贾希望
张雪娇	张宇轩	陈梦莹	程一帆			

首都大学、中职院校“先锋杯”优秀团支部(22 个)

中国农业大学西区幼儿园支部
中国农业大学动科 151 团支部
中国农业大学金融 143 团支部
中国农业大学生技 152 团支部
中国农业大学水电 151 团支部
中国农业大学公共事业管理 152 团支部
中国农业大学植保 141 团支部
中国农业大学机关团委第五团支部
中国农业大学化学 154 团支部
中国农业大学农学 161 团支部
中国农业大学舞蹈团团支部
中国农业大学体育馆管理中心团支部
中国农业大学动医 151 团支部
中国农业大学发展 161 团支部
中国农业大学食安 142 团支部
中国农业大学试验 152 团支部
中国农业大学园艺 142 团支部
中国农业大学环境 154 团支部
中国农业大学新闻通讯社团支部
中国农业大学国际学院经济 153 团支部
中国农业大学国旗班团支部
中国农业大学峰云社团支部

2017 年中国农业大学“五四青年标兵”(10 人)

魏亚杰	徐　璐	韩敏晖	杨圣慧	马文强	刘夫国	赵　国
李　博	郑　超	张蚌蚌				

2017 年北京市“三好学生”(33 人)

王　雯	穆　青	陈　义	呼　倩	樊　琛	韩稼葆	张雅坤
李志东	祝欣荣	张　宇	潘　龙	逄金吉	阿地拉·艾山	
林　君	王启蒙	孙翠霞	常艺菲	马秋林	张洁茹	赵　赫
赵剑桥	单桂林	程　亮	姚沫男	丁宇轩	何国星	范书好
邵雪诗	王祥云	吴小沔	张　璐	鲍厚霖	吴昊东	

2017 年北京市“优秀学生干部”(11 人)

彭兴伟	杨　幸	刘海华	赵　禛	雷　鸣	姜骁宵	张洋中正
张宇轩	崔遵康	王　钰	乔宏柱			

2017 年度北京市“先进班集体”(11 个)

经济 162 班	数学 151 班	土资 161 班	公管 162 班	社会 151 班	动医 162 班
水电 151 班	植保 151 班	动科 164 班	试验 152 班	园林 151 班	

2016—2017 学年中国农业大学“三好学生”(1 368 人)

朱　瑜	邹晓蔓	祝一帆	朱珂慧	郑晓宇	赵　学	张学澄
张吉瑾	余家正	杨　雨	徐艺源	谢小明	肖祖栋	吴　铎
韦子青	王　雯	王淑敏	王　冕	王宏蕊	宋　爽	舒家悦
李卓雯	李雄涛	李帅帅	姜兆雄	顾嘉慧	高尧天	高　睿
崔博文	毕俊祥	包晓宇	任志彤	张　越	周媛媛	朱　虹
郑　美	赵肖玲	赵天瑶	赵天晨	赵　宾	张晓萍	袁　俊
于　辉	闫东哲	魏红茹	王钰乔	王艳明	涂柯玲	孙繁荣
石倩倩	戚中奇	穆　青	孟羽莎	李柘锦	李嵩博	李凌云

李继龙	李恩	姜瑶	贾浩	陈鹤丽	王冉冉	陈茗
常暖迎	柏雪	刘亚男	赵娜	张雨柔	张琛蔚	闫建羽
王颖	王小云	王颂婷	王树芳	王成鹏	祁文竹	鲁森
刘萱	刘欢	李融	李佳琪	韩佩汝	耿晓琳	高佳彤
方培红	陈佳琪	包慧敏	龙志琴	赵霈	刘芳	骆凌潇
崔予森	王晨	邹豪	靳雪洲	张艺谙	郭思颖	应奥
石璐	韦佩君	姚燚	邓伯富	蒲一静	郭蕙聪	朱淑称
卢小红	王安然	陆叶子	曾瑞红	王萍	宋维源	梁潇
王温妍	唐瑞雪	冯静宇	金美含	陈义	刘青竹	陈珊漫
吴栾菅	向慧卿	揭华	宋晨曦	刘宁蛟	李凯蔚	王宇菲
徐士雯	王晓丽	王昭然	高尔馨	吴沁	万凌唯	王汉灵
单小玲	王逸群	张玥	班令伟	呼倩	卿澄	张栋源
李鸿宇	曾令瑜	刘石佳慧	房璐	沈婧欢	张喆维	曾泽贤
朱佳馨	王畅	翟黛	卢春晓	陈曦	李梦菲	沈明鹤
张雨馨	郭小宇	童路	关昕	张鑫	傅小香	张楠
王震铄	张晓艳	王珊珊	陈晨	隋书婷	谢汝姗	王健
王宁	刘盈祺	申忠健	赵晨静	张岳	石坚	单春洋
李晓丽	陈易雨	周青霞	谭秋月	许国升	马笑笑	李志真
冯士骞	樊琛	张文兵	梁友	顾欣悦	孔丹丹	魏巍
李宏	田甜	杨志佳	刘元辉	李鑫	樊晗璐	李建芳
葛芳慧	李佳	岳亮	许晓婷	杨静	王润铭	姜自琴
贾力娜	陈琳	曹学敏	祝蕾	刘国永	蔡晗	石皓文
王明	王艳	张璇	袁菲菲	刘立雪	王小珂	于开伟
牛帅帅	刘亚男	姜博晨	何美娜	马亮	薛媛	宋丽娜
何戈锋	付晨	何铭	张强	姜志豪	路畅	李婉影
李建锐	郝天怡	吕聪	葛梦旭	崔正之	胡月	卢怡宁
兰欣悦	李佳琦	许杞钦	王子榕	臧泽雨	陈雨婷	李卓楠
江安洁	刘艳琴	成宇琪	司玙璠	王亚婷	金倩	张智玉
吕泽众	何昊	周子琦	赵思文	郝芳池	陶俣寰	赵艺欣
李彤	王康康	邵吉祺	张雅坤	马一凡	严小涵	苏日古格
徐占聪	徐运昕	王琳婧	许凤喆	杜乘乘	陈阳	王梦涵
张长江	马原溪	邹蕾	韩稼葆	郝毅	马颖	李恕艳
张鑫	刘海舰	温良友	刘超	李超	高嘉辰	李朋瑶
刘思凝	续珍	黄亚捷	张华艳	曹梦	韩已文	张鸿渊
张玲	赵英杰	营浩	潘军晓	赵鑫	郭秋月	张田
张欣禹	潘亚男	王楠	辛芸娜	邢晋	黄娜	崔艳智
李红霞	李婠婠	梅祖麟	李和平	乔照钰	朱冰琳	孟宁
刘林	汪梓寒	叶诚诚	章余	申琪	臧佳丽	刘晴

周　兰	班祥奔	秦文宽	赵　辛	任姝琳	卢　烨	巨丁俣
李睿孜	黄海莉	陈家书	侯　丽	王　洋	孙嘉宝	顾恬玮
胡安南	王　喆	肖致钊	王朝崑	罗智瀚	林　璐	郭珂瑞
杜翊瑄	黄　晶	赵江萌	王重阳	路庆玲	韩子言	陈晓琳
李　成	郭昊楠	黄俊杰	卢晓晖	焦苏宁	崔文怿	康爱林
董艺哲	顾文杰	刘立全	袁维颖	崔若凡	苗静雨	李净珊
贾　璇	邵泽西	费钰辰	吴蓓蕾	孙　琪	陆天蔚	祝欣荣
徐牧天	申　琪	魏　静	吉　高	陈　勇	李文博	包　愈
路文杰	卫旭彪	胡庆勇	袁经纬	刘璐璐	司雪萌	张敏婕
徐　然	张萌萌	姜顺严	刘澳星	易　路	翟夏杰	黄　昕
黄彩云	谭　振	杨潜颖	王　琼	潘　龙	龙沈飞	张　晔
陈希悦	李美玲	李金升	马一畅	陶景丽	马　腾	姜晓静
张　俊	李恩凯	张　优	张贝贝	高金鑫	牛文静	王诗岚
全书丽	姚炳乾	达日格日乐	林欣奕	钟雨杉	王浦卉	何恒迅
李　忆	宁　然	康　晟	苏义童	李金晓	马晓钰	康濒月
田丰实	王一帆	千德莫尼	戴子奇	扶佳欢	杨文静	靳一丹
徐　松	王泽平	黄上真	巩　璐	贺腾飞	张　宇	高欣源
周榆淞	张利雯	乔竞谊	常　瑶	李广胜	文　惠	娄文琦
安　妮	周　芸	包　钢	宋怡文	杨　幸	刘　童	蒋智民
欧嫣然	赵琳娜	靳　换	魏孝辉	周冰心	周文艳	李　祎
李　霞	阿地拉·艾山		杨艳玲	王福云	王建中	李道稳
刘志海	刘　源	王开敬	程晋龙	颜世红	宋志琦	杨　柳
杨　悦	燕星月	乔康佳	孟　坦	郜平平	陈若怡	张格格
许　烁	邹文佳	安　琪	李　博	林翔宇	吴　丛	孙若栖
沈洁宇	李馨秋	夏一丹	岳　红	马腾云	张嘉桐	周凌悦
段罗艳	张　艺	陈殊辛	于卓玲	王　昱	明月香	梁贝贝
蒋　慧	许成芳	向雅頔	何婕敏	董玉慧	支　都	陈登金
逄金吉	王　柳	黄　鑫	段晓杰	陈静茹	王　旭	贝　嘉
郭梦迪	张龙腾	程　楠	李道通	张博洋	李大鹏	王永泉
刘海华	艾百拉·热合曼		李倩倩	石　靓	王晓梅	朱瑞欣
朱巧梅	张纳川	张靖彬	张恩祥	袁国强	王　静	孙雅馨
孙翠霞	牛　琳	卢晓彤	刘静文	李　莹	李丽珍	雷贝贝
贾国梁	黄　展	何亚红	代　蕾	陈子叶	曾祥权	毕　荃
王靖麟	裴慧敏	张沛枫	卞筱嘉	沈超钰	刘美希	陆　瑶
王宇婷	游玲昕	李伊宁	卢雪娇	金倩倩	王鑫绣	李琪琪
项晴晴	丁　然	孟彦彤	刘鑫宇	王珂雯	贾林会	舒　心
刘　露	王晓晗	方梓庄	李奇科	高　涵	郑晓美	张玉琛

潘雨晴	徐　妍	张扬舟	朱子薇	李　畅	杨艺涵	刘　楠
涂亚琦	段惠娟	杨奕君	王　媛	李昕蔚	黄宇韬	王启蒙
肖可人	王佳欣	徐慧敏	姜凯睿	叶婉琼	徐俊宏	王若瑜
张金玉	朱　琳	代毓敏	兰　天	赵　霞	马培华	刘春雪
刘瑞苑	栗瑜婉	庄　帅	林　君	宋思家	孙小惠	孟祥楠
林佳慧	仲　皓	赵　宇	赵　楠	章志强	曾剑飞	张亚伟
张　硕	张明明	张海燕	张宝月	杨圣慧	许　苗	邢智超
邢俊杰	邢洁洁	魏文松	王子珺	王壮壮	王　禹	王学雷
王　旭	王文秀	王　军	王大帅	田金灵	散鋆龙	庞　博
马秋林	李　艳	李文娟	李　帅	顾邢炜	高　菲	房晓倩
陈雪礼	毕瑞芳	陈　晨	杜楠楠	佟心圆	赵　芮	陈　宸
常艺菲	刘　琪	邢包钢	张贝贝	王　芮	王梦瑶	李健锟
谭　丹	冯茗熹	李卓明	张文馨	刘晓月	何壮壮	陈　瑞
罗　琪	孙玮怡	张永禄	郑成宇	杜一童	崔钰萍	钟　清
符祝富	罗惠方	李　静	李　昕	林铖鸿	黄　悦	杨然伊
侯泽禹	许　蕾	孟博伟	杨　帆	肖怡宁	崔　鹏	宋黎宣
章方树	丁　锐	何蔚梁	何文钦	尹黛霖	张姝辰	高慧华
施　哲	史高雅	邱睿琦	文永琨	任　静	杨　婷	罗　睿
许世成	卢振威	崔单丹	刘　江	史卓林	熊劲鹏	周昱安
刘继琳	顾　赛	韩晓萱	张哲雨	高铭锷	代堰坪	徐　垚
郭　信	罗天伦	荣文慧	刘倩倩	于　璐	朱丽君	张乐平
叶梦雪	李子涵	杜瑞铭	王　琳	廖子锐	易湘玮	周盛国
白雪冰	吕雅慧	张琛驰	王　聪	单桂林	赵永宁	季玉琦
陈　奇	胡冰冰	胡　晨	李亿杨	鲁梦瑶	杨玉清	张慧林
郑　涛	李嘉瑶	郝尚博	牛佩云	程曦瑶	刘　博	张慈航
葛夫超	张　欣	乔　敏	余　晓	吴雨微	胡志超	刘安诺
闫佳钰	肖颖欣	吴娴萍	黄杰明	朱泽平	吴雨涵	柳雅倩
耿芳琳	柏为民	陈泓亦	马启元	冯德霖	李　洁	赵世栋
黄　睿	张梦琪	赵　媛	蔡凌翰	闫芷若	董昕玉	田　泽
黎　鑫	王艳平	王蔚然	冯姝榕	张诗琴	刘　妃	许嘉豪
杨金月	朱　霖	曹力戈	林星星	秦肖睿	田　冉	李思捷
杨嘉夷	岳晓琴	李鸿儒	储苏红	陈珊玉	应花梅	王振宇
汪鹭宁	刘　珂	袁　姝	刘　超	魏雨涵	陈子睿	汪雪淼
刘鑫莉	赵剑桥	王　瑾	崔　佳	王晓蓉	李碧月	赵　赫
武董一	李鹏丽	杨　欣	李卓阳	吴延淞	吴　进	唐芳玉
刘泰阳	吴　霞	黄思宇	邓　爽	万家伟	刘　睿	江伟强
赵明伟	王怡珺	吴丹曼	韩曜航	房子荃	罗吉文	秦小煌
庄云飞	李瑞瑞	赵建明	张成龙	王　丹	王盼柳	庞凯文

高 琪	郭韦佟	邓 婷	刘宇斌	曾永顺	徐向林	侯奕敏
高 贵	李晶晶	张云龙	魏博宇	张洲笔	徐新涵	黄泽军
张 珊	赵连圆	胡燕哲	周 易	王 聪	朱寅宾	肖润国
赵萍楠	李雨浓	王 琦	杨 睿	杨 璐	王 楚	刘博秋
马壮壮	孙志鹏	翁 桢	王宣宣	程湫雅	王鸿儒	宋 姝
张 琦	鲁赛红	杨欣欣	廖德海	鲁笑摇	杨 丽	李钰坤
林 樱	韩盛柏	高 戈	程 亮	汪斯雅	曹 涵	赵长泽
郑思佳	宫欣悦	胡 乾	林学吉	朱能杰	郭一梦	吴青阳
黄泽敏	孙立霞	赵 棋	谢 萌	邱如健	江雅赛	姚沫男
刘寒青	王淑萍	张 妍	李雪莹	杨凤茹	王玮沁	雷 超
武 慧	王常洁	王丹阳	何 茜	屈冬平	郭苏颖	王远营
易淋凯	孙 亮	陈林俐	裴慧敏	赵 江	邸 斌	孙 攀
刘 雪	王华子	杨晓玲	王 栋	程 程	王 芳	秦雨虹
李龙龙	滕培培	李雅芳	李先彩	贾 皓	赵世恒	徐璐珂
武 琦	陈佳艺	乔 睿	陈 然	卯笙辰	朱成开	任泓远
宋况惠	周丽欣	翁超群	刘钰函	鞠紫薇	施梓薇	董继盼
刁新宇	刘恺政	姚晨阳	杜 岩	王梓安	付成博	何国星
陆思洁	张冰清	陶 晗	晏明珠	丁宇轩	魏思媛	陈梦园
董 学	袁晨晖	武 霞	朱建慧	李靖宇	刘星月	白云龙
朱思琪	黄 灿	薛惠文	李 丽	朱玉可	闫 昱	畅温旭
史望宇	刘 蕊	孙 伟	李晓晗	陈 峰	翟王晶	谷容田
吴金鑫	李初洛	赵光远	王俊海	李 霞	周笑宇	张乾坤
杜正昇	杨志伟	陈 曦	胡利红	孟昭文	李晓娟	王一凡
陶雪凝	王筛旭	郭丽霞	朱 莉	晁娜娜	毕佳文	廖辰媛
简林强	葛静芳	徐 芬	耿仲钟	姜利娜	赵金鑫	郑晓冬
周雨晴	尚纹如	陈晨曦	张 磊	张凯淇	冷晨昕	李佳莹
李乐群	苏 航	孙 赫	孙小龙	刘春鹏	华中昱	任 慧
田聪颖	田雅群	方 航	仇泸毅	马甜甜	丁存振	杨小涵
吴以宁	邵雪诗	杨 彤	纪承名	张冰洁	赵梓涵	臧梓伊
吴 丹	张卓然	周梦楠	张津硕	程梦瑶	安茹琪	徐 君
倪 端	娇 越	张杰皓	吴 琦	徐小茹	张志强	吴 妍
卢抢如	刘 泽	丁雅文	金怡欣	王晓璐	钱嘉瑞	曹樱榆
吴玥娇	陈立佳	崔孟奇	张博琨	温殷佳	王笑宇	金 天
陈 灼	范书妤	王祥云	孙乐祺	罗晨颖	郝晟希	苑嘉榕
赵婉彤	程 研	周可心	吕沛瑶	李潘洋	马晓薇	郑天元
赵 彤	崔嘉其	魏 炜	胡晓宇	吴玉莹	陈羽昕	刘宏宇
黄 潇	张佳伟	陈亦琦	郑书臣	王钰彬	黄婧瞳	王 琪
马文瑞	叶文义	唐欢欢	卢兰云	俞一凡	蔡清舟	张肇麟

陈　慧	王　超	丁子涵	王　硕	王一航	张佩婷	翟雨亭
曾庆珂	刘淑雨	于　琪	戚新萍	王丁一	叶美艳	张经文
姚会美	徐翠薇	许汉泽	吴　乐	牟　畅	孟高旗	鲁天宇
刘晋宏	李　静	李菁菁	黄龙女	郭天禹	高　明	陈邦炼
毕淑娜	柏玉胜	白鹏飞	赵珮汝	傅　天	于嘉睿	施沃池
刘　蕊	侯雅茜	李妍青	张文君	方　圆	王　瑞	卜斯源
王　鹏	王梓萱	李梦雅	吴佳宝	陈怡文	董一帆	赵娅楠
张启眉	潘一诺	陈雨情	杜凯瑞	李　婧	延　然	任亦琦
王鑫媛	蒋　怡	岳至柔	张　越	卢　姗	李记铭	赵泽宇
杨姝晗	龙嘉骞	张　裕	陈功峤	李妙熙	赵珺婕	工　崑
张　曾	张　璐	苏瑞淇	周信达	张英健	胡　彦	夏钰忻
杨文心	王雪儿	孔丽娟	王语嫣	陈星月	于亚青	闫　奕
王　琦	张晓洁	余　绮	李金奕	张　澜	殷笑寒	孟大鹏
扈钰奇	张仲惠	洪艺玲	朱廷轩	徐昕欣	石薇贻	高　鑫
甄子毅	赵一皓	章予菲	张景帆	刘思秀	王竟如	王宁雅
李嘉璇	杨　柳	桑思源	杨小雨	郭铁铸	张铁越	殷相杨
吴若璇	金玉格	黄怡澄	陈文欣	杨琦月	帅君钰	李欣怡
靳依青	王韵然	李　念	蒋鹄泽	常凯朝	马潇源	卓文玥
潘启璐	李睿琦	宋沛函	赵慧凝	陈佰超	文浩丞	姚梦凡
易靖然	李昱颖	杨祎晗	王海伦	李晓丽	高舒婕	杨　义
陈逸宽	吴嘉伦	何丛杉	赵宇涵	靳晨悦	朱心瑶	李斯琦
杨泽琦	孔美晴	齐浩天	蔡梦舒	宋雨亭	李雨桐	娄涣钰
胡璟晗	段宜宏	田子仲	田子伯	高宇渊	王　晓	谷　凡
吴殷菲	黄若滢	李文珺	谭杰心	任选如	张迪翼	贺长昊
费兰淇	阮乐怡	董维帆	郭天煜	王玥琛	邢恩臻	夏玉秀
王淞娜	牟　伉	孔　烁	李光亚	孙　然	贾　雪	高　萌
张晓晓	姜凯阳	王　雁	高瑞泽	张羽飞	马之珺	米广宇
侯其敏	刘向林	高天瑜	潘晓晗	姜晨润	薛　原	杨鹏飞
王　上	马前磊	蒋恬梦	宋家珍	王嘉学	王雪纯	王　柳
王　淳	王丁一	尹　倩	李明健	杨泽伦	徐瑞祥	潘　珂
朱文佳	张序铭	郭荣荣	韩淑冰	马雨希	韩长桑	谢慧芳
鹿文丽	吴苏婷	张康宁	赵娅团	宋宜恬	袁　梦	张文丽
王　宇	徐明月	谢逸秋	范心雨	赵璐彤	孙克琳	张雅铭
吕悦馨	王瀚晨	宋衍蕾	盛丽馨	刘亚楠	孙迟瑶	吴冬悦
寇思宁	杨晓丽	马小泽	孔冰娴	武　岳	孙朝阳	刘天媛
刘纪昕	董　琦	田晓涵	王艺璇	孙曦雨	李世媛	张　帆
李红玉	梁晨晨	刘嘉敏	崔晓彤	陈　雨		

2016—2017学年中国农业大学“优秀学生干部”(599人)

刘天翔	于永洪	赵雪晴	周志瑾	杨　鉴	曾子达	王　珺
邴小涵	张雄智	吴　铎	张学澄	王淑敏	邹晓蔓	常暖迎
陈鹤丽	陈　茗	何思洋	贾　浩	李　润	娄鸿耀	穆　青
孙繁荣	王冉冉	王艳明	闫东哲	赵天晨	魏旭丹	张　越
向慧卿	周佳敏	王一雷	李昭航	邢　莹	李浩然	张符雅迪
王安然	侯佳林	李嘉玥	何治龙	许佳堃	李小段	赵宇琦
董雨涵	胡汝宽	揭琳南	晋玉洁	刘　欣	贺　蕤	刘妍妍
彭佳宁	朱晓暐	李民选	韩　敏	曾译影	张亚鑫	孙　僖
薛铭硕	杜　浩	刘思佳	冯建路	赵添羽	程先坤	董　斌
蔡　冲	张文越	高媛辉	张月芳	王颖慧	庞　悦	方翠娇
杨文钊	陈昊婷	权美蓉	林百欣	冯　睿	李志真	马笑笑
单春洋	颜可染	齐　丰	郑皓岚	张　硕	张艺帆	张静圆
王　熙	杜昱瑶	曾　榕	曹　青	李　宏	许国进	郝天怡
周鹏民	岳　宁	田　甜	荆　朦	郅明雷	董　谦	李　轩
齐　琳	宫逸菲	梁　玥	梁掌潜	薄瑛楠	王浩然	程　境
张凡一	高郅皓	秦一鸣	曾乐嘉	张馨月	纪　爽	李　宁
鲁晴辉	申　琪	王晓雨	魏　静	韦晓菲	秦文宽	葛　闫
邓彦宇	卢晓晖	崔文怿	王宇佳	李鑫培	董艺哲	韦浩鹏
李志东	罗丽韵	杨　甜	周美君	唐若桐	雷　鸣	李安琪
张　平	李秀娟	郭崇敬	王秋云	徐波杰	赵晴月	唐晓丹
李继琳	石香雪	茹艺	谭琦亓	王　森	孙伊辰	王晓晨
王　洋	杜云飞	徐存韵	王　楠	逄　悦	王诗岚	金　萍
王浦卉	唐　嘉	黄铭逸	靳一丹	左淑贤	张舒媛	贺腾飞
巩　璐	乔葭月	李金晓	雷佳琦	安兵兵	曹　娜	刁志成
刘　丹	罗　璇	刘玉欢	吴　昊	吴　阳	武　威	闫　超
张宇辉	严　伟	程玲华	刘　爽	钟雨杉	朱子奇	王思琪
黄　昕	侯传名	李　逸	周文艳	蒋　慧	郭学俊	关雅琴
丁希桐	李馨秋	樊艾琳	岳　红	周韵婷	郎家林	林翔宇
许　烁	吴伟鑫	王思宇	欧嫣然	蒋智民	阿地拉·艾山	
王建中	唐玉玲	杨　幸	刘　童	马增光	王开敬	段　聪
魏孝辉	孟祥楠	林　君	姜玉池	陆　瑶	王若瑜	徐俊宏
姜凯睿	邹婉羽	金琳祎	肖可人	王启蒙	孙梦峣	曾　馨

张雯婧	赵齐燕	谢育杨	王逸伦	武艺雪	张玉琛	张　越
殷梦华	张迎彬	李昌辉	李琪琪	曹梦竹	曹　明	曹天一
初易洋	范红俊	侯林凤	简澍瑜	林梦圆	牛丽丽	任　爽
王清宇	王　璇	谢羽斐	张芑芃	张耀南	黄竞阳	张洋中正
李奇科	鲁瑾瑜	娄思涵	董　盼	赵　芮	王丹昱	张贝贝
李景行	刘晓月	宋云龙	孙玮怡	杜一童	符祝富	侯泽禹
许　蕾	黄文盛	丁　锐	葛　畅	何文钦	尹黛霖	王　锐
施　哲	邢秀颖	张　锐	胡守倩	许世成	崔单丹	周昱安
刘继琳	顾　赛	张哲雨	郭　信	王　韫	张乐平	李靖远
梁凤华	杨红梅	熊劲鹏	郑　钰	陈雪礼	范永奎	房晓倩
黄　冠	李　艳	刘　瑞	马双双	裴叶青	王梦妍	魏　丹
邢智超	赵　楠	仲　皓	江伟强	徐　宁	吴　进	赵　赫
姜骁宵	杨金月	朱　霖	吴千署	朱梦珊	王文琪	于　淞
陈浩男	邢雯珺	赵　欣	汪雪淼	姜　棽	冯天维	邹国伟
卢凡为	赵世栋	向广宇	吴　童	梁　硕	王子文	李　倩
闫佳钰	刘安诺	朱博文	岳晓琴	张嘉辉	张慈航	王永千
林歆昊	胡　慧	张国锋	汪雪滢	肖瑞越	霍　昕	刘　博
张子希	杨子浩	崔万铎	张宇轩	宋祉儒	杨瑜武	吴　丹
夏　琨	牛佩云	卢丹丹	臧文静	陈孟征	安　欣	郭晓旭
马子萱	张　鼎	田　雷	李敬军	赵晓阳	王常洁	王淑萍
雷　超	姚沫男	尚　程	雷承丰	朱能杰	卢　娜	杨欣欣
叶必润	王巍瑾	郑飞鸿	余舜尧	黄　晨	郃恩薇	雷丽琳
曹　涵	王　琦	鲁赛红	荀一豪	徐晨曦	戴林潼	蒋欣怡
颜谱臣	张　军	曾海艳	程　晨	丁宜丰	孙浩原	徐立港
郝　泽	潘　琦	林学吉	林一凡	宫欣悦	鲁　航	罗元颖
张云龙	郭佳欣	张晓鸣	黄扬明	马如慧	王仕鹏	韩耀谋
逄新颖	王荟茹	方莹莹	张冠瑜	史望宇	畅温旭	张　洁
曾祥岫	张　鑫	袁晨晖	尹伊君	姚嘉宁	王慧昀	张靖邦
莫彬瑞	王思佳	孟子琳	李梦尧	何　祺	李舒逸	王　添
乔　睿	张哲晰	郑　燕	胡可为	王　航	王彩金	邢璐瑶
孙一聪	李姣媛	赵士荣	潘晓生	肖兴宇	郭　莹	钱泳臣
杨家勇	白　芳	钱　娴	张松钰	张　满	杨静怡	张俊杰
罗　寒	范书妤	黄律己	马倩倩	吴玉莹	陈朋雨	何俊逸
倪千绘	王梦琪	夏雨嫣	姚儒杰	张墨玉	郑天元	周可心
王洪江	田璐伊	陈静依	卢兰云	史　磊	王玥璇	唐　伟
李晶晶	周宇佳	杨雨欣	徐逢良	辛茹雯	宋雨奇	沈乐怡
冯　锐	赵　震	杨志坚	詹　坤	于季菲	叶美艳	汪子钧
王源雪	盛　男	樊曦瑶	卢抢如	康慧薇	马英辉	王笑宇

张紫荆	平一帆	丁雅文	卓伊琦	季琳娜	刘泽坤	陈倩仪
曹梦迪	朱　琳	庞　欣	史东雁	石鑫鉴	史雪晴	刘雨璇
马敬涛	朵　蓝	王天炜	龙嘉骞	汪力薇	高奕吉	王　栋
于嘉睿	史芳静	陈　璐	杜梦雪	陈功峻	张宏帅	李　硕
柳　荻	汪伟坚	许菡芬	尹翠娟	于跃宗	邹　柳	孙雨奇
王　崑	杨雁泽	张　裕	刘海思	沈芙蓉	李泳江	杨　虎
潘麒宇	刘　赓	任婧娴	崔瀚予	胡世炜	赵宇涵	单鹏飞
张英姿	韩栋锐	杨锦凌	孙　菲	马星彤	杨佳妮	吴星宇
李文珺	马思超	张申喆	马书赫	郭治彦	齐嘉晟	李子健
彭嘉莉	宋恩泽	苏含灵	郭樱然	徐　锐	刘兆一	刘天琪
陈怡清	刘　畅	赵府瑞	张　瑀	郑淞元	毛伟超	王　纲
李皓诺	曹　原	陈　莘	宋晓玮	王瀚晨	高喜泉	崔　楠
侯林杉	田浩辰	张雯雯	杨　树	杜鹏程	吴兴训	王　开
张嘉庆	庄至柔	梁如佳	王艺璇	王　上	李　坤	孙嘉洵
台子晗	綦敬海	牟　伉	宋佳芳	孔　烁	郭效乾	李光亚
王普洁	杨佳明	崔遵康	雷天骄	贾文吉		

2016—2017 学年中国农业大学“优秀班集体”(42 个)

农学 151 班	农学 152 班	园林 151 班	园林 161 班	植保 152 班	植保 151 班
生物 163 班	生物 141 班	动科 164 班	草业 161 班	动医 162 班	动医 151 班
食安 152 班	食品 151 班	食工 167 班	土资 161 班	环境 154 班	地信 151 班
自动化 151 班	信电 161 班	地信 161 班	机械 142 班	车辆 153 班	农工 163 班
机电 161 班	水电 151 班	土木 141 班	数学 151 班	化学 151 班	经济 162 班
经管 141 班	工商 163 班	经济 161 班	法学 152 班	传播 151 班	社会 151 班
经济 161 班	经济 162 班	农经 161 班	公管 162 班	设施 162 班	水产 161 班

2016—2017 学年中国农业大学“优秀团员”(406 人)

常　琦	王佑成	张吉瑾	祝一帆	崔博文	王凯杭	袁　坤
王　创	李蔓蔓	孙一博	郑晓宇	高　睿	黄　梅	韩志山
张晓磊	高晓茹	杜　冰	赵亚杰	戚中奇	柯悦莹	孟羽莎
张晓萍	郑子昂	韩佩汝	胡汝宽	刘　昕	张苑菲	袁　伟
黄　梅	王宇菲	张　欣	时笑笑	唐瑞雪	王昕园	王明菲

李　欣	靳雪洲	黄文嘉	刘妍汝	王　梦	王　蕾	姚俊竹
翟延蕾	孙梦遥	胡雨馨	刘玉姿	吴　沁	周郅颖	赵　岩
胡加辉	李宜霖	宋开妍	汪　洋	张聪慧	刘　岩	谢雨晴
蒋云岚	蔚　越	庄路博	焦志远	翟照辉	郭　娇	韩云静
杨　帆	熊妍宇	邹　蕾	王思佳	徐子萍	王志萌	李权锦
闫雪珊	吕欣原	郭钰琦	唐慧贤	冷亚军	王　璞	鲁晴辉
吴忠钰	郑娜娜	邢晓璐	钟小荣	杨　月	孙博迪	杜亚奇
马椝乾	王亚菲	郭昊楠	李志东	袁维颖	陈　卓	李　成
李子豪	王　喆	朱　劲	蒋　鹏	王姝纯	顾恬玮	高纹曾
谷　丰	虞光辉	李　超	韩已文	晏朝睿	李　赟	张子源
郜斌斌	王　琳	张天柱	赵海楠	康　凯	陈　曦	许晏维
扶佳欢	杨家钧	徐晶晶	张钰成	马　畅	宁　然	陶富平
刁志成	李　娜	马一畅	吉　高	史良玉	李金升	徐　然
李美玲	许　桥	马晓钰	田丰实	卓　越	刘佳靓	姜易彤
张骞文	支　都	郭学俊	梅　隐	李　慧	安　琪	许　烁
田鑫媛	冯军利	李　霞	杨　幸	江海洋	靳倩兰	宋怡文
钟　佳	郝振凯	王倩玉	张格格	邓喆方	赵　霞	代毓敏
张洋中正	张靖宇	罗　涛	叶婉琼	吴元浩	雷舒媛	黄馨柔
李双宏	杨芷蕊	刘　博	陈秀琳	蒋燕萍	陈　帅	崔佳韵
王　静	王　静	刘艳艳	崔　鑫	郭　辉	郭　昱	庞亚茹
程　湛	赵　芮	董子旭	邓政龙	石　伟	杜楠楠	王丹昱
邢包钢	王梦瑶	彭思杰	郑成宇	钟　清	吕向盼	符祝富
李　昕	许　蕾	孟博伟	何文钦	张　锐	刘　江	顾　赛
方虹懿	罗天伦	荣文慧	刘戎林	吴文俊	李　延	高明远
张明明	赵广路	康琛琛	王镇东	尚娜娜	刘华猛	潘虹宇
闫佳钰	张　潇	罗吉文	邓　爽	黄思宇	李卓阳	武董一
王晓蓉	王　瑾	何芸芸	赵剑桥	魏雨涵	汪鹭宁	李鸿儒
崔万铎	方姝文	陈泓亦	柏为民	吴雨涵	吴娴萍	俞国江
杨　艺	申　林	李　晨	赵晓风	张　洁	徐文平	刘杨涛
周鹿鸣	杨永森	徐　虹	周泽斌	朱澎芮	杨　敏	魏梦晗
孙雨晴	游　芬	鲁　航	蒋欣怡	郝　泽	徐浩林	吴菁菁
任家朋	侯　玥	王　杰	苏权巍	郑飞鸿	林金柱	邓森中
王　薇	黄　琳	杨婷婷	郑　欣	高磊	李宗洋	王　宁
梅俊美	杨晓野	潘孟晗	谢焦莉	王秋晓	黄苇静	张　洁
刘　杨	朱东宇	王思佳	王一涵	赵益禄	付成博	李彦霏
滕培培	毛比明	王　芳	刘超然	逄新颍	王源雪	卓泽中
刘镇宁	李辰雨	黄文君	邱敏凌	何　苗	丁紫瑄	柴思奇
王怡靓	王怡迪	贾诗玥	刘　杭	李昊泽	张新竹	邵文静

叶仪静	黄兴悦	胡心玥	谢槟	平一帆	段丽芬	李文韬
李小丹	金怡欣	宋瑞仪	蒋家琪	杨锓瑶	栗欣雨	张可馨
胡旭	黄佳诗	张雨欣	文博	冯子蔚	刘竹君	杨智玲
宋辉斐	姜智敏	蔡鑫	屈雪	王丝蕊	郭丝宇	王秀秀
李逢春	岳超	朱方娇	白鹏飞	毕淑娜	张竹	张宏帅
孙一铭	张旋子	潘一诺	段泽丽	曹力元	张楚珩	卓越
李子璇	郭雨	陈越	王梓萱	于亚萱	延然	四郎曲宗
张翼沐雪	刘蕊	仝鑫钊	周信达	刘懿锋	李记铭	赵瑞琳
李琳琳	刘青霄	王浩天	温文	江一依	贾惠淋	谭杰心
王怡雯	吴殷菲	张雪筠	卢湛文	杜双印	田子伯	卞杰明
綦湉	王俊玉	郑宇果	晋嘉豪	朱心瑶	李明鑫	陈逸宽
王海伦	李睿琦	杜琛	孙钰朋	王德寰	单莲新	苏杭
宋婕	李玲玉	何璐瑶	王孟迪	张静文	周艺卓	赵茹
吴忆晨	滕嘉暄	韩文欣	张敬夫	程光发	薛同宣	王禹霄飞
窦乐	张晶	赵玲超	孔冰娴	董泽潇	贺颖	肖志刚

2016—2017学年中国农业大学“优秀团干部”(297人)

崔宁	刘雅诗	高尧天	谢小明	韩志山	赵亚杰	郑辰星
胡仪	伍诗洋	邹豪	周佳敏	王晨	赵霈	刘青竹
冯蕊蕊	石璐	李丹	陈荻雅	赵宇琦	黄梅	孙雪歌
张凡	王雁楠	夏秋实	崔静娴	魏鹏	魏培玲	柏珍珍
江冰冰	赵力	戎音	孙滨阳	陈婷	韩悦	邵吉祺
赵锐驰	程境	王翊涵	廖舒婕	李思韵	徐沁怡	顾韵雯
田菁	李正普	秦文宽	李春晖	康爱林	王蕊	苗永清
姜萌	顾文杰	方文卓	路庆玲	朱文洁	徐存韵	刘汶
冉海艳	侯丽	李林芝	姚炳乾	孙翔云	闵旭东	王一帆
武海新	王灏天	王语浓	李文博	杨攀	杨潜颖	钟雨杉
逄金吉	曹晓钰	关雅琴	白杨	丁希桐	李馨秋	赵鑫婧
张格格	郜平平	李宜霏	林佳璐	付宇彤	吴超男	申靖
杨雅凡	陈洁	黄宇韬	刘楠	涂亚琦	王芯媛	赵苏茂
高婧	刘露	吴越	欧阳成政	周中帆	刘海华	朱彧
杨成	尹世杰	赵芮	常艺菲	卓淑容	王芮	李景行
邓凯元	孙玮怡	杜一童	杨然伊	侯泽禹	崔鹏	葛畅
王锐	施哲	杨婷	许世成	崔单丹	熊劲鹏	张哲雨
刘文君	张乐平	马新春	王志策	马超	陈彦君	李松霖

李佳宇	李堂蕊	唐晓彬	卓　越	秦小煌	刘　睿	赵一鸣
陈韦韬	王振宇	刘　妃	李文轩	李思源	秦瀚翔	陈　森
曹力戈	赵　媛	李　洁	康慧薇	柳雅倩	艾颖超	吴雨微
丁　舒	孙　睿	尚振宇	陈姝伊	黄　睿	张小旋	雷　超
王鹏翔	魏　榕	鲁梓怡	姚沫男	张艺菲	沈倩西	资琦韬
王　楚	刘伟伟	苏权巍	樊　灏	王冬兰	高　芮	王雨泉
赵　祺	赵　云	卢　娜	廖德海	吴青阳	程　亮	张惠迪
李雨浓	安星润	张潇睿	肖　霞	侯奕敏	徐新涵	赵建明
赵旭红	冯　茜	阎昱好	李杰桠	陈传志	李双宇	王梓安
王思凡	敖　彧	孟紫薇	陈星月	周天弈	吴　颖	尹伊君
魏思媛	刘钰函	胡　楠	张肇麟	王佳琪	赵梓涵	赵晶石
李荣耀	李冬卉	向　磊	潘晓生	李米畦	郑书臣	王钰彬
刘　泽	陈嘉瑶	王一航	韩　璐	叶文义	胡晓宇	刘明一
程梦瑶	吕沛瑶	苑嘉榕	高　迪	沈婷婷	杜佩莹	徐桂玲
姜佳欣	解　瑶	张志强	张杰皓	陈宇霏	安茹琪	张晓阳
张珂嘉	张　琪	孙　宇	曹卓琛	王　钰	侯雅茜	陈星月
赵从羽	张菁秋	徐晓晨	韩壹凡	卜斯源	张启眉	夏钰忻
赵泽宇	王悦岩	许　溪	齐汝玥	闫雪凌	韩超颖	胡　玥
何沁莼	靳晨悦	潘嘉滢	苏雨萱	张巧稚	韩天意	赵子超
王明媚	贾小天	孔时雨	袁小伦	李　然	田子仲	陈采薇
任选如	杨泽琦	曲　可	曲　鹏	田　申	于小函	任德鑫
周凌风	吴晓曼	厉　萍	窦龙祺	吴昊东	杜春姗	刘天媛
王春雁	马雨希	程亚格	李小沛	薛佳茜	肖　雪	张颖慧
刘静静	谢汉友	王思齐	王　洋	张泽璐	赵玉涵	广泽宇
崔朝阳	王亚伟	贾海通				

2017年毕业生、学位获得者名单

获得博士学位人员名单(696人)

安海山	安 琪	白莉莉	白牧可	白欣洁	白雪娇	蔡春波
曹秉帅	曹佳璐	曹晶晶	曹文超	曾红萍	曾沐梵	柴丽娟
柴婷婷	常瑞雪	常 颖	陈 冬	陈 飞	陈 昊	陈红茜
陈 晖	陈婧瑶	陈 静	陈 玲	陈玲玲	陈龙欣	陈秋月
陈随英	陈 微	陈晓娇	陈晓阳	陈 岩	陈 雨	陈志文
陈中督	程晓园	初旭宏	初 源	褚 佳	褚 军	崔 磊
崔明全	崔鹏娟	崔永勇	崔宇鹏	代红翠	代重山	德艳艳
邓婷鹤	邓 维	邓由飞	狄珊珊	丁光龙	丁桂玲	董成武
董 静	董 昆	董 楠	董小妹	董心亮	杜洪燕	杜 玲
杜龙龙	杜少卿	杜世纯	杜银平	段 涛	段忠意	鄂 月
范海燕	方新平	房灵昭	房雅丽	冯 吉	冯 铁	付大春
付 函	付会洋	盖叶丹	甘 晶	高 菲	高 菲	高 林
高 鸣	高文青	高晓瑜	高秀丽	高亚辉	高 阳	高艺娜
高永强	高月荣	高阵阵	高子登	耿妙苗	宫泽奇	郭光辉
郭继元	郭明璋	郭 嫱	郭 婷	郭欣慰	郭 彦	国秀丽
韩滨岳	韩 卉	韩家骏	韩美坤	韩 平	韩晓慧	韩秀丽
韩 旭	韩永涛	韩玉冰	韩振国	郝 岭	郝肖琼	何 骋
何 琼	和立文	贺 璟	赫 迪	衡惠敏	侯国庆	侯 俊
侯秋玲	呼 锐	胡凤姣	胡 红	胡 鹏	胡堂路	胡新民
胡益清	胡宇声	胡 振	华彬彬	华 静	黄奥博	黄先北
黄小珍	黄 鑫	黄亚捷	纪莎莎	季柯辛	季玉琦	贾美茹

贾御夫	江珍红	姜继红	姜建萍	姜　培	姜　锐	姜宛贝
姜　瑶	蒋　宝	蒋　慧	蒋　健	蒋　南	缴　莉	解　毅
靳　换	靳继惠	靳雪娇	荆　旭	鞠大鹏	巨源远	康二芳
康慧敏	康凌云	康倩倩	康泽辉	孔德帅	孔涵楚	寇　菲
寇光涛	兰　鹤	郎　琪	雷钧杰	雷　雯	雷　钊	黎　芳
李　超	李冬植	李　菲	李　刚	李冠男	李　昊	李红建
李　辉	李　江	李　劼	李　娟	李娟起	李　君	李丽君
李林林	李　明	李明骏	李　茉	李木子	李　南	李鹏山
李　全	李瑞杰	李　森	李　珊	李升东	李　伟	李文婷
李显溦	李　想	李小飞	李小明	李晓聪	李孝蓉	李学林
李　燕	李懿璞	李　颖	李映辉	李　媛	李振华	李正刚
李忠超	梁　浩	梁　特	梁小星	梁　彦	梁毅然	廖婵璨
廖宏泽	刘　斌	刘　畅	刘晨旭	刘春法	刘　聪	刘德俊
刘敦一	刘夫国	刘　钢	刘　浩	刘合满	刘洪蕾	刘　欢
刘　卉	刘佳星	刘建垒	刘进一	刘　敬	刘　蕾	刘立雪
刘明超	刘　宁	刘　沛	刘　鹏	刘青青	刘青青	刘庆彩
刘全威	刘瑞丽	刘瑞全	刘　升	刘书琴	刘斯佳	刘　涛
刘　伟	刘文杰	刘小茜	刘晓曦	刘昕超	刘杨杨	刘　洋
刘　毅	刘翼浩	刘玉芳	刘玉卫	刘泽洲	刘志远	刘子妍
柳苏芸	卢灿华	卢　涵	卢　丽	卢亚楠	芦晶晶	芦　娟
鲁蒙蒙	陆旭东	陆振强	路文杰	罗剑鸣	罗　奇	吕建国
吕　威	马传禹	马广民	马康生	马　磊	马林媛	马　锐
马永贺	毛子翎	孟德璇	孟佳佳	孟淑春	孟祥龙	孟　嫣
闵　力	莫　彦	母小焕	聂　娟	牛　康	牛正光	潘　腾
潘维艳	庞　龙	裴世敏	彭　飞	彭　静	彭　凯	彭骁阳
祁潇哲	钱民怡	钱　欣	乔　曦	秦欣欣	秦耀果	秦誉嘉
邱　巍	曲　峰	冉　辉	饶　雷	任冲锋	任建超	任姣姣
任君安	任肃霞	茹　玉	商　鹏	商婷婷	邵安文	邵玉新
佘　玥	沈　政	施小迪	石林丹	石蕊寒	石自忠	时　梦
史红丽	史俊鹏	舒　畅	司哺春	司增志	宋佳佳	宋雷娜
宋敏艳	宋　宁	宋泉江	宋　伸	宋相中	宋　羽	苏砚文
孙朝华	孙　地	孙东宝	孙丕苓	孙玮玮	孙文娟	孙翔宇
孙兴明	孙宇飞	孙中刚	谈　成	覃春富	覃　尧	檀　覃
唐　静	唐秀丽	唐　雨	陶鸽如	田吉鹏	田　琳	田　甜
田秀芝	田玉华	王　超	王　超	王超霞	王春玲	王春燕
王　聪	王　聪	王德贺	王　冬	王　冬	王府民	王寒凝

王红亮	王　宏	王宏亮	王洪秋	王　舰	王金涛	王　靖
王俊燕	王克君	王力恒	王立建	王立林	王丽明	王　玲
王　玲	王　璐	王　萌	王　蒙	王蒙蒙	王　攀	王　鹏
王　鹏	王鹏杰	王　琪	王　侨	王瑞金	王善之	王士权
王书芬	王树和	王　帅	王水连	王伟唯	王潇楠	王信宏
王徐建	王旭峰	王雅坤	王　瑶	王　茵	王　勇	王　勇
王　宇	王宇哲	王禹贺	王月瑛	王月月	王云奇	王志平
王志贤	王志秀	魏　晨	魏翠兰	魏晴晴	魏　征	温兵强
文雪霞	邬　备	吴　晨	吴　迪	吴　飞	吴　娟	吴俊学
吴桥兴	吴瑞刚	吴　舒	吴　伟	吴小艳	吴亚楠	吴友杰
武京伟	武　娟	武晓丽	奚　宇	夏　添	夏志超	向　江
向　敏	肖　进	肖文翰	肖新清	谢保鹏	谢　飞	谢　洁
谢　磊	谢　龙	辛启亮	辛　颖	邢慧丽	熊　斌	熊惠洋
熊　静	熊　雄	徐　博	徐彩龙	徐丁一	徐健钦	徐　莉
徐秋艳	徐思超	徐小文	徐小言	徐晓丹	徐晓召	徐　勇
徐子健	许和水	许　倩	许　啸	许瀛引	薛　明	闫承志
闫　磊	闫晓园	闫奕源	严　滕	颜爽爽	杨　丹	杨冬燕
杨华磊	杨　军	杨开静	杨　凯	杨柳青	杨米一	杨　清
杨　榕	杨　威	杨　文	杨　旭	杨雪芳	杨　阳	杨园争
姚宝林	姚国君	姚　红	姚晓闯	姚永生	叶文兴	易俊洁
尹　朋	尤　琪	游银伟	于佳动	于晓慧	于欣慧	余慧容
余建平	余娇娇	余　永	袁承程	袁春浩	袁虹宇	袁　京
袁经纬	岳　燕	岳云双	臧　冰	臧佳辰	翟　晨	翟晓娜
翟志强	张安琪	张蚌蚌	张　博	张彩华	张　灿	张晨辉
张　驰	张　丹	张　锋	张国志	张海艳	张红涛	张　虎
张虎严	张　欢	张　环	张建志	张　杰	张晶晶	张景朋
张　婧	张婧婷	张静文	张　娟	张　凯	张　康	张　坤
张黎黎	张立平	张立伟	张　丽	张　丽	张　丽	张丽丽
张丽娜	张利卫	张　莉	张　莉	张　猛	张　宁	张　宁
张巧玉	张　卿	张秋雷	张荣民	张胜利	张　帅	张松斗
张　涛	张　威	张　伟	张伟强	张卫峰	张西亚	张向前
张　晓	张晓敏	张晓明	张晓旭	张　馨	张　鑫	张谞霄
张　旭	张旭辉	张雪靓	张　珣	张亚男	张延浩	张　瑶
张　瑶	张翼夫	张友良	张云鹏	张运龙	张振乾	张志榜
章丽娇	赵　冰	赵晨静	赵栋杰	赵剑宇	赵　洁	赵　婧
赵丽红	赵梦瑶	赵　倩	赵　然	赵文超	赵　鑫	赵　野

赵　月	赵自超	郑红艳	郑明利	郑晓东	郑　钰	郑召君
郑兆启	郑智旗	仲　亮	周　彬	周春雪	周翠姬	周　慧
周冀琼	周　建	周　晶	周峻宇	周　飒	周先贵	周　易
周　韵	朱才业	朱建亚	朱龙佼	朱齐超	朱晓锋	朱银华
朱玉华	卓　东	邹　楠	邹云龙	邹志远	祖小峰	

ALEXANDRE KONATE	ALLAH JURIO
BENEDICTO WILLIAM MSANGYA	EHSAN ELAHI
ELASHRAM, SAEED ABDELALIM ABDELGALIL	MOHAMMAD MUZAHIDUL ISLAM
SHAHBAZ GUL HASSAN	SIMON KIZITO
SUSANNE NAMBATYA	SYED MUHAMMAD AMIR
TAHIR MUNIR BUTT	

获得兽医博士学位人员名单(9 人)

郭　平	屈　哲	孙　健	孙英峰	王学文	许江城	张　倩
周历岚	张　硕					

获得硕士学位人员名单(1 040 人)

安俊卿	白慧娟	白　京	白士宝	白　雪	白云慧	毕文丽
蔡　杰	蔡明坤	蔡士虎	曹成翔	曹　洪	曹树涵	曹小芳
曹晓倩	曹　宇	曹子薇	曾晓珊	柴鑫妍	常贝斯	常　新
常雨薇	尘　凯	陈贝贝	陈斌斌	陈　晨	陈丹阳	陈　芳
陈　峰	陈冠英	陈浩浩	陈宏伟	陈佳伟	陈　杰	陈　俊
陈　可	陈　奎	陈凌伟	陈　璐	陈　敏	陈启新	陈是吏
陈　思	陈　熙	陈　香	陈　潇	陈小平	陈晓琳	陈晓阳
陈晓艺	陈欣意	陈旭蕾	陈亚军	陈怡羽	陈逸鹏	陈珍珍
陈政高	陈子健	程碧霄	程静静	程　萌	程思语	程晓婕
程雅倩	程勇翔	仇占南	储汪兵	褚浩雪	褚维静	崔晨曦
崔倩倩	崔　实	崔文慧	崔馨月	崔永进	崔　振	代佳丽
代佳鱼	代　梅	代雅琪	戴碧艳	单艳军	邓常宁	邓海雁
邓乐乐	丁　翠	丁维腾	丁云玉	董　蓓	董彬彬	董博宁
董博颖	董　佳	董　伟	董云鹏	董蕴涵	杜　甫	杜孟泽

杜　平	杜　平	杜伟宝	杜学军	杜　艳	段子忠	樊栋樑
樊晶艳	樊　柳	樊　祥	范琳娟	范瑞威	范豫川	范元芳
范智棋	方海波	方露梦	费榆芯	冯　富	冯洪涛	冯星晨
付立婷	付铁成	甘晶晶	甘志喆	高　闯	高恩恩	高红娟
高敬宇	高思嘉	高　坦	高　翔	高　雅	高子东	葛黎腾
耿　芳	耿　鹏	耿　昕	弓　越	龚卓群	顾高齐	顾珂嘉
关佳晨	关晓宇	关新星	管西林	郭宝光	郭　策	郭　成
郭　栋	郭丰华	郭广昊	郭婧妤	郭静静	郭　琳	郭珊珊
郭姝辰	郭　伟	郭雅琴	韩春燕	韩丹丹	韩　萌	韩琦琦
韩亭宇	韩　桐	杭　胜	郝　好	郝　靖	郝少奇	郝文卓
何　枫	何佳遥	何金鸿	何丽丽	何梦媛	何宁宁	何鹏华
何珊珊	何　婷	何梓榕	和　娇	贺萌萌	贺　鹏	贺顺利
贺小萱	贺　宇	洪　凯	侯百城	侯建建	侯　涛	侯裔焯
侯　岳	胡　斌	胡　晨	胡惠杰	胡慧芳	胡慧瑶	胡洁蕴
胡　静	胡　然	胡　涛	胡校粒	胡笑琳	胡一民	户广勇
黄保亮	黄楚楚	黄　晖	黄　健	黄金鑫	黄军榕	黄秋月
黄文思	黄　馨	黄　亿	黄颖如	惠　言	霍　娜	霍卫宁
纪竺青	季玉洁	贾　随	贾舞阳	江润生	江　婷	姜陈波
姜福平	姜守志	姜　天	姜昭然	姜振飞	蒋　慧	蒋婷婷
蒋雪珍	焦洪涛	焦　月	金虹杉	晋高伟	靳丁沙	靳发业
靳召晰	景俊谦	景　阳	康　丹	康续清	考丽娜	孔德琳
孔前前	孔祥雪	孔艳山	寇小霞	赖梦雨	兰景尧	蓝璐晨
郎天琦	雷春丽	雷画茵	雷早娟	黎艳妮	李　彬	李　斌
李秉阳	李畅宇	李　晨	李成龙	李春晓	李　从	李　丹
李丹阳	李东萍	李东琴	李　冬	李方正	李高卫	李国良
李国铭	李帼婧	李　晗	李　沆	李　慧	李基正	李　佳
李佳璇	李甲乙	李金晨	李景昕	李璟辉	李　静	李　静
李凯凯	李　珂	李　柯	李　乐	李伶慧	李　璐	李璐君
李　明	李明秀	李　娜	李　娜	李　娜	李　鹏	李琦玮
李　倩	李倩琳	李强强	李巧红	李巧珍	李　让	李　蓉
李　睿	李若楠	李三改	李珊颖	李世尧	李　爽	李水艳
李　硕	李思佳	李嵩妹	李　恬	李婷婷	李婷婷	李　薇
李唯嘉	李悟杰	李　熙	李　玺	李晓慧	李晓杰	李晓鹏
李孝莹	李笑雨	李兴利	李秀喆	李亚男	李亚平	李妍颖
李岩青	李研豪	李　洋	李　颖	李　颖	李　勇	李雨佳
李　云	李长安	李政炀	栗　姐	梁　丹	梁　飞	梁高远

梁丽君	梁　珊	梁盛好	梁　畑	梁彤彤	梁亚盟	梁　岩
梁韵琳	林锋科	林　鹏	林巧云	林　艺	林优优	林志法
凌　云	刘　滨	刘　冰	刘　畅	刘畅皓	刘　诚	刘川锋
刘从京	刘　芳	刘　福	刘　改	刘　贺	刘鸿飞	刘吉恒
刘继文	刘佳辰	刘佳佳	刘　健	刘　江	刘　力	刘立峰
刘　丽	刘　璐	刘美娟	刘美杉	刘梦达	刘梦明	刘梦云
刘敏娴	刘培园	刘　奇	刘　琪	刘　强	刘　青	刘晴晴
刘仁婕	刘　睿	刘赛岱	刘声泉	刘石磊	刘书豪	刘思岐
刘飏雨	刘天和	刘　通	刘威尔	刘　温	刘　文	刘小娟
刘晓航	刘晓旭	刘　筱	刘馨超	刘　鑫	刘兴超	刘　旭
刘旭炜	刘宣伯	刘艳秀	刘　杨	刘　洋	刘　洋	刘怡葳
刘迎春	刘　羽	刘毓麟	刘媛媛	刘远冬	刘月洋	刘　展
刘智渊	刘卓然	刘子强	龙冉博	娄朋展	卢立华	卢立云
卢　梅	鲁怡雯	陆凌芝	陆沛莹	栾　雨	罗　晨	罗恩浩
罗海彬	罗毛毛	罗　维	罗　屹	吕　芳	吕　健	吕新月
吕　钊	马方慧	马青青	马瑞琨	马文龙	马学宏	马艳玲
马煜祥	毛百虎	蒙万隆	孟　丹	孟　歌	孟　逊	梦丹娜
苗纪琰	苗　琪	聂　婧	聂　乐	聂言顺	聂耀男	聂懿娟
宁　磊	宁肖素	牛佳依	牛金磊	欧　华	欧胜雄	欧阳熙
潘佳佳	潘　奇	潘婷婷	潘　雪	庞奥涵	裴颖颖	彭　帆
彭　浩	彭王强	彭鑫玉	彭亚茹	彭要奇	齐田田	齐中凯
钱欣欣	钱　旭	强成根	乔　迪	乔　瀚	乔建霞	谯　田
秦　娜	秦　晓	秦媛欣	邱　晨	邱梅杰	邱　硕	邱　渊
屈胜丽	曲佳琦	曲　喆	任君将	任路明	任楠楠	任如佳
任雪贞	任永祥	任　卓	荣　熊	阮　扬	沙雪娇	尚岳婷
申洪丽	申静云	沈兆艳	盛灵娟	盛　烨	石安琪	石海燕
石萌莎	石小霞	史佳丽	史丽娜	史彤晖	史英霞	史玉洁
舒洪伟	宋柏辰	宋　赫	宋维珮	宋　潇	宋紫珈	苏红丽
苏　静	苏世伟	孙备备	孙成龙	孙凤涛	孙慧莹	孙佳俐
孙良明	孙　娜	孙　婷	孙婷婷	孙晓辉	孙　雪	孙　洋
孙　瑶	孙翊皓	孙　颖	孙　宇	孙源泽	孙振兴	覃舰莹
谭　青	唐　迪	唐定超	唐　楠	唐　盼	唐新玥	滕艳敏
滕　昀	田凯悦	田兰芳	田　磊	田　宁	田中男	佟德炎
万飞飞	万　里	万　晓	汪　蕙	汪友弟	王彩霞	王　琛
王　成	王春凯	王春燕	王　丹	王丹丹	王　聃	王　迪
王　迪	王福鹏	王高洁	王郭歆	王国良	王鸿印	王花花

王　芨	王　佳	王佳慧	王佳慧	王佳盛	王家斌	王　杰
王　杰	王婕宇	王进贤	王敬辉	王靖媛	王　娟	王凯红
王康康	王　魁	王坤鹏	王　澜	王磊鑫	王立群	王利娜
王　亮	王　琳	王琳婷	王柃懿	王凌昊	王满涛	王　蒙
王　猛	王梦真	王　敏	王明月	王　娜	王乃天	王鹏飞
王　茜	王　倩	王　倩	王　荣	王睿恒	王　申	王世兴
王淑杰	王　朔	王思洋	王　涛	王腾华	王　添	王　托
王吾谦	王相杨	王小芳	王小梅	王晓晨	王晓光	王晓梅
王晓雪	王晓莹	王晓瑜	王心怡	王忻悦	王鑫鑫	王星明
王栩杉	王　旋	王　璇	王　璇	王学锋	王雪平	王　雅
王雅卉	王雅玮	王亚州	王彦柠	王焱炜	王旸甘地	王怡平
王奕杰	王友利	王宇恒	王　雨	王　玉	王玉莹	王　悦
王增乔	王志强	王智慧	韦云路	魏　健	魏　爽	魏　耸
魏　微	魏一品	魏志标	温鸿鸣	文　桃	文伟松	乌达巴拉
邬若男	吴　聪	吴代英	吴高雄	吴　寒	吴　昊	吴慧兰
吴佳迪	吴玲枝	吴明辉	吴　宁	吴培培	吴庆南	吴若晨
吴　双	吴晓玲	吴彦颉	吴艳艳	吴宜超	吴雨霏	吴玉梅
吴紫晗	伍　洋	武沛泽	武阳阳	武志兴	郗莉英	夏海剑
夏　爽	夏文忠	向　军	向欣欣	肖海燕	肖红芝	肖　凯
肖　克	肖明珠	肖文敏	肖雨田	谢吉鹏	谢雨岑	谢紫君
辛康妹	辛媛媛	信亚贝	邢孟阳	熊传永	熊敦品	熊玲玲
熊新星	熊志耀	修明正	徐　凡	徐菡默	徐婧婷	徐　磊
徐琳凯	徐鸥洋	徐　榕	徐善之	徐松兵	徐　伟	徐西红
徐翔宇	徐潇然	徐洋洋	徐叶桐	徐艺薷	徐迎迎	许海乾
许　鹤	许佳晗	许　静	许琳钰	许梦纯	许姗姗	许孝敬
许玉红	薛　彬	薛瑞坤	荀　洁	鄢新义	闫　宁	闫　婷
闫文棋	严　格	严慧慧	晏雪梅	杨　策	杨　畅	杨　晨
杨　达	杨玎玲	杨红涛	杨慧明	杨　杰	杨　洁	杨金玲
杨　婧	杨婧雯	杨久芳	杨俊锋	杨昆鹏	杨朋飞	杨奇鹤
杨麒生	杨　倩	杨倩琪	杨　蕊	杨　睿	杨仕新	杨　爽
杨　爽	杨　涛	杨　田	杨伟才	杨文军	杨晓慧	杨　旭
杨旭光	杨雪飞	杨亚岚	杨　阳	杨　莹	杨　颖	杨　宇
杨宇迪	杨悦静	杨　泽	杨泽康	杨湛澄	杨志昆	杨志兰
杨志兴	姚丽丽	叶陈雷	叶凤林	易晓倩	殷小伟	尹冰洁
尹晨晖	尹　权	尹诗韵	尹忠楠	尹紫薇	于海鑫	于梦佳
于　颖	喻世哲	袁　芳	袁谷城	袁　爽	袁昕煜	袁瑜璟

原业青	原展航	岳　亮	岳珊珊	岳笑梅	岳　岩	臧玉倩
翟夏琬	张　博	张　畅	张　超	张　乘	张春桃	张东宇
张多娇	张　帆	张芳芳	张丰瑶	张　锋	张国维	张汉兴
张红亮	张鸿雁	张　华	张华纬	张怀志	张慧慧	张继珑
张嘉辉	张　姣	张　杰	张今红	张金望	张晶晶	张　静
张君赫	张俊星	张克瑜	张　磊	张理兴	张力唯	张丽元
张利斌	张　栎	张　莉	张莉尉	张连华	张林园	张琳琳
张　玲	张　璐	张　璐	张　璐	张　宁	张鹏春	张萍萍
张启蒙	张茹楠	张瑞敏	张少宏	张胜钰	张舒蕾	张树林
张　爽	张思埼	张天博	张　蜓	张同童	张万昊	张万玲
张卫艺	张文曲	张闻婕	张小河	张　鑫	张　雪	张　亚
张亚分	张亚琦	张艳艳	张　焱	张忆楠	张　隐	张　莹
张　颖	张　颖	张永芝	张宇轩	张俣姝	张毓灵	张远向
张　悦	张　越	张云常	张早早	张兆鹏	张振华	张忠鑫
张子豪	张子豪	张作建	赵传森	赵峰涛	赵金雷	赵　锦
赵静翔	赵立婷	赵　琳	赵　龙	赵龙春	赵　敏	赵娜娜
赵　宁	赵　瑞	赵思霁	赵天琦	赵婉莹	赵卫强	赵向宇
赵秀玲	赵　旭	赵煦阳	赵　颖	赵　宇	赵玉莹	赵　钰
赵悦航	赵子亮	甄珠米	郑　超	郑　丰	郑　丽	郑思艳
郑小杰	郑　峥	周德金	周芳芳	周磊磊	周　林	周梦婷
周田田	周炜杰	周锡龙	周晓伟	周泽昊	朱　坚	朱建新
朱娟利	朱　凯	朱梦婷	朱　敏	朱穆真	朱顺强	朱心怡
朱亚强	朱　莹	朱　勇	朱云柯	竹海文	邹佳奇	阿别小兵
令狐晶莹	朱小庆吉					

ABDALLAH HAROLD MOSHA(哈伦)
ALTANZUL JARGALSAIKHAN(郁金香)
AXEL MAURICIO HERRERA MORENO(毛瑞科)
BENILDO. DEGE VAN EWIJK(阿斌)
BILAL MOHAMMED ABDALLAH HASSAN(比尔)
CHEW HUI FANG(周微芳)
CHOI SUNG JIN(崔星振)
LAW JIAN WEI
MAIRA JAHANGIR(佳美)
MANTASHE BUYAMBO(曼塔)
MUHAMMAD ABID SHAHZAD(张扬)
MUHAMMAD IMRAN(武文帅)
MUHAMMAD WAQAS YOUNAS(王阳)
MUNAWAR HASSAN(李岚)
MYERBYET AMYENGYELID(美尔碧特)
PRISCILIA LIANTO(梁宣慧)
RAQUEL DE SOUZA(索扎伊)
RENA LYDIA NOEL(瑞纳)
ROSINE ISIMBI(江燕)
SAWAENGSIRIPOL TANASAK
SEDUDZI KUDZO SEBUAVA (吴峰)
SENGDAO NUETRUE(森道)
WAAD ALFADIL MOHAMMEDALKHEIR SIEDAHMED(刘春霞)

获得农业推广硕士学位人员名单(404 人)

冯荟萃	胡　琨	李文方	孙文艳	张　超	张　玉	艾静雅
安　辉	安文艺	白志燕	宝鲁尔	鲍长静	毕凌宇	卞若林
曹洪亮	曹丽丽	曹　梦	曹苏卿	曹　悦	曹　正	曾佳梁
曾令宜	陈晨如	陈海龙	陈建飞	陈　秋	陈冉冉	陈思潭
陈文程	陈　西	陈　翔	陈学虎	陈燕红	程　璨	程　陈
程　燕	迟源冬	迟志浩	仇武松	褚帅令	揣君健	崔军婷
崔士通	崔正伟	崔子君	代礼涛	丁晓艳	丁艳艳	董丽丽
董乃瑜	董婷婷	董雪娇	杜昊轩	杜会芳	杜梦雅	段宏超
朵永刚	鄂利锋	方　梅	冯　昊	冯增贝	伏　琦	高清海
高文涛	高　显	耿嘉睿	宫　健	郭　蕾	郭　旻	郭　娜
郭　钰	海　涛	韩春林	韩惠兰	韩　可	韩少林	郝海波
郝少强	何　斌	何科易	何树文	何晓曼	侯丽敏	胡睿智
黄明霞	黄　南	黄勤芳	黄庭坚	黄　妥	贾春香	姜小堂
焦书磊	焦炎炎	揭光成	金　晖	景　璟	康　润	康铁君
康旭蕾	孔北川	赖婷珍	兰晓芳	雷红港	雷　霆	雷燕飞
李晨辉	李德宏	李凤杰	李广栋	李　昊	李红艳	李虹霏
李　晖	李建丽	李金龙	李　婧	李丽娜	李林娟	李　敏
李蕊蕊	李少娟	李天南	李文博	李文纳	李　想	李亚杰
李艳红	李玉鹏	李珍珍	梁　博	梁　栋	梁海波	梁　辉
林科全	林孟君	林　渠	林子然	刘伯扬	刘础荣	刘春青
刘德欢	刘东艳	刘冬梅	刘　帆	刘航瑞	刘　华	刘慧玲
刘　郊	刘　静	刘俊杰	刘　林	刘　玮	刘雯倩	刘尧君
刘　缨	刘云鹏	刘志强	刘自强	陆　晓	罗燕红	吕晓梦
马国锋	马浩嘉	马　红	马　俊	马　然	马英征	毛率垒
苗领娟	聂　然	聂玉超	宁艳民	潘文慧	裴海丽	裴　宽
裴明浩	彭　莱	齐　鹏	乔成亚	乔宏超	乔晓芳	乔镇幸
秦志强	丘丽华	邱清华	邱拓宇	屈新建	曲令华	冉逸箫
任晓璇	荣丹丹	阮文洁	桑若杰	商蒙非	尚梦琦	邵陶祺
邵雨洁	申惠虹	申玉兰	施敬恬	石　锐	宋聪聪	宋全芳
隋雯丽	孙宏伟	孙佩珊	孙兴斌	谈美秀	覃伟唐	谭敏波
唐晓林	陶雪舞	田锦丽	田　帅	万　俊	万　威	万文凯
汪　洁	王　斌	王春华	王　丁	王　方	王浩杰	王焕喜
王皎月	王金乔	王景秀	王　珏	王　俊	王丽媛	王陆潇
王梅娟	王木川	王娜娜	王　楠	王　宁	王　鹏	王祺鑫

王淑卿	王思捷	王崧嫚	王天依	王 廷	王贤杰	王 兴
王雪连	王 焱	王耀康	王益林	王 莹	王玉萍	王 媛
王媛媛	王子娅	王紫薇	韦创金	韦红艳	韦 银	韦羽琪
尉凤葵	魏学鉴	魏学礼	魏颖慧	魏 臻	文 洋	吴超朦
吴 东	吴 金	吴 静	吴曼玲	吴 双	吴微微	吴文涛
伍 东	伍淑池	武文敏	席 昕	夏 婧	夏 银	夏雨晴
肖春燕	小 亮	谢晴晴	邢世通	熊品贞	修 朋	徐 聪
徐 曼	徐 帅	徐濉喜	徐新星	许 春	许 昊	许令娜
薛宏伟	闫博慧	闫青霞	闫 帅	闫文亮	颜 桥	杨丹青
杨冬冰	杨 晗	杨金颖	杨 君	杨 磊	杨少贵	杨伟刚
杨伟洪	杨新鑫	杨 艳	杨宇斌	杨玉玺	杨云峰	姚金良
尹晓楠	于学谦	俞红恩	袁凤兰	袁毓蔚	袁 悦	翟艳芬
张财祥	张春艳	张恩岩	张 帆	张 凤	张海涛	张花方
张 娟	张俊丽	张伶波	张 玲	张暖暖	张 萍	张倩雯
张 强	张 蕊	张沙沙	张姗姗	张世军	张文钊	张 忞
张晓杰	张晓宁	张 旭	张学娟	张学莹	张亚宏	张彦志
张 依	张迎迎	张 莹	张有为	张玉臻	张月肖	张悦容
张 展	张占伟	张 哲	张铮铮	章 婵	赵彬煜	赵昌娜
赵方慧	赵 芳	赵浩含	赵 劼	赵 军	赵俊杰	赵 龙
赵 萌	赵明刚	赵 娜	赵 鹏	赵 蕊	赵帅翔	赵丝羽
赵 鑫	赵 鑫	赵嫕盛	赵影星	赵雨萱	赵玉静	郑 雷
郑 荣	郑晓丽	郑雅娟	智琳然	钟 鹏	钟 声	周 涛
周 文	周文晴	周雅洺	周 雨	周玉虎	周智旋	朱佳琦
朱家可	朱 力	朱 旭	祝 宁	邹卓然		

获得工商管理和公共管理硕士学位人员名单(300人)

艾凡凡	卜 一	蔡馨蕾	曹清晨	陈泓龙	陈立林	陈 甪
陈士亮	陈兴彦	陈 莹	陈 泽	程 晖	程雪峰	程治澎
程子良	代学伟	戴 娴	丁雪尼	董雪娇	杜 丹	杜 峰
杜晓欢	杜晓亚	段 娜	范 俐	范娜静	房相文	冯 帆
高川荐	高 聪	高凌霄	高雨萌	高振海	高 震	高志超
葛寅婷	龚志杰	郭 进	郭婧彬	郭倩倩	郭 甜	郭 瑜
郭志明	韩 俊	郝 卉	贺军锋	侯增琦	胡道容	胡转环
虎 婕	华 里	黄艳梅	黄勇河	吉飞飞	贾德英	贾晓燕

姜　晓	姜兴国	姜云超	蒋　慧	金瑶瑶	荆婷婷	靖　静
康丽婷	兰佳玥	雷晓霓	雷新舟	雷亚莉	李　博	李　超
李迪昂	李点斌	李浩媛	李　慧	李　倩	李　师	李石磊
李素芳	李天鹏	李　维	李小宁	李晓凤	李晓亮	李新颖
李秀娟	李一震	李云飞	李志峰	李志民	栗　阳	梁继胜
梁英彬	林　洋	林海玲	林含清	林巾侠	林孟浩	林雅婷
蔺海婷	凌祥宝	刘保生	刘伯源	刘宏莹	刘佳劼	刘瑾妍
刘　婧	刘鹭阳	刘巧玲	刘　松	刘晓丽	刘晓楠	刘鑫淼
刘雪慧	刘　杨	刘颖颖	龙乙平	龙　云	娄蓬勃	卢　慧
卢紫晗	罗小宝	吕　超	吕超峰	吕　威	马　瑶	马　丽
慕向伟	南　洋	牛艳艳	欧阳菊	潘思佳	潘　雯	庞　斌
庞梦溪	裴　勇	彭　娜	彭文惠	齐吉安	祁豪荣	郄　环
渠慎涛	任欣洁	荣延兵	绳　林	石雪洁	史奋奇	宋　捷
宋梦美	宋亚轲	苏　杭	苏　彦	孙芳芳	陶　丽	田　畅
童　林	万　程	汪　瑞	王宝龙	王　东	王冬来	王海欣
王　慧	王　菁	王　璟	王钧尧	王立刚	王丽娜	王丽璇
王瑞轩	王　松	王小航	王鑫平	王譞帅	王　雪	王雪芝
王艳胜	王兆亮	王中江	韦燕培	魏向阳	魏小刚	吴佳莹
吴　敏	吴淑月	吴团结	吴　旭	吴旋娟	吴亚玲	夏　岩
肖　禹	谢凤龙	谢长征	熊　迪	熊子龙	胥俊笛	徐丽娟
徐　亮	徐铁军	徐霄翔	徐兆博	徐志强	许喻娜	薛钦源
薛　婷	薛小明	闫　安	杨　斐	杨　丽	杨　慎	杨　威
杨　微	杨　洋	杨照军	姚　芸	叶小苏	夜玉霞	易程程
易玲娜	尹月昭	于军辉	于　硕	余永静	翟　会	战勇钢
张　舜	张　彬	张恩僮	张建光	张锦凤	张　珂	张立平
张　丽	张亮亮	张　琳	张维怡	张　伟	张小丫	张晓宇
张兴鹤	张秀娟	张义贵	张艺凡	张　宇	张　媛	张　真
张志勇	赵凤华	赵福明	赵汗青	赵红业	赵　军	赵　璐
赵美丽	赵梦颖	赵少敏	赵万营	赵晓梅	赵永钢	赵　钺
郑素音	周立军	周　琳	周　帅	周小华	周　禹	朱　川
朱建春	朱　宇	朱振博				

AHMED RAKIB(拉吉布)
CARLOS SEBASTIAN AYALA(克劳斯)
CONSTANTINE JOHN MATATA (康斯坦丁)
DAKALIRA YAMIKANI STELLA(斯蒂)
DESALEGN YADETA WEDAJO(阿代)
FOLE WHYTONE SMART(福莱)
FRED JUMA BAGULE(菲尔德)
FREDERICK WENDY SHIRLEY ANN(温蒂)
GEBEYEHU GETACHEW ABATE(阿巴特)
GLORY ISDORY MALATA (戈劳瑞)
GONZALEZ BORGES LUZMAR ZURELIS(露丝)
GUTA THOKOZANI JAMES(吉米)
GWASA LUSEKELO NOAH(诺亚)
HAKANTU MIYANDA BUBALA(哈坎)

JERE ZONDIWE(杰雷)
JOSEPH YASHVAL YVON(亚希)
KADONGOLA RICHARD LUSTER(鲁斯特)
KHADOO JOHN MARK(孔庄)
KIBASA SIMON EVARISTO(里斯托)
MALONGO FANNY ISABEL(伊莎贝尔)
MATONYA OTTO JOHN(奥托)
MUHAVE TANIA RICARDO(塔尼娅)
MULENGA CHRISTOPHER BUPE(穆伦加)
NGENZI FADHILI SALUM(萨利姆)
NKHONJERA ANNIE(安妮)
OSUMBA VINCENTOES ATIENO(阿蒂诺)
PATIENCE DEOGRATIAS RUTATORA(帕提斯)
SHIRIMA PETER COSTANTINE(康斯)
STEPHEN EMMANUEL KITUNDU(伊曼)
SWALEHE SAIDI MKUWILI(斯望)
WANDELLA AMOS BENJAMIN(本杰明)

获得风景园林硕士学位人员名单(16 人)

蔡昌秀	曾丽云	郭竹睿	刘　琳	刘昕林	刘　焱	马俊伟
毛立佳	穆振东	涂雪莹	王锋俊	武姜行	殷蕊蕊	袁　珍
张柳莎	朱春霞					

获得工程硕士学位人员名单(231 人)

安明明	白珊珊	白小锐	白雪冰	白亚欣	曹　鹏	曹兴伟
曾祥权	陈定宇	陈　多	陈剑婷	陈金辉	陈　琳	陈　鹏
陈　赛	陈思璐	陈　岩	初易洋	邓明明	邓亚兵	丁　方
丁振晓	董　浩	杜九月	段瑞鑫	段　伟	方嫦青	房志华
冯　慧	冯晓龙	付敬红	高旦旦	高　芳	高　娟	高明亮
高　源	高振铭	葛士林	耿　瞰	耿美霞	弓　晖	郭利荣
郭泽忠	郭志强	韩　蕾	韩云峰	韩浈浈	郝　英	郝永超
何柯立	黄　丽	黄业达	纪文鹏	冀乃超	贾梁智	姜　冰
金子嵛	康　熙	康熙龙	康一帆	赖青青	雷书振	雷晓宇
李丹阳	李华伟	李　慧	李嘉佳	李建群	李金桥	李敬军
李俊韬	李　强	李青静	李清正	李情情	李润军	李为为
李　伟	李贤斌	李晓飞	李晓娜	李鑫娣	李　旭	李亚运
李雁华	李易宸	李钰婧	李媛媛	李　哲	林　鸣	林玉飞
林玉娟	蔺泽虹	刘　成	刘成启	刘君娜	刘　柯	刘晓娇
刘　欣	刘学强	刘　杨	刘永银	刘钰鹏	刘月玲	刘泽元

卢俊霖	路　滢	吕佳译	吕雨莎	马红菊	马姗姗	马　拓
马瑶瑶	毛博慧	孟得发	孟　军	孟　茹	穆永航	倪　萍
聂立俊	欧雅文	彭凤娟	彭　郁	钱婧雅	乔　妍	秦嘉浩
饶光辉	饶　伟	任杉杉	沙晓红	邵萌萌	申九敏	沈传云
沈蒙蒙	石　烁	宋君红	苏　敏	孙宝玺	孙　佳	孙皎皎
孙笑非	谭俊松	汤卫兵	田朋姣	田　问	田晓红	田　媛
田志信	汪　波	汪兆成	王　栋	王风磊	王国英	王金鹏
王　凯	王坤立	王瑞军	王婷婷	王　薇	王文成	王晓晨
王笑然	王雪刚	王妍斐	王怡汀	王艺萱	王　毅	王正行
王正一	魏蔷郦	魏志聪	温　章	文　进	吴　灵	吴晓静
武　雨	夏梦瑶	肖　晨	肖晓琰	谢驾宇	谢永康	邢　博
邢智超	徐淇淇	许常蕾	许洪振	薛　拓	闫浩然	燕　飞
杨　超	杨传康	杨丽芸	杨　明	姚　颖	叶理跃	易　萍
银　佳	尹冬敏	尹鸿苇	尹亚鹏	游　鑫	于熙林	于贤龙
余　舟	喻　姮	袁　泽	翟　豪	战秋锦	张　博	张法楷
张国祥	张海洋	张霁月	张　龙	张　帅	张学寰	张振洲
赵江涛	赵　婧	赵　倩	赵婷婷	赵兴华	赵雨辰	赵忠良
郑晨曦	郑淑娟	郑　阳	郑　越	朱常委	朱　丹	朱婉贞

获得兽医硕士学位人员名单(83人)

陈　卓	崔　璨	单瑞雪	杜　辉	范超玥	付利达	高　丹
顾　强	郭新苗	郭　珣	郭志刚	果华新	韩娇娇	韩振海
郝　勐	胡　哲	黄兴华	蒋雨桐	金　诺	李　豪	李京娜
李三鹏	李淑芳	李　勇	栗婷婷	林如莹	刘　畅	刘丛海
刘　蕾	刘　伟	刘文君	刘　潇	刘　洋	龙淑姮	卢　煜
吕帅阳	毛双兰	牛嘉颖	庞　茉	戚心怡	饶红梅	任洪伟
阮　丽	阮思凡	石丽丽	石　嵩	石益兵	苏金辉	孙　红
汪　宇	汪竹君	王超越	王　闯	王丹怡	王　亮	王　倩
王　爽	王智欣	吴　磊	肖华丽	肖　园	薛宝君	阎茂凯
杨世壮	姚紫彤	尹忠绩	于　佳	于勇江	余　音	袁春燕
苑雪瑞	张建双	张　娟	张秋楠	张云科	张志文	赵　芳
赵相鹏	赵兴睿	赵云龙	甄士伟	周　意	周媛媛	

2017年本科毕业生名单

农学院

农学专业(81人)

刘筱筱	汪　坚	陈家悦	肖　杨	张　力	臧　丹	李澳洋
岳　阳	王亚楠	金铉竣	李晓苒	杨登宇	王艺鹏	郭晓磊
帕哈尔丁·帕尔哈提		孙一丰	于　跃	黄亮亮	田胜蓝	刘伟东
杨秋辰	崔则瑾	黄玉成	张　鑫	刘婧含	工　奥	柯　璐
周川淇	周　茗	胡叶舟	赵伟娜	杨　佳	王　淄	杨菊望
帕丽努尔·艾外力		侯宇婧	薛冰寒	韩　旭	刘介寒	程嘉莉
张文卓	徐倩雅	何　苇	郭映美	张月夕	曹晨星	马旭旭
魏嘉璐	王　泰	张　凯	叶方舟	谢木娇	王　冬	张艺凡
刘启宇	李　静	杨鸿鹄	郑雅匀	梁志昊	张岑艾	吴　桐
郭俊廷	刘杰安	高琦轩	姜灿林	曹　雪	张姝媛	刘一彤
王弼琨	李亭谕	张　鑫	陈嘉俊	孟德尚	李　旭	宋　涛
童广杰	赵志祎	冯海鹰	陈国经纬	于　妍	杨　祺	

种子科学与工程专业(15人)

郑守敏	谢翠楠	李浩卓	李心悦	陈婉扬	刘宇龙	胡海瑞
郝丹丹	李　乾	彭奕萱	杨　辰	滕珍锋	叶沁怡	马鹏飞
王增帅						

园艺学院

园艺专业(120人)

甘　露	宋师琳	王　亚	王晓彤	黄　卓	王亚林	付炳堃
廖霏雪	柴向阳	史新雨	张笑晨	洪　婷	段　瑶	应建峰
孟逸清	许雅玲	蒋　菲	吴一丹	胡雨婷	李子豪	李　盼
罗　曼	郑　静	方云倩	李心宇	叶　敏	王云吉	张颖琪
张洪亚	王可钰	宋　帅	曾　寒	刘绿筱	袁雅钰	张　鑫
邱　爽	张春静	韩　露	王梦迪	张　珊	唐彦琴	肖苏琪
张　铭	孟宪儒	江其谦	齐绍帆	袁　媛	付瑛格	曹庆梅
徐淑婷	郝慧渊	宋　丹	蔡文博	许　亢	肖子寒	刘正源
陈　络	张雅娴	闵心远	姜偲倩	邓舒遥	及雅真	王介玲
陈　婷	邵玉杰	侯小雨	陈亦君	董　宇	陈　周	王　闪
初祐星	陈　洲	郑　超	鲜　萱	章成豪	张宇豪	廖南峤
宋思阳	鲁天骄	刘　锐	李明刘	曾雯婷	徐　欢	王　超
朱圣娇	王　虹	孙晓潼	傅若玉	李丹阳	寇　萌	袁梓硕
王雪玮	陈　琦	李　丽	黄天骄	李　瑜	陈　婷	李雨菁

李欣颖	段虹	李连心	郝文娜	李晓萌	段懿桐	黄洋
王琼艳	孙元一	郭妍霞	肖影慧	贾云鹤	李文卿	吕正斌
代微语	平英东	王小今	刘力源	仲若涵	王若馨	何心宇
陈阔						

园林专业(32人)

邹丁岳	张越	孙中天	黄洒葎	张璐	刘雨婧	王娅侨
林绚锦	梁策	李珍	郑凯文	陈凌雪	宋玥	王杨玉瑾
王茹	卢珊	曹华春	常萌	张雪偲	张宇杰	王超凯
徐雅妮	方力李	周红润	姬婕	王子悦	朱蕊	文念
黄诗雨	赵逸飞	刘建娇	徐松飞			

植物保护学院

植物保护专业(75人)

吴凯迪	孙慧雯	陈铭珠	王超楠	买热艳木·依明		马明玮
曹祎可	高卢卢	李晋宁	艾海提·喀斯木		柴纪虎	单璐璐
李傲梅	石亚茹	朱马别克·塔布斯		赵金鑫	彭方楠	曾铄程
卢国彩	热毕拉·吾孜格尔别克		张凯	令狐田野	刘若西	王鸣岐
祖力亚夏尔·玉山诺		田英	张贸越	赵美琦	徐艳	
艾尔肯·吐尔逊		赵倩	蓝杨铭	王颖杰	徐敏	缪佩
彭丹丹	刘静奕	谈青	邓杰	柳建英	马萌	吴昊
李一寒	詹茜	范雅妮	蓝帅	扎西卓玛	叶清桐	张琳雪
强玮	王伟轩	刘晓	余锫	魏泽彤	郭瑞欣	周倩华
张雯怡	田逸英	马茁	凯婧	冯淼	黄钰	
加林·努尔兰	张乃钊	佟佳慧	仇心钰	梁莉	赵唯唯	宇文博
陈佳仪	丛玮	博拉	琚羽	魏肖楠	黄思遥	

生物学院

生物科学专业(77人)

刘歆	薛廷威	闫诗宇	尚晓彤	饶蝶	陆通	苏德格日乐
马惊跃	宋子民	胡文奇	张第扬	张润铎	周琦	王珊
罗莹	刘小琛	石峰	傅偲	陈雪君	王姝婷	曾晨
李唯	车欣芸	冯凯	马晓晨	李郅	徐悦彤	荆喆
郭晓晴	王民洋	傅浩川	宋康成	吴昊瑜	余慧林	张清馨
杨瑞	王聪	王千昊	穆雨田	李达	吴美莹	崔志闯
聂圣明	佟慕湜	朱菱	田宇芳	黄弋戈	彭威	刘英洲
李东华	盛佳俊	徐宸	李冬媛	王子阳	宿莎莎	郑飞扬
韩志伟	杨霖	吴敏晟	田雁南	夏博航	李晓雨	周茂霖
冯谢安	李天宇	杨春艳	庞博	李祎杰	饶祎凡	周婉茹
邱梦婕	臧璐	翟硕	杨阳阳	张之翔	勾铭阳	刘榛榛

生物科学(理科试验班)专业(37人)

王睿宇 江　勇 李青青 丁　浩 陈　越 乔宇鑫 高雪瑶
李雅琪 余家明 善文辉 安鹿野 史佳妮 王梦霞 张逸茗
钟　瑞 陈嘉婧 秦一荻 赵婧茹 董润峰 余潇阳 邱祝钰
苏　丹 于丰恺 梁　蓉 胡天任 胡　尧 雷依凡 俞周凯
彭　爽 彭　磊 梁雨溪 李籍舟 林艺涵 郑安迪 周　易
谭晓彤 于茗骞

生物技术专业(8人)

王莹冰 赵怡琛 刘婉虹 盛耀辉 段锦文 周灿 郭倩瑜
颜克悦

食品科学与工程(理科试验班)(1人)

叶婷

生物技术(理科试验班)(9人)

张依依 李宗霏 朱怡桥 李茂振 李易竞 张润超 金　辰
孙　帅 张芸琳

种子科学与工程(理科试验班)(1人)

陈雨杨

资源与环境学院

环境工程专业(34人)

赵　琦 向语兮 李溪智 陈浩天 张泽天 樊　星 祝思媛
汪浩楠 宫　强 李姝媛 任婧瑶 孙　雯 赵恒宇 曾雪莉
王　锐 梁立忠 马晓晨 江　琛 蔡雨嫣 王翼远 何　蓉
于诗桐 黄　鑫 金予溦 胡益超 胡敬唯 庄　坚 李舒勤
肖杰磊 甘丽虹 韩筱璇 张旭霞 潘珏君 罗　淋

资源环境科学专业(9人)

刘昕阳 徐　崭 王　博 徐东昊 袁文伟 侯美羽 李　娜
黄乐其 张　璐

环境科学专业(23人)

吴思颉 杜　鹃 黄　文 王　轩 文运泽 高丽影 侯天琪
胡尹超 徐万妍 何可宜 刘　畅 朱　謇 顾文倩 王　悦
张益菱 施元基 蔡宇杰 李　维 刘逸飞 王乐宜 蒋佩良
殷　哲 覃雨苇

土地资源管理专业(33人)

许明翰 田荔源 任其然 张玉莹 艾克日木·卡日 张崇钰

田婀蕾	李晓燕	羊玉婷	拉吾拉提·杰恩斯别克		刘华臻	宋熳青
李宏薇	殷　昱	阿布都卡哈尔·吐尔地		东　晔	马燕萍	高　彤
方一舒	田琦涵	申　哲	李瑶瑶	李　凡	张　千	赵　睿
刘丹丹	李　涵	褚杰俊	董佳静	方若琪	申雪婧	张玉佳
陈诗卉						

应用气象学专业(24人)

李春龙	郑彦佳	张　晓	白　帆	彭明喜	胡明新	聂嘉谊
唐昕宁	孟繁圆	李智能	张稼乐	王　昆	郑江珊	田丹丹
杨诗好	张一帆	王婧瑄	张镇涛	黎　超	冉　佳	刘清奕
郑　飚	文　锐	马晨雨				

生态学专业(22人)

余树兵	崔　奇	宝　颖	税绍卿	诸曼迪	黄语哲	张　文
廖云涛	常亚迪	庞琰瑾	雷善清	苏梓锐	张西省	孙翊斐
舒　婷	吴亚妮	惠改芳	马　喆	杨　浩	陆天翊	胡　杨
于英钗						

动物科学技术学院

草业科学专业(12人)

谢唯祎	马悦然	孙宇娟	欧成明	党世彬	刘江扬	迟庆明
徐雨江	任成	张哲儒	陈泽鹏	徐艺泉		

动物科学专业(94人)

王晶晶	金　煬	武玉钦	李安子	艾克拜尔·卡迪尔		刘志伟
殷成钧	陈思倩	郝丁瑞	乌斯曼·克来木		白雪纯	张寒雪
徐瑞宏	李　煜	布拉克·喀斯木		马　宁	张　雄	张雪琦
吴佳仪	宋佳豪	付子琳	杨　影	马　露	王　晔	杜可欣
阮含章	司徒晓蕾	黄　烁	张晗璐	李润娴	程　威	谭洋凯
王　武	胡臻北	张　蕾	王　斌	张　越	江一凡	余永波
郭利娜	张落桐	何才杰	徐少庭	杜孟思	王汉星	魏怡然
朱美燃	陆梦格	吴　帆	许义兰	孙晓颖	师　睿	何政肖
高石英	李芋贤	安　捷	仝季康	何　鑫	蒋宝成	罗　鹏
孙　妍	任　行	来径竹	张海亮	祝皎月	史林鑫	谢之奕
王倩倩	刘转琴	宋　朗	刘怡冰	邢展华	王宇波	孙丹丹
杰麦儿	姜春阳	张晓怡	李秋静	胡知羽	钱逸凡	李　晔
史晓柱	吴　怡	孟元博	姬　玲	朱　婷	东琬婷	刘冠辰
阙轶辰						

动物医学院

动物医学专业(82 人)

杨　爽	周期律	郝玉欣	李仁明秀	吾不力卡斯木·阿布都维力		梁上月
邓　金	代潇汉	高文斌	何德别克·布勒列斯别克		杨　名	李梦月
傅　博	张　媛	库力加衣娜·吾木提汗		蓝绰约	曹　铃	高鸿博
胡　烨	古丽扎提·吾兰		钱　婧	高　翔	徐义涵	范瑞祺
热娜古丽·艾合买提		郭晓桐	谭剑美	高嘉枫	谢　琛	
古丽沙拉·扎坎		崔宏全	许学贵	徐嘉佳	徐若愚	王怡然
刘碧莹	陈思媛	章施施	刘　璐	李　杰	韦　雯	王京阳
李　星	张　鑫	刘禹辰	李　丹	崔书南	林昭妍	刘海坤
刘　羽	曲　艺	倪子欣	晏海欣	赵媛媛	王倩玉	马雨薇
李佳乾	张　宇	栗雨彤	杜少彤	张舒坤	吴静云	熊笑然
赵婷婷	李菁虹	李　笑	吴楚琳	邓艳欣	郭远方	黄则鎧
温晓娜	蒋玉洁	刘宇菲	刘莹莹	周千雪	韩非冶	魏佳祺
周冰洁	王　凡	王雨佳	程宇尧	王逸飞		

食品科学与营养工程学院

食品科学与工程专业(84 人)

黄瑞斌	王　睿	王　妍	马晓庆	李金华	李希芮	李伟佳
朱刘昌	陈彦希	龚自兴	李　刚	邓　颖	闫文佳	吴若宾
王紫璇	李秋妍	吴怡婷	张宇琪	祝　缘	刘泽朋	何天宇
何政宇	马宏睿	李仕杰	周　幸	毋思敏	薛佳珍	刘文悦
姚占斌	李美玲	王砚樵	龙　钏	解　波	韩　洋	郑焜雪
李兆丰	何可钦	李　燕	李木子	黄世浩	史唯乐	陈羿杏
牛　王	孙一峰	杨　钰	王小瑀	张　航	许志翔	孙　渊
杨云舒	庞思成	王贵生	赵　明	尚　劲	张辰宇	常思盎
夏弄玉	尤子牵	王秋婷	许嘉璐	彭姝辰	程博文	闫　菊
魏诗芸	张效毓	金雪花	袁　雪	黄艳娜	陈　龙	高　阳
刘欣然	康　欢	曹　凯	杨舒莹	李亚霖	郭亦城	孙小钧
邓　琦	武娴敏	孙玉坤	方艺达	陈忠禹	刘昀雯	弓泳佳

食品质量与安全专业(56 人)

程晓惠	杨湛森	王露璐	曹　悦	庄聪雅	简嘉慧	李佳颖
郭雅晴	范欣颐	李　艳	王　楠	邵子航	覃超鹏	王笑园
黄　薇	宋章弈	刘佳玮	胡　榕	刘洁玉	袁　意	陈偲尔
边　玥	周　航	穆　硕	郭森磊	李祚禛	石　琳	张韫玥
伞惟琳	闫丹雅	陈敬悦	张　悦	马虚船	王佳红	刘夏衍
王琳琳	吴冰冰	杨珂欣	冯　然	雷　雯	洪　欣	梁　宇
达一凡	周幕天	燕子馨	张秋羽	吴依玲	杨雅迪	李日成
程禹铭	赵胜欣	秦颖慧	马天时	张　睿	王昊然	康婉晖

葡萄与葡萄酒工程专业(28人)

青　鑫	刘禹汐	胡　莹	李馨怡	马伟楠	李嘉睿	武文博
于昊永	张晨曦	刘依文	吴宇辰	柳扬鹏	陈　倬	杨薇熹
林妮萱	孟欣桐	杨惟杰	陈　筑	朱姜劭芊	范琪琰	凌梦琪
韦　漪	林致远	梁　娟	徐平康	阴曼文	罗望舒	卢　萍

生物工程专业(30人)

许　越	袁少泽	张　楠	陈　冲	邓逸康	万麒雄	吴绍泽
晏露闻	李可馨	卫昱君	陆鸿骞	王紫婷	陈婧娜	辛　星
代田田	杨亦枫	杨悦鸣	于文清	李恒昌	于　清	史晓悠
程　帆	康家铭	黄少敏	马敏珪	王昳雪	赵寒松	田婧楠
鲁　浩	王静璇					

工学院

车辆工程专业(90人)

吕梦然	金子程	绳菁华	赵雨晴	张　曌	焦　磊	宋佳霖
梁诗旖	施楼盘	余　涛	伍　凯	王云云	赵利飞	毛静娴
张　昂	刘楷东	刘　敏	李延辉	汪韵怡	张秋妍	崔汉霄
黄成昊	李　萌	雷文帅	徐　蔚	杜　宵	杨如丹	周嘉文
于　跃	胡　云	杨睿哲	黄益伦	黄　奇	赵忠祥	刘一帆
赫昭然	李杰贵	张铭杰	马晨旭	李江文	谢瑞培	崔儒秀
许圣威	于仲德	程俊男	赖旭东	张晓月	廖　频	李甜甜
龚元聪	李道光	张　朔	周雨婧	姚建伟	张竣捷	张　波
尹　峻	梁　潇	王志策	燕　生	陈　平	韦秉宏	晋帅领
张龙龙	徐晨翔	陈梦宇	吴　晓	段宾宾	董　岭	林子钰
崔　健	杨升华	谢　飞	王翰文	尹长林	李世超	易　巧
刘龙灿	许　婉	王昕杰	秦赓雨	王利利	李　康	黄　勇
李国群	范隆杰	王雪彤	唐岚熙	黄奕杰	王江凌	

工业设计专业(29人)

任梦馨	段　燃	蒋宇彦	梁　爽	张　琦	向　昕	尹晓真
杨秀凡	苟元琼	钟智耀	吴卓繁	刘丽君	邱伟平	李林嫒
张简奇	周玉倩	门　彤	李修平	戴维伟	汤雨晨	李　晗
刘津利	谭　瀚	闫雨田	王圯旭	李雅洁	王　津	李　嘉
高阳美舜						

机械设计制造及其自动化专业(54人)

陈　放	侯　健	黄丽满	付海洋	徐　哲	汪嘉宇	庞　宇
李星潭	宁　远	何　维	董长海	杨武旭	蒋志豪	曹　刚
伍世桥	张　来	陈芳琪	黄　辉	陈相吉	韦科成	赵荣禹

阮虢凯	周瑞东	刘 俊	冉皓月	杨洁茹	高拂日	吴兴涛
吴海莹	黄 义	苏 润	郝梦娇	欧自娜	蔡 晨	阮培春
刘春磊	刘振宇	罗世靖	王萍萍	杨建建	郭 成	胡世豪
马正昱	柯呈鹏	张 璐	任 铭	吴 轲	李小朦	易桂林
黄星凯	任芸萱	黄凯鸿	冯新潮	吴 迪		

农业工程专业(37 人)

陈慧超	卢贤柘	何炳旭	毛一舟	尹竑婕	丁 凡	张晨光
杜书荣	袁湘汝	耿红杨	马浚翔	吴孟秋	常圆圆	丁 丹
白雪梅	刘 荣	黄圆萍	依米提·阿卜拉		张 阳	王正岳
翟露召	林 敏	双学琴	覃翠钠	陈正朴	朱 政	吕松壕
李 雨	祁文婧	宋知沆	刘 烨	杨清华	陈嘉琪	白天予
程友成	邱子航	杨钦楷				

农业机械化及其自动化专业(26 人)

吴彦霆	周晨晨	周韵博	吴泽霖	吴英静	肖 霖	伊 翔
王曼娜	曾 鉴	文建洲	张潇潇	胡 玉	陈美静	段壮壮
张 博	艾 馨	农 行	张云轩	田 野	肉孜·亚森	温 宇
欧 涛	胡泽明	张海斌	曹娟娟	王雪松		

机械电子工程专业(36 人)

焦天泽	徐雨舟	王培荣	刘德君	谭系文	刘 鑫	杨小庆
吴 爽	李萌萌	胡得林	窦文豪	杨博涵	黄 越	张圆圆
张姝婷	葛新超	周振奇	张 通	陈龙胜	孙宇婕	田 珊
杨子龙	贺镜儒	李树多	张 萌	闫 春	何泽文	高 明
徐 鹏	秦浩栋	乔征帅	王奕晨	杨琦钰	张猛超	陈振海
吴 宇						

信息与电气工程学院

电气工程及其自动化专业(73 人)

高明远	崔城瑜	秦 花	戴 维	程一帆	莫 嘉	田桐源
张文昊	赵 烨	高子绚	汪舜羽	屈晓旭	覃雯帅	何凯霖
杨晶晶	李星熠	吴邦旭	王雅妮	王 帅	钱晓兰	冯雨凡
潘佳萍	冯 琨	李田月	拉扎提努力·贾依力别克		张 昊	谢有杰
冯 磊	翟欢欢	武君璞	余思琪	庄益鑫	李佳馨	李 宏
王湘镒	邓睿豪	武玉倩	赵 硕	陈 正	李嘉栋	张瑞雯
孙梦璇	李天锐	唐冰婕	尚一通	林晨曦	谷雪颖	崔 扬
易 锴	赵 康	罗俊毅	王海波	王薇嘉	奚耀晃	于 月
杨 曼	朱江涛	王振刚	梁 博	许嘉丽	宋佳翰	岳子亦
刘佳楠	王 兴	宋霁宁	乔冠瑾	李 悦	洪雪雯	杨 瑾
欧阳泽宇	刘嘉尧	陈俊明	申 绅			

电子信息工程专业(30人)

付雨帆	杨依婧	李　逸	赵丹阳	毛微木	苏日娜	戚龙雨
姚　岚	周　赫	赵红霞	吴开炎	王天宇	周雪婧	施瑛颖
段佳楠	纪　莹	李登科	王　宁	雷宗木	段晓菲	王存彪
李　晴	王寻寻	周　婕	王怡文	宋云涛	王　璐	成瑜敏
邱瑞桢	万翠芳					

计算机科学与技术专业(25人)

穆　森	朱启凡	朱楚婷	林力蔚	董若烟	李观波	王　乔
周　敏	潘　琦	陶　轩	劳铭辉	马晓哲	陈　雷	申长虹
马嘉晨	孙居冲	左　萌	范祎明	何妍洁	李思聪	李　卓
黄　丹	张蓓芸	刘　坤	方　晨			

通信工程专业(22人)

蔡开元	罗晨露	王润晟	江雪昕	刘　勇	张　宇	谭　欣
徐凯华	黄立振	谢涛敏	高慧敏	郭耘显	李　博	吕鹏宇
刘烨琦	董云捷	郭云婷	姜宇琦	余　鑫	陈嘉兴	付瑞瑞
常茹雪						

地理信息科学专业(22人)

李慧玲	高　远	蒋坤萍	严　谨	赵　耀	牛珊珊	关博方
郭　蕾	肖　源	范　斌	高欣然	孙　菁	郑　卫	叶文迪
和晓彤	刘　菲	陈　笛	刘威麟	杨　曦	付汪蓉	张　婷
曾婷婷						

自动化专业(17人)

梁欧阳	管文玉	徐　鹏	张云浩	阳清亮	李行健	袁　硕
胡淑莹	郝子源	花若雪	张　旭	何之洲	陈　琦	刘　凡
韦荣鲜	王　娇	张　笑				

电子信息工程(理科试验班)专业 (14人)

武晶波	林　镔	奚欣格	刘纪宏	柏加良	贾　柯	张文超
傅天亮	董小雪	徐浩成	刘　宁	伍紫薇	李蕴仪	王万能

电气工程及其自动化 (理科试验班)专业 (28人)

易梦佳	王晓宇	张晓洁	廖文龙	孙钰寒	王煜森	王　悦
侯　斌	饶文艇	阿吉蕾汝	王艺博	李慧媛	王　辰	刘　远
师　歌	占　颖	曹泽宾	陈汉曦	韦　凯	韩　旭	安　南
王一苇	张　悦	卢如松	路士杰	任　翔	郭玉松	翁宇琛

计算机科学与技术(理科试验班)专业(4人)

吴一丹	孙靖翔	郝博文	徐　鹏

金融学(理科试验班)专业(3人)

张　旋	胡玉涵	俞珏文

地理信息系统(理科试验班)专业(3人)

郑巳明	卢亚晗	祝玉婷

自动化(理科试验班)专业(2人)

刘　瑜	董祥祥

通信工程(理科试验班)专业(1人)

阎逸尧

水利与土木工程学院

农业建筑环境与能源工程专业(20人)

李东阳	周洪宇	李　超	宋依纯	邸晨光	强笑野	王碧菡
董　礼	赵彬潺	郑相宜	王　凯	蒋鸿宇	朱宸萱	吴向阳
顾　帆	聂路玮	冯皓星	赵晨龙	杨欣瑶	刘文秀	

能源与动力工程专业(28人)

卓敬超	杜倪鹏	包黄珊	赫　磊	赫　磊	王　鹏	张子龙
彭　芳	贾慧婷	贾慧婷	王丽瑶	魏亚杰	李嘉兴	关　昕
关　昕	包超鹏	陈　洋	闫婷婷	张　冰	张　冰	郑存锴
张驰也	李　佳	陈　豪	陈　豪	王含羽	花小迪	翟育卿

农业水利工程专业(35人)

朱嘉涵	宋海琳	潘奉琼	刘晓瑞	曾玉昂	陈景峰	焦麟杰
邱　璟	黄　乐	喻启华	白　璐	邓　远	叶惠强	卢　炤
赵友涛	王露露	李　娟	杨志远	林雨飞	溥王一龙	吴芳芳
张　静	黄重文	石静萍	沈倩西	张庆辉	陈骏杰	范楚婷
宋　健	马逸龙	王　容	岳　琼	侯　田	沈　筱	杨丹妮

水利水电工程专业(37人)

肖倩媛	王凯鸽	刘　成	雷虹霓	索　滢	石真瑞	王　琨
张　晨	许咏涛	陈文捷	张田媛	吴英杰	徐锐姣	祁志伟
戴炆君	王　斌	訾　信	旷体龙	张巧周	王　曼	陆　晓
何文馨	普　穷	刘子翔	李健教	吕佳钰	李小天	李真晓
把永春	柯贤德	徐青青	侯　鹏	吴　成	付　婧	张　继
余鹏鹏	王永超					

土木工程专业(56人)

朱坚强	潘睿阳	洪双双	何 烨	韩文佳	梁 欢	杨 洁
吕彦楠	刘洪星	王佳佳	李伟强	陈家铨	王传源	李兆阳
张红园	李 薇	李嘉颖	刘江彦	吴 雪	罗今建	张 宁
张 露	张 允	陈祎途	肖晋湘	宋佳峥	杨 鹏	李章华
李治昂	刘思捷	吴鸿铖	徐成澄	杨 越	李欣竹	肖江龙
储凌飞	查明旭	黄智超	徐高翔	罗思绮	韦 文	喻雪纯
吴学玲	何修桐	旦增平措	金 崟	甄振飞	胡 劢	张谋进
杨秀卿	沈宝营	赵艺伟	郑智仁	陈利鑫	李威然	黄世俊

理学院

化学专业(61人)

吴 筱	陈 非	李晓莹	姜 璐	王月朦	顾凌郡	黄 东
汪 涛	王安濮	孙 效	王 鹏	盛 轲	胡艳妮	时胜超
田天琪	张冰洁	王 冷	姚尚初	王琼宇	侯垠竹	张雪焱
毕嘉玮	张 涵	周吉佳	董逸韬	丰 硕	盛学开	焦佩丽
肖 凡	林熙文	马小然	胡瑞坤	夏静静	李钰莹	朱 柳
徐天恒	张 伟	李婉祯	陈天明	尹经纬	霍童雨	罗萌慧
伊丽颖	张欢馨	程晏雄	魏嘉雯	王忠宇	雷荣荣	李实实
杨 敏	王奇君	秦益楠	韩敏晖	曾 悦	贾钰涵	胡锦程
程 政	严文锐	季恺杰	许晓颖	许世扬		

应用化学专业(42人)

靳宇翔	兰文捷	曹玉虎	康漫青	王雪臻	吕建时	杨 娟
李培泽	陈冠宇	韩雨萌	张 盼	曾江艳	石皓天	姚 炜
黄 岚	王瀚哲	王文卓	潘 乡	黄铭一	姜震东	屈 伸
吴 俊	李家健	陈 晨	赵 锐	商洪溢	李 岩	李易凡
贺莘茹	王雪亮	李万涛	杨若岩	牟怡豪	李小青	王腾达
黄潇毅	李昊南	闫 森	王颎琳	刘欣雅	吴沛卓	刘雨婷

工程力学专业(22人)

郑 重	高 畅	林晓甜	雷炳海	张何宇	成 嘉	任炳南
王北辰	邓居上	王齐尚	张泽力	钱亦枭	董容智	邱昱彰
张秀润	陈 旸	吴子牛	安 露	邹 铭	涂俊龙	段廷武
宋金谦						

数学与应用数学专业(24人)

金银实	杨 娜	程 茜	胡子涵	包小西	刘 悦	窦 健
王轶宸	张 泉	马静茹	刘时雨	徐 旭	周 航	颜全福
吴金晶	袁 婷	陈思宇	卓梁雨	李皓圆	张 寒	郭思洋
刘 想	刘浩然	刘祥麟				

经济管理学院

工商管理专业(52人)

马力雅	赵　明	宋潇琪	杜国良	梁　琛	王梦齐	宋子木
王紫灿	李浩宇	胡茜茜	芦　蕾	王凤洋	朱照林	张　晶
卢师师	李健铎	邵志华	张　蕾	蒋　源	黄　瑞	朱永琦
聂积凯	王文煊	马凤帝	秦　攀	许正源	胡云龙	潘　帅
董姝艺	申文涛	钱　隆	邓　怡	关　丹	宋　雅	张智恒
于添池	王敬雯	朱绍元	张芝毓	高仕灵	张怀良	宗佳桦
周泽湘	朱劭佳	张丹宁	陈　申	金虹豆	唐　晓	崔子贤
周　润	钱　浩	赵小舟				

电子商务专业(9人)

胡晨晨	孙铭晗	张肇博	宋　妮	彭俊杰	杜梦婷	高笑宇
尼　珍	栗鹏远					

国际经济与贸易专业(12人)

徐则达	段哲琨	冯程程	唐　颖	黄昕怡	朱　迪	吴伊晗
葛嘉慧	吕阳龙	杨　旭	李佳璇	赵维韬		

会计学专业(75)

吴　方	任梓欣	吴佳蔚	张嘉琪	付煜博	夏　冰	汤莹莹
董月程	黄诗雅	陈　洁	尹文俊	李宛津	王欣然	伏　雨
唐荣琦	甄婧含	李作舜	颜　林	牛亭匀	姚雨晨	王　萱
段安琪	周　静	刘佳辰	徐延平	徐瑞丹	索　莹	邢佳宁
刘浦畅	郭钇廷	刘晓岚	王行健	黄　丽	刘欣竺	巴桑卓玛
江宇静	郭雅慧	李祉萱	王雨萱	张馨月	高雨涵	岳乙琳
李弘旭	徐佳豪	祝　晴	张锦花	沈周奕	沈寒秋	贾　旭
田鸣晓	刘博文	彭　斌	黄　怡	张靖雪	贾　晨	丁　宁
吴春燕	冀琼辉	孙诗萌	胡青神	孟文琪	张蓓玲	叶碧蓉
陈晓丹	龚诗然	赖诗凡	刘佳丽	闫姿君	乔智浩	孙梦遥
胡雨恬	刘小丹	王　祺	李佳茵	王　星		

金融学专业(109人)

陈晓薇	彭婧滢	王嘉琛	徐　昱	吴雷宇翔	刘语凡	朱家欢
叶紫郁	吴　哲	措赤旺堆	陈倩倩	张　凯	陈霈城	彭睿祺
侯　敏	王　杰	郭　楠	徐　璐	李占一	苗家惠	陈庆筠
翟启迪	谢宇飞	者晓希	吴雅丽	王晓文	熊浩宇	郑　彤
张静萍	沈　畅	金子雯	隋　钰	洪　珊	赵　翔	管佩伦
丁可鑫	杜文涓	张洁文	李寒漪	戚　栋	李芳婕	黄晨晨
刘宇晶	蒋亦清	宋红颖	周恩雅	谭瑛超	秦　缘	马宇彤

冉　曦	孟子昕	乔　通	朱真莹	邢昊飞	张立壮	焦　腾
尹伊伊	康雅婷	阚梦婷	王　童	何　芳	王　程	李　燃
赵佳琦	罗　振	李　姗	孙　亮	周亚锋	赵　静	方　璐
费维佳	杨漪洋	陈禹桐	程红玲	代玉婷	刘馨爽	徐铭宇
林之湄	马文迪	唐　婧	贺吟荫	蔡雪琪	刘依琳	汪鹏霄
王梦莹	刘世宇	郭怡然	张　誉	李献科	刘　欣	朱晨阳
吴嘉雯	许　晨	张展轶	彭　越	撒晓宇	姚利娟	晏　妮
杨智诚	李　根	贾舒喆	刘　业	楼超华	陈　垚	朱星宇
王新程	许清扬	胡皓寒	公　雪			

农林经济管理专业(37 人)

程译川	刘沛源	任　晏	袁青青	古力克买尔·亚生		祝沁灵
刘子涵	胡敏炜	俞岩秀	图如普妮萨·图尔荪		杨书礼	赵沛如
邱梦婷	方云鹤	上官霜月	云大鹏	李　可	金珏雯	程　悦
苗可洲	裴春晨	李金锴	王转林	郭欣宇	吴艳萍	王昕冉
李　硕	程　骞	赵　璐	常硕宸	郭　松	白健瑞	罗　娜
陈　熠	蒋程诺	王　丹	张鑫宇			

人文与发展学院

传播学专业(35 人)

万劭峰	周瑞洁	王苏宁	吴曙延	唐乐融	肖权珂	王　钧
欧阳维杉	王雪绒	张惠清	邹　蓉	张馨月	钱绯璠	杨智显
刘咏絮	乐雨婷	王婉媚	李奕欣	丁　艺	陈一珺	辛　晨
杨伊雯	王如月	杨淏然	李倩楠	俞　杨	王雯佳	崔雪放
汤庆爽	杜文清	安虹璇	袁若男	顾族宸	孙静怡	黄子安

法学专业(40 人)

杨　振	卢俊名	李佳格	于凌霄	王安东	武亚男	朱凯怿
刘一宏	李丹婷	严　妍	金　鹏	张乐远	杜文文	徐　宁
李姝颖	孙进龙	陈星宇	张占逊	陈泽杰	孙　凯	褚宏贵
王厚权	耿子舒	岳子凡	蔡汶憬	王世伟	黑梦琦	李月阳
刘钰琳	阳忠卓玛	张国祥	季雯怡	王文琦	吕晓娟	白雨薇
张馨月	何杨杨	陈宇峰	刘欣然	王金娇		

农村区域发展专业(51 人)

邹雨君	刘易作	强　澂	宋含城	熊　雪	杨　喆	杨思邈
张雪娇	张　瑶	刘成曦	万潇潇	井　洋	黄润楠	王泽浩
格　桑	陈　蕊	霸雨辰	洪逸菲	伍灏欣	李语宁	马佳颖
王　煦	黄琬茹	李嘉毓	吐尼沙·苏来曼		吴　越	谢　伟
高宇珺	袁凌寒	凯比努尔·司坎旦		李明蔚	范思羽	贾子钰
陈亚文	努尔依拉·吾扎提		杨文旭	王　贺	杨程雪	朱萌玮

阿迪力江·玉苏普		李丹桂	赵桑榆	张林林	吕心琪	赵　宇
谢郁舒	张　舵	丁　键	李欣妍	赖毅琼	安俞铮	

社会学专业(24人)

李才怡	刘思远	陈楚楚	杨雪映	贡秋郎加	罗颖煌	辛育航
江　沛	柯姝琪	刘芮豪	刘阿荣	韦　晶	宋甘露	王依睿
段佳颖	孙弋帏	李雅昕	范海青	王露露	王嘉雪	罗茜文
韩泽东	杨月舻	赵心怡				

英语专业(27人)

黄凯旋	李婷婉	陈纯芷	周炜佳	托合提妮萨罕·阿合图尔孙		唐娅芬
闫晨瑞	柯团玲	向　宇	朱致君	木觉珏	刘增智	张思琦
赵昕茹	王舒婳	李　晗	郑富尹	陶园园	刘佳欣	熊瑰林
张博华	孙堃仁	路妍桢	高　杨	李英乐	金淳曦	颜好函

国际学院

国际经济与贸易专业(97人)

杨智超	许雨桐	李　然	谢梦楠	吴　璇	王雨旸	刘满山
李盈盈	蔡皓天	何　玥	王世怡	冯家琦	张子琪	陈　琦
田雨卿	王婵媛	翟启帆	宋　昱	韩一嘉	高思为	邹建炜
彭思琦	刘佳承	张超杰	杨　静	李云舟	张一淳	刘倩颖
钟　政	李漪炜	李崇宇	纪　然	谢哲晗	成亚男	张洪达
孟宇澄	崔木榕	康舒洋	张皞玥	钟威振	冯　格	路易思
李　昂	闫文琦	钟楚琪	张凯旗	王　迪	陈卓杨	鲍志博
姜　军	卢羽佳	李　瑶	曹铭轩	罗森予	王万茹	史嘉文
杜　源	司　奇	兰梦涵	王力隆	戴世豪	吴越璇	刘桧颖
刘晓红	冀镜合	李思媛	张晟晗	任　逸	杨宇鹏	廖博婷
徐宇晴	禄宇翔	钟一单	郝天骄	周晓琪	李欣悦	方辰玥
白静怡	解越丹	张鸿旸	朱晓萌	刘梦薇	郭　韬	姚玥彤
王　茉	李永欣	张百葳	薛大宇	张羽彤	林佳雯	马韵笙
李燊睿	郭思琦	于　音	侯英泽	王昊昀	柴丽昂	

金融学专业(56人)

项玄哲	包　磊	季子聪	杨　彤	田伊旻	李子辰	安　然
刘　琳	王　冉	唐浩博	许　然	张云轩	陈忆青	赵晨光
鲁煦然	徐伊婷	杨东臻	任晋男	李　婷	刘梦雨	黄宣霖
马丁裕真	高梦雷	李　琛	曹　悦	刘　奥	陆双双	王　渊
王芷齐	黄兰岚	李家琪	黄　山	任舒羽	郭咏佳	廉宇佳
丁琨丽	柯梦霞	刘潇钰	马若涵	唐珮雯	王瑞雯	武　菲
张程智	何婧雯	郑　煜	梁　天	高则诚	胡玉伟	郭天承
刘　颖	陈　雷	田旭南	文靖麟	李　征	赵宇祺	邢　雯

农林经济管理专业(44人)

王玮珏	智薪予	谭道宇	邓辰洁	孙可心	韩信子	刘佳钰
王正一	何东瑞	李梓赫	刘　琦	曹　畅	张雪茗	尚　颖
秦小萌	张一鸣	黄河瑨	孙　玥	仲紫薇	王圣汐	梁奕诚
杜　莼	王语和	徐香楠	吴　桐	赵楷齐	梁婧怡	王祎良
孙明威	刘艺涵	张瑞琪	王欧彤	陈玥彤	陈君瀚	郑茂永
黑泽宇	马睿瑶	高博维	王晨旭	李凌伊	江　漪	卓嘉欣
桂昕晔	马则坤					

传播学专业(22人)

孙慧佳	代雨君	何笑妮	赵雪明	牟　原	王潇颖	姜　南
高秋逸	刘家欣	张锦云	邓　绛	李晓宇	杜心言	王路遥
马　泽	张依萌	李倩然	石　惠	刘惠姗	刘名萱	杜思齐
王佳琳						

烟台研究院

公共事业管理专业(88人)

周　珂	翟文浩	宋　金	杨建国	孟　彩	孙　非	朱顺顺
刘婉秋	孔睿涵	马　健	张子艺	蒋　娜	刘　琪	王晓菲
陈小晨	马　昕	孙晓菲	于心怡	刘帅顺	陈　曦	逄　越
于泽坤	宫　浩	吕舒舒	李欣欣	艾　欣	李荷慧	张新然
滕璐阳	张凯琪	王艺婷	曹　琦	陶思敏	张文钰	刘晓雯
陈观芹	刘　豪	陈　刚	刁瀚超	张一珂	于光跃	张　甜
董晓婕	赵敏晴	王子琛	王　宇	袁　静	崔暄翌	崔若雨
吴亚男	刘佳钰	侯文谦	常政琪	韩天阔	于　飞	孙瑜旋
姚宇钊	刘俊俊	毕慧敏	任振东	于雅俐	孙　飞	宋汉文
任士雷	王梦婕	张新杰	朱颜永芳	郝秋晨	张　茜	刘丰祯
聂姮姮	王仪宁	于　群	刘罗娜	刘世祎	田　小	徐梅焕
秦　昊	张　悦	李宏莹	张　杰	盛　达	魏代双	郭　源
樊蓉蓉	邢　冰	刘　伟	王译民			

市场营销专业(90人)

宋淑超	崔晓峰	王文倩	孟垂真	张紫瑶	王梦婕	侯英男
曹洪川	刘皓	刘天娇	胡晓艺	赵荣贵	刘鸣晓	周冠名
金立鑫	杨永涛	刘宏旭	任雪霞	汪明静	杨晓娟	王　悦
兰俊伟	李晓彤	高伟轩	刘冠冠	尚友成	陆泊帆	张佳男
张庆玉	陈正卿	李钰清	冯英姿	张田野	杨婷婷	王美如
宋佳伟	丁雪莹	张　驰	姜　楠	曹振召	王晓雅	韩永辉
王　钰	叶凯月	吕静静	黄雅俊	田登凤	王光昊	战　宇
刘　翔	姜梦雪	高笑歌	潘明艺	胡克青	徐宁勤	惠　恩

赵华朋	孙倩男	黄儒川	张子璇	苏　英	徐微微	谷金钟
刘　通	杨静静	宋毅宁	苏　航	王愉萍	李兆莹	史宏达
闫慧鑫	李天雪	乔　磊	王志莹	苗春丽	郎　珊	宗田丽
王　睿	曲　莉	王　棋	李凤祥	魏晓聪	谢肖肖	王文昊
胡冠亚	崔玉静	郭子豪	刘婧雯	张雨晴	宫　毅	

设施农业科学与工程专业(55人)

黄　震	井光锦	唐子欢	张相鲁	李　栋	张琪雯	张　颖
王晓亚	王昭翔	刘志斋	马　娉	张益彰	宗　璐	姜　雨
孙其乐	赵元浩	刘正龙	刘雪宁	郭伟胜	尹相坤	陈力硕
邹　洁	孙　辉	邢诗晗	卢　琨	周　珂	郭　鑫	邵威铭
郭　豪	曹起涛	张文齐	吴兆源	张靖翼	张　晨	胡　月
于凌云	贾海燕	郭　帅	彭　鹏	李风梅	安　通	张雁坤
王君峰	姚力炜	石　荣	刘潇晗	于朋飞	赵　轩	栗照鑫
王超楠	张嘉月	程绮慧	胡文波	薛　咏	马明真	

水产养殖学专业(39人)

李恺淞	李梦雪	彭晓宗	龚圣尧	冯　雪	李晗溪	李宇强
刘　明	孙一玮	于　珊	肖　瑶	张皓天	董文轩	马景林
孟祥晖	孟　帅	周　睿	王振洁	费　凡	魏　淼	孙路平
柳　叶	侯佳汝	张明珠	刘浩伟	刘秋珂	曲文茹	许　前
曹云雷	侯润川	张　扬	肖　威	徐　建	刘　欢	张　冉
李长济	林宏坤	王倩茹	武　晨			

2017年媒体报道目录索引

标题	媒体	时间
中国农大成立国家农业农村发展研究院	农民日报	1月1日
中国农大本科毕业生深造率连续5年超过50%	人民网	1月3日
中国农业大学“国家农业农村发展研究院”成立	北京考试报	1月4日
善达网评选出2016六大公益思想者 李小云入选	善达网	1月4日
三千学生带着课题下乡实践	中国教育报	1月5日
中国农大党建书屋揭牌	新华社	1月7日
以四个自信为核心加强高校学生思想政治工作	中国高等教育	1月7日
中农富通与中国农业大学领导参加洛阳首届嘉年华开幕式	中国山东网	1月9日
探究“民以食为天”的本源	北京晚报	1月10日
中国农业大学党建书屋揭牌	中国社会科学报	1月11日
中国农大获得2016国家科学技术奖五项	大学生科技报	1月12日
姜沛民:全面从严治党的重要抓手	中国共青团	1月15日
叶敬忠:孝道只有真实才有效	民主与法制报	1月22日
中国农业大学追踪到中国家禽生产中抗生素耐药性基因	中国科学报	2月7日
【思想家】李小云谈大援助体制:新型大国需要新型对外援助	光明网	2月9日
养殖业中的抗生素何去何从? 沈建忠院士答问	科学网	2月15日
中国农业大学在脉翅总目昆虫系统演化研究中获新进展	科学网	2月16日
农村创客眼中的一号文件:培训力度加大 农民也可上大学	长沙电视台	2月23日
大学校园“小学生”丨廖崴:找到隐形的翅膀	科学网	3月1日
田野上书写“青春的答卷和变形记”	大学生科技报	3月2日
还原农业的绿色底色 全国政协常委武维华建言加快农业补贴政策体系改革	中国青年网	3月4日

续表

标题	媒体	时间
浙江小记者提问柯炳生:如何让“广场舞”不再影响孩子学习	人民政协网	3月5日
习近平总书记讲话引起热烈反响	人民政协报	3月5日
柯炳生:四个创新推进农业供给侧结构性改革	农民日报	3月7日
柯炳生:对存在食品安全问题的企业应施以重罚	中国纪检监察报	3月7日
柯炳生:学习总书记讲话精神履行农大人报国使命	农民日报	3月10日
扩大国际合作 牛精英着力培养国际化专业人才	中国教育报	3月10日
李桂华:双周座谈会的由来	人民政协报	3月11日
柯炳生:玉米发力去库存,价补分离是改革必由之路	中国网	3月11日
聚焦“三农”·九问两会	央视	3月11日
中国农业大学定点帮扶镇康县工作纪实	临沧日报	3月12日
韩鲁佳:全国专业的农机从业人员极少	中国农机化导报	3月13日
柯炳生:蓝翔技校也应该培养农机手	中国农机化导报	3月13日
中国农业大学多举措加强教工党支部建设	教育部网站	3月14日
我与大大(黄炎培)及中华职业教育社	中华职业教育社社讯	3月20日
阿卜杜:学习之星 迷彩军营 青春之歌	北京考试报	3月25日
一颗新西兰奇异果的“海归记”	新华社	3月26日
李小云:公益组织为何集体缺席“精准扶贫”?	南方周末	3月30日
用规则呵护分享经济发展	光明日报	4月6日
罗海玲:中国羊业发展的科普使者	中国青年网	4月10日
山东菏泽郓城非遗剪纸艺术走进中国农业大学	新华网	4月12日
罗云波:发挥第三方作用 完善全供应链政策体系	中国经济网	4月12日
试管动物性别失衡之谜	央视	4月17日
何慧丽:绿色农产品的道义流通	中国科学报	4月19日
水稻孕穗期耐冷基因研究取得新进展	中国科学报	4月19日
中国后备奶牛培育现状研究报告发布	央视	4月23日
高校推“复合配方”培育书香校园	中国教育报	4月24日
又是一年读书日,看清北学子都读了啥书?(内附多所高校读书日活动小花絮,速戳)| 校园热点	教育圆桌微信公众号	4月24日
细节铸造成功:中国农业大学西校区无线网络工程探访	千家网	4月25日
守护舌尖上的安全 中国今年这样做	人民日报海外版	4月25日
中国农大校长谈“困惑与快乐”	大学生科技报	4月26日
港口区教授工作站打造农业示范基地菜篮农场	防城港日报	4月27日

续表

标题	媒体	时间
全国科技小院联盟启动	农民日报	4 月 28 日
中国农大研支团开展讲座与高中生交流学习	中国青年网	5 月 2 日
中国农业大学副校长李召虎到张家口市调研	张家口日报	5 月 3 日
2017 中国大学农学排行榜　中国农大第 1	新浪	5 月 3 日
中国农大版《朗读者》探索文化育人新模式	人民网	5 月 4 日
中国农大师生学习和热议习近平总书记重要讲话精神	宣教之窗	5 月 4 日
各地高校师生学习贯彻习近平总书记重要讲话	光明微教育	5 月 4 日
勇担时代赋予的历史责任	光明日报	5 月 5 日
做勇立时代潮头的奋进者和开拓者	中国教育报	5 月 5 日
勇闯天涯北京区王者诞生　中国农业大学学子勇夺冠	搜狐	5 月 9 日
科技小院的“零距离”服务	科学网	5 月 9 日
中国农大“小甜薯”在广西掀起种植热潮	中国科学报	5 月 10 日
通过“土壤大数据” 淘实惠成为农民精准耕种的利器	贵阳网	5 月 10 日
陆娟:品牌建设必须要提高产品质量	新浪	5 月 10 日
全国“科技小院”研究生创新创业教育联盟成立	大学生科技报	5 月 11 日
新疆现代农业科技小院授牌	新疆科技报	5 月 11 日
农业部发文促休闲农业发展　首次进行全国摸底	经济观察网	5 月 13 日
中国农业大学揭开非洲水稻低产之谜	中国科学报	5 月 15 日
一个年轻农研团队与“一带一路”的不解之缘	农民日报	5 月 16 日
“最后一公里”,中国农大教授的扶贫试验	南风窗	5 月 17 日
“一带一路”为中国食品工业走出去提供新机遇	新华社	5 月 17 日
范志红等当选“最受媒体欢迎的科学家”	人民网	5 月 19 日
有机农业,人心所向	科学网	5 月 19 日
美国牛肉进口禁令将解除　专家:应补贴国内养殖户	央广网	5 月 19 日
智能技术与装备展馆成为北京市新增科普基地	千龙网	5 月 23 日
中国农业大学教授孙庆忠:我没有愧对讲台	人民政协报	5 月 24 日
中国农业大学 6 大项目加强学生国际化培养	人民网	5 月 26 日
国内首家富硒农业科技创新中心在京成立	中国新闻网	5 月 26 日
袁毅许维泽会见中国农业大学胡小松教授一行	闽北日报	5 月 27 日
李小云:私企走进非洲,功课须先做足	环球时报	6 月 6 日
最新 QS 全球大学排名公布 12 所中国大学进入世界百强	科技日报	6 月 9 日
广东省首个蔬菜类科技小院落户三水白坭	佛山日报	6 月 10 日

续表

标题	媒体	时间
撑起农民“钱袋子”今年有实招	人民日报海外版	6月14日
柯炳生:棉花目标价格改革成效初显	经济日报	6月14日
孟庆翔当选中一加肉牛产业合作联盟常务副理事长	农民日报	6月14日
廖俊:中国农大的青春风暴席卷内蒙古!	PPTV	6月14日
李德发院士工作站在赣州经开区授牌	中国江西网	6月15日
公益力量助力偏僻民族村寨脱贫	新华网	6月16日
用大米做出低热又扛饿的面包	北京晚报	6月22日
习近平在深度贫困地区脱贫攻坚座谈会上强调　强化支撑体系 加大政策倾斜　聚焦精准发力攻克坚中之坚	央视	6月24日
“十三五”食品科技创新专项规划发布	经济日报	6月26日
勐腊县探索扶贫新模式	云南卫视	6月27日
中国农业大学毕业生写信给五年后的自己	法制晚报	6月28日
八部委联合发文　保障低价药、“救命药”供应	央广网	6月30日
河北梆子《李保国》在农大演出	央视	7月3日
河北梆子现代戏《李保国》感动师生	光明日报	7月4日
全球食品学科排名放榜　中国9家高校进前50强	中国食品报	7月5日
援疆干部陈青云:时间有期限　工作无止境	天山网	7月7日
陈文新:生物固氮可促进农业持续发展	中国科学报	7月11日
植物应答干旱胁迫新路径揭示	科技日报	7月13日
峰云社将连续第13年走进西藏	中国新闻社	7月15日
孙其信任中国农业大学校长　柯炳生不再担任	中国新闻社	7月17日
中国减贫项目给非洲村庄带去什么	农民日报	7月18日
向外来人口收费是典型的城市思维	农民日报	7月19日
教授的“小农”扶贫试验	中国青年报	7月19日
孙其信:离不开试验田的大学校长	光明日报	7月20日
两岸学农青年参观中国农业大学　点赞克隆技术	中国台湾网	7月20日
中国农大与怀柔区开展全面合作	农民日报	7月22日
世界屋脊上正在改变的“拾粪”故事	新华社	7月22日
中国农业大学博士管青春:让青春绽放得更精彩	防城港日报	7月24日
“让爱心在牧区传递”高原捡拾车集中发放活动举行	央广网	7月27日
第二届全国农林高校“牛精英挑战赛”圆满落幕	中国网	7月27日

续表

标题	媒体	时间
中国农业大学学生获“2017美国ASABE大学生机器人设计竞赛”冠军	新华网	8月2日
西瓜皮可以呼吸　水分流失导致风干	北京晨报	8月6日
我国节水灌溉继续扩大　助推节水农业“走出去”	新华社	8月7日
两岸学农青年农业研习营“干货”足　台青连赞收获多	中国台湾网	8月7日
盐碱地里稻花香	科技日报	8月8日
什么是“三农”问题？	农民日报	8月9日
中国农业大学：补助震区新生每人至少600元	法制晚报	8月9日
根瘤菌的减“肥”行动	中国科学报	8月9日
中国农业大学学生到张北调研	张家口新闻网	8月9日
制种纯度达99.9%！我国赢得杂交小麦话语权	科技日报	8月11日
缺少专业“把关人”：谁来守护13亿国民的营养	中国科学报	8月11日
中农二部携手中国农大解土壤难题	农资导报	8月11日
吃饭问题是什么问题？	农民日报	8月12日
中国农大专家深入卫东区果园“把脉问诊”	平顶山日报	8月14日
防治慢性病　市民缺少身边指点	北京晨报	8月14日
关于“一带一路”农业合作的思考与建议	农民日报	8月15日
“一箭三雕”食用菌	中国科学报	8月15日
沈建忠：应正确认识兽药残留	中国医药报	8月16日
食品安全怎么看？	农民日报	8月16日
从长春农业博览会看智慧农业	新华社	8月16日
在创新创业中绽放青春光彩	中国教育报	8月17日
16国专家达成“东阿共识”	新华社	8月17日
中国农业大学湖北首个创新创业基地落户丹江口	湖北教育信息网	8月17日
葛长银：经管教材建设要与时俱进	光明网	8月18日
转基因问题为什么纠缠不清？	农民日报	8月19日
“村里来了个北京人！”	临沧日报	8月19日
武威节水农业向科技要效益	甘肃日报	8月20日
《法治中国》政论专题片引起热议	人民日报	8月20日
第四届车河国际有机农业论坛大同开讲	山西经济日报	8月20日
孙其信出席第四届车河国际有机农业论坛	大同日报	8月21日
酵素排毒养颜减肥统统不靠谱	科技日报	8月21日

续表

标题	媒体	时间
石羊河实验站节水研究的故事	甘肃日报	8月22日
土地为什么要三权分置?	农民日报	8月23日
中国农业大学校长孙其信:集各学科智慧服务山西有机农业	中国科学报	8月23日
玩转舌尖上的玉米	工人日报	8月23日
以人民根本利益为坐标完善治理	经济日报	8月23日
京津冀3年内水肥一体化面积将增50%	农民日报	8月24日
中国农大学生在西乡塘区开展扶贫调研	南宁日报	8月24日
农业发展的最大挑战是什么?	农民日报	8月26日
剖析河边村,一位大学教授的扶贫试验	公益时报	8月26日
始终把服务农业现代化当作使命	光明日报	8月26日
确保中国人的饭碗牢牢端在自己手里	光明日报	8月26日
数读中国农业大学	光明日报	8月26日
75名中国农业大学教师来到了科技小院	曲周电视台	8月28日
朱晨:我国职业代际流动水平大幅提高	人民日报	8月28日
解民生之多艰,育天下之英才——中国农大推进中国特色、农业特色一流大学建设	光明日报	8月29日
我国未来农业会是什么样?	农民日报	8月31日
参加“梨树黑土地论坛”的专家学者等抵达梨树	智慧梨树微信公众号	9月1日
梨树黑土地论坛2017年会隆重召开	智慧梨树微信公众号	9月2日
“梨树黑土地论坛·2017”开幕	吉林日报	9月3日
徐菲玲夺得全运会羽毛球两项冠军	北京体育广播	9月3日
农产品需求有哪些特殊性?	农民日报	9月3日
中央电视台报道中国农业大学资助工作	央视	9月4日
大数据升级改造传统农业	科技日报	9月4日
经管学院韩一军谈首届“一带一路”(东盟)农业投资合作论坛	农民日报	9月5日
中国农业大学聘知名教授任班主任	中青在线	9月5日
中国农业大学:贫困生想学托福雅思舞蹈　学校给拨钱	新京报网	9月5日
《柳叶刀》颠覆世人膳食观?	科技日报	9月6日
柯炳生:农产品价格为什么大起大落?	农民日报	9月6日
加强农业技术推广　解决精准施肥难题	新华网	9月6日
中国教育电视台报道孙其信在本科新生开学典礼上讲话	中国教育电视台	9月6日
“你好同学——光明开学大直播”走进中国农业大学	光明日报	9月6日

续表

标题	媒体	时间
在京高校“寒门学子”录取创新高	北京日报	9月6日
柯炳生:农产品生产有哪些特殊性?	农民日报	9月6日
你们疯抢的这些“洋奶粉”根本不符合国标!	央视网	9月7日
2017全国绿色养殖发展大会在京召开	新华网	9月9日
两部委:13城市试点集体土地建设租赁住房	人民网	9月10日
专家倡议通过“一带一路”合作改变大宗商品定价定制	中国金融信息网	9月10日
中国农业大学教授李晓林:快乐的“新农民”	中国教育报	9月10日
中国—东盟农业官员吁加强农业合作	中国新闻网	9月11日
中国农业大学:助力打好扶贫攻坚战	光明日报	9月11日
饲草业聚焦“定西模式”	科学网	9月12日
聆听开学“第一课”	中国科学报	9月12日
2017年全国脱贫攻坚奖评选结果揭晓　40名脱贫攻坚一线人士获奖	中国经济网	9月13日
全国妇联第三方评估组到浏阳开展“农村贫困母亲两癌救助项目”评估	中国　长沙	9月13日
“2017全国青年7人制橄榄球总决赛”圆满收官	环球网	9月13日
央视财经频道《消费主张》栏目聚焦国产知名品牌“完达山”	中国新闻网	9月13日
聆听高校“开学第一课”	北京晚报	9月13日
柯炳生:如何看待粮食安全问题?	农民日报	9月13日
中国农业大学新教师入职教育紧扣“四个相统一”	宣教之窗	9月14日
中国农业大学高层次人才暑期红色实践教育受欢迎	宣教之窗	9月14日
北京市委教工委对55所高校开展专项督查调研深入推进高校思政会精神落地落实	教育部	9月14日
主食和肉决定生死吗	生命时报	9月15日
中国农业大学积极助力深度贫困地区脱贫攻坚	教育部	9月15日
全国科普日:“朋友圈”里的健康谣言　你中招了吗?	人民网	9月15日
边境村里的“北京人”——记中国农业大学派驻帮东村第一书记李克江	中国扶贫网	9月16日
蒋海龙:从粮食安全与种粮收益看粮食适度规模经营	农民日报	9月16日
高校联盟杯足球赛华北赛区开赛	新华社	9月16日
柯炳生:如何看待我国的农产品贸易?	农民日报	9月16日
信息促进农业,产业带动发展——中国农业大学赴青海省湟中县调研社会实践	光明网	9月17日

续表

标题	媒体	时间
披着“洋马甲”的酵素　种种“神效”都不靠谱	中国妇女报	9月18日
[聚焦三农]植保无人机离我们有多远	央视	9月19日
中国农业大学新教师到访曲周“科技小院”	中国科学报	9月19日
最全“食物嘌呤表”，会吃的人不担心尿酸高	人民日报微信公众号	9月19日
中国农业大学委员会“九三小讲堂”的前世今生	九三学社北京市委员会	9月20日
创业全新起点　投资崭新未来　中国农业大学2017MBA开学典礼	腾讯网	9月20日
零负担享用：吃月饼又不增加热量的小窍门	北京晨报地方报纸	9月20日
中国农业大学：把论文写在贫困地区的大地上	新华社	9月20日
中国农业大学开展系列活动宣传网络安全	宣教之窗	9月20日
入选“双一流”建设高校名单(A类)	微言教育	9月21日
玉门市与中国农业大学、甘肃祁连清泉农业科技公司签订合作框架协议	新华网	9月22日
李小云：中国民间组织“走出去”给世界带来什么？	光明网	9月22日
柯炳生：市场机制下政府干什么？	农民日报	9月23日
防城港市县域人才工作品牌现代农业专题培训班在中国农业大学开班	防城港日报	9月23日
中国乳业“蝶变”期待重拾信心	中国新闻网	9月24日
姜沛民出席中国共产党创办新型高等教育八十年论坛	中国人民大学新闻网	9月24日
中国农业大学到清镇市开展畜禽粪污采样工作	中国 贵阳	9月25日
中国农业大学与随县签订校地合作协议	湖北网络广播电视台	9月25日
长沙市现代农业战略管理高级研修班在中国农大举办	中国 长沙	9月26日
吃月饼注意这些禁忌　月饼宜吃鲜不吃陈	健康时报网	9月27日
专家学者齐聚甘肃庆阳　探农耕文化精髓促绿色发展	中国新闻网	9月28日
《百名摄影师聚焦香港》精选图片高校巡展中国农业大学站开幕	中国日报网	9月29日
秋季吃蘑菇有讲究　脾胃虚寒要少吃	人民网	9月30日
吃月饼时别喝冷饮　选购、食用、保存月饼时你需要知道这些	人民网	9月30日
中国农大专家朱启臻考察商丘市生态农业	新农村商报网	10月1日
假期过完身体毁了？假期远离8个隐形杀手	人民网	10月3日
多地出台楼市调控新政　限售是本轮调控一大特征	中央电视台	10月5日

续表

标题	媒体	时间
探究治疗肠癌的潜在靶点	科普时报	10 月 6 日
中国研究人员崔振岭获年度世界粮食奖青年奖	科学网	10 月 8 日
三位工程院院士把脉山西农谷	山西日报	10 月 8 日
首届中国农产品市场与农业品牌论坛在京举行	农业部网站	10 月 9 日
习近平:再接再厉　扎实工作　坚决打赢脱贫攻坚战	新华社	10 月 9 日
水利:保障新疆山川秀美物阜民丰	新疆日报	10 月 9 日
让养殖步入批次化生产	经济日报	10 月 9 日
扎根中国大地创办新型高等教育	中国教育报	10 月 9 日
造良田　提方案:区域盐碱地治理破题在望	科学网	10 月 10 日
击破“长假后遗症”	北京晨报	10 月 11 日
繁殖调控新技术:猪崽有望“按批次”出生	科技日报	10 月 11 日
中国农大教授崔振岭获世界粮食奖	中国教育报	10 月 11 日
展示砥砺奋进的五年成就　40 多个四川元素入选	四川日报	10 月 12 日
中国农业大学精准扶贫精准脱贫典型项目——依托建设平台,激发内生动力“三精准”助力产业发展	教育部网站	10 月 12 日
中国农业大学石榴工作室(网)上线成立,助力民族学生成长成才	宣教之窗	10 月 13 日
中国农业大学加强思想政治理论课教师队伍建设	教育部网站	10 月 13 日
新一代质谱仪生产基地在青启用	青岛晚报	10 月 14 日
陕西(眉县)世界猕猴桃大会研讨会在杨凌分会场举行	视点陕西	10 月 15 日
2017 世界粮食日和全国爱粮节粮宣传周启动仪式	人民网	10 月 16 日
别人家大学校庆发免费餐　食材系学校自产	网易	10 月 17 日
减盐,先得管好掌勺人	人民网	10 月 17 日
稻田养龙虾,不用担心农残超标	科技日报	10 月 17 日
部属高校精准扶贫十大典型项目扫描	中国教育报	10 月 17 日
烟台:“千人专家＋企业家”开启创业培训新模式	中国山东网	10 月 18 日
国家重点研发计划经费清单渐明　新能源车等成优先行业	经济参考报	10 月 18 日
北京各界干部群众收看十九大开幕会直播	人民网	10 月 18 日
首都各界干部群众热议十九大报告精神:新时代谱写新篇章	人民网	10 月 18 日

续表

标题	媒体	时间
中国研究人员崔振岭获颁世界粮食奖青年奖	中国日报网	10月19日
各地各高校干部师生对党的十九大胜利召开反响热烈	教育部网站	10月19日
中国农业大学师生观看十九大开幕会感想	中教之声	10月19日
二十万在京高校师生参观“砥砺奋进的五年”大型成就展	教育部网站	10月19日
《中国教育报》法人微博报道学校师生观看十九大开幕会感想	中国教育报微博	10月19日
中国优质粮食工程启动	科技日报	10月19日
传承文化基因，提升扶贫质量	经济网	10月20日
君乐宝举办“奶牛金钥匙”现场会　提升奶源品质	中国网	10月20日
Intl agriculture conference held in Beijing	China Daily	10月20日
中国农业大学发现乳腺癌重要调控因子	搜狐	10月21日
教育界：用使命感坚守育人和科研一线	科技日报	10月21日
中国农大：加快“双一流”建设　高校师生使命重大	中国教育电视台	10月22日
人才激励国运盛　科研有了定盘星	北京青年报	10月25日
中国农业大学专家到蒙阴考察山区丘陵植保技术	中国农业机械化信息网	10月25日
中国农业大学教授提供技术指导　曲周“科技苹果”身价高	邯郸晚报	10月25日
中国农业大学成立少数民族学生辅导员工作室	北京考试报	10月25日
畅想新时代农业教育新模式	央视	10月25日
助力粮食安全　献礼党的十九大	央视	10月25日
中国农业大学马克思主义学院教师实时学习十九大议“学”谈“做”	宣教之窗	10月26日
在伟大复兴新征程上奋勇前行	中国教育报	10月26日
专家建议：老年人饮食注重吃动平衡　理性选择保健品	中国经济网	10月27日
“半亩棉田”成长记	北京青年报	10月27日
农化服务全力迎接“新时代”	中国化工报	10月27日
19家“中国农垦标杆牧场”通过验收	新华网	10月27日
2017北京大学生戏剧节吸引俄罗斯英国等海外院校参与	中国新闻网	10月27日
香干是“钙中王”	人民网	10月28日
社会学者的乡村留守女性调查：选择留守如何成为一种“必须”	澎湃新闻	10月28日
首届“三农”传播高端论坛举行 聚焦“三农”话语传播力	中国新闻网	10月29日

续表

标题	媒体	时间
首都高校:人才培养科研攻关　高校多方面发力	北京晚报	10月30日
专家表示,全面建成小康社会离不开“三农”更离不开“三农”传播	新华社	10月31日
《农村土地承包法》时隔14年迎来大修,关乎6亿中国人生存	澎湃新闻	10月31日
生态农业,打造“松桃经验”	科学网	10月31日
食品科学与工程专业　培养专业“吃货”守护舌尖安全	北京考试报	11月1日
中国农业大学举行学习宣传贯彻党的十九大精神专题辅导报告	教育部网站	11月1日
营养比不过鸡蛋　高价燕窝只因物以稀为贵?	华夏时报	11月3日
中国农业大学成立习近平新时代“三农”思想研究中心	北青网	11月3日
全国农科学子扶贫实践行动系列丛书在京首发	中青在线	11月3日
农大成立俩研究中心“助力”三农发展	法制晚报	11月4日
发展富硒产业,湖南桃源县按下“快进键”	新华网	11月5日
农业物联网趋势论坛在京举行　京蓝助阵	人民网	11月6日
王涛:想让农民换个活法	科技日报	11月6日
十九大时光　全国农科高校汇智聚力:助力精准扶贫　聚力乡村振兴	中国教育电视台	11月8日
中国农业大学召开2017年暑期社会实践总结表彰大会	中国青年网	11月8日
全国农科院校在京“对表”	中国教育网	11月8日
周文彰:建设现代化经济体系关键在改革和开放	经济参考报	11月9日
农科学子聚力乡村振兴	央视	11月9日
CAER－IFPRI国际学术年会聚焦中国农业竞争力	农民日报	11月9日
《中国农民工粮食需求研究》一书发布:全国粮食需求量被低估317.7亿千克	中国金融信息网	11月10日
全国农科院校探讨“三农”人才培养	中国教育报	11月10日
中日智慧农业论坛在菏泽召开　专家共话现代农业	鲁网	11月10日
“马中熊猫”:藏在深山人未识	新华每日电讯	11月10日
拆解2535亿美元中美经贸大单	北京商报	11月10日
中国农业大学党委召开会议就学习贯彻党的十九大精神作动员部署	宣教之窗	11月10日
中国农业大学石榴工作室组织十九大精神专题学习会	宣教之窗	11月10日

续表

标题	媒体	时间
特色小镇建设与爱故乡学术研讨会在馆陶举行	河北新闻网	11月13日
不忘初心　再创辉煌——来自“光荣与梦想”中国革命老区历史贡献和建设成就展现场的报道	新华社	11月13日
乡村振兴战略勾画发展新蓝图　城乡命运共同体如何打造	人民日报海外版	11月13日
中国农大开办“乡村振兴青年菁英班”	中国新闻网	11月13日
柯炳生：欧盟农业补贴的特点是什么？	农民日报	11月14日
太空蚕后代繁殖已上万！这还只是开始	新华社	11月14日
中日专家开展益生菌研究学术对话　共同交流最新成果	中国经济网	11月14日
《中国农村产权流转交易市场发展报告(2017)》正式发布	中华网	11月14日
动物生物技术国际会议在京召开	中国科学报	11月14日
学习总书记“三农”论　实现强富美“三农”梦	农民日报	11月14日
中国将启动国际模式养猪计划	南方周末	11月15日
中国农业大学食品学院加强生产实习培训	中国食品报	11月15日
手握大红本　增收抓得稳	人民日报	11月15日
奶源好　品控严　我国婴配奶粉水平国际领先	中国经济网	11月15日
活禽市场仍保留需转型升级	南方日报	11月16日
全国政协召开双周协商座谈会	新华社	11月16日
以首善标准打磨思政课——北京高校加强学生思政工作纪实	中国教育报	11月17日
现代养猪兽药如何用？专家回应吃猪肉要知道的几件事	中国经济网	11月17日
中国农大开办乡村振兴青年菁英班	农民日报	11月17日
邓子新、武维华院士等获第十届谈家桢生命科学奖	中国科技网	11月18日
第十届谈家桢生命科学奖揭晓	中国经济网	11月19日
〔学习贯彻十九大〕孙其信：为民族复兴伟业再做新贡献！	统战新语	11月20日
中国农业大学教授、农民问题研究所所长朱启臻：“小组微生”对乡村振兴具有重要意义	人民网	11月20日
第七届中国县域现代农业发展高层会议在河北南和召开	新华网	11月20日
易地搬迁后如何做好后续发展？	经济	11月20日
柯炳生：我国粮棉价格政策如何改革？	农民日报	11月20日
“不毛之地”变身“绿色粮仓”	吉林日报	11月20日

续表

标题	媒体	时间
梅开二度,金正大再次参与国家重点研发计划	中化新网	11月20日
国际奶业战略和技术研究中心在京成立	科学网	11月20日
乡村振兴战略应关注几个关键内容	农民日报	11月20日
中国农业大学乡村振兴青年菁英班在京开班	中青在线	11月21日
中国农大成立国家农业市场研究中心	安徽日报农村版	11月21日
实践出真知——中国农业大学食品学院2017年夏季学期生产实习总结大会侧记	中国科技网	11月21日
改革增活力　种业创新局	中国科学网	11月21日
猪6个月出栏就能长到300斤?农业部专家:属正常养殖周期	新京报网	11月21日
别人家的大学食堂　八大菜系一个月吃不重样	人民日报微博	11月22日
柯炳生:如何才能让农民收入持续增长?	农民日报	11月22日
女性照料小孩到底是自然分工还是文化偏见	澎湃新闻	11月22日
我国设施农业机械化水平亟待升级	农民日报	11月23日
首个食品安全净化行业标准执行启动	新华网	11月23日
这是2000多位百岁老人身上总结出的长寿秘诀	健康时报	11月23日
乡村振兴战略有望实质性推进	经济参考报	11月23日
中国需求肉鸡品种　力破肉鸡种业格局	农产品期货网	11月23日
教育系统党的十九大精神“百人宣讲团”走进中国农大	教育部网站	11月24日
专家学者齐聚玉林,共话乡村发展	玉林日报	11月24日
北京市委常委、副市长阴和俊向中国农业大学师生宣讲党的十九大精神	宣教之窗	11月24日
他的名字铭刻在美国一大学路牌上	燕赵都市报	11月24日
中央深改组会议之后,“三块地”改革试点透露未来信号	经济观察报	11月25日
粮食安全是乡村振兴的重要保障——“乡村振兴与粮食安全战略”专家研讨会暨成果发布会召开	农民日报	11月25日
营养专家何计国做客食药科普大讲堂:饮食多样化有利于预防慢性疾病	南方日报	11月25日
集中教育系统优势兵力!“百人宣讲团”报告会来了　学习十九大精神进行时	微言教育微信公众号	11月25日
农村供给侧改革如何开展?专家推荐“黄陂模式”	长江网	11月26日

续表

标题	媒体	时间
“奶业智库”挂牌成立	人民日报	11月26日
中国农大成立两个研究中心	农民日报	11月27日
中国农业大学张福锁教授当选中国工程院院士!	中国农资导报网	11月27日
中国工程院2017年院士增选结果公布	人民网	11月27日
“克隆牛之父”杨向中:他的名字铭刻在美国一大学路牌上	新华社中国网事微信公众号	11月27日
食柚季已至,你被“柚惑”了吗	科技日报	11月28日
张福锁教授当选中国工程院院士	中国化肥信息网	11月29日
“一带一路”农业企业合作联盟成立	中国科学网	12月4日
“砥砺前行——学习贯彻党的十九大精神·名家进名校书画作品邀请展”在中国农业大学开幕	中国青年网	12月4日
中国顶尖农业院校发起成立“中国南南农业合作学院”	中国新闻社	12月4日
林毅夫:中国“转型经验”对发展中国家更具参考价值	新华社	12月4日
4 400余个农口岗位来京揽才	北京日报	12月5日
两个跨境农业合作学院在京成立	中国教育报	12月5日
破解土地增值与收益分配“罗生门”	中国科学报	12月6日
中国南南农业合作学院成立 推动形成新格局	央广	12月6日
“‘一带一路’农业合作学院”和“中国南南农业合作学院”成立	农民日报微信公众号	12月6日
“一带一路”国际农业合作的摇篮　两大智库型学院成立	财经时报	12月6日
“牛精英计划”创新人才培养体系	中国教育报	12月7日
中荷奶业发展中心2017科技年会　牧场到餐桌产业链建设更上台阶	人民网	12月7日
勠力同心共前行　继承前人再出新——访九三学社中央主席武维华	新华社	12月7日
武维华任九三学社中央主席	新华社	12月7日
肩负新使命开创新局面——访九三学社中央主席武维华	人民日报	12月8日
高等农业院校服务乡村振兴战略联盟成立	中国教育报	12月9日
新疆乌苏市与中国农业大学签订高校援市合作协议	亚心网	12月11日
怀柔区与农大研讨乡村振兴战略　标志区校统战合作进入新阶段	首都统一战线	12月12日
习近平“三农”思想与乡村振兴学术论坛召开	农民日报	12月12日

续表

标题	媒体	时间
柯炳生:农业科研的特点是什么?	农民日报	12 月 13 日
兵团节水技术大规模输出国内外	新华网	12 月 13 日
5 位品牌大咖授课　乡村振兴青年菁英班开讲品牌农业	土地资源网	12 月 14 日
首农集团三元种业输出“养牛精英”	中国科学报	12 月 15 日
李召虎:服务国家重大战略是“双一流”建设的核心问题	人民网	12 月 16 日
推动农业科技创新　培养“懂农业、爱农村、爱农民”的“三农”人才——中国农大师生学习习近平总书记致中国农学会成立 100 周年贺信	中国教育网	12 月 16 日
中国农大成立土地科学与技术学院	新华社	12 月 17 日
中国农业大学成立土地科学与技术学院	央广网	12 月 17 日
“吃不胖面包”等 109 项大学生专利创新作品展出	新京报	12 月 17 日
40 余高校校长共话“双一流”:重人才培养,别只盯个别学科	澎湃新闻	12 月 18 日
牛奶零售价过高不正常	中青在线	12 月 18 日
两大智库型学院成立　开创农业合作新格局	央视	12 月 18 日
国土资源部与中国农业大学签署战略合作协议	国土资源报	12 月 18 日
中国农业大学成立土地科学与技术学院	中国教育报	12 月 18 日
记者探访农大食品学院　解开从美果到佳酿的奥秘:葡萄酒人才是喝出来的吗?	北京晚报	12 月 19 日
喝水应该注意的几个“坏习惯”	人民网	12 月 20 日
汪懋华院士来嘉兴考察	中国嘉兴	12 月 20 日
2017 年中国食品产业发展年会召开　众嘉宾热议产业发展新态势	人民网	12 月 22 日
外媒看中国方便面销量下滑:外卖成竞争对手	中国日报网	12 月 22 日
留得青山在,咋能变金山?	经济	12 月 24 日
专家学者相聚丰顺建言　让新乡贤为乡村振兴添动能	梅州日报	12 月 25 日
2018 中国农林类大学排行榜:中国农业大学第一	新浪	12 月 25 日
产业兴旺是乡村振兴的关键所在	中国经济网	12 月 25 日
中国农业大学成立土地科学与技术学院	农民日报	12 月 25 日

续表

标题	媒体	时间
高校教学创新　增强思政课“时代感”	首都教育新闻网	12月26日
农业领域重点会议即将连续召开	经济参考报	12月26日
林万龙:实施乡村振兴战略　促进城乡融合发展	央视网	12月26日
葡萄酒:内冷外热　乱象丛生	北京晚报	12月27日
新时代　新使命　实现高等教育内涵式发展——人民网2017大学校长论坛发言摘编	人民日报	12月28日
举办青年学者论坛　延揽全球高层次人才　中国农大探索人才引进新模式	中国教育新闻网	12月29日
“科技小院”走出新院士	邯郸日报	12月29日
专家解析中央农村工作会议焦点“乡村振兴战略”“强化乡村振兴制度性供给”首次提出	南方都市报	12月31日

2017 年大事记

1 月

4 日，全国政协委员、国务院扶贫开发领导小组专家咨询委员会主任、国务院扶贫办原主任范小建到中国农业大学“小云助贫中心”扶贫村调研扶贫工作。

6 日，《求是》原副总编刘润为来校讲述红色文化与中国梦。

9 日，国家科技奖励大会召开，中国农业大学获得五项大奖，在全国高校获得国家三大科技奖励通用项目统计排序中名列第 6 位。

9 日，学校举办 2016 年度“卓越辅导员”颁奖仪式，生物学院马紫威被评为“卓越辅导员”，中国高等教育学会会长、学校原党委书记瞿振元颁奖并讲话。

9 日，副校长李召虎会见肯塔基大学副校长 Susan M. Roberts 一行，并就加强两校合作事宜进行了交流。

9 日，学校党建研究会秘书处举行首次工作会。

10 日，吉林梨树党政领导带队来校商谈深化合作。

10 日，北京市教育工委组织对学校实验室安全检查。

11 日，党委书记姜沛民、副校长李召虎会见曲周县委书记郭新耀一行，并就深化校地合作进行了交流座谈。

11 日，2017 年离退休教职工迎新春联欢会分别在西区新教报告厅、东区曾宪梓报告厅举行，党委书记姜沛民、校长柯炳生等学校领导参加联欢会并慰问老同志。

12 日，中纪委驻教育部纪检组组长、部党组成员王立英慰问看望中国农业大学教师代表。

12 日，学校召开 2016 年度校领导班子民主生活会。

13 日，学校设分会场参加教育部 2017 年全国教育工作会议视频会。

15 日，学校设施农业工程部级重点实验室建设项目通过验收。

15 日，学校北京校友会举办第二届新春嘉年华活动，校长柯炳生、党委副书记副校长张东军出席活动。

16 日，北京农业大学附属中学更名为中国农业大学附属中学。

19日，北京市委教育工委副书记唐立军看望寒假留校学生代表。

20日，学校举行寒假留校学生春节团拜联欢会，党委副书记宁秋娅与学生同过小年，共迎新春。

28日，沈建忠院士团队在《柳叶刀传染病》发表最新研究成果。

是月，中国农业大学3位研究生获北京高校马克思主义理论专业奖学金。

是月，学校开展人才引进、晋升聘任工作。

是月，中国农业大学获北京高校党建和思政工作优秀成果奖。

是月，中国农业大学青年教师9项社会调研成果获市教工委表彰。

是月，中国农业大学入选首批北京市深化创新创业教育改革示范高校。

是月，人文与发展学院左停教授两份政策咨询报告获李克强、汪洋批示。

是月，校领导代表学校分别看望慰问老领导、院士及教师代表。

是月，中国农业大学获北京高校党建和思政工作优秀成果奖。

是月，中国农业大学第三届“青年教师科研创新？成长沙龙”在涿州教学实验场举办。

2月

24日，学校召开三届五次党委全委会。

24日，学校召开2016年度二级党组织书记述职评议考核会。

24日，学校通报校领导班子2016年度民主生活会情况。

25日，科技小院荣获“中国三农创新榜”第一名，柯炳生肯定小院实现“三创新”。

26日，农业部党组成员、中国农科院院长唐华俊一行到中国农业大学涿州农业科技园调研，李召虎副校长陪同考察。

是月，7位教授入选2016年度享受政府特贴人员名单。

3月

1日，学校召开中央第一巡视组专项巡视中国农业大学党委工作动员会。

3日，副校长李召虎会见瓦赫宁根大学中国区主任张晓勇一行，就开展深入合作进行了交流。

3日，武维华、柯炳生、韩鲁佳三位委员参加全国“两会”。

3日，学校发起并参加世界顶尖农业大学联盟筹备会议。

10日，海淀区委常委、副区长龚宗元带队来校调研工作，党委书记姜沛民等会见。

14日，校长柯炳生、副校长龚元石会见霍恩海姆大学中德项目专家。

15日，校长柯炳生会见国际水稻研究所所长 Dr. Matthew Morell 一行，就续签协议、深化合作等事宜进行交流。

15日，副校长龚元石会见英国赫特福德大学副校长 Julie Newlan 一行。

18日，学校获得北京市教育委员会颁发的2016年首都高校阳光体育联赛“阳光杯”优胜校的荣誉称号。

20日，党委书记姜沛民主持专题会议，研讨学校贯彻落实全国高校思想政治工作会议精神思路举措。

23 日，2016 年度大北农励志奖学金颁奖仪式举行，党委副书记、副校长张东军出席活动。

23 日，中美大学农业推广联盟签约及成立大会在杭州举行，中国农业大学成为成员单位。

24 日，学校召开工会干部培训及表彰会。

28 日，教育部召开会议推进直属高校、直属单位扶贫工作，校长柯炳生代表学校做交流发言。

30 日，校长柯炳生、副校长龚元石带队检查校园基本建设。

31 日，中国农业大学专职辅导员刘亚楠获第五届北京高校辅导员职业能力大赛一等奖。

是月，资源与环境学院农田土壤污染防控与修复北京市重点实验室获批北京市重点实验室。

是月，校长柯炳生、工学院院长韩鲁佳等 20 多位全国政协委员联名提案——牛粪捡拾车造福高原牧区。

是月，教育部公布了 2016 年度“长江学者奖励计划”人选名单，中国农业大学 6 位教师入选。

4 月

10 日，学校举行《中国农业大学学报》第五届编委会成立大会。

11 日，校长柯炳生会见美国俄克拉荷马州立大学校长一行，商谈两校合作事宜。

18 日，党委书记姜沛民主持党建工作领导小组专题会议，研讨学校党建工作。

21 日，副校长李召虎代表学校与江西省科技厅签署科技合作协议。

21 日，党委书记姜沛民到动物医院调研工作。

21 日，2017 年学校春季田径运动会开幕。

23 日，学校第五届学术委员会举行全体会议研讨“双一流建设”。

24 日，副校长龚元石会见英国德蒙福特大学副校长 Andrew Collop 来访。

25 日，校长柯炳生以“对社会主义核心价值观的认识与探讨”为题为本科生讲授思想政治课。

25 日，世界动物卫生组织总干事莫妮克·艾略特女士访问中国农业大学并作“世界动物卫生领域问题、挑战与策略”主题演讲。

26 日，中国农业大学设分会场参加全国大学生征兵工作网络视频会。

27 日，全国涉农高校“科技小院”研究生创新创业教育联盟在科技小院起源地河北曲周成立，党委副书记、副校长张东军出席仪式并为联盟揭牌。

4 月 27 日，中国·曲周“新三农”论坛成功举办，党委副书记、副校长张东军出席论坛并致辞。

4 月 28 日，刘亚楠荣获全国高校辅导员职业能力大赛第二赛区一等奖。

是月，2017 年全国农牧渔业大县局长轮训农牧大县农业局长班在中国农业大学开班。

是月，学校荣获首都劳动奖状。

5月

1日，副校长李召虎带队到张家口市调研，探讨校市合作新领域。

4日，学校召开团学干部、青年师生座谈会，学习习近平总书记考察政法大学重要讲话精神。

6日，感动中国2016年度人物秦玥飞为学校师生作“我为什么去农村?”主题报告。

11日，中国农业大学药理学与毒理学首次进入ESI世界前1%。

11日，学校党委召开第六次全委会。

11日，党委书记姜沛民、副书记宁秋娅会见北京市委教育工委副书记、市政府教育督导室主任唐立军一行检查指导校园安全稳定工作。

13日，云南省委书记陈豪考察中国农业大学河边村小云助贫中心。

16日，党委书记姜沛民、党委副书记副校长张东军代表学校欢送第五批赴滇西挂职干部。

16日，副校长王涛出席市教育招生考试工作会议并作典型发言。

19日，校长柯炳生会见西印度大学圣奥古斯丁分校客人，就进一步加强交流合作进行了洽谈。

25日，党委书记姜沛民、校长柯炳生等校领导检查指导学校技防工作。

27日，食品营养与人类健康高精尖创新中心举办食品营养与人类健康学术研讨会。

27日，中国农业大学动物医学院教授沈建忠、食品科学与营养工程学院教授胡小松被授予全国科技创新争先奖。

31日，学校召开第三次党代会代表会议。

6月

2日，校长柯炳生、副校长王涛会见重庆市荣昌区区委书记曹清尧一行，就荣昌地区猪产业发展洽谈合作。

2日，中国农业大学与喀山国立农业大学签署合作谅解备忘录。

3—10日，中国农业大学获全国青少年校园足球联赛全国总决赛亚军。

7日，党委召开基层党建和思想政治工作基本标准检查工作推进会。

12日，中央第一巡视组向中国农业大学党委反馈专项巡视情况。

17日，刘亚楠荣获第六届全国辅导员职业能力大赛二等奖。

19日，副校长李召虎会见美国国家科学基金委员会代表团一行，并就开展合作事宜进行交流。

20日，校长柯炳生、副校长李召虎会见青岛农业大学党委书记李宝笃一行。

23日，国务院原扶贫办主任、北京建藏援藏工作者协会会长范小建带队来校交流精准扶贫工作。

27日，校长柯炳生会见科罗拉多大学(丹佛)校长 Dorothy Horrell 一行。

28日，学校举行2017届本科生毕业典礼，2 759名学生毕业。

28日，学校举行2017届研究生毕业典礼，2 319名全日制研究生毕业。

29日，党委书记姜沛民、校长柯炳生带队巡查校园安全工作。

29日，北京高校纪念建党96周年表彰大会召开，学校农学院党委和沈建忠院士等多位教师受表彰。

30日，党委书记姜沛民、副校长李召虎会见山东省寿光市委书记朱兰玺一行，并就进一步深化校地合作进行了交流对接。

是月，校长信箱移动端正式运行。

是月，首都“挑战杯”竞赛落幕，学校共获得包括3个特等、3个一等在内的14个奖项，创历史最佳成绩。

是月，中国农业大学与UC Davis建立A5联盟首个合作人才培养计划。

是月，学校获全国青少年校园足球联赛全国总决赛亚军。

是月，学校党委领导、分党委负责同志分头看望慰问老党员、生活困难党员和群众。

7月

3日，河北梆子《李保国》在农大演出。

4日，学校首期高层次人才红色实践教育班赴井冈山开展实践。

6日，副校长张建华代表学校与苏州市人民政府签订合作协议。

8日，校长柯炳生到生物质工程中心调研。

10日，中国农业大学与陕西省签署人才开发培养战略合作协议。

10日，副校长李召虎会见东北林业大学副校长周宏力一行，双方交流新形势下的科研发展规划等事宜。

12日，学校与怀柔区签署统战工作战略合作协议，选派首批专家到区里挂职。

12日，学校举行2017年新入校青年教师岗前培训开班仪式，校长柯炳生为新入校的青年教师上入校第一课。

14日，北京市教工委对学校贯彻落实全国和北京高校思想政治工作会议精神情况开展专项督查调研。

17日，中共中央国务院任命孙其信为中国农业大学校长。

18日，学校对口支援“塔里木大学中层领导干部能力建设研修班”开班。

19日，党委书记姜沛民、校长孙其信、副校长王涛视察学校2017年本科远程录取现场，检查指导招生录取工作。

29日，党委书记姜沛民、校长孙其信等会见塔里木大学党委书记王选东一行，双方就下一步对口支援工作进行了交流探讨。

31日，党委书记姜沛民、党委副书记钱学军、副校长辛贤会见新疆农业大学党委书记黄建昆一行，双方就人才培养、师资队伍建设、科学研究、学科建设等进行了交流探讨。

是月，校长孙其信看望老领导、老专家，专题调研各学院、行政部门，主持召开离退休教职工代表座谈会、青年教师代表座谈会。

是月，中国农业大学代表队获“2017美国ASABE大学生机器人设计竞赛”冠军。

是月，中国农业大学师生获第五届全国大学生水利创新设计大赛多项荣誉。

是月，中国农业大学动科学子获第二届全国农林高校“牛精英挑战赛”特等奖。

8月

4日，北京市科委副巡视员张虹一行来校调研交流工作，就北京全国科技创新中心建设事宜与学校领导、专家座谈交流。党委书记姜沛民、校长孙其信等会见了客人。

7日，学校举行《中国农业大学学报(社会科学版)》编委会成立大会。

10日，河南农业大学党委书记程传兴一行来校交流，党委副书记兼副校长张东军会见了客人。

11日，生物学院陈文新院士课题组根瘤菌研究新成果在ISMEJ发表。

14日，校长孙其信会见英国洛桑研究所所长，双方就推进全方位、多形式合作进行了交流。

14日，党委书记姜沛民、校长孙其信分别会见山西灵丘县委书记张强一行，双方就深化合作、服务产业、推进深度扶贫地区脱贫攻坚等工作进行了深入交流。

17日，党委书记姜沛民赴拉萨调研在藏毕业生工作情况，党委副书记宁秋娅陪同调研。

18日，校长孙其信率学校专家团赴山西灵丘县开展实地考察，鼓励农大师生积极投身脱贫攻坚战。

19日，校长孙其信出席第四届中国大同车河国际有机农业论坛开幕式并致辞，表示学校将以服务有机旱作农业为支持，助力大同和山西打赢深度贫困地区全面脱贫攻坚战。

28日，校长孙其信主持召开北京食品营养与人类健康高精尖创新中心建设工作专题调研座谈会，对中心发展建设提出工作要求。

30日，第十届两岸三地食品安全与人类健康研讨会暨博士生论坛在中国农业大学举办，校长孙其信出席开幕式并致辞。

是月，中共中国农业大学委员会通报中央巡视整改情况。

是月，中国农业大学第二期高层次人才红色实践教育培训班在延安举行，党委副书记宁秋娅带队参加培训并作全国高校思想政治工作会议精神解读报告。

9月

1日，北京市委教育工委常务副书记郑吉春一行到校就2017年校园安全和秋季开学工作开展专项检查。

2日，校长孙其信率团赴吉林省梨树县调研，出席第三届梨树黑土地论坛开幕式并致辞，表示学校将全力服务“率先实现农业现代化”，助力打赢黑土地保卫战。

4日，学校欢送第九批援疆干部。

5日，学校2017级新生完成入学报到，校长孙其信等看望2017级新同学，慰问工作人员和志愿者。

6日，学校举行2017级本科生开学典礼。

7日，学校举行2017级研究生开学典礼。

8日，学校举行2017年应征入伍大学生欢送会。

10日，学校举行教师节表彰暨迎新晚会。

13日，学校召开从教30年教职工表彰及座谈会。

13日，李小云教授获全国脱贫攻坚奖创新奖。

18日，吉林省委书记巴音朝鲁、省长刘国中率队考察学校梨树实验站。

20日，学校举行教职工党支部书记培训，教育部思政司副司长王光彦作首场报告。

20日，学校举行“中国农业大学康普森水稻人才培养基金”捐赠仪式。

20日，动物科学技术学院举行吴常信院士从教60周年教书育人研讨会。

20日，党委书记姜沛民会见团中央书记处书记傅振邦一行。

21日，党委书记姜沛民会见徐州市副市长毕于瑞。

21日，学校召开人才队伍建设座谈会，强调进一步解放思想、统一认识，全面提高学校人才队伍建设工作水平。

22日，学校召开党的十九大维稳安保工作部署会。

23日，学校举行2017级本科生军训汇报表演。

23日，学校举行专业学位研究生初级实践阶段交流表彰会。

25日，学校召开少数民族学生工作座谈会，并为“少数民族学生工作辅导员工作室”——石榴工作室揭牌。

27日，致公党农大支部举行换届大会，朱道林当选新一届支委会主委。

27日，全国人大常委会副委员长张宝文带队来校就贯彻实施修订后《种子法》、深化种业体制改革情况等进行调研。

27日，中国农业大学职工于哲获北京市总工会“我有我精彩”主题演讲比赛第一名。

29日，广西玉林市委副书记李常官带队来校洽谈合作，副校长张建华会见并就进一步深化校地合作进行交流对接。

29日，中国农业大学牵头重点专项“畜禽群发普通病防控技术研究”启动。

29日，资源与环境学院崔振岭教授获年度世界粮食奖。

30日，学校领导班子前往北京展览馆参观“砥砺奋进的五年”大型成就展。

是月，世界一流大学和一流学科建设高校及建设学科名单公布，中国农业大学进入“双一流”建设高校A类名单，9个学科进入“双一流”建设学科名单。

是月，党委书记姜沛民率团访问加拿大阿尔伯塔大学和美国伊利诺伊大学香槟分校，围绕提升国际合作交流推进学校“双一流”建设，宣传学校海外高层次人才招聘政策，以及加强北美地区校友会建设等议题进行了工作洽谈和部署。

是月，党委副书记秦世成应邀率团访问哈萨克斯坦国立农业大学、哈萨克斯坦赛福林农业技术大学和俄罗斯喀山国立农业大学，与一带一路沿线国家的农业大学探讨开展合作。

是月，学校教师徐菲聆获得全运会群众组羽毛球女单、女双双料金牌。

是月，新入校教师赴曲周实验站、张家口教育实践基地开展学习实践。

是月，张银、鲁晴辉、李文捷等3位师生作为中国农业大学代表出席共青团北京市第十四次代表大会。

是月，第13届全运会期间，中国农业大学获评“全国群众体育先进单位”。

是月，中国野生动物保护协会给学校发来感谢信。

是月，张东军带队参加大北农集团技术创新校企合作战略会议。

是月，校友王兆荃之女王邻孟向档案与校史馆捐赠了珍贵史料——《国立京师大学校农科毕业纪念册》。

是月，河北晨光生物科技集团有限公司向中国农业大学曲周实验站捐赠 100 万元支持实验站建设。

是月，马克思主义学院全体教师赴曲周开展"重温农大历史，弘扬曲周精神"实践教育活动。

是月，学校 5 位教师入选北京市优秀教师、优秀教育工作者。

是月，学校蒋秀根、李保云两位教授荣获北京市教学名师奖。

是月，叶敬忠教授团队研究成果获北京市第十四届哲学社会科学优秀成果奖二等奖。

是月，中国农业大学创业项目获第三届中国"互联网＋"大学生创新创业大赛铜奖。

是月，中国农业大学代表参加北京市教育工会第十次代表大会。

是月，校长孙其信、副校长龚元石带队检查校园安全和环境卫生，推进校园环境综合治理。

10 月

11 日，党委书记姜沛民、副书记宁秋娅会见广西壮族自治区党委组织部副部长曾艳一行，双方就加强区校合作、人才培养、科技创新等进行了交流。

11 日，校长孙其信主持召开专题工作会，研究推进新建楼宇分配使用及实验办公家具采购工作。

12 日，东旭集团常务副总裁武吉伟一行来访。校长孙其信、副校长张建华、李召虎会见，并就学校涿州农业科技园合作事宜进行洽谈。

13 日，校长孙其信会见坦桑尼亚莫罗戈罗省省长一行，双方就农业技术推广机制等问题进行交流。

13 日，党委书记姜沛民、校长孙其信与青年学生交流学习《习近平的七年知青岁月》心得体会。

14 日，大北农集团总裁邵根伙校友回校，党委书记姜沛民、校长孙其信、党委副书记兼副校长张东军等会见并就启动大北农教育基金二期项目、深化校企科技合作等主题进行深入会谈。

14 日，学校研究生会校友会成立仪式在西区图书馆报告厅举行，学校党委副书记、副校长张东军出席会议。

16 日，2017 年世界粮食日和全国爱粮节粮宣传周主会场活动在校举行，校长孙其信出席活动。

16 日，党委书记姜沛民、校长孙其信在学生食堂与学生共进校庆午餐。

18 日，学校领导班子及全体师生分别组织观看中国共产党第十九次全国代表大会开幕式。

18 日，校长孙其信主持召开专题会议，研究推进学校"双一流"建设工作。

19 日，第九届 CAER-IFPRI 国际学术年会在中国农业大学国际会议中心举行，校长孙其信出席开幕式并致辞，副校长、CAER 主编辛贤主持开幕式。

19 日，学校首个省部级社科研究基地—北京食品安全政策与战略研究基地成功通过考察。

19 日，*Nature* Communications 在线发表生物学院于政权教授课题组最新研究成果。

20 日，坦桑尼亚驻华大使及新闻媒体代表团访问学校，校长孙其信出席交流会议并致辞。

21 日，学校举行 2017 年新生运动会。

25 日，张福锁教授荣获何梁何利基金科学与技术进步奖(农学奖)。

26 日，学校设立分会场参加教育部传达学习党的十九大精神网络视频会。

27 日，学校召开学习宣传贯彻党的十九大精神会议，动员学校全体党员全校师生学习十九大精神，并部署学校党委工作安排。

28 日，校长孙其信出席第五届世界农业奖颁奖典礼为获奖者颁奖并致辞。

30 日，教育部高等学校社科发展研究中心主任王炳林为广大师生作党的十九大精神专题辅导报告。

31 日，党委书记姜沛民会见中国驻坦桑尼亚前大使吕友清一行，双方就中坦农业教育科技合作事宜进行交流。

31 日，新疆面向部分重点高校 2018 届硕士及以上毕业生招录公务员座谈会在学校召开，党委副书记宁秋娅、新疆维吾尔自治区党委组织部部长曹远峰出席会议。

是月，学校成立习近平新时代“三农”思想研究中心和“乡村振兴战略”研究中心，并召开第一次研讨会。

是月，学校师生热切关注十九大胜利闭幕，坚决拥护新一届中央领导集体。

是月，学校定点扶贫镇康入选部属高校精准扶(脱)贫十大典型。

是月，学校开展系列校庆活动。

是月，广西 2018 年定向中国农业大学招录选调生工作全面启动。

是月，校长孙其信、副校长张建华到建设大学调研工作，听取建设大学工作汇报并看望创业学生。

是月，中国农业大学承办教育部高校科普工作研讨会。

11 月

2 日，党委书记姜沛民会见了来访的荷兰格罗宁根大学校长 Poppema 教授，就推进两校全面合作事宜进行交流和商谈。同日，孙其信校长与 Poppema 校长共同签署了两校校际全面合作协议。

2 日，学校成立“双一流”建设办公室，并召开第一次研讨会。

3 日，曲周县委书记郭新耀，县委副书记、县长李凡率队来校访问，校长孙其信会见并就校县合作进行座谈。

3 日，校长孙其信会见云南农业大学校长盛军一行，并就深化两校合作事宜进行了交流座谈。

3 日，美国俄克拉荷马州立大学副校长 Lee Bird 带队来校访问，商谈两校科研教学合作事宜。副校长龚元石、党委副书记宁秋娅分别会见了代表团。

3 日，全国农学院协同发展联盟“助力精准扶贫 聚力乡村振兴”研讨会在食品学院报告厅召开。

3 日，中国化工集团总经理杨兴强一行来校访问，校长孙其信会见并就校企战略合作进行商谈。

6 日，学校召开 2017 年暑期社会实践总结表彰大会。

9 日，副校长龚元石会见加拿大农业食品部科技分部司长 Javier Gracia-Garza 一行。

9 日，诺贝尔奖得主马里奥·卡佩奇访问学校并作专题报告，校长孙其信会见并就加强沟通合作进行交流。

10 日，美国马里兰大学农业与自然资源学院院长 Craig Alan Beyrouty 一行来访，校长孙其信、副校长龚元石会见了客人。

10 日，学校召开“双一流”建设工作推进会，传达“双一流”建设的有关精神，研讨下一步学校工作计划。

11 日，学校聘任卡佩奇担任模式动物重大科技基础设施国际科学咨询委员会主席。

12 日，校长孙其信带队赴中粮集团营养健康研究院考察调研，洽谈合作事宜。

14 日，校长孙其信会见超大现代农业集团董事局主席郭浩一行，并就校企合作进行商谈。

14 日，校长孙其信以“从中国农业发展成就谈牢固树立‘四个自信’”为题为本科生讲授形势政策课。

15 日，学校党建和思想政治工作接受北京市基本标准检查。

17 日，学校召开第四次教职工暨工会会员代表大会。

17 日，北京市委常委、副市长阴和俊向学校师生宣讲党的十九大精神，并调研学校工作。

19 日，由中国农业大学、中国奶业协会主办，国家奶牛产业技术体系承办的国际奶业战略和技术研究中心成立大会暨国际奶业创新融合研讨会在京举行。

22 日，党委书记姜沛民为党政办公室党支部宣讲十九大精神。

23 日，党委副书记兼副校长张东军会见云南省镇康县县长董万春一行，双方就定点扶贫工作进行洽谈交流。

23 日，教育部五所高校团队对口支援塔里木大学工作 2017 年度例会在塔里木大学召开，校长孙其信主持年会。

24 日，教育系统党的十九大精神“百人宣讲团”报告会在食品报告厅举行。

26 日，工学院荣获全国大学生智能农业装备创新大赛特等奖。

27 日，资源与环境学院张福锁教授当选中国工程院院士。

27 日，中共中央统战部六局副局长吴茜来校调研工作，听取党外知识分子对乡村振兴战略的意见和建议，党委书记姜沛民、党委副书记副校长张东军会见。

27 日，党外知识分子建言献策小组农业组在学校召开乡村振兴战略问题研讨会。党外知识分子建言献策小组农业组负责人、校长孙其信出席会议。

27日，姜沛民向联系本科生党支部同学宣讲党的十九大精神。

27日，科技部农村中心副主任刘作凯带队来校调研，副校长李召虎主持座谈会议。

29日，中央宣讲团成员韩俊来校宣讲党的十九大精神。

29日，平谷区委副书记、区长汪明浩带队来校调研交流，洽谈区校合作事宜，党委书记姜沛民、校长孙其信等会见汪明浩一行。

29日，学校召开“青春展风采　奋进新时代”大学生学习贯彻党的十九大精神主题教育活动推进会，党委副书记宁秋娅出席会议。

30日，副校长张建华会见重庆市江津区委常委、副区长李好明一行，双方洽谈校地科技合作。

30日，党委副书记钱学军会见邯郸市政协副主席、馆陶县委书记谢继炯一行，双方就校地合作事宜进行洽谈。

30日，党委书记姜沛民、校长孙其信会见山西农业大学党委书记陈利根一行，并就党建、思政等工作进行交流。

30日，全国农林高校资环类学院党建与学生工作研讨会在中国农业大学举行。

是月，校长孙其信调研图书馆、档案与校史馆、继续教育学院、上庄实验站、新建楼宇。

是月，学校与中国工程院联合主办2017动物生物技术国际高端论坛。

是月，中国农业大学学生获“华北五省大学生机器人大赛”机器人创意设计赛竞赛项目一等奖。

是月，中国农业大学五件作品荣获第十五届“挑战杯”三等奖。

是月，2017年中国学术期刊影响因子发布，《中国农业大学学报(社会科学版)》排名第10位。

是月，联合国粮农组织汉斯司长致信学校感谢潘灿平教授。

是月，学校青年教师8项社会调研优秀成果获市教工委表彰。

12月

1日，校长孙其信主持召开“双一流”建设工作座谈会，听取学院对“双一流”建设的意见和建议，研讨部署学校“双一流”建设工作。

1日，校长孙其信带队调研考察中关村生命科学园和北京未来科学城。

3日，“砥砺前行——学习贯彻党的十九大精神名家进名校书画作品邀请展”在文化艺术馆开幕。

3日，由马克思主义学院牵头、团中央指导、北京志愿服务发展研究会提供专家支持的《高校志愿服务发展报告》发布。

4日，学校成立“一带一路农业合作学院”并与西北农林联合成立“中国南南农业合作学院”，同时发起成立了“一带一路”农业企业合作联盟。

4日，副校长李召虎会见法国农业科学研究院院长Philippe MAUGUIN一行，并就科研合作和学术交流进行座谈。

4日，农业部“猎英行动计划”招聘会在中国农业大学举行，党委书记姜沛民、副书记宁秋娅视察招聘会现场。

4日，党委书记姜沛民、校长孙其信分别带队在两校区开展校园安全大检查。

4日，党委书记姜沛民会见曦之教育基金负责人欧阳莹之。

5日，曦之奖助学金设立二十周年暨2017颁奖会举行。

6日，校长孙其信、副校长龚元石会见荷兰瓦赫宁根大学动物科学学部主任Martin Scholten一行。

7日，北京明俞大成国际贸易有限公司向食品学院捐资百万元支持国家果蔬加工工程技术研究中心建设。

7日，武维华当选九三学社中央委员会主席。

7日，学校成立“大北农教育基金”管理委员会并召开第一次工作会议。

10日，中国农业大学主办首届习近平“三农”思想与乡村振兴学术论坛，副校长李召虎出席论坛开幕式并致辞，党委副书记钱学军出席分论坛活动。

10日，校长孙其信、副校长龚元石会见哈萨克斯坦赛福林农业技术大学校长库里什巴耶夫一行。

12日，教育部消防安全督察组来学校检查指导工作，党委副书记宁秋娅会见督察组一行。

14日，校长孙其信会见吉林省梨树县县委书记陈志涛、县长郭志勇一行，并就黑土地资源保护与利用、乡村振兴战略实施、校县合作等事宜进行交流。

15日，校长孙其信、副校长龚元石会见特立尼达和多巴哥西印度大学圣奥古斯丁分校校长布瑞恩·科普兰(Brian Copeland)教授一行。

15日，校长孙其信、副校长龚元石会见坦桑尼亚开放大学校长、前总理米曾戈·卡扬扎·皮特·平达一行。

15日，学校召开2017—2018学年秋季学期教学工作会，通报2018年本科教学工作审核评估安排、布置专业认证工作。

16日，副校长李召虎出席人民网“第四届大学校长论坛”。

17日，学校举行土地科学与技术学院成立大会。

18日，党委书记姜沛民、副校长龚元石会见联合国南南合作办公室副主任王晓军一行。

19日，北京市委教工委对学校安全隐患“三大”专项行动进行督导检查。

24日，“乡村振兴——机遇与挑战”——2018中国农业发展新年论坛暨中国农业企业领袖论坛举行，校长孙其信出席论坛开幕式并致辞。

24日，学校举办企业家校友联谊会，校长孙其信出席会议并致辞。

26日，副校长李召虎会见广西大学副校长冯家勋一行，并就农科实验教学基地建设进行交流。

27日，学校召开学生代表座谈会，党委书记姜沛民、校长孙其信、党委副书记宁秋娅出席座谈会。

28日，高等教育农林类专业认证标准研制启动会在中国农业大学召开，党委书记姜沛民会见与会领导、专家。

28 日，学校举办首届大禹青年学者论坛，校长孙其信出席开幕式并致辞。

28 日，教育部第四轮学科评估结果公布，学校 6 个学科获评 A^+。

是月，熊春文教授团队获批 2017 年度国家社科基金重大项目。

29 日，学校教育基金会召开理事会换届会议，选举产生新一届理事会。

是月，校长孙其信出席中国高等农林教育校（院）长联席会第十七次会议并作主题报告。

是月，第六届大学生科技创新作品与专利成果展示推介会在学校举办，中国农业大学获得多个奖项。

是月，副校长龚元石参加孔子学院大会并在中外大学校长论坛作主题发言。

是月，2016—2017 年度中华农业科技奖揭晓，中国农业大学获得 19 个奖项。

是月，副校长龚元石率团访问马拉维科技大学、坦桑尼亚莫罗戈罗省及苏库因农业大学，推进南南农业教育与科技合作有关工作。

中国农业大学2017年工作总结

2017年是中国农业大学发展进程中重要的一年，全校师生员工在党委领导下，深入学习宣传贯彻党的十九大精神，全面贯彻党的十八大和十八届三中、四中、五中、六中全会精神，深入学习贯彻习近平总书记系列重要讲话精神和全国高校思想政治工作会议精神，紧密团结在以习近平同志为核心的党中央周围，强化"四个意识"，坚持社会主义办学方向，落实立德树人根本任务，稳步推进学校内涵式发展，在党的建设、人才培养、科学研究、学科发展、人才建设、合作交流、校园建设、管理服务等各领域都取得了可喜的成绩。

一、深入学习宣传贯彻党的十九大精神，以习近平新时代中国特色社会主义思想武装师生头脑

(一)营造浓厚学习氛围，喜迎十九大胜利召开

党的十九大召开前，学校党委将习近平总书记"7.26"重要讲话精神作为教师思想教育的鲜活教材，制订相关学习、教育、宣讲方案，引导教师开展"大学习"，为教师配发学习材料，组织教师参加校、院、支部三级学习辅导及交流研讨，在教师层面实现传达学习总书记"7.26"重要讲话精神全覆盖。学校领导班子带头，组织全校师生5 000余人参观"砥砺奋进的五年"大型成就展；十九大开幕式当天组织全校师生以多种形式收听收看，在校园内外营造了浓厚学习氛围。

(二)加强组织部署，丰富学习宣传十九大精神形式，以全校"大宣讲"确保师生全覆盖

党的十九大闭幕后，学校党委第一时间传达学习党的十九大精神并部署相关工作安排，出台《学习宣传贯彻党的十九大精神的实施意见》并大力推动实施。不断丰富学习活动的组织形式，通过校园网、党建网、微信企业号专栏"学习路上"等各类新媒体平台传播十九大精神的学习材料和学习进展，发放《党的十九大报告辅导读本》等各类学习材料10 000余份，线上线下生动宣传十九大精神。认真落实党员领导干部上讲台讲课要求，学校领导班子带头，带领学院领导、职能部门负责人等深入师生宣讲党的十九大精神；邀请韩俊、阴和俊、顾海良、王炳林、周文彰等专家面向全校师生宣讲党的十九大精神；举办

教育系统党的十九大精神"百人宣讲团"报告会暨宣讲对谈专家座谈研讨会。学校党委理论中心组召开专题学习研讨会，先后围绕习近平总书记系列重要讲话精神、党的十九大精神、十九届一中全会精神和党的十九大党章修正案等开展专题学习 8 次，带动二级党组织理论中心组和全校党支部掀起学习热潮。全校各单位共举办辅导报告近 30 场，各级党委理论中心组、全校 500 个党支部均实现党的十九大精神学习 100%全覆盖。

(三)理论联系实际，着力推动学习宣传贯彻十九大精神"大落实"

贯彻落实党的十九大战略部署，成立习近平新时代"三农"思想研究中心、乡村振兴战略研究中心，成功主办习近平"三农"思想与乡村振兴学术论坛、中国农业发展新年论坛等高端学术交流活动。积极服务新时代国家战略需求，组建土地科学与技术学院，强化土地学科建设，培养土地科技人才。举办全国农学院"助力精准扶贫，聚力乡村振兴"研讨会，组织 50 所农科院校师生研讨学习贯彻十九大精神，启动出版《不忘初心 砥砺前行——走进乡土乡村助力精准扶贫》系列丛书。逐一听取 16 个学院的专题汇报，积极谋划和实施贯彻落实十九大精神重大行动，更加自觉地用习近平新时代中国特色社会主义思想武装头脑、指导实践、推动工作。

二、切实完成中央专项巡视整改，不断加强学校党的领导和党的建设

(一)提高政治站位，切实履行巡视整改主体责任

高度重视中央巡视组巡视情况反馈，学校党委第一时间传达学习习近平总书记关于巡视工作的重要讲话精神，全面对照巡视反馈意见，研究部署整改工作安排。学校党委主动担责，自加压力，对巡视组提出的所有问题深刻反思、举一反三。学校领导班子成员以身作则、率先整改、靠前指挥、亲自督办，切实履行"一岗双责"，主动认领责任，承担起自身整改和督促落实所分管部门、联系学院整改的双重责任。

(二)加强组织领导，从严从实推进巡视整改

成立"落实中央专项巡视反馈意见整改工作领导小组"，由党委书记担任组长，校长担任副组长，其他校领导任成员；同时设立选人用人、意识形态、监督执纪问责和督导检查四个专项工作组；校属各单位成立党政主要负责人牵头的整改落实工作组，确保任务到人、责任到岗、要求到位。学校党委针对巡视反馈意见，逐条逐项研究整改任务，理清整改思路，细化整改措施，制定《落实中央专项巡视反馈意见整改方案》和《中央专项巡视反馈意见整改任务清单》《中央专项巡视意识形态工作责任制落实情况整改任务清单》《中央选人用人专项巡视反馈意见整改任务清单》，共计 12 个主要问题、114 个具体问题、285 项整改措施，每一项都明确了负责校领导、主责单位、整改目标和时限要求。

(三)加强督促检查，层层压实责任

成立巡视整改督导检查组，下设 5 个工作组，对全校 24 个二级党组织开展督导检查工作，个别谈话 332 人，发现问题，传导压力。各单位在领导层面，组织了一次办学指导

思想的大讨论;在教师层面,开展了一次师德师风大检查;在基层党支部层面,组织了一次支部工作的大整改;在严肃执纪方面,全面排查在公款接待、因公出国(境)、公车使用等方面所存在的问题,开展了一次中央八项规定精神的大落实;在党员教育层面,开展了一次党建基本标准的大对标。

(四)严格整改验收过程,巩固巡视整改成果

着重从长远角度进行科学谋划,补齐制度短板,巩固整改成果,共制定或修订制度65项。从制度层面优化管理流程,解决突出矛盾和漏洞盲区,扎牢制度的笼子,进一步提升学校党政管理工作水平。通过狠抓落实,整改任务清单中285项措施均按照既定计划完成整改,对其中明确"长期执行"的整改措施,都已经建立或完善了相关制度,今后将持续推进,督促落实。

三、进一步落实全国高校思政工作会议精神,持续加强和改进新形势下学校思想政治工作

(一)加强思政理论课建设,完善队伍保障体制

学校党委高度重视思想政治理论课建设,成立思想政治理论课建设领导小组,形成党委统一领导、各部门齐抓共管的工作格局。研究制定《加强和改进新形势下思想政治理论课建设和马克思主义学院建设的若干意见》《马克思主义学科人才引进办法》,成立"学生思想政治教育系列专业技术职务评议组",对马克思主义学院人才引进及思想政治教育系列单列计划、单设标准、单独评审。按照"按师生比不低于1∶350的比例设置专职思想政治理论课教师岗位"的要求,将马克思主义学院的专职教师岗位核定数增加至54人。聘请中国人民大学马克思主义学院教授担任学校马克思主义学院挂职副院长,引进"优秀人才"1人。制定《马克思主义学院校内兼职教师聘任办法》,聘请部分教师和党政管理人员兼任马克思主义学院兼职教师,吸纳和凝聚更多优秀专家学者和党政管理人员参与学校思想政治理论课专题教学和实践教学。校领导班子多次深入课堂听课、了解思想政治理论课建设一线情况。多次举办"求是论坛",邀请校外专家学者来校举办系列讲座。加强学生思政工作队伍建设,出台实施细则,完善人员结构,提高人员待遇,加强人员考核与培训,加强理论研究,不断提高队伍专业化水平,1人获全国辅导员职业能力大赛华北赛区一等奖、全国辅导员职业能力大赛二等奖,辅导员队伍实现"双线晋升"。

(二)加强哲学社科建设,规范阵地管理

深入贯彻落实《中共中央关于加快构建中国特色哲学社会科学的意见》精神,制定《中国农业大学促进哲学社会科学学科发展的若干措施》,加强哲学社会科学学科建设顶层设计,大力推动马克思主义学科发展,加快构建中国特色哲学社会科学学科体系。加强学报(社科版)建设,由分管思想政治工作的党委副书记担任编委会主任委员,新一届学报编委会中增加6名马克思主义理论专家,提高马克思主义理论文章的刊发比例。修订《新闻宣传工作管理办法》,制定了《新闻发布工作实施办法》《校园宣传媒介管理办法》,进一步明确校园各类宣传媒介在信息发布、舆论引导、文化传播、理论宣传、思想教

育等方面应发挥积极的导向作用。

(三)坚持立德树人,深化思政课教学改革

成立党委教师工作部,制定《关于加强教职工理论学习工作的实施意见》,强化教师思想政治工作。制定《师德考核实施办法》,严格落实师德"一票否决制"。着力完善教师政治理论学习制度,重点推进"两学一做"学习教育常态化制度化、双周学习制度、学习型党支部建设等,鼓励引导教师明道信道,切实承担起学生健康成长指导者和引路人的责任。大力学习宣传李保国同志、廖俊波同志和黄大年同志等先进典型事迹,把学习先进典型与推进"两学一做"学习教育常态化制度化紧密结合起来,营造良好氛围,号召师生学习先进典型的爱国情怀、敬业精神和高尚情操,推动学校各项事业发展;组织开展暑期高端人才培训,前往井冈山、延安等革命根据地学习实践,加大教职工思想政治教育工作力度,挖掘学校红色资源;完善校领导联系党外代表人士制度,确定党员校领导、党委常委联系民主党派组织 7 个、党外代表人士 23 人。进一步完善核心课程建设,修订《本科教学工作规范》等规章制度,强化教学中的核心价值观导向,把社会主义核心价值观引领贯穿教育教学全过程和各环节,落实全员、全过程、全方位育人机制。启动思政课外聘教师项目、设立思想政治理论课教学改革专项和"专业课发挥思政教育功能"专项。创新思政课育人模式,构建以问题为导向的"三三制"思政课教学改革,设立 2 学分的思政实践学分,加强学生思政实践能力的培养,形成"多层次、多形式"的大思政育人模式,设立"专业课发挥思想政治功能"教改专项,63 门专业课程通过立项。

(四)坚持改革创新,构建大学生思政工作新格局

制定《落实〈普通高等学校学生党建工作标准〉的实施方案》,深入开展大学生党员"先锋班"建设,重点加强大学生党员骨干队伍建设。根据不同学生群体成才需求,全面加强学生思想教育,通过引航工程加强新生教育,组织丰富活动加强毕业生教育,不断加强研究生科学道德和学风建设教育,着力加强信息员队伍建设,以增强学生"四个正确认识"加强形势与政策教育,通过"易班网""CAU 思想课"微信平台等加强网络思想政治教育。启动本科生宿舍"党员责任区"建设工作,引导学生党员在宿舍管理和宿舍文化建设中充分发挥旗帜、标杆作用。加强青马协会等学生理论社团建设,举办"红色 1+1"、大学生党员先锋论坛、"我是一面旗帜"主题党日活动、学生党员骨干赴延安专题教育培训等活动,综合构建新型思政育人平台。

四、严格全面从严治党要求,深入推进党组织自身建设,着力提升学校党建工作水平

(一)以接受北京市高校党建和思政工作基本标准检查为契机,进一步夯实党建工作基础

坚持以评促建,积极开展迎接基本标准检查党建自查,确保党建工作整体达到《北京普通高等学校党建和思想政治工作基本标准》要求,实践育人、党员教育、"心桥工程"、干部选任等工作形成鲜明特色,创建了一批颇具特色的品牌活动并长期坚持、形成广泛影

响，党建和思想政治工作的地位更加凸显，体系不断完善，机制不断创新，措施更加有力。按照检查有关要求，系统梳理了强化学校党委领导核心作用、加强领导干部队伍建设、夯实党的基层组织、加强党风廉政建设、抓好师生思想政治工作、推进“平安校园”建设、着力做好统战工作、切实做好离退休工作、改进群众团体工作、打造特色活动品牌等十个主要方面的工作内容，提供相应翔实材料，顺利通过检查。并以迎接检查为契机，进一步强化责任意识，提升工作水平，健全长效机制，补强工作短板，学校党建和思想政治工作水平有了新的提升。

（二）不断加大工作力度，进一步规范基层党组织建设

制定《二级党组织工作规程》，规范基层党组织换届。进一步完善抓基层党建工作的“述、考、评、督”机制，开展二级党组织书记现场述职，实现各二级党组织现场述职全覆盖；探索开展基层党支部书记抓党建工作述职评议考核，强化评议考核结果运用，针对共性问题加强研究、建章立制；加强对基层党组织的领导与督查，建立健全基层党建责任体系，迎接中组部基层党建工作督导检查 4 次，建立基层党建 8 项考核重点指标和 15 项基层党建工作自查清单，抓实党组织书记作为抓党建工作第一责任人职责。制定出台基层党支部建设“1＋2”文件，开展党支部规范化建设试点工作，对“一规一表一册一网”进行试用，不断强化基层党组织组织生活的规范性。举办在职教职工党支部书记培训班，不断提升基层党组织负责人工作能力水平。探索功能型党支部建设，扩大基层党组织有效覆盖，校学生会和研究生会等学生社团建立党支部。推进学生党支部规范化建设试点工作，优化党支部设置，支持学院根据本科生党员发展现况按照年级、班级或专业科学设置本科生党支部，使党支部与团支部、班级设置相匹配。加强选树党建先进典型，评选优秀基层党组织 20 个，优秀共产党员 100 人，“优秀党务工作者”20 人，本科生“优秀党日活动”10 个，10 个研究生支部在北京市高校“红色 1＋1”示范活动中获奖。对标优秀党员，严把党员发展关，不断提高党员发展质量，全年发展党员 1 133 人。

（三）持续强化正风肃纪，深入推进反腐败斗争

学校党委始终坚持把纪律和规矩挺在前面，坚决落实中央八项规定精神，坚决反对“四风”问题，努力实现抓早抓细抓小，落实监督执纪“四种形态”。综合运用新媒体和传统媒体宣传手段，持续开展党风廉政警示教育和节日廉洁自律宣传。修订《中国农业大学巡察工作实施办法》，明确在一届党委任期内实现对二级党组织巡察全覆盖的要求，在首都高校创造范例。在全校范围内主动深入查找风险点，加强重点领域监督和风险防控。办结信访件 100 余件和问题线索 20 余件，对相关责任人进行了批评教育和党纪行政纪律处分。进一步明确二级党组织和基层党支部纪检委员职责，建立二级党组织纪检委员定期向学校纪委汇报制度，同时学校纪委加强对纪检委员的培训、监督和指导，提升纪检委员工作能力。不断巩固巡视成果，加强执纪问责工作力度，调查谈话 200 余人次，形成调查卷宗 100 余卷，形成报告 200 余份 30 余万字，整改期间立案审查 10 件，采取党纪、政纪、组织措施合计处理 134 人次。

（四）着力优化工作机制，做好干部培养、选任和管理

强化干部学习教育，选派 27 名处级干部外出脱产培训，选派 8 名青年管理干部出国研修，举办在职教职工党支部书记培训班，组织干部网络在线学习。持续做好干部挂职的选派与接收工作。修订了《处级干部选拔任用工作办法》，从制度上进一步规范完善干部选任工作程序。强化选人用人工作的党组织领导和把关作用，共提任干部 5 人，平级任用干部 23 人，8 人不再担任处级职务。对提任的 5 名干部进行考察、个别谈话征求意见 94 人次。组织 203 名正、副处级干部进行年度考核，开展干部选人用人“一报告两评议”工作，认真组织干部申报个人有关事项，规范处级干部、离退休干部兼职审批，严格干部因私出国（境）管理。

（五）强化党委统一领导，完善统战工作格局

完善校领导联系党外代表人士制度，成立学校统战工作领导小组（港澳台侨工作领导小组），强化学校党委对统战工作的集中统一领导。带领民主党派、无党派人士围绕学校中心工作深入调研协商，凝聚发展智慧。深入推进“心桥工程”，组织召开“科技教育精准扶贫的路径与模式”研讨会，带领多党派专家赴贵州毕节大方县进行精准扶贫调研，助力国家精准扶贫。与怀柔区委统战部签署战略合作协议，并举办“北京怀柔乡村振兴战略研讨会”为怀柔贯彻落实乡村振兴战略、建设美丽怀柔贡献智慧和力量。深入实施“168 工程”，打造高素质党外代表人士队伍。武维华院士当选九三学社中央主席，张福锁院士当选民盟中央委员、北京市委会常委，黄卫东教授、呙于明教授当选民进中央委员，朱道林教授参加致公党中央全国代表大会，孙其信校长携中央统战部党外知识分子建言献策小组农业组成员为落实乡村振兴战略建言献策，学校一批党外代表人士登上国家治国理政大舞台，参与国家更高层次的参政议政，发挥更大的作用。举办暑期高端（留学归国）人才培训班赴井冈山、延安开展培训，强化归国人才对党的信仰、信赖和信心。

（六）推进群团工作改革，更好凝聚群众力量

修订《中国农业大学教职工代表大会条例》和《中国农业大学提案工作管理办法》，依法依规推进学校民主建设。精心筹备、胜利召开第四次教职工暨工会会员代表大会，选举产生了第四届教代会执委会、工会委员会及教代会工会各专门委员会。强化工会政策措施、经费、资源向基层工会倾斜，通过校级“模范教职工之家”和“优秀教职工之家”评选激励基层工会发展建设。积极稳步推进会员发展，逐步落实非在编教职工入会，实现工会组织在校园内的全覆盖。积极探索营造校园文化氛围的新途径，开展适合学校教职工特点的各种文化体育活动。制定出台学校《共青团改革实施方案》，推进 22 项重点任务，制定发布 9 个配套文件，20 个二级团组织选定本年度重点推进的改革项目 27 个进行重点攻关。制定《关于加强基层团组织建设的指导意见》，带领各二级团组织重新梳理组织架构，强化团支部引领凝聚功能。完善团校的培养体系，强化社会实践、志愿服务、创新创业平台建设，提高理论和实践育人能力。贯彻落实《学联学生会组织改革方案》，推动学生会、研究生会、学生社团改革，构建“一心双环”工作格局。

五、坚持稳中求进，推进改革创新，全面提升办学实力

（一）紧握发展机遇，绘就建设崭新蓝图

学校入选“双一流”大学建设高校（A类）、9个学科被认定为“双一流”建设学科，6个学科获评教育部第四轮学科评估 A^{+} 级，跻身全国20家学位授权自主审核单位之一，办学实力进一步提升，得到国家充分认可。学校党委认真分析学校发展面临的突出问题和瓶颈，明确提出了以人才队伍建设和人才工作机制改革为突破口、对外争取空间对内盘活资源的发展思路，组织成立“双一流”建设领导小组、工作小组和11个专项组，统筹编制学校一流大学总体建设方案和9个一流学科建设方案，现已全面推动实施。主动创造学校发展新机遇，积极参加雄安新区、北京国家科创中心建设，制订相关建设方案，推动校地合作共赢。

（二）深化教育教学改革，人才培养质量提升

本科生教育工作成果显著 录取各类普通本科新生2 913名，生源质量再上新台阶：理工类新生投档成绩比当地一本线平均高出110.42分，实现了从2008年以来的十连增，21个省市录取超线分达历史最高水平；文史类新生的投档成绩比当地一本线平均高出82.2分，为自2002年有统计数据以来的最高分，10个省市录取超分线达历史最高水平。持续深入推进教学改革，构建核心基础课、专业核心课与核心素质课新课程体系，已建设完成核心基础课程40门、专业核心课程380门、核心素质课程40门；坚持以学生为本和个性化培养原则，大力推行小班授课，上线新版成绩单，成绩记录实行等级制和二级分制，引导学生“兴趣选课”；改革学分绩点计算方式，为学生提供“必修课”“全校课程”双料成绩；修订教育教学奖励办法，调整和提高部分教学类成果的奖励标准，增设奖励奖项，进一步完善教学津贴制度。切实提高教学公正与教育质量，出台教学评价复评制度，构建多维度综合评价体系。加强学业指导，构建多部门分工合作的综合性学业指导工作体系，通过专题讲授、一对一咨询、课后辅导等形式，全面开展学业指导工作。教学软硬件设备设施进一步改造升级，信息化建设稳步推进。

研究生培养机制进一步完善 招生考务安全有序，生源质量不断提高：2017年是统筹全日制和非全日制研究生招生管理工作的第一年，硕士研究生报录比4.6∶1，较去年有大幅提升，录取2 374人；博士研究生报录比2.7∶1，较去年有明显提升，录取871人。不断推进学位点建设，完成学位授权点申报和自主审核单位申报，2个学院的3个目录外二级学科顺利增设。加强质量保障体系建设，积极开展课程质量调查、毕业生离校调查和校友调查，加强质量监控，启动对46个学位授权点的合格评估，在总体设计、课程设置、课程教学、培养环节、学术规范等方面进一步修订培养方案，加强培养过程管理，完善分流淘汰机制，开展全日制专业学位硕士研究生实践基地研究，启动实践基地和导师备案工作，新增备案基地68家。深化培养模式改革，加强课程建设，着力培养能够胜任与引领现代农业产业化发展的高层次应用型复合人才。加强学位管理，全年授予博士学位705人；授予硕士学位2 074人。推进导师培训，新增68位博士生导师、47位硕士生导

师。完善论文质量保障体系，评选出校级优秀博士和硕士学位论文各10篇，做好校级、北京市、教育部论文抽查工作。研究生日常管理服务工作规范有序。

学生管理服务工作实效增强 悉心做好学生事务管理服务工作。落实好学生军训、征兵、军民共建任务。认真做好学生奖助贷工作，积极落实国家研究生助学金最新资助标准，累计资助2.3万人次，各项资助总金额(含贷款)3 796万元；设立60项奖学金项目及2项专项奖励，本科生累计6 318人次获奖学金，奖励金额达1 445万元；研究生累计3 515人次获奖学金，奖励金额达1 986万元。加强学生心理素质教育，加强心理工作制度、课程、平台建设，不断创新工作机制，开展家庭走访，建立学生心理档案，实行危机量化评估，成功干预心理危机21起，学校获批教育部“中国大学生心理健康测评系统”试点单位，荣获首都大学生心理健康节“最佳组织奖”。

不断完善创新创业教育 加强创新课业建设，设立2学分创新创业实践学分，实现创新创业教育在所有专业100%覆盖；设立工商管理(创业方向)双学位，重点培养立志创业和具备创业潜质的本科生。倡导以导师制为龙头的学生创新创业实践模式，加强对学生的创新创业指导，URP项目本科生参与率达86%，项目成果产出率63.6%。修订学籍管理条例，允许学生保留学籍休学开展创新创业，设立本科生科技创新与学术实践成果奖励奖金，推荐特殊学术专长(包括学科竞赛获奖学生、发表高水平学术论文学生以及获得国家发明专利的学生)本科生免试攻读研究生。大力开展创业指导服务，召开创业团队座谈会，组织创业专题报告会，遴选6支具有发展前景的创业团队入驻学校科技创业园。组织参与或举办形式丰富的课外学科竞赛等创新创业活动，在北京市“挑战杯”竞赛中，3件获特等奖、3件获一等奖、6件获二等奖、2件获三等奖，人文社科类作品首次获奖，学校获“首都优胜杯”和“优秀组织奖”，创历史最好成绩；在全国“挑战杯”竞赛中，5件作品获三等奖。在“互联网+”大学生创新创业大赛中，获北京市一等奖1个、二等奖2个、三等奖3个，其中1个项目荣获全国铜奖，是学校在该项赛事中的历史最好成绩。

学生就业保质保量 积极主动引导和鼓励学生赴基层就业，毕业生到国家基层公共部门就业的人数增长超过50%。以学生需求为导向，开展全方位就业指导服务。努力拓展就业市场，累计发布招聘信息6 800余条，举办专场宣讲招聘会251场，大型毕业生校园双选会37场，组织带队参加校外专场招聘会26场，发布与学校专业和培养方向对应招聘岗位的招聘会信息600余场。本科生就业率96.79%(深造率60.79%)，硕士研究生就业率96.39%，博士研究生就业率96.68%，学生总就业率96.64%。毕业生中，410人赴西部就业，153人被选聘为选调生，28人被选聘为大学生村官，7人应征入伍。

学生文化活动百花齐放 开展“五月的花海”和“金色的希望”等丰富多彩的品牌活动，注重高雅艺术对学生的熏陶，不断激发班级、团支部活力。开展以“稼穑之路——农科学子助力精准扶贫”为主题的社会实践活动，365支实践小队赴29个省市、深入130个贫困县开展实践活动，参与学生3 000余人；“千乡万村”“假期农校”“寻访校友”“饮水思源”“爱+行动”等6个专项实践活动、“一院一品”院级品牌社会实践活动有声有色；1个社会实践团队荣获首都大中专学生暑期社会实践百强团队二等奖，1个团队荣获全国大中专学生志愿者暑期“三下乡”社会实践优秀团队奖，4个研究生党支部在北京市高校“红色1+1”示范活动评选中获三等奖、6个研究生党支部获优秀奖。不断健全志愿服务长效机制，依托“志愿北京”平台进一步规范志愿服务项目立项、志愿者招募、时长认证等工作，2017级全体新生中志愿者注册率100%，65个常态化志愿服务项目累计招募志愿者2 215人，累计志愿服务时长23 760小时。

（三）学科建设稳中见好，科学研究硕果累累

学科实力稳踞各类排行榜前列 在全国第四轮学科评估结果中，25个一级学科上榜，6个学科获评A^{+}级，在全国高校中排名第6位；9个学科获评A级，居全国高校第24位；学科优秀率27%，居全国高校第19位；10个学科被评为B级，6个学科被评为C级。在国际排名中，10个学科进入ESI世界前1%、2个学科进入世界前1‰；农业科学学科在ESI全球大学农业科学学科排名中第3位、在US News全球大学农业科学学科排名第4位，位于世界顶尖行列。

科研经费与项目数量稳定 累计到校科研经费145 623万元，再创历史新高。其中科研经费拨款142 188万元，科研事业收入3 435万元。新获批各类纵向项目（不包括人文社科类）600余项；共签署横向技术合同700余项，合同经费总额超过2亿元。顺利组织完成了356个项目（课题）的结题和验收。

科研成果喜获丰收 获得6项国家科技奖励（1项国家技术发明二等奖、5项国家科学技术进步二等奖），其中主报2项、参报4项。获省部级科技成果奖励30余项，包括19项中华农业科技奖、3项教育部高等学校科学研究优秀成果奖、2项北京市科技进步奖等重要奖项。发表论文累计被SCI、EI和SSCI收录2 425篇次，较去年增长5%，其中SCI论文中影响因子大于5的256篇，较去年增长25%，在国际顶尖期刊*NATURE*上发表论文1篇。申请国内专利893项、获得授权440项，申请国际（PCT）专利6项、获得授权3项，申请植物新品种权15项、获得审定证书5个，获得新兽药证书2项，主持制（修）订国家标准1项和地方标准6项。

哲学社会科学进步显著 强化三农高端智库建设，学校首个省部级哲学社会科学领域研究基地“北京食品安全政策与战略研究基地”获北京市批准建设，成立习近平新时代“三农”思想研究中心、乡村振兴战略研究中心，国家农业农村发展研究院、食品安全政策等智库积极开展研究，12项政策建议或咨询报告获得党和国家领导人批示，成功主办习近平“三农”思想与乡村振兴学术论坛、中国农业发展新年论坛等高端学术交流活动。社科项目取得重大进展，209个项目顺利获批，较去年增加56项，获批经费3 830万元，较去年增加了58%，9个项目在国家社科基金项目中立项通过，为历年最高。研究产出成效明显，发表论文被SSCI收录51篇，较去年增长50%，获得农业部软科学优秀成果奖等省部级奖励。《中国农业大学学报（社会科学版）》影响因子在617种综合性人文、社会科学期刊中排名第10位，影响力指数排名第20位。

科研基地建设稳步推进 积极组织省部级以上科研基地申报，作物分子育种国际合作联合实验室得到教育部认定，生物质能科学与技术国际联合研究中心被科技部认定为国家国际科技合作基地，新增6个农业部重点实验室、2个北京市重点实验室，完成2个北京市国际科技合作基地申报。精心做好科研基地管理运行和评估，植物生理与生物化学、农业生物技术两个国家重点实验室通过教育部评估并获“良好”评级，北京食品营养与人类健康高精尖创新中心在人才团队、科技创新、软硬件条件保障等方面运行建设良好，国家玉米全程机械化生产科技创新基地项目到位资金6 000万元、实施进展顺利，目

前学校在建农业部重点实验室等农业基本建设项目共计 22 项，累计中央预算投资额达 19 808 万元。

（四）深化人事改革，大力推进人才强校战略实施

精心做好人才队伍补充与规划 积极推进学校“双一流”人才发展战略实施，落实“315”人才发展目标，做好年度人才引进，并结合学校实际，科学制定 2018 年进人规划。2017 年入职 103 人（事业编制 92 人、合同制 A 岗 11 人），事业编制人员中专任教师 52 人、党政管理 26 人、教学辅助 14 人。召开两次高层次人才评审会，候选人数逐年增加，最终引入高层次人才 31 人。多次开展海外高层次人才招聘会，积极吸引海外人才。首次举办大禹青年学者论坛，吸引海内外青年学者参加，34 位学者与学校签订意向合同。

人才队伍实力继续增强 新增中国工程院院士 1 人；1 人成为“千人计划”创新人才长期项目候选人、1 人通过青年项目评选；在教育部“长江学者奖励计划”评审中，1 人作为特聘教授建议人选、1 人依托外校申报并获得推荐、2 人成为青年学者建议人选；4 人获宝钢优秀教师奖；2 人入选北京市科技新星计划；2 人获推参加中国青年科技奖评选。

不断加强人才队伍建设 坚持党管人才，健全人才工作体系，成立人才工作领导小组、人才工作办公室，统筹开展人才队伍建设工作。加强人才队伍思想政治建设，加强对高层次人才的政治引领和政治吸纳。切实做好高端人才的住房保障、薪酬及科研经费支付、医疗保健等服务工作。推进博士后制度改革，招收博士后研究人员 85 人。加强青年教师培养，18 人入选国家公派高级研究学者及访问学者项目，14 人入选青年骨干教师出国研修项目，100 名青年教师参加岗前培训，81 名教师获教师资格。

人事制度改革继续深化 以岗位聘任改革为核心，积极探索晋升评价体系，坚持岗位设置总量控制与结构比例控制的原则，严格按程序实施晋升聘任工作。33 人（其中 1 人破格）晋升正高级专业技术职务，44 人晋升副高级职务，12 人晋升中级职务，73 人晋升聘任职员职级。稳步推进养老保险制度改革，完成事业单位基本养老保险首次参保登记，有序推进后续各项保险业务开展。

（五）围绕“双一流”建设和国际化战略布局，积极开展国际交流与合作

拓展与“一带一路”沿线高校合作交流，增强学校主导地位 发起成立“一带一路农业合作学院”“中国南南农业合作学院”，助力南南农业合作和“一带一路”沿线国家农业科技交流与合作。整合校企资源，发起成立“一带一路”农业企业合作联盟，举办“一带一路”农业国际化人才高峰论坛。通过校级出访主动构建国际交流网络，搭建高层次对话渠道，8 次校级团组访问了位于亚洲、非洲、美洲的 14 所合作院校，其中 6 所院校为“一带一路”沿线和南南合作院校。集中力量推进与“一带一路”沿线国际高校的交流，主动邀请俄罗斯喀山国立农业大学等院校校长代表团访问，共商在国家“一带一路”战略下加强沟通与合作事宜。参与国家援外建设，与非洲及“一带一路”沿线国家大学开展合作扩建高层次平台，积极申报教育部“中非 20＋20”项目、商务部 2018—2020 年援外培训等项目，圆满完成商务部 3 个援外培训项目。加强孔子学院建设，“中特农业创新园”运行良好，在整个加勒比地区产生了示范性影响。

有重点、分层次开展高级别国际交流 与世界顶尖涉农大学搭建全面合作平台，联

合发起的世界顶尖农业大学联盟(A5)筹备会议成功召开。外专项目经费逐年增长,全年获国家外国专家局资助 1 224 万元,较去年增加 1 08 万元,全年共请进外专 1 080 人次,设立“基于南南合作框架下搭建一带一路及非洲国家的教育援外教学研究平台”等 6 个引智专项,主办 8 次国际会议。全年接待国外团体来访 71 批次、282 人次,其中,高级别接待 46 次、8 所世界排名前 100 的大学来访 17 批次。与世界上 43 个国家和地区的 231 所大学与研究机构保持合作,新签、续签合作协议 26 份。

师生国际交流数量稳中有升,国际合作扎实有效 师生因公出国(境)932 人次,请进短期外国专家(≤90 天)1 018 人次,长期外国专家(>90 天)60 人次,数量基本与往年持平。学生出国项目种类增多,派出人数稳步增长,重点推进与世界顶尖农业大学联盟(A5)成员建立合作,已与加州大学戴维斯分校达成本硕连读合作人才培养计划。新增四个本科生联合培养项目,派出 151 名本科生留学。积极开展研究生中外联合培养,196 名研究生最终通过国家留学基金委评审,联合培养博士生名额增加至 177 人,达到历史新高。留学生全年新招 118 人,数量保持增长;在校留学生学历生以亚非地区生源为主,来自“一带一路”沿线国家的留学生 136 人,占长期生总数的 48%,全年毕、结业 91 人。

烟台格罗宁根大学筹建工作取得实质性进展 教育部正式发函,烟台格罗宁根大学获批筹建。校园基础建设项目相继启动。新大学办学工作正式启动,根据合作办学协议,初步明确了大学架构和机构设置框架,完成了首批开设专业的教育教学规划和设计,依托两母体学校建立了办学初期的师资库资源,进一步明确办学思路、办学定位、办学模式,确定培养目标和人才培养体系,提出了学科规划和教学运作与质量保障体系。

(六)聚焦国家重大发展战略,积极投身社会服务

精准助力地方脱贫攻坚 定点扶贫县云南镇康县和河北威县、青龙县,先后选派挂职干部 9 人,20 余位教授,深入当地,打造一支永不走的定点扶贫队伍;大力实施智力扶贫工程,不断提升当地的自我发展能力,在产业扶贫的基础上助力当地智力脱贫。发起成立“青龙县板栗产业发展中心”,全力服务青龙县促进果树产业发展的重大需求。开始建设威县德青源生态园,年可实现利润 1 980 万元,直接带动 750 人就业。在云南勐腊县等地开展的深度科教扶贫试点成效显著,为国家脱贫攻坚提供可行范式,李小云教授获“2017 年全国脱贫攻坚奖创新奖”。与山西灵丘县的校地合作进一步加强,首批已招收精准扶贫专项硕士研究进驻灵丘开展研究工作。

积极服务区域协调发展战略 深入研究学校发展战略,科学谋划参与雄安新区建设。加强涿州教学实验场建设,模式动物表型与遗传研究国家重大科技基础设施项目通过了国家评审并正式获批,实施建设进入新阶段;申报和引进国家、北京科委、河北省、学校等项目 17 个,引进资金 2 661 万元,农业部授予“中国农业大学培训中心+涿州教学实验场”首批全国新型职业农民培育基地。曲周实验站成功申请成为农业部“青少年农业科普基地”、河北省“院士工作站”、邯郸市“爱国主义教育基地”和邯郸市“科普基地”。

不断加大科技成果推广 着力打造以科技小院、教授工作站、校外试验站,以及农业部、北京市农业产业创新团队专家为核心的“一院二站一体系”的社会服务体系。新建 14 个教授工作站,教授工作站总数达 67 个,覆盖全国 25 个省(自治区、直辖市)。依托在全国 23 个(自治区、直辖市)建立的 83 个科技小院,直接服务农户超过 20 000 户,辐射农户

80 000 多户，累计开展农民培训 1 396 场，培训农民 598 476 人次。科技成果转化效益显著，全年签署技术合同 700 余项，合作地区涉及全国近 100 个地市，培育的 30 余个植物新品种在全国进行了大面积的推广，其中玉米新品种促进粮食增产 4 亿余千克，小麦新品种促进粮食增产 3 450 万千克、农民收入增加 6 900 万元。

圆满完成对口支援年度任务 接收进修教师、挂职干部 5 名，“2＋2”本科生联合培养学生 32 名，通过教育部支援高校定向培养单独招生政策，接收 1 名受援高校教师攻读学校博士学位，并为受援高校申请 2018 年硕士及博士单列指标。继续实施青年教师科研合作培育专项，投入 75 万元，用于支持 10 名受援高校青年教师赴学校开展学术交流。深入开展学科指导，选派 90 人次相关专家学者赴受援高校指导学科建设、开展学术交流。在对口支援塔里木大学的工作中，形成了“学校统筹、学院落实”的工作机制。本年度共接收 32 名塔里木大学中层干部赴学校参加管理能力提升培训。继续选派干部赴塔里木大学挂职机械电气化工程学院副院长。筹备举办对口支援塔里木大学年度例会，推进对口支援塔里木大学建设“南疆科技成果转化中心”合作，服务南疆经济社会发展。

稳步发展继续教育 着力办好成人学历教育和非学历教育培训，整合优质教育资源，加强内控体系建设，规范教学管理过程，不断提高教育教学质量，全年录取 3 768 人，毕业 6 230 人，授予学位 324 人，举办各级各类非学历培训班 38 期，培训学员共计 2 135 人次。学校继续教育学院被农业部认定为首批全国新型职业农民培育示范基地，河北省农业厅认定为河北省现代农业培训基地。

(七)管理服务不断优化，打造现代化大学内部治理体系

优化调整校内机构设置 将图书馆、档案与校史馆合并，实现校内机构的精简化设置与功能整合。全面开展校级议事协调机构清理工作，调整或撤销部分机构，建立议事协调机构台账。

扎实推进校务信息公开 通过信息公开网向校内和社会公开信息，累计公开信息 1 000 余项，总访问量近 12 万人次，最大限度地保障学校师生员工以及社会公众的知情权、参与权和监督权。校长信箱全年共受理师生来信 2 800 余封，在原有基础上升级改造操作系统，移动端正式运营。

全力维护校园安全稳定 规范校园保卫与交通管理，加强安全防范，强化群防群治，深化安全教育，及时排除校园传教等行为，切实维护学校政治环境与生活环境稳定。在“两会”、“一带一路”高峰论坛、党的十九大等重大活动及敏感时间节点，提升安保等级，加大工作力度。多渠道、多层次开展安全宣传教育，开展安全教育 20 余场次，应急疏散演练 10 余场次，累计教育师生员工万余人次，不断强化师生安全防范意识。集中开展大清理大排查大整治活动，拆除、改造校园内及周边违章建筑 8 000 余平方米。

办学财力保障坚实 积极筹措办学资金，综合财力收入达 37.58 亿元，再创新高；综合财力支出 34.3 亿元。本年度偿还银行贷款 1 200 万元，银行贷款降至 3.77 亿元。修订财务报销制度，简化报账程序，全面推进财务信息化建设，为师生提供更多便利。全面运行内部控制体系。增加科研管理服务措施，不断规范科研经费管理。精细化专项资金管理，加强推进项目执行进度。进一步规范教育收费行为、出国经费管理、后勤实体财务管理，进一步完善公费医疗报销方式。校园卡二期建设顺利完成。

不断强化审计监督职能 积极探索审计工作创新，推动审计工作转型，强化审计监督职能，加大审计监督力度。进一步完善审计管理规章制度，修订了工程结算审计实施办法等6个文件。建立审计问题整改台账，实施跟踪检查动态管理，有效提升审计工作效率。加强财务审计，完成校级财务预算审计、10个单位的干部经济责任审计、年度三公经费审计、财务收支审计及相关专项审计。强化工程审计，做好建设工程投资评审、基建、修缮工程竣工结算审计、造价咨询公司招标、建设工程全过程跟踪审计等工作。

不断提升国有资产管理水平 土地产权界定工作取得重大进展，东校区三宗地取得不动产权证书，西区三宗地的不动产登记工作业已开展。全面落实"放管服"要求，进一步完善货物采购制度，面向社会公开遴选代理机构，严格执行采购程序，加强对于大型仪器设备采购的论证、审批工作，积极推进采购服务方式创新，加入"全国高校竞价网采购平台"，建设学校竞价采购网，加大采购政策宣传和培训力度，圆满完成354台(套)进口设备免税办理工作。加强固定资产、无形资产全生命周期管理，促进国有资产保值增值，防止国有资产流失，完成对15台价值100万元以上贵重仪器的现场验收，将2016年资产清查盘盈资产和2016年无形资产首次入账处理。全方位加强实验室安全管理，安全管理体系进一步完善。

进一步完善校办产业工作 进一步完善产业系统工作机制，规范经资委会议的工作流程，理顺了经资委与校属企业股东会的关系，规范校属企业重要人事任命工作制度和流程。全面的梳理校属企业存在的经营不良问题、资产不清问题以及历史遗留问题，积极推进二级、三级企业的分类清理工作，稳步推进校办企业健康发展，确保国有资产保值增值。大力推进科技成果转移转化工作，学校获批成为首批"北京市知识产权运营示范单位"，全年组织完成科技成果转化项目合同审核32项，其中已签订合同23项，转化合同金额近4 404.2万元。不断提升物业管理和服务水平。积极拓展产学研合作平台，组织成立"全国农林水高校与龙头企业联盟"。校办企业经营规范有序，年度利润总额4 278.03万元，净利润3 574.78万元，直接交给学校费用5 064.08万元；积极承担社会责任，社会贡献总额为12 892.91万元。(未经审计合并报表数据)

稳步推进校园基本建设 完成多处基本建设任务，包括西区新楼(总建筑面积42 025平方米)、新图书馆(总建筑面积48 575平方米)、留学生与专家公寓项目规划条件的审批工作，水利楼项目的项目建议审批等，启动文体综合楼的前期立项审批工作。做好改造和维修工程的管理工作，完成大型维修专项14个，应急维修专项33个。

不断提高后勤服务水平 推进校园环境综合治理工作，集中拆除3处违章建筑，关停2处违章店面，清理3处违章摊点及多处小广告，校园环境大为改善。努力满足师生食、住、行等日常服务需求，维护学校水、电、暖等基础设施运行正常；加强环卫与绿化，营造精致校园环境。大力提升物业服务水平，不断改善教职工住宅区生活环境。规范房产管理。大力推进节约型校园建设。

公共服务体系建设进一步完善 加强校医院医德医风建设，健全医患沟通机制；努力提高医疗人员的专业水平与服务质量；进一步改善就医环境及医疗条件。加强体育馆硬件修缮与改造，提升体育馆功能，举办22场校内外大型活动，充分满足体艺教学活动需求，积极推进健身房开放。图书馆馆藏资源更加丰富、结构更加优化，信息咨询、学科服务工作水平稳步提升，档案管理规范有序，校史编研成果颇丰，编写编辑著作5本，12

万字。校园网建设稳步推进，完成信息化应用平台二期建设项目，办公区无线网和有线网覆盖面继续扩大，数据中心升级扩容，校园网关系统全面升级，网络安全工作力度不断加强。

（八）统筹协调拓宽渠道，有效凝聚多元力量促进学校发展

教育基金会、校友工作稳健发展 多渠道地拓展社会资源筹集资金，认真做好项目管理和服务，稳健地开展基金投资理财业务，各项业务取得平稳较快发展。全年接受社会捐赠 3 095 万元，争取捐赠收入中央财政配比 2 693 万元，投资理财收益 404 万元，公益支出 1 879 万元。进一步完善校友组织建设，成立研究生校友会、“友吾友”校友工作者协会，广西校友会固定办公地点揭牌。积极搭建更加丰富的校友工作信息平台，加强校友联络工作，值年返校、校友子女夏令营、寻访校友等品牌活动不断完善，创新开展校友创业训练营、网上迎新月、选聘毕业班校友联系人、聘任招生大使等活动，校友活动形式不断丰富。

不断提升离退休工作实效 学校党委认真听取和研究离退休老同志的意见建议，引导离退休老同志为学校发展贡献智慧。积极组织离退休老同志通过听报告、看展览、读原文、听讲座、谈心得、写文章等方式，学习党的十九大精神。继续推动离退休党支部与学生党支部联合开展支部活动。组织老同志下农村慰问大学生村官、服务三农；着力关工委分会队伍建设，与农学院、植保学院、园艺学院、经管学院成立二级关工委组织；协助主导部门抓好学生党建，关心指导学生社团建设。定期走访慰问高龄困病老同志，及时向老同志送去党组织的关怀。组织开展“展示阳光心态、体验美好生活、畅谈发展变化”系列活动，积极支持老同志兴趣协会、小组开展各项文体活动，丰富离退休老同志精神生活。修缮改造活动场所，为老同志创建安全良好的学习健身活动环境。

过去的 2017 年，在党中央和上级单位的正确领导下，在学校广大在职教职工的辛勤耕耘下，在离退休老同志、广大校友和热心人士的大力支持和热心帮助下，学校各项工作取得了可喜的进展。2018 年，全校师生员工要紧密团结在以习近平同志为核心的党中央周围，不忘初心，牢记使命，深入学习宣传贯彻党的十九大精神，坚持以习近平新时代中国特色社会主义思想为指导，牢固树立“四个意识”，以党的建设统领工作全局，推动学校“双一流”建设开创新局面，向中国特色、农业特色的世界一流大学建设目标奋勇前进！